Mathematik in den
Ingenieur- und
Naturwissenschaften 2

Aufgaben und Lösungen

Mathematik in den Ingenieur- und Naturwissenschaften 2

Aufgaben und Lösungen

Rainer Ansorge, Hans Oberle, Kai Rothe und Thomas Sonar

5. Auflage

WILEY-VCH
Verlag GmbH & Co. KGaA

Autoren

Rainer Ansorge
Universität Hamburg
Fachbereich Mathematik
Bundesstraße 55
20146 Hamburg

Hans Oberle
Universität Hamburg
Fachbereich Mathematik
Bundesstraße 55
20146 Hamburg

Kai Rothe
Universität Hamburg
Fachbereich Mathematik
Bundesstraße 55
20146 Hamburg

Thomas Sonar
Technische Universität Braunschweig
Institut für Partielle Differentialgleichungen
Universitätsplatz 2
38106 Braunschweig

5. Auflage 2020

Bibliografische Information der Deutschen Nationalbibliothek
Die Deutsche Nationalbibliothek verzeichnet diese Publikation in der Deutschen Nationalbibliografie; detaillierte bibliografische Daten sind im Internet über http://dnb.d-nb.de abrufbar.

Print ISBN 978-3-527-41377-5
ePDF ISBN 978-3-527-82294-2
ePub ISBN 978-3-433-82295-9

Umschlaggestaltung SCHULZ Grafik-Design, Fußgönheim, Deutschland
Satz le-tex publishing services GmbH, Leipzig, Deutschland
Druck und Bindung CPI Group (UK) Ltd, Croydon, CR0 4YY

Gedruckt auf säurefreiem Papier.

C9783527413775_110626

Bevollmächtigter Vertreter des Herstellers gemäß EU-Produktsicherheitsverordnung ist die Wiley-VCH GmbH, Boschstr. 12, 69469 Weinheim, Deutschland, E-Mail: Product_Safety@wiley.com.

Inhaltsverzeichnis

Vorwort zur fünften Gesamtauflage

Seit der umfangreichen Erweiterung in der vierten Auflage und Teilung in zwei Aufgabenbände sind im laufenden Lehrbetrieb an der TU Hamburg-Harburg und der TU Braunschweig weitere Aufgaben neu entwickelt und getestet worden. Aus diesem Material haben wir hundert neue Aufgaben und etwa fünfzig neue Bilder für den aktuellen Band ausgewählt.

Neben neuen Aufgabentypen, beispielsweise zu den Themen Differential oder Stoß- und Verdünnungswellen bei der Burgersgleichung, wurde in allen Bereichen der Umfang der Aufgaben deutlich erhöht. Die Reihenfolge der Aufgaben wurde nach inhaltlichen Gesichtspunkten neu sortiert. Die Darstellung der Lösungen wurde insgesamt etwas verdichtet.

Dem Wiley-VCH Verlag möchten wir danken für die Anregungen zur Verbesserung der bisherigen Auflage. Insbesondere gilt hier unser Dank Herrn Preuß und Herrn Sendtko für die freundliche Zusammenarbeit.

Hamburg, Braunschweig, im August 2019 *Die Verfasser*

Vorwort zur vierten Gesamtauflage

Das anhaltende Interesse der Studierenden an den Aufgaben des dritten Bandes erfordert jetzt eine überarbeitete und erweiterte Neuauflage des Übungsmaterials. Bedanken möchten wir uns für die vielen Hinweise und Anregungen, die es uns ermöglicht haben, Fehler zu korrigieren und Darstellungen zu verbessern.

Die vorhandenen Aufgaben haben sich seit vielen Jahren im Übungsbetrieb an der TU Hamburg-Harburg, der TU Braunschweig und anderen Technischen Universitäten bewährt. Diese alten Aufgaben sind durch viele neue, die wir in den letzten Jahren in Mathematik-Kursen für Ingenieure gestellt haben, ergänzt worden. Da wir großen Wert auf die Veranschaulichung des dargestellten Stoffes legen, haben wir zahlreiche Bilder hinzugefügt. Dabei ist das Übungsmaterial so umfangreich geworden, dass sich der Verlag Wiley-VCH bereit erklärt hat, den dritten Band in zwei Teilen erscheinen zu lassen. Unser besonderer Dank gilt hier Frau Palmer und Frau Werner für die angenehme Zusammenarbeit.

Dies ist der zweite Teil, der die Aufgaben und Lösungen zur Analysis mehrerer reeller Veränderlicher, zu gewöhnlichen und partiellen Differentialgleichungen und komplexen Funktionen enthält, also zu den Themenbereichen (Kapitel 17–27) des zweiten Bandes unseres Lehrbuches *Mathematik für Ingenieure.* Dieser Bereich ist durch über siebzig neue Aufgaben und mehr als vierzig neue Bilder erweitert worden.

Hamburg, Braunschweig, im Januar 2011 *Die Verfasser*

Vorwort zur dritten Auflage

Dieser dritte Band der *Mathematik für Ingenieure* stellt eine Auswahl von Aufgaben zusammen, die über viele Jahre an der Technischen Universität Hamburg-Harburg im Rahmen der Mathematikausbildung für Ingenieure während der ersten vier Semester gestellt worden sind. Als Grundlage dienen die zugehörigen zwei Lehrbuchbände *Mathematik für Ingenieure* von R. Ansorge und H.J. Oberle. Die Aufgaben orientieren sich inhaltlich an der dortigen Kapitelreihenfolge.

Wir kommen mit der Herausgabe dieses Aufgabenbandes dem langjährigen Wunsch der Studierenden nach zusätzlichem Übungsmaterial, insbesondere für die Vorbereitung auf Prüfungen, nach. Deshalb sind auch viele Aufgaben aus den schriftlichen Diplomvorprüfungen in die Auswahl eingegangen und an entsprechender Stelle als Klausuraufgaben gekennzeichnet worden. Der größte Teil der Aufgaben übt grundlegende mathematische Rechentechniken ein. Daneben sind jedoch auch immer wieder Aufgaben aus den Anwendungsbereichen eingeflossen und an geeigneter Stelle auch Aufgabentypen von theoretischer Natur. Wir hoffen somit einen breiten Bereich an Themen abgedeckt zu haben, der für viele Naturwissenschaftler und nicht zuletzt auch für Mathematiker interessant ist.

Im ersten Abschnitt, in den Kapiteln A.1–A.27, befinden sich die Aufgaben und im anschließenden zweiten Abschnitt, in den Kapiteln L.1–L.27, die zugehörigen Lösungen. Querverweise auf Sätze und Definitionen mit entsprechender Nummernangabe beziehen sich auf die beiden Lehrbuchbände.

Ein solches Werk kann natürlich nicht entstehen ohne die Hilfe vieler Kollegen, die uns mit Ideen, Anregungen, Aufgaben und auch Bildern zur Seite gestanden haben. Unser Dank gilt hierbei insbesondere Carl Geiger und Reiner Hass. In den letzten beiden Jahrgängen wurden die Aufgaben dieses Bandes in den Kursen Mathematik für Ingenieure gründlich behandelt und wir hoffen, dass dadurch Fehler aller Art auf ein Minimum reduziert worden sind. Besonderen Dank möchten wir hier Peywand Kiani und Andreas Meister für Ihre gründliche Prüfung aussprechen. Sollten dennoch an der einen oder anderen Stelle Fehler verblieben sein, so bitten wir dies zu entschuldigen und sind für Hinweise dankbar.

Dem Verlag, insbesondere Frau Gesine Reiher, möchten wir unseren Dank aussprechen für die freundliche Zusammenarbeit, die kritische Durchsicht des Manuskriptes und die Bereitschaft, die ersten beiden Bände mit diesem dritten Aufgabenband abzurunden.

Hamburg, Braunschweig, im Februar 2000 *Die Verfasser*

A 17
Differentialrechnung mehrerer Variabler

A17.1 Partielle Ableitungen

Aufgabe A17.1.1

Für die folgenden Funktionen $f\colon \mathbb{R}^2 \to \mathbb{R}$ berechne man die Gradienten und erstelle ein Bild, auf dem verschiedene Höhenlinien der Funktion angegeben sind. Dies sind Linien, für die $f(x, y) = c$ mit $c \in \mathbb{R}$ gilt.

a) $f(x, y) = 2x + 3y$, b) $f(x, y) = \sqrt{x^2 + y^2}$,

c) $f(x, y) = \ln(1 + x^2 y^4)$, d) $f(x, y) = 8 - 3x \sin y$.

Aufgabe A17.1.2

a) Für die durch folgende Funktionswertzuweisung definierten Funktionen

$$(x, y) \mapsto f(x, y) = \frac{x}{y} \quad \text{und} \quad (x, y) \mapsto g(x, y) = \ln(x^2 + y^2)$$

gebe man den maximalen Definitionsbereich D an und berechne alle partiellen Ableitungen erster und zweiter Ordnung.

b) Die Tangentialebene an den Graphen einer differenzierbaren Funktion f im Punkt $(x^0, y^0) \in D \subset \mathbb{R}^2$ lautet

$$z = f(x^0, y^0) + f_x(x^0, y^0)(x - x^0) + f_y(x^0, y^0)(y - y^0) .$$

Man bestimme jeweils die Tangentialebene für f und g aus a) im Punkt $(x^0, y^0) = (-1, 2)$.

Aufgabe A17.1.3

Gegeben sei die Funktion $f\colon \mathbb{R}^2 \to \mathbb{R}$ mit $f(x, y) = 2x + e^{x+2y}$.

a) Man berechne von f alle partiellen Ableitungen bis zur 3. Ordnung.
b) Man bestimme die Tangentialebene für das gegebene f im Punkt $(x_0, y_0) = (1, -1/2)$.
c) Man gebe eine Parameterdarstellung der Höhenlinie von f an, die durch den Punkt $(0, 0)$ läuft.
d) Man berechne den Winkel α zwischen grad $f(0, 0)$ und der Tangentialrichtung der Höhenlinie von f im Punkt $(0, 0)$.

Mathematik in den Ingenieur- und Naturwissenschaften 2, Aufgaben und Lösungen, 5. Aufl.
Rainer Ansorge, Hans Oberle, Kai Rothe und Thomas Sonar.

Aufgabe A17.1.4
Gegeben sei die Funktion $f(x, y) = x^2 + y^2$.

a) Man bestimme die Höhenlinie durch den Punkt $(1, 1)$.
b) Man berechne grad f im Punkt $(1, 1)$.
c) Man zeige, dass grad $f(1, 1)$ senkrecht auf dem Tangentialvektor der Höhenlinie im Punkt $(1, 1)$ steht.
d) Man zeichne a)–c).

Aufgabe A17.1.5
Gegeben sei die Funktion $f : \mathbb{R}^2 \to \mathbb{R}$ mit $f(x, y) = y\sqrt{2x^2 + y^2}$.

a) Man berechne die ersten partiellen Ableitungen von f.
b) Man überprüfe, ob f eine C^1-Funktion ist.
c) Man berechne f_{xy} und f_{yx} und bestimme den Definitionsbereich dieser Ableitungen.

Aufgabe A17.1.6
Gegeben sei die Funktion $f : \mathbb{R}^2 \to \mathbb{R}$ mit

$$f(x, y) = \begin{cases} \dfrac{2xy^3}{x^2 + y^6}, & \text{falls } (x, y) \neq (0, 0) \\ 0, & \text{falls } (x, y) = (0, 0). \end{cases}$$

a) Man überprüfe, ob f im Nullpunkt stetig bzw. stetig ergänzbar ist.
b) Man zeichne die Funktion im Bereich $[-0{,}5, 0{,}5] \times [-1{,}1]$.
c) Man berechne alle Richtungsableitungen von f
d) und überprüfe, ob diese im Nullpunkt stetig sind.

Aufgabe A17.1.7
a) Gegeben sei die Funktion $f : \mathbb{R}^2 \to \mathbb{R}$ mit $f(x, y) = \sqrt{x^2 + y^2 + 2(x - y) + 2}$.
   i) Man zeichne die Funktion.
   ii) Man weise die Stetigkeit von f in ganz $\mathbb{R}^2$ nach.
   iii) Man berechne die partiellen Ableitungen von f in ganz $\mathbb{R}^2$, sofern dies möglich ist.
b) Man berechne die Gradienten der folgenden Abbildungen
   i) $g : \mathbb{R}^2 \to \mathbb{R}$ mit $g(x, y) = \sin(x^2 - y^3)$,
   ii) $h : \mathbb{R}^3 \to \mathbb{R}$ mit $h(x, y, z) = \frac{xy}{z^4+1}$.

Klausuraufgabe A17.1.8
a) Man berechne die Tangentialebene der durch $f(x, y) = \dfrac{1}{1 + x^2 + y^2}$ gegebenen Funktion im Punkt $(x_0, y_0) = (1, 0)$.
b) Für die durch $f(x, y) = \sin(\pi x^2 + \pi y)$ gegebene Funktion berechne man im Punkt $(x_0, y_0) = (-1, 1)$ den Anstieg in x- und y-Richtung und die Tangentialebene.

Aufgabe A17.1.9
Eine Funktion $f : \mathbb{R}^n \to \mathbb{R}$ heißt positiv homogen vom Grad k, falls für alle $t > 0$ und $\boldsymbol{x} \in \mathbb{R}^n \backslash \{\boldsymbol{0}\}$ gilt $f(t\boldsymbol{x}) = t^k f(\boldsymbol{x})$. Man gebe ein Beispiel für eine positiv homogene Funktion vom Grad 3 an.

A17.2 Differentialoperatoren

Aufgabe A17.2.1
Für die folgenden Vektorfelder $\boldsymbol{U}(x, y, z) = (u(x, y, z)\ ,\ v(x, y, z)\ ,\ w(x, y, z))^T$ berechne man jeweils Quelldichte div $\boldsymbol{U}$ und Wirbelstärke rot $\boldsymbol{U}$:

a) $u(x, y, z) = \sin(x + y + z)\ ,\ v(x, y, z) = \cos(x + y + z)\ ,\ w(x, y, z) = 0\ ,$

b) $u(x, y, z) = y^2 + z^2\ ,\ v(x, y, z) = x^2 + z^2\ ,\ w(x, y, z) = x^2 + y^2\ ,$

c) $u(x, y, z) = \dfrac{1}{x}\ ,\ v(x, y, z) = \dfrac{1}{y}\ ,\ w(x, y, z) = \dfrac{1}{z}\ ,$

d) $u(x, y, z) = 1\ ,\ v(x, y, z) = 1\ ,\ w(x, y, z) = 1\ .$

Aufgabe A17.2.2
a) Man berechne div $\boldsymbol{f}$ und rot $\boldsymbol{f}$ für das Vektorfeld

$$\boldsymbol{f}(x, y, z) = (2x \cosh y, x^2 \sinh y - z^3 \sin y, x + 3z^2 \cos y)^T\ .$$

b) Gegeben sei das Vektorfeld $\boldsymbol{g}(x, y) = (u(x, y), v(x, y))^T = (1, 2x)^T$.
   i) Man berechne div $\boldsymbol{g}$ und rot $\boldsymbol{g}$ und
   ii) skizziere das Vektorfeld und einige Stromlinien.

Aufgabe A17.2.3
a) Gegeben sei das Vektorfeld

$$\begin{aligned} \boldsymbol{f}(x, y, z) &= (f_1(x, y, z), f_2(x, y, z), f_3(x, y, z))^T \\ &:= (\lambda x^2 + xz, -xy - yz - \lambda y^2, yz)^T\ . \end{aligned}$$

Für welche Parameter $\lambda \in \mathbb{R}$ ist f wirbelfrei und für welche quellenfrei?

b) Gegeben sei $f : \mathbb{R}^3 \to \mathbb{R}$ mit $(x, y, z) \mapsto f(x, y, z)$. Man berechne div(grad f) und gebe ein Beispiel an, mit div(grad f) $\neq 0$.

Aufgabe A17.2.4
a) Man zeige, dass die Wärmeleitungsgleichung $\Delta u - \frac{1}{\kappa} u_t = 0$ mit $k > 0$ für eine Ortsvariable gelöst wird von der Funktion $u(x, t) = e^{-t} \sin \frac{x}{\sqrt{k}}$.

b) Man zeige, dass mit $r = \sqrt{x^2 + y^2 + z^2}$ und $(x, y, z) \neq \boldsymbol{0}$ die Funktion $u(r, t) = \frac{1}{r} \sin(r - ct)$ die Wellengleichung $\Delta u - \frac{1}{c^2} u_{tt} = 0$ löst.

Aufgabe A17.2.5
a) Man zeige, dass die Wellengleichung $u_{tt} = c^2 \Delta u$ für eine Ortsvariable mit einer Konstanten $c \in \mathbb{R}$ gelöst wird von der Funktion $u(x, t) = 3 \ln(x + ct) - 5 \tan(x - ct)$.

b) Man zeige, dass die Funktion $u(x, y) = e^y \cos x + a + bx + cy + dxy$ mit den Konstanten $a, b, c, d \in \mathbb{R}$ die Laplace-Gleichung $\Delta u = 0$ löst.

A17.3 Das vollständige Differential

Aufgabe A17.3.1
Gegeben sei die Funktion $f(x, y, z) = xz - y^2$ mit $x, y, z \in \mathbb{R}$ und $(x_0, y_0, z_0) = (3, -1, 2)$. Man bestimme für (x_0, y_0, z_0) den Funktionswert von f, berechne eine Funktionswertnäherung für $f(3{,}1, -1{,}2, 1{,}9)$ unter Verwendung des vollständigen Differentials in (x_0, y_0, z_0) und vergleiche diese mit $f(3{,}1, -1{,}2, 1{,}9)$.

Aufgabe A17.3.2
In einer Tischlerwerkstatt soll ein Holzkegelstumpf nach den vom Auftraggeber vorgegebenen Maßen r, R und h hergestellt werden. Dabei soll das Volumen

$$V = \frac{\pi h}{3}(R^2 + r^2 + rR)$$

höchstens um 1 % abweichen dürfen. Mit den vorhandenen Werkzeugen können die Längenmaße bis auf einen Fehler von 0,5 % umgesetzt werden. Kann die Werkstatt die Kundenanforderung bzgl. des Volumens garantieren?
Hinweis: Man linearisiere die Funktion.

Aufgabe A17.3.3
Für die Hintereinanderausführung folgender Funktionen berechne man mit Hilfe der Kettenregel die Jacobi-Matrizen und überprüfe das Ergebnis, indem man direkt ableite:

a) $f(x, y) = f_2(f_1(x, y))$ mit $f_1(x, y) = xy$ und $f_2(t) = e^t$

b) $\boldsymbol{g}(x, y, z) = \boldsymbol{g}_2(\boldsymbol{g}_1(x, y, z))$ mit $\boldsymbol{g}_1(x, y, z) = \begin{pmatrix} x + y \\ y + z \end{pmatrix}$

$$\text{mit} \quad \boldsymbol{g}_2(u, v) = \begin{pmatrix} uv \\ u + v \\ \sin(u + v) \end{pmatrix},$$

c) $h(t) = h_2(\boldsymbol{h}_1(t))$ mit $\boldsymbol{h}_1(t) = \begin{pmatrix} \cos t \\ \sin t \end{pmatrix}$ und $h_2(x, y) = x^2 + y^2$.

Aufgabe A17.3.4
Man berechne die Jacobi-Matrizen der durch folgende Zuordnungsvorschriften gegebenen Funktionen direkt und unter Verwendung der Kettenregel:

a) $f(x, y)\colon \begin{pmatrix} x \\ y \end{pmatrix} \mapsto x^2 + y^2 \mapsto \sin(x^2 + y^2)$,

b) $\boldsymbol{g}(t)\colon t \mapsto \begin{pmatrix} x = \sin t \\ y = \cos t \end{pmatrix} \mapsto (xy, x^3, y^2)^T$,

c) $h(u, v)\colon \begin{pmatrix} u \\ v \end{pmatrix} \mapsto \begin{pmatrix} x = uv \\ y = u + v \end{pmatrix} \mapsto 3xy^2 + 2x^2 - y$,

d) $\boldsymbol{p}(u, v)\colon \begin{pmatrix} u \\ v \end{pmatrix} \mapsto \begin{pmatrix} x = uv \\ y = v^2 \\ z = v \sin u \end{pmatrix} \mapsto \begin{pmatrix} xz \\ x^2 y^2 z \end{pmatrix}$.

Aufgabe A17.3.5
Gegeben sei eine quadratische Funktion $f(\boldsymbol{x}) = \frac{1}{2}\boldsymbol{x}^T \boldsymbol{A}\boldsymbol{x} - \boldsymbol{b}^T\boldsymbol{x} + c$, $\boldsymbol{x} \in \mathbb{R}^n$ mit einer symmetrischen und positiv definiten Koeffizientenmatrix $\boldsymbol{A} \in \mathbb{R}^{(n,n)}$.

a) Man zeige: $\nabla f(\boldsymbol{x}) = \boldsymbol{A}\boldsymbol{x} - \boldsymbol{b}$.
b) Man sagt, dass $\boldsymbol{s}$ eine *Abstiegsrichtung* von f im Punkt $\boldsymbol{x}$ ist, falls für $\boldsymbol{s}, \boldsymbol{x} \in \mathbb{R}^n$ die Ungleichung $\nabla f(\boldsymbol{x})^T \boldsymbol{s} < 0$ erfüllt ist.
Für die Funktion $\Phi(\alpha) := f(\boldsymbol{x} + \alpha\boldsymbol{s})$ berechne man $\Phi'(\alpha)$ und zeige, dass $\Phi(\alpha)$ ein eindeutig bestimmtes Minimum besitzt in

$$\alpha^* = -\frac{\boldsymbol{s}^T(\boldsymbol{A}\boldsymbol{x} - \boldsymbol{b})}{\boldsymbol{s}^T \boldsymbol{A}\boldsymbol{s}} .$$

c) Man zeige, dass das Verfahren des steilsten Abstiegs auf folgende Rekursion führt:

$$\boldsymbol{x}_{k+1} = \boldsymbol{x}_k - \frac{\boldsymbol{g}_k^T \boldsymbol{g}_k}{\boldsymbol{g}_k^T \boldsymbol{A} \boldsymbol{g}_k} \boldsymbol{g}_k , \quad \boldsymbol{g}_k := \boldsymbol{A}\boldsymbol{x}_k - \boldsymbol{b} .$$

Aufgabe A17.3.6
Gegeben sei die quadratische Funktion $f(x, y) = x^2 + 2y^2$.

a) Man stelle f in der Form $f(\boldsymbol{x}) = \frac{1}{2}\boldsymbol{x}^T \boldsymbol{A}\boldsymbol{x} - \boldsymbol{b}^T\boldsymbol{x} + c$ mit symmetrischer Koeffizientenmatrix $\boldsymbol{A}$ dar und überprüfe, ob $\boldsymbol{A}$ positiv definit ist.
b) Man erstelle eine Höhenlinienzeichnung von f im Bereich $[-2, 2] \times [-2, 2]$.
c) Ausgehend vom Startpunkt $(x_0, y_0) = (1, 1)$ führe man zwei Schritte des Gradientenverfahrens durch.

Aufgabe A17.3.7
Gegeben sei die Funktion $f(x, y) = 4x^2 + y^2 + 8x - 2y + 5$.

a) Man bestimme die Höhenlinie von f durch den Punkt $\boldsymbol{x}^0 = (-1, 3)^T$. Von welchem Typ ist der Kegelschnitt?

b) Man berechne die Richtungsableitung $D_{\boldsymbol{v}} f(\boldsymbol{x}^0)$ für $\boldsymbol{v} = (1, 1)^T/\sqrt{2}$. Für welches $\boldsymbol{v}$ mit $\|\boldsymbol{v}\| = 1$ wird die Richtungsableitung maximal?

Aufgabe A17.3.8
Mit $\boldsymbol{\Phi}\colon (0, R] \times (-\pi, \pi] \to \mathbb{R}^2$ sind die Polarkoordinaten gegeben durch

$$\boldsymbol{\Phi}(r, \varphi) = \begin{pmatrix} r\cos\varphi \\ r\sin\varphi \end{pmatrix} .$$

Man berechne die Spektralnorm von $\boldsymbol{J\Phi}(r, \varphi)$ und zeige mit Hilfe des Mittelwert-Abschätzungssatzes, dass $\boldsymbol{\Phi}$ lipschitzstetig auf $(0, R] \times (-\pi, \pi]$ ist.

Aufgabe A17.3.9
Die Kugelkoordinaten $\boldsymbol{\Phi}\colon D \to \mathbb{R}^3$ mit $D = (0, R] \times (-\pi, \pi] \times \left(-\frac{\pi}{2}, \frac{\pi}{2}\right)$ und $\boldsymbol{u} = (r, \varphi, \theta)^T$ sind gegeben durch

$$\boldsymbol{\Phi}(\boldsymbol{u}) = \begin{pmatrix} r\cos\varphi\cos\theta \\ r\sin\varphi\cos\theta \\ r\sin\theta \end{pmatrix} .$$

a) Man berechne $\|\boldsymbol{J\Phi}(\boldsymbol{u})\|_2$.
b) Man finde eine möglichst kleine Konstante K, so dass für alle $\boldsymbol{u}, \boldsymbol{v}$ aus dem angegebenen Bereich gilt:

$$\|\boldsymbol{\Phi}(\boldsymbol{u}) - \boldsymbol{\Phi}(\boldsymbol{v})\|_2 \leq K \cdot \|\boldsymbol{u} - \boldsymbol{v}\|_2 .$$

Aufgabe A17.3.10
Gegeben seien die Zylinderkoordinaten

$$\boldsymbol{\Phi}\colon \mathbb{R}^3 \to \mathbb{R}^3 \quad \text{mit} \quad \begin{pmatrix} x_1 \\ x_2 \\ x_3 \end{pmatrix} = \boldsymbol{\Phi}(r, \varphi, z) = \begin{pmatrix} r\cos\varphi \\ r\sin\varphi \\ z \end{pmatrix} .$$

a) Man berechne die Jacobi-Matrix $\boldsymbol{J\Phi}$ und die zugehörige Transformationsdeterminante $\det \boldsymbol{J\Phi}$.
b) Man leite die folgende Darstellung des Laplace-Operators in Zylinderkoordinaten elementar unter Verwendung der Kettenregel her:

$$\Delta = \frac{1}{r}\frac{\partial}{\partial r}\left(r\frac{\partial}{\partial r}\right) + \frac{1}{r^2}\frac{\partial^2}{\partial\varphi^2} + \frac{\partial^2}{\partial z^2} .$$

Aufgabe A17.3.11
Man berechne $\det(\boldsymbol{\Phi}'(\boldsymbol{u}))$ für die folgenden Abbildungen $\boldsymbol{\Phi}$:

a) $\boldsymbol{\Phi}(\boldsymbol{u}) := \begin{pmatrix} a_{11}x + a_{12}y \\ a_{21}x + a_{22}y \end{pmatrix}$ mit $\boldsymbol{u} = (x, y)^T$ (Lineare Abbildung);

b) $\boldsymbol{\Phi}(\boldsymbol{u}) := \begin{pmatrix} xy\cos\varphi \\ xy\sin\varphi \\ \dfrac{x^2-y^2}{2} \end{pmatrix}$ mit $\boldsymbol{u} = (x, y, \varphi)^T$ (Rotationsparabolische Koordinaten).

Aufgabe A17.3.12
Gegeben seien die Hyberbelkoordinaten $\boldsymbol{\Phi}$ mit $(u, v) \in D := [0, 5] \times [1, 3]$ und

$$\boldsymbol{\Phi}(x, y) = \begin{pmatrix} u(x, y) \\ v(x, y) \end{pmatrix} = \begin{pmatrix} x^2 - y^2 \\ xy \end{pmatrix}.$$

a) Man berechne $\boldsymbol{J\Phi}(x, y)$ und $\det(\boldsymbol{J\Phi}(x, y))$ sowie
b) bzgl. D: $\boldsymbol{\Phi}^{-1}(u, v)$, $\boldsymbol{J\Phi}^{-1}(u, v)$ und $\det(\boldsymbol{J\Phi}^{-1}(u, v))$.
c) Man skizziere $\boldsymbol{\Phi}^{-1}(D)$ im (x, y)-Koordinatensystem.
d) Man transformiere $\Delta w = w_{xx} + w_{yy}$ mit Hilfe der Kettenregel in eine Darstellung bzgl. Hyberbelkoordinaten.

A17.4 Mittelwertsätze und Taylorscher Satz

Aufgabe A17.4.1
Gegeben sei die Funktion $\boldsymbol{f}: \mathbb{R}^2 \to \mathbb{R}^2$ mit $\boldsymbol{f}(x, y) = \frac{1}{5}(x^3 + yx^2 - y)$.

a) Man begründe, dass es kein $\theta \in \mathbb{R}$ gibt mit $\boldsymbol{f}(\boldsymbol{a}+\boldsymbol{h}) - \boldsymbol{f}(\boldsymbol{a}) = \boldsymbol{J}\boldsymbol{f}(\boldsymbol{a}+\theta\boldsymbol{h})\boldsymbol{h}$, wobei $\boldsymbol{h} = (2, 1)^T$ und $\boldsymbol{a} = (0, 0)^T$.
b) Man überprüfe, ob $\boldsymbol{f}$ bezüglich der Maximumnorm auf $D := \{(x, y)^T \in \mathbb{R}^2 \mid |x| \le 1 \wedge |y| \le 1\}$ eine kontrahierende Selbstabbildung ist.
c) Ausgehend vom Startwert $(x_0, y_0) = (1, 1)$ führe man drei Schritte des Fixpunktverfahrens durch und verschaffe sich außerdem einen Überblick über alle Fixpunkte durch Lösen der Fixpunktgleichung.

Aufgabe A17.4.2
Man berechne das Taylor-Polynom 2. Grades zum Entwicklungspunkt $(x_0, y_0, z_0) = (\pi, \pi, 0)$ der folgenden Funktion $f(x, y, z) = \sin(y - x) + e^{x-y+2z}$.

Klausuraufgabe A17.4.3
Man bestimme für die Funktion $f(x, y) = 1 + \ln\left(\frac{x+y}{x-y}\right)$ die Taylor-Polynome $T_1(x, y; x_0, y_0)$ und $T_2(x, y; x_0, y_0)$ zum Entwicklungspunkt $(x_0, y_0) = (1, 0)$.

Klausuraufgabe A17.4.4
Gegeben sei die durch $f(x, y) = e^{x^2+y^2}$ definierte Funktion. Man bestimme das Taylor-Polynom zweiten Grades zum Entwicklungspunkt $(x_0, y_0) = (0, 0)$.

Klausuraufgabe A17.4.5
Für die durch $f(x, y) = e^{xy}$ definierte Funktion berechne man das Taylor-Polynom 2. Grades zum Entwicklungspunkt $(x_0, y_0) = (2, 0)$.

Aufgabe A17.4.6

Man berechne das Taylor-Polynom $T_3(\boldsymbol{x}; \boldsymbol{x}^0)$ dritten Grades für die Funktion $f(x, y) = \cos x \sin y e^{x-y}$ zum Entwicklungspunkt $\boldsymbol{x}^0 = (0, 0)^T$

a) unter Verwendung des Satzes von Taylor,
b) mit Hilfe der Taylor-Reihen der verwendeten elementaren Funktionen in einer Dimension.

Aufgabe A17.4.7

Gegeben sei die Funktion $f(x, y) = 2x^3 - 5x^2 + 3xy - 2y^2 + 9x - 9y - 9$.

a) Man berechne das Taylor-Polynom dritten Grades von f zum Entwicklungspunkt $(x_0, y_0) = (1, -1)$.
b) Man gebe eine obere Schranke an nach der Restgliedformel von Lagrange für den Abstand im Nullpunkt zwischen der Funktion und der Tangentialebene im Entwicklungspunkt (x_0, y_0) und vergleiche diese mit dem tatsächlichen Abstand.

Aufgabe A17.4.8

Gegeben sei die Funktion $f(x, y) = \sin x \sin y + \cos y$.

a) Man zeichne die Funktion im Bereich $[-2\pi, 2\pi] \times [-2\pi, 2\pi]$.
b) Man berechne das Taylor-Polynom 3.Grades von f im Entwicklungspunkt $(x_0, y_0) = (0, 0)$ unter Verwendung des Satzes von Taylor.
c) Man ermittle das Taylor-Polynom 3.Grades unter Verwendung der bekannten Reihenentwicklungen von sin und cos in einer Veränderlichen.
d) Man schätze den Fehler, der dadurch entsteht, wenn man T_3 anstelle von f verwendet, im Rechteck $[-\pi/2, \pi/2] \times [-\pi, \pi]$ nach oben ab.

Klausuraufgabe A17.4.9

Für die durch $f(x, y) = (x + 1)^2 + x \sin(x + y)$ definierte Funktion berechne man das Taylor-Polynom 2. Grades zum Entwicklungspunkt $(x_0, y_0) = (0, \pi)$ und schätze den Fehler, der dadurch entsteht, wenn man T_2 anstelle von f im Punkt $(x, y) = (\pi, \pi)$ verwendet, nach oben ab.

A 18
Anwendungen der Differentialrechnung

A18.1 Extrema von Funktionen mehrerer Variabler

Aufgabe A18.1.1

Man berechne alle stationären Punkte der folgenden Funktionen und klassifiziere diese:

a) $f(x, y) = xy + x - 2y - 2\,,$
b) $f(x, y) = x^2y^2 + 4x^2y - 2xy^2 + 4x^2 - 8xy + y^2 - 8x + 4y + 4\,,$
c) $f(x, y) = 4e^{x^2+y^2} - x^2 - y^2\,,$
d) $f(x, y, z) = -\ln(x^2 + y^2 + z^2 + 1)\,.$

Aufgabe A18.1.2

Man zeichne folgende Funktionen, berechne jeweils alle stationären Punkte und klassifiziere diese:

a) $f(x, y) = x^2 + y^4 - y^2\,,$
b) $f(x, y) = \sin x \sin y\,,$
c) $f(x, y) = x^2 \ln(|y| + 1)\,,$
d) $f(x, y) = x^2 + y^2 - \sqrt{2(x^2 + y^2)}\,.$

Aufgabe A18.1.3

Gegeben sei die Funktion $f(x, y) = 12x^4 - 7x^2y + y^2$.

a) Man berechne alle stationären Punkte von f.
b) Man versuche die hinreichende Bedingung zur Klassifikation der stationären Punkte anzuwenden.
c) Man weise nach, dass f im Ursprung längs jeder Geraden durch Null ein lokales Minimum besitzt.
d) Besitzt f auch längs jeder Parabel $y = ax^2$ mit $a \in \mathbb{R}$ ein Minimum im Ursprung?
e) Man zeichne die Funktion.

Klausuraufgabe A18.1.4

a) Man berechne das Taylor-Polynom $T_2(\boldsymbol{x}; \boldsymbol{x}^0)$ zweiten Grades für die Funktion $f(x, y) = (2x - 3y) \cdot \sin(3x - 2y)$ zum Entwicklungspunkt $\boldsymbol{x}^0 = (0, 0)^T$.
b) Man ermittle die Extrema der Funktion $f(x, y) = 2x^3 - 3xy + 2y^3 - 3$.

Mathematik in den Ingenieur- und Naturwissenschaften 2, Aufgaben und Lösungen, 5. Aufl.
Rainer Ansorge, Hans Oberle, Kai Rothe und Thomas Sonar.

Klausuraufgabe A18.1.5
Gegeben sei die durch

$$f(x, y) = \frac{(y-1)(x+1)^2}{2} - \frac{(y+1)^2}{2} + 2$$

definierte Funktion.

a) Man bestimme alle stationären Punkte von f und klassifiziere sie.
b) Für die durch $f(x, y) = 0$ definierte Höhenlinie bestimme man alle Punkte mit horizontaler Tangente.
c) Für den Punkt $P = (-1, -3)$ gilt $f(-1, -3) = 0$. Man überprüfe, ob sich die Lösungsmenge von $f(x, y) = 0$ in einer Umgebung von P eindeutig durch eine C^1-Funktion $y(x)$ bzw. $x(y)$ darstellen lässt.

Klausuraufgabe A18.1.6
Man berechne und klassifiziere alle stationären Punkte der Funktionen:

a) $f(x, y) = \frac{1}{8}xy + \frac{1}{x} - \frac{1}{y}$, b) $f(x, y) = x^2 + y^4 - y^2$,

c) $f(x, y) = 2x^3 - 3x^2 - 12x + 8y - 4y^2$.

Klausuraufgabe A18.1.7
Gegeben sei die Funktion f mit $f(x, y) = 2x^2 - x^4 + \cosh(y - 1)$.

a) Man berechne für f alle stationären Punkte und klassifiziere diese.
b) Man berechne das Taylor-Polynom 2.Grades von f im Entwicklungspunkt $(1, 1)$ und schätze den Betrag des Fehlers, der dadurch entsteht, wenn man T_2 anstelle von f verwendet, im Rechteck $[0, 1] \times [0, 1]$ nach oben ab.

A18.2 Implizit definierte Funktionen

Aufgabe A18.2.1
Gegeben sei die Funktion

$$f(x, y) = x^3 - 3x^2y + 3xy^2 - y^3 + 2x^2 - 4xy + 2y^2 - 2x - 2\,.$$

a) Welche der folgenden Punkte liegen auf der Höhenlinie $f(x, y) = 0$:

$$(x_0, y_0) = (-1, 1)\,, \quad (x_1, y_1) = \frac{1}{2}(-1, 1)\,, \quad (x_2, y_2) = (-1, 0)\ ?$$

b) Man überprüfe, ob sich die Höhenlinie $f(x, y) = 0$ in den Punkten aus a), die auf ihr liegen, durch eine C^1-Funktion parametrisieren lässt und berechne gegebenenfalls den Winkel $\alpha \in \left[0, \frac{\pi}{2}\right]$ zwischen der Tangente der parametrisierten Höhenlinie in diesen Punkten und der x-Achse.
c) Man erstelle einen Höhenlinienplot von f im Bereich $[-1{,}1, -0{,}4] \times [-0{,}2, 1{,}1]$.

Aufgabe A18.2.2
Gegeben sei das nichtlineare Gleichungssystem:

$$g(x, y, z) := \begin{pmatrix} x^2 + y^2 + z^2 - 6\sqrt{x^2 + y^2} + 8 \\ x^2 + y^2 + z^2 - 2x - 6y + 8 \end{pmatrix} = \begin{pmatrix} 0 \\ 0 \end{pmatrix} .$$

a) Man zeige, dass $g(0, 3, 1) = \mathbf{0}$ gilt.
b) Man überprüfe mit Hilfe des Satzes über implizite Funktionen, ob sich die Gleichung $g(x, y, z) = \mathbf{0}$ im Punkte $(0, 3, 1)$ lokal nach x und y oder nach x und z oder nach y und z auflösen lässt und führe gegebenenfalls diese Auflösung durch.

Aufgabe A18.2.3
a) Man beweise die lokale Auflösbarkeit von $x^2 - 2xy - y^2 - 2x + 2y + 2 = 0$ nach x in einer Umgebung von $(x_0, y_0) = (3, 1)$ und berechne $h'(1)$ und $h''(1)$ für die implizit definierte Funktion $x = h(y)$.
b) Man berechne explizit die Funktion $h(y)$ aus a), gebe deren maximalen Definitionsbereich an und bestätige die berechneten Ableitungswerte.

Aufgabe A18.2.4
Gegeben sei die Funktion $h\colon \mathbb{R}^3 \to \mathbb{R}$ mit

$$h(x, y, z) = z^2 - x^2 - y^2 + 2x + 4y - 6z + 4 .$$

a) Man überprüfe, ob die Niveaumenge $h(x, y, z) = c$, die durch den Punkt $(1, 2, 2)$ festgelegt wird, in der Umgebung dieses Punktes eine glatte Fläche bildet.
b) Man löse obige Gleichung gegebenenfalls nach einer der Variablen auf, um die Fläche explizit anzugeben.
c) Man gebe im Punkt $(1, 2, 2)$ die Tangentialebene bezüglich der Fläche aus a) in Parameterform an.
d) Man zeichne die Fläche mit Tangentialebene.

Aufgabe A18.2.5
Durch $(x^2 + y^2)^2 - y(3x^2 - y^2) = 0$ ist eine Kurve implizit gegeben. Man bestimme

a) die Symmetrien der Kurve,
b) die Kurvenpunkte mit horizontaler Tangente,
c) die singulären Punkte der Kurve,
d) die Schnittpunkte der Kurve mit der Geraden $y = x$ und die Kurvensteigung in diesen Punkten.

Klausuraufgabe A18.2.6
Gegeben sei die Niveaumenge $g(x, y) = x^2 + y^2 - 6y + 5 = 0$.

a) Man bestimme die Symmetrien der Niveaumenge.
b) Man berechne die Punkte mit vertikaler Tangente.
c) Für den Punkt $P = (0, 1)$ gilt $g(0, 1) = 0$. Man überprüfe, ob sich die Niveaumenge in einer Umgebung von P eindeutig durch eine C^1-Funktion $y(x)$ oder $x(y)$ darstellen lässt.

A18.3 Extremalprobleme mit Nebenbedingungen

Aufgabe A18.3.1

a) Man bestimme mit Hilfe der Lagrange-Multiplikatorenregel diejenigen Punkte auf dem Kreisrand $x^2 + y^2 - 2x + 2y + 1 = 0$, die vom Punkt $(-1, 1)$ den kleinsten bzw. den größten Abstand haben und gebe die Abstände an.
b) Man bestimme die Punkte aus a) mit Hilfe geometrischer Überlegungen.

Aufgabe A18.3.2

Man bestimme absolutes Minimum und Maximum der Funktion $f(x, y, z) = x^2$ auf dem Schnitt der Kugeloberfläche $x^2 + y^2 + z^2 = 1$ mit der Ebene $z = x$.

Aufgabe A18.3.3

Man bestimme absolutes Minimum und Maximum der Funktion $f(x, y, z) = x + y + z$ auf dem Schnitt der Kugeloberfläche $x^2 + y^2 + z^2 = 3$ mit der Ebene $x + y - 2z = 0$ mit Hilfe der Lagrange-Multiplikatorenregel.

Klausuraufgabe A18.3.4

Gegeben sei die durch $f(x, y) = e^{x^2+y^2}$ definierte Funktion. Man bestimme und klassifiziere alle Extrema von f unter der Nebenbedingung $g(x, y) := 2(x-1)^2 + 2(y+1)^2 - 1 = 0$.

Klausuraufgabe A18.3.5

Man berechne und klassfiziere die Extremwerte der Funktion $f : \mathbb{R}^2 \to \mathbb{R}$ mit $f(x, y) = x^2 + y^2$ auf der Niveaumenge $g(x, y) = x^2 + y^2 - 6y + 5 = 0$ unter Verwendung der Lagrange-Multiplikatorenregel.

Klausuraufgabe A18.3.6

Man bestimme und klassifiziere die lokalen Extrema von $f(x, y) = x^2 - 2(y+1)^2$

a) mit Hilfe der Lagrange-Multiplikatorenregel auf der Menge

$$M = \left\{ \begin{pmatrix} x \\ y \end{pmatrix} \in \mathbb{R}^2 \;\middle|\; x^2 + 4y^2 = 1 \right\},$$

b) auf der Menge $Z = \left\{ \begin{pmatrix} x \\ y \end{pmatrix} \in \mathbb{R}^2 \;\middle|\; x^2 + 4y^2 \le 1 \right\}$.

Klausuraufgabe A18.3.7

Man bestimme die lokalen Extrema der Funktion $f(x, y) = x^2 - \frac{xy}{2} + \frac{y^2}{4} - x$ auf der Menge

$$E = \left\{ \begin{pmatrix} x \\ y \end{pmatrix} \in \mathbb{R}^2 \;\middle|\; x^2 + \frac{y^2}{4} \le 1 \right\}.$$

Zur Untersuchung der Funktion auf dem Rand von E verwende man die Lagrange-Multiplikatorenregel.

A18.4 Das Newton-Verfahren

Aufgabe A18.4.1
Zur Berechnung eines Extremums der Funktion

$$f(x, y) = (x-1)^4 + 2(x-1)^2(y+1)^2 + (y-1)^4 - 2(x-1)^2 - 2(y+1)^2 + 1$$

soll das Newton-Verfahren auf

$$\boldsymbol{F}(x, y) := (\text{grad } f(x, y))^T = 0$$

angewendet werden.

a) Man berechne $\boldsymbol{F}(x, y)$ und die Jacobi-Matrix $\boldsymbol{JF}(x, y)$.
b) Man stelle das Newton-Verfahren auf und starte es mit $\boldsymbol{x}^0 = (1{,}21, -1{,}15)^T$. Als Abbruchkriterium verwende man $\|\boldsymbol{x}^{k+1} - \boldsymbol{x}^k\|_\infty < 10^{-4}$.
c) Man klassifiziere das gefundene Extremum.
d) Man erstelle einen Funktionsplot von f im Bereich $[-0.2, 2{,}2] \times [-2.2, 0{,}2]$.

Aufgabe A18.4.2
Man zeige, dass das Newton-Verfahren

$$\boldsymbol{x}^{k+1} = \boldsymbol{x}^k - (\boldsymbol{J}\boldsymbol{f}(\boldsymbol{x}^k))^{-1}\boldsymbol{f}(\boldsymbol{x}^k)$$

zur Bestimmung einer Nullstelle von $\boldsymbol{f}(\boldsymbol{x})$ gegenüber Umskalierungen der Form:

a) $\boldsymbol{h}(\boldsymbol{y}) = \boldsymbol{f}(\boldsymbol{A}\boldsymbol{y})$,
b) $\boldsymbol{g}(\boldsymbol{x}) = \boldsymbol{B} \cdot \boldsymbol{f}(\boldsymbol{x})$

invariant ist. Dabei seien $\boldsymbol{A}$ und $\boldsymbol{B}$ reguläre Matrizen.

A 19
Integralrechnung mehrerer Variabler

A19.1 Bereichsintegrale

Aufgabe A19.1.1
Mit $Q := [1,2] \times [0,2]$ berechne man für die Funktion

$$f: Q \to \mathbb{R}, \quad f(x,y) = x - 2y + 3$$

a) die Riemannsche Unter- und Obersumme zu folgender Zerlegung Z von Q

$$Q_{i,j} = [1 + (i-1)/n, 1 + i/n] \times [2(j-1)/n, 2j/n], \; i,j = 1, \ldots, n$$

b) und das Integral von f über Q nach dem Satz von Fubini.

Aufgabe A19.1.2
a) Man zeige, dass für die Funktion $h\colon [a,b] \times [c,d] \to \mathbb{R}$ mit $(x,y) \mapsto h(x,y) := f(x) \cdot g(y)$ mit stetigen Funktionen $f\colon [a,b] \to \mathbb{R}$ und $g\colon [c,d] \to \mathbb{R}$ gilt:

$$\int_a^b \int_c^d h(x,y)\,\mathrm{d}y\,\mathrm{d}x = \int_a^b f(x)\,\mathrm{d}x \cdot \int_c^d g(y)\,\mathrm{d}y\,.$$

b) Man berechne $\displaystyle\int_0^1 \int_0^{\pi/2} \sinh x \, \cos y \,\mathrm{d}y\,\mathrm{d}x$.

Aufgabe A19.1.3
Man berechne die folgenden Integrale:

a) $\displaystyle\int_1^2 \int_{-1}^0 (x+1)^2 + y \,\mathrm{d}x\,\mathrm{d}y$ und $\displaystyle\int_{-1}^0 \int_1^2 (x+1)^2 + y \,\mathrm{d}y\,\mathrm{d}x$,

b) $\displaystyle\int_0^1 \int_2^3 \frac{x^2+y+1}{xy+x}\,\mathrm{d}x\,\mathrm{d}y$ und $\displaystyle\int_2^3 \int_0^1 \frac{x^2+y+1}{xy+x}\,\mathrm{d}y\,\mathrm{d}x$,

c) $\displaystyle\int_{-1}^3 \int_0^2 xy - x^2 + y \,\mathrm{d}x\,\mathrm{d}y$,

Mathematik in den Ingenieur- und Naturwissenschaften 2, Aufgaben und Lösungen, 5. Aufl.
Rainer Ansorge, Hans Oberle, Kai Rothe und Thomas Sonar.

d) $\int\limits_0^4 \int\limits_0^1 \frac{x}{(x+y)^2} \, dy \, dx \, .$

Aufgabe A19.1.4
Man berechne die folgenden Integrale:

a) $\int\limits_A e^{x-y} \, d(x,y), \quad A = [0, \ln 2] \times [0, \ln 3] \, ,$

b) $\int\limits_B \frac{y^2}{x} \, d(x,y), \quad B = [1, e] \times [0, 1] \, ,$

c) $\int\limits_C 4x - y \, d(x,y), \quad C = [0, 1] \times [-1, 2] \, ,$

d) $\int\limits_D \cos(x+y) \, d(x,y), \quad D = \left[0, \frac{\pi}{2}\right] \times [0, \pi] \, ,$

e) $\int\limits_E \frac{\cos y}{x^2+4} \, d(x,y), \quad E = [0, 2] \times \left[0, \frac{\pi}{2}\right] \, .$

Aufgabe A19.1.5
Man berechne die folgenden Integrale:

a) $\int\limits_A xy + e^z \, d(x,y,z), \quad A = [0,1] \times [0,2] \times [0, \ln 2]$

b) $\int\limits_B \frac{x^2+e^y}{z+1} \, d(x,y,z), \quad B = [-1,2] \times [0,1] \times [0, e-1] \, ,$

c) $\int\limits_C \ln x + y^2 e^z \, d(x,y,z), \quad C = [1,2]^3 \, ,$

d) $\int\limits_D \sqrt{x+y+z} \, d(x,y,z), \quad D = [0,1] \times [0,1] \times [0,1] \, .$

Aufgabe A19.1.6
Man beschreibe die folgenden Mengen durch Normalbereiche:

a) den Halbkreis $H\colon x^2 + y^2 \leq 1 \, , \quad x \leq y,$
b) das durch $\|\boldsymbol{x}\|_\infty \leq 4$ mit $\boldsymbol{x} \in \mathbb{R}^2$ gegebene Quadrat Q,
c) die von der Höhenlinie $x^{2/3} + y^{2/3} = 4$ eingeschlossene Astroide A,
d) die von der Höhenlinie $(x^2+y^2)^2 - x^2 + y^2 = 0$ eingeschlossene Lemniskate L,
e) das durch $x^2 + 4y^2 + 9z^2 \leq 1$ gegebene Ellipsoid E,
f) den durch die Flächen $x+1=0, \quad x-1=0, \quad y^2+z^2=1$ berandeten Zylinder Z.

Aufgabe A19.1.7
Man skizziere den durch $x = 0$ und $x + y^2 = 4$ eingeschlossenen Bereich P und berechne $\int\int_P y^2 \, d(x,y)$ indem zuerst nach y und dann nach x integriert wird und indem zuerst nach x und dann nach y integriert wird.

Aufgabe A19.1.8
Man berechne den Flächeninhalt des Rechtecks

$$R = \left\{ \begin{pmatrix} x \\ y \end{pmatrix} \in \mathbb{R}^2 \;\middle|\; -1 \le x + y \le 1 \;\wedge\; 0 \le x - y \le 2 \right\},$$

unter Verwendung der Transformation $u = x + y$ und $v = x - y$. Man überprüfe dazu alle Voraussetzungen des Transformationssatzes!

Aufgabe A19.1.9
Man zeichne die Schnittfläche D des Kreises $x^2 + y^2 \le 1$ mit der Halbebene $y \ge -x$ und der Halbebene $x \le 0$ und berechne den Flächeninhalt sowie den Schwerpunkt der Schnittfläche D. Dabei werde eine homogene Massenverteilung $\rho(x, y) = 3$ für alle $(x, y)^T \in D$ angenommen.

Aufgabe A19.1.10
Gegeben sei das Rotationsellipsoid

$$E = \left\{ \begin{pmatrix} x \\ y \\ z \end{pmatrix} \in \mathbb{R}^3 \;\middle|\; x^2 + 4y^2 + z^2 \le 9 \right\}.$$

Man berechne $\int_E x^2 + y + z^2 \, \mathrm{d}(x, y, z)$ unter Verwendung von Zylinderkoordinaten und an das Ellipsoid angepasste Kugelkoordinaten.

Aufgabe A19.1.11
a) Für die Pyramide $D \subset \mathbb{R}^3$ mit den Eckpunkten $P_1 = (1, 1, 0)^T$, $P_2 = (-1, 1, 0)^T$, $P_3 = (-1, -1, 0)^T$, $P_4 = (1, -1, 0)^T$ und der Spitze $S = (0, 0, 1)^T$ berechne man das Trägheitsmoment bezüglich der z-Achse bei homogener Massenverteilung.
b) Man berechne das Trägheitsmoment des Rohres

$$R = \left\{ \begin{pmatrix} x \\ y \\ z \end{pmatrix} \in \mathbb{R}^3 \;\middle|\; 1 \le x^2 + y^2 \le 4 \;\wedge\; 0 \le z \le 1 \right\}$$

mit homogener Massendichte bezüglich der z-Achse unter Verwendung von Zylinderkoordinaten.

Aufgabe A19.1.12
a) Für die konstante Dichte ρ berechne die Masse des Kegels

$$K = \left\{ \begin{pmatrix} x \\ y \\ z \end{pmatrix} \in \mathbb{R}^3 \;\middle|\; 0 \le x^2 + y^2 \le R^2 \;\wedge\; 0 \le z \le H\left(1 - \frac{\sqrt{x^2 + y^2}}{R}\right) \right\}.$$

b) Für die Dichte $\rho(x, y, z) = x^2 z$ berechne die Masse des elliptischen Zylinders

$$Z := \left\{ \begin{pmatrix} x \\ y \\ z \end{pmatrix} \in \mathbb{R}^3 \,\middle|\, x^2 + 4y^2 \leq 17\,,\ 1 \leq z \leq 11 \right\}.$$

Tipp: Man benutze den Transformationssatz unter Verwendung geeigneter Koordinaten.

Aufgabe A19.1.13

Durch $x^2 + y^2 \leq 4$ und $0 \leq z \leq 4 - x^2 - y^2$ wird ein Rotationsparaboloid P beschrieben. P habe die konstante Dichte ρ.

a) Man zeichne P unter Verwendung der MATLAB-Routine ‚ezgraph3'.
b) Für P berechne man die Masse und das Trägheitsmoment bezüglich der z-Achse.
c) Man berechne das Trägheitsmoment von P bezüglich der zur z-Achse parallelen Achse D, die durch den Punkt $(1, 1, 5)^T$ verläuft.

Klausuraufgaben A19.1.14

a) Gegeben sei der Körper $Z = \left\{ \begin{pmatrix} x \\ y \\ z \end{pmatrix} \in \mathbb{R}^3 \,\middle|\, 1 \leq z \leq 2 \ \wedge \ 0 \leq x^2 + y^2 \leq 1 \right\}$.

Man skizziere Z und berechne seine Masse mit der Dichtefunktion $\rho(x, y, z) = x^2 + y^2 + z$.
b) Durch $x^2 + y^2 + z^2 \leq 1$ und $0 \leq z$ sei der Körper K beschrieben. Man skizziere K und berechne seine Masse mit der Dichtefunktion $\rho(x, y, z) = 3 + 5z^2$ unter Verwendung von Kugelkoordinaten.
c) Durch $x^2 + y^2 \leq 5$ und $0 \leq z \leq 2$ sei der Körper Z beschrieben. Man skizziere Z und berechne das Trägheitsmoment von Z bezüglich der z-Achse mit der Dichtefunktion $\rho(x, y, z) = 1 + x^2 + y^2$.

A19.2 Kurvenintegrale

Aufgabe A19.2.1

Gegeben seien das Vektorfeld $\boldsymbol{f}(x, y, z) = (y + z, x + z, x + y)^T$ und die Kurven

$$\boldsymbol{c}_n\colon [0, 1] \to \mathbb{R}^3\,, \quad \boldsymbol{c}_n(t) = (t, 1 - t^n, t^n)^T \quad \text{mit} \quad n \in \mathbb{N}\,.$$

a) Man berechne die Kurvenintegrale $\int_{\boldsymbol{c}_n} \boldsymbol{f}(\boldsymbol{x})\,\mathrm{d}\boldsymbol{x}$.
b) Man bestimme ein Potential für $\boldsymbol{f}$ und begründe damit, dass die Kurvenintegrale aus a) vom Parameter n unabhängig sind.
c) Man berechne die Arbeit $\int_{\boldsymbol{c}} \boldsymbol{f}(\boldsymbol{x})\,\mathrm{d}\boldsymbol{x}$ für die Bewegung eines Massenpunktes von $P_1 = (1, 1, 1)^T$ nach $P_2 = (2, 1, 0)^T$ mit einer beliebigen Kurve $\boldsymbol{c}$.

Aufgabe A19.2.2
Für das Vektorfeld $f(x,y) = (x^2y^2, y)^T$ mit $(x,y)^T \in \mathbb{R}^2$ berechne man das Kurvenintegral $\oint_c f(x)\,dx$ längs des Halbkreises

$$c(t) := \begin{cases} (t,0)^T, & -1 \le t \le 1, \\ (2-t, \sqrt{1-(t-2)^2})^T, & 1 \le t \le 3, \end{cases}$$

und bestätige für dieses Beispiel den Integralsatz von Green.

Aufgabe A19.2.3
Gegeben seien das Vektorfeld $u(x) = \left(\frac{1}{x}, \frac{1}{y}\right)^T$ und der Einheitskreis K mit der geschlossenen Randkurve $c(t) = (\cos t, \sin t)^T$ für $t \in [0, 2\pi]$.

a) Man berechne die Zirkulation $\oint_c u(x)\,dx$ und
b) vergleiche diese mit $\int_K \operatorname{rot} u\,dx$.

Aufgabe A19.2.4
Man berechne Potentiale zu folgenden Vektorfeldern, falls dies möglich ist:

a) $a(x,y)^T = \left(10xy^3 + y^2e^{xy^2} - \dfrac{2x}{1+x^2},\ 15x^2y^2 - \sin y - y\cos y + 2xye^{xy^2}\right)$,
b) $b(x,y)^T = (\cosh x + 2e^x + y,\ 2 + \sin y + 2x)$,
c) $f(x,y,z) = \begin{pmatrix} \dfrac{x}{\sqrt{x^2+y^2+z^2}} + 2xy, \\ \dfrac{y}{\sqrt{x^2+y^2+z^2}} + x^2 + z^2\cos(yz^2), \\ \dfrac{z}{\sqrt{x^2+y^2+z^2}} + 2yz\cos(yz^2) + \dfrac{2z}{1+z^2} \end{pmatrix}$,
d) $h(x,y,z)^T = (yz+1,\ 2xz+2,\ 3xy+3)$.

Aufgabe A19.2.5
Man berechne Potentiale zu folgenden Vektorfeldern über den Hauptsatz für Kurvenintegrale sowie durch Integration nach den Variablen:

a) $f(x,y)^T = \left(2xy + \dfrac{y^2}{\cos^2(xy^2)},\ x^2 + \dfrac{2xy}{\cos^2(xy^2)} + 1\right)$,
b) $h(x,y,z)^T = (-2x\sin(x^2+y), -\sin(x^2+y) + z^2e^{yz^2},\ 2zye^{yz^2} + \cos z)$.

Klausuraufgabe A19.2.6
a) Gegeben sei das Vektorfeld

$$f(x,y) = (-y\sin(xy) - e^{x+y}, -x\sin(xy) - e^{x+y})^T.$$

Falls für f ein Potential existiert, berechne man es nach dem Hauptsatz für Kurvenintegrale.

b) Man berechne ein Potential zum Vektorfeld

$$g(x,y,z) = \left(-\frac{2xyz}{(1+x^2)^2}, \frac{z}{1+x^2} + 2yze^{y^2}, \frac{y}{1+x^2} + e^{y^2} - \sin z\right)^T$$

durch Integration nach den Variablen.

c) Gegeben sei das Vektorfeld $\boldsymbol{f}\colon \mathbb{R}^3 \to \mathbb{R}^3$ mit $\boldsymbol{f}(x,y,z) = (-y+1, x, -yz)^T$.
   i) Man überprüfe, ob es zu $\boldsymbol{f}$ ein Potential geben kann.
   ii) Für die Kurve $\boldsymbol{c}\colon [0, 6\pi] \to \mathbb{R}^3$ mit $\boldsymbol{c}(t) = (3\sin(t), -3\cos(t), t)^T$ berechne man das Kurvenintegral $\int_c \boldsymbol{f}(\boldsymbol{x})\,\mathrm{d}\boldsymbol{x}$.

d) Gegeben sei das Vektorfeld $\boldsymbol{f}\colon \mathbb{R}^3 \to \mathbb{R}^3$ mit

$$\boldsymbol{f}(x,y,z) = (2e^{2x} + y - z\sin x, x + 2y + z^4, \cos x + 4yz^3)^T .$$

   i) Man zeige, dass $\boldsymbol{f}$ ein Potential besitzt ohne es zu berechnen.
   ii) Man berechne ein Potential von $\boldsymbol{f}$.
   iii) Für die Kurve $\boldsymbol{c}\colon [0, 2\pi] \to \mathbb{R}^3$ mit $\boldsymbol{c}(t) = (\cos t, \cos t, \sin t)^T$ berechne man das folgende Kurvenintegral $\int_c \boldsymbol{f}(\boldsymbol{x})\,\mathrm{d}\boldsymbol{x}$.

A19.3 Oberflächenintegrale

Aufgabe A19.3.1
Man parametrisiere und zeichne folgende Flächen:

a) Die Mantelfläche, die im $\mathbb{R}^3$ entsteht, wenn die Funktion $z(x) = -\frac{2}{3}x + 2$ mit $x \in [0,3]$ um die z-Achse rotiert.
b) Die obere Halbkugelfläche der Kugel mit Mittelpunkt $M = (1, -2, 3)^T$ und Radius $R = 5$.
c) Die Mantelfläche, die im $\mathbb{R}^3$ entsteht, wenn der Kreis $(x-3)^2 + z^2 = 4$ bei $y = 0$ um die z-Achse rotiert.
d) Die untere Hälfte des Zylindermantels im $\mathbb{R}^3$, der durch $-1 \le x \le 2$ und $(y+1)^2 + z^2 = \frac{1}{2}$ gegeben ist.

Aufgabe A19.3.2
Für folgende Flächen sind Parametrisierungen gesucht:

a) Die Oberfläche im $\mathbb{R}^3$, die entsteht, wenn das Dreieck mit den Eckpunkte $P_1 = (1,0,1)^T$, $P_2 = (0,0,2)^T$ und $P_3 = (-1,0,1)^T$ um die x-Achse rotiert.
b) Die Oberfläche, die entsteht, wenn die Ellipse $(x-2)^2 + 4(z-1)^2 = 4$ und $y = 0$ im R^3 um die Gerade $\boldsymbol{g}(\lambda) = (2,0,1)^T + \lambda(1,0,0)^T$ mit $\lambda \in \mathbb{R}$ rotiert.
c) Die Schnittfläche des Halbzylinders

$$H = \left\{ \begin{pmatrix} x \\ y \\ z \end{pmatrix} \in \mathbb{R}^3 \;\middle|\; x^2 + y^2 \le 9 \;\wedge\; x \le 0 \right\}$$

mit der Ebene $E = \left\{ \begin{pmatrix} x \\ y \\ z \end{pmatrix} \in \mathbb{R}^3 \;\middle|\; 2x - y + 3z = 5 \right\}$.

Aufgaben A19.3.3

Gegeben sei die Teilfläche eines Zylinders

$$Z = \left\{ (x, y, z)^T \in \mathbb{R}^3 \mid 0 \le y \le 2 \,,\ 0 \le z \,,\ x^2 + z^2 = 9 \right\} .$$

a) Man gebe eine Parametrisierung von Z an,
b) zeichne Z mit Hilfe der MATLAB-Routine ‚ezgraph3' und
c) berechne den Flächeninhalt von Z mit Hilfe eines Oberflächenintegrals.

Aufgabe A19.3.4

Gegeben sei folgender Kegelmantel

$$M = \left\{ \begin{pmatrix} x \\ y \\ z \end{pmatrix} \in \mathbb{R}^3 \;\middle|\; x^2 + y^2 \le 1 \ \wedge\ z = \sqrt{x^2 + y^2} \right\} .$$

a) Man berechne die Oberfläche von M unter Verwendung kartesischer oder Polarkoordinaten.
b) Man berechne den Fluss des Vektorfeldes $\boldsymbol{f}(\boldsymbol{x}) = (x + y,\ y - x,\ z^2)^T$ durch M.

Aufgaben A19.3.5

a) Gegeben seien die Fläche

$$K = \left\{ (x, y, z)^T \in \mathbb{R}^3 \;\middle|\; x^2 + y^2 + z^2 = 4 \,,\ 0 \le z \right\}$$

und das Vektorfeld $\boldsymbol{f}: \mathbb{R}^3 \to \mathbb{R}^3$ mit $\boldsymbol{f}(x, y, z) = (y, -x, z)^T$.
   i) Man skizziere K.
   ii) Man parametrisiere K unter Verwendung von Kugelkoordinaten.
   iii) Man berechne den Fluss von $\boldsymbol{f}$ durch K.

b) Gegeben seien die Fläche

$$F = \left\{ (x, y, z)^T \in \mathbb{R}^3 \;\middle|\; x^2 + y^2 \le 4 \,,\ z = x^2 \right\}$$

und das Vektorfeld $\boldsymbol{f}: \mathbb{R}^3 \to \mathbb{R}^3$ mit $\boldsymbol{f}(x, y, z) = (-y, x + z, 6xy)^T$.
   i) Man parametrisiere F unter Verwendung von Polarkoordinaten.
   ii) Man berechne den Fluss von $\boldsymbol{f}$ durch F.

c) Gegeben seien der Körper

$$K = \left\{ (x, y, z)^T \in \mathbb{R}^3 \;\middle|\; x^2 + y^2 + z^2 \le 25 \right\}$$

und das Vektorfeld $\boldsymbol{f}(x, y, z) = (y, -x, z^3)^T$. Man skizziere K und berechne den Fluss von $\boldsymbol{f}$ durch die Oberfläche von K.

Klausuraufgabe A19.3.6
Gegeben sei die Fläche

$$G = \left\{ (x, y, z)^T \in \mathbb{R}^3 \;\middle|\; x^2 + y^2 \le 9 \,,\; 0 \le y \,,\; z = -x \right\}$$

und das Vektorfeld $\boldsymbol{f} = (yz + 1, xz + 1, xy + 1)^T$.

a) Man skizziere G.
b) Man berechne den Flächeninhalt von G.
c) Man berechne für das Vektorfeld $\boldsymbol{f}$ die Kurvenintegrale

$$\int_{\boldsymbol{c}_1} \boldsymbol{f}(\boldsymbol{x})\,\mathrm{d}\boldsymbol{x}\,, \quad \oint_{\boldsymbol{c}_1+\boldsymbol{c}_2} \boldsymbol{f}(\boldsymbol{x})\,\mathrm{d}\boldsymbol{x}\,.$$

Dabei ist $\boldsymbol{c}_1$ der Teil der Randkurve von G, der durch die Gerade beschrieben wird und $\boldsymbol{c}_2$ der restliche Teil der Randkurve, so dass ∂G von den beiden Kurven einmal vollständig durchlaufen wird.

Aufgabe A19.3.7
Gegeben sei das Vektorfeld $\boldsymbol{f}(x, y, z) = (yz - 1, 0, z - 1)^T$. Man berechne den Fluss von $\boldsymbol{f}$ durch die Oberfläche der Halbkugel

$$H = \left\{ \begin{pmatrix} x \\ y \\ z \end{pmatrix} \in \mathbb{R}^3 \;\middle|\; (x-2)^2 + y^2 + (z-1)^2 \le 1 \;\wedge\; 1 \le z \right\}.$$

a) Man gebe Parametrisierungen der beiden glatten Teilflächen F_1 und F_2 an, die H beranden.
b) Man berechne $\int_H \operatorname{div} \boldsymbol{f}\,\mathrm{d}(x, y, z)$ sowie den Fluss durch F_1 und F_2 und bestätige damit den Gaußschen Integralsatz im $\mathbb{R}^3$.

Klausuraufgabe A19.3.8
Gegeben sei der Körper

$$E = \left\{ \begin{pmatrix} x \\ y \\ z \end{pmatrix} \in \mathbb{R}^3 \;\middle|\; x^2 + y^2 + 2z^2 \le 1 \;\wedge\; z \ge 0 \right\}.$$

Man berechne den Fluss des Vektorfeldes $\boldsymbol{f}(x, y, z) = (1 - y, 1 + x, z^2)^T$ durch die beiden glatten Teilflächen, die E beranden.

Klausuraufgabe A19.3.9
Gegeben seien das Vektorfeld $\boldsymbol{f}(x, y, z) = (x, y, 1)^T$ und der Körper

$$K = \left\{ \begin{pmatrix} x \\ y \\ z \end{pmatrix} \in \mathbb{R}^3 \;\middle|\; x^2 + y^2 \le 2 \;\wedge\; 0 \le z \le x + y + 3 \right\}.$$

a) Man veranschauliche sich den Körper K.
b) Man gebe Parametrisierungen der drei glatten Teilflächen F_1, F_2 und F_3 an, die K beranden.
c) Man berechne $\int_K \operatorname{div} \boldsymbol{f} \, \mathrm{d}(x, y, z)$ sowie den Fluss durch F_1, F_2 und F_3 und bestätige damit den Gaußschen Integralsatz im $\mathbb{R}^3$.

Klausuraufgabe A19.3.10
Gegeben seien der Bereich

$$Z = \left\{(x, y, z)^T \in \mathbb{R}^3 \mid x^2 + y^2 \leq 4\,,\ 0 \leq x\,,\ 0 \leq z \leq 3\right\}$$

und das Vektorfeld $\boldsymbol{f}(x, y, z) = (x, -4y, z)^T$.

a) Man skizziere Z.
b) Man berechne den Fluss bezüglich $\boldsymbol{f}$ durch jede der drei ebenen Teilflächen E_1, E_2 und E_3 des Randes von Z.
c) Man berechne $\int_Z \operatorname{div} \boldsymbol{f} \, \mathrm{d}(x, y, z)$.
d) Man berechne den Fluss von $\boldsymbol{f}$ durch die nichtebene Teilfläche M des Randes von Z.

Klausuraufgabe A19.3.11
Gegeben sei der Körper

$$P = \left\{ \begin{pmatrix} x \\ y \\ z \end{pmatrix} \in \mathbb{R}^3 \;\middle|\; x^2 + y^2 \leq 4\,,\ 1 \leq z \leq 5 - x^2 - y^2 \right\}$$

und das Vektorfeld $\boldsymbol{f}(x, y, z) = (x, y, z^2)^T$.

a) Man skizziere P und
b) parametrisiere die beiden glatten, P berandenden, Teilflächen F_1 und F_2.
c) Man berechne den Fluss von $\boldsymbol{f}$ durch F_1 und F_2 und
d) berechne $\int_P \operatorname{div} \boldsymbol{f} \, \mathrm{d}(x, y, z)$.

Aufgabe A19.3.12
Gegeben seien das Geschwindigkeitsfeld $\boldsymbol{u}(x, y, z) = (z - y, x - z, y - x)^T$ einer turbulenten Strömung sowie die Fläche

$$F = \left\{ \begin{pmatrix} x \\ y \\ z \end{pmatrix} \in \mathbb{R}^3 \;\middle|\; x^2 + y^2 \leq 4 \ \wedge\ z = xy \right\}.$$

a) Man zeichne die Fläche F.
b) Man berechne auf F das Integral über alle Wirbelstärken $\int_F \operatorname{rot} \boldsymbol{u}(\boldsymbol{x}) \, \mathrm{d}o$.
c) Man berechne die Zirkulation $\oint_{\partial F} \boldsymbol{u}(\boldsymbol{x}) \, \mathrm{d}\boldsymbol{x}$ von $\boldsymbol{u}$ längs der Randkurve ∂F von F und bestätige damit den Integralsatz von Stokes im $\mathbb{R}^3$.

Aufgabe A19.3.13

Gegeben sei das Geschwindigkeitsfeld

$$\boldsymbol{v}(x, y, z) = \left(x^2 y^2, -z, y^2 + \frac{1}{x - z}\right)^T$$

einer turbulenten Strömung, sowie die Schnittfläche F des Zylinders Z mit der Ebene E, wobei

$$Z = \left\{ \begin{pmatrix} x \\ y \\ z \end{pmatrix} \in \mathbb{R}^3 \;\middle|\; x^2 + y^2 \leq 9 \right\} \quad \text{und} \quad E = \left\{ \begin{pmatrix} x \\ y \\ z \end{pmatrix} \in \mathbb{R}^3 \;\middle|\; x - z = 1 \right\}.$$

a) Man berechne das Integral über alle Wirbelstärken $\int_F \operatorname{rot}\boldsymbol{v}(\boldsymbol{x})\, \mathrm{d}\boldsymbol{o}$ auf F.

b) Man berechne die Zirkulation $\oint_{\partial F} \boldsymbol{v}(\boldsymbol{x})\, \mathrm{d}\boldsymbol{x}$ von $\boldsymbol{v}$ längs der Randkurve ∂F von F und bestätige damit den Integralsatz von Stokes im $\mathbb{R}^3$.

A 20
Gewöhnliche Differentialgleichungen

A20.1 Einführende Beispiele

Aufgabe A20.1.1
In ein Schwimmbecken mit Salzwasser der Konzentration C_1 (= Salzmenge/Volumen) wird eine kleine Zelle mit Volumen V und Oberfläche F eingetaucht. Die Zelle enthalte ebenfalls Salzwasser, jedoch mit geringerer Konzentration C_2. Über die salzdurchlässige Zellwand dringt nun von außen Salz in die Zelle ein. Der Salzmengenzuwachs in der Zelle kann als proportional zur Zelloberfläche, zur sich zeitlich ändernden Konzentrationsdifferenz und zum Zeitzuwachs angenommen werden.
Man beschreibe den Diffusionsprozess durch eine Differentialgleichung für die Salzkonzentration $c(t)$ in der Zelle, wobei das Schwimmbecken derart groß gegenüber der Zelle sei, dass die Außenkonzentration C_1 als konstant angenommen werden kann. Anschließend löse man die Differentialgleichung.

Aufgabe A20.1.2
Eine Regentonne sei vollständig mit 300 l Wasser gefüllt. In diesem Wasser seien 3 g Kalk gelöst. Nachdem es angefangen hat zu regnen, fließen durch eine Zuleitung aus der Dachrinne pro Minute 2 l Wasser mit einem Kalkgehalt von 1 mg je l in die Tonne.
Durch eine Differentialgleichung beschreibe man den Mischungsprozess für den Kalkgehalt in der Tonne. Dabei soll angenommen werden, dass genau so viel Wasser aus der Tonne abfließt wie hineinfließt und dass der hineinfließende Wasserstrahl zu einer sofortigen Durchmischung der unterschiedlichen Kalkgehalte im Wasser führt.

Mathematik in den Ingenieur- und Naturwissenschaften 2, Aufgaben und Lösungen, 5. Aufl.
Rainer Ansorge, Hans Oberle, Kai Rothe und Thomas Sonar.

A20.2 Lösungsmethoden für Differentialgleichungen erster Ordnung

Aufgabe A20.2.1
Man bestimme den Typ der folgenden Differentialgleichungen und löse sie:

a) $x^2 y' + (1 - x)y = 0$, b) $y' = 2y - 2(x^2 - x + 1)$,

c) $y' + xy = xy^3$, d) $x^2 y' = x^2 y^2 + xy + 1$.

Hinweis: Für d) gibt es eine Lösung von der Form cx^α mit $c, \alpha \in \mathbb{R}$.

Aufgabe A20.2.2
Man löse die folgenden Differentialgleichungen durch Trennung der Variablen (Separation):

a) $2y' - 3y = 4$, b) $\frac{y'}{x} - y^2 - 4 = 0$, c) $\frac{y'}{y} = x^2 - \frac{x^2}{y}$.

Klausuraufgabe A20.2.3
Durch Trennung (Separation) der Variablen löse man die Anfangswertaufgaben

a) $y' = 2xe^{-y}$ mit $y(0) = 0$, b) $y' = x^3 y^2$ mit $y(0) = 4$,

c) $y' = y^2 + 1$ mit $y\left(\frac{\pi}{4}\right) = 1$, d) $y' = 2xy$ mit $y(0) = 3$,

e) $y' = \frac{3x^2}{2y}$ mit $y(0) = 1$.

Aufgabe A20.2.4
Durch Substitution löse man folgende Differentialgleichungen:

a) $x^3 y' - 3xy^2 - x^2 y = 0$ für $x \neq 0$,
b) $2xy' - y^2 - 2y + x^2 = 0$ für $x \neq 0$ mit $y(1) = 0$
c) $y' = e^{x+y} - 1$ mit $y(1) = -1$.

Klausuraufgabe A20.2.5
a) Man löse die Anfangswertaufgabe $(x^2 + 1)y' - 2x(y^2 + 1) = 0$, $y(0) = 1$.
b) Man bestimme die allgemeine Lösung von $y' - y = xy^5$.
c) Man löse die Anfangswertaufgabe $y' = (x + y)^2$ mit $y(0) = 1$.
Tipp: Mit der Substitution $u(x) = y(x) + x$ vereinfacht sich die Aufgabe.

Aufgabe A20.2.6
Man bestimme den Typ der folgenden Differentialgleichungen und berechne die allgemeinen Lösungen:

a) $y' + xy = x$, b) $y' = \frac{2\cos^2 y}{1 - x^2}$, c) $y' - 2x^2 y + xy^2 = 1 - x^3$,

d) $y' = \frac{4y^3 + x^3}{3xy^2}$, e) $y' + 2y + \frac{x}{y} = 0$.

Hinweis: Es gibt eine polynomiale Lösung für c).

Aufgabe A20.2.7
Für folgende Differentialgleichungen bestimme man den Typ und berechne die allgemeinen Lösungen:

a) $y' + \frac{y}{x} = 2$, b) $y' + (x-1)^2 y + x\left(1 - \frac{x}{2}\right) y^2 = \frac{x^2}{2} - x + 1$,

c) $y' = \frac{y^2 + xy + x^2}{x^2}$, d) $y' + y + \left(\frac{1}{3} - x\right) y^4 = 0$.

Hinweis: Es gibt eine polynomiale Lösung für b).

Aufgabe A20.2.8
a) Man bestimme die allgemeine Lösung der Differentialgleichung $y' = \frac{y}{t} - \frac{1}{t}$.
b) Man bestimme den Anfangswert $y(1) = y_0$ so, dass für den Grenzwert gilt

$$\lim_{t\to\infty} \frac{y(t)}{t} = 5 .$$

Klausuraufgabe A20.2.9
a) Man löse die Bernoullische Differentialgleichung $y' + y + x^2 y^4 = 0$ für $y \neq 0$.
b) Man zeige, dass die Differentialgleichung $y + 1 + \sin y + (x - 1 + x\cos y)y' = 0$ exakt ist und berechne anschließend eine implizite Lösungsdarstellung.
c) Man löse die folgenden Bernoullischen Differentialgleichungen mit dem Anfangswert $y(0) = 1$

i) $y' - y + e^x y^2 = 0$, ii) $y' - \frac{y}{3} - \frac{y^4}{3} = 0$,

iii) $y' + y + (1 - 2x)y^3 = 0$.

Klausuraufgabe A20.2.10
a) Man löse die Anfangswertaufgabe $y' + \frac{3y}{x} = 5x - \frac{3}{x}$, $y(1) = 1$.
b) Man berechne die allgemeine Lösung von

$$-1 - 2x + y\cos x + (2 + \sin x)y' = 0 .$$

Aufgabe A20.2.11
Man löse die folgende Differentialgleichung:

$$1 - 2x + 4y^3 + \frac{2x}{x^2 + y^2} + \left(1 + 12xy^2 + \frac{2y}{x^2 + y^2}\right) y' = 0 .$$

Hinweis: Eine implizite, die Lösung enthaltende Gleichung reicht aus.

Aufgabe A20.2.12
a) Man leite eine Bedingung dafür her, dass die Differentialgleichung $g(t, y) + h(t, y)\, y' = 0$ einen integrierenden Faktor besitzt von der folgenden Form
i) $m(t, y) = m(ty)$, ii) $m(t, y) = m(t^2 + y^2)$
b) Man löse die Differentialgleichungen
i) $t + \sqrt{t^2 + y^2} + (y + \sqrt{t^2 + y^2})y' = 0$, ii) $y + ty^3 + (t + 2t^2 y^2)y' = 0$,
wobei die Lösungsdarstellung in einer impliziten Gleichung ausreicht.

Aufgabe A20.2.13

a) Man leite eine Bedingung dafür her, dass die Differentialgleichung $g(t, y) + h(t, y)\, y' = 0$ einen integrierenden Faktor besitzt von der folgenden Form
   i) $m(t, y) = m(t + y)$, ii) $m(t, y) = m(t^2 y^2)$.
b) Man löse die Differentialgleichungen
   i) $2t^2 + 2ty + (t + y)\cos(t + y) + (2ty + 2y^2 + (t + y)\cos(t + y))y' = 0$,
   ii) $\dfrac{2e^{t^2y^2}}{t} + \left(\dfrac{2e^{t^2y^2}}{y} + \dfrac{2}{t^2 y}\right) y' = 0$,
   wobei die Lösungsdarstellung in einer impliziten Gleichung ausreicht.

Klausuraufgabe A20.2.14

Man berechne die allgemeine Lösung der Differentialgleichung

$$2xy + \left(2x^2 + \frac{\cos y}{y}\right) y' = 0 .$$

Dabei reicht eine implizite Lösungsdarstellung aus.
Hinweis: Es gibt einen integrierenden Faktor der Form $m = m(y)$.

Aufgabe A20.2.15

Gegeben sei die Differentialgleichung $y' = \left(1 + \frac{2}{x}\right) y$.

a) Man ermittle die allgemeine Lösung durch Trennung der Veränderlichen.
b) Man berechne die allgemeine Lösung über einen Potenzreihenansatz der Form $y(x) = \sum_{i=0}^{\infty} a_i x^i$ und bestimme den Konvergenzradius der Potenzreihe.

Aufgabe A20.2.16

Gegeben sei die Differentialgleichung $y' = xy$.

a) Durch Separation ermittle man die allgemeine Lösung.
b) Unter Verwendung eines Potenzreihenansatzes der Form $y(x) = \sum_{i=0}^{\infty} a_i x^i$ ermittle man die allgemeine Lösung und bestimme den Konvergenzradius der Potenzreihe.

Aufgabe A20.2.17

Die Clairautsche Differentialgleichung $y = xy' + \psi(y')$ besitzt eine allgemeine Lösung der Form $y = Cx + \psi(C)$ mit $C \in \mathbb{R}$.
Außerdem kann noch eine ‚singuläre Lösung' y_s vorhanden sein, die man durch Elimination von p aus den Gleichungen $y_s = px + \psi(p)$ und $x + \psi'(p) = 0$ erhält. Man löse die folgende Differentialgleichung $y = xy' + e^{y'}$ und gebe eine geometrische Deutung der singulären Lösung y_s an.

A20.3 Lösungsmethoden für Differentialgleichungen zweiter Ordnung

Aufgabe A20.3.1
Man löse die folgenden Differentialgleichungen:

a) $y^2 y'' - (y')^3 = 0\,,$ b) $y'' + y = 0\,,$ c) $2xy'' - y' - x = 0\,.$

Aufgabe A20.3.2
Man bestimme die Lösungen der folgenden Anfangswertaufgaben und zeichne sie:

a) $y'' = \dfrac{x}{y'}$ mit $y(0) = 0$ und $y'(0) = -1\,,$

b) $y'' = y^{-3}$mit $y(0) = 1$ und $y'(0) = 1\,.$

Aufgabe A20.3.3
Gegeben sei ein Fadenpendel der Länge ℓ. Die Auslenkung aus der Ruhelage sei durch den Winkel φ gegeben. Bei großen Auslenkungen wird die Bewegungsgleichung dann durch $\varphi'' = -\frac{g}{\ell}\sin\varphi$ beschrieben, wobei g die Erdbeschleunigung ist.

a) Man bestimme die Differentialgleichung der Phasenkurve $v(\varphi)$ und berechne hieraus die die Phasenkurve implizit beschreibende Gleichung $h(\varphi, v) = c$.
b) Man klassifiziere alle singulären Punkte von $h(\varphi, v) = c$.
c) Man bestimme alle Punkte mit horizontaler und vertikaler Tangente von $h(\varphi, v) = c$.
d) Für $-6 \leq \varphi \leq 6$, $-4 \leq v \leq 4$ und $\ell = 5$ erstelle man ein Höhenlinienbild von $h(\varphi, v)$.

Aufgabe A20.3.4
Bei ungedämpften Schwingungen treten Differentialgleichungen folgender Form auf:

$$u'' + k^2 u = 0 \quad \text{mit} \quad k \neq 0\,.$$

a) Man bestimme die Differentialgleichung der Phasenkurve $v(u)$ und berechne hieraus die die Phasenkurve implizit beschreibende Gleichung $h(u, v) = c$.
b) Man klassifiziere alle singulären Punkte von $h(u, v) = c$.
c) Man bestimme alle Punkte mit horizontaler und vertikaler Tangente von $h(u, v) = c$.
d) Durch welche Kurven werden die Höhenlinien der Funktion h beschrieben?

Aufgabe A20.3.5
a) Man berechne die allgemeine radialsymmetrische Lösung $u(r)$, mit $r = \sqrt{x^2 + y^2}$, der Poissongleichung $\Delta u = 1$ im $\mathbb{R}^2$.
b) Man berechne die Lösung der Randwertaufgabe aus a) mit $u(1) = 0 = u(2)$.

A 21
Theorie der Anfangswertaufgaben

A21.1 Existenz und Eindeutigkeit für Anfangswertaufgaben

Aufgabe A21.1.1

a) Gegeben sei die Anfangswertaufgabe

$$y' = x^2 + y^2\,, \quad y(0) = 0\,.$$

Man zeige die Existenz und Eindeutigkeit der Lösung dieser Aufgabe für $0 \leq x \leq 0{,}5$ mit dem Satz von Picard-Lindelöf.

b) Man zeige mit Hilfe des Mittelwertsatzes, dass für die Lösung der Anfangswertaufgabe

$$y' = \cos(xy)\,, \quad y(0) = 2 \quad \text{für} \quad x \in [0,1]$$

gilt: $y(x) \geq 1$.

Aufgabe A21.1.2

a) Man berechne eine Lösung der Anfangswertaufgabe

$$y'(t) + y(t) + y^{2/3}(t) = 0\,, \quad y(0) = 1\,.$$

b) Man zeige, dass die Lösung im Intervall $[0, 3\ln 2]$ eindeutig bestimmt ist.
c) Man zeige, dass die Lösung im Intervall $[0, b]$ mit $b > 3\ln 2$ nicht mehr eindeutig bestimmt ist und gebe eine zweite Lösung an.

A21.2 Näherungsverfahren

Klausuraufgabe A21.2.1

Gegeben sei die Anfangswertaufgabe

$$y' + 2xy = 2x \quad \text{mit} \quad y(0) = 2\,.$$

Man berechne $y(0{,}2)$ näherungsweise mit Hilfe des Eulerschen Polygonzugverfahrens und der konstanten Schrittweite $h = 0{,}1$.

Mathematik in den Ingenieur- und Naturwissenschaften 2, Aufgaben und Lösungen, 5. Aufl.
Rainer Ansorge, Hans Oberle, Kai Rothe und Thomas Sonar.

Klausuraufgabe A21.2.2
Man führe drei Schritte des Verfahrens der sukzessiven Approximation für die Anfangswertaufgabe

$$y' = 2y \quad \text{mit} \quad y(0) = 2$$

durch. Als Startfunktion wähle man $y_0(t) = 2$.

Aufgabe A21.2.3
Gegeben sei die Anfangswertaufgabe

$$y' = t^2(y-1)\,, \quad y(0) = 2\,.$$

a) Man bestimmen mit Hilfe des Eulerschen Polygonzugverfahrens mit $h = 0{,}25$ eine Näherung für $y(1)$.
b) Man führen drei Schritte des Verfahrens der sukzessiven Approximation (vgl. Lehrbuch (21.6)) aus und berechne $y^{[3]}(1)$ als Näherung für $y(1)$.
c) Man löse die gegebene Anfangswertaufgabe analytisch, berechne den Wert $y(1)$ und zeichne die Lösung.

A 22
Lineare Differentialgleichungen

A22.1 Systeme erster Ordnung

Aufgabe A22.1.1
Man löse die folgende Anfangswertaufgabe für $x \neq 0$:

$$\frac{\mathrm{d}}{\mathrm{d}x}\begin{pmatrix} y_1 \\ y_2 \end{pmatrix} = \begin{pmatrix} \frac{1}{x} & 16x^2 \\ 0 & 4 \end{pmatrix}\begin{pmatrix} y_1 \\ y_2 \end{pmatrix} \quad \text{mit} \quad \boldsymbol{y}(1) = \begin{pmatrix} 8 \\ 1 \end{pmatrix} .$$

Aufgabe A22.1.2
Gegeben sei die folgende Anfangswertaufgabe für $t \neq 0$:

$$\begin{aligned} \dot{y}_1 &= -y_1/t - 2y_2/t^3 \\ \dot{y}_2 &= -2ty_1 + y_2/t \end{aligned} \quad \text{mit} \quad y_1(1) = 3 \text{ und } y_2(1) = 1 .$$

a) Man stelle die Anfangswertaufgabe in Matrix-Vektorschreibweise mit $\boldsymbol{y}(t) = (y_1(t), y_2(t))^T$ dar.
b) Man bestimme eine Polynomlösung der Form

$$\boldsymbol{y}^1(t) = \begin{pmatrix} a_0 + a_1\,t + a_2\,t^2 + a_3\,t^3 \\ b_0 + b_1\,t + b_2\,t^2 + b_3\,t^3 \end{pmatrix} .$$

c) Bilden $\boldsymbol{y}^1(t)$ und $\boldsymbol{y}^2(t) := \begin{pmatrix} 1/t^3 \\ 1/t \end{pmatrix}$ ein Fundamentalsystem der Differentialgleichung?
d) Man löse die Anfangswertaufgabe.

Aufgabe A22.1.3
Für das folgende lineare Differentialgleichungssystem berechne man die allgemeine Lösung:

$$\boldsymbol{y}' = \begin{pmatrix} 1 & 1 \\ 1 & \dfrac{x+1}{x-1} \end{pmatrix} \boldsymbol{y} \quad \text{mit} \quad x \neq 1 .$$

Hinweis: Es gibt eine Lösung in Polynomform je Komponente.

Mathematik in den Ingenieur- und Naturwissenschaften 2, Aufgaben und Lösungen, 5. Aufl.
Rainer Ansorge, Hans Oberle, Kai Rothe und Thomas Sonar.

Aufgabe A22.1.4
Für das folgende lineare Differentialgleichungssystem berechne man die allgemeine Lösung:

$$y' = \begin{pmatrix} -\frac{4}{x} & -\frac{4}{x^3} \\ 2x & \frac{4}{x} \end{pmatrix} y \quad \text{mit} \quad x \neq 0\,.$$

Hinweis: Es gibt eine Lösung in Polynomform je Komponente.

A22.2 Systeme erster Ordnung mit konstanten Koeffizienten

Aufgabe A22.2.1
Man berechne die Lösung der Anfangswertaufgabe

$$\dot{y} = \begin{pmatrix} 2 & 1 \\ 1 & 2 \end{pmatrix} y - \begin{pmatrix} 2+t \\ 2t \end{pmatrix} \quad \text{mit} \quad y(0) = \begin{pmatrix} 2 \\ -1 \end{pmatrix}.$$

Aufgabe A22.2.2
Gegeben sei das lineare Differentialgleichungssystem

$$y' = \underbrace{\begin{pmatrix} 5 & 12 \\ 12 & -5 \end{pmatrix}}_{=:A} y\,.$$

a) Man beweise durch Induktion für $k \in \mathbb{N}$:

$$A^k = 13^{k-1} \begin{pmatrix} 9 & 6 \\ 6 & 4 \end{pmatrix} + (-13)^{k-1} \begin{pmatrix} -4 & 6 \\ 6 & -9 \end{pmatrix}.$$

b) Man berechne die Matrix-Exponentiallösung $e^{xA} := \sum_{k=0}^{\infty} \frac{x^k}{k!} A^k \;\; (\in \mathbb{R}^{(n,n)})$ des Systems.

c) Man berechne das Fundamentalsystem über Eigenwerte und Eigenvektoren von A und vergleiche das Ergebnis mit dem aus b).

Aufgabe A22.2.3
Man löse folgende Anfangswertaufgabe mit Hilfe der Laplace-Transformation

$$\begin{aligned} u' &= -3u - 2v\,, \quad & u(0) &= 2 \\ v' &= 2u - 3v\,, \quad & v(0) &= -3\,. \end{aligned}$$

Aufgabe A22.2.4
Man bestimme die allgemeine Lösung des Differentialgleichungssystems

$$\begin{aligned} y_1' &= -3y_1 + 7y_2 - 3y_3 - 4 \\ y_2' &= -4y_1 + 7y_2 - 2y_3 - 1 \\ y_3' &= -3y_1 + 3y_2 + y_3 + 4\,. \end{aligned}$$

Aufgabe A22.2.5
Man löse die Anfangswertaufgabe

$$\begin{aligned} \dot{x} &= 5x - 2y - 4z\,, & x(0) &= 1\,,\\ \dot{y} &= -2x + 8y - 2z\,, & y(0) &= -3\,,\\ \dot{z} &= -4x - 2y + 5z\,, & z(0) &= 5\,. \end{aligned}$$

Aufgabe A22.2.6
Man löse die Anfangswertaufgabe

$$\begin{aligned} \dot{x} &= -x - y + z + 2\,, & x(0) &= 3\,,\\ \dot{y} &= -2y + z + 1\,, & y(0) &= 3\,,\\ \dot{z} &= -y - 2z + 3\,, & z(0) &= 1\,. \end{aligned}$$

Wie verhält sich die Lösung für $t \to \infty$?

Aufgabe A22.2.7
Man berechne ein Fundamentalsystem des linearen Systems

$$\dot{\boldsymbol{y}} = \begin{pmatrix} 4 & 0 & 3 & 0\\ 1 & 1 & 0 & 0\\ -2 & 0 & -1 & 0\\ 0 & 0 & 0 & 1 \end{pmatrix} \boldsymbol{y}\,.$$

Klausuraufgabe A22.2.8

a) Man berechne ein Fundamentalsystem von $\boldsymbol{y}' = \begin{pmatrix} 7 & 7\\ 0 & 7 \end{pmatrix} \boldsymbol{y}$.

b) Man bestimme die allgemeine reelle Lösung von $\boldsymbol{y}' = \begin{pmatrix} 1 & 1\\ -1 & 1 \end{pmatrix} \boldsymbol{y} + \begin{pmatrix} 0\\ 2 \end{pmatrix}$.

Klausuraufgabe A22.2.9

a) Man berechne die allgemeinen Lösungen der linearen Differentialgleichungssysteme erster Ordnung

i) $\boldsymbol{y}' = \begin{pmatrix} 4 & 1\\ -5 & -2 \end{pmatrix} \boldsymbol{y}$, ii) $\boldsymbol{y}' = \begin{pmatrix} 2 & 3\\ 1 & 4 \end{pmatrix} \boldsymbol{y} + \begin{pmatrix} 5\\ 5 \end{pmatrix}$,

iii) $\dot{\boldsymbol{y}} = \begin{pmatrix} 2 & 8\\ 2 & 2 \end{pmatrix} \boldsymbol{y} + e^t \begin{pmatrix} 5\\ -5 \end{pmatrix}$.

Tipp: Zur Berechnung einer speziellen Lösungen $\boldsymbol{y}_\mathrm{p}$ der inhomogenen Systeme eignen sich die Ansätze für (ii) $\boldsymbol{y}_\mathrm{p}(t) = \boldsymbol{a}$ und (iii) $\boldsymbol{y}_\mathrm{p}(t) = e^t \boldsymbol{a}$ jeweils mit $\boldsymbol{a} \in \mathbb{R}^2$.

b) Man berechne die allgemeine Lösung des linearen Differentialgleichungssystems erster Ordnung

$$\boldsymbol{y}' = \begin{pmatrix} 3 & 1 \\ 1 & 3 \end{pmatrix} \boldsymbol{y} + \begin{pmatrix} -3 \\ 7 \end{pmatrix}.$$

Wie verhält sich die Lösung des zugehörigen Anfangswertproblems mit $\boldsymbol{y}(0) = (2, -3)^T$ für $x \to \infty$.

Klausuraufgabe A22.2.10

a) Man löse die Anfangswertaufgabe

$$\boldsymbol{y}' = \begin{pmatrix} 2 & 1 \\ 4 & 2 \end{pmatrix} \boldsymbol{y} \quad \text{mit} \quad \boldsymbol{y}(0) = \begin{pmatrix} 13 \\ -2 \end{pmatrix}.$$

b) Für die Anfangswertaufgabe

$$\boldsymbol{y}' = \begin{pmatrix} 0 & 2 \\ 4 & 2 \end{pmatrix} \boldsymbol{y} + \begin{pmatrix} 2 \\ 6 \end{pmatrix} \quad \text{mit} \quad \boldsymbol{y}(0) = \begin{pmatrix} 0 \\ 1 \end{pmatrix}$$

berechne man

i) die allgemeine Lösung des homogenen Systems,
ii) die allgemeine Lösung des inhomogenen Systems und
iii) die Lösung der Anfangswertaufgabe.

c) Man löse die Anfangswertaufgabe

$$\dot{\boldsymbol{y}} = \begin{pmatrix} 1 & 2 \\ 2 & 1 \end{pmatrix} \boldsymbol{y} - e^t \begin{pmatrix} 2 \\ 4 \end{pmatrix} \quad \text{mit} \quad \boldsymbol{y}(0) = \begin{pmatrix} 0 \\ 5 \end{pmatrix}.$$

Tipp: Zur Berechnung einer speziellen Lösung der inhomogenen Differentialgleichung eignet sich der Ansatz $\boldsymbol{y}_{\mathrm{p}}(t) = e^t \boldsymbol{a}$.

Klausuraufgabe A22.2.11

Gegeben sei die Anfangswertaufgabe

$$\boldsymbol{y}' = \begin{pmatrix} 7 & -3 \\ 18 & -8 \end{pmatrix} \boldsymbol{y} + \begin{pmatrix} 5 \\ 14 \end{pmatrix}, \quad \boldsymbol{y}(0) = \begin{pmatrix} 0 \\ 0 \end{pmatrix}.$$

Man berechne

a) die allgemeine Lösung des zugehörigen homogenen Systems,
b) eine spezielle Lösung des zugehörigen inhomogenen Systems,
c) dann die Lösung der Anfangswertaufgabe und
d) alle Gleichgewichtspunkte des zugrunde liegenden inhomogenen Differentialgleichungssystems, untersuche diese auf Stabilität und gebe den Typ an.

Klausuraufgabe A22.2.12
Für die Anfangswertaufgabe

$$\boldsymbol{y}' = \begin{pmatrix} -2 & 1 \\ 3 & -4 \end{pmatrix} \boldsymbol{y} + \begin{pmatrix} 3 \\ -2 \end{pmatrix} \quad \text{mit} \quad \boldsymbol{y}(0) = \begin{pmatrix} 3 \\ 2 \end{pmatrix}$$

berechne man

a) die allgemeine Lösung des homogenen Systems,
b) eine spezielle Lösung des inhomogenen Systems (*Tipp:* $\boldsymbol{y}_{\text{p}}(x) = \boldsymbol{a}$ mit $\boldsymbol{a} \in \mathbb{R}^2$),
c) die Lösung der Anfangswertaufgabe,
d) alle Gleichgewichtspunkte des inhomogenen Systems und untersuche diese auf Stabilität und gebe den Typ an.

Klausuraufgabe A22.2.13
Man berechne die allgemeine Lösung des folgenden Differentialgleichungssystems und gebe die Lösungen auch in reeller Form an

$$\dot{\boldsymbol{y}} = \begin{pmatrix} 2 & 0 & 1 \\ 0 & 2 & -1 \\ -1 & 0 & 2 \end{pmatrix} \boldsymbol{y} .$$

Klausuraufgabe A22.2.14
Man berechne die allgemeine Lösung des Differentialgleichungssystems $\dot{\boldsymbol{y}}(t) = \boldsymbol{A}\,\boldsymbol{y}(t) + \boldsymbol{b}(t)$ mit

$$\boldsymbol{A} = \begin{pmatrix} 1 & 1 & -2 \\ 0 & 3 & 6 \\ 0 & -3 & -3 \end{pmatrix} \quad \text{und} \quad \boldsymbol{b}(t) = e^{2t} \begin{pmatrix} 2 \\ -5 \\ 2 \end{pmatrix} .$$

Dazu bestimme man

a) Eigenwerte, Eigenvektoren und gegebenenfalls Hauptvektoren von $\boldsymbol{A}$,
b) ein reelles Fundamentalsystem von $\dot{\boldsymbol{y}} = \boldsymbol{A}\ \boldsymbol{y}$ und
c) eine partikuläre Lösung von $\dot{\boldsymbol{y}} = \boldsymbol{A}\ \boldsymbol{y} + \boldsymbol{b}$ mittels des Ansatzes $\boldsymbol{y}(t) = \boldsymbol{v}\, e^{2t}$ mit $\boldsymbol{v} \in \mathbb{R}^3$.

A22.3 Einzelgleichungen höherer Ordnung

Aufgabe A22.3.1
Man bestimme ein Fundamentalsystem der Differentialgleichung

$$y'' - \frac{1}{t} y' - \frac{3}{t^2} y = 0 .$$

Hinweis: Es gibt eine polynomiale Lösung.

Aufgabe A22.3.2
Gegeben sei die Differentialgleichung $x^2 y'' - x(x+2)y' + (x+2)y = -x^3$.

a) Man bestimme ein Fundamentalsystem mit dem Reduktionsverfahren.
Hinweis: Es gibt eine polynomiale Lösung.
b) Man berechne eine spezielle Lösung der inhomogenen Gleichung unter Verwendung der Variation der Konstanten.
c) Man gebe die allgemeine Lösung der Differentialgleichung an.

Aufgabe A22.3.3
Man berechne die Lösung der Anfangswertaufgabe

$$y'' - \frac{3}{t}y' + \frac{4}{t^2}y = t \quad \text{mit} \quad y(1) = 0\,, \; y'(1) = 0\,.$$

Eine spezielle Lösung der inhomogenen Gleichung soll über Variation der Konstanten ermittelt werden.
Hinweis: Es gibt eine Polynomlösung der homogenen Gleichung.

A22.4 Einzelgleichungen höherer Ordnung mit konstanten Koeffizienten

Aufgabe A22.4.1
a) Man berechne ein reelles Fundamentalsystem von $y^{(5)} - 3y^{(4)} + y''' + y'' + 4y = 0$.
Hinweis: $\lambda = 2$ ist mehrfache Nullstelle des zugehörigen charakteristischen Polynoms.
b) Man berechne die allgemeine Lösung von $y''' + 3y'' + 3y' + y = 4e^t(6t+5)$. Für eine spezielle Lösung der inhomogenen Gleichung wähle man einen der Inhomogenität entsprechend angepassten Ansatz.

Aufgabe A22.4.2
Man bestimme die allgemeine Lösung von $y'' + y' - 2y = 2 - 4x$. Eine spezielle Lösung der inhomogenen Gleichung soll dabei

a) mit Hilfe eines speziellen Ansatzes,
b) über Variation der Konstanten und
c) durch die Methode der Greenschen Funktion

berechnet werden.

Aufgabe A22.4.3
Man löse die Anfangswertaufgabe $y''' - y'' - 2y' = -6t^2 - 6t + 8$ mit $y(0) = 1$, $y'(0) = 3$ und $y''(0) = 2$. Für eine spezielle Lösung der inhomogenen Gleichung wähle man das Grundlösungsverfahren und zum Vergleich einen der Inhomogenität angepassten speziellen Ansatz.

Aufgabe A22.4.4

a) Für die Differentialgleichung $y'' + y' - 6y = 6x^2 - 20x + 7$ berechne man eine spezielle Lösung der inhomogenen Gleichung unter Verwendung der Methode der Greenschen Funktion.

b) Für die Differentialgleichung $\ddot{y} - 6\dot{y} + 5y = 20$ berechne man eine spezielle Lösung der inhomogenen Gleichung:
   i) Durch Lösen des zugehörigen inhomogenen Anfangswertproblems mit $y(0) = 0 = \dot{y}(0)$ über Laplace-Transformation.
   ii) Mit Hilfe der Methode der Greenschen Funktion, wobei die Greensche Funktion über Laplace-Transformation berechnet werden soll.

Aufgabe A22.4.5

Man löse die Anfangswertaufgabe $y''' - 3y' - 2y = -6e^{-x}$ mit $y(0) = 2$, $y'(0) = 0$, $y''(0) = 9$ mit Hilfe

a) des charakteristischen Polynoms sowie eines speziellen Ansatzes für die Inhomogenität und
b) der Laplace-Transformation.

Aufgabe A22.4.6

a) Man ermittle die allgemeine Lösung der Differentialgleichung $y''' - 4y'' + 4y' = 0$.
b) Man bestimme die allgemeine Lösung von $y''' - 4y'' + 5y' - 2y = 1$.
c) Man löse die Anfangswertaufgabe $y''' + y'' - 4y' - 4y = 0$ mit $y(0) = 1$, $y'(0) = 0$, $y''(0) = -2$.

Aufgabe A22.4.7

a) Man berechne die allgemeine Lösung der Differentialgleichung $y'' + 8y' + 16y = 16x^2 - 6$.
b) Gegeben sei die Differentialgleichung $y'' - 6y' + 13y = 0$.
   i) Man berechne die allgemeine reelle Lösung der Differentialgleichung.
   ii) Man schreibe die Differentialgleichung als ein System erster Ordnung,
   iii) bestimme alle stationären Punkte für (ii) und
   iv) untersuche diese auf Stabilität mit Klassifikation.

A22.5 Stabilität

Aufgabe A22.5.1

Man gebe die Gleichgewichtspunkte der folgenden Differentialgleichungssysteme an, untersuche sie auf Stabilität, bestimme ihren Typ und skizziere das zugehörige Phasenporträt:

a) $\dot{x} = y - 3x + 9,\ \dot{y} = x - 3y - 11$, b) $\dot{x} = 4x + 5y,\ \dot{y} = -5x - 4y$.

Aufgabe A22.5.2

Gegeben sei die Differentialgleichung $y''' - 4y'' - y' + 4y = 0$.

a) Man schreibe die Differentialgleichung als System erster Ordnung,

b) untersuche den Gleichgewichtspunkt des Systems auf Stabilität,
c) gebe die allgemeine Lösung des Systems an und
d) vergleiche diese mit der, die man erhält, wenn die Differentialgleichung mit den Methoden für eine Einzelgleichung höherer Ordnung gelöst wird.

Aufgabe A22.5.3

a) Man bestimme die Art des Gleichgewichtspunktes $\mathbf{0}$ des Differentialgleichungssystems

$$\dot{x} = 8x + 5y\,, \quad \dot{y} = -10x - 7y\,,$$

löse die zu $x(0) = 0$ und $y(0) = 1$ gehörige Anfangswertaufgabe und skizziere die Phasenkurve $(x(t), y(t))^T$.

b) Man löse die Anfangswertaufgabe ($b \in \mathbb{R}$)

$$\dot{x} = by\,, \quad \dot{y} = -bx\,, \quad \text{mit} \quad x(0) = 1\,, \quad y(0) = 0\,,$$

skizziere die Phasenkurve $(x(t), y(t))^T$ und klassifiziere den stationären Punkt $\mathbf{0}$ des zugrunde liegenden Differentialgleichungssystems.

Aufgabe A22.5.4

a) Gegeben sei das folgende nichtlineare Differentialgleichungssystem:

$$\dot{x} = xy + x - y - 1\,, \quad \dot{y} = y^2 - x^2\,.$$

Man untersuche alle Gleichgewichtspunkte auf Stabilität.

b) Man bestimme alle stationären Lösungen des folgenden Differentialgleichungssystems und untersuche sie auf Stabilität:

$$\dot{x} = x^2 + xy\,, \quad \dot{y} = xy - 2x + y - 2\,.$$

Aufgabe A22.5.5

Gegeben sei das folgende Differentialgleichungssystem: $y_1' = y_2, \quad y_2' = -y_1 - y_1^3$.

a) Man berechne alle Gleichgewichtspunkte $\mathbf{y}^* \in \mathbb{R}^2$ des Differentialgleichungssystems.
b) Man untersuche das Stabilitätsverhalten aller Gleichgewichtspunkte nach Stabilitätssatz III (Satz 22.33) des Lehrbuches.
c) Man untersuche das Stabilitätsverhalten aller Gleichgewichtspunkte mit Hilfe der Methode von Ljapunov, wobei eine Ljapunov-Funktion V in der Form $V(\mathbf{y}) = a y_1^2 + b y_1^4 + c y_2^2$ gesucht werden soll, und zeichne die gefundene Ljapunov-Funktion.

Aufgabe A22.5.6

Gegeben sei das folgende Differentialgleichungssystem:

$$y_1' = y_2, \quad y_2' = -2y_1^3 - 8y_1^5\,.$$

a) Man berechne alle stationären Punkte $\mathbf{y}^* \in \mathbb{R}^n$ des Differentialgleichungssystems.

b) Man untersuche das Stabilitätsverhalten aller stationären Punkte nach Stabilitätssatz III (Satz 22.33) des Lehrbuches.
c) Man untersuche das Stabilitätsverhalten aller stationären Punkte mit Hilfe der Methode von Ljapunov, wobei eine Ljapunov-Funktion V in der Form $V(y) = a y_1^4 + b y_1^6 + c y_2^2$ gesucht werden soll.

Klausuraufgabe A22.5.7
Man untersuche alle Gleichgewichtspunkte der folgenden Differentialgleichungssysteme auf Stabilität und klassifiziere sie:

a) $y' = \begin{pmatrix} 5 & -6 \\ 7 & 5 \end{pmatrix} y$, b) $y' = \begin{pmatrix} -6 & 1 \\ 1 & -6 \end{pmatrix} y$,

c) $y' = \begin{pmatrix} 1 & 1 \\ 4 & 1 \end{pmatrix} y$, d) $y' = \begin{pmatrix} 0 & -3 \\ 4 & 0 \end{pmatrix} y$.

Klausuraufgabe A22.5.8
a) Man bestimme den Gleichgewichtspunkt des folgenden Differentialgleichungssystems und untersuche sein Stabilitätsverhalten mit Klassifikation

$$\begin{aligned} \dot{x} &= y + 4 \\ \dot{y} &= -10x - 2y + 2 \,. \end{aligned}$$

b) Man berechne für das lineare Differentialgleichungssystem erster Ordnung

$$\begin{aligned} \dot{x} &= 2y - x \\ \dot{y} &= 2x - y \end{aligned}$$

die allgemeine Lösung und untersuche das Stabilitätsverhalten der stationären Lösung (Gleichgewichtspunkt) $(x, y) = (0, 0)$. Für welche Anfangswertvorgabe bleibt die Lösung eines zugehörigen Anfangswertproblems für $t \to \infty$ beschränkt?
c) Man schreibe das lineare Differentialgleichungssystem erster Ordnung

$$\begin{aligned} \dot{x} &= 3y - 4x - 2 \\ \dot{y} &= y - 2x \end{aligned}$$

in Matrix-Vektor-Darstellung, berechne alle stationären Lösungen (Gleichgewichtspunkte) und untersuche deren Stabilitätsverhalten.

Klausuraufgabe A22.5.9
Man berechne alle Gleichgewichtspunkte des folgenden Systems und untersuche diese auf Stabilität

$$\dot{y} = \begin{pmatrix} 3 & 0 & 4 \\ 0 & -2 & 0 \\ 4 & 0 & -3 \end{pmatrix} y - \begin{pmatrix} 7 \\ 0 \\ 1 \end{pmatrix}.$$

Klausuraufgabe A22.5.10
Gegeben sei das Differentialgleichungssystem

$$\dot{x} = (x+2)(10+6x+x^2+y)\,, \qquad \dot{y} = (y-1)(y-x-2)\,.$$

Man bestimme alle reellen stationären Lösungen (Gleichgewichtspunkte) und untersuche sie auf Stabilität.

A 23
Randwertaufgaben

A23.1 Lineare Randwertaufgaben bei Systemen

Aufgabe A23.1.1
Gegeben sei das folgende lineare Zweipunkt-Randwertproblem:

$$\begin{aligned} y_1' &= y_2 + 2y_3\,, & y_1(0) - y_1(b) &= 1\,,\\ y_2' &= y_1 + 2y_3\,, & y_2(0) - y_2(b) &= 0\,,\\ y_3' &= 2y_1 + 2y_2 + 3y_3\,, & y_3(0) - y_3(b) &= 2\,. \end{aligned}$$

a) Man formuliere das Randwertproblem in Matrizenschreibweise und
b) bestimme die allgemeine Lösung des Differentialgleichungssystems.
c) Für welche $b \in \mathbb{R}$ ist die Randwertaufgabe eindeutig lösbar?
d) Im Falle der nicht eindeutigen Lösbarkeit ermittle man alle Lösungen.

Aufgabe A23.1.2
Gegeben sei das folgende lineare Zweipunkt-Randwertproblem:

$$\boldsymbol{y}' = \begin{pmatrix} 0 & 1 & -1\\ 0 & 1 & 0\\ 1 & 0 & 0 \end{pmatrix}\boldsymbol{y} - \begin{pmatrix} 1\\ 1\\ 2 \end{pmatrix}, \quad \begin{pmatrix} 1 & 5 & 7\\ 0 & 7 & 1\\ 0 & 0 & -8 \end{pmatrix}\boldsymbol{y}(0) + \begin{pmatrix} 1 & 5 & 7\\ 0 & 7 & 1\\ 0 & 0 & -8 \end{pmatrix}\boldsymbol{y}(b) = \begin{pmatrix} 1\\ 1\\ 1 \end{pmatrix}.$$

a) Man berechne die allgemeine Lösung des Differentialgleichungssystems.
b) In Abhängigkeit von $b \in \mathbb{R}$ diskutiere man die Lösbarkeit der Randwertaufgabe.

Klausuraufgabe A23.1.3
Gegeben sei das Randwertproblem

$$\begin{aligned} \dot{y}_1 &= -4y_1 - 5y_3\,, & y_1(0) - 3y_1(1) &= 0\,,\\ \dot{y}_2 &= 2y_2\,, & y_2(0) - y_2(1) &= 1 - e^2\,,\\ \dot{y}_3 &= y_1 + 2y_3\,, & 3y_3(0) - y_3(1) &= 0\,. \end{aligned}$$

a) Man gebe die Aufgabe in Matrizenschreibweise an,
b) bestimme die allgemeine Lösung des Differentialgleichungssystems und
c) löse die Randwertaufgabe.

Mathematik in den Ingenieur- und Naturwissenschaften 2, Aufgaben und Lösungen, 5. Aufl.
Rainer Ansorge, Hans Oberle, Kai Rothe und Thomas Sonar.

A23.2 Grundbegriffe der Variationsrechnung

Aufgabe A23.2.1

a) Man bestimme eine C^1-Funktion $y = y_0(t)$ mit $y_0(0) = 0$ und $y_0(1) = \frac{2}{\pi}$, die das Funktional

$$I[y] = \int_0^1 y\sqrt{1 - y'^2}\,\mathrm{d}t$$

minimiert, und berechne den minimalen Wert des Zielfunktionals.

b) Welche Lösung erhält man, wenn man die Randbedingung $y_0(1) = \frac{2}{\pi}$ weglässt? Welcher Wert ergibt sich nun für das Zielfunktional?

Klausuraufgabe A23.2.2

Man bestimme eine C^1-Funktion $y = y(t)$, $a \le t \le b$ mit $y(a) = y_a > 0$ und $y(b) = y_b > 0$, die das Funktional

$$I[y] = \int_a^b \sqrt{y(1 + y'^2)}\,\mathrm{d}t$$

minimiert. Man zeige, dass die Lösungen der zugehörigen Euler-Lagrange-Gleichung Parabeln sind.

Aufgabe A23.2.3

a) Man löse die Variationsaufgabe

$$I[y] = \int_0^1 \frac{(y')^2(t)}{2} - y(t)\,\mathrm{d}t \stackrel{!}{=} \min\,,$$

mit $y \in C^1[0, 1]$, unter der Nebenbedingung $y(0) = y_0$.

b) Man zeige durch direkte Auswertung von $I[y_e + \eta] - I[y_e]$ mit einer Extremalen y_e und $\eta \in C^1[0, 1]$ mit $\eta(0) = 0$, dass y_e ein striktes globales Minimum ist.

A23.3 Lineare Randwertaufgaben zweiter Ordnung

Aufgabe A23.3.1

Man bestimme alle Lösungen der folgenden Randwertaufgaben:

a) $y'' + y = 0\,, \quad 0 \le x \le \pi/2\,, \quad y(0) = 0\,, \quad y'(\pi/2) = 1$

b) $y'' + y = 0\,, \quad 0 \le x \le \pi/2\,, \quad y(0) = 0\,, \quad y(\pi/2) = 2$

c) $y'' + y = 0\,, \quad 0 \le x \le \pi/2\,, \quad y(0) = 0\,, \quad y'(\pi/2) = 0\,.$

Klausuraufgabe A23.3.2
Man löse die Randwertaufgaben

a) $y'' - 3y' - 4y = 0 \quad \text{mit} \quad y(0) = 0 \quad \text{und} \quad y(1) = 1\,.$
b) $-y'' + y = 0 \quad \text{mit} \quad y'(0) = 1 \quad \text{und} \quad y'(1) = 1\,.$

Aufgabe A23.3.3
Man löse die Randwertaufgabe

$$y''(t) - \frac{3}{t}y'(t) + \frac{4}{t^2}y(t) = t \quad \text{mit} \quad y(1) = 0\,, \quad y(2) - \frac{1}{2}y'(2) = 0$$

unter Verwendung einer Greenschen Funktion.
Hinweis: Für die zugrunde liegende homogene Differentialgleichung existiert eine Polynomlösung.

Klausuraufgabe A23.3.4
Man bestimme die Greensche Funktion für die Randwertaufgabe

$$y''(t) + y'(t) = h(t) \quad \text{mit} \quad y(0) = 0\,, \quad y'(0) - y'(1) = 0$$

und löse hiermit die Randwertaufgabe für $h(t) = t$.

Klausuraufgabe A23.3.5
Für die linearen Differentialgleichungen berechne man jeweils die allgemeine Lösung und löse damit die zugehörige Randwertaufgabe

a) $y'' - 2y' + y = 2x - 4 \quad \text{mit}\, y(0) = 0,\ y(1) = 3\,,$

b) $y'' + 9y = -9 \quad \text{mit}\, y(0) = 0,\ y\left(\frac{\pi}{2}\right) = 0\,.$

A23.4 Eigenwertaufgaben

Aufgabe A23.4.1
Man bestimme die Eigenwerte und Eigenfunktionen der Randwertaufgabe

$$x^2y'' + 3xy' + \lambda y = 0 \quad \text{mit} \quad y(1) = y(e) = 0\,,$$

berechne die vier kleinsten Eigenwerte und zeichne die zugehörigen Eigenfunktionen.
Hinweis: Man verwende den Lösungsansatz $y(x) = x^{\alpha}$.

Aufgabe A23.4.2
Man berechne die Eigenwerte und Eigenfunktionen der folgenden Randeigenwertaufgabe

$$y'' - 2y' - \lambda y = 0 \quad \text{mit} \quad y(0) = 0 \quad \text{und} \quad y(2) = 0\,.$$

A 24
Numerik für Anfangswertaufgaben

A24.1 Einschrittverfahren

Aufgabe A24.1.1
Man berechne die Lösungen der folgenden Anfangswertaufgaben

a) $y' = \dfrac{y-x}{y+x} \quad \text{mit} \quad y(0) = 1\,,$

b) $y' = \dfrac{x+y}{10e^x} \quad \text{mit} \quad y(0) = 5\,,$

c) $y' = \sin(xy) \quad \text{mit} \quad y(0) = 5\,,$

an den Stellen $x = 0{,}5,\ 1{,}0,\ 1{,}5,\ 2{,}0$ mit dem Eulerschen Polygonzugverfahren

$$y_{n+1} = y_n + hf(x_n, y_n)$$

und mit dem verbesserten Polygonzugverfahren

$$y_{n+1} = y_n + hf\left(x_n + \frac{h}{2}, y_n + \frac{h}{2} f(x_n, y_n)\right)$$

für die Schrittweiten $h = 0{,}1$ und $h = 0{,}05$.

Aufgabe A24.1.2
Gegeben sei das folgende Runge-Kutta-Tableau:

$$\begin{array}{c|ccc} 0 & & & \\ 1 & 1 & & \\ \frac{1}{2} & \frac{1}{4} & \frac{1}{4} & \\ \hline & \frac{1}{6} & \frac{1}{6} & \frac{2}{3} \end{array}$$

a) Man schreibe das zugehörige Einschrittverfahren explizit auf.
b) Man zeige, dass das Verfahren die Ordnung $p = 3$ besitzt.

Mathematik in den Ingenieur- und Naturwissenschaften 2, Aufgaben und Lösungen, 5. Aufl.
Rainer Ansorge, Hans Oberle, Kai Rothe und Thomas Sonar.

Aufgabe A24.1.3
Gegeben sei die Anfangswertaufgabe

$$y' = y - \frac{2x}{y} \quad \text{mit} \quad y(0) = 1\,.$$

a) Man berechne die exakte Lösung.
b) Mit dem klassischen Runge-Kutta-Verfahren 4. Ordnung (vgl. Lehrbuch Beispiel 24.18) berechne man die Lösung im Punkt $x = 2$ näherungsweise für die Schrittweiten $h = 0{,}4,\ 0{,}2,\ 0{,}1,\ 0{,}05,\ 0{,}025$.
c) Mit den unter b) berechneten Werten bestätige man die Ordnung des Verfahrens.

A24.2 Mehrschrittverfahren

Aufgabe A24.2.1
Gegeben sei das Mehrschrittverfahren

$$y_{n+4} = y_n + \frac{h}{3}(8f_{n+3} - 4f_{n+2} + 8f_{n+1})\,.$$

a) Man zeige, dass das Verfahren (mindestens) von der Ordnung $p = 4$ ist.
b) Ist das Verfahren stark stabil? (Begründung!)

A24.3 Anfangswertmethoden für Randwertaufgaben

Aufgabe A24.3.1
Gegeben sei die Randwertaufgabe

$$y''(x) = 2(y'(x))^{\frac{3}{2}} \quad \text{mit} \quad y(0) = 0 \quad \text{und} \quad y(1) = 1\,. \qquad (*)$$

a) Man berechne (analytisch) die Lösung $y(x,s)$ der zugehörigen Anfangswertaufgabe $y(0) = 0$ und $y'(0) = s > 0$ und bestimme die Lage der Singularität $x_\infty(s)$ von $y(x,s)$. Für welche $s > 0$ gilt $x_\infty \in [0,1]$?
b) Man berechne (analytisch) die Lösung $y(x,s^*)$ des Randwertproblems (*) und zeichne sie.
c) Zur numerischen Lösung von (*) soll das einfache Schießverfahren verwendet werden. Man stelle das zugehörige Nullstellenproblem

$$\tilde{F}(s) = y(1,s) - 1 = 0$$

auf, vereinfache es zu $F(s) = as^2 + bs + c = 0$ und bestimme alle Anfangswerte s_0, für die die Newton-Iteration für $F(s) = 0$ eine gegen s^* konvergente Folge liefert.

A 25
Partielle Differentialgleichungen

A25.1 Grundlegende Begriffe und Beispiele

Aufgabe A25.1.1

i) Man bestimme den Typ der folgenden partiellen Differentialgleichungen:

a) $x^2 u_x + y^2 u_y + 3\sin(x)u = e^{x+y}$,

b) $u^2 u_x + y^2 u_y + 3\sin(x)u = e^{x+y+u}$,

c) $(u_{xx})^2 + \sin(u_y) = u^2$,

d) $\Delta u = u^2$,

e) $\begin{pmatrix} u_x \\ u_y \end{pmatrix} = \begin{pmatrix} v_y \\ -v_x \end{pmatrix}$.

ii) Man zeige, dass folgende Funktionen harmonisch sind:

i) $v_1(x, y) = x^4 - 6x^2 y^2 + y^4$,

ii) $v_2(x, y) = 4x^3 y - 4xy^3$,

iii) $v_3(x, y) = \text{Im}(z^2 + \cos z) \quad \text{mit} \quad z = x + iy \in \mathbb{C}$.

Aufgabe A25.1.2

Man berechne die allgemeine Lösung der folgenden Differentialgleichungen

a) $u_{yy} + 2xu_y + (x^2 - 1)u = x^2 y^2 - y^2 + 4xy + 2$,

b) $u_{xy} = e^x + \cos y + 1$,

c) $(x^2 - 1)u_{xy} = 2u_y$.

Aufgabe A25.1.3

Gibt es eine zweimal stetig differenzierbare Lösung, d. h. $u \in C^2(\mathbb{R}^2)$, der Differentialgleichung

$$u_{xx} = f(x, y)$$

mit $f(x, y) = 2x|y|$?

Aufgabe A25.1.4

Man berechne mit Hilfe von Exponentialansätzen reelle Lösungen der folgenden Differentialgleichungen:

a) $u(x, y) = e^{\alpha x + \beta y}$ für

Mathematik in den Ingenieur- und Naturwissenschaften 2, Aufgaben und Lösungen, 5. Aufl.
Rainer Ansorge, Hans Oberle, Kai Rothe und Thomas Sonar.

i) $u_{xy} + u_x - u_y - u = 0\,,$
ii) $u_{xx} + u_{yy} = 0\,,$

b) $u(x, y, t) = e^{\alpha x + \beta y + \gamma t}$ für

$$u_t = u_{xx} + u_{yy} + 2u\,.$$

Aufgabe A25.1.5
Man bestimme Lösungen der partiellen Differentialgleichungen

a) $xy^2 u_{yy} - xyu_y = u_x\,,$ b) $16u_{yyyy} + u_x = 0$

Aufgabe A25.1.6
Mit Hilfe des Produktansatzes $u(x, y) = v(x) \cdot w(y)$ bestimme man Lösungen der partiellen Differentialgleichungen

a) $u_{xxyy} + u_y + u = 0\,,$ b) $2yu_{xx} - (1 + y^2)u_y + 4yu = 0\,.$

Aufgabe A25.1.7
Gegeben sei die Anfangswertaufgabe

$$u_{xy} = (u_y)^2 - 9u_x + 9 \quad \text{mit} \quad u = u_y = 0 \quad \text{längs der Geraden} \quad y = -\frac{2x}{3}\,.$$

a) Mit Hilfe des Ansatzes $u(x, y) = \omega(2x + 3y)$ löse man die Anfangswertaufgabe. Dabei ist ω eine noch zu bestimmende Funktion.
b) Man bestimme und skizziere den Definitionsbereich D der in a) bestimmten Lösung.

Aufgabe A25.1.8
Man transformiere die Wellengleichung in $n \geq 1$ Raumdimensionen $u_{tt} - c^2\Delta_n u = 0$ in eine Gleichung für radialsymmetrische Lösungen, d. h. in eine Gleichung für $\tilde{u}(r(\boldsymbol{x}), t) := u(\boldsymbol{x}, t)$ mit $r(\boldsymbol{x}) = \|\boldsymbol{x}\|_2$.

Aufgabe A25.1.9
Die Telegraphengleichung $u_{tt} - u_{xx} + 2u_t + u = 0$ beschreibt den zeitlichen Verlauf einer Signalspannung u am Ort $x > 0$ in einem langen Übertragungskabel. Gesucht ist die Signalspannung $u(x, t)$, wenn am Rand $x = 0$ des Übertragungskabels ein periodisches Signal der Form $u(0, t) = 3\sin(2t)$, für $t \geq 0$, eingespeist wird. Außerdem soll die Signalspannung u für $x \to \infty$ beschränkt sein.

a) Man zeige, dass ein Produktansatz der Form $u(x, t) = X(x) \cdot T(t)$ nicht zu einer Lösung führt.
b) Man versuche den Lösungsansatz $u(x, t) = u_0 e^{-ax} \sin(2t - bx)$ mit $a, b \in \mathbb{R}$ und $a > 0$.

Aufgabe A25.1.10
Man zeige, dass sich die Euler-Gleichung

$$\boldsymbol{q}_t + \frac{1}{\rho}\langle \boldsymbol{q}, \nabla\rangle\, \boldsymbol{q} + \operatorname{div}\left(\frac{1}{\rho}\boldsymbol{q}\right)\boldsymbol{q} + \nabla p = \boldsymbol{e}$$

mit Hilfe der Kontinuitätsgleichung $\rho_t + \operatorname{div}(\rho \boldsymbol{u}) = 0$ umformen lässt in

$$\boldsymbol{u}_t + \langle \boldsymbol{u}, \nabla \rangle \boldsymbol{u} + \frac{1}{\rho} \nabla p = \frac{1}{\rho} \boldsymbol{e} .$$

Dabei bezeichnet $\rho(\boldsymbol{x}, t)$ die Dichte, $\boldsymbol{u}(\boldsymbol{x}, t)$ die Geschwindigkeit, $\boldsymbol{q}(\boldsymbol{x}, t) = \rho(\boldsymbol{x}, t)$ $\boldsymbol{u}(\boldsymbol{x}, t)$ die Impulsdichte, $p(\boldsymbol{x}, t)$ den Druck und $\boldsymbol{e}(\boldsymbol{x}, t)$ die äußeren Kräfte.

Aufgabe A25.1.11
Das Verhalten einer ebenen, stationären und reibungsfreien Strömung wird beschrieben durch die Euler-Gleichung $\rho \langle \boldsymbol{u}, \nabla \rangle \boldsymbol{u} - \nabla p = \boldsymbol{0}$. Hierbei bezeichnet $\rho(x, y)$ die Dichte, $\boldsymbol{u}(x, y) = (u(x, y), v(x, y))^T$ die Geschwindigkeit und $p(x, y)$ den Druck. Die Strömung sei wirbelfrei, d. h., es gelte $\operatorname{rot} \boldsymbol{u} = \boldsymbol{0}$. Es gilt die Kontinuitätsgleichung $\operatorname{div}(\rho \boldsymbol{u}) = 0$ und mit der Entropie $s(x, y)$ die Entropieerhaltung $\frac{\mathrm{d}s}{\mathrm{d}t} = s_x u + s_y v = 0$. Man zeige, dass die Geschwindigkeitskomponenten $u(x, y)$ und $v(x, y)$ Lösungen des folgenden Systems quasilinearer partieller Differentialgleichungen erster Ordnung sind:

$$\left(1 - \frac{u^2}{c^2}\right) \frac{\partial u}{\partial x} + \left(1 - \frac{v^2}{c^2}\right) \frac{\partial v}{\partial y} - \frac{uv}{c^2} \left(\frac{\partial u}{\partial y} + \frac{\partial v}{\partial x}\right) = 0 , \quad \frac{\partial u}{\partial y} - \frac{\partial v}{\partial x} = 0 .$$

Dabei gilt $\frac{1}{c^2} = \frac{\partial \rho}{\partial p}$ mit der Schallgeschwindigkeit c.

A25.2 Partielle Differentialgleichungen erster Ordnung

Aufgabe A25.2.1
Gegeben sei die lineare partielle Differentialgleichung erster Ordnung $a u_x + b u_y = g(x, y)$ mit konstanten Koeffizienten $a, b \in \mathbb{R}$ und $a \cdot b \neq 0$.

a) Man transformiere die Differentialgleichung durch $\nu := bx + ay$, $\mu := bx - ay$ in eine gewöhnliche Differentialgleichung.
b) Mit Hilfe von a) bestimme man die Lösung $u(x, t)$ der Anfangswertaufgabe $u_t + 3u_x = 36t + 12x$ mit $u(x, 0) = 0$ und fertige eine Zeichnung der Lösung an.

Aufgabe A25.2.2
Man löse die Anfangswertaufgabe

$$2v_t + 5v_x = 12tx + 15t^2 , \quad v(0, x) = \cos(2x)$$

und zeichne die Lösung.
Hinweis: Durch eine geeignete lineare Transformation $r = at + bx,\ s = ct + dx$ mit $ad - bc \neq 0$ transformiere man die Differentialgleichung auf eine gewöhnliche Differentialgleichung.

Aufgabe A25.2.3
Man bestimme die allgemeine Lösung der folgenden partiellen Differentialgleichungen erster Ordnung:

a) $xu_x + (x+y)u_y = 0\,,$
b) $xu_x + (x+y)u_y = 3x^3u^2\,.$

Aufgabe A25.2.4
Man bestimme die allgemeine Lösung der folgenden partiellen Differentialgleichung erster Ordnung:

$$3u_x + y^2u_y = \frac{xu}{y}\,.$$

Aufgabe A25.2.5
Man löse $u_x - u_y = 1 + 2x + 2y$ mit $u(x,x) = x$ unter Verwendung

a) der Charakteristikenmethode und
b) des Summenansatzes $u(x,y) = f(x) + g(y)$.

Anschließend zeichne man die Lösung.

Aufgabe A25.2.6
Man zeige, dass $u_x + u_y = 1$ mit $u(x,x) = x^2$ keine Lösung besitzt.

Aufgabe A25.2.7
Gegeben sei die partielle Differentialgleichung erster Ordnung $3u_x + x^2u_y = -1$.

a) Man berechne die allgemeine Lösung mit Hilfe der Phasendifferentialgleichungen indem man
   i) x als unabhängige Variable einführt,
   ii) y als unabhängige Variable einführt.
b) Man bestimme mit dem Ergebnis aus a) die Lösung, die der Anfangsbedingung $u(x,0) = x^3 - x/3$ genügt und zeichne die Lösung.
c) Man führe die Probe für die berechnete Lösung aus b) durch.
d) Man bestimme mit dem Ergebnis aus a) die Lösung, die der Anfangsbedingung $u\left(x, \frac{x^3}{9} + 1\right) = \sin x$ genügt.

Aufgabe A25.2.8
Man bestimme die allgemeine Lösung der partiellen Differentialgleichung erster Ordnung

$$yu_x - xu_y - \frac{y}{z}u_z = 0\,,$$

sowie diejenige Lösung, die der folgenden Anfangsbedingung genügt: $u(x,x,z) = x^2 + z^2$ für $x \geq 0$.

Aufgabe A25.2.9
Gegeben sei die partielle Differentialgleichung erster Ordnung $u_x - yu_y - u_z = 0$.

Man bestimme die allgemeine Lösung und ermittle die Lösung, die der Anfangsbedingung $u(x, y, x) = x + y$ genügt.

Klausuraufgabe A25.2.10
Man bestimme die allgemeine Lösung der partiellen Differentialgleichung

$$u_x + u_y + u_z = x + y + z + u$$

und gebe diejenige Lösung an, die der Anfangsbedingung $u = y - z$ in der Ebene $x - y - z = 0$ genügt.

Klausuraufgabe A25.2.11
a) Gegeben sei die Differentialgleichung $zu_{xy} - yu_{xz} = 0$.
   i) Man substituiere $v := u_x$ und gebe die resultierende Differentialgleichung für v an.
   ii) Man löse die in a)(i) entstehende Differentialgleichung für v mit Hilfe der Phasendifferentialgleichung, indem man y als unabhängige Variable einführt.
   iii) Man bestimme die Lösung u des Ausgangsproblems.
b) Man ermittle partikuläre Lösungen von

$$x^2 u_x + u_y + \frac{u_z}{z} + \left(x + \frac{2}{y} + 1\right) u = 0$$

durch einen Produktansatz.

Klausuraufgabe A25.2.12
Gegeben sei die partielle Differentialgleichung erster Ordnung $2uu_x - 4xuu_y = x^3$.

a) Man berechne die allgemeine Lösung.
b) Mit Hilfe der allgemeinen Lösung bestimme man die Lösung, die der Anfangsbedingung $u(x, x^2) = x^2$ genügt.
c) Man führe die Probe durch, ob die in b) berechnete Funktion auch wirklich die Anfangswertaufgabe löst.

Aufgabe A25.2.13
Gegeben sei das Cauchy-Problem für die Burgers-Gleichung

$$u_t + uu_x = 0 \quad \text{für} \quad (x, t) \in \mathbb{R} \times (0, \infty) \quad \text{mit} \quad u(x, 0) = u_0(x)\,.$$

a) Man berechne die allgemeine Lösung mit Hilfe der Charakteristikenmethode.
b) Man löse das Cauchy-Problem für die Anfangsdaten
   i) $u_0(x) = 5 + x$ und
   ii) $u_0(x) = 5 - x$,
   zeichne die charakteristischen Grundkurven und gebe den Zeitpunkt T an, bis zu dem sich die Lösung eindeutig berechnen lässt.

Aufgabe A25.2.14
Gegeben sei das Anfangswertproblem für die Burgers-Gleichung $u_t + uu_x = 0$ für $(x, t) \in \mathbb{R} \times (0, T)$ mit

$$u(x,0) = u_0(x) = \begin{cases} 0\,, & x \leq -2 \\ 1\,, & -2 < x \leq 0 \\ -1\,, & 0 < x\,. \end{cases}$$

a) Man berechne die Entropielösung für $(x, t) \in \mathbb{R} \times (0, 2)$.
b) Man zeichne die Grundcharakteristiken ggf. mit Stoßfront im Rechteck $(x, t) \in (-3, 1) \times (0, 2)$.
c) Man zeichne $u(x, 0)$, $u(x, 1)$, $u(x, 2)$ für $x \in (-3, 1)$.

Klausuraufgabe A25.2.15
Gegeben sei das Anfangswertproblem für die Burgers-Gleichung $u_t + uu_x = 0$ für $(x, t) \in \mathbb{R} \times (0, T)$ mit a) $u(x, 0) = 2x - 3$ und b) $u(x, 0) = 4 - 3x$. Man bestimme die charakteristischen Grundkurven und zeichne sie. Man berechne die Lösung des Anfangswertproblems. Bis zu welchem Zeitpunkt T existiert die Lösung?
Hinweis: Lösungsdarstellungen der Burgersgleichung dürfen verwendet werden.

A25.3 Normalformen linearer partieller Differentialgleichungen zweiter Ordnung

Aufgabe A25.3.1
Man klassifiziere die folgenden partiellen Differentialgleichungen zweiter Ordnung und skizziere im $\mathbb{R}^2$ gegebenenfalls die Gebiete unterschiedlichen Typs:

a) $u_{xx} + 2u_{xy} + 3u_{yy} + e^y u_x - \sin(x)u_y = \tan(x^2 + y^2)\,,$
b) $x^3 u_{xx} + 2u_{xy} + y^3 u_{yy} + u_x - yu_y = e^x\,.$

Aufgabe A25.3.2
Man bestimme den Typ der folgenden partiellen Differentialgleichungen zweiter Ordnung und skizziere im $\mathbb{R}^2$ gegebenenfalls die Gebiete unterschiedlichen Typs:

a) $2u_{xx} + 4u_{xy} + 2u_{yy} + 2u_x + 4u_y = 2u\,,$
b) $yu_{xx} + 2xu_{xy} + yu_{yy} = y^2 + \ln(1 + x^2)\,.$

Aufgabe A25.3.3
Man bestimme den Typ der folgenden partiellen Differentialgleichungen zweiter Ordnung:

a) $11u_{xx} + 11u_{yy} + 14u_{zz} - 2u_{xy} - 8u_{xz} - 8u_{yz} = 0\,,$
b) $u_{xx} + u_{yy} - 2u_{zz} + 2u_{xy} + 8u_{xz} + 8u_{yz} - 5xyu_z + 3u = x^2\,,$
c) $7u_{xx} + 7u_{yy} - 2u_{zz} - 10u_{xy} + 8u_{xz} + 8u_{yz} + 4\sin y u_x + 9u_y - 3xu_z = 0\,.$

Aufgabe A25.3.4
Gegeben sei die partielle Differentialgleichung zweiter Ordnung:

$$-\frac{1}{2}u_{xx} + 3u_{xy} - \frac{1}{2}u_{yy} + \sqrt{2}u_x - \sqrt{2}u_y = x + y\,.$$

a) Man bestimme den Typ der Gleichung und
b) transformiere sie auf Normalform.

Aufgabe A25.3.5
Gegeben sei die partielle Differentialgleichung zweiter Ordnung

$$4x^2u_{xx} - 4xyu_{xy} + y^2u_{yy} + 3yu_y = 3u\,.$$

a) Man bestimme den Typ der Differentialgleichung.
b) Man transformiere die Differentialgleichung auf Normalform und
c) berechne die allgemeine Lösung.

Aufgabe A25.3.6
Gegeben sei die partielle Differentialgleichung zweiter Ordnung

$$u_{xx} + 2xu_{xy} - u_{yy} = 0\,.$$

a) Man bestimme den Typ der Differentialgleichung.
b) Man berechne die Charakteristiken und
c) transformiere die Differentialgleichung auf Normalform.

Aufgabe A25.3.7
Gegeben sei die partielle Differentialgleichung zweiter Ordnung

$$x^4u_{xx} + y^4u_{yy} = \frac{1}{xy}\,.$$

a) Man bestimme den Typ der Differentialgleichung und
b) transformiere sie auf Normalform.

Klausuraufgabe A25.3.8
Gegeben sei die Tricomi-Differentialgleichung $yu_{xx} + u_{yy} = 0$ auf der Halbebene

$$H := \left\{ \begin{pmatrix} x \\ y \end{pmatrix} \in \mathbb{R}^2 \;\middle|\; y < 0 \right\}.$$

Man bestimme den Typ der Differentialgleichung und transformiere sie auf Normalform. Man überprüfe dabei auch die Zulässigkeit der Koordinatentransformation.

Klausuraufgabe A25.3.9
Gegeben sei die partielle Differentialgleichung zweiter Ordnung

$$(1 - x^2)u_{xx} - u_{yy} = 0\,.$$

a) Man bestimme in Abhängigkeit von x und y den Typ der Differentialgleichung und skizziere die Bereiche unterschiedlichen Typs in der x-y-Ebene an.
b) Man transformiere die Differentialgleichung für $|x| < 1$ auf Normalform.

A25.4 Die Laplacegleichung

Aufgabe A25.4.1

a) Für $z := x + iy$ zeige man, dass $u(x, y) := \operatorname{Re}(e^z)$ und $v(x, y) := \operatorname{Im}(e^z)$ harmonische Funktionen, also Lösungen der Gleichung $\Delta w = 0$, sind.
b) Man berechne eine Lösung von $\Delta u = x + y$ in Polynomform.

Aufgabe A25.4.2

Man zeige, dass der Laplace-Operator im $\mathbb{R}^2$ invariant ist, d. h. es gilt $u_{xx} + u_{yy} = u_{\xi\xi} + u_{\eta\eta}$, gegenüber

a) Verschiebungen, d. h. für die um $(a, b)^T$ verschobenen Koordinaten

$$\begin{pmatrix} \xi \\ \eta \end{pmatrix} = \begin{pmatrix} x \\ y \end{pmatrix} + \begin{pmatrix} a \\ b \end{pmatrix},$$

b) Drehungen, d. h. für die um den Winkel φ gedrehten Koordinaten

$$\begin{pmatrix} \xi \\ \eta \end{pmatrix} = \begin{pmatrix} \cos\varphi & \sin\varphi \\ -\sin\varphi & \cos\varphi \end{pmatrix} \begin{pmatrix} x \\ y \end{pmatrix}.$$

Klausuraufgabe A25.4.3

Unter Verwendung der Mittelwerteigenschaft berechne man

a) den Wert $u(1, 0)$ der Lösung u des Problems

$$\begin{aligned} u_{xx} + u_{yy} &= 0 && \text{für } (x-1)^2 + y^2 < 1\,, \\ u(x, y) &= 1 + x + y && \text{für } (x-1)^2 + y^2 = 1\,, \end{aligned}$$

b) den Wert $u(-1, 2, -3)$ der Lösung u des Problems

$$\begin{aligned} u_{xx} + u_{yy} + u_{zz} &= 0 && \text{für } (x+1)^2 + (y-2)^2 + (z+3)^2 < 4\,, \\ u(x, y, z) &= xyz && \text{für } (x+1)^2 + (y-2)^2 + (z+3)^2 = 4\,. \end{aligned}$$

Aufgabe A25.4.4
Man löse das Dirichlet-Problem im Rechteck und zeichne die Lösung:

$$\begin{aligned}
\Delta u &= 0\,, && 0 < x < 2\pi\,, \quad 0 < y < \pi\,,\\
u(x,0) &= 0\,, && 0 \le x \le 2\pi\,,\\
u(x,\pi) &= \frac{x}{2}\,, && 0 \le x \le 2\pi\,,\\
u(0,y) &= 0\,, && 0 \le y \le \pi\,,\\
u(2\pi,y) &= \frac{y}{\pi}(2\pi - y)\,, && 0 \le y \le \pi\,.
\end{aligned}$$

Klausuraufgabe A25.4.5
Man löse das folgende Randwertproblem

$$\begin{aligned}
\Delta u &= 0 && \text{für } 0 < x, y < 1\,,\\
u(0,y) &= y && \text{für } 0 \le y \le 1\,,\\
u(1,y) &= -y &&\\
u(x,0) &= 0 && \text{für } 0 \le x \le 1\,,\\
u(x,1) &= 1 - 2x^2\,. &&
\end{aligned}$$

Dazu gehe man wie folgt vor:

a) Für die Funktion $w(x, y) = a + bx + cy + dxy$, die $\Delta w = 0$ erfüllt, bestimme man die unbekannten Koeffizienten $a, b, c, d \in \mathbb{R}$ derart, dass $w(0, y) = y$ und $w(1, y) = -y$ gilt.
b) Man setze $v(x, y) := u(x, y) - w(x, y)$ und gebe das resultierende Randwertproblem für v an.
c) Man löse das Problem in v, wobei die sich aus einem Produktansatz ergebenden Lösungsdarstellungen verwendet werden dürfen.

Aufgabe A25.4.6
Für den Kreis $x^2 + y^2 \le 1$ löse man das folgende innere Dirichlet-Problem:

$$\begin{aligned}
&r^2 u_{rr} + r u_r + u_{\varphi\varphi} = 0\,, \quad r < 1\\
&u(1,\varphi) = 1 + 3\sin\varphi - 3\cos\varphi - 4\sin^3\varphi + 4\cos^3\varphi\,, \quad \varphi \in [0, 2\pi]\,.
\end{aligned}$$

Man gebe die Lösung auch in kartesischen Koordinaten an und zeichne sie.

Klausuraufgabe A25.4.7
Man betrachte das innere Neumannsche Randwertproblem für den Kreis

$$\Delta u = 0 \quad \text{für} \quad x^2 + y^2 < R^2\,, \quad \frac{\partial u}{\partial r} = g(\varphi) \quad \text{für} \quad r = R \quad \text{und} \quad \varphi \in [0, 2\pi]\,.$$

a) Man zeige: Besitzt g die Fourier-Entwicklung

$$g(\varphi) = \sum_{k=1}^{\infty} \left[\alpha_k \cos(k\varphi) + \beta_k \sin(k\varphi)\right]\,,$$

so ist die Lösung der Randwertaufgabe gegeben durch

$$u(r,\varphi) = C + \sum_{k=1}^{\infty} \left[\alpha_k \cos(k\varphi) + \beta_k \sin(k\varphi)\right] \frac{R}{k}\left(\frac{r}{R}\right)^k$$

mit einer beliebigen Konstanten C.

b) Man bestimme die Lösung für $R = 1$ und $g(\varphi) = -\frac{1}{2} + 2\sin\varphi + \cos^2\varphi - 4\sin^3\varphi$. Man gebe die Lösung auch in kartesischen Koordinaten an.

Aufgabe A25.4.8

Für das Außenraumproblem $x^2 + y^2 \geq 9$ mit Dirichlet-Randdaten

$$r^2 u_{rr} + r u_r + u_{\varphi\varphi} = 0\,, \quad r > 3\,, \quad u(3,\varphi) = 2\sin^2\varphi + 8\cos^4\varphi\,, \quad \varphi \in [0, 2\pi]\,,$$

berechne man die Lösung in Polarkoordinaten und kartesischen Koordinaten und fertige eine Zeichnung an.

Klausuraufgabe A25.4.9

Für den Kreisring $1 \leq x^2 + y^2 \leq 4$ löse man das Dirichlet-Problem (in Polarkoordinaten):

$$\begin{aligned}
&r^2 u_{rr} + r u_r + u_{\varphi\varphi} = 0\,, \quad 1 < r < 2\,,\\
&u(1,\varphi) = 1 + 3\cos\varphi + 4\sin(2\varphi)\,,\\
&u(2,\varphi) = 1 + 2\ln 2 + 6\cos\varphi + \sin(2\varphi)\,.
\end{aligned}$$

Man gebe die Lösung auch in kartesischen Koordinaten an.

Aufgabe A25.4.10

Man berechne für das Dirichlet-Problem im Kreisringsektor

$$\begin{aligned}
r^2 u_{rr} + r u_r + u_{\varphi\varphi} &= 0\,, & 1 < r < 3\,, \quad 0 < \varphi < \frac{\pi}{2}\,,\\
u(r,0) &= 0\,, & 1 \leq r \leq 3\,,\\
u\left(r,\frac{\pi}{2}\right) &= 0\,, & 1 \leq r \leq 3\,,\\
u(1,\varphi) &= \varphi^2 - \frac{\pi\varphi}{2}\,, & 0 \leq \varphi \leq \frac{\pi}{2}\,,\\
u(3,\varphi) &= 0\,, & 0 \leq \varphi \leq \frac{\pi}{2}
\end{aligned}$$

die Lösung sowie Minimum und Maximum und zeichne die Lösung.

Aufgabe A25.4.11

Man berechne die Lösung des Dirichlet-Problems im Kreissektor:

$$\begin{aligned}
&r^2 u_{rr} + r u_r + u_{\varphi\varphi} = 0 \quad \text{für} \quad 0 < r < 4\,,\ 0 < \varphi < \frac{\pi}{4}\,,\\
&u(r,0) = 0 \quad \text{für} \quad 0 \leq r \leq 4\,, \quad u\left(r,\frac{\pi}{4}\right) = 0 \quad \text{für} \quad 0 \leq r \leq 4\,,\\
&u(4,\varphi) = \cos(2\varphi) - 1 + \frac{4\varphi}{\pi} \quad \text{für} \quad 0 \leq \varphi \leq \frac{\pi}{4}\,.
\end{aligned}$$

Klausuraufgabe A25.4.12
Gegeben sei das Dirichlet-Problems im Dreiviertelkreis:

$$r^2 u_{rr} + r u_r + u_{\varphi\varphi} = 0 \quad \text{für} \quad (r, \varphi) \in (0,3) \times (0, 3\pi/2)$$
$$\text{mit} \quad u(r,0) = 0 = u\left(r, \frac{3\pi}{2}\right), \quad 0 \le r \le 3$$
$$\text{und} \quad u(3,\varphi) = \varphi(2\varphi - 3\pi), \quad 0 \le \varphi \le \frac{3\pi}{2}.$$

Man berechne die Lösung u und bestimme deren maximalen und minimalen Funktionswert.
Hinweis: Es darf die Lösungsdarstellung aus dem Produktansatz verwendet werden.

Aufgabe A25.4.13

a) Sei $u(\boldsymbol{x})$ auf einem Gebiet $G \subset \mathbb{R}^3$ harmonisch, $\overline{K}_R(\boldsymbol{0}) \subset G$, und es gelte $u(\boldsymbol{x}) \ge 0$ für $\|\boldsymbol{x}\| = R$.
Man beweise die Abschätzung von Harnack für $\|\boldsymbol{x}\| < R$:
$$\frac{R^2 - R\|\boldsymbol{x}\|}{(R + \|\boldsymbol{x}\|)^2}\, u(\boldsymbol{0}) \le u(\boldsymbol{x}) \le \frac{R^2 + R\|\boldsymbol{x}\|}{(R - \|\boldsymbol{x}\|)^2}\, u(\boldsymbol{0}).$$
Hinweis: Man verwende die Abschätzung $\|\boldsymbol{y}\| - \|\boldsymbol{x}\| \le \|\boldsymbol{y} - \boldsymbol{x}\| \le \|\boldsymbol{y}\| + \|\boldsymbol{x}\|$ und die Poissonsche Integralformel.

b) Man folgere hieraus den **Satz von Liouville:**
Jede beschränkte und auf ganz $\mathbb{R}^3$ harmonische Funktion ist konstant.

A25.5 Die Wärmeleitungsgleichung

Aufgabe A25.5.1
Man berechne die Lösung der Anfangswertaufgabe

$$u_t = u_{xx} \quad \text{für } x \in \mathbb{R} \text{ und } t > 0,$$
$$u(x,0) = e^{3x-1} \quad \text{für } x \in \mathbb{R}.$$

a) unter Verwendung der Fundamentallösung und
b) mit Hilfe eines Produktansatzes.

Aufgabe A25.5.2
Man berechne die Lösung der Anfangsrandwertaufgabe für die folgende Wärmeleitungsgleichung (siehe auch Abb. 25.1)

$$\begin{aligned} u_t &= u_{xx} && \text{für } 0 < x < 2, \\ & && \phantom{\text{für }} 0 < t \le T, \\ u(0,t) &= 0 && \text{für } 0 \le t \le T \\ u(2,t) &= 0 && \\ u(x,0) &= u_0(x) && \text{für } 0 \le x \le 2. \end{aligned}$$

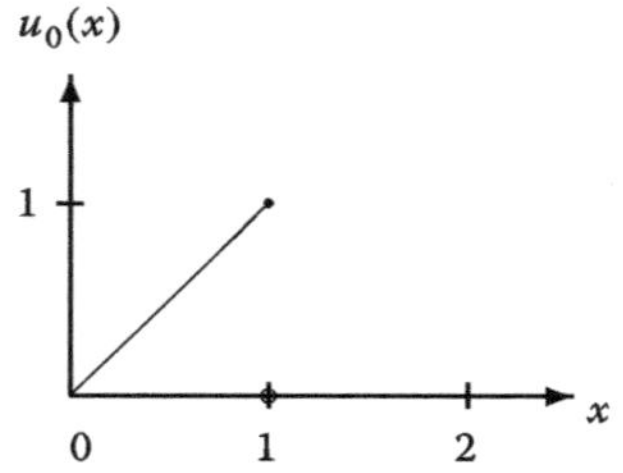

Abb. 25.1 Anfangsfunktion u_0.

Hinweis: Man bestimme mit einem Produktansatz der Form

$$u(x,t) = X(x) \cdot T(t)$$

zunächst Lösungen der Differentialgleichung zu den homogenen Randdaten.

Aufgabe A25.5.3
Gegeben sei die folgende Anfangsrandwertaufgabe für die Wärmeleitungsgleichung im Gebiet $G = [0,\pi] \times [0,\infty)$:

$$\begin{aligned} u_t &= u_{xx} && \text{für } (x,t) \in G^0\,, \\ u(0,t) &= 0 = u(\pi,t) && \text{für } t \geq 0\,, \\ u(x,0) &= x(\pi - x) && \text{für } 0 \leq x \leq \pi\,. \end{aligned}$$

a) Man zeige, dass $u_\lambda(x,t) := \lambda \sin(x)\exp(-t)$ mit $\lambda \in \mathbb{R}$ die Differentialgleichung und die Randbedingungen erfüllt.
b) Für die exakte Lösung w des Anfangswertproblems soll u_λ als Näherung dienen. Der Parameter λ werde dazu so gewählt, dass der Maximalfehler möglichst klein wird, d. h.

$$\max_{(x,t)\in G} |w(x,t) - u_\lambda(x,t)| = \min\ .$$

Hinweis: Man wende auf $v := w - u_\lambda$ das Maximumprinzip an.

Klausuraufgabe A25.5.4
Gegeben sei die folgende Anfangsrandwertaufgabe der Wärmeleitungsgleichung (siehe auch Abb. 25.2):

$$\begin{aligned} u_t &= u_{xx} && \text{für } 0 < x < 2\,,\ 0 < t \leq T\,, \\ u(x,0) &= u_0(x) && \text{für } 0 \leq x \leq 2\,, \\ u(0,t) &= 0 = u(2,t) && \text{für } 0 \leq t \leq T\,. \end{aligned}$$

Man berechne die Lösung des Anfangsrandwertproblems und bestimme das Maximum von $u(x,t)$ in $G := [0,2] \times [0,T]$.

Aufgabe A25.5.5
Man berechne die Lösung der Anfangsrandwertaufgabe der Wärmeleitungsgleichung

$$u_t = 2u_{xx} \text{ für } 0 < x < \pi\,,\ 0 < t\,,$$
$$u(0,t) = t = u(\pi,t) \text{ für } 0 \leq t\,,\ u(x,0) = u_0(x) := \begin{cases} 1 & \text{für } \dfrac{\pi}{4} \leq x \leq \dfrac{3\pi}{4}\,, \\ 0 & \text{sonst.} \end{cases}$$

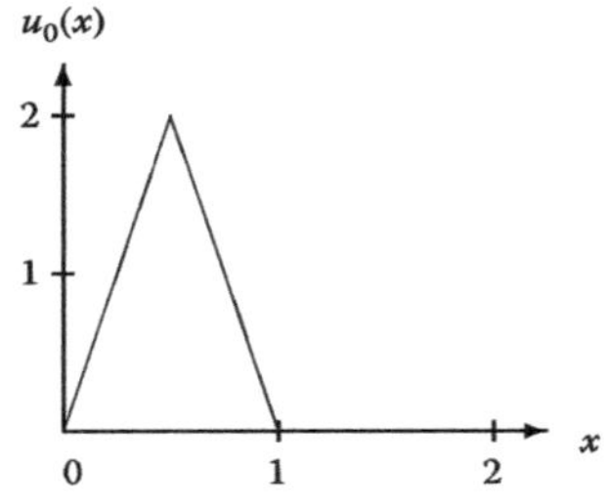

Abb. 25.2 Anfangsfunktion u_0.

Aufgabe A25.5.6
Man berechne die Lösung der Anfangsrandwertaufgabe $u_t = u_{xx} + \dfrac{2x}{\pi}$ für $(x, t) \in (0, \pi) \times (0, \infty)$ mit

$$u(x, 0) = u_0(x) := \begin{cases} 1, & 3\pi/8 \leq x \leq 5\pi/8 \\ 0, & \text{sonst} \end{cases}$$

sowie $u(0, t) = -t$ und $u(\pi, t) = t$ für $0 \geq t$ unter Verwendung der Fourier-Methode

Klausuraufgabe A25.5.7
Für folgende Anfangsrandwertaufgaben der Wärmeleitungsgleichung berechne man die Lösung unter Verwendung der Fourier-Methode

a) $u_t = u_{xx} + (\pi^2(2t-1)+2)\sin(\pi x)$ für $0 < x < 3$ und $0 < t$,
$u(0, t) = 2$, $u(3, t) = -1$ für $0 \leq t$ und $u(x, 0) = 2 - x$ für $0 \leq x \leq 3$,

b) $u_t = u_{xx} + (t-2)\sin x$ für $0 < x < 2\pi$ und$0 < t$,
$u(0, t) = 0$, $u(2\pi, t) = 0$ für $0 \leq t$ und $u(x, 0) = 0$ für $0 \leq x \leq 2\pi$.

Hinweis: Es darf der Lösungsansatz aus der Fourier-Methode verwendet werden.

Aufgabe A25.5.8
Man berechne die Lösung der Anfangsrandwertaufgabe für die folgende Wärmeleitungsgleichung mit Hilfe eines Produktansatzes:

$$\begin{aligned} u_t &= \Delta u && \text{für } (x, y) \in]0, 1[\times]0, 2[\,, \quad 0 < t\,, \\ u(0, y, t) &= 0 = u(1, y, t) && \text{für } y \in [0, 2]\,, \quad 0 \leq t\,, \\ u(x, 0, t) &= 0 = u(x, 2, t) && x \in [0, 1]\,, \quad 0 \leq t\,, \\ u(x, y, 0) &= 7\sin(2\pi x)\sin(\pi y) + (3\sin(\pi x) && \text{für } (x, y) \in [0, 1] \times [0, 2] \\ &\quad - 4\sin^3(\pi x))\sin(3\pi y/2)\,. \end{aligned}$$

Wie verhält sich die Lösung für $t \to \infty$?

A25.6 Die Wellengleichung

Aufgabe A25.6.1
Gegeben sei die Wellengleichung $u_{tt} = 9u_{xx}$.

a) Man zeige, dass durch $u(x,t) = f(x+3t) + g(x-3t)$ mit beliebigen C^2-Funktionen f und g eine Lösung der Wellengleichung gegeben ist.
b) Man zeige umgekehrt, dass jede Lösung der obigen Wellengleichung von der in a) angegebenen Form ist. Man transformiere die Differentialgleichung dazu mit Hilfe der Kettenregel zunächst auf die neuen Variablen $\xi = x + 3t$ und $\eta = x - 3t$.
c) Man berechne die Lösung zu den Anfangswerten $u(x,0) = x^2$ und $u_t(x,0) = \cos x$ mit Hilfe von b).

Aufgabe A25.6.2
Man zeige, dass die Randwertaufgabe $u_{tt} = 4u_{xx}$ mit $(x,t) \in (0,1) \times (0,1/2)$ und $u(x,0) = x(1-x)$, $u(x,1/2) = 0$ für $x \in [0,1]$ und $u(0,t) = 0\,, \quad u(1,t) = 0$ für $t \in [0,1/2]$ keine Lösung besitzt, das Problem also nicht sachgemäß gestellt ist.

Aufgabe A25.6.3
Man löse die charakteristische Anfangswertaufgabe

$$u_{tt} = 4u_{xx} \quad \text{mit} \quad u(2t,t) = u_0(t) := \sin t \quad \text{und} \quad u(-2t,t) = u_1(t) := t$$

für $t \geq 0$ und bestimme und skizziere den Definitionsbereich D der Lösung.

Aufgabe A25.6.4
Gegeben sei das Anfangsrandwertproblem im Halbraum $u_{tt} - u_{xx} = 0$ für $x \in \mathbb{R}_+$, $t > 0$, mit $u(x,0) = u_0(x)$, $u_t(x,0) = v_0(x)$ und $u(0,t) = 0$.

a) Man gebe den Abhängigkeitsbereich der Lösung im Punkt $(x_0, t_0) = (2, 1{,}5)$ an.
b) Man zeichne den Bestimmtsheitsbereich der Lösung zum Interval $[1,5]$ für $t \geq 0$.
c) Man löse das Anfangsrandwertproblem mit Hilfe der Reflexionsmethode und kläre, ob es sich bei der gefundenen Lösung um eine C^2-Funktion handelt, für
   i) $u_0(x) = x, \quad v_0(x) = x^2$,
   ii) $u_0(x) = \sin x, \quad v_0(x) = 1$.

Klausuraufgabe A25.6.5
Gegeben sei das Anfangswertproblem $u_{tt} = 36u_{xx}$ für $x \in \mathbb{R}$, $t > 0$ mit $u(x,0) = -x$ und $u_t(x,0) = -12\sin x$.

a) Für $(x_0, t_0) = (-3, 1)$ gebe man den Abhängigkeitsbereich der Lösung an.
b) Für $x \in [-16, 8]$ zeichne man den Bestimmtheitsbereich der Lösung für $t \geq 0$.
c) Man löse das Anfangswertproblem.

Klausuraufgabe A25.6.6
Man berechne die Lösung der Anfangswertaufgabe

$$\begin{aligned} u_{tt} - u_{xx} &= -4x\,, \quad && x \in \mathbb{R}\,,\ t > 0\,, \\ u(x,0) &= 1\,, && x \in \mathbb{R}\,, \\ u_t(x,0) &= \cos x\,, && x \in \mathbb{R} \end{aligned}$$

und bestätige die Lösung durch Einsetzen in die Anfangswertaufgabe.
Hinweis: Man bestimme zunächst eine Lösung der inhomogenen Differentialgleichung in Polynomform und verwende anschließend das Superpositionsprinzip.

Aufgabe A25.6.7
Gegeben sei die inhomogene Wellengleichung mit homogenen Anfangsbedingungen:

$$u_{tt} - c^2 u_{xx} = f(x,t) \qquad \text{mit} \quad u(x,0) \;= 0 = u_t(x,0)\,.$$

Man zeige, dass die Funktion

$$u(x,t) = \frac{1}{2c} \int\limits_D f(\xi,\tau)\ \mathrm{d}(\xi,\tau)$$

die Anfangswertaufgabe löst, wobei das Abhängigkeitsdreieck D gegeben ist durch

$$D := \left\{ \begin{pmatrix} \xi \\ \tau \end{pmatrix} \in \mathbb{R}^2 \;\middle|\; 0 \le \tau \le t \ \wedge\ x - c(t-\tau) \le \xi \le x + c(t-\tau) \right\}.$$

Aufgabe A25.6.8
Man löse das Anfangsrandwertproblem

$$\begin{aligned} u_{tt} - u_{xx} &= 0\,, && x \in \mathbb{R}_+\,,\ t > 0\,, \\ u(x,0) &= u_0(x)\,, && x \ge 0\,, \\ u_t(x,0) &= v_0(x)\,, \\ u(0,t) &= 0\,, && t > 0 \end{aligned}$$

mit Hilfe der Reflexionsmethode und kläre, ob es sich bei der gefundenen Lösung um eine C^2-Funktion handelt, für

a) $u_0(x) = x^3, \quad v_0(x) = 2x\,,$
b) $u_0(x) = x^2, \quad v_0(x) = 2\,.$

Aufgabe A25.6.9
Man löse die folgende Anfangsrandwertaufgabe mit Hilfe des Produktansatzes $u(x,t) = X(x) \cdot T(t)$ und zeichne die Lösung:

$$\begin{aligned} &u_{tt} = 4u_{xx} \text{ für } 0 < x < 2\,,\ 0 < t\,, && u(0,t) = u(2,t) = 0 \text{ für } t \ge 0\,, \\ &u(x,0) = 1 - |x-1| \text{ für } 0 \le x \le 2\,, && u_t(x,0) = 0 \text{ für } 0 \le x \le 2\,. \end{aligned}$$

Aufgabe A25.6.10
Das Anschlagen einer Saite wird beschrieben durch die Anfangsrandwertaufgabe für die Wellengleichung:

$$u_{tt} - 9u_{xx} = 0\,,\quad 0 < x < \pi\,,\quad 0 < t\,,\qquad u(0,t) = u(\pi,t) = 0\,,\quad t \geq 0\,,$$

$$u(x,0) = 0\,,\quad 0 \leq x \leq \pi\,,\qquad u_t(x,0) = v_0(x) := \begin{cases} \pi & \text{für } \frac{7\pi}{16} \leq x \leq \frac{9\pi}{16}\,, \\ 0 & \text{sonst.} \end{cases}$$

Man löse die Anfangsrandwertaufgabe

a) mittels Produktansatz $u(x,t) = X(x) \cdot T(t)$ für allgemeines v_0,
b) unter Verwendung der allgemeinen Lösung $u(x,t) = f(x - 3t) + g(x + 3t)$ für allgemeines v_0 und
c) für das oben vorgegebene v_0 und zeichne die Lösung.

Klausuraufgabe A25.6.11
Man löse die folgende Anfangsrandwertaufgabe für die Wellengleichung

$$\begin{aligned} u_{tt} &= 16u_{xx} && \text{für } 0 < x < \pi \\ & && \text{und } 0 < t \leq T\,, \\ u(x,0) &= u_0(x) && \text{für } 0 \leq x \leq \pi\,, \\ u_t(x,0) &= 0 && \text{für } 0 \leq x \leq \pi\,, \\ u(0,t) &= 0 && \text{für } 0 \leq t \leq T\,, \\ u(\pi,t) &= 0 && \text{für } 0 \leq t \leq T\,. \end{aligned}$$

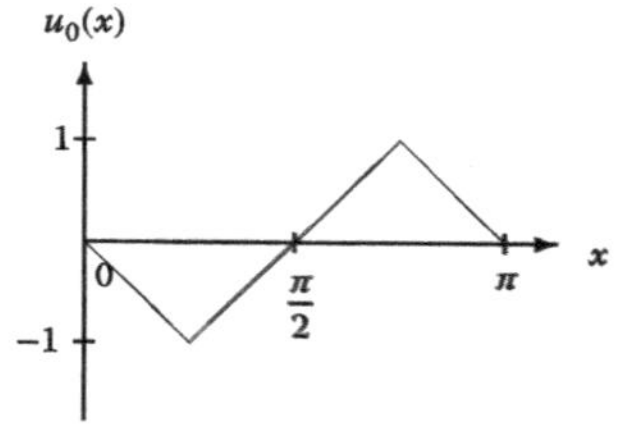

Abb. 25.3 Anfangsfunktion u_0

Aufgabe A25.6.12
Man löse folgende Anfangsrandwertaufgabe für die Wellengleichung unter Verwendung der Fourier-Methode

$$\begin{aligned} u_{tt} &= c^2 u_{xx} + \sin x + \left(1 - \frac{2x}{\pi}\right) \cdot e^{-t} && \text{für } 0 < x < \pi \text{ und } t > 0\,, \\ u(0,t) &= e^{-t}\,, \\ u(\pi,t) &= -e^{-t}\,, && \text{für } t \geq 0\,, \\ u(x,0) &= 1 - \frac{2x}{\pi}\,, \\ u_t(x,0) &= \frac{2x}{\pi} - 1\,, && \text{für } 0 \leq x \leq \pi \end{aligned}$$

und zeichne die Lösung für $c = 1$.

Aufgabe A25.6.13
Man löse die Anfangswertaufgabe für die Wellengleichung im $\mathbb{R}^3$:

$$u_{tt} - c^2 \Delta_3 u = 0\,, \quad \boldsymbol{x} = \begin{pmatrix} x \\ y \\ z \end{pmatrix} \in \mathbb{R}^3\,, \quad t > 0\,,$$

$$u(\boldsymbol{x}, 0) = u_0(\boldsymbol{x}) := 0\,, \quad u_t(\boldsymbol{x}, 0) = v_0(\boldsymbol{x}) := x + y^2 + z\,,$$

unter Verwendung der Liouvilleschen Lösungsformel

$$u(\boldsymbol{x}, t) = \frac{\partial}{\partial t}\left(\frac{t}{4\pi}\int_S u_0(\boldsymbol{x} + ct\boldsymbol{n})\,\mathrm{d}o\right) + \frac{t}{4\pi}\int_S v_0(\boldsymbol{x} + ct\boldsymbol{n})\,\mathrm{d}o$$

mit der Einheitssphäre S im $\mathbb{R}^3$ und dem Normalenvektor $\boldsymbol{n}$ auf S.

Aufgabe A25.6.14
Das sphärische Mittel für eine Funktion $f\colon \mathbb{R}^3 \to \mathbb{R}$, mit $R > 0$ und $\boldsymbol{x} = (x_1, x_2, x_3)^T$ ist gegeben durch

$$M_R[f](\boldsymbol{x}_0) = \frac{1}{4\pi R^2}\int_{\|\boldsymbol{x}-\boldsymbol{x}_0\|=R} f(\boldsymbol{x})\,\mathrm{d}o\,.$$

Es sei $\tilde{\boldsymbol{x}}^T = (x_1, x_2)^T \in \mathbb{R}^2$ der um x_3 verkürzte Vektor. Gilt dann $f(\boldsymbol{x}) = f(\tilde{\boldsymbol{x}})$, d. h., ist f unabhängig von x_3, so zeige man, dass gilt:

$$M_R[f](\tilde{\boldsymbol{x}}_0) = \frac{1}{2\pi R}\int_{\|\tilde{\boldsymbol{x}}-\tilde{\boldsymbol{x}}_0\|\le R} \frac{f(\tilde{\boldsymbol{x}})}{\sqrt{R^2 - \|\tilde{\boldsymbol{x}} - \tilde{\boldsymbol{x}}_0\|^2}}\,\mathrm{d}\tilde{\boldsymbol{x}}\,.$$

A25.7 Eigenwertaufgaben

Aufgabe A25.7.1
Man berechne Eigenwerte und Eigenfunktionen der Randwertaufgabe

$$-\Delta u = \lambda u \quad \text{für} \quad (x, y) \in (0, a) \times (0, b)\,,$$
$$u(0, y) = 0 = u(a, y) \quad \text{für} \quad 0 \le y \le b\,, \quad u_y(x, 0) = 0 = u_y(x, b) \quad \text{für} \quad 0 \le x \le a\,,$$

unter Verwendung des Produktansatzes $u(x, y) = X(x) \cdot Y(y)$. Für $a = 2$ und $b = 1$ gebe man die numerischen Werte der zehn kleinsten Eigenwerte an und zeichne die Eigenfunktion zum sechstkleinsten Eigenwert.

Aufgabe A25.7.2
Gegeben sei die Randeigenwertaufgabe im Kreissektor ($0 < \omega < 2\pi$):

$$-\left(u_{rr} + \frac{1}{r}u_r + \frac{1}{r^2}u_{\phi\phi}\right) = \lambda u \quad \text{für} \quad (r, \phi) \in (0, R) \times (0, \omega)\,,$$
$$u(R, \phi) = 0 \quad \text{für} \quad 0 \le \phi \le \omega\,, \qquad u(r, 0) = 0 \quad \text{für} \quad 0 \le r \le R\,,$$
$$u(r, \omega) = 0 \quad \text{für} \quad 0 \le r \le R\,.$$

Man bestimme Eigenwerte und Eigenfunktionen unter Verwendung eines Produktansatzes der Form $u(r, \phi) = f(\phi) \cdot g(r)$, berechne für $\omega = \frac{5\pi}{3}$ und $R = 1$ den kleinsten Eigenwert und zeichne die zugehörige Eigenfunktion.

A25.8 Spezielle Funktionen

Aufgabe A25.8.1
Gegeben seien die Dreiterm-Rekursion für die Bessel-Funktionen

$$J_{k+1}(x) - \frac{2k}{x}J_k(x) + J_{k-1}(x) = 0 \tag{*}$$

und Testwerte für $x = 1{,}5$

$$J_0(1{,}5) = 0{,}511\,827\,672\,, \qquad J_1(1{,}5) = 0{,}557\,936\,508\,,$$
$$J_{10}(1{,}5) = 0{,}147\,432\,690 \cdot 10^{-7}\,.$$

a) Man berechne $J_{10}(1{,}5)$ aus den gegebenen Werten von $J_0(1{,}5)$ und $J_1(1{,}5)$ mittels der sich aus (*) ergebenden Vorwärtsrekursion und begründe die Abweichung vom tatsächlichen Wert.
b) Man berechne $J_{10}(1{,}5)$ aus $J_{14}(1{,}5) = 0$ und $J_{13}(1{,}5) = 10^{-12}$ mittels der sich aus (*) ergebenden Rückwärtsrekursion.
Die berechneten Werte sind durch $1 = J_0(x) + 2\sum_{k=1}^{\infty} J_{2k}(x)$ zu normieren.

A 26
Funktionen einer komplexen Variablen

A26.1 Grundlegende Begriffe

Aufgabe A26.1.1
Gegeben seien die komplexen Zahlen $z_1 = 2+3i$ und $z_2 = -4+5i$. Man berechne in kartesischer Darstellung

a) $z_1 + z_2,\ |z_1 + z_2|,\ 2z_1 - 3iz_2,\ 2\overline{z}_1 - 3i\overline{z}_2\,,$

b) $z_1 \cdot z_2,\ \overline{z}_1 \cdot \overline{z}_2,\ z_1^2 \cdot z_2^3,\ \mathrm{Re}\left(z_1^2\right) \cdot \mathrm{Im}\left(z_2^3\right)\,,$ c) $\dfrac{z_1}{z_2},\ \dfrac{\mathrm{Im}(z_1)}{\mathrm{Re}(z_2)}\,.$

Aufgabe A26.1.2
Gegeben sind die komplexen Zahlen $z_1 := \dfrac{(2-3i)^2}{3+4i}$ und $z_2 := \sqrt{3} - i.$

a) Man ermittle Real- und Imaginärteil von z_1 und die Polardarstellungen von z_1 und z_2.
b) Man bestimme z_2^9.
c) Man gebe alle Lösungen der Gleichung $(w + z_2)^3 = 8i$ in kartesischen Koordinaten an.

Aufgabe A26.1.3
Gegeben seien die komplexen Zahlen $z_1 = 1 + i,\ z_2 = -1 + i,\ z_3 = -1 - i$ und $z_4 = 1 - i$.

a) Man gebe $z_1, \ldots, z_4$ in Polarkoordinaten an.
b) Man berechne z_1^9 und $\dfrac{z_1^2 z_2}{z_3 \overline{z}_4}$.
c) Man stelle $\dfrac{z_2}{e^{i\pi/12}}$ in kartesischen Koordinaten dar.

Aufgabe A26.1.4
Man berechne alle Lösungen von $z^4 + 4 = 0$ in kartesischen Koordinaten.

Mathematik in den Ingenieur- und Naturwissenschaften 2, Aufgaben und Lösungen, 5. Aufl.
Rainer Ansorge, Hans Oberle, Kai Rothe und Thomas Sonar.

Aufgabe A26.1.5
Man skizziere die folgenden Punktmengen in der komplexen Zahlenebene:

a) $\{z \in \mathbb{C}\colon |4z + 3 + 2i| = 1\}$,
b) $\{z \in \mathbb{C}\colon 0 \le \mathrm{Re}(z)\,,\ 0 \le \mathrm{Im}(z)\}$,
c) $\{z \in \mathbb{C}\colon\ \mathrm{Re}((2+i)z) = 1\}$,
d) $\{z \in \mathbb{C}\colon 0 \le \arg(z) \le \pi/2\,,\ 1 \le |z| \le 2\}$.

Aufgabe A26.1.6
a) Man zeige, dass der Kreis vom Radius r um $z_0 \in \mathbb{C}$ in der komplexen Ebene die Darstellung

$$z\overline{z} - z\overline{z}_0 - z_0\overline{z} + z_0\overline{z}_0 = r^2$$

mit $z \in \mathbb{C}$ besitzt.
b) Für die Inversion $w = f(z) := \dfrac{1}{z}$ mit $z \neq 0$ bestimme man das Bild
i) der Geraden $\mathrm{Re}(z) = 5$, ii) der Strahlen $\mathrm{Re}(z) = \mathrm{Im}(z)$, (iii) des Kreises $|z| = 2$, iv) des Kreises $|z + i| = 1$ und v) des Kreises $|z - 3i| = 1$.

Klausuraufgabe A26.1.7
a) Man bestimme Radius und Mittelpunkt des Kreises $z\overline{z} + 2iz - 2i\overline{z} = 5$.
b) Man berechne alle Lösungen in kartesischen Koordinaten von
i) $(w-1)^4 + 4 = 0$, ii) $\exp(z) + \exp(1) = 0$.
c) Für den Hauptwert des komplexen Logarithmus bestimme man das Bild des Einheitskreises.

Aufgabe A26.1.8
Man untersuche die gegebene Folge auf Konvergenz und bestimme ggf. den Grenzwert

$$z_0 = 0\,, \quad z_{n+1} = \frac{2+i}{3}(i - 1 + z_n)\,.$$

A26.2 Elementare Funktionen

Aufgabe A26.2.1
Gegeben sei die durch $w = f(z) := \sqrt{z}$ (Hauptzweig) definierte Funktion f auf dem Inneren der geschlitzten Parabel

$$G := \left\{ z = x + iy \in \mathbb{C} \;\middle|\; x < 4 - \frac{y^2}{16} \right\} \setminus \{ z = x + iy \in \mathbb{C} \mid y = 0 \wedge x \le 0 \}\,.$$

a) Man bestimme das Bild von G in der w-Ebene und skizziere Urbild- und Bildbereich.
b) Aus der Darstellung $z = x + iy$ im Definitionsbereich berechne man u und v in der Darstellung im Bildbereich: $w = u(x, y) + iv(x, y)$.

Aufgabe A26.2.2
Auf der rechten Halbebene $H = \{z = x + iy \in \mathbb{C} \mid x \geq 0 \}$ sei die durch $w = f(z) := \sqrt[3]{z^2 + 8}$ (Hauptzweig) definierte Funktion f gegeben.

a) Wohin wird der Strahl $z = x \geq 0$ unter f abgebildet?
b) Wohin werden die Strahlen $z = \pm iy$ mit $y \geq 0$ unter f abgebildet?
c) Man bestimme das Bild von H in der w-Ebene und fertige eine Skizze von Bild- und Urbildbereich an.
d) Man berechne die Umkehrabbildung von f auf $\tilde{H} = \{z = x + iy \in \mathbb{C} \mid x > 0\}$.

Aufgabe A26.2.3
Man berechne:

a) i) $\exp(1 + i\pi)$, ii) $\exp(2 + i\pi/2)$, iii) $\exp(1 + i\pi) \cdot \exp(2 + i\pi/2)$ sowie $\exp(3 + i3\pi/2)$ und überprüfe an diesem Beispiel die Gültigkeit der Funktionalgleichung der Exponentialfunktion in $\mathbb{C}$,
b) i) $\ln(1 + i\sqrt{3})$, ii) $\ln(-\sqrt{3} + i)$, iii) $\ln(1 + i\sqrt{3}) + \ln(-\sqrt{3} + i)$ sowie $\ln((1 + i\sqrt{3})(-\sqrt{3} + i))$ und überprüfe an diesem Beispiel, ob die Funktionalgleichung der Logarithmusfunktion in $\mathbb{C}$ gilt. Dabei soll $\ln z$ der Hauptwert des Logarithmus sein.

Aufgabe A26.2.4
Die komplexe sin-Funktionen wird definiert durch $\sin z = \dfrac{1}{2i}(e^{iz} - e^{-iz})$.

a) Man berechne Real- und Imaginärteil von $\sin z$.
b) Man zeige, dass die folgende Beziehung gilt

$$\sin z = \frac{1}{i} \sinh(iz) .$$

c) Man bestimme alle Lösungen von $\sin z = 3$.

Aufgabe A26.2.5
Gegeben sei die Möbiustransformation T mit $T(z) = \dfrac{az + b}{cz + d}$ und die ihr zugeordnete 2×2 Matrix

$$\boldsymbol{A} = \begin{pmatrix} a & b \\ c & d \end{pmatrix} \quad \text{mit} \quad ad - bc \neq 0 .$$

Am Beispiel $T(z) = \dfrac{z + 2}{-z - 1}$ überprüfe man die folgenden Aussagen:

a) T besitzt ein oder zwei Fixpunkte.
b) Ist z^* Fixpunkt von T, dann ist $(z^*, 1)^T$ Eigenvektor zu $\boldsymbol{A}$.
c) Sind $\lambda_{1,2}$ die Eigenwerte von $\boldsymbol{A}$, so lassen sich die Fixpunkte berechnen durch

$$z^*_{1,2} = \frac{\lambda_{1,2} - d}{c} .$$

Aufgabe A26.2.6
Gegeben sei die Abbildung

$$w = T(z) := \frac{z + 2i}{z - (1 - i)} .$$

a) Man überprüfe, ob T eine Möbius-Transformation ist.
b) Man bestimme die Fixpunkte von T.
c) Man berechne die Bilder $w_i = T(z_i)$ für $z_1 = 0$, $z_2 = \infty$ und $z_3 = -2i$.
d) Wie lautet die Umkehrabbildung T^{-1} von T?
e) Welche Urbilder $w_i = T(z_i)$ besitzen $w_4 = 0$, $w_5 = 1$ und $w_6 = \infty$.
f) Man bestimme das Bild der rechten Halbebene ($z \in \mathbb{C}$ mit $\operatorname{Re} z \geq 0$) und fertige eine Skizze an.
g) Man gebe die Menge an, auf die das Innere des Einheitskreises ($z \in \mathbb{C}$ mit $|z| < 1$) abgebildet wird.
h) Welche Kurven der z-Ebene werden auf (echte) Kreise durch den Nullpunkt in der w-Ebene abgebildet?

Aufgabe A26.2.7

a) Man berechne die Punkte z_1 und z_2, die symmetrisch zu beiden Kreisen K_1: $|z - 3i| = \sqrt{2}$ und K_2: $|z + i| = \sqrt{6}$ liegen.
b) Man gebe alle Abbildungen der Form

$$T(z) = \frac{az + b}{cz + d}$$

an, für die $T(z_1) = 0$ und $T(z_2) = \infty$ gilt, mit den in a) berechneten Spiegelpunkten z_1 und z_2.
c) Von der Abbildung T aus b) werde zusätzlich noch $T(3i + \sqrt{2}) = 1$ gefordert. Wohin werden dann die beiden Kreise K_1 und K_2 und der Bereich außerhalb der beiden Kreise unter T abgebildet? Man skizziere Urbild- und Bildbereich.

Aufgabe A26.2.8

Gegeben seien die Punkte $z_1 = 0$, $z_2 = -2i$, $z_3 = 1 - i$ und $w_1 = 0$, $w_2 = 1$, $w_3 = -1$.

a) Man berechne die Möbius-Transformation T, für die $w_j = T(z_j)$ gilt, mit $j = 1, 2, 3$.
b) Liegen $z_0 = -1 - i$ und z_1, z_2, z_3 auf einem (verallgemeinerten) Kreis?
c) Liegen $w_0 = T(z_0)$ und w_1, w_2, w_3 auf einem (verallgemeinerten) Kreis?

Klausuraufgabe A26.2.9

Der Kreis $K := \{ z \in \mathbb{C} \mid |z + 3| = 1 \}$ und die imaginäre Achse $G := \{ iy \mid y \in \mathbb{R} \}$ seien Querschnitte eines leitenden Zylinders und einer zu ihm parallelen leitenden Wand, die auf verschiedenes Potential gebracht wurden. Die Feld- und Potentiallinien dieser Anordnung lassen sich bestimmen, indem man den Bereich zwischen K und G durch konforme Gebietstransformation auf einen Kreisring $r_1 \leq |w| \leq r_2$ abbildet.

a) Man bestimme zwei Punkte z_1 und z_2, die zugleich symmetrisch (d. h. Spiegelpunkte) zum Kreis K und zur Geraden G sind.
b) Man gebe alle Möbius-Transformationen $w = f(z)$ mit $f(z_1) = 0$ und $f(z_2) = \infty$ an.
c) Man bestimme die Bilder von K und G unter f, wenn zusätzlich $f(0) = -1$ gefordert wird. Wohin wird das Innere von K und wohin wird die rechte Halbebene abgebildet? Man skizziere Urbild- und Bildbereich.

d) Man gebe eine explizite Darstellung für die Äquipotentiallinien $f^{-1}(\{w \in \mathbb{C} \mid |w| = \rho\})$ mit $r_1 < \rho < r_2$ an.

Klausuraufgabe A26.2.10
Gegeben sei die Funktion

$$w = \frac{1 + 2i + iz}{z - i} \, .$$

Auf welchen Bereich der w-Ebene wird das Innere des gleichseitigen Dreiecks mit den Eckpunkten $z_1 = -1$, $z_2 = 1$ und $z_3 = i\sqrt{3}$ abgebildet? Man fertige eine Skizze von Bild- und Urbildbereich an.

Klausuraufgabe A26.2.11
a) Man bestimme die Möbius-Transformation $w = f(z)$ mit $f(3) = 0$, $f(-3) = \infty$ und $f(0) = -6$.
b) Man bestimme die Bilder der Koordinatenachsen und des Kreises $|z| = 3$.
c) Man bestimme das Bild des ersten Quadranten $Q_1 := \{ z \in \mathbb{C} \mid x, y > 0 \}$ und des Kreises $|z| \leq 6$ und gebe entsprechende Begründungen und Skizzen an.

Klausuraufgabe A26.2.12
a) Für die Kreise $K_1 = \{z \in \mathbb{C} \mid |z - 2| = 1\}$ und $K_2 = \{z \in \mathbb{C} \mid |z + 2| = 1\}$ berechne man die Punkte z_1 und z_2, die symmetrisch zu beiden Kreisen liegen.
b) Für die Möbius-Transformation

$$T(z) = \frac{z - \sqrt{3}}{z + \sqrt{3}}$$

entscheide man für die Bilder von K_1, K_2 und der reellen Achse, ob es sich um echte Kreise oder Geraden handelt und bestimme gegebenenfalls Radien und Mittelpunkte.
c) Man berechne die Umkehrfunktion von T.

Klausuraufgabe A26.2.13
Man gebe eine Möbius-Transformation T an, mit

$$T(0) = 1, \; T(2) = -1$$

und $T(1 + i) = i$.

Klausuraufgabe A26.2.14
a) i) Zum Punkt $z_1 = 1$ berechne man den symmetrischen Punkt z_2 bezüglich des Kreises $K = \{z \in \mathbb{C} \mid |z - 2| = 2\}$.
ii) Man gebe eine Möbius-Transformation T an, mit

$$T(z_1) = 0, \; T(z_2) = \infty$$

und $T(0) = 1$.
iii) Für die reelle Achse $G = \mathbb{R}$ und den Kreis K skizziere man die Bildkreise $T(G)$ und $T(K)$.

b) Gegeben sei die Möbius-Transformation T mit

$$T(z) = \frac{z+2i}{z-2i} .$$

Man berechne die Bilder von $z_1 = -2i$, $z_2 = 2i$ und $z_3 = 0$ und bestimme damit die Bilder

i) der reellen Achse $G = \mathbb{R}$ (Tipp: z_1 und z_2 liegen symmetrisch zu G),

ii) der imaginären Achse H und

iii) des Kreises $K = \{z \in \mathbb{C} \mid |z| = 2\}$.

Klausuraufgabe A26.2.15

a) i) Man berechne die beiden Punkte z_1 und z_2, die symmetrisch zur Gerade $G = \{z \in \mathbb{C} \mid z = it , t \in \mathbb{R}\}$ und zum Kreis $K = \{z \in \mathbb{C} \mid |z-3| = \sqrt{8}\}$ liegen.

ii) Man bestimme eine Möbius-Transformation T, für die gilt $T(z_1) = 0$, $T(z_2) = \infty$.

iii) Man bestimme das Bild der imaginären Achse unter T, wenn noch $T(0) = -1$ gilt.

b) Für eine Möbius-Transformation T gelte $T(0) = -2$, $T(i) = 0$ und $T(-i) = \infty$.

i) Für die Abbildung T gebe man das Bild der imaginären Achse an.

ii) Man bestimme das Bild der reellen Achse bezüglich der Abbildung T. (Tipp: i und $-i$ liegen symmetrisch zu $\mathbb{R}$.)

iii) Man berechne T.

A26.3 Komplexe Differentiation und konforme Abbildungen

Aufgabe A26.3.1
Man überprüfe, welche der folgenden Funktionen holomorph in $\mathbb{C}$ sind:

a) $f(z) = z^2 \cos z$, b) $f(z) = \operatorname{Im}(z^3)$,

c) $f(z) = \exp(\overline{z})$, d) $f(z) = z + \overline{z} + 1$.

Aufgabe A26.3.2
Man überprüfe mit Hilfe der Cauchy-Riemannschen Differentialgleichungen, welche der folgenden Funktionen holomorph sind:

a) $f(z) = z^2$, b) $f(z) = \overline{z}$, c) $f(z) = (\operatorname{Im} z + i \operatorname{Re} z)(1+i)$,

d) $f(z) = \sqrt{z}$ (Hauptwert) .

Aufgabe A26.3.3
Die Cauchy-Riemannschen Differentialgleichungen in Polarkoordinaten, d. h. $z = re^{i\varphi}$ und $g(z) = u(r,\varphi) + iv(r,\varphi)$, besitzen die Gestalt:

$$ru_r = v_\varphi , \; rv_r = -u_\varphi . \qquad (*)$$

Man zeige unter Verwendung von (*), dass $g(z) = z^n$ für $n \geq 1$ holomorph ist.

Aufgabe A26.3.4
Man zeige unter Verwendung der Cauchy-Riemannschen Differentialgleichungen in kartesischen Koordinaten und in Polarkoordinaten, dass $f(z) = e^z$ holomorph ist.

Klausuraufgabe A26.3.5

a) Man überprüfe, ob
   i) $f(z) = e^{z+\overline{z}}(\cos(i(\overline{z} - z)) - i\sin(i(z - \overline{z})))$
   ii) $g(z) = z^2 + 2|z| + 1$

   holomorph (bzw. analytisch) auf ganz $\mathbb{C}$ ist.
b) Ist $\operatorname{Re}(z^2 + 1)$ harmonisch?
c) Man zeige, dass $v(x, y) = 4x^3y - 4xy^3 - 2xy$ harmonisch ist und konstruiere eine zu v konjugiert harmonische Funktion $u(x, y)$, d. h. eine Funktion u, für die die Funktion $f(z) = u(x, y) + iv(x, y)$ mit $z = x + iy$ holomorph wird.

Klausuraufgabe A26.3.6

a) Zur harmonischen Funktion

$$u(x, y) = x^3 - 3xy^2 + e^x \cos y$$

   konstruiere man eine Funktion $v(x, y)$, so dass die Funktion $f(z) = u(x, y) + iv(x, y)$ mit $z = x + iy$ holomorph wird. Ist v harmonisch?
b) Man entscheide und begründe, ob
   i) $g(z) = e^z + e^{\overline{z}}$ holomorph ist,
   ii) $f(z) = (z + \overline{z})^2 - 2|z|^2 + (z + \overline{z})(z - \overline{z}) + 3$ holomorph ist,
   iii) $h(x, y) = x^4 - 6x^2y^2 + y^4 - 5xy + 4x - 3y + 2$ harmonisch ist.

Klausuraufgabe A26.3.7

a) Man entscheide und begründe, ob
   i) $f(z) = (z + \overline{z})^2 + (z - \overline{z})^2 + 2(z + \overline{z})(z - \overline{z})$ holomorph ist,
   ii) $g(z) = 2\operatorname{Re}(z) + 3i\operatorname{Im}(z)$ holomorph ist,
   iii) $h(x, y) = x^2 - y^2 - x^3 + 3xy^2 - e^{-x}\cos y$ harmonisch ist.
b) Gegeben sei die durch $u(x, y) = x^2 - y^2 + 2x - 4y - 3$ definierte Funktion.
   i) Man zeige, dass u harmonisch ist.
   ii) Man konstruiere eine Funktion $v(x, y)$, so dass die Funktion $f(z) = u(x, y) + iv(x, y)$ mit $z = x + iy$ holomorph wird.
   iii) Ist v harmonisch?

Klausuraufgabe A26.3.8

a) i) Ist $f(z) = z\overline{z} - 2(\operatorname{Im}(z))^2 + i\operatorname{Im}(z^2)$ holomorph (mit Begründung)?
   ii) Man überprüfe, ob

$$u(x, y) = \sin x \cosh y \quad \text{und} \quad v(x, y) = \sin y \cosh x$$

   harmonisch sind. Ist für $z = x + iy$ die zusammengesetzte Funktion $f(z) = u(x, y) + iv(x, y)$ holomorph?
b) Gegeben sei die durch

$$u(x, y) = x^2 - x - 2 - y^2 + \cos x \sinh y$$

   definierte Funktion.

a) Man zeige, dass u harmonisch ist.
b) Man konstruiere eine Funktion $v(x, y)$, so dass die Funktion $f(z) = u(x, y) + iv(x, y)$ mit $z = x + iy$ holomorph wird.
c) Ist v harmonisch?

Aufgabe A26.3.9
Gegeben sei die durch $w = f(z) := z^2$ definierte konforme Abbildung.

a) In welche Kurven der w-Ebene gehen die Geraden der z-Ebene $c_1(t) = t + i$ und $c_2(t) = 1 + it$ mit $t \in \mathbb{R}$ unter f über?
b) Man überprüfe die Erhaltung der Winkel und der lokalen Längenverhältnisse im Schnittpunkt der Bildkurven aus a).

A26.4 Komplexe Integration und Cauchyscher Hauptsatz

Aufgabe A26.4.1
Man berechne

$$\int_0^1 \frac{1}{t+i}\,\mathrm{d}t \quad \text{und} \quad F(s) = \int_0^\infty e^{-st} f(t)\,\mathrm{d}t \quad \text{mit} \quad s, a \in \mathbb{C}\,.$$

Aufgabe A26.4.2
Man berechne

a) $\oint_c \operatorname{Im} z\,\mathrm{d}z,\ c(\varphi) = e^{i\varphi},\ 0 \le \varphi \le 2\pi\,,$

b) $\int_c z\,\mathrm{d}z,\ c(t) = (i-1)t,\ 0 \le t \le 1\,,$

c) $\int_c z\,\mathrm{d}z,\ c(t) = \begin{cases} -t\,, & 0 \le t \le 1\,, \\ -1 + (t-1)i\,, & 1 \le t \le 2\,, \end{cases}$

d) $\oint_c \bar{z}\,\mathrm{d}z,\ c(t) = \begin{cases} t\,, & -1 \le t \le 1\,, \\ e^{i\pi(t-1)}\,, & 1 \le t \le 2\,. \end{cases}$

Aufgabe A26.4.3
Man berechne die Kurvenintegrale

a) $\int_c \bar{z}\,\mathrm{d}z$ mit dem Rand c des Gebietes $D = \{z \in \mathbb{C} \mid 1 < |z| < 2\}$, der so durchlaufen wird, dass D auf der linken Seite liegt,
b) $\oint_c |z|\,\mathrm{d}z$, wobei c der im Uhrzeigersinn durchlaufene Kreis vom Radius $r > 0$ ist.

Aufgabe A26.4.4

a) Man berechne $\int_c \frac{1}{z}\,\mathrm{d}z$ für $c(t) = 1 + t(i-1)$ mit $0 \le t \le 1$

   a) direkt und unter
   b) Verwendung einer Stammfunktion.

b) Mit Hilfe von a) berechne man

   a) $\displaystyle\int_0^1 \frac{1}{(t-1)^2 + t^2}\,\mathrm{d}t$ und

   b) $\displaystyle\int_0^1 \frac{2t-1}{(t-1)^2 + t^2}\,\mathrm{d}t\,.$

Aufgabe A26.4.5

Man berechne direkt und mit Hilfe einer Stammfunktion

a) $\displaystyle\int_c e^z\,\mathrm{d}z \quad \text{für} \quad c(t) = (1+i)t \quad \text{mit} \quad 0 \le t \le \frac{\pi}{2}\,,$

b) $\displaystyle\int_c \frac{1}{z^2}\,\mathrm{d}z \quad \text{für} \quad c(t) = e^{it} \quad \text{mit} \quad 0 \le t \le \frac{\pi}{4}\,,$

c) $\displaystyle\int_c \cos z\,\mathrm{d}z \quad \text{für} \quad c(t) = it \quad \text{mit} \quad 0 \le t \le 1 \quad \text{und}$

d) $\displaystyle\int_c z^3 + 1\,\mathrm{d}z \quad \text{für} \quad c(t) = e^{it} \quad \text{mit} \quad -\frac{\pi}{2} \le t \le \frac{\pi}{2}\,.$

Klausuraufgabe A26.4.6

Man berechne folgende Integrale

a) $\displaystyle\int_c \overline{z}^2\,\mathrm{d}z \quad \text{mit} \quad c(t) = (1+i)(t-1)\,, \quad 0 \le t \le 2\,,$

b) $\displaystyle\int_c z \cdot \overline{z}\,\mathrm{d}z \quad \text{mit} \quad c = \{c(t) = e^{it} \colon 0 \le t \le \pi\}\,,$

c) $\displaystyle\int_c (z + \overline{z})\,\mathrm{d}z \quad \text{mit} \quad c = \{c(t) = (1+i)t \colon -1 \le t \le 1\}\,,$

d) $\displaystyle\int_c \frac{\overline{z}e^z}{z}\,\mathrm{d}z \quad \text{mit} \quad c = \{c(t) = it \colon 0 \le t \le \pi\}\,,$

e) $\displaystyle\int_c \frac{z^2}{\overline{z}}\,\mathrm{d}z \quad \text{mit} \quad c = \{c(t) = e^{it} \colon -\pi/4 \le t \le \pi/2\}\,.$

Klausuraufgabe A26.4.7

a) Man berechne $\int_c \sin z \cos z\,\mathrm{d}z$ und gebe das Ergebnis in kartesischen Koordinaten an. Dabei läuft die Kurve c längs des Ursprungskreises vom Radius π in mathematisch positivem Sinn und verbindet die Punkte $i\pi$ und $-\pi$.

b) Man berechne $\int_1^{2i} \frac{1}{z}\,\mathrm{d}z$.

c) Die Kurve c verbindet auf geradlinigem Weg die Punkte $-i$ und 1. Man berechne $\int_c z \ln z\,\mathrm{d}z$ und gebe das Ergebnis in kartesischen Koordinaten an.

A26.5 Cauchysche Integralformel und Taylor-Entwicklung

Aufgabe A26.5.1
Man berechne die folgenden Kurvenintegrale gegebenenfalls unter Verwendung der Cauchyschen Integralformel. Die auftretenden Kurven sollen im mathematisch positiven Sinn durchlaufen werden.

a) $\displaystyle\oint\limits_{c_{1/2}} \frac{e^{2z}}{(z-i)^4}\,\mathrm{d}z \qquad$ für $c_1\colon |z-1| = \frac{\pi}{2}$, $\;c_2\colon |z+2i| = 2$,

b) $\displaystyle\oint\limits_{c_{1/2/3}} \frac{z+3}{z^2-1}\,\mathrm{d}z \qquad$ für $c_1\colon |z-1| = 1{,}9$, $\;c_2\colon |z-i| = 1{,}5$,

$c_3\colon |z+1+i| = 1{,}1$,

c) $\displaystyle\oint\limits_{c_{1/2}} \frac{\sin^3 z}{(z-\pi/3)^2}\,\mathrm{d}z \qquad$ für $c_1\colon |z| = 1$, $\;c_2\colon |z| = 2$,

d) $\displaystyle\oint\limits_{c} \frac{\ln z}{z^2+1}\,\mathrm{d}z \qquad$ für $c\colon |z-1-i| = 1{,}414$,

e) $\displaystyle\oint\limits_{c} z^{17}\,\mathrm{d}z \qquad$ für $c\colon |z-16+17i| = 180$.

Aufgabe A26.5.2
Man bestimme die Konvergenzradien der Taylor-Reihen folgender gegebenenfalls stetig ergänzter Funktionen zu den Entwicklungspunkten z_0 und z_1, ohne die Reihen selbst zu berechnen:

a) $f(z) = \dfrac{z^3+8}{z^2-2z+2}$, $\quad z_0 = 0$, $\quad z_1 = -i$,

b) $f(z) = \dfrac{2z-\pi i}{\cosh z}$, $\quad z_0 = \dfrac{3\pi i}{4}$, $\quad z_1 = \pi$,

c) $f(z) = \dfrac{z-1}{\ln(z+2)}$, $\quad z_0 = 0$, $\quad z_1 = -2+2i$.

Klausuraufgabe A26.5.3
Man berechne die Taylor-Reihe um $z_0 = i$ von $f(z) = \displaystyle\int_i^z \frac{1}{3-\xi}\,\mathrm{d}\xi$ mit Konvergenzradius.

A26.6 Laurent-Entwicklung und Singularitäten

Klausuraufgabe A26.6.1
Man bestimme und klassifiziere alle Singularitäten der folgenden Funktionen

$$\text{a)}\ f(z)=\frac{z+i\pi}{e^z+1}\,,\quad \text{b)}\ g(z)=\frac{z+4}{z^3+6z^2+9z+4}\,,\quad \text{c)}\ h(z)=\sin\left(\frac{z+2}{z^2-4}\right)\,.$$

Aufgabe A26.6.2
Man bestimme die Laurent-Entwicklungen der folgenden Funktionen zum Entwicklungspunkt z_0, klassifiziere die Singulartäten und gebe $\operatorname{Res}(f;z_0)$ an.

$$\text{a)}\ f(z)=ze^{1/(z+1)},\ z_0=-1\,,\qquad \text{b)}\ f(z)=\frac{\cos z-1+z^2/2}{z^4},\ z_0=0\,,$$

$$\text{c)}\ f(z)=\frac{z-\sin(z+\pi)}{(z+\pi)^2},\ z_0=-\pi\,.$$

Aufgabe A26.6.3
Für die Funktionen

$$\text{a)}\ f(z)=\frac{z}{z^3+1},\quad \text{b)}\ f(z)=\frac{z-\sin z}{z^2},\quad \text{c)}\ f(z)=z+\sin\frac{1}{z}\,,$$

$$\text{d)}\ f(z)=\frac{z^2+1}{\sinh z},\quad \text{e)}\ f(z)=\frac{5z^4+z^3+20z^2+7z}{z^2+4}$$

bestimme und klassifiziere man alle endlichen Singularitäten und berechne die zugehörigen Residuen. Ferner gebe man die zum Entwicklungspunkt $z_0=0$ gehörige Laurent-Entwicklung an, die im Außengebiet konvergiert, und bestimme $\operatorname{Res}(f;\infty)$.

Aufgabe A26.6.4
Man bestimme alle Taylor- und Laurent-Reihenentwicklungen der Funktion

$$f(z)=\frac{3z-2}{z^2-z}$$

mit Konvergenzbereich zum Entwicklungspunkt a) $z_0=-1$ und b) $z_0=1$.

Klausuraufgabe A26.6.5
Man bestimme zum Entwicklungspunkt $z_0=2$ diejenige Laurent-Reihe der Funktion

$$f(z)=\frac{1}{(z-1)(z-4)^2}\,,$$

die im Punkt $(1+i)$ ausgewertet gegen $f(1+i)$ konvergiert.
Hinweis: Durch Differentiation der geometrischen Reihe erhält man die Identität

$$\frac{1}{(1-w)^2}=\sum_{k=0}^{\infty}(k+1)\,w^k\,,\quad |w|<1\,.$$

Klausuraufgabe A26.6.6

Für festes $a > 0$ betrachte man die komplexe Funktion $f(z) = \dfrac{2z^3}{z^2 + a^2}$.

a) Man gebe je eine Potenzreihenentwicklung von $f(z)$ zum Entwicklungspunkt $z_0 = 0$ an, die für $|z| < a$ bzw. $|z| > a$ konvergiert.

b) Für $\rho > a$ berechne man $\displaystyle\oint_{|z|=\rho} f(z)\,\mathrm{d}z$.

c) Mit Hilfe von a) zeige man für $|z| < \dfrac{a}{2}$ die Abschätzung $|f(z)| < \dfrac{a}{3}$.

Klausuraufgabe A26.6.7

Gegeben sei die Funktion $f\colon \mathbb{C} \to \mathbb{C}$ mit $f(z) = \dfrac{z + 25}{z^2 + z - 12}$.

a) Für f berechne und klassifiziere man alle Singularitäten z_k.

b) Man bestimme die Residuen von f an den Stellen z_k.

c) Man berechne $\displaystyle\oint_{|z|=\pi} f(z)\,\mathrm{d}z$.

d) Mit Hilfe der Laurent-Reihenentwicklung berechne man die komplexe Partialbruchzerlegung von f.

Klausuraufgabe A26.6.8

Gegeben sei die durch $g(z) = \dfrac{e^z - 1}{z^3}$ definierte Funktion.

a) Man gebe die um $z_0 = 0$ konvergente Laurent-Reihenentwicklung an.

b) Man klassifiziere alle Singularitäten von g und bestimme deren Residuen.

c) Man berechne $\displaystyle\oint_{|z|=1} g(z)\,\mathrm{d}z$ für die einfach mathematisch positiv durchlaufene Kurve $|z| = 1$.

Klausuraufgabe A26.6.9

Gegeben sei die durch $g(z) = (z + 1)^2 \sin\left(\dfrac{1}{z + 1}\right)$ definierte Funktion.

a) Man bestimme die um $z_0 = -1$ konvergente Laurent-Reihe von g.

b) Man klassifiziere alle Singularitäten von g und berechne deren Residuen.

c) Man berechne $\displaystyle\oint_{|z|=2} g(z)\,\mathrm{d}z$ für die einfach mathematisch positiv durchlaufene Kurve $|z| = 2$.

Klausuraufgabe A26.6.10

Gegeben sei die durch $f(z) = \dfrac{\exp(z - 2) - 1}{z^2 + z - 6}$ definierte Funktion.

a) Man bestimme und klassifiziere alle Singularitäten von f.

b) Man berechne die Residuen für alle Polstellen von f.

c) Für die Potenzreihenentwicklung von f zum Entwicklungspunkt $z_0 = 2$ gebe man die ersten drei nicht verschwindenden Glieder an.

d) Für die Laurent-Reihe von f zum Entwicklungspunkt $z_1 = -3$ bestimme man den Hauptteil.

e) Man berechne $\oint\limits_{|z+2|=2} f(z)\,dz$ und $\oint\limits_{|z+1|=1} f(z)\,dz$.

Klausuraufgabe A26.6.11

Gegeben sei die durch $f(z) = \dfrac{1}{z+2} - \dfrac{2}{z+4} + \exp\left(\dfrac{4}{z+2}\right)$ definierte Funktion.

a) Man bestimme die Laurent-Reihe von f um $z_0 = -2$.
b) Man klassifiziere alle Singularitäten von f und berechne deren Residuen.
c) Man berechne $\oint\limits_{|z+2|=1} f(z)\,dz$ und $\oint\limits_{|z+4|=3} f(z)\,dz$ für positiv durchlaufene Kurven.

Klausuraufgabe A26.6.12

Gegeben sei die durch $f(z) = \dfrac{5}{z^2+9}$ definierte Funktion.

a) Man bestimme den Typ aller Singularitäten von f und berechne die zugehörigen Residuen.
b) Man gebe die komplexe Partialbruchzerlegung von f an.
c) Man berechne alle Taylor- bzw. Laurent-Reihenentwicklungen um $z_0 = 0$ und skizziere deren Konvergenzbereiche.
d) Man berechne $\oint\limits_{|z|=2} f(z)\,dz$ und $\oint\limits_{|z-2i|=2} f(z)\,dz$ für positiv durchlaufene Kurven.

Klausuraufgabe A26.6.13

a) Gegeben sei die durch $f(z) = z^3 \cos\left(\dfrac{1}{z}\right)$ definierte Funktion.
   a) Man bestimme die um $z_0 = 0$ konvergente Laurent-Reihe von f.
   b) Man klassifiziere alle Singularitäten von f und berechne deren Residuen.
b) Zum Entwicklungspunkt $z_0 = 0$ berechne man alle Taylor- bzw. Laurent-Reihenentwicklungen von der durch $f(z) = 1/(4-z)$ gegebenen Funktion und skizziere deren Konvergenzbereiche.
c) Man berechne $\oint\limits_{|z|=4} \dfrac{\cos z}{(z+\pi)^3}\,dz$ für die positiv durchlaufene Kurve $|z| = 4$.

A26.7 Residuensatz mit Anwendungen

Aufgabe A26.7.1

Gegeben sei die Funktion $f(z) = \dfrac{20}{z^4 + 8z^3 + 20z^2 + 32z + 64}$.

a) Man bestimme mit Hilfe von Laurent-Reihenentwicklungen die Partialbruchzerlegung von f.
b) Man berechne mit Hilfe des Residuensatzes das Integral $\oint\limits_{c} f(z)\,dz$ für den Kreis $c\colon |z + 4 - 2i| = 5$.

Aufgabe A26.7.2
Man berechne folgende Integrale mit Hilfe des Residuensatzes:

a) $\displaystyle\oint\limits_{c_{1/2}} \frac{z^2+2z-3}{(z-1)(z^2+1)^2}\,\mathrm{d}z, \quad c_1\colon |z|=2\,, \quad c_2\colon |z+i|=1$, positiv durchlaufen,

b) $\displaystyle\oint\limits_{c} \frac{z}{\sin z}\,\mathrm{d}z \quad \text{für} \quad c(\phi)=2+3e^{i\phi} \quad 0\le\phi\le 4\pi\,.$

Klausuraufgabe A26.7.3

a) i) Man klassifiziere alle Singularitäten von $f(z)=\dfrac{e^{\pi z}}{z^2(z^2+1)(z^2+9)}$.

ii) Man berechne das mathematisch positiv durchlaufene Kurvenintegral

$$\oint\limits_{|z|=2} f(z)\,\mathrm{d}z\,.$$

b) Für die Kurven $c_1(t)=it$ mit $-1\le t\le 1$ und $c_2(t)=2\cos t+i\sin t$ mit $-\pi/2\le t\le\pi/2$ berechne man $\displaystyle\int\limits_{c_i}\frac{1}{(z-1)^2}\,\mathrm{d}z \quad \text{für} \quad i=1,2.$

Aufgabe A26.7.4
Man berechne die folgenden Integrale mit Hilfe des Residuenkalküls:

a) $\displaystyle\int\limits_0^{2\pi}\frac{\sin x}{2+\sin x}\,\mathrm{d}x$ und

b) $\displaystyle\int\limits_0^{\pi}\frac{\cos x}{3+\cos x}\,\mathrm{d}x\,.$

Aufgabe A26.7.5
Gegeben sei die Funktion $f(z)=\dfrac{1}{z(\sqrt{z}-1)}$ mit dem Hauptzweig der Wurzelfunktion.

a) Man bestimme die ersten vier Summanden der möglichen Laurent-Reihen von f zum Entwicklungspunkt $z_0=1$.
b) Man klassifiziere alle Singularitäten von f.
c) Man berechne $\displaystyle\int\limits_{c_{1/2}}\frac{\mathrm{d}z}{z(\sqrt{z}-1)}$ mit $c_1(t)=\dfrac{1}{2}+it$, $c_2(t)=\dfrac{3}{2}+it$ für $t\in\mathbb{R}$.

Aufgabe A26.7.6
Man berechne mit Hilfe des Residuenkalküls das uneigentliche Integral

$$\int\limits_{-\infty}^{\infty}\frac{\mathrm{d}x}{x^8+1}\,.$$

Aufgabe A26.7.7

a) Man berechne mit Hilfe des Residuensatzes das Integral $\oint\limits_c \frac{e^{iz}}{z^4 + 16}\,dz$ für die geschlossene Kurve $c = c_r + g_r$ mit $r \geq 2{,}1$, wobei $c_r(\varphi) = re^{i\varphi}$, $0 \leq \varphi \leq \pi$ und $g_r(x) = x$, $-r \leq x \leq r$.

b) Unter Verwendung von a) berechne man das reelle uneigentliche Integral

$$\int\limits_{-\infty}^{\infty} \frac{\cos x}{x^4 + 16}\,dx\,.$$

Aufgabe A26.7.8

Man berechne mit Hilfe des Residuenkalküls die Integrale

$$\text{a)} \int\limits_{-\infty}^{\infty} \frac{x+2}{x^3 - x^2 + x - 1}\,dx, \quad \text{b)} \int\limits_{-\infty}^{\infty} \frac{xe^{2ix}}{x^2+2}\,dx\,,$$

$$\text{c)} \int\limits_{0}^{\infty} \frac{x+1}{\sqrt{x}(x^2+1)}\,dx \quad \text{und} \quad \text{d)} \int\limits_{-\infty}^{\infty} \frac{x^2}{x^4+1}\,dx\,.$$

Aufgabe A26.7.9

a) Unter Verwendung des Residuensatzes berechne man das Integral

$$\oint\limits_c \frac{1 - e^{iz}}{z^2}\,dz$$

für die geschlossene Kurve $c = c_1 - c_2 + c_3 + c_4$, wobei $r > 1$ und

$$c_1(x) = x, -r \leq x \leq -\frac{1}{r}, \quad c_2(\varphi) = \frac{1}{r}e^{i\varphi},\ \pi \leq \varphi \leq 2\pi\,,$$

$$c_3(x) = x,\ \frac{1}{r} \leq x \leq r\,, \qquad c_4(\varphi) = re^{i\varphi},\ 0 \leq \varphi \leq \pi\,.$$

b) Unter Verwendung von a) berechne man das reelle uneigentliche Integral

$$\int\limits_{0}^{\infty} \frac{1 - \cos x}{x^2}\,dx\,.$$

Klausuraufgabe A26.7.10

Gegeben sei die durch $f(z) = \frac{6}{z^2 - 2z + 10}$ definierte Funktion.

a) Man bestimme den Typ aller Singularitäten von f und berechne die zugehörigen Residuen.

b) Man bestimme und skizziere die Konvergenzbereiche aller Potenzreihenentwicklungen von f um $z_0 = 1 + i$.

c) Man gebe die komplexe Partialbruchzerlegung von f an.

d) Man berechne $\oint\limits_{|z-1|=1} f(z)\,\mathrm{d}z$ für die einfach mathematisch positiv durchlaufene Kurve $|z-1|=1$.

e) Man berechne $\int\limits_{-\infty}^{\infty} \frac{6}{x^2-2x+10}\,\mathrm{d}x$.

Klausuraufgabe A26.7.11
Man berechne mit Hilfe des Residuenkalküls folgende Integrale

a) $\int\limits_{-\infty}^{\infty} \frac{2}{x^2+2x+2}\,\mathrm{d}x\,,$ b) $\int\limits_{-\infty}^{\infty} \frac{\mathrm{d}x}{x^2+\pi^2}\,,$ c) $\int\limits_{-\infty}^{\infty} \frac{1}{x^2+3}\,\mathrm{d}x\,,$

d) $\int\limits_{-\infty}^{\infty} \frac{\sin x}{x^2+2x+5}\,\mathrm{d}x\,,$ e) $\int\limits_{0}^{\infty} \frac{1}{x^{1/2}(x+1)(x+4)}\,\mathrm{d}x\,.$

Klausuraufgabe A26.7.12
Man berechne die folgenden Integrale unter Verwendung des Residuenkalküls

a) $\int\limits_{0}^{\pi} \frac{2-\cos\varphi}{2+\cos\varphi}\,\mathrm{d}\varphi\,,$ b) $\int\limits_{0}^{\infty} \frac{x^2-x}{x^{3/2}(x^3-x^2+4x-4)}\,\mathrm{d}x\,,$

c) $\int\limits_{-\infty}^{\infty} \frac{1}{x^2+2x+10}\,\mathrm{d}x\,.$

A 27
Integraltransformationen

A27.1 Fourier-Transformation

Aufgabe A27.1.1

a) Man berechne die Fourier-Transformierte der folgenden Funktion:

$$f(t) = \begin{cases} 4 - t^2 & \text{für } -2 \le t \le 2\,, \\ 0 & \text{sonst}\,. \end{cases}$$

b) Unter Verwendung von a) löse man die Integralgleichung

$$\int_0^\infty G(\omega)\cos(t\omega)\,\mathrm{d}\omega = \begin{cases} 4 - t^2 & \text{für } 0 \le t \le 2\,, \\ 0 & \text{für } t > 2\,. \end{cases}$$

Aufgabe A27.1.2

Unter Verwendung der inversen Fourier-Transformation berechne man für $c > 0$:

$$g(t) = \int_{-\infty}^{\infty} \frac{2c\cos(\omega t)}{c^2 + \omega^2}\,\mathrm{d}\omega\,.$$

A27.2 Laplace-Transformation

Aufgabe A27.2.1

Man bestimme die Laplace-Transformierten für die folgenden Funktionen:

a) $f(t) = 6e^{-4t}$, b) $f(t) = t^9 e^{-t}$,

c) $f(t) = e^{3t}\sinh(7t)$, d) $f(t) = t\cosh(5t)$,

e) $f(t) = 10\sin(8t)\cos(2t)$, f) $f(t) = \begin{cases} \cos t & \text{für } t < \pi\,, \\ -1 & \text{für } t \ge \pi\,. \end{cases}$

Mathematik in den Ingenieur- und Naturwissenschaften 2, Aufgaben und Lösungen, 5. Aufl.
Rainer Ansorge, Hans Oberle, Kai Rothe und Thomas Sonar.

Aufgabe A27.2.2
Man berechne die Laplace-Transformierten der folgenden Funktionen

a) $f(t) = \sqrt{t}\, e^t$, b) $f(t) = |\sin t \cos t|$,

c) $f(t) = \cos^2 t$, d) $f(t) = t^2 \sin t$,

e) $f(t) = (7t)^{-2/3}$, f) $f(t) = \begin{cases} 1 - |t-3| & \text{für } 2 \le t \le 4\,, \\ 0 & \text{sonst}\,. \end{cases}$

Aufgabe A27.2.3
Für die folgenden Bildfunktionen der Laplace-Transformation bestimme man die Originalfunktionen:

a) $F(s) = \dfrac{s+7}{s^2+4s+3}$, b) $F(s) = \dfrac{3s+1}{s^2+2s+10}$, c) $F(s) = \left(\dfrac{s}{s^2+1}\right)^2$,

d) $F(s) = \dfrac{s+1}{(s+2)^3}$, e) $F(s) = \dfrac{e^{-2s}}{s+3}$, c) $F(s) = \ln\dfrac{s-1}{s+1}$.

Aufgabe A27.2.4
Man berechne die Originalfunktionen mit Hilfe des Residuensatzes zu folgenden Laplace-Transformierten:

a) $F(s) = \dfrac{1}{2s-1}$, b) $F(s) = \dfrac{1}{(s+1)^2+3}$, c) $F(s) = \dfrac{3s^2+s+1}{s^3+s^2}$.

Aufgabe A27.2.5
Unter Verwendung des Faltungssatzes bestimme man

a) die Laplace-Transformierten der folgenden Funktionen:

i) $f(t) = \displaystyle\int_0^t \sin(\omega\tau)\,\sinh(\omega(t-\tau))\,d\tau$, ii) $f(t) = \displaystyle\int_0^t e^{\tau}(t-\tau)^2\,d\tau$,

b) die Originalfunktionen zu folgenden Laplace-Transformierten:

i) $F(s) = \dfrac{s}{(s-1)(s^2+4)}$, ii) $F(s) = \dfrac{1}{s^2+s-2}$.

Klausuraufgabe A27.2.6
Man löse die folgende Randwertaufgabe mittels Laplace-Transformation:

$$\ddot{y}(t) + 2\dot{y}(t) + 5y(t) = 5\,, \quad y(0) = 0\,, \quad y\left(\frac{\pi}{4}\right) = 1\,.$$

Klausuraufgabe A27.2.7
Man löse mit Hilfe der Laplace-Transformation:

a) $\dot{y}(t) + \displaystyle\int_0^t \tau\, y(t-\tau)\,d\tau = 3t\,, \quad y(0) = 0\,,$

b) $\dot{y}(t) - 5y(t) = \cos t - 5\sin t\,, \quad y(0) = 1\,.$

Aufgabe A27.2.8

Mit Hilfe der Laplace-Transformation löse man das folgende Anfangswertproblem:

$$\begin{aligned} 5\dot{u}(t) - 3u(t) - 4v(t) &= -3 - 4t \\ 5\dot{v}(t) - 4u(t) + 3v(t) &= 1 + 3t \end{aligned} \qquad \text{mit} \quad u(0) = 4 \quad \text{und} \quad v(0) = -1\,.$$

L 17
Differentialrechnung mehrerer Variabler

L17.1 Partielle Ableitungen

Lösung zu A17.1.1

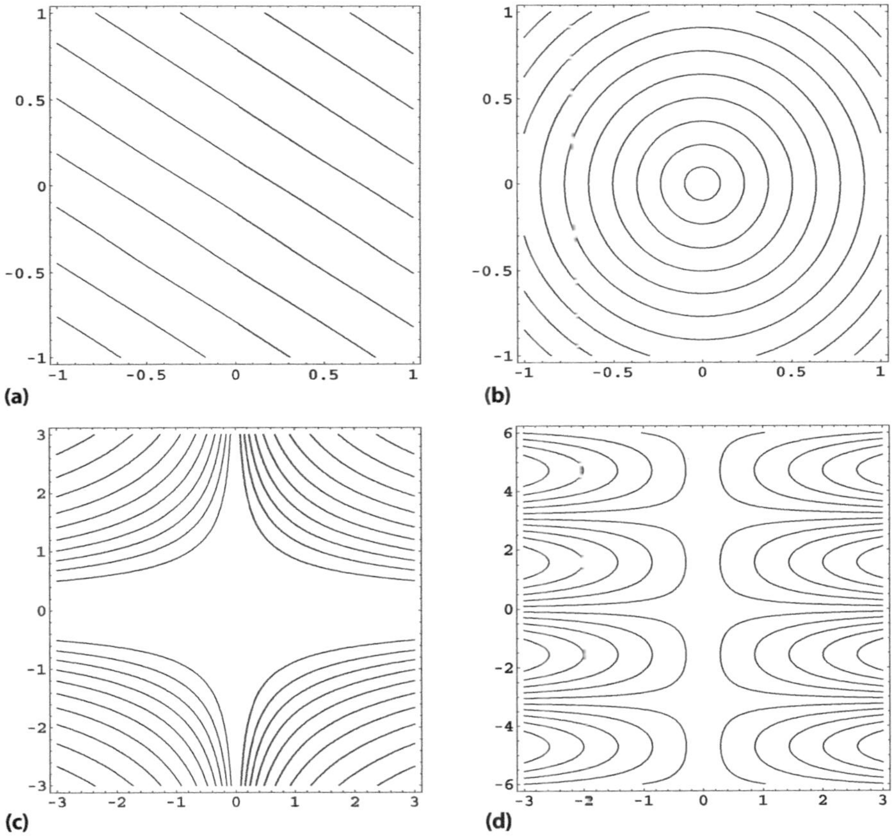

Abb. L17.1 a) $f(x, y) = 2x + 3y \;\Rightarrow\; \operatorname{grad} f(x, y) = (2, 3)$.

b) $f(x, y) = \sqrt{x^2 + y^2} \;\Rightarrow\; \operatorname{grad} f(x, y) = \left(\frac{x}{\sqrt{x^2 + y^2}}, \frac{y}{\sqrt{x^2 + y^2}} \right)$.

c) $f(x, y) = \ln(1 + x^2 y^4) \;\Rightarrow\; \operatorname{grad} f(x, y) = \left(\frac{2xy^4}{1 + x^2y^4}, \frac{x^2 4y^3}{1 + x^2y^4} \right)$.

d) $f(x, y) = 8 - 3x \sin y \;\Rightarrow\; \operatorname{grad} f(x, y) = (-3 \sin y, -3x \cos y)$.

Mathematik in den Ingenieur- und Naturwissenschaften 2, Aufgaben und Lösungen, 5. Aufl.
Rainer Ansorge, Hans Oberle, Kai Rothe und Thomas Sonar.

Lösung zu A17.1.2

a) $D_f = \mathbb{R}^2 \setminus \{\mathbb{R} \times \{0\}\}$, $f_x(x, y) = \frac{1}{y}$, $f_y(x, y) = -\frac{x}{y^2}$,

$$f_{xx}(x, y) = 0\,, \quad f_{xy}(x, y) = f_{yx}(x, y) = -\frac{1}{y^2}\,, \quad f_{yy}(x, y) = \frac{2x}{y^3}$$

$$D_g = \mathbb{R}^2 \setminus \{(0,0)\}\,, \quad g_x(x, y) = \frac{2x}{x^2 + y^2}\,, \quad g_y(x, y) = \frac{2y}{x^2 + y^2}\,,$$

$$g_{xx}(x, y) = \frac{2(y^2 - x^2)}{(x^2 + y^2)^2}\,, \quad g_{xy}(x, y) = g_{yx}(x, y) = -\frac{4xy}{(x^2 + y^2)^2}\,,$$

$$g_{yy}(x, y) = \frac{2(x^2 - y^2)}{(x^2 + y^2)^2}$$

b) Für f: $z = -\frac{1}{2} + \frac{1}{2}(x+1) + \frac{1}{4}(y-2)$. Für g: $z = \ln 5 - \frac{2}{5}(x+1) + \frac{4}{5}(y-2)$.

Lösung zu A17.1.3

a) $f(x, y) = 2x + e^{x+2y}$, $f_x(x, y) = 2 + e^{x+2y}$, $f_y(x, y) = 2e^{x+2y}$,

$f_{xx}(x, y) = e^{x+2y}$, $f_{xy}(x, y) = 2e^{x+2y}$, $f_{yy}(x, y) = 4e^{x+2y}$,

$f_{xxx}(x, y) = e^{x+2y}$, $f_{xxy}(x, y) = 2e^{x+2y}$, $f_{xyy}(x, y) = 4e^{x+2y}$,

$f_{yyy}(x, y) = 8e^{x+2y}$

b) $f(1, -1/2) = 2 + e^0 = 3$, $f_x(1, -1/2) = 2 + e^0 = 3$, $f_y(1, -1/2) = 2e^0 = 2$
Tangentialebene: $z = 3 + 3(x - 1) + 2(y + 1/2)$

c) Es ist $f(0, 0) = 1$. Damit wird die Höhenlinie im Punkt $(0, 0)$ beschrieben durch die implizite Gleichung $1 = f(x, y(x)) = 2x + e^{x+2y(x)}$. Man erhält durch Auflösen $y(x) = (\ln(1 - 2x) - x)/2$.
Eine die Höhenlinie parametrisierende Kurve ist daher gegeben durch

$$\mathbf{c}(x) = \begin{pmatrix} x \\ y(x) \end{pmatrix} = \begin{pmatrix} x \\ (\ln(1 - 2x) - x)/2 \end{pmatrix}.$$

d) $\operatorname{grad} f(0, 0) = (f_x(0, 0), f_y(0, 0)) = (3, 2)$
Tangentialrichtung der Höhenlinie:

$$\mathbf{c}'(x) = \begin{pmatrix} 1 \\ \frac{-1}{1 - 2x} - \frac{1}{2} \end{pmatrix} \quad \Rightarrow \quad \mathbf{c}'(0) = \begin{pmatrix} 1 \\ -\frac{3}{2} \end{pmatrix}$$

$$\cos\alpha = \frac{\operatorname{grad} f(0, 0) \cdot \mathbf{c}'(0)}{\|\operatorname{grad} f(0, 0)\|_2 \, \|\mathbf{c}'(0)\|_2} = 0 \quad \Rightarrow \quad \alpha = 90°$$

Lösung zu A17.1.4

a) $f(1,1) = 1^2 + 1^2 = 2,$ damit ist die Höhenlinie gegeben durch

i) $f(x, y) = x^2 + y^2 = 2$ (implizite Darstellung)

ii) $y(x) = \sqrt{2 - x^2},$ wegen $y(1) = 1 > 0$ (Darstellung als Funktion)

iii) $c(x) = (x, \sqrt{2 - x^2})^T$ (Darstellung als Kurve).

b) $\operatorname{grad} f(x, y) = (2x, 2y) \quad \Rightarrow \quad \operatorname{grad} f(1, 1) = (2, 2)$

c) $$c'(x) = \begin{pmatrix} 1 \\ \dfrac{-x}{\sqrt{2 - x^2}} \end{pmatrix} \quad \Rightarrow \quad c'(1) = \begin{pmatrix} 1 \\ -1 \end{pmatrix} \quad \Rightarrow \quad \operatorname{grad} f(1, 1) \cdot c'(1) = 0$$

d)

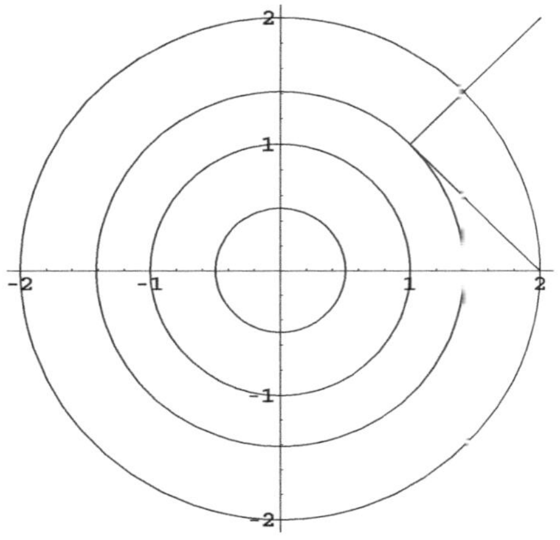

Abb. L17.2 Höhenlinien von $f(x, y) = x^2 + y^2$ mit Gradient und Tangentialvektor in (1, 1).

Lösung zu A17.1.5

a) $f(x, y) = y\sqrt{2x^2 + y^2}\,,$ für $(x, y) \neq (0, 0)$ gilt:

$$f_x(x, y) = \frac{2xy}{\sqrt{2x^2 + y^2}}\,, \qquad f_y(x, y) = \frac{2(x^2 + y^2)}{\sqrt{2x^2 + y^2}}$$

für $(x, y) = (0, 0)$ gilt:

$$f_x(0, 0) = \lim_{h \to 0} \frac{f(h, 0) - f(0, 0)}{h} = \lim_{h \to 0} \frac{0 - 0}{h} = 0\,,$$

$$f_y(0, 0) = \lim_{h \to 0} \frac{f(0, h) - f(0, 0)}{h} = 0 = \lim_{h \to 0} \frac{h\sqrt{h^2} - 0}{h} = 0$$

b) Es muss nur noch die Stetigkeit von f_x und f_y im Nullpunkt überprüft werden. Mit den Abschätzungen

$$0 \leq (x + y)^2 \Rightarrow -2xy \leq x^2 + y^2$$

und

$$0 \leq (x - y)^2 \Rightarrow 2xy \leq x^2 + y^2$$

erhält man

$$0 \leq \lim_{(x,y)\to(0,0)} |f_x(x,y)| = \lim_{(x,y)\to(0,0)} \left| \frac{2xy}{\sqrt{2x^2+y^2}} \right| \leq \lim_{(x,y)\to(0,0)} \frac{x^2+y^2}{\sqrt{2x^2+y^2}}$$

$$\leq \lim_{(x,y)\to(0,0)} \frac{x^2+y^2}{\sqrt{x^2+y^2}} = 0$$

$$0 \leq \lim_{(x,y)\to(0,0)} f_y(x,y) = \lim_{(x,y)\to(0,0)} \frac{2(x^2+y^2)}{\sqrt{2x^2+y^2}} \leq \lim_{(x,y)\to(0,0)} \frac{2(x^2+y^2)}{\sqrt{x^2+y^2}} = 0\,.$$

Damit sind f_x und f_y auf ganz $\mathbb{R}^2$ stetig, d. h. f ist C^1-Funktion.

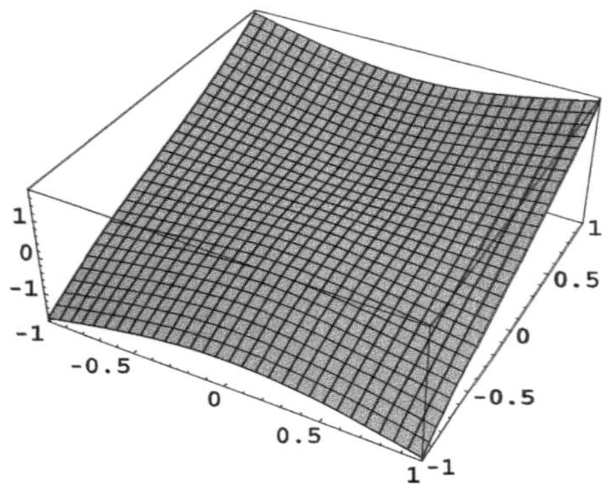

Abb. L17.3 $f(x,y) = y\sqrt{2x^2+y^2}$ in $[-1,1]\times[-1,1]$.

c) Für $(x,y) \neq (0,0)$ gilt:

$$f_{xy}(x,y) = \frac{\partial}{\partial y}\left(\frac{2xy}{\sqrt{2x^2+y^2}}\right) = \frac{4x^3}{(2x^2+y^2)^{3/2}}\,,$$

$$f_{yx}(x,y) = \frac{\partial}{\partial x}\left(\frac{2(x^2+y^2)}{\sqrt{2x^2+y^2}}\right) = \frac{4x^3}{(2x^2+y^2)^{3/2}}\,.$$

Für $(x,y) = (0,0)$ gilt:

$$f_{xy}(0,0) = \lim_{h\to 0} \frac{f_x(0,h) - f_x(0,0)}{h} = \lim_{h\to 0} \frac{0-0}{h} = 0\,.$$

Der Grenzwert

$$\lim_{h\to 0} \frac{f_y(h,0) - f_y(0,0)}{h} = \lim_{h\to 0} \frac{2h}{\sqrt{2h^2}}$$

existiert nicht,
denn für $h = 1/n$ bzw. $h = -1/n$ ergeben sich die unterschiedlichen Grenzwerte $\sqrt{2}$ bzw $-\sqrt{2}$.
Damit ist f_{xy} auf ganz $\mathbb{R}^2$ definiert, f_{yx} jedoch nur auf $\mathbb{R}^2\backslash\mathbf{0}$.

Lösung zu A17.1.6

a) Für die Nullfolge $\left(\frac{1}{k^3}, \frac{1}{k}\right)$ mit $k \in \mathbb{N}$ gilt

$$\lim_{k\to\infty} f\left(\frac{1}{k^3}, \frac{1}{k}\right) = \lim_{k\to\infty} \frac{2/k^6}{2/k^6} = 1 \neq 0.$$

Die Funktion ist im Nullpunkt daher nicht stetig. $f(x, y) = \frac{2xy^3}{x^2+y^6}$ ist im Nullpunkt auch nicht stetig ergänzbar, denn für die Nullfolge $\left(-\frac{1}{k^3}, \frac{1}{k}\right)$ mit $k \in \mathbb{N}$ gilt

$$\lim_{k\to\infty} f\left(-\frac{1}{k^3}, \frac{1}{k}\right) = \lim_{k\to\infty} \frac{-2/k^6}{2/k^6} = -1\,.$$

b)

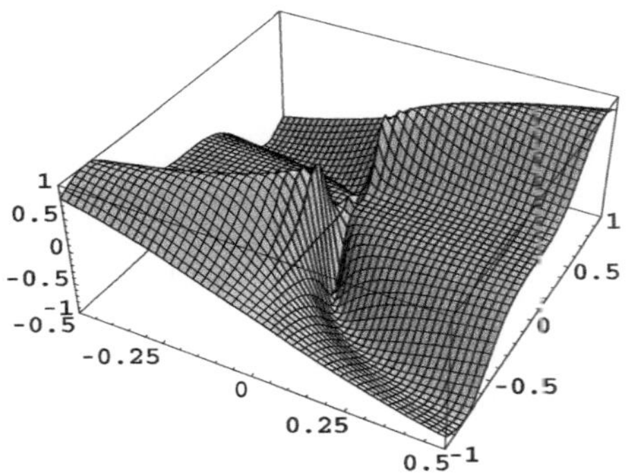

Abb. L17.4 $f(x, y) = \dfrac{2xy^3}{x^2 + y^6}$.

c) Für $\boldsymbol{x}_0 = (x, y) \neq (0, 0)$ sind die partiellen Ableitungen

$$f_x(x, y) = \frac{2y^3(y^6 - x^2)}{(x^2 + y^6)^2}, \qquad f_y(x, y) = \frac{6xy^2(x^2 - y^6)}{(x^2 + y^6)^2}$$

stetig und man erhält die Ableitung in Richtung $\boldsymbol{v} = (u, v)^T$ durch: $D_{\boldsymbol{v}} f(\boldsymbol{x}_0) = \operatorname{grad} f(\boldsymbol{x}_0)\boldsymbol{v}$.
Für $\boldsymbol{x}_0 = (0, 0)$ gilt:

$$D_{\boldsymbol{v}} f(\boldsymbol{x}_0) = \lim_{t\to0} \frac{f(tv, tu) - f(0, 0)}{t} = \lim_{t\to0} \frac{2t^4uv^3}{t(t^2u^2 + t^6v^6)} = \lim_{t\to0} \frac{2tuv^3}{u^2 + t^4v^6} = 0$$

d) Auf der Kurve $x = 2y^3$ ergibt sich für die partielle Ableitung nach y:

$$\lim_{y\to0} f_y(2y^3, y) = \lim_{y\to0} \frac{12y^3y^2(4y^6 - y^6)}{(4y^6 + y^6)^2} = \lim_{y\to0} \frac{36}{25y} = \infty$$

Entsprechend kann man nachweisen, dass auch für f_x der Grenzwert $(x, y) \to (0, 0)$ nicht existiert. Daher sind alle Richtungsableitungen in $(0, 0)$ unstetig.

Lösung zu A17.1.7

a) $f(x,y) = \sqrt{x^2 + y^2 + 2(x-y) + 2} = \sqrt{x^2 + 2x + 1 + y^2 - 2y + 1}$
$= \sqrt{(x+1)^2 + (y-1)^2} = r$

kartesische und Polarkoordinaten: $x = r\cos\varphi - 1$, $y = r\sin\varphi + 1$ (siehe Abb. L17.5a)

i)

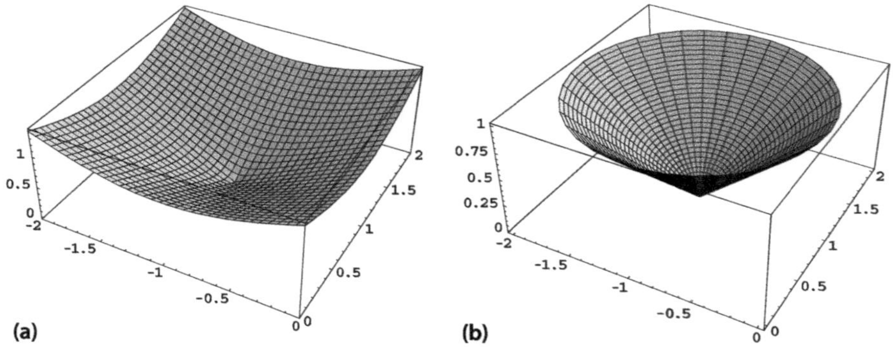

Abb. L17.5 (a) $f(x,y) = \sqrt{(x+1)^2 + (y-1)^2}$; (b) $f(r,\varphi) = r$ (in Polarkoordinaten).

ii) Stetigkeit in $\boldsymbol{x}_0 = (x_0, y_0)^T = (-1,1)^T$ mit ε-δ-Kriterium:
Zu beliebig vorgegebenem $\varepsilon > 0$ wähle man $\delta = \varepsilon$, so ergibt sich mit $(h_1, h_2)^T = \boldsymbol{h} := \boldsymbol{x} - \boldsymbol{x}_0$:
Aus $\|\boldsymbol{x} - \boldsymbol{x}_0\|_2 < \delta$ folgt

$$\begin{aligned}|f(\boldsymbol{x}) - f(\boldsymbol{x}_0)| &= |f(\boldsymbol{x}_0 + \boldsymbol{h}) - f(\boldsymbol{x}_0)| = |f(-1+h_1, 1+h_2) - f(-1,1)| \\ &= |\sqrt{h_1^2 + h_2^2} - 0| = \|\boldsymbol{h}\|_2 = \|\boldsymbol{x} - \boldsymbol{x}_0\|_2 < \delta = \varepsilon\end{aligned}$$

Stetigkeit in $\boldsymbol{x}_0 = (x_0, y_0)^T \neq (-1,1)^T$ über die Beschränktheit der existierenden partiellen Ableitungen:

$$|f_x(x,y)| = \left|\frac{x+1}{\sqrt{(x+1)^2 + (y-1)^2}}\right| \leq \left|\frac{x+1}{\sqrt{(x+1)^2}}\right| = \frac{|x+1|}{|x+1|} = 1$$

$$|f_y(x,y)| = \left|\frac{y-1}{\sqrt{(x+1)^2 + (y-1)^2}}\right| \leq \left|\frac{y-1}{\sqrt{(y-1)^2}}\right| = \frac{|y-1|}{|y-1|} = 1$$

Da die partiellen Ableitungen existieren und beschränkt sind, ist f stetig.

iii) Die partiellen Ableitungen von f berechnen sich für $(x,y)^T \neq (-1,1)^T$ wie in b) angegeben:

$$f_x(x,y) = \frac{x+1}{\sqrt{(x+1)^2 + (y-1)^2}}, \quad f_y(x,y) = \frac{y-1}{\sqrt{(x+1)^2 + (y-1)^2}}.$$

Im Punkt $(x, y)^T = (-1, 1)^T$ muss man auf die Definition zurückgreifen und stellt fest, dass dort f_x und f_y nicht existieren, was am Beispiel f_x erläutert wird:

$$\lim_{h\to 0+} \frac{f(-1+h,1)-f(-1,1)}{h} = \lim_{h\to 0+} \frac{\sqrt{h^2+0}-0}{h} = \lim_{h\to 0+} \frac{|h|}{h}$$
$$= \lim_{h\to 0+} \operatorname{sign} h = 1 \neq \lim_{h\to 0-} \frac{f(-1+h,1)-f(-1,1)}{h}$$
$$= \lim_{h\to 0-} \frac{\sqrt{h^2+0}-0}{h} = \lim_{h\to 0-} \frac{|h|}{h} = \lim_{h\to 0-} \operatorname{sign} h = -1\,.$$

b) Siehe Abb. L17.5b
   i) $\operatorname{grad} g(x, y) = (2x\cos(x^2 - y^3), -3y^2\cos(x^2 - y^3))^T$,
   ii) $\operatorname{grad} h(x, y, z) = \left(\frac{y}{z^4+1}, \frac{x}{z^4+1}, -\frac{4xyz^3}{(z^4+1)^2}\right)^T$.

Lösung zu A17.1.8

a) $f(1,0) = \frac{1}{2}$

$$f_x(x, y) = -\frac{2x}{(1+x^2+y^2)^2} \quad\Rightarrow\quad f_x(1,0) = -\frac{1}{2}\,,$$
$$f_y(x, y) = -\frac{2y}{(1+x^2+y^2)^2} \quad\Rightarrow\quad f_y(1,0) = 0$$

Tangentialebene:

$$T_1(x, y) = f(1,0) + f_x(1,0)(x-1) + f_y(1,0)y = \frac{1}{2} - \frac{1}{2}(x-1)$$

b) i) Anstieg in x-Richtung:

$$f_x(x, y) = 2\pi x\cos(\pi x^2 + \pi y) \quad\Rightarrow\quad f_x(-1,1) = -2\pi\cos(2\pi) = -2\pi$$

Anstieg in y-Richtung:

$$f_y(x, y) = \pi\cos(\pi x^2 + \pi y) \quad\Rightarrow\quad f_y(-1,1) = \pi\cos(2\pi) = \pi$$

ii) $f(-1,1) = \sin(2\pi) = 0$ Man erhält die Tangentialebene:

$$T_1(x, y) = f(-1,1) + f_x(-1,1)(x+1) + f_y(-1,1)(y-1)$$
$$= -2\pi(x+1) + \pi(y-1)\,.$$

Lösung zu A17.1.9

Polynome, deren Potenzen nur den Grad 3 besitzen, sind positiv homogen vom Grad 3.

Beispiel $p(x, y) = -5x^3 + 2xy^2$:

$$p(tx, ty) = -5(tx)^3 + 2(tx)(ty)^2 = t^3(-5x^3 + 2xy^2) = t^3 p(x, y)\,.$$

L17.2 Differentialoperatoren

Lösung zu A17.2.1

a) $\operatorname{div} \boldsymbol{U} = u_x + v_y + w_z = \cos(x+y+z) - \sin(x+y+z)$,

$$\begin{aligned}\operatorname{rot} \boldsymbol{U} &= (w_y - v_z, u_z - w_x, v_x - u_y)\\ &= (\sin(x+y+z), \cos(x+y+z), -\sin(x+y+z) - \cos(x+y+z))^T ,\end{aligned}$$

b) $\operatorname{div} \boldsymbol{U} = 0$, $\quad \operatorname{rot} \boldsymbol{U} = (2y - 2z, 2z - 2x, 2x - 2y)^T$,

c) $\operatorname{div} \boldsymbol{U} = -\dfrac{1}{x^2} - \dfrac{1}{y^2} - \dfrac{1}{z^2}$, $\quad \operatorname{rot} \boldsymbol{U} = \mathbf{0}$,

d) $\operatorname{div} \boldsymbol{U} = 0$, $\quad \operatorname{rot} \boldsymbol{U} = \mathbf{0}$

Lösung zu A17.2.2

a) $\operatorname{div} \boldsymbol{f} = f_{1x} + f_{2y} + f_{3z} = 2\cosh y + x^2 \cosh y - z^3 \cos y + 6z \cos y$

$$\operatorname{rot} \boldsymbol{f} = \begin{pmatrix} \dfrac{\partial f_3}{\partial x_2} - \dfrac{\partial f_2}{\partial x_3} \\ \dfrac{\partial f_1}{\partial x_3} - \dfrac{\partial f_3}{\partial x_1} \\ \dfrac{\partial f_2}{\partial x_1} - \dfrac{\partial f_1}{\partial x_2} \end{pmatrix} = \begin{pmatrix} -3z^2 \sin y - (-3z^2 \sin y) \\ 1 - 1 \\ 2x \sinh y - 2x \sinh y \end{pmatrix} = \mathbf{0}$$

b) i) $\boldsymbol{g}(x, y) = (u(x, y), v(x, y))^T = (1, 2x)^T$

$\operatorname{div} \boldsymbol{g} = u_x + v_y = 0$, $\quad \operatorname{rot} \boldsymbol{g} = v_x - u_y = 2 - 0 = 2$

ii)

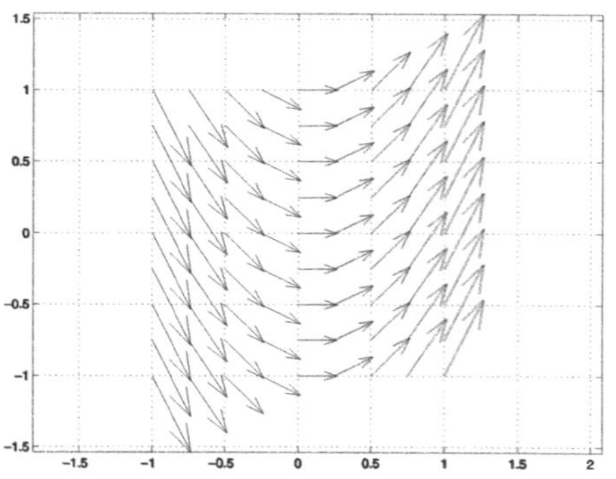

Abb. L17.6 Vektorfeld $\boldsymbol{g}(x, y) = (1, 2x)^T$.

Stromlinien sind die Kurven $\boldsymbol{c}(t) = (x(t), y(t))^T$, deren Tangentialvektoren durch das Vektorfeld $\boldsymbol{g}$ gegeben sind

$$\begin{pmatrix} \dot{x}(t) \\ \dot{y}(t) \end{pmatrix} = \boldsymbol{g}(x(t), y(t)) = \begin{pmatrix} u(x(t), y(t)) \\ v(x(t), y(t)) \end{pmatrix} = \begin{pmatrix} 1 \\ 2x(t) \end{pmatrix}$$

$$\Rightarrow \quad \boldsymbol{c}(t) = \begin{pmatrix} x(t) \\ y(t) \end{pmatrix} = \begin{pmatrix} t + a \\ (t+a)^2 + b \end{pmatrix} \qquad (x(0) = 0 \Rightarrow a = 0)$$

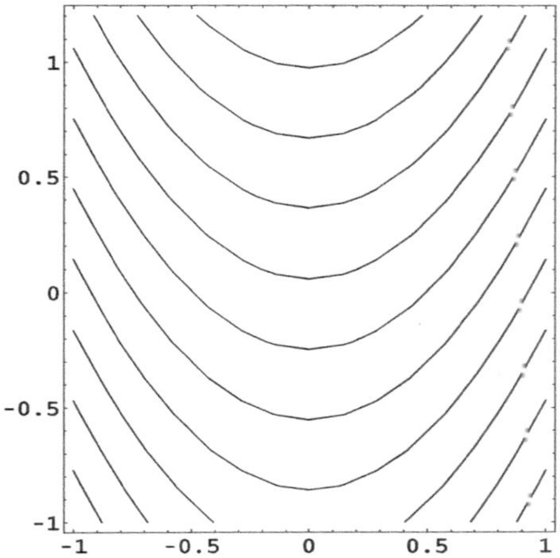

Abb. L17.7 Stromlinien $\boldsymbol{c}(t) = (t, t^2 + b)^T$, $b \in \mathbb{R}$.

Lösung zu A17.2.3

a) $$\begin{aligned} \boldsymbol{f}(x, y, z) &= (\lambda x^2 + xz, -xy - yz - \lambda y^2, yz)^T \\ &= (f_1(x, y, z), f_2(x, y, z), f_3(x, y, z))^T \\ \operatorname{rot} \boldsymbol{f} &= \left(\frac{\partial f_3}{\partial y} - \frac{\partial f_2}{\partial z}, \frac{\partial f_1}{\partial z} - \frac{\partial f_3}{\partial x}, \frac{\partial f_2}{\partial x} - \frac{\partial f_1}{\partial y} \right)^T \\ &= (z - y, x, -y)^T \neq \mathbf{0} \,. \end{aligned}$$

Damit ist $\boldsymbol{f}$ für keinen Parameter λ wirbelfrei.

$$\begin{aligned} \operatorname{div} \boldsymbol{f} &= \frac{\partial f_1}{\partial x} + \frac{\partial f_2}{\partial y} + \frac{\partial f_3}{\partial z} = 2\lambda x + z - x - z - 2\lambda y + y \\ &= (2\lambda - 1)x - (2\lambda - 1)y = (2\lambda - 1)(x - y) \overset{!}{=} 0 \,. \end{aligned}$$

Damit ist $\boldsymbol{f}$ für den Parameter $\lambda = \frac{1}{2}$ quellenfrei.

b) $$\operatorname{div}(\operatorname{grad} f) = \operatorname{div} \left(\frac{\partial f}{\partial x}, \frac{\partial f}{\partial y}, \frac{\partial f}{\partial z} \right) = \frac{\partial^2 f}{\partial x^2} + \frac{\partial^2 f}{\partial y^2} + \frac{\partial^2 f}{\partial z^2} = \Delta f \,.$$

Für $f(x, y, z) = x^2 + y^2 + z^2$ gilt $\operatorname{div}(\operatorname{grad} f) = 2 - 2 + 2 = 6 \neq 0$.

Lösung zu A17.2.4

a) $$u(x, t) = e^{-t} \sin \frac{x}{\sqrt{k}} \quad \Rightarrow \quad u_t(x, t) = -e^{-t} \sin \frac{x}{\sqrt{k}} \,,$$

$$u_{xx}(x, t) = -\frac{1}{k} e^{-t} \sin \frac{x}{\sqrt{k}} \quad \Rightarrow \quad \Delta u - \frac{1}{k} u_t = u_{xx} - \frac{1}{k} u_t = 0 \,.$$

b) $$u(r, t) = \frac{1}{r} \sin(r - ct) \quad \Rightarrow \quad u_{tt}(r, t) = -\frac{c^2}{r} \sin(r - ct) \,,$$

$$u_r(r, t) = -\frac{1}{r^2} \sin(r - ct) + \frac{1}{r} \cos(r - ct) \,,$$

$$u_{rr}(r, t) = \frac{2}{r^3} \sin(r - ct) - \frac{2}{r^2} \cos(r - ct) - \frac{1}{r} \sin(r - ct)$$

$$\Rightarrow \quad \Delta u - \frac{1}{c^2} u_{tt} = u_{rr} + \frac{2}{r} u_r - \frac{1}{c^2} u_{tt} = 0$$

Lösung zu A17.2.5

a) $u(x,t) = 3\ln(x+ct) - 5\tan(x-ct)$,

$$u_t(x,t) = \frac{3c}{x+ct} + \frac{5c}{\cos^2(x-ct)}, \quad u_x(x,t) = \frac{3}{x+ct} - \frac{5}{\cos^2(x-ct)},$$

$$u_{tt}(x,t) = -\frac{3c^2}{(x+ct)^2} - \frac{10c^2\sin(x-ct)}{\cos^3(x-ct)},$$

$$u_{xx}(x,t) = -\frac{3}{(x+ct)^2} - \frac{10\sin(x-ct)}{\cos^3(x-ct)},$$

Damit löst u die Wellengleichung $u_{tt} = c^2\Delta u$.

b) $u(x,y) = e^y\cos x + a + bx + cy + dxy$,

$$u_x(x,y) = -e^y\sin x + b + dy, \quad u_y(x,y) = e^y\cos x + c + dx,$$

$$u_{xx}(x,y) = -e^y\cos x, \qquad u_{yy}(x,y) = e^y\cos x.$$

Damit löst u die Laplace-Gleichung $\Delta u = u_{xx} + u_{yy} = 0$.

L17.3 Das vollständige Differential

Lösung zu A17.3.1

$f(x,y,z) = xz - y^2 \quad\Rightarrow\quad f(3,-1,2) = 3\cdot 2 - (-1)^2 = 5$

Für die Auswertung des vollständigen Differentials

$$\begin{aligned} &\mathrm{d}f(x_0,y_0,z_0)(\mathrm{d}x,\mathrm{d}y,\mathrm{d}z)\\ &\quad= f_x(x_0,y_0,z_0)\,\mathrm{d}x + f_y(x_0,y_0,z_0)\,\mathrm{d}y + f_z(x_0,y_0,z_0)\,\mathrm{d}z\\ &\quad= \boldsymbol{J}f(x_0,y_0,z_0)\begin{pmatrix}\mathrm{d}x\\ \mathrm{d}y\\ \mathrm{d}z\end{pmatrix}\end{aligned}$$

benötigt man $(\mathrm{d}x,\mathrm{d}y,\mathrm{d}z) = (x-x_0, y-y_0, z-z_0) = (0{,}1, -0{,}2, -0{,}1)$

$\boldsymbol{J}f(x,y,z) = (z,-2y,x) \quad\Rightarrow\quad \boldsymbol{J}f(3,-1,2) = (2,2,3)$

$\Rightarrow\quad \mathrm{d}f(3,-1,2)(0{,}1,-0{,}2,-0{,}1) = 2\cdot 0{,}1 + 2\cdot(-0{,}2) + 3\cdot(-0{,}1) = -0{,}5$

$\Rightarrow\quad f(3{,}1,-1{,}2,1{,}9) \approx g(3{,}1,-1{,}2,1{,}9)$

$\qquad = f(3,-1,2) + \mathrm{d}f(3,-1,2)(0{,}1,-0{,}2,-0{,}1) = 5 - 0{,}5 = 4{,}5$

$f(x,y,z) = xz - y^2 \quad\Rightarrow\quad f(3{,}1,-1{,}2,1{,}9) = 3{,}1\cdot 1{,}9 - (-1{,}2)^2 = 4{,}45$

absoluter Fehler: $\quad |f(3{,}1,-1{,}2,1{,}9) - g(3{,}1,-1{,}2,1{,}9)| = |4{,}45 - 4{,}5| = 0{,}05$

Lösung zu A17.3.2

Unter Verwendung der linearen Fehlerrechnung erhält man

$$\Delta V \approx \frac{\partial V}{\partial r}\Delta r + \frac{\partial V}{\partial R}\Delta R + \frac{\partial V}{\partial h}\Delta h$$

$$\Rightarrow\quad \frac{\Delta V}{V} \approx \frac{r}{V}\cdot\frac{\partial V}{\partial r}\cdot\frac{\Delta r}{r} + \frac{R}{V}\cdot\frac{\partial V}{\partial R}\cdot\frac{\Delta R}{R} + \frac{h}{V}\cdot\frac{\partial V}{\partial h}\cdot\frac{\Delta h}{h}$$

Mit $\left|\frac{\Delta r}{r}\right| = \left|\frac{\Delta R}{R}\right| = \left|\frac{\Delta h}{h}\right| = 0{,}5\,\% = 0{,}005$ folgt

$$\begin{aligned}
\left|\frac{\Delta V}{V}\right| &\lessapprox \left|\frac{r}{V}\right| \cdot \left|\frac{\partial V}{\partial r}\right| \cdot \left|\frac{\Delta r}{r}\right| + \left|\frac{R}{V}\right| \cdot \left|\frac{\partial V}{\partial R}\right| \cdot \left|\frac{\Delta R}{R}\right| + \left|\frac{h}{V}\right| \cdot \left|\frac{\partial V}{\partial h}\right| \cdot \left|\frac{\Delta h}{h}\right| \\
&= \frac{0{,}005}{V}\left(r \cdot \left|\frac{\partial V}{\partial r}\right| + R \cdot \left|\frac{\partial V}{\partial R}\right| + h \cdot \left|\frac{\partial V}{\partial h}\right|\right) \\
&= \frac{0{,}005}{V} \cdot \left(\frac{r\pi h(2r+R)}{3} + \frac{R\pi h(2R+r)}{3} + \frac{h\pi(R^2+r^2+rR)}{3}\right) \\
&= \frac{0{,}005}{V} \cdot \frac{\pi h(2r^2+rR+2R^2+rR+R^2+r^2+rR)}{3} \\
&= \frac{0{,}005}{V} \cdot \frac{3\pi h(R^2+r^2+rR)}{3} = \frac{0{,}005 \cdot 3V}{V} = 0{,}015 = 1{,}5\,\%
\end{aligned}$$

Damit kann die Werkstatt die Genauigkeitsanforderungen bzgl. des Volumens nicht garantieren.

Lösung zu A17.3.3

a) Kettenregel: $\operatorname{grad} f(x,y) = \boldsymbol{J}(f_2 \circ f_1)(x,y) = \boldsymbol{J} f_2(f_1(x,y)) \cdot \boldsymbol{J} f_1(x,y)$
$= f_2'(f_1(x,y)) \cdot \operatorname{grad} f_1(x,y) = e^{xy}(y,x)$

direkt: $\operatorname{grad} f(x,y) = \operatorname{grad} e^{xy} = (ye^{xy}, xe^{xy}) = e^{xy}(y,x)$

b) Kettenregel: $\boldsymbol{Jg}(x,y,z) = \boldsymbol{J}(\boldsymbol{g}_2 \circ \boldsymbol{g}_1)(x,y,z) = \boldsymbol{Jg}_2(\boldsymbol{g}_1(x,y,z)) \cdot \boldsymbol{Jg}_1(x,y,z)$

$$= \begin{pmatrix} y+z & x+y \\ 1 & 1 \\ \cos(x+2y+z) & \cos(x+2y+z) \end{pmatrix} \begin{pmatrix} 1 & 1 & 0 \\ 0 & 1 & 1 \end{pmatrix}$$

$$= \begin{pmatrix} y+z & x+2y+z & x+y \\ 1 & 2 & 1 \\ \cos(x+2y+z) & 2\cos(x+2y+z) & \cos(x+2y+z) \end{pmatrix}$$

direkt: $\boldsymbol{Jg}(x,y,z) = \boldsymbol{J}\begin{pmatrix} xy - xz + yz + y^2 \\ x+2y+z \\ \sin(x+2y+z) \end{pmatrix}$

$$= \begin{pmatrix} y+z & x+2y+z & x+y \\ 1 & 2 & 1 \\ \cos(x+2y+z) & 2\cos(x+2y+z) & \cos(x+2y+z) \end{pmatrix}$$

c) Kettenregel: $h'(t) = \boldsymbol{J}(h_2 \circ \boldsymbol{h}_1)(t) = \boldsymbol{J} h_2(\boldsymbol{h}_1(t)) \cdot \boldsymbol{J}\boldsymbol{h}_1(t)$
$= \operatorname{grad} h_2(\boldsymbol{h}_1(t)) \cdot \boldsymbol{h}_1'(t) = (2\cos t, 2\sin t)\begin{pmatrix} -\sin t \\ \cos t \end{pmatrix} = 0$

direkt: $h'(t) = (\cos^2 t + \sin^2 t)' = (1)' = 0$

Lösung zu A17.3.4

a) direkt: $\operatorname{grad} f(x,y) = \operatorname{grad} \sin(x^2+y^2) = (2x\cos(x^2+y^2),\ 2y\cos(x^2+y^2))$

$$= \cos(x^2+y^2)(2x, 2y)$$

Kettenregel: mit $f_2(u) = \sin u$ und $f_1(x,y) = x^2+y^2$ gilt

$$\begin{aligned}\operatorname{grad} f(x,y) &= \boldsymbol{J}(f_2\circ f_1)(x,y) = \boldsymbol{J} f_2(f_1(x,y))\cdot \boldsymbol{J} f_1(x,y)\\ &= f_2'(f_1(x,y))\cdot \operatorname{grad} f_1(x,y)\\ &= \cos(x^2+y^2)(2x,2y)\end{aligned}$$

b) direkt: $\boldsymbol{J}\boldsymbol{g}(t) = \boldsymbol{J}\begin{pmatrix}\sin t\cos t\\ \sin^3 t\\ \cos^2 t\end{pmatrix} = \begin{pmatrix}\cos^2 t - \sin^2 t\\ 3\sin^2 t\cos t\\ -2\cos t\sin t\end{pmatrix}$

Kettenregel: mit $\boldsymbol{g}_2(x,y) = \begin{pmatrix}xy\\ x^3\\ y^2\end{pmatrix}$ und $\boldsymbol{g}_1(t) = \begin{pmatrix}\sin t\\ \cos t\end{pmatrix}$ gilt

$$\begin{aligned}\boldsymbol{J}\boldsymbol{g}(t) &= \boldsymbol{J}(\boldsymbol{g}_2\circ\boldsymbol{g}_1)(t) = \boldsymbol{J}\boldsymbol{g}_2(\boldsymbol{g}_1(t))\cdot\boldsymbol{J}\boldsymbol{g}_1(t)\\ &= \begin{pmatrix}\cos t & \sin t\\ 3\sin^2 t & 0\\ 0 & 2\cos t\end{pmatrix}\begin{pmatrix}\cos t\\ -\sin t\end{pmatrix} = \begin{pmatrix}\cos^2 t - \sin^2 t\\ 3\sin^2 t\cos t\\ -2\cos t\sin t\end{pmatrix}\end{aligned}$$

c) direkt: $\boldsymbol{J}h(u,v) = \boldsymbol{J}(3uv(u+v)^2 + 2u^2v^2 - (u+v))$

$$= \begin{pmatrix}3v(u+v)^2 + 6uv(u+v) + 4uv^2 - 1\\ 3u(u+v)^2 + 6uv(u+v) + 4u^2v - 1\end{pmatrix}$$

Kettenregel: mit $h_2(x,y) = 3xy^2 + 2x^2 - y$ und $\boldsymbol{h}_1(u,v) = \begin{pmatrix}uv\\ u+v\end{pmatrix}$ gilt

$$\begin{aligned}\boldsymbol{J}h(u,v) &= \boldsymbol{J}(h_2\circ\boldsymbol{h}_1)(u,v) = \boldsymbol{J}h_2(\boldsymbol{h}_1(u,v))\cdot\boldsymbol{J}\boldsymbol{h}_1(u,v)\\ &= (3(u+v)^2 + 4uv\ ,\ 6uv(u+v) - 1)\begin{pmatrix}v & u\\ 1 & 1\end{pmatrix}\\ &= \begin{pmatrix}3v(u+v)^2 + 6uv(u+v) + 4uv^2 - 1\\ 3u(u+v)^2 + 6uv(u+v) + 4u^2v - 1\end{pmatrix}\end{aligned}$$

d) direkt: $\boldsymbol{J}\boldsymbol{p}(u,v) = \boldsymbol{J}\begin{pmatrix} uv^2 \sin u \\ u^2v^7 \sin u \end{pmatrix} = \begin{pmatrix} v^2(\sin u + u\cos u) & 2uv\sin u \\ v^7(2u\sin u + u^2\cos u) & 7u^2v^6 \sin u \end{pmatrix}$

Kettenregel: mit $\boldsymbol{p}_2(x,y,z) = \begin{pmatrix} xz \\ x^2y^2z \end{pmatrix}$ und $\boldsymbol{p}_1(u,v) = \begin{pmatrix} uv \\ v^2 \\ v\sin u \end{pmatrix}$ gilt

$$\boldsymbol{J}\boldsymbol{p}(u,v) = \boldsymbol{J}(\boldsymbol{p}_2 \circ \boldsymbol{p}_1)(u,v) = \boldsymbol{J}\boldsymbol{p}_2(\boldsymbol{p}_1(u,v)) \cdot \boldsymbol{J}\boldsymbol{p}_1(u,v)$$

$$= \begin{pmatrix} v\sin u & 0 & uv \\ 2uv^6\sin u & 2u^2v^5\sin u & u^2v^6 \end{pmatrix} \begin{pmatrix} v & u \\ 0 & 2v \\ v\cos u & \sin u \end{pmatrix}$$

$$= \begin{pmatrix} v^2(\sin u + u\cos u) & 2uv\sin u \\ v^7(2u\sin u + u^2\cos u) & 7u^2v^6\sin u \end{pmatrix}$$

Lösung zu A17.3.5

a) $f(\boldsymbol{x}) = \frac{1}{2}\boldsymbol{x}^T\boldsymbol{A}\boldsymbol{x} - \boldsymbol{b}^T\boldsymbol{x} + c = \frac{1}{2}\sum_{i,j=1}^{n} x_i a_{ij} x_j - \sum_{i=1}^{n} b_i x_i + c$

$$\Rightarrow \quad \frac{\partial f(\boldsymbol{x})}{\partial x_k} = \frac{1}{2}\left(\sum_{j=1}^{n} a_{kj}x_j + \sum_{i=1}^{n} x_i a_{ik}\right) - b_k = \sum_{j=1}^{n} a_{kj}x_j - b_k$$

$$\Rightarrow \quad \nabla f(\boldsymbol{x}) = \boldsymbol{A}\boldsymbol{x} - \boldsymbol{b}\,.$$

b) $\Phi(\alpha) = f(\boldsymbol{x} + \alpha\boldsymbol{s}) \quad \Rightarrow \quad \Phi'(\alpha) = \nabla f(\boldsymbol{x}+\alpha\boldsymbol{s})^T\boldsymbol{s} = \alpha(\boldsymbol{s}^T\boldsymbol{A}\boldsymbol{s}) + \boldsymbol{s}^T(\boldsymbol{A}\boldsymbol{x} - \boldsymbol{b})$
Φ' ist eine affin lineare Funktion mit positivem höchsten Koeffizienten $\boldsymbol{s}^T\boldsymbol{A}\boldsymbol{s} > 0$. Also ist $\Phi(\alpha)$ eine nach oben geöffnete Parabel und besitzt daher ein eindeutig bestimmtes Minimum in α^* mit $\Phi'(\alpha^*) = 0$

$$\Rightarrow \quad \alpha^* = -\frac{\boldsymbol{s}^T(\boldsymbol{A}\boldsymbol{x} - \boldsymbol{b})}{\boldsymbol{s}^T\boldsymbol{A}\boldsymbol{s}}\,.$$

c) Man wählt speziell $\boldsymbol{s} := -\nabla f(\boldsymbol{x}) = -(\boldsymbol{A}\boldsymbol{x} - \boldsymbol{b}) =: \boldsymbol{g}$

$$\Rightarrow \quad \boldsymbol{x}_{k+1} = \boldsymbol{x}_k + \alpha_k^*\boldsymbol{s}_k = \boldsymbol{x}_k - \frac{\boldsymbol{s}_k^T(\boldsymbol{A}\boldsymbol{x}_k - \boldsymbol{b})}{\boldsymbol{s}_k^T\boldsymbol{A}\boldsymbol{s}_k}(-\boldsymbol{g}_k) = \boldsymbol{x}_k - \frac{\boldsymbol{g}_k^T\boldsymbol{g}_k}{\boldsymbol{g}_k^T\boldsymbol{A}\boldsymbol{g}_k}\boldsymbol{g}_k\,.$$

Lösung zu A17.3.6

a) $f(x,y) = x^2 + 2y^2 = (x,y)\begin{pmatrix} 1 & 0 \\ 0 & 2 \end{pmatrix}\begin{pmatrix} x \\ y \end{pmatrix}$
$\boldsymbol{A}$ besitzt die positiven Eigenwerte $\lambda_1 = 1$ und $\lambda_2 = 2$ und ist damit positiv definit. Die Funktion f besitzt also ein Minimum, und zwar im Punkt $(0, 0)$.

b)

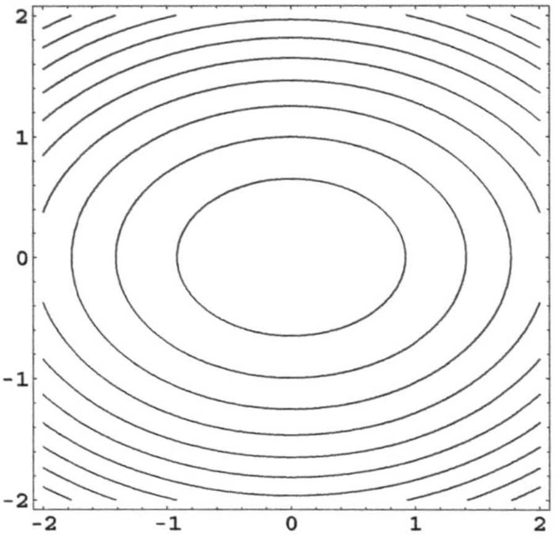

Abb. L17.8 Höhenlinien von $f(x,y) = x^2 + 2y^2$.

c) $\boldsymbol{g}^T = \text{grad}\, f(x, y) = (2x, 4y)$

$$\boldsymbol{x}_0 = \begin{pmatrix} 1 \\ 1 \end{pmatrix} \quad \Rightarrow \quad \boldsymbol{g}_0 = \begin{pmatrix} 2 \\ 4 \end{pmatrix}$$

$$\boldsymbol{x}_1 = \boldsymbol{x}_0 - \frac{\boldsymbol{g}_0^T \boldsymbol{g}_0}{\boldsymbol{g}_0^T \boldsymbol{A} \boldsymbol{g}_0} \boldsymbol{g}_0 = \begin{pmatrix} 1 \\ 1 \end{pmatrix} - \frac{20}{36} \begin{pmatrix} 2 \\ 4 \end{pmatrix} = -\frac{1}{9} \begin{pmatrix} 1 \\ 11 \end{pmatrix} = -\begin{pmatrix} 0{,}111\,111 \\ 1{,}222\,222 \end{pmatrix}$$

$$\Rightarrow \boldsymbol{g}_1 = -\frac{1}{9} \begin{pmatrix} 2 \\ 44 \end{pmatrix}$$

$$\boldsymbol{x}_2 = \boldsymbol{x}_1 - \frac{\boldsymbol{g}_1^T \boldsymbol{g}_1}{\boldsymbol{g}_1^T \boldsymbol{A} \boldsymbol{g}_1} \boldsymbol{g}_1 = -\frac{1}{9} \begin{pmatrix} 1 \\ 11 \end{pmatrix} + \frac{1940}{3876} \cdot \frac{1}{9} \begin{pmatrix} 2 \\ 44 \end{pmatrix} = \begin{pmatrix} 0{,}000\,115 \\ 1{,}224\,745 \end{pmatrix}$$

Lösung zu A17.3.7

a) $f(x, y) = 4x^2 + y^2 + 8x - 2y + 5 \quad \Rightarrow$

$$f(-1, 3) = 4(-1)^2 + 3^2 + 8(-1) - 2 \cdot 3 + 5 = 4$$

$$4x^2 + y^2 + 8x - 2y + 5 = 4 \quad \Leftrightarrow \quad x^2 + 2x + \frac{1}{4}y^2 - \frac{1}{2}y + \frac{1}{4} = 0$$

$$\Leftrightarrow \quad (x+1)^2 - 1 + \frac{1}{4}(y^2 - 2y + 1) = 0 \quad \Leftrightarrow \quad (x+1)^2 + \left(\frac{y-1}{2}\right)^2 = 1$$

Bei dem Kegelschnitt handelt es sich um eine Ellipse.

b) Die Ableitung von f im Punkt $\boldsymbol{x}^0$ in Richtung $\boldsymbol{v}$ ist gegeben durch

$$D_{\boldsymbol{v}} f(\boldsymbol{x}^0) = \text{grad}\, f(\boldsymbol{x}^0) \cdot \boldsymbol{v} \quad \text{mit} \quad \text{grad}\, f(\boldsymbol{x}^0) = (8x_0 + 8, 2y_0 - 2)^T\,.$$

$$D_{\boldsymbol{v}} f(-1, 3) = \text{grad}\, f(-1, 3) \cdot \begin{pmatrix} 1/\sqrt{2} \\ 1/\sqrt{2} \end{pmatrix} = \frac{1}{\sqrt{2}}(0, 4) \begin{pmatrix} 1 \\ 1 \end{pmatrix} = 2\sqrt{2}$$

Wegen $\|\boldsymbol{v}\| = \sqrt{v_1^2 + v_2^2} = 1$ gilt $-1 \le v_2 \le 1$

$$D_{\boldsymbol{v}} f(-1,3) = (0,4)\begin{pmatrix} v_1 \\ v_2 \end{pmatrix} = 4v_2 \quad \Rightarrow \quad -4 \le D_{\boldsymbol{v}} f(-1,3) \le 4$$

Die Richtungsableitung wird maximal für $\boldsymbol{v} = (0,1)^T$, also die Gradientenrichtung.

Lösung zu A17.3.8

$$(\boldsymbol{J\Phi}(r,\varphi))^T \boldsymbol{J\Phi}(r,\varphi) = \begin{pmatrix} \cos\varphi & \sin\varphi \\ -r\sin\varphi & r\cos\varphi \end{pmatrix}\begin{pmatrix} \cos\varphi & -r\sin\varphi \\ \sin\varphi & r\cos\varphi \end{pmatrix} = \begin{pmatrix} 1 & 0 \\ 0 & r^2 \end{pmatrix}$$

Die Spektralnorm von $\boldsymbol{J\Phi}(r,\varphi)$ ist gegeben durch

$$\|\boldsymbol{J\Phi}(r,\varphi)\|_2 = \sqrt{\lambda_{\max}\left((\boldsymbol{J\Phi}(r,\varphi))^T \boldsymbol{J\Phi}(r,\varphi)\right)} = \sqrt{\max(1,r^2)} = \max(1,r)\,.$$

Mit $\boldsymbol{u} = (r,\varphi)^T$ und $\boldsymbol{v}$ entsprechend gilt nach dem Mittelwert-Abschätzungssatz

$$\|\boldsymbol{\Phi}(\boldsymbol{u}) - \boldsymbol{\Phi}(\boldsymbol{v})\|_2 \le \sup_{\boldsymbol{\xi}\in[\boldsymbol{u},\boldsymbol{v}]} \|\boldsymbol{J\Phi}(\boldsymbol{\xi})\|_2 \cdot \|\boldsymbol{u}-\boldsymbol{v}\|_2 \le \max(1,R)\cdot\|\boldsymbol{u}-\boldsymbol{v}\|_2\,,$$

denn $\boldsymbol{\xi} \in [\boldsymbol{u},\boldsymbol{v}] \subset (0,R] \times (-\pi,\pi]$.

Lösung zu A17.3.9

a) $$\boldsymbol{J\Phi}(r,\varphi,\theta) = \begin{pmatrix} \cos\varphi\cos\theta & -r\sin\varphi\cos\theta & -r\cos\varphi\sin\theta \\ \sin\varphi\cos\theta & r\cos\varphi\cos\theta & -r\sin\varphi\sin\theta \\ \sin\theta & 0 & r\cos\theta \end{pmatrix}$$

$$\Rightarrow \quad (\boldsymbol{J\Phi}(r,\varphi,\theta))^T \boldsymbol{J\Phi}(r,\varphi,\theta) = \begin{pmatrix} 1 & 0 & 0 \\ 0 & r^2\cos^2\theta & \\ 0 & 0 & r^2 \end{pmatrix}$$

$$\Rightarrow \quad \|\boldsymbol{J\Phi}(r,\varphi,\theta)\|_2 = \sqrt{\lambda_{\max}\left((\boldsymbol{J\Phi}(r,\varphi,\theta))^T \boldsymbol{J\Phi}(r,\varphi,\theta)\right)} = \sqrt{\max(1,r^2)} = \max(1,r)\,.$$

b) Mit $\boldsymbol{u} = (r,\varphi,\theta)^T$ und $\boldsymbol{v}$ entsprechend gilt nach dem Mittelwert-Abschätzungssatz

$$\|\boldsymbol{\Phi}(\boldsymbol{u}) - \boldsymbol{\Phi}(\boldsymbol{v})\|_2 \le \sup_{\boldsymbol{\xi}\in[\boldsymbol{u},\boldsymbol{v}]} \|\boldsymbol{J\Phi}(\boldsymbol{\xi})\|_2 \cdot \|\boldsymbol{u}-\boldsymbol{v}\|_2 \le \max(1,R)\cdot\|\boldsymbol{u}-\boldsymbol{v}\|_2\,,$$

denn $\boldsymbol{\xi} \in [\boldsymbol{u},\boldsymbol{v}] \subset D$.

Lösung zu A17.3.10

a) $$\boldsymbol{J\Phi} = \begin{pmatrix} \cos\varphi & -r\sin\varphi & 0 \\ \sin\varphi & r\cos\varphi & 0 \\ 0 & 0 & 1 \end{pmatrix} \quad \Rightarrow \quad \det\boldsymbol{J\Phi} = r$$

b) $$\begin{pmatrix} x_1 \\ x_2 \\ x_3 \end{pmatrix} = \begin{pmatrix} r\cos\varphi \\ r\sin\varphi \\ z \end{pmatrix} \quad \Rightarrow \quad \begin{pmatrix} r \\ \varphi \\ z \end{pmatrix} = \begin{pmatrix} \sqrt{x_1^2 + x_2^2} \\ \arctan \dfrac{x_2}{x_1} \\ x_3 \end{pmatrix}$$

$$\Rightarrow \begin{pmatrix} \dfrac{\partial r}{\partial x_1} \\ \dfrac{\partial r}{\partial x_2} \\ \dfrac{\partial r}{\partial x_3} \end{pmatrix} = \begin{pmatrix} \cos\varphi \\ \sin\varphi \\ 0 \end{pmatrix}, \quad \begin{pmatrix} \dfrac{\partial \varphi}{\partial x_1} \\ \dfrac{\partial \varphi}{\partial x_2} \\ \dfrac{\partial \varphi}{\partial x_3} \end{pmatrix} = \begin{pmatrix} -\dfrac{1}{r}\sin\varphi \\ \dfrac{1}{r}\cos\varphi \\ 0 \end{pmatrix}, \quad \begin{pmatrix} \dfrac{\partial z}{\partial x_1} \\ \dfrac{\partial z}{\partial x_2} \\ \dfrac{\partial z}{\partial x_3} \end{pmatrix} = \begin{pmatrix} 0 \\ 0 \\ 1 \end{pmatrix}.$$

Nach der Kettenregel gilt:

$$\frac{\partial u(r,\varphi,z)}{\partial x_i} = \left(\frac{\partial r}{\partial x_i}\right)\cdot\left(\frac{\partial u}{\partial r}\right) + \left(\frac{\partial \varphi}{\partial x_i}\right)\cdot\left(\frac{\partial u}{\partial \varphi}\right) + \left(\frac{\partial z}{\partial x_i}\right)\cdot\left(\frac{\partial u}{\partial z}\right)$$

$$\Rightarrow \quad \frac{\partial}{\partial x_1} = \cos\varphi\cdot\left(\frac{\partial}{\partial r}\right) - \frac{1}{r}\sin\varphi\cdot\left(\frac{\partial}{\partial \varphi}\right), \quad \frac{\partial}{\partial x_3} = \frac{\partial}{\partial z},$$

$$\frac{\partial}{\partial x_2} = \sin\varphi\cdot\left(\frac{\partial}{\partial r}\right) + \frac{1}{r}\cos\varphi\cdot\left(\frac{\partial}{\partial \varphi}\right)$$

$$\begin{aligned} \Rightarrow \quad \frac{\partial^2}{\partial x_1^2} &= \cos\varphi\frac{\partial}{\partial r}\left(\cos\varphi\frac{\partial}{\partial r} - \frac{1}{r}\sin\varphi\frac{\partial}{\partial\varphi}\right) \\ &\quad - \frac{1}{r}\sin\varphi\frac{\partial}{\partial\varphi}\left(\cos\varphi\frac{\partial}{\partial r} - \frac{1}{r}\sin\varphi\frac{\partial}{\partial\varphi}\right) \\ &= \cos^2\varphi\frac{\partial^2}{\partial r^2} - \sin\varphi\cos\varphi\frac{\partial}{\partial r}\left(\frac{1}{r}\frac{\partial}{\partial\varphi}\right) \\ &\quad + \frac{1}{r}\sin^2\varphi\frac{\partial}{\partial r} - \frac{1}{r}\sin\varphi\cos\varphi\frac{\partial^2}{\partial\varphi\partial r} \\ &\quad + \frac{1}{r^2}\sin\varphi\cos\varphi\frac{\partial}{\partial\varphi} + \frac{1}{r^2}\sin^2\varphi\frac{\partial^2}{\partial\varphi^2}, \end{aligned}$$

$$\begin{aligned} \frac{\partial^2}{\partial x_2^2} &= \sin^2\varphi\frac{\partial^2}{\partial r^2} + \sin\varphi\cos\varphi\frac{\partial}{\partial r}\left(\frac{1}{r}\frac{\partial}{\partial\varphi}\right) + \frac{1}{r}\cos^2\varphi\frac{\partial}{\partial r} \\ &\quad + \frac{1}{r}\sin\varphi\cos\varphi\frac{\partial^2}{\partial\varphi\partial r} - \frac{1}{r^2}\sin\varphi\cos\varphi\frac{\partial}{\partial\varphi} + \frac{1}{r^2}\cos^2\varphi\frac{\partial^2}{\partial\varphi^2} \end{aligned}$$

$$\begin{aligned} \Rightarrow \quad \Delta &= \frac{\partial^2}{\partial x_1^2} + \frac{\partial^2}{\partial x_2^2} + \frac{\partial^2}{\partial x_3^2} = \frac{\partial^2}{\partial r^2} + \frac{1}{r}\frac{\partial}{\partial r} + \frac{1}{r^2}\frac{\partial^2}{\partial\varphi^2} + \frac{\partial^2}{\partial z^2} \\ &= \frac{1}{r}\frac{\partial}{\partial r}\left(r\frac{\partial}{\partial r}\right) + \frac{1}{r^2}\frac{\partial^2}{\partial\varphi^2} + \frac{\partial^2}{\partial z^2}. \end{aligned}$$

Lösung zu A17.3.11

a) $$\boldsymbol{J\Phi}(\boldsymbol{u}) = \boldsymbol{\Phi}'(\boldsymbol{u}) = \begin{pmatrix} a_{11} & a_{12} \\ a_{21} & a_{22} \end{pmatrix} \quad \Rightarrow \quad \det \boldsymbol{\Phi}'(\boldsymbol{u}) = a_{11}a_{22} - a_{21}a_{12}$$

b) $\boldsymbol{J\Phi}(\boldsymbol{u}) = \boldsymbol{\Phi}'(\boldsymbol{u}) = \begin{pmatrix} y\cos\varphi & x\cos\varphi & -xy\sin\varphi \\ y\sin\varphi & x\sin\varphi & xy\cos\varphi \\ x & -y & 0 \end{pmatrix}$

$$\Rightarrow \quad \det \boldsymbol{\Phi}'(\boldsymbol{u}) = x \begin{vmatrix} x\cos\varphi & -xy\sin\varphi \\ x\sin\varphi & xy\cos\varphi \end{vmatrix} + y \begin{vmatrix} y\cos\varphi & -xy\sin\varphi \\ y\sin\varphi & xy\cos\varphi \end{vmatrix} = x^3y + xy^3$$

Lösung zu A17.3.12

a) $\boldsymbol{J\Phi}(x, y) = \begin{pmatrix} u_x & u_y \\ v_x & v_y \end{pmatrix} = \begin{pmatrix} 2x & -2y \\ y & x \end{pmatrix}, \qquad \det(\boldsymbol{J\Phi}(x, y)) = 2(x^2 + y^2)$

b) Für $u, v \in D$ gilt $u, v > 0$, damit erhält man für x, y im 1.Quadranten:

$$v = xy \quad \Rightarrow \quad y = v/x \quad \Rightarrow \quad u = x^2 - (v/x)^2$$

$$\Rightarrow \quad x^4 - x^2u - v^2 = 0 \quad \Rightarrow \quad x(u, v) = \sqrt{(u + \sqrt{u^2 + 4v^2})/2}$$

Analog erhält man: $y(u, v) = \sqrt{(-u + \sqrt{u^2 + 4v^2})/2}$ und damit

$$\boldsymbol{\Phi}^{-1}(u, v) = \begin{pmatrix} \sqrt{(u + \sqrt{u^2 + 4v^2})/2} \\ \sqrt{(-u + \sqrt{u^2 + 4v^2})/2} \end{pmatrix},$$

$$\boldsymbol{J\Phi}^{-1}(u, v) = (\boldsymbol{J\Phi}(x, y))^{-1} = \frac{1}{2(x^2 + y^2)} \begin{pmatrix} x & 2y \\ -y & 2x \end{pmatrix}$$

$$= \frac{1}{2\sqrt{u^2 + 4v^2}} \begin{pmatrix} x(u, v) & 2y(u, v) \\ -y(u, v) & 2x(u, v) \end{pmatrix}$$

$$\det(\boldsymbol{J\Phi}^{-1}(u, v)) = \frac{1}{\det(\boldsymbol{J\Phi}(x, y))} = \frac{1}{2(x^2 + y^2)} = \frac{1}{2\sqrt{u^2 + 4v^2}}.$$

c)

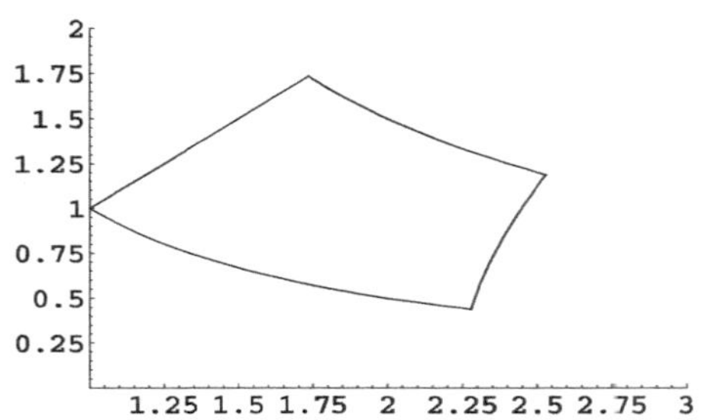

Abb. L17.9 $\Phi^{-1}(D)$ im (x, y)-Koordinatensystem.

d) Kettenregel: $w_x = w_u u_x + w_v v_x \quad \Rightarrow$

$$w_{xx} = w_{uu}(u_x)^2 + 2w_{uv}u_x v_x + w_{vv}(v_x)^2 + w_u u_{xx} + w_v v_{xx}$$

Analog: $w_{yy} = w_{uu}(u_y)^2 + 2w_{uv}u_y v_y + w_{vv}(v_y)^2 + w_u u_{yy} + w_v v_{yy}$

$$\begin{aligned}
\Delta w &= w_{xx} + w_{yy} \\
&= w_{uu}((u_x)^2 + (u_y)^2) + 2w_{uv}(u_x v_x + u_y v_y) + w_{vv}((v_x)^2 + (v_y)^2) \\
&\quad + w_u(u_{xx} + u_{yy}) + w_v(v_{xx} + v_{yy}) \\
&= w_{uu}(4x^2 + 4y^2) + 2w_{uv}(2xy - 2xy) + w_{vv}(x^2 + y^2) + w_u(2-2) \\
&\quad + w_v(0-0) \\
&= 4(x^2 + y^2)w_{uu} + (x^2 + y^2)w_{vv} \\
&= 4\sqrt{u^2 + 4v^2}\, w_{uu} + \sqrt{u^2 + 4v^2}\, w_{vv}
\end{aligned}$$

L17.4 Mittelwertsätze und Taylorscher Satz

Lösung zu A17.4.1

a) Fordert man die Gleichheit, so ergibt sich wegen

$$\begin{aligned}
\frac{1}{5}\begin{pmatrix} 9 \\ 3 \end{pmatrix} &= \boldsymbol{f}(\boldsymbol{a} + \boldsymbol{h}) - \boldsymbol{f}(\boldsymbol{a}) = \boldsymbol{J}\boldsymbol{f}(\boldsymbol{a} + \theta\boldsymbol{h})\boldsymbol{h} = \frac{1}{5}\begin{pmatrix} 3(2\theta)^2 & 1 \\ 2(2\theta) & -1 \end{pmatrix}\begin{pmatrix} 2 \\ 1 \end{pmatrix} \\
&= \frac{1}{5}\begin{pmatrix} 24\theta^2 + 1 \\ 8\theta - 1 \end{pmatrix},
\end{aligned}$$

$\theta = \pm\frac{1}{\sqrt{3}}$ und $\theta = \frac{1}{2}$, ein Widerspruch.

b) $\boldsymbol{f}$ ist kontrahierend auf D bezüglich der Maximumnorm, denn die Mittelwertabschätzung ergibt für $\boldsymbol{x}, \boldsymbol{y} \in D$ mit $\theta \in]0,1[$:

$$\begin{aligned}
\|\boldsymbol{f}(\boldsymbol{y}) - \boldsymbol{f}(\boldsymbol{x})\|_\infty &\le \|\boldsymbol{J}\boldsymbol{f}(\boldsymbol{x} + \theta(\boldsymbol{y} - \boldsymbol{x}))\cdot(\boldsymbol{y} - \boldsymbol{x})\|_\infty \\
&\le \|\boldsymbol{J}\boldsymbol{f}(\boldsymbol{x} + \theta(\boldsymbol{y} - \boldsymbol{x}))\|_\infty \cdot \|(\boldsymbol{y} - \boldsymbol{x})\|_\infty \le \max_{\xi \in D} \|\boldsymbol{J}\boldsymbol{f}(\boldsymbol{\xi})\|_\infty \cdot \|(\boldsymbol{y} - \boldsymbol{x})\|_\infty \\
&\le \max_{\xi \in D}\left(\max\left\{\frac{3|\xi_1|^2 + 1}{5}, \frac{2|\xi_1| + 1}{5}\right\}\right) \cdot \|(\boldsymbol{y} - \boldsymbol{x})\|_\infty = \frac{4}{5} \cdot \|(\boldsymbol{y} - \boldsymbol{x})\|_\infty .
\end{aligned}$$

$\boldsymbol{f}$ ist eine Selbstabbildung auf D, denn für $(x, y)^T \in D$ gilt:

$$\begin{aligned}
\|\boldsymbol{f}(x,y)\|_\infty &\le \max\left\{\frac{|x^3 + y^2|}{5}, \frac{|x^2 - y|}{5}\right\} \le \max\left\{\frac{|x|^3 + |y|^2}{5}, \frac{|x|^2 + |y|}{5}\right\} \\
&\le \max\left\{\frac{|1|^3 + |1|^2}{5}, \frac{|1|^2 + |1|}{5}\right\} = \frac{2}{5} .
\end{aligned}$$

c) Die Fixpunktgleichung lautet: $\begin{pmatrix} x \\ y \end{pmatrix} = \frac{1}{5}\begin{pmatrix} x^3 + y \\ x^2 - y \end{pmatrix} \Rightarrow y = \frac{1}{6}x^2$

$$\Rightarrow \quad x^3 + \frac{1}{6}x^2 - 5x = 0 \quad \Rightarrow \quad x_1 = 0\,, \quad x_2 = 2{,}1543\,, \quad x_3 = -2{,}321\,.$$

Man erhält die drei Fixpunkte $(0,0)$, $(2{,}1543\ ,\ 0{,}7735)$, $(-2{,}321\ ,\ 0{,}8978)$. Da die Voraussetzungen des Fixpunktsatzes für D erfüllt sind, liegt genau ein Fixpunkt in D. Nach obiger Rechnung ist dies $(0,0)$. Die Fixpunktiteration liefert

$$\begin{pmatrix} x_0 \\ y_0 \end{pmatrix} = \begin{pmatrix} 1 \\ 1 \end{pmatrix} \quad \Rightarrow \quad \begin{pmatrix} x_1 \\ y_1 \end{pmatrix} = \frac{1}{5}\begin{pmatrix} 2 \\ 0 \end{pmatrix} \quad \Rightarrow \quad \begin{pmatrix} x_2 \\ y_2 \end{pmatrix} = \frac{4}{625}\begin{pmatrix} 2 \\ 5 \end{pmatrix}$$

$$\Rightarrow \quad \begin{pmatrix} x_3 \\ y_3 \end{pmatrix} = \begin{pmatrix} 0{,}006\,40 \\ -0{,}006\,37 \end{pmatrix}$$

Lösung zu A17.4.2

$$\begin{aligned}
f(x,y,z) &= \sin(y-x) + e^{x-y+2z} && \Rightarrow \quad f(\pi,\pi,0) = 1 \\
f_x(x,y,z) &= -\cos(y-x) + e^{x-y+2z} && \Rightarrow \quad f_x(\pi,\pi,0) = 0 \\
f_y(x,y,z) &= \cos(y-x) - e^{x-y+2z} && \Rightarrow \quad f_y(\pi,\pi,0) = 0 \\
f_z(x,y,z) &= 2e^{x-y+2z} && \Rightarrow \quad f_z(\pi,\pi,0) = 2 \\
f_{xx}(x,y,z) &= -\sin(y-x) + e^{x-y+2z} && \Rightarrow \quad f_{xx}(\pi,\pi,0) = 1 \\
f_{xy}(x,y,z) &= \sin(y-x) - e^{x-y+2z} && \Rightarrow \quad f_{xy}(\pi,\pi,0) = -1 \\
f_{xz}(x,y,z) &= 2e^{x-y+2z} && \Rightarrow \quad f_{xz}(\pi,\pi,0) = 2 \\
f_{yy}(x,y,z) &= -\sin(y-x) + e^{x-y+2z} && \Rightarrow \quad f_{yy}(\pi,\pi,0) = 1 \\
f_{yz}(x,y,z) &= -2e^{x-y+2z} && \Rightarrow \quad f_{yz}(\pi,\pi,0) = -2 \\
f_{zz}(x,y,z) &= 4e^{x-y+2z} && \Rightarrow \quad f_{zz}(\pi,\pi,0) = 4
\end{aligned}$$

$$\begin{aligned}
\Rightarrow \quad & T_2(x,y,z;\pi,\pi,0) \\
&= f(\pi,\pi,0) + f_x(\pi,\pi,0)(x-\pi) + f_y(\pi,\pi,0)(y-\pi) + f_z(\pi,\pi,0)z \\
&\quad + \frac{1}{2}\big(f_{xx}(\pi,\pi,0)(x-\pi)^2 + f_{yy}(\pi,\pi,0)(y-\pi)^2 + f_{zz}(\pi,\pi,0)z^2 \\
&\quad + 2f_{xy}(\pi,\pi,0)(x-\pi)(y-\pi) + 2f_{xz}(\pi,\pi,0)(x-\pi)z \\
&\quad + 2f_{yz}(\pi,\pi,0)(y-\pi)z\big) \\
&= 1 + 2z + \frac{1}{2}((x-\pi)^2 + (y-\pi)^2 + 4z^2 \\
&\quad - 2(x-\pi)(y-\pi) + 4(x-\pi)z - 4(y-\pi)z) \\
&= 1 + 2z + \frac{(x-\pi)^2}{2} + \frac{(y-\pi)^2}{2} + 2z^2 \\
&\quad - (x-\pi)(y-\pi) + 2(x-\pi)z - 2(y-\pi)z
\end{aligned}$$

Lösung zu A17.4.3

$$f(x,y) = 1 + \ln\left(\frac{x+y}{x-y}\right) = 1 + \ln(x+y) - \ln(x-y) \quad \Rightarrow \quad f(1,0) = 1$$

$$f_x(x,y) = \frac{1}{x+y} - \frac{1}{x-y} \quad \Rightarrow \quad f_x(1,0) = 0\,, \quad f_y(x,y) = \frac{1}{x+y} + \frac{1}{x-y}$$
$$\Rightarrow \quad f_y(1,0) = 2$$

$$\Rightarrow \quad T_1(x,y;1,0) = f(1,0) + f_x(1,0)(x-1) + f_y(1,0)y = 1 + 2y$$

$$f_{xx}(x,y) = -\frac{1}{(x+y)^2} + \frac{1}{(x-y)^2} \quad \Rightarrow \quad f_{xx}(1,0) = 0$$

$$f_{xy}(x,y) = -\frac{1}{(x+y)^2} - \frac{1}{(x-y)^2} \quad \Rightarrow \quad f_{xy}(1,0) = -2$$

$$f_{yy}(x,y) = -\frac{1}{(x+y)^2} + \frac{1}{(x-y)^2} \quad \Rightarrow \quad f_{yy}(1,0) = 0$$

$$\begin{aligned}\Rightarrow T_2(x,y;1,0) &\\ &= T_1(x,y;1,0) + \frac{1}{2}\left(f_{xx}(1,0)(x-1)^2 + 2f_{xy}(1,0)(x-1)y + f_{yy}(1,0)y^2\right)\\ &= 1 + 2y - 2(x-1)y\end{aligned}$$

Lösung zu A17.4.4

$$f(x,y) = e^{x^2+y^2} \quad \Rightarrow \quad f(0,0) = 1$$

$$f_x(x,y) = 2xe^{x^2+y^2} \quad \Rightarrow \quad f_x(0,0) = 0$$

$$f_y(x,y) = 2ye^{x^2+y^2} \quad \Rightarrow \quad f_y(0,0) = 0$$

$$f_{xx}(x,y) = (2+4x^2)e^{x^2+y^2} \quad \Rightarrow \quad f_{xx}(0,0,0) = 2$$

$$f_{xy}(x,y) = 4xye^{x^2+y^2} \quad \Rightarrow \quad f_{xy}(0,0,0) = 0$$

$$f_{yy}(x,y) = (2+4y^2)e^{x^2+y^2} \quad \Rightarrow \quad f_{yy}(0,0,0) = 2$$

$$\begin{aligned}\Rightarrow \quad T_2(x,y;0,0) &= f(0,0) + f_x(0,0)x + f_y(0,0)y\\ &\quad + \frac{1}{2}\left(f_{xx}(0,0)x^2 + 2f_{xy}(0,0)xy + f_{yy}(0,0)y^2\right)\\ &= 1 + x^2 + y^2\end{aligned}$$

Alternative: $e^{x^2+y^2} = \sum_{k=0}^{\infty} \frac{(x^2+y^2)^k}{k!} = 1 + \frac{(x^2+y^2)^1}{1!} + \cdots$ (siehe Abb. L17.10).

Lösung zu A17.4.5

$$f(x,y) = e^{xy} \quad \Rightarrow \quad f(2,0) = 1\,, \quad f_x(x,y) = ye^{xy} \quad \Rightarrow \quad f_x(2,0) = 0\,,$$
$$f_y(x,y) = xe^{xy} \quad \Rightarrow \quad f_y(2,0) = 2$$

$$f_{xx}(x,y) = y^2e^{xy} \quad \Rightarrow \quad f_{xx}(2,0) = 0\,, \quad f_{xy}(x,y) = e^{xy} + xye^{xy}$$
$$\Rightarrow \quad f_{xy}(2,0) = 1\,,$$

$$f_{yy}(x,y) = x^2e^{xy} \quad \Rightarrow \quad f_{yy}(2,0) = 4$$

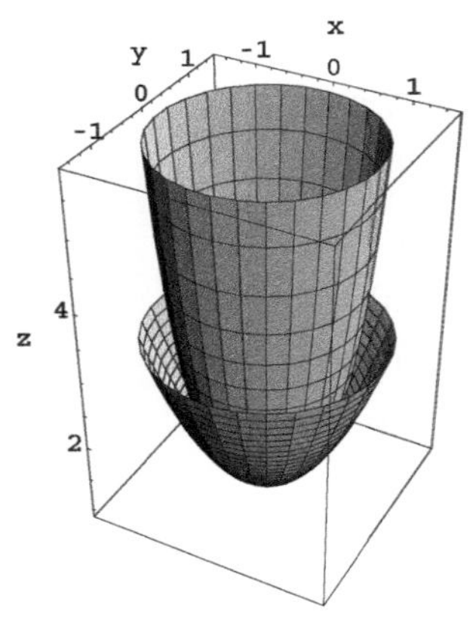

Abb. L17.10 $f(x,y) = e^{x^2+y^2}$ und $T_2(x,y;0,0) = 1 + x^2 + y^2$.

$$\begin{aligned} T_2(x,y;2,0) &= f(2,0) + f_x(2,0)(x-2) + f_y(2,0)y \\ &\quad + \frac{1}{2}\left(f_{xx}(2,0)(x-2)^2 + 2f_{xy}(2,0)(x-2)y + f_{yy}(2,0)y^2\right) \\ &= 1 + 2y + (x-2)y + 2y^2 \end{aligned}$$

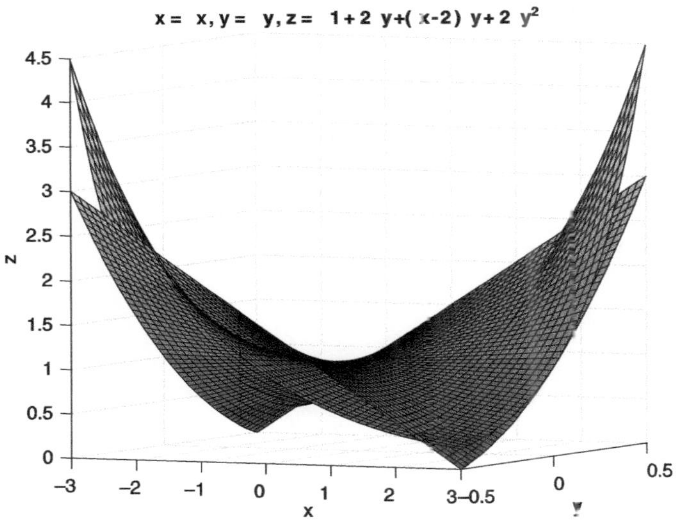

Abb. L17.11 f und T_2 in $[-3,3] \times [-0{,}5, 0{,}5]$.

Lösung zu A17.4.6

a) $f = e^{x-y} \cos x \sin y \quad \Rightarrow \quad f(0,0) = 0$

$f_x = e^{x-y}(\cos x \sin y - \sin x \sin y) \quad \Rightarrow \quad f_x(0,0) = 0$

$f_y = e^{x-y}(\cos x \cos y - \cos x \sin y) \quad \Rightarrow \quad f_y(0,0) = 1$

$f_{xx} = e^{x-y}(-2 \sin x \sin y) \quad \Rightarrow \quad f_{xx}(0,0) = 0$

$$\begin{aligned}
f_{xy} &= e^{x-y}(\sin x \sin y - \sin x \cos y \\
&\qquad - \cos x \sin y + \cos x \cos y) && \Rightarrow \quad f_{xy}(0,0) = 1 \\
f_{yy} &= e^{x-y}(-2\cos x \cos y) && \Rightarrow \quad f_{yy}(0,0) = -2 \\
f_{xxx} &= e^{x-y}(-2\cos x \sin y - 2\sin x \sin y) && \Rightarrow \quad f_{xxx}(0,0) = 0 \\
f_{xxy} &= e^{x-y}(-2\sin x \cos y + 2\sin x \sin y) && \Rightarrow \quad f_{xxy}(0,0) = 0 \\
f_{xyy} &= e^{x-y}(2\sin x \sin y - 2\cos x \cos y) && \Rightarrow \quad f_{xyy}(0,0) = -2 \\
f_{yyy} &= e^{x-y}(2\cos x \sin y + 2\cos x \cos y) && \Rightarrow \quad f_{yyy}(0,0) = 2
\end{aligned}$$

$$\Rightarrow \quad T_3(x,y;0,0) = y + xy - y^2 - xy^2 + \frac{y^3}{3}$$

b) $\cos x = 1 - \frac{x^2}{2} + \frac{x^4}{4!} \mp \cdots, \quad \sin y = y - \frac{y^3}{6} + \frac{y^5}{5!} \mp \cdots,$

$$e^{x-y} = 1 + (x-y) + \frac{(x-y)^2}{2} + \frac{(x-y)^3}{6} + \frac{(x-y)^4}{4!} + \cdots$$

$$\begin{aligned}
\Rightarrow \quad f(x,y) &= \left(1 - \frac{x^2}{2} \pm \cdots\right)\left(y - \frac{y^3}{6} \pm \cdots\right) \\
&\qquad \left(1 + (x-y) + \frac{(x-y)^2}{2} + \frac{(x-y)^3}{6} + \cdots\right) \\
&= \left(y - \frac{y^3}{6} - \frac{x^2 y}{2} + \cdots\right)\left(1 + x - y + \frac{x^2}{2} - xy + \frac{y^2}{2} + \cdots\right) \\
&= y + xy - y^2 + \frac{x^2 y}{2} - xy^2 + \frac{y^3}{2} - \frac{y^3}{6} - \frac{x^2 y}{2} + \cdots \\
&= y + xy - y^2 - xy^2 + \frac{y^3}{3} + \text{Terme höherer Ordnung}
\end{aligned}$$

Lösung zu A17.4.7

a)
$$\begin{aligned}
f &= 2x^3 - 5x^2 + 3xy - 2y^2 + 9x - 9y - 9 && \Rightarrow \quad f(1,-1) = 1 \\
f_x &= 6x^2 - 10x + 3y + 9 && \Rightarrow \quad f_x(1,-1) = 2 \\
f_y &= 3x - 4y - 9 && \Rightarrow \quad f_y(1,-1) = -2 \\
f_{xx} &= 12x - 10 && \Rightarrow \quad f_{xx}(1,-1) = 2 \\
f_{xy} &= 3 && \Rightarrow \quad f_{xy}(1,-1) = 3 \\
f_{yy} &= -4 && \Rightarrow \quad f_{yy}(1,-1) = -4 \\
f_{xxx} &= 12 && \Rightarrow \quad f_{xxx}(1,-1) = 12 \\
f_{xxy} &= 0 && \Rightarrow \quad f_{xxy}(1,-1) = 0 \\
f_{xyy} &= 0 && \Rightarrow \quad f_{xyy}(1,-1) = 0 \\
f_{yyy} &= 0 && \Rightarrow \quad f_{yyy}(0,0) = 0
\end{aligned}$$

$$\begin{aligned}
\Rightarrow \quad T_3(x,y;1,-1) &= 1 + 2(x-1) - 2(y+1) + (x-1)^2 \\
&\quad + 3(x-1)(y+1) - 2(y+1)^2 + 2(x-1)^3
\end{aligned}$$

Es gilt sogar $f(x,y) = T_3(x,y;1,-1)$, da f Polynom 3. Grades ist.

b) Mit der Tangentialebene $T_1(x, y; 1, -1) = 1 + 2(x-1) - 2(y+1)$ ist der Fehler:

$$|f(0,0) - T_1(0,0;1,-1)| = |-9 - (1 + 2(0-1) - 2(0+1))| = 6\,.$$

Die Fehlerabschätzung nach der Restgliedformel von Lagrange mit

$$\boldsymbol{x} = (0,0)^T,\ \boldsymbol{x}^0 = (1,-1)^T \quad \text{und} \quad \boldsymbol{\xi} = \boldsymbol{x}^0 + \theta(\boldsymbol{x} - \boldsymbol{x}^0) = (1-\theta, -1+\theta)^T\,,$$

wobei $\theta \in]0,1[$ gilt, ergibt

$$\begin{aligned}|f(0,0) - T_1(0,0;1,-1)| &= |R_1(0,0;1,-1)|\\ &= \frac{1}{2}|f_{xx}(\boldsymbol{\xi})\cdot(0-1)^2 + 2f_{xy}(\boldsymbol{\xi})\cdot(0-1)(0+1) + f_{yy}(\boldsymbol{\xi})\cdot(0+1)^2|\\ &= \frac{1}{2}|(12(1-\theta)-10)\cdot 1 + 2\cdot 3\cdot(-1) + (-4)\cdot 1| = 2|2+3\theta| \le 10\,.\end{aligned}$$

Lösung zu A17.4.8

a) Der MATLAB-Befehl für die Zeichnung lauten:

```
ezsurf('sin(x)*sin(y)+cos(y)',[-2*pi,2*pi,-2*pi,2*pi])
```

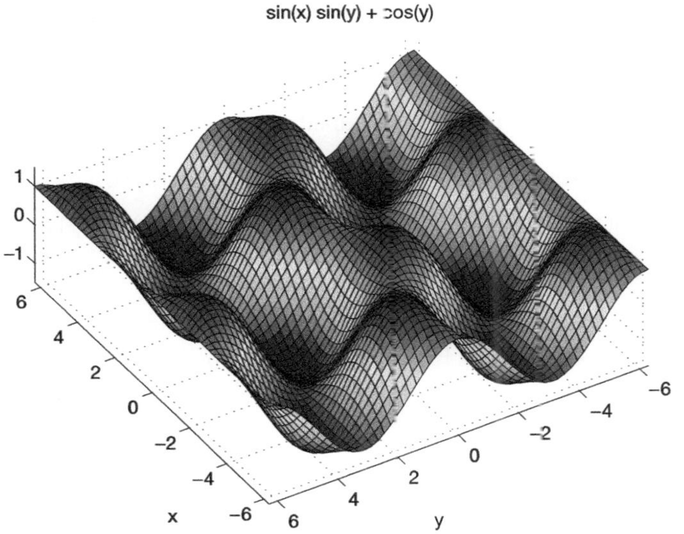

Abb. L17.12 $f(x,y) = \sin(x)\sin(y) + \cos(y)$.

b)
$$\begin{aligned}
f(x,y) &= \sin(x)\sin(y) + \cos(y) &&\Rightarrow\quad f(0,0) = 1\\
f_x(x,y) &= \cos(x)\sin(y) &&\Rightarrow\quad f_x(0,0) = 0\\
f_y(x,y) &= \sin(x)\cos(y) - \sin(y) &&\Rightarrow\quad f_y(0,0) = 0\\
f_{xx}(x,y) &= -\sin(x)\sin(y) &&\Rightarrow\quad f_{xx}(0,0) = 0\\
f_{xy}(x,y) &= \cos(x)\cos(y) &&\Rightarrow\quad f_{xy}(0,0) = 1
\end{aligned}$$

$$\begin{aligned}
f_{yy}(x,y) &= -\sin(x)\sin(y) - \cos(y) &&\Rightarrow\ f_{yy}(0,0) = -1\\
f_{xxx}(x,y) &= -\cos(x)\sin(y) &&\Rightarrow\ f_{xxx}(0,0) = 0\\
f_{xxy}(x,y) &= -\sin(x)\cos(y) &&\Rightarrow\ f_{xxy}(0,0) = 0\\
f_{xyy}(x,y) &= -\cos(x)\sin(y) &&\Rightarrow\ f_{xyy}(0,0) = 0\\
f_{yyy}(x,y) &= -\sin(x)\cos(y) + \sin(y) &&\Rightarrow\ f_{yyy}(0,0) = 0
\end{aligned}$$

$$\begin{aligned}
\Rightarrow\ T_3(x,y;0,0)\\
&= f(0,0) + f_x(0,0)x + f_y(0,0)y\\
&\quad + \frac{1}{2}\left(f_{xx}(0,0)x^2 + 2f_{xy}(0,0)xy + f_{yy}(0,0)y^2\right)\\
&\quad + \frac{1}{6}\left(f_{xxx}(0,0)x^3 + 3f_{xxy}(0,0)x^2y + 3f_{xyy}(0,0)xy^2\right.\\
&\quad \left. + f_{yyy}(0,0)y^3\right)\\
&= 1 + xy - \frac{y^2}{2}
\end{aligned}$$

c) $$\begin{aligned}
\sin(x)\sin(y) + \cos(y) &= \left(x - \frac{x^3}{3!} \pm \cdots\right)\left(y - \frac{y^3}{3!} \pm \cdots\right) + 1 - \frac{y^2}{2!} + \frac{y^4}{4!} \mp \cdots\\
&= \underbrace{1 + xy - \frac{y^2}{2}}_{T_3(x,y;0,0)} - \frac{x^3y}{3!} - \frac{xy^3}{3!} + \frac{y^4}{4!} \pm \cdots
\end{aligned}$$

d) Zur Fehlerabschätzung sind die vierten Ableitungen erforderlich:

$$\begin{aligned}
f_{xxxx}(x,y) &= \sin(x)\sin(y)\,, & f_{xxxy}(x,y) &= -\cos(x)\cos(y)\,,\\
f_{xxyy}(x,y) &= \sin(x)\sin(y)\,, & f_{xyyy}(x,y) &= -\cos(x)\cos(y)\,,\\
f_{yyyy}(x,y) &= \sin(x)\sin(y) + \cos(y)
\end{aligned}$$

Fehlerabschätzung für beliebiges $(x, y) \in [-\pi/2, \pi/2] \times [-\pi, \pi]$ zieht mit $\theta \in]0,1[$ beliebiges $(\xi_1, \xi_2) := (0,0) + \theta \cdot (x, y) \in]-\pi/2, \pi/2[\times]-\pi, \pi[$ nach sich:

$$\begin{aligned}
|f(x,y) - T_3(x,y;0,0)| &= |R_3(x,y;0,0)|\\
&= \frac{1}{4!}\left|f_{xxxx}(\xi_1,\xi_2)x^4 + 4f_{xxxy}(\xi_1,\xi_2)x^3y + 6f_{xxyy}(\xi_1,\xi_2)x^2y^2\right.\\
&\quad \left. + 4f_{xyyy}(\xi_1,\xi_2)xy^3 + f_{yyyy}(\xi_1,\xi_2)y^4\right|\\
&\le \frac{1}{4!}\left(|f_{xxxx}(\xi_1,\xi_2)||x^4| + 4|f_{xxxy}(\xi_1,\xi_2)||x^3y| + 6|f_{xxyy}(\xi_1,\xi_2)||x^2y^2|\right.\\
&\quad \left. + 4|f_{xyyy}(\xi_1,\xi_2)||xy^3| + |f_{yyyy}(\xi_1,\xi_2)||y^4|\right)\\
&\le \frac{1}{4!}\left(|f_{xxxx}(\xi_1,\xi_2)|\frac{\pi^4}{16} + 4|f_{xxxy}(\xi_1,\xi_2)|\frac{\pi^4}{8} + 6|f_{xxyy}(\xi_1,\xi_2)|\frac{\pi^4}{4}\right.\\
&\quad \left. + 4|f_{xyyy}(\xi_1,\xi_2)|\frac{\pi^4}{2} + |f_{yyyy}(\xi_1,\xi_2)|\pi^4\right)
\end{aligned}$$

Die auftretenden vierten Ableitungen lassen sich beispielsweise folgendermaßen abschätzen:

$$\begin{aligned}|f_{xxxx}(\xi_1,\xi_2)| &= |\sin(\xi_1)\sin(\xi_2)| \leq 1\\ |f_{yyyy}(\xi_1,\xi_2)| &= |\sin(\xi_1)\sin(\xi_2)+\cos(\xi_2)| \leq |\sin(\xi_1)\sin(\xi_2)| + |\cos(\xi_2)|\\ &\leq 1+1=2\end{aligned}$$

Damit lässt sich die Abschätzung folgendermaßen fortführen:

$$\leq \frac{1}{4!}\left(\frac{\pi^4}{16}+4\frac{\pi^4}{8}+6\frac{\pi^4}{4}+4\frac{\pi^4}{2}+2\pi^4\right)=\frac{97\pi^4}{384}$$

Lösung zu A17.4.9

$$\begin{aligned}
f(x,y) &= (x+1)^2 + x\sin(x+y) &&\Rightarrow\quad f(0,\pi)=1\\
f_x(x,y) &= 2(x+1)+\sin(x+y)+x\cos(x+y) &&\Rightarrow\quad f_x(0,\pi)=2\\
f_y(x,y) &= x\cos(x+y) &&\Rightarrow\quad f_y(0,\pi)=0\\
f_{xx}(x,y) &= 2+2\cos(x+y)-x\sin(x+y) &&\Rightarrow\quad f_{xx}(0,\pi)=0\\
f_{xy}(x,y) &= \cos(x+y)-x\sin(x+y) &&\Rightarrow\quad f_{xy}(0,\pi)=-1\\
f_{yy}(x,y) &= -x\sin(x+y) &&\Rightarrow\quad f_{yy}(0,\pi)=0
\end{aligned}$$

$$\begin{aligned}T_2(x,y;0,\pi) &= f(0,\pi)+f_x(0,\pi)x+f_y(0,\pi)(y-\pi)\\ &\quad+\frac{1}{2}\left(f_{xx}(0,\pi)x^2+2f_{xy}(0,\pi)x(y-\pi)+f_{yy}(0,\pi)(y-\pi)^2\right)\\ &= 1+2x-x(y-\pi)\end{aligned}$$

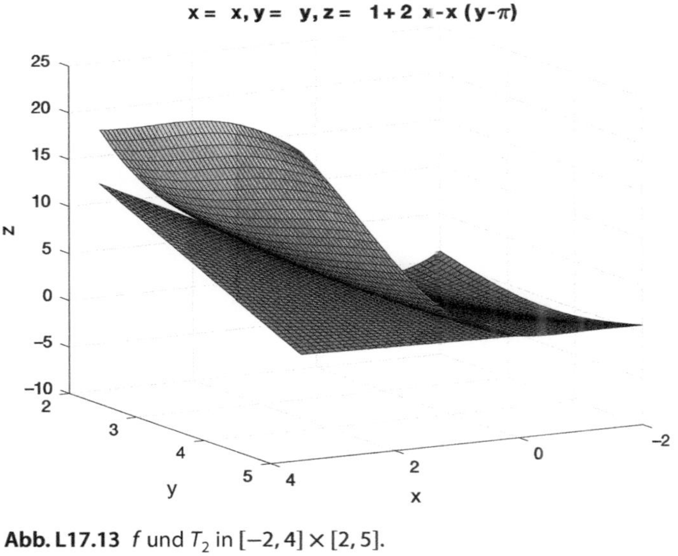

Abb. L17.13 f und T_2 in $[-2,4]\times[2,5]$.

Für die Fehlerabschätzung sind die dritten Ableitungen erforderlich

$$\begin{aligned}
f_{xxx}(x,y) &= -x\cos(x+y) - 3\sin(x+y)\,,\\
f_{xxy}(x,y) &= -x\cos(x+y) - 2\sin(x+y)\,,\\
f_{xyy}(x,y) &= -x\cos(x+y) - \sin(x+y)\,,\\
f_{yyy}(x,y) &= -x\cos(x+y)\,.
\end{aligned}$$

Die Fehlerabschätzung für $(x, y) = (\pi, \pi)$ zieht mit $\theta \in]0, 1[$ ein $(\xi_1, \xi_2) := (0, \pi) + \theta((\pi, \pi) - (0, \pi)) = (\theta\pi, \pi)$ nach sich. Es gilt also $0 < \xi_1 < \pi$ und $\xi_2 = \pi$.

$$\begin{aligned}
&\left|f(\pi,\pi) - T_2(\pi,\pi;0,\pi)\right| = \left|R_2(\pi,\pi;0,\pi)\right|\\
&\quad = \frac{1}{3!}\Big|f_{xxx}(\xi_1,\pi)(\pi-0)^3 + 3f_{xxy}(\xi_1,\pi)(\pi-0)^2\cdot(\pi-\pi)\\
&\qquad\qquad + 3f_{xyy}(\xi_1,\pi)(\pi-0)\cdot(\pi-\pi)^2 + f_{yyy}(\xi_1,\pi)(\pi-\pi)^3\Big|\\
&\quad = \frac{1}{3!}|f_{xxx}(\xi_1,\pi)|\cdot|\pi|^3 = \frac{\pi^3|-\xi_1\cos(\xi_1+\pi) - 3\sin(\xi_1+\pi)|}{6}\\
&\quad \le \frac{\pi^3(|-\xi_1|\cdot|\cos(\xi_1+\pi)| + |-3|\cdot|\sin(\xi_1+\pi)|)}{6} \le \frac{\pi^3(|-\xi_1| + |-3|)}{6}\\
&\quad \le \frac{\pi^3(\pi+3)}{6} = 31{,}7379\ldots
\end{aligned}$$

Der tatsächliche Fehler lautet

$$\begin{aligned}
\left|f(\pi,\pi) - T_2(\pi,\pi;0,\pi)\right| &= |(\pi+1)^2 - (1+2\pi)| = 17{,}1527\cdots - 7{,}2831\ldots\}\\
&= 9{,}8696\ldots
\end{aligned}$$

L 18
Anwendungen der Differentialrechnung

L18.1 Extrema von Funktionen mehrerer Variabler

Lösung zu A18.1.1

a) $\operatorname{grad} f(x, y) = (y+1, x-2) = 0 \quad\Rightarrow\quad$ einziger stationärer Punkt ist $(x_0, y_0) = (2, -1)$.

$$\boldsymbol{H} f(x, y) = \begin{pmatrix} 0 & 1 \\ 1 & 0 \end{pmatrix}$$

besitzt die Eigenwerte $\lambda_{1,2} = \pm 1$, ist daher indefinit, und damit ist der stationäre Punkt $(2, -1)$ ein Sattelpunkt.

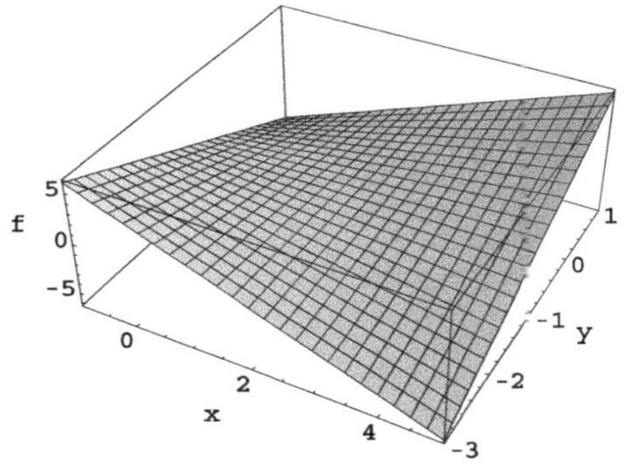

Abb. L18.1 $f(x, y) = xy + x - 2y - 2$.

b)
$$\begin{aligned} f(x, y) &= x^2y^2 + 4x^2y - 2xy^2 + 4x^2 - 8xy + y^2 - 8x + 4y + 4 \\ &= x^2(y^2 + 4y + 4) - 2x(y^2 + 4y + 4) + y^2 + 4y + 4 \\ &= (x^2 - 2x + 1)(y^2 + 4y + 4) = (x-1)^2(y+2)^2 \geq 0 \end{aligned}$$

$\operatorname{grad} f(x, y) = 2(x-1)(y+2)(y+2, x-1) = 0 \Rightarrow$ stationäre Punkte liegen vor für $x = 1$ und $y \in \mathbb{R}$ oder für $y = -2$ und $x \in \mathbb{R}$. Da $f(x, y) \geq 0$ und $f(1, y) = 0 = f(x, -2)$ gilt, handelt es sich bei allen stationären Punkten um nicht strikte globale Minima.

$$\boldsymbol{H} f(x, y) = \begin{pmatrix} 2(y+2)^2 & 4(x-1)(y+2) \\ 4(x-1)(y+2) & 2(x-1)^2 \end{pmatrix} \quad\Rightarrow$$

Mathematik in den Ingenieur- und Naturwissenschaften 2, Aufgaben und Lösungen, 5. Aufl.
Rainer Ansorge, Hans Oberle, Kai Rothe und Thomas Sonar.

$\boldsymbol{H}f(1, y)$ und $\boldsymbol{H}f(x, -2)$ sind für $(x, y) \neq (1, -2)$ (echt) positiv semidefinit und aus der notwendigen Bedingung II kann nur geschlossen werden, dass es sich bei diesen stationären Punkten nicht um lokale Maxima handelt. Der Punkt $(x, y) = (1, -2)$ lässt sich so nicht klassifizieren.

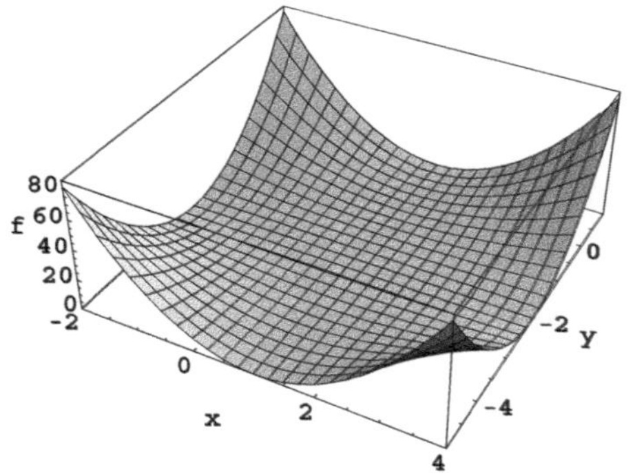

Abb. L18.2 $f(x, y) = (x-1)^2(y+2)^2$.

c) $\operatorname{grad} f(x, y) = 2(x(4e^{x^2+y^2} - 1), y(4e^{x^2+y^2} - 1)) = 0$
$\Rightarrow$ einziger stationärer Punkt ist $(x_0, y_0) = (0, 0)$.

$$\boldsymbol{H}f(x, y) = 2 \cdot \begin{pmatrix} 4e^{x^2+y^2} - 1 + 8x^2e^{x^2+y^2} & 8xye^{x^2+y^2} \\ 8xye^{x^2+y^2} & 4e^{x^2+y^2} - 1 + 8y^2e^{x^2+y^2} \end{pmatrix}$$

$$\Rightarrow \quad \boldsymbol{H}f(0,0) = \begin{pmatrix} 6 & 0 \\ 0 & 6 \end{pmatrix}$$

ist positiv definit $\Rightarrow$ $(x_0, y_0) = (0, 0)$ ist striktes lokales Minimum. In ganz $\mathbb{R}^2 \setminus \{\mathbf{0}\}$ gilt sogar $f(x, y) > f(0, 0) = 4$, d. h. $(x_0, y_0) = (0, 0)$ ist ein striktes globales Minimum.

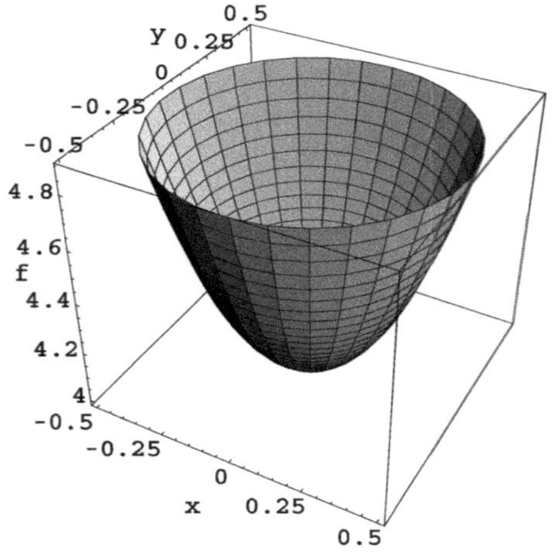

Abb. L18.3 $f(x, y) = 4e^{x^2+y^2} - x^2 - y^2$.

d) Mit $r^2 = x^2 + y^2 + z^2$ ergibt sich $\operatorname{grad} f(x, y, z) = \dfrac{-2}{r^2+1}(x, y, z) = 0 \Rightarrow$ einziger stationärer Punkt ist $(x_0, y_0, z_0) = (0, 0, 0)$.

$$\boldsymbol{H} f(x, y, z)$$

$$= \frac{-2}{(r^2+1)^2} \cdot \begin{pmatrix} -x^2+y^2+z^2+1 & -2xy & -2xz \\ -2xy & x^2-y^2+z^2+1 & -2yz \\ -2xz & -2yz & x^2+y^2-z^2+1 \end{pmatrix}$$

$\Rightarrow \boldsymbol{H} f(0,0,0)$ ist negativ definit und $(x_0, y_0, z_0) = (0, 0, 0)$ ist striktes lokales Maximum.

Lösung zu A18.1.2

a) $\operatorname{grad} f(x, y) = (2x, 4y^3 - 2y)^T = (0, 0)^T$

$\Rightarrow$ stationäre Punkte: $(0, 0)$, $\left(0, \pm\dfrac{1}{\sqrt{2}}\right)$.

$$\boldsymbol{H} f(x, y) = \begin{pmatrix} 2 & 0 \\ 0 & 12y^2 - 2 \end{pmatrix}$$

$\boldsymbol{H} f(0, 0) = \begin{pmatrix} 2 & 0 \\ 0 & -2 \end{pmatrix}$ ist indefinit $\Rightarrow$ $(0, 0)$ ist Sattelpunkt.

$\boldsymbol{H} f\left(0, \pm\dfrac{1}{\sqrt{2}}\right) = \begin{pmatrix} 2 & 0 \\ 0 & 4 \end{pmatrix}$ ist positiv definit $\Rightarrow$ $\left(0, \pm\dfrac{1}{\sqrt{2}}\right)$ sind Minima.

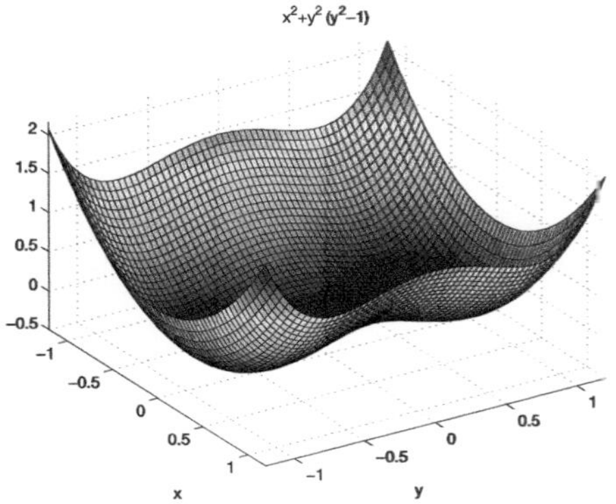

Abb. L18.4 $f(x, y) = x^2 + y^4 - y^2$.

b) $\operatorname{grad} f(x, y) = (\cos x \sin y, \sin x \cos y)^T = (0, 0)^T$

1. Fall:

$\cos x = 0 \Rightarrow \sin x \neq 0 \Rightarrow \cos y = 0$

$\Rightarrow$ stationäre Punkte: $(x_n, y_m) = \left(\dfrac{\pi}{2} + n\pi, \dfrac{\pi}{2} + m\pi\right)$ mit $n, m \in \mathbb{Z}$.

2. Fall:

$\sin y = 0 \Rightarrow \cos y \neq 0 \Rightarrow \sin x = 0$

$\Rightarrow$ stationäre Punkte: $(\tilde{x}_n, \tilde{y}_m) = (n\pi, m\pi)$ mit $n, m \in \mathbb{Z}$.

$$\boldsymbol{H}f(x, y) = \begin{pmatrix} -\sin x \sin y & \cos x \cos y \\ \cos x \cos y & -\sin x \sin y \end{pmatrix}$$

1. Fall:

$$\boldsymbol{H}f(x_n, y_m) = \begin{pmatrix} -(-1)^n(-1)^m & 0 \\ 0 & -(-1)^n(-1)^m \end{pmatrix},$$

Eigenwerte: $\lambda_{1,2} = (-1)^{n+m+1}$
$\boldsymbol{H}f(x_n, y_m)$ negativ definit für $n + m + 1$ ungerade $\Rightarrow$ Maxima.
$\boldsymbol{H}f(x_n, y_m)$ positiv definit für $n + m + 1$ gerade $\Rightarrow$ Minima.
2. Fall:

$$\boldsymbol{H}f(\tilde{x}_n, \tilde{y}_m) = \begin{pmatrix} 0 & (-1)^n(-1)^m \\ (-1)^n(-1)^m & 0 \end{pmatrix},$$

Eigenwerte: $\lambda_{1,2} = \pm 1$
$\Rightarrow \boldsymbol{H}f(\tilde{x}_n, \tilde{y}_m)$ indefinit $\Rightarrow$ Sattelpunkte.

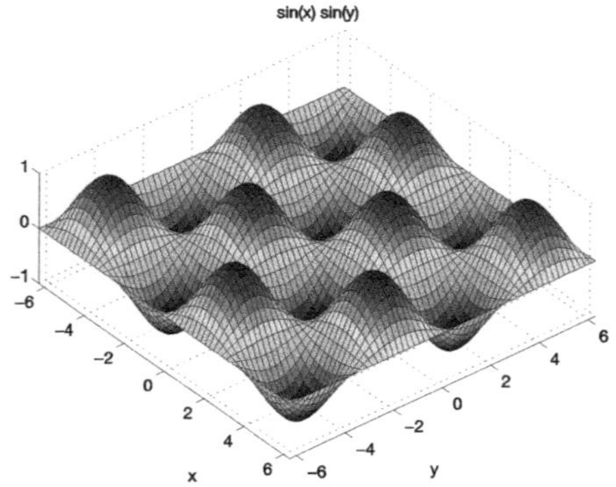

Abb. L18.5 $f(x, y) = \sin x \sin y$.

c) $\operatorname{grad} f(x, y) = \left(2x \ln(|y| + 1), \dfrac{x^2 \operatorname{sign}(y)}{|y| + 1}\right)^T$ ist nur für $y \neq 0$ definiert.

$\operatorname{grad} f(x, y) = (0, 0)^T \Rightarrow f_x = 0 \Rightarrow$

1. Fall: $2x = 0 \Rightarrow x = 0$ mit $y \neq 0$
2. Fall: $\ln(|y| + 1) = 0 \Rightarrow y = 0$ mit $y \neq 0$ ergibt keine Lösung.
Die stationären Punkte sind also gegeben durch $(0, y)$ mit $y \neq 0$.

$$\boldsymbol{H}f(x, y) = \begin{pmatrix} 2\ln(|y| + 1) & \dfrac{2x \operatorname{sign}(y)}{|y| + 1} \\ \dfrac{2x \operatorname{sign}(y)}{|y| + 1} & \dfrac{-x^2}{(|y| + 1)^2} \end{pmatrix}$$

$\boldsymbol{H}f(0, y) = \begin{pmatrix} 2\ln(|y|+1) & 0 \\ 0 & 0 \end{pmatrix}$ ist für $y = 0$ nicht definiert und sonst positiv semidefinit, also können in diesen Punkten keine Maxima vorliegen.
Da $f(x, y) = x^2 \ln(|y|+1) \geq 0$ für alle $(x, y)^T \in \mathbb{R}^2$ und $f(0, y) = 0 = f(x, 0)$ gilt, liegen auf den Geraden $x = 0$ und $y = 0$ globale (nicht isolierte) Minima vor.

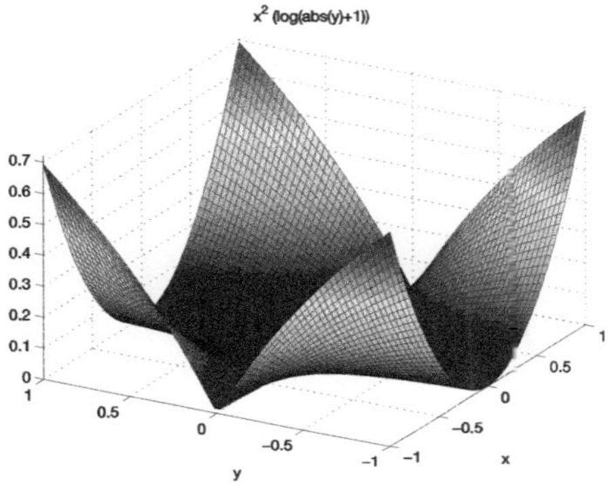

Abb. L18.6 $f(x, y) = x^2 \ln(|y| + 1)$.

d) In $(0, 0)$ existieren die ersten partiellen Ableitungen nicht, denn es gilt beispielsweise

$$\lim_{h\to 0} \frac{f(h,0) - f(0,0)}{h} = \lim_{h\to 0} \frac{h^2 - \sqrt{2h^2}}{h} = \lim_{h\to 0}(h - \operatorname{sign}(h)\sqrt{2}) = \pm\sqrt{2}\,.$$

Für $(x, y) \neq (0, 0)$ gilt

$$\begin{aligned} \operatorname{grad} f(x, y) &= \left(2x - \frac{2x}{\sqrt{2(x^2+y^2)}},\, 2y - \frac{2y}{\sqrt{2(x^2+y^2)}}\right) \\ &= 2 \cdot \frac{\sqrt{2(x^2+y^2)} - 1}{\sqrt{2(x^2+y^2)}}(x, y) \end{aligned}$$

$$\operatorname{grad} f(x, y) = (0, 0) \Rightarrow \sqrt{2(x^2+y^2)} - 1 = 0 \Rightarrow x^2 + y^2 = \frac{1}{2}\,.$$

Alle Punkte P auf dem Ursprungskreis vom Radius $r = 1/\sqrt{2}$ sind also stationär mit dem Funktionswert $f(P) = 1/2 - \sqrt{2/2} = -1/2$. Damit kann es sich nicht um strenge Maxima oder Minima handeln. Da es sich nach Anschauung um Minima handelt, wird die Hesse-Matrix in P positiv semidefinit sein und wir können diese so nicht klassifizieren. Wir ersparen uns die Berechnung.
Zur Klassifikation nutzen wir in diesem Fall die Rotationssymmetrie der Funktion aus, betrachten also mit $r = \sqrt{x^2 + y^2}$ und $r \in [0, \infty[$ die Funktion

$\tilde{f}(r) = r^2 - r\sqrt{2}$:

$$\tilde{f}'(r) = 2r - \sqrt{2} = 0 \quad \Rightarrow \quad r = \frac{1}{\sqrt{2}}, \quad \tilde{f}''(r) = 2 > 0$$

$$\Rightarrow \quad \text{Minimum bei } r = \frac{1}{\sqrt{2}}\,.$$

$$\tilde{f}'(0) = -\sqrt{2} < 0 \quad \Rightarrow \quad \text{Maximum bei } r = 0\,.$$

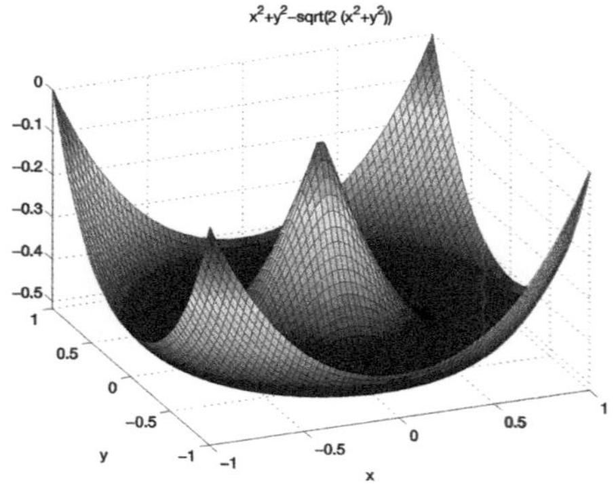

Abb. L18.7 $f(x, y) = x^2 + y^2 - \sqrt{2(x^2 + y^2)}$.

Lösung zu A18.1.3

a) $\operatorname{grad} f(x, y) = (2x(24x^2 - 7y), -7x^2 + 2y) = 0 \Rightarrow x = 0 \vee 24x^2 - 7y = 0$. Aus $x = 0$ folgt sofort $y = 0$, und damit erhält man den stationären Punkt $(x_0, y_0) = (0, 0)$. Aus $24x^2 - 7y = 0$ folgt

$$2y = \frac{48x^2}{7} \quad \Rightarrow \quad -7x^2 + \frac{48x^2}{7} = 0 \quad \Rightarrow \quad x = 0\,.$$

Einziger stationärer Punkt ist also $(0, 0)$.

b) $$\boldsymbol{H}f(x, y) = \begin{pmatrix} 144x^2 - 14y & -14x \\ -14x & 2 \end{pmatrix} \quad \Rightarrow \quad \boldsymbol{H}f(0, 0) = \begin{pmatrix} 0 & 0 \\ 0 & 2 \end{pmatrix}$$

ist (echt) positiv semidefinit, und das hinreichende Kriterium ist nicht anwendbar. Die notwendige Bedingung II lässt für den stationären Punkt $(x_0, y_0) = (0, 0)$ noch die Möglichkeiten, Minimum oder Sattelpunkt zu.

c) Auf der Geraden $x = 0$ wird die Funktion beschrieben durch

$$g(y) := f(0, y) = y^2.$$

Für $y = 0$ besitzt g ein striktes lokales Minimum.
Alle anderen Ursprungsgeraden können durch $y = ax$ mit $a \in \mathbb{R}$ dargestellt werden, und die Funktion wird dann durch

$$h(x) := f(x, ax) = 12x^4 - 7ax^3 + a^2x^2$$

beschrieben. Man erhält

$$h'(x) = 48x^3 - 21ax^2 + 2a^2x \quad \Rightarrow \quad h'(0) = 0$$

und

$$h''(x) = 144x^2 - 42ax + 2a^2 \quad \Rightarrow \quad h''(0) = 2a^2 > 0\,.$$

Damit besitzt h für $x = 0$ ein striktes lokales Minimum.

d) Auf der Parabel $y = ax^2$ hat die Funktion die Gestalt

$$p(x) := f(x, ax^2) = 12x^4 - 7ax^4 + a^2x^4 = x^4(a^2 - 7a + 12) = x^4(a-3)(a-4)\,.$$

Damit erhält man

$$\begin{aligned} p'(x) &= 4x^3(a-3)(a-4) &\Rightarrow\quad & p'(0) = 0 \\ p''(x) &= 12x^2(a-3)(a-4) &\Rightarrow\quad & p''(0) = 0 \\ p'''(x) &= 24x(a-3)(a-4) &\Rightarrow\quad & p'''(0) = 0 \\ p''''(x) &= 24(a-3)(a-4) &\Rightarrow\quad & p''''(0) = (a-3)(a-4)\,. \end{aligned}$$

Für $a \in]3,4[$ ist $p''''(0) < 0$ und in $x = 0$ liegt ein striktes Maximum vor. Für $a \notin [3,4]$ ist $p''''(0) > 0$ und in $x = 0$ liegt ein striktes Minimum vor.
Bei dem stationären Punkt $(0,0)$ handelt es sich also um einen Sattelpunkt.

e)

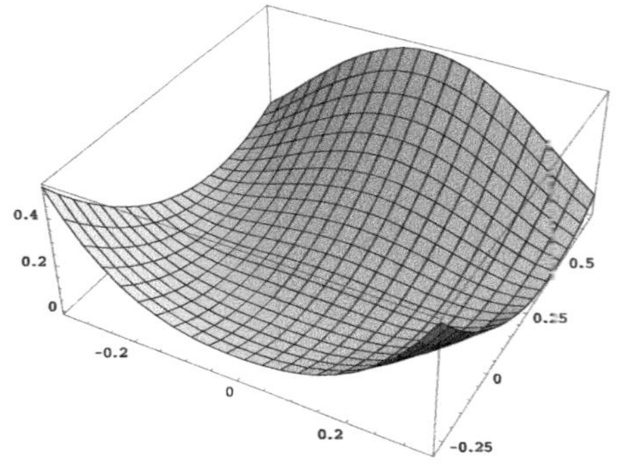

Abb. L18.8 $f(x,y) = 12x^4 - 7x^2y + y^2$.

Lösung zu A18.1.4

a)
$$\begin{aligned} f &= (2x-3y)\cdot\sin(3x-2y) &\Rightarrow\quad & f(0,0) = 0 \\ f_x &= 2\sin(3x-2y) + 3(2x-3y)\cdot\cos(3x-2y) &\Rightarrow\quad & f_x(0,0) = 0 \\ f_y &= -3\sin(3x-2y) - 2(2x-3y)\cdot\cos(3x-2y) &\Rightarrow\quad & f_y(0,0) = 0 \\ f_{xx} &= 12\cos(3x-2y) - 9(2x-3y)\cdot\sin(3x-2y) &\Rightarrow\quad & f_{xx}(0,0) = 12 \\ f_{xy} &= -13\cos(3x-2y) + 6(2x-3y)\cdot\sin(3x-2y) &\Rightarrow\quad & f_{xy}(0,0) = -13 \\ f_{yy} &= 12\cos(3x-2y) - 4(2x-3y)\cdot\sin(3x-2y) &\Rightarrow\quad & f_{yy}(0,0) = 12 \end{aligned}$$

$$\Rightarrow \quad T_2(x, y; 0, 0) = 6x^2 - 13xy + 6y^2$$

b) $f(x,y) = 2x^3 - 3xy + 2y^3 - 3 \;\Rightarrow\; \operatorname{grad} f(x,y) = (6x^2 - 3y, -3x + 6y^2) = 0 \;\Rightarrow\; y = 2x^2 \;\Rightarrow\; 3x(8x^3 - 1) = 0$

stationäre Punkte sind also $(x_1, y_1) = (0,0)$ und $(x_2, y_2) = \left(\frac{1}{2}, \frac{1}{2}\right)$

Die Hesse-Matrix ist gegeben durch $\boldsymbol{H}f(x,y) = \begin{pmatrix} 12x & -3 \\ -3 & 12y \end{pmatrix}$

$\boldsymbol{H}f(0,0) = \begin{pmatrix} 0 & -3 \\ -3 & 0 \end{pmatrix}$ besitzt die Eigenwerte $\lambda_{1,2} = \pm 3$, ist daher indefinit, und der stationäre Punkt $(0,0)$ ist ein Sattelpunkt.

$\boldsymbol{H}f\left(\frac{1}{2}, \frac{1}{2}\right) = \begin{pmatrix} 6 & -3 \\ -3 & 6 \end{pmatrix}$ besitzt die Eigenwerte $\lambda_1 = 3$ und $\lambda_2 = 9$, ist daher positiv definit, und der stationäre Punkt $\left(\frac{1}{2}, \frac{1}{2}\right)$ ist ein Minimum.

Lösung zu A18.1.5

a) $\operatorname{grad} f(x,y) = \left((y-1)(x+1), \frac{(x+1)^2}{2} - (y+1)\right)^T = (0,0)^T \Rightarrow$

1. Fall: $y = 1 \Rightarrow$

$$0 = f_y(x,1) = \frac{(x+1)^2}{2} - (1+1) \;\Rightarrow\; x = -3, 1$$

$$\Rightarrow P_1 = \begin{pmatrix} -3 \\ 1 \end{pmatrix}, P_2 = \begin{pmatrix} 1 \\ 1 \end{pmatrix}$$

2. Fall: $x = -1 \Rightarrow$

$$0 = f_y(-1,y) = -(y+1) \;\Rightarrow\; P_3 = \begin{pmatrix} -1 \\ -1 \end{pmatrix}$$

$$\boldsymbol{H}f(x,y) = \begin{pmatrix} y-1 & x+1 \\ x+1 & -1 \end{pmatrix}$$

$$\boldsymbol{H}f(P_1) = \begin{pmatrix} 0 & -2 \\ -2 & -1 \end{pmatrix} \;\Rightarrow\; p(\lambda) = \lambda^2 + \lambda - 4 = (\lambda + 1/2)^2 - 5/4 = 0$$

Eigenwerte: $\lambda_{1,2} = -1/2 \pm \sqrt{5}/2 \Rightarrow$ indefinit $\Rightarrow$ P_1 Sattelpunkt

$$\boldsymbol{H}f(P_2) = \begin{pmatrix} 0 & 2 \\ 2 & -1 \end{pmatrix} \quad\Rightarrow\quad p(\lambda) = \lambda^2 + \lambda - 4 = (\lambda + 1/2)^2 - 5/4 = 0$$

Eigenwerte: $\lambda_{1,2} = -1/2 \pm \sqrt{5}/2 \Rightarrow$ indefinit $\Rightarrow$ P_2 Sattelpunkt

$\boldsymbol{H}f(P_3) = \begin{pmatrix} -2 & 0 \\ 0 & -1 \end{pmatrix}$ negativ definit $\Rightarrow$ P_3 Maximum

b) horizontale Tangente: $0 = f_x(x, y) = (y - 1)(x + 1)$

1. Fall: $y = 1 \Rightarrow$

$$0 = f(x, 1) = \frac{(1-1)(x+1)^2}{2} - \frac{(1+1)^2}{2} + 2 = 0 \quad \text{für alle } x \in \mathbb{R}$$

$$0 = f_y(x, 1) = \frac{(x+1)^2}{2} - (1+1) \Rightarrow x = -3, 1$$

$$\Rightarrow P_1 = \begin{pmatrix} -3 \\ 1 \end{pmatrix}, \quad P_2 = \begin{pmatrix} 1 \\ 1 \end{pmatrix} \text{ sind singuläre Punkte (vgl. oben)}$$

$$\Rightarrow P(x) = \begin{pmatrix} x \\ 1 \end{pmatrix}, \quad x \in \mathbb{R}\setminus\{-3, 1\} \text{ sind regulär, mit horizontaler Tangente}$$

2. Fall: $x = -1 \Rightarrow$

$$0 = f(-1, y) = \frac{(y-1)(-1+1)^2}{2} - \frac{(y+1)^2}{2} + 2 \Rightarrow y = -3, 1$$

$$f_y(-1, -3) = \frac{(-1+1)^2}{2} - (-3+1) = 2 \neq 0\,, \quad f_y(-1, 1) = -2 \neq 0$$

$$\Rightarrow P_4 = \begin{pmatrix} -1 \\ -3 \end{pmatrix}, P_5 = \begin{pmatrix} -1 \\ 1 \end{pmatrix} \text{ sind regulär mit horizontaler Tangente}$$

c) Wegen b) gilt grad $f(-1, 3) = (0, -2)^T$ und der Satz über implizite Funktionen kann angewendet werden.
Die Lösungsmenge $f(x, y) = 0$ kann also in einer Umgebung von P durch eine C^1-Funktion $y(x)$ dargestellt werden.

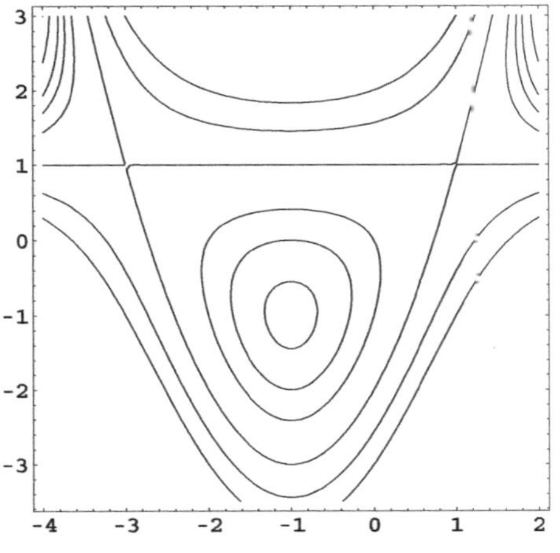

Abb. L18.9 Höhenlinien von $f(x, y)$ in $[-4, 2] \times [-3{,}5, 3]$.

Lösung zu A18.1.6

a) notwendige Bedingung: grad $\left(\frac{y}{8} - \frac{1}{x^2}, \frac{x}{8} + \frac{1}{y^2}\right)^T = (0, 0)^T$ mit $x \neq 0$ und $y \neq 0$

$$\Rightarrow x = -\frac{8}{y^2} \Rightarrow \frac{y}{8} = \frac{y^4}{64} \Rightarrow y^3 = 8 \Rightarrow y = 2 \Rightarrow x = -2\,,$$

stationärer Punkt $P = (-2, 2)^T$

$$\boldsymbol{H}f(x, y) = \begin{pmatrix} \frac{2}{x^3} & \frac{1}{8} \\ \frac{1}{8} & -\frac{2}{y^3} \end{pmatrix} \Rightarrow$$

$$\det(\boldsymbol{H}f(-2, 2) - \lambda I) = \begin{vmatrix} -\frac{1}{4} - \lambda & \frac{1}{8} \\ \frac{1}{8} & -\frac{1}{4} - \lambda \end{vmatrix} = \left(\lambda + \frac{1}{4}\right)^2 - \frac{1}{64} = 0$$

Eigenwerte lauten: $\lambda_1 = -\frac{3}{8}$, $\lambda_2 = -\frac{1}{8}$. $\boldsymbol{H}f(-2, 2)$ ist negativ definit und P ein Maximum.

b) notwendige Bedingung:

$$\text{grad}\, f(x, y)^T = (f_x(x, y), f_y(x, y)) = (2x, 2y(2y^2 - 1) = (0, 0)$$
$$\Rightarrow \quad x = 0 \quad \text{und} \quad y = 0 \vee y = 1/\sqrt{2} \vee y = -1/\sqrt{2}$$

$$\text{stationäre Punkte:} \quad P_1 = \begin{pmatrix} 0 \\ 0 \end{pmatrix}, \quad P_2 = \begin{pmatrix} 0 \\ 1/\sqrt{2} \end{pmatrix}, \quad P_3 = \begin{pmatrix} 0 \\ -1/\sqrt{2} \end{pmatrix}$$

$$\boldsymbol{H}f(x, y) = \begin{pmatrix} f_{xx}(x, y) & f_{xy}(x, y) \\ f_{yx}(x, y) & f_{yy}(x, y) \end{pmatrix} = \begin{pmatrix} 2 & 0 \\ 0 & 12y^2 - 2 \end{pmatrix}$$

$\boldsymbol{H}f(0, 0) = \begin{pmatrix} 2 & 0 \\ 0 & -2 \end{pmatrix}$ ist indefinit. Damit ist P_1 Sattelpunkt.

$\boldsymbol{H}f(0, \pm 1/\sqrt{2}) = \begin{pmatrix} 2 & 0 \\ 0 & 4 \end{pmatrix}$ ist positiv definit. Damit sind $P_{2,3}$ lokale Minima.

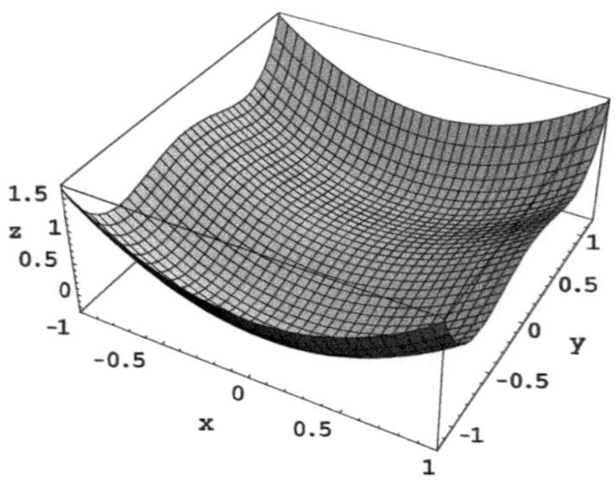

Abb. L18.10 $f(x, y) = x^2 + y^4 - y^2$.

c) notwendige Bedingung:

$$\text{grad}\, f(x, y)^T = (f_x(x, y), f_y(x, y)) = (6(x^2 - x - 2), 8 - 8y)$$
$$= (6(x + 1)(x - 2), 8(1 - y)) = (0, 0)$$

$$f_x = 0 \quad \Rightarrow \quad x_1 = -1 \quad \text{oder} \quad x_2 = 2\,, \quad f_y = 0 \quad \Rightarrow \quad y = 1$$

Die stationären Punkte lauten: $P_1 = \begin{pmatrix} -1 \\ 1 \end{pmatrix}, \quad P_2 = \begin{pmatrix} 2 \\ 1 \end{pmatrix}.$

$$\boldsymbol{H}f(x, y) = \begin{pmatrix} f_{xx}(x, y) & f_{xy}(x, y) \\ f_{yx}(x, y) & f_{yy}(x, y) \end{pmatrix} = \begin{pmatrix} 12x - 6 & 0 \\ 0 & -8 \end{pmatrix}$$

hinreichende Bedingungen in den stationären Punkten:

$\boldsymbol{H}f(-1, 1) = \begin{pmatrix} -18 & 0 \\ 0 & -8 \end{pmatrix}$ ist negativ definit. Damit ist P_1 lokales Maximum.

$\boldsymbol{H}f(2, 1) = \begin{pmatrix} 18 & 0 \\ 0 & -8 \end{pmatrix}$ ist indefinit. Damit ist P_2 Sattelpunkt.

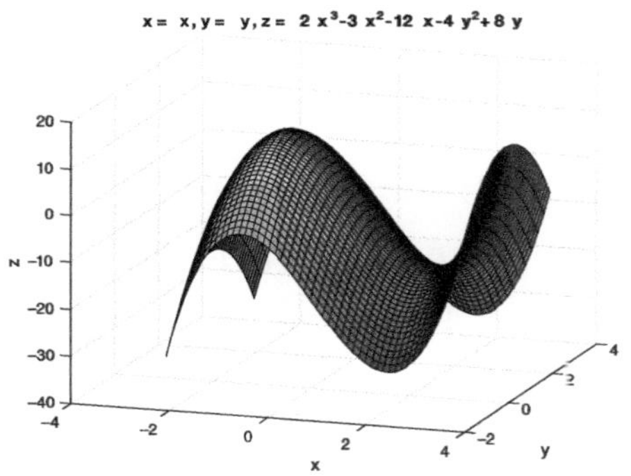

Abb. L18.11 $f(x, y) = 2x^3 - 3x^2 - 12x + 8y - 4y^2$.

Lösung zu A18.1.7

a) $\operatorname{grad} f(x, y)^T = (f_x(x, y), f_y(x, y)) = (4x(1 - x^2), \sinh(y - 1)) = (0, 0)$

$\Rightarrow \quad (x = -1 \lor x = 0 \lor x = 1) \land y = 1$

stationäre Punkte: $P_1 = \begin{pmatrix} -1 \\ 1 \end{pmatrix}, P_2 = \begin{pmatrix} 0 \\ 1 \end{pmatrix}, P_3 = \begin{pmatrix} 1 \\ 1 \end{pmatrix}$

$$\boldsymbol{H}f(x, y) = \begin{pmatrix} f_{xx}(x, y) & f_{xy}(x, y) \\ f_{yx}(x, y) & f_{yy}(x, y) \end{pmatrix} = \begin{pmatrix} 4 - 12x^2 & 0 \\ 0 & \cosh(y - 1) \end{pmatrix}$$

$\boldsymbol{H}f(\pm 1, 1) = \begin{pmatrix} -8 & 0 \\ 0 & 1 \end{pmatrix}$ ist indefinit. Damit sind $P_{1,3}$ Sattelpunkte.

$\boldsymbol{H}f(0, 1) = \begin{pmatrix} 4 & 0 \\ 0 & 1 \end{pmatrix}$ ist positiv definit. Damit ist P_2 lokales Minimum.

b) Mit den Ergebnissen aus a) erhält man:

$$\begin{aligned} T_2(x, y; 1, 1) &= f(1,1) + f_x(1,1)(x-1) + f_y(1,1)(y-1) \\ &\quad + \frac{1}{2}(f_{xx}(1,1)(x-1)^2 + 2f_{xy}(1,1)(x-1)(y-1) \\ &\quad + f_{yy}(1,1)(y-1)^2) \\ &= 2 + \frac{1}{2}(-8(x-1)^2 + (y-1)^2) = 2 - 4(x-1)^2 + \frac{(y-1)^2}{2} \end{aligned}$$

Die dritten Ableitungen von f:

$$f_{xxx}(x, y) = -24x\,,\ f_{xxy}(x, y) = 0 = f_{xyy}(x, y)\,,\ f_{yyy}(x, y) = \sinh(y-1)$$

Damit ergibt sich für $(x, y) \in [0,1] \times [0,1] \to (0 < \xi_1, \xi_2 < 1)$ die Fehlerabschätzung:

$$\begin{aligned} &|f(x, y) - T_2(x, y; 1, 1)| = |R_2(x, y; 1, 1)| \\ &\quad = \frac{1}{3!}\left|f_{xxx}(\xi_1, \xi_2)(x-1)^3 + 3f_{xxy}(\xi_1, \xi_2)(x-1)^2(y-1)\right. \\ &\quad \left. + 3f_{xyy}(\xi_1, \xi_2)(x-1)(y-1)^2 + f_{yyy}(\xi_1, \xi_2)(y-1)^3\right| \\ &\quad \le \frac{1}{3!}\left(|f_{xxx}(\xi_1, \xi_2)| + |f_{yyy}(\xi_1, \xi_2)|\right) = \frac{1}{6}\left(24|\xi_1| + |\sinh(\xi_2 - 1)|\right) \\ &\quad < \frac{1}{6}(24 + \sinh(1)) \end{aligned}$$

L18.2 Implizit definierte Funktionen

Lösung zu A18.2.1

a) Es gilt $f(-1, 1) = 0 = f(-\frac{1}{2}, \frac{1}{2})$ und $f(-1, 0) = 1$.
Damit liegen $(x_0, y_0) = (-1, 1)$ und $(x_1, y_1) = (-\frac{1}{2}, \frac{1}{2})$ auf der Höhenlinie $f(x, y) = 0$.

b) $\operatorname{grad} f(x, y) = (3x^2 - 6xy + 3y^2 + 4x - 4y - 2, -3x^2 + 6xy - 3y^2 - 4x + 4y)$

$$\Rightarrow \quad \operatorname{grad} f(-1, 1) = (2, -4) \quad \text{und} \quad \operatorname{grad} f\left(-\frac{1}{2}, \frac{1}{2}\right) = (-3, 1)$$

Nach dem Satz über implizite Funktionen lässt sich daher die Höhenlinie in (x_0, y_0) und auch in (x_1, y_1) sowohl nach x als auch nach y lokal durch eine C^1-Funktion parametrisieren.
Im Punkt $(x_0, y_0) = (-1, 1)$ sei die Höhenlinie lokal nach x parametrisiert durch $g(x)$, d. h., es gilt $g(-1) = 1$ und $f(x, g(x)) = 0$ in entsprechenden Umgebungen um die Punkte $x_0 = -1$ und $y_0 = 1$. Gesucht ist der Winkel α_0 zwischen der Tangente von g im Punkt $x_0 = -1$ und der x-Achse, also

$$\tan \alpha_0 = g'(-1) = -\frac{f_x(-1, 1)}{f_y(-1, 1)} = -\frac{2}{-4} = \frac{1}{2} \quad \Rightarrow \quad \alpha_0 = 0{,}463\,65 \doteq 26{,}565^\circ\,.$$

Im Punkt $(x_1, y_1) = (-\frac{1}{2}, \frac{1}{2})$ sei die Höhenlinie lokal nach x parametrisiert durch $h(x)$, d. h., es gilt $h(-\frac{1}{2}) = \frac{1}{2}$ und $f(x, h(x)) = 0$ in entsprechenden Umgebungen um die Punkte $x_1 = -\frac{1}{2}$ und $y_1 = -\frac{1}{2}$. Gesucht ist der Winkel α_1 zwischen der Tangente von h im Punkt $x_1 = -\frac{1}{2}$ und der x-Achse, also

$$\tan\alpha_1 = h'\left(-\frac{1}{2}\right) = -\frac{f_x\left(-\frac{1}{2},\frac{1}{2}\right)}{f_y\left(-\frac{1}{2},\frac{1}{2}\right)} = -\frac{-3}{1} = 3 \quad \Rightarrow \quad \alpha_1 = 1{,}249 \doteq 71{,}565° \,.$$

c)

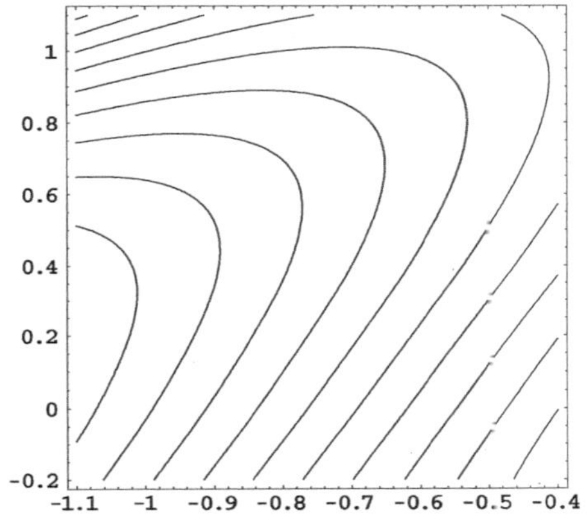

Abb. L18.12 $f(x,y) = x^3 - 3x^2y + 3xy^2 - y^3 + 2x^2 - 4xy + 2y^2 - 2x - 2$.

Lösung zu A18.2.2

a) $$\boldsymbol{g}(0,3,1) = \begin{pmatrix} 0^2+3^2+1^2-6\sqrt{0^2+3^2}+8 \\ 0^2+3^2+1^2-2\cdot 0-6\cdot 3+8 \end{pmatrix} = \begin{pmatrix} 0 \\ 0 \end{pmatrix}$$

b) $$\boldsymbol{J}\boldsymbol{g}(x,y,z) = \begin{pmatrix} 2x - \dfrac{6x}{\sqrt{x^2+y^2}} & 2y - \dfrac{6y}{\sqrt{x^2+y^2}} & 2z \\ 2x-2 & 2y-6 & 2z \end{pmatrix}$$

$$\Rightarrow \quad \boldsymbol{J}\boldsymbol{g}(0,3,1) = \begin{pmatrix} 0 & 0 & 2 \\ -2 & 0 & 2 \end{pmatrix} \quad \Rightarrow \quad \frac{\partial \boldsymbol{g}(0,3,1)}{\partial(x,z)} = \begin{pmatrix} 0 & 2 \\ -2 & 2 \end{pmatrix}$$

Damit ist $\boldsymbol{g}(x,y,z) = \mathbf{0}$ im Punkt $(0,3,1)$ nach dem Satz über implizite Funktionen lokal nach $x = x(y)$ und $z = z(y)$ auflösbar, d. h., es gilt $x(3) = 0$ und $z(3) = 1$ mit $\boldsymbol{g}(x(y), y, z(y)) = 0$ in entsprechenden Umgebungen.

Die explizite Darstellung von $x(y)$ und $z(y)$ ist hier tatsächlich möglich und kann folgendermaßen erreicht werden:

$$\mathbf{g}(x,y,z) = \begin{pmatrix} g_1(x,y,z) \\ g_2(x,y,z) \end{pmatrix} = \begin{pmatrix} x^2+y^2+z^2-6\sqrt{x^2+y^2}+8 \\ x^2+y^2+z^2-2x-6y+8 \end{pmatrix} = \begin{pmatrix} 0 \\ 0 \end{pmatrix}$$

$$\Rightarrow \quad 0 = g_1(x,y,z) - g_2(x,y,z) = 2x+6y-6\sqrt{x^2+y^2}$$

$$\Rightarrow \quad 9(x^2+y^2) = (x+3y)^2 \quad \Rightarrow \quad 0 = 8x^2 - 6xy$$

$$\Rightarrow \quad 0 = x(4x-3y) \quad \Rightarrow \quad x(y) \equiv 0 \vee x(y) = \frac{3}{4}y$$

$$\Rightarrow \quad x(y) \equiv 0 \quad \text{wegen} \quad x(3) = 0$$

$$\Rightarrow \quad 0 = g_2(0,y,z) = y^2+z^2-6y+8$$

$$\Rightarrow \quad z(y) = \sqrt{-y^2+6y-8} = \sqrt{1-(y-3)^2}$$

$$\text{wegen } z(3)=1 \quad \Rightarrow \quad \begin{pmatrix} x(y) \\ z(y) \end{pmatrix} = \begin{pmatrix} 0 \\ \sqrt{1-(y-3)^2} \end{pmatrix}.$$

Lösung zu A18.2.3

a) Eine Probe ergibt, dass der gegebene Punkt $(3,1)$ tatsächlich die Gleichung $f(3,1)=0$ mit $f(x,y) = x^2-2xy-y^2-2x+2y+2$ erfüllt.

$$\text{grad}\, f(x,y) = (2x-2y-2, -2x-2y+2) \quad \Rightarrow \quad \text{grad}\, f(3,1) = (2,-6)$$

Da $f_x(3,1) = 2 \neq 0$, ist $f(x,y)=0$ nach dem Satz über implizite Funktionen lokal nach x auflösbar, d. h., es gibt lokal eine C^1-Funktion h mit $h(1)=3$ und $f(h(y),y)=0$.
Die Ableitungen von h im Punkt $y=1$ berechnen sich durch Differenzieren der Gleichung

$$f(h(y),y) = h(y)^2 - 2yh(y) - y^2 - 2h(y) + 2y + 2 = 0$$

nach y unter Berücksichtigung von $h(1)=3$:

$$2h(y)h'(y) - 2h(y) - 2yh'(y) - 2y - 2h'(y) + 2 = 0$$
$$\Rightarrow \quad 6h'(1) - 6 - 2h'(1) - 2 - 2h'(1) + 2 = 0 \quad \Rightarrow \quad h'(1) = 3\,.$$

Nochmaliges Differenzieren ergibt:

$$2(h'(y))^2 + 2h(y)h''(y) - 2h'(y) - 2h'(y) - 2yh''(y) - 2 - 2h''(y) = 0$$
$$\Rightarrow \quad 18 + 6h''(y) - 6 - 6 - 2h''(y) - 2 - 2h''(y) = 0 \quad \Rightarrow \quad h''(1) = -2\,.$$

b) Man fasse $x^2-2xy-y^2-2x+2y+2=0$ als quadratische Gleichung in x auf:

$$x^2 - 2(y+1)x - y^2 + 2y + 2 = 0$$
$$\Rightarrow \quad x^2 - 2(y+1)x + (y+1)^2 = (y+1)^2 + y^2 - 2y - 2$$
$$\Rightarrow \quad (x-(y+1))^2 = 2y^2 - 1 \quad \Rightarrow \quad x = y + 1 \pm \sqrt{2y^2-1}$$

Wegen $h(1) = 3$ kommt nur die positive Wurzel infrage. Der maximale Definitionsbereich D ergibt sich aus der Bedingung $2y^2 - 1 \geq 0$. Man erhält also

$$h(y) = y + 1 + \sqrt{2y^2 - 1} \quad \text{mit} \quad D = \mathbb{R} \setminus \left] -\frac{1}{\sqrt{2}}, \frac{1}{\sqrt{2}} \right[\; .$$

Die unter a) berechneten Ableitungen können nun bestätigt werden:

$$h'(y) = 1 + \frac{2y}{\sqrt{2y^2 - 1}} \Rightarrow h'(1) = 3\,, \quad h''(y) = \frac{-2}{(2y^2 - 1)^{3/2}} \Rightarrow h''(1) = -2\,.$$

Lösung zu A18.2.4

a) Durch quadratische Ergänzungen kann h übersichtlicher dargestellt werden:

$$h(x, y, z) = z^2 - x^2 - y^2 + 2x + 4y - 6z + 4 = (z-3)^2 - (x-1)^2 - (y-2)^2$$

Wegen $h(1, 2, 2) = 1$ stellt sich die Niveaumenge als zweischaliges Hyperboloid heraus und wird damit durch die standardisierte implizite Gleichung

$$g(x, y, z) := (z-3)^2 - (x-1)^2 - (y-2)^2 - 1 = 0$$

beschrieben. Um festzustellen, ob $g(x, y, z) = 0$ in der Umgebung des Punktes $(1, 2, 2)$ eine glatte Fläche bildet, muss die Voraussetzung des Satzes über implizite Funktionen überprüft werden:

$$\operatorname{grad} g(x, y, z) = (-2(x-1), -2(y-2), 2(z-3))$$

$$\Rightarrow \quad \operatorname{grad} g(1, 2, 2) = (0, 0, -2)\,,$$

damit ist nur $g_z(1, 2, 2) = -2$ invertierbare 1×1 Untermatrix. Nach dem Satz über implizite Funktionen bildet die Niveaumenge also eine glatte Fläche, die durch Auflösen von $g(x, y, z) = 0$ nach z beschreibbar ist, d. h. es gilt in einer Umgebung von $(1, 2, 2)$

$$z = f(x, y)\,, \quad \text{mit} \quad f(1, 2) = 2 \quad \text{und} \quad g(x, y, f(x, y)) = 0\,.$$

b) Auflösen der impliziten Gleichung $g(x, y, z) = 0$ ergibt zunächst

$$z = 3 \pm \sqrt{1 + (x-1)^2 + (y-2)^2}$$

Aus diesen beiden Möglichkeiten folgt wegen $z = f(1, 2) = 2$

$$f(x, y) = 3 - \sqrt{1 + (x-1)^2 + (y-2)^2}\,.$$

c) In $(1, 2, 2)$ wird die Fläche f näherungsweise beschrieben durch die zugehörige Tangentialebene T_1, in vektorwertiger Schreibweise bedeutet dies:

$$\begin{pmatrix} x \\ y \\ z \end{pmatrix} = \begin{pmatrix} x \\ y \\ f(x, y) \end{pmatrix} \approx \begin{pmatrix} x \\ y \\ T_1(x, y; 1, 2) \end{pmatrix}$$

Zur Darstellung der Tangentialebene wird benötigt:

$$\begin{aligned} \boldsymbol{J}f(x,y) &= -(g_z)^{-1}(g_x, g_y) \\ &= -\frac{1}{2f(x,y)-6}(-2x+2, -2y+4) \\ \Rightarrow \quad \boldsymbol{J}f(1,2) &= -\frac{1}{2\cdot 2-6}(0,0) = (0,0)\,. \end{aligned}$$

Damit lautet die Parameterform der Tangentialebene

$$\begin{pmatrix} x \\ y \\ T_1(x,y;1,2) \end{pmatrix} = \begin{pmatrix} x \\ y \\ f(1,2) + \boldsymbol{J}f(1,2)\begin{pmatrix} x-1 \\ y-2 \end{pmatrix} \end{pmatrix}$$

$$= \begin{pmatrix} x \\ y \\ 2 \end{pmatrix} = \begin{pmatrix} 0 \\ 0 \\ 2 \end{pmatrix} + x\begin{pmatrix} 1 \\ 0 \\ 0 \end{pmatrix} + y\begin{pmatrix} 0 \\ 1 \\ 0 \end{pmatrix}$$

d) Unter Verwendung von Polarkoordinaten kann die Fläche

$$h(x,y,z) = (z-3)^2 - (x-1)^2 - (y-2)^2 = 1$$

folgendermaßen durch $(r,\varphi) \in [0,R] \times [0,2\pi]$ parametrisiert werden:

$$x = r\cos\varphi + 1\,, \quad y = r\sin\varphi + 2 \;\Rightarrow\; p(r,\varphi) = \begin{pmatrix} r\cos\varphi + 1 \\ r\sin\varphi + 2 \\ 3 \pm \sqrt{1+r^2} \end{pmatrix}$$

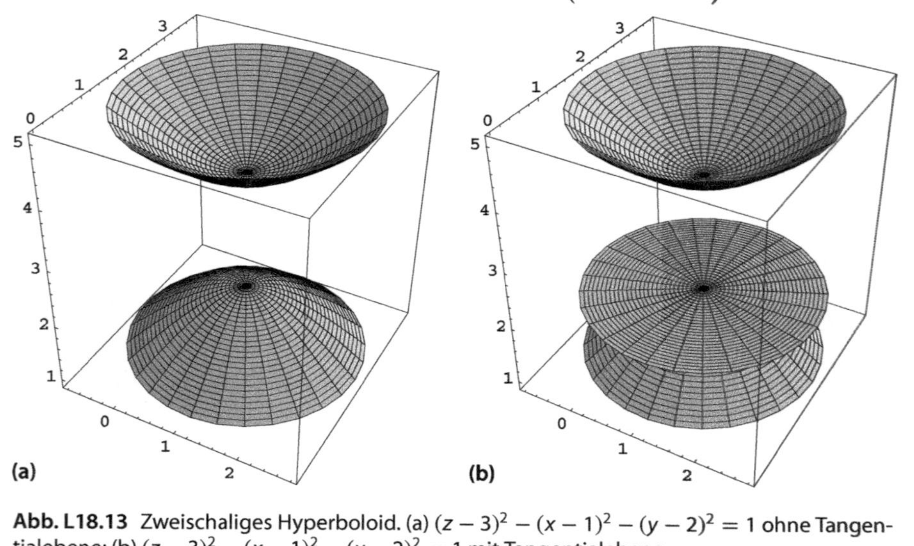

Abb. L18.13 Zweischaliges Hyperboloid. (a) $(z-3)^2 - (x-1)^2 - (y-2)^2 = 1$ ohne Tangentialebene; (b) $(z-3)^2 - (x-1)^2 - (y-2)^2 = 1$ mit Tangentialebene.

Lösung zu A18.2.5

$f(x, y) = (x^2 + y^2)^2 - y(3x^2 - y^2)$

$\operatorname{grad} f(x, y) = (4x(x^2 + y^2) - 6xy, 4y(x^2 + y^2) - 3x^2 + 3y^2)$

a) Die Kurve ist symmetrisch zur y-Achse, da $f(x, y) = f(-x, y)$.

b) Kurvenpunkte mit horizontaler Tangente ergeben sich aus den Bedingungen

$$f(x, y) = 0 \wedge f_x(x, y) = 0 \wedge f_y(x, y) \neq 0 .$$

$$0 = f_x(x, y) = 2x(2(x^2 + y^2) - 3y) \quad \Rightarrow \quad x = 0 \quad \vee \quad (2(x^2 + y^2) - 3y) = 0$$

$$x = 0 \quad \Rightarrow \quad 0 = f(0, y) = y^3(y + 1) \quad \Rightarrow \quad y = 0 \vee y = -1$$

$$\Rightarrow \quad P_0 = (0, 0),\ P_1 = (0, -1)$$

$$(2(x^2 + y^2) - 3y) = 0 \quad \Rightarrow \quad x^2 = \frac{3}{2}y - y^2$$

$$\Rightarrow \quad 0 = f(x, y) = \left(\frac{3}{2}y - y^2 + y^2\right)^2 - y\left(3\left(\frac{3}{2}y - y^2\right) - y^2\right) = y^2\left(4y - \frac{9}{4}\right)$$

$$\Rightarrow \quad y = 0 \quad \Rightarrow \quad x = 0 \quad \vee \quad y = \frac{9}{16} \quad \Rightarrow \quad x = \pm\frac{\sqrt{135}}{16}$$

$$\Rightarrow \quad P_0 = (0, 0), \quad P_2 = \left(\frac{\sqrt{135}}{16}, \frac{9}{16}\right), \quad P_3 = \left(-\frac{\sqrt{135}}{16}, \frac{9}{16}\right)$$

Da nur für P_1, P_2 und P_3 die Bedingung $f_y(P_i) \neq 0$ erfüllt ist, sind dies die Punkte mit horizontaler Tangente.

c) Für P_0 gilt $f_y(P_0) = 0$, also $\operatorname{grad} f(P_0) = 0$, damit ist P_0 einziger singulärer Punkt. Eine Klassifikation nach Abschn. 18.2 des Lehrbuches ist nicht möglich, da die Hesse-Matrix die Nullmatrix ist. Bei der Kurve handelt es sich um eine dreiblättrige Kleeblattkurve mit Mittelpunkt in P_0.

d) Schnittpunkte der Kurve mit der Geraden $y = x$ ergeben sich durch

$$0 = f(x, x) = (x^2 + x^2)^2 - x(3x^2 - x^2) = 2x^3(2x - 1) \quad \Rightarrow \quad x = 0 \vee x = \frac{1}{2} .$$

Damit erhält man die Schnittpunkte $P_0 = (0, 0)$ und $P_4 = (\frac{1}{2}, \frac{1}{2})$. Im singulären Punkt P_0 liegt keine eindeutige Kurvensteigung vor, und im Punkt P_4 berechnet sich die Steigung nach der Formel aus dem Satz über implizite Funktionen:

$$y'\left(\frac{1}{2}\right) = -\frac{f_x\left(\frac{1}{2}, \frac{1}{2}\right)}{f_y\left(\frac{1}{2}, \frac{1}{2}\right)} = \frac{1}{2} .$$

Lösung zu A18.2.6

a) Die Kurve ist symmetrisch zur y-Achse, da $g(x, y) = g(-x, y)$ gilt.
Mit quadratischer Ergänzung erhält man

$$g(x, y) = x^2 + (y - 3)^2 - 4 = 0 ,$$

also einen Kreis.

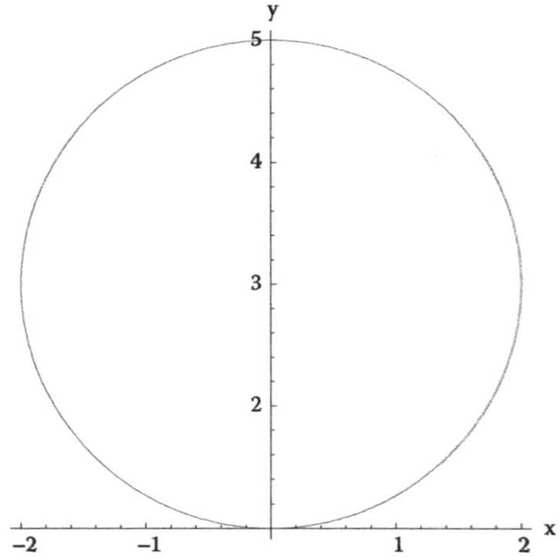

Abb. L18.14 $x^2 + (y-3)^2 = 4.$

b) $0 = g_y(x, y) = 2y - 6 \Rightarrow y = 3 \Rightarrow g(x, 3) = x^2 + 3^2 - 18 + 5 = 0 \Rightarrow x = \pm 2$

$$\Rightarrow \quad P_1 = \begin{pmatrix} 2 \\ 3 \end{pmatrix}, \; P_2 = \begin{pmatrix} -2 \\ 3 \end{pmatrix}$$

Mit $g_x(x, y) = 2x$ folgt $g_x(P_i) = \pm 4 \neq 0$. Die Punkte P_i besitzen daher eine vertikale Tangente.

c) Aus $Jg(0, 1) = (g_x(0, 1), g_y(0, 1)) = (0, -4)$ folgt nach dem Satz über implizite Funktionen, dass sich $g(x, y) = 0$ in einer Umgebung von $P = (0, 1)$ eindeutig durch eine C^1-Funktion $y(x)$ darstellen lässt.

L18.3 Extremalprobleme mit Nebenbedingungen

Lösung zu A18.3.1

a) Äquivalent zur Mini- bzw. Maximierung des Abstandes ist die Mini- bzw. Maximierung des Abstandquadrates:

$$f(x, y) = \left\| \begin{pmatrix} x \\ y \end{pmatrix} - \begin{pmatrix} -1 \\ 1 \end{pmatrix} \right\|_2^2 = (x+1)^2 + (y-1)^2 .$$

Die Nebenbedingung ist durch den Kreisrand

$$g(x, y) = x^2 + y^2 - 2x + 2y + 1 = (x-1)^2 + (y+1)^2 - 1 = 0$$

gegeben. Um die Lagrange-Multiplikatorenregel anwenden zu können, muss für die infrage kommenden Punkte die Regularitätsbedingung

$$\text{rg}(Jg(x, y)) = \text{rg}(\, 2(x-1)\, ,\; 2(y+1)\,) = 1$$

überprüft werden. Diese ist nur im stationären Punkt $(1, -1)$ nicht erfüllt, der wegen $g(1, -1) = -1$ (Kreismittelpunkt) nicht auf dem Kreisrand liegt und somit nicht Extremalkandidat ist.

Die Lagrange-Funktion ist gegeben durch $F(x, y, \lambda) = f(x, y) + \lambda g(x, y)$, und die notwendige Bedingung für Extrema lautet:

$$\operatorname{grad} F = \begin{pmatrix} 2(x+1) + 2\lambda(x-1) \\ 2(y-1) + 2\lambda(y+1) \\ (x-1)^2 + (y+1)^2 - 1 \end{pmatrix} = \begin{pmatrix} 0 \\ 0 \\ 0 \end{pmatrix}.$$

Wegen $\lambda \neq -1$ erhält man aus den ersten beiden Gleichungen

$$x(2+2\lambda) = 2\lambda - 2 \Rightarrow x = \frac{\lambda - 1}{\lambda + 1} \quad \text{und} \quad y(2+2\lambda) = 2 - 2\lambda \Rightarrow y = -\frac{\lambda - 1}{\lambda + 1}.$$

Also gilt $y = -x$. Dies eingesetzt in die dritte Gleichung ergibt

$$x^2 - 2x + \frac{1}{2} = 0 \quad \Rightarrow \quad x_{1,2} = 1 \pm \frac{1}{\sqrt{2}} \quad \Rightarrow \quad y_{1,2} = -1 \mp \frac{1}{\sqrt{2}}.$$

Damit sind

$$P_1 = \left(1 + \frac{1}{\sqrt{2}}, -1 - \frac{1}{\sqrt{2}}\right)^T \quad \text{und} \quad P_2 = \left(1 - \frac{1}{\sqrt{2}}, -1 + \frac{1}{\sqrt{2}}\right)^T$$

Kandidaten für Extrema. Da Maximum und Minimum auf der kompakten Menge $g(x, y) = 0$ angenommen werden und außerdem $\sqrt{f(P_1)} = 1 + 2\sqrt{2}$ und $\sqrt{f(P_2)} = -1 + 2\sqrt{2}$ gilt, wird im Punkt P_1 der maximale Abstand und im Punkt P_2 der minimale Abstand angenommen.

b) Die Punkte extremalen Abstandes liegen auf der Geraden durch den Punkt $P = (-1, 1)^T$ und den Mittelpunkt $Q = (1, -1)^T$ des durch $g(x, y) = 0$ beschriebenen Kreises, also auf $y = -x$. Eingesetzt in die Kreisgleichung ergeben sich wie unter a) die Punkte P_1 und P_2. Der maximale Abstand von P zu P_1 ist gleich dem Abstand der von P zu Q, also $2\sqrt{2}$, plus dem Kreisradius $r = 1$. Entsprechend ergibt sich der minimale Abstand von P zu P_2 als $2\sqrt{2}$ minus Kreisradius.

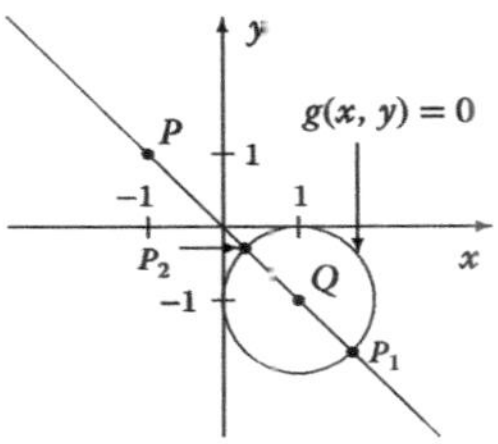

Lösung zu A18.3.2

Bestimmt werden sollen die Extrema der Funktion $f(x, y, z) = x^2$ unter den Nebenbedingungen

$$\mathbf{g}(x, y, z) = \begin{pmatrix} g_1(x, y, z) \\ g_2(x, y, z) \end{pmatrix} = \begin{pmatrix} x^2 + y^2 + z^2 - 1 \\ x - z \end{pmatrix} = \mathbf{0}.$$

Um die Lagrange-Multiplikatorenregel anwenden zu können, muss für die infrage kommenden Punkte die Regularitätsbedingung

$$\operatorname{rg}(\boldsymbol{J}\boldsymbol{g}(x, y, z)) = \operatorname{rg}\begin{pmatrix} 2x & 2y & 2z \\ 1 & 0 & -1 \end{pmatrix} = 2$$

überprüft werden. Die zweite Nebenbedingung lautet $x = z$, und damit ist rg $(Jg) = 1$ nur für $x = y = z = 0$ möglich, was der ersten Nebenbedingung widerspricht. Damit erfüllen alle Extremalkandidaten, die sich aus der Lagrange-Multiplikatorenregel ergeben, die Regularitätsbedingung.

Die Lagrange-Funktion ist gegeben durch

$$F(x, y, z, \lambda_1, \lambda_2) = f(x, y, z) + \lambda_1 g_1(x, y, z) + \lambda_2 g_2(x, y, z)\,,$$

und die notwendige Bedingung für Extrema lautet:

$$(\operatorname{grad} F)^T = \begin{pmatrix} 2x + 2\lambda_1 x + \lambda_2 \\ 2\lambda_1 y \\ 2\lambda_1 z - \lambda_2 \\ x^2 + y^2 + z^2 - 1 \\ x - z \end{pmatrix} = \begin{pmatrix} 0 \\ 0 \\ 0 \\ 0 \\ 0 \end{pmatrix}.$$

1. Fall: $\lambda_1 = 0 \quad \Rightarrow \quad \lambda_2 = 0 \quad \Rightarrow \quad x = z = 0 \quad \Rightarrow \quad y = \pm 1$

2. Fall: $y = 0\,, \quad \text{mit } x = z \quad \Rightarrow \quad 2x^2 = 1 \quad \Rightarrow \quad x = z = \pm\frac{1}{\sqrt{2}}$

Extremalkandidaten sind also

$$P_1 = \begin{pmatrix} 0 \\ 1 \\ 0 \end{pmatrix}, \quad P_2 = \begin{pmatrix} 0 \\ -1 \\ 0 \end{pmatrix}, \quad P_3 = \begin{pmatrix} \frac{1}{\sqrt{2}} \\ 0 \\ \frac{1}{\sqrt{2}} \end{pmatrix}, \quad P_4 = \begin{pmatrix} -\frac{1}{\sqrt{2}} \\ 0 \\ -\frac{1}{\sqrt{2}} \end{pmatrix}.$$

Da die Nebenbedingungsmenge $\boldsymbol{g}(x, y, z) = \boldsymbol{0}$ eine Ellipse und damit kompakt ist, werden Maximum und Minimum von f auf dieser Menge angenommen. Wegen $f(P_{1,2}) = 0$ und $f(P_{3,4}) = \frac{1}{2}$ liegen die Minima in den Punkten P_1 und P_2 und die Maxima in den Punkten P_3 und P_4.

Lösung zu A18.3.3

Bestimmt werden sollen die Extrema der Funktion $f(x, y, z) = x + y + z$ unter den Nebenbedingungen

$$\boldsymbol{g}(x, y, z) = \begin{pmatrix} g_1(x, y, z) \\ g_2(x, y, z) \end{pmatrix} = \begin{pmatrix} x^2 + y^2 + z^2 - 3 \\ x + y - 2z \end{pmatrix} = \boldsymbol{0}\,.$$

Um die Lagrange-Multiplikatorenregel anwenden zu können, muss für die zulässigen Punkte($\boldsymbol{g}(x, y, z) = \boldsymbol{0}$) die Regularitätsbedingung

$$\operatorname{rg}(\boldsymbol{J}\boldsymbol{g}(x, y, z)) = \operatorname{rg}\begin{pmatrix} 2x & 2y & 2z \\ 1 & 1 & -2 \end{pmatrix} = 2$$

überprüft werden. Es stellt sich heraus, dass für alle zulässigen Punkte rg $\boldsymbol{Jg}(x, y, z) = 2$ gilt, denn für $(2x, 2y, 2z) = \lambda(1, 1, -2)$ mit $\lambda = 0$ gilt $(x, y, z) = (0, 0, 0)$ und damit $g_1(0, 0, 0) = -3 \neq 0$ und für $(2x, 2y, 2z) = \lambda(1, 1, -2)$ mit $\lambda \neq 0$ folgt $x = y = \lambda/2$ und $z = -\lambda$, also $g_2(\lambda/2, \lambda/2, \lambda) = 3\lambda \neq 0$.

Die Lagrange-Funktion ist gegeben durch

$$F(x, y, z) = f(x, y, z) + \lambda_1 g_1(x, y, z) + \lambda_2 g_2(x, y, z) ,$$

und die notwendige Bedingung für Extrema lautet:

$$\begin{pmatrix} \nabla F(x, y, z) \\ g_1(x, y, z) \\ g_2(x, y, z) \end{pmatrix} = \begin{pmatrix} 1 + 2\lambda_1 x + \lambda_2 \\ 1 + 2\lambda_1 y + \lambda_2 \\ 1 + 2\lambda_1 z - 2\lambda_2 \\ x^2 + y^2 + z^2 - 3 \\ x + y - 2z \end{pmatrix} = \begin{pmatrix} 0 \\ 0 \\ 0 \\ 0 \\ 0 \end{pmatrix} .$$

Multipliziert man die erste Gleichung mit y und die zweite mit x und bildet die Differenz, so folgt

$$(1 + \lambda_2)(y - x) = 0 .$$

1. Fall: $\lambda_2 = -1$ (1.+2. Gl.) $\Rightarrow$ $2\lambda_1 x = 0 = 2\lambda_1 y$
$\lambda_1 = 0$ und $\lambda_2 = -1$ widersprechen der dritten Gleichung.
$x = y = 0$ zieht wegen $0 = g_2(0, 0, z) = -2z$ auch $z = 0$ und damit den nicht zulässigen Punkt $(0, 0, 0)$ nach sich.

2. Fall: $x = y$, mit $0 = g_2(x, x, z) = x + x - 2z$ folgt $x = y = z$.
Mit $0 = g_1(x, x, x) = x^2 + x^2 + x^2 - 3 = 0$ folgt $x = \pm 1$.

Extremalkandidaten sind also

$$P_1 = \begin{pmatrix} 1 \\ 1 \\ 1 \end{pmatrix} , \quad P_2 = -\begin{pmatrix} 1 \\ 1 \\ 1 \end{pmatrix} .$$

Siehe auch Abb. L18.16.
Klassifikationsalternativen:

a) Da die Nebenbedingungsmenge $\boldsymbol{g}(x, y, z) = \boldsymbol{0}$, also der Schnitt der Kugel $g_1 = 0$ mit der Ebene $g_2 = 0$ durch Null, ein Kreis und damit kompakt ist, werden Maximum und Minimum von f auf dieser Menge angenommen.
Wegen $f(P_1) = 3$ und $f(P_2) = -3$ ist P_1 (globales) Maximum und P_2 (globales) Minimum.
b) Wäre dieser Kompaktheitsschluss nicht möglich, so müsste die Definitheitseigenschaft von $\boldsymbol{H}F(P_{1,2})$ auf dem Tangentialraum $TG(P_{1,2})$ untersucht werden.

$$\boldsymbol{H}F(x, y, z) = 2\lambda_1 \begin{pmatrix} 1 & 0 & 0 \\ 0 & 1 & 0 \\ 0 & 0 & 1 \end{pmatrix}$$

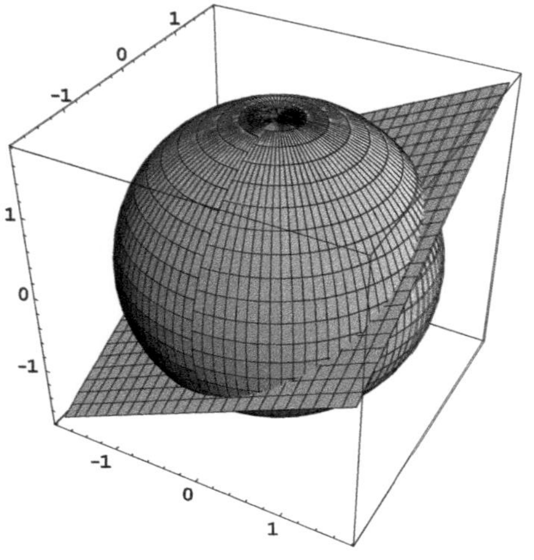

Abb. L18.15 Kugeloberfläche $x^2 + y^2 + z^2 = 3$ mit der Ebene $x + y - 2z = 0$.

λ_1 und λ_2 berechnen sich wegen $x = y = z = \pm 1$ aus den ersten drei Gleichungen:

$$\begin{pmatrix} 2x & 1 \\ 2x & -2 \end{pmatrix} \begin{pmatrix} \lambda_1 \\ \lambda_2 \end{pmatrix} = -\begin{pmatrix} 1 \\ 1 \end{pmatrix} \quad \Rightarrow \quad \lambda_2 = 0 \, , \, \lambda_1 = -\frac{1}{2x}$$

Für P_2 ergibt sich $\lambda_1 = \frac{1}{2}$. Damit ist $\boldsymbol{HF}(P_2) = \boldsymbol{I}_3$ global positiv definit, also auch auf dem Tangentialraum $TG(P_2)$. P_2 ist daher ein strenges lokales Minimum. Entsprechend ergibt sich für P_1 globale negative Definitheit. P_1 ist damit strenges lokales Maximum.

c) Besäße $\boldsymbol{HF}(P_{1,2})$ keine globale Definitheitseigenschaft, so müsste die Definitheit auf dem Tangentialraum

$$TG(P_{1,2}) = \text{Kern}\,\boldsymbol{Jg}(P_{1,2}) = \text{Kern}\begin{pmatrix} \pm 2 & \pm 2 & \pm 2 \\ 1 & 1 & -2 \end{pmatrix} = \text{Spann}\underbrace{\begin{pmatrix} 1 \\ -1 \\ 0 \end{pmatrix}}_{=\boldsymbol{y}}$$

überprüft werden.
Es gilt $\boldsymbol{y}^T \boldsymbol{HF}(P_2)\boldsymbol{y} = 2\lambda_1 \boldsymbol{y}^T \boldsymbol{y} = 2 > 0$. Damit ist auf $TG(P_2)$ positive Definitheit gegeben und P_2 ist ein strenges lokales Minimum. Entsprechend ergibt sich P_1 wieder als strenges lokales Maximum.

Lösung zu A18.3.4

$Jg(x, y) = (4(x - 1), 4(y + 1)) = (0, 0)$ gilt nur für $(1, -1)$.

Dieser Punkt ist jedoch wegen $g(1, -1) = -1 \neq 0$ nicht zulässig.

Damit ist die Lagrange-Multiplikatorregel auf alle Punkte $g(x, y) = 0$ anwendbar:

$$\begin{pmatrix} \operatorname{grad} f(x,y) + \lambda \operatorname{grad} g(x,y) \\ g(x,y) \end{pmatrix} = \begin{pmatrix} 2xe^{x^2+y^2} + 4\lambda(x-1) \\ 2ye^{x^2+y^2} + 4\lambda(y+1) \\ 2(x-1)^2 + 2(y+1)^2 - 1 \end{pmatrix} \overset{!}{=} \begin{pmatrix} 0 \\ 0 \\ 0 \end{pmatrix}.$$

Erste Gleichung mal y minus zweite Gleichung mal x ergibt

$0 = 4\lambda((x-1)y - (y+1)x) = 4\lambda(-y-x)$

1. Fall: $\lambda = 0$
führt auf den Punkt $(0,0)$, der wegen $g(0,0) = 3$ nicht zulässig ist.

2. Fall: $y = -x$
$0 = g(x,-x) = 2(x-1)^2 + 2(-x+1)^2 - 1 = 4(x-1)^2 - 1 \quad \Rightarrow \quad x = \frac{1}{2}, \frac{3}{2}$

$\Rightarrow$ die Extremalkandidaten lauten $P_1 = \begin{pmatrix} 1/2 \\ -1/2 \end{pmatrix}, P_2 = \begin{pmatrix} 3/2 \\ -3/2 \end{pmatrix}$

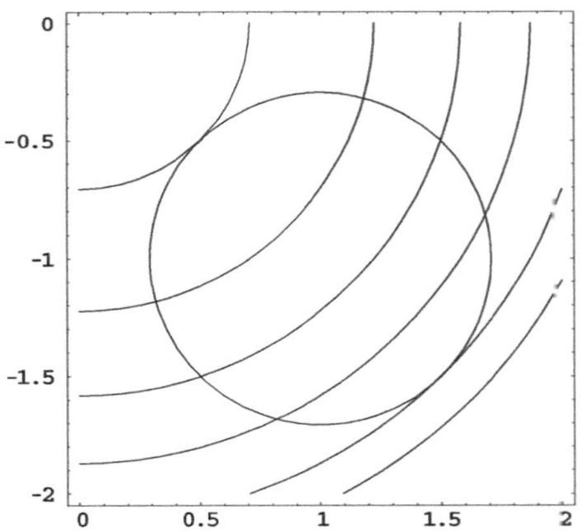

Abb. L18.16 Höhenlinien von $f(x, y)$ und $g(x, y) = 0$.

Da f stetig ist auf dem Kompaktum $g = 0$ (Kreis), nimmt f dort Maximum und Minimum an.

Funktionswerte der Extremalkandidaten: $f(P_1) = e^{1/2}, \ f(P_2) = e^{9/2}$

Damit liegt in P_1 ein Minimum und in P_2 ein Maximum vor.

Lösung zu A18.3.5

Regularitätsbedingung: $Jg(x, y) = (2x, 2y - 6) = (0, 0) \Rightarrow (x, y) = (0, 3)$

Es gilt $g(0, 3) = -4$, d. h. der Kreismittelpunkt $(0, 3)$ liegt nicht auf dem Kreis $g = 0$. Daher erfüllen alle zulässigen Punkte die Regularitätsbedingung Rang $(Jg(x, y)) = 1$.

Lagrange-Multiplikatorenregel:

$$\begin{pmatrix} Jf(x,y) + \lambda Jg(x,y) \\ g(x,y) \end{pmatrix} = \begin{pmatrix} 2x(1+\lambda) \\ 2y + \lambda(2y-6) \\ x^2 + (y-3)^2 - 4 \end{pmatrix} = \begin{pmatrix} 0 \\ 0 \\ 0 \end{pmatrix}$$

1. Gleichung:

1. Fall: $x = 0 \Rightarrow 0 = g(0, y) = (y-3)^2 - 4 = 0 \Rightarrow y_1 = 5\,,\ y_2 = 1$

Extremalkandidaten: $P_1 = \begin{pmatrix} 0 \\ 5 \end{pmatrix}\,,\ P_2 = \begin{pmatrix} 0 \\ 1 \end{pmatrix}$

2. Fall: $\lambda = -1 \Rightarrow 0 = 2y - (2y - 6) = 6$ ergibt keine Lösungen.

Da die Menge $g(x, y) = 0$ einen Kreis beschreibt, ist sie kompakt. Die stetige Funktion f nimmt auf $g(x, y) = 0$ absolutes Maximum und Minimum an, da der Kreis eine kompakte Menge ist.

Für die Funktionswerte der Extremalkandidaten berechnet man $f(P_1) = 25\,,\ f(P_2) = 1$. Also ist P_1 absolutes Maximum und P_2 ist absolutes Minimum.

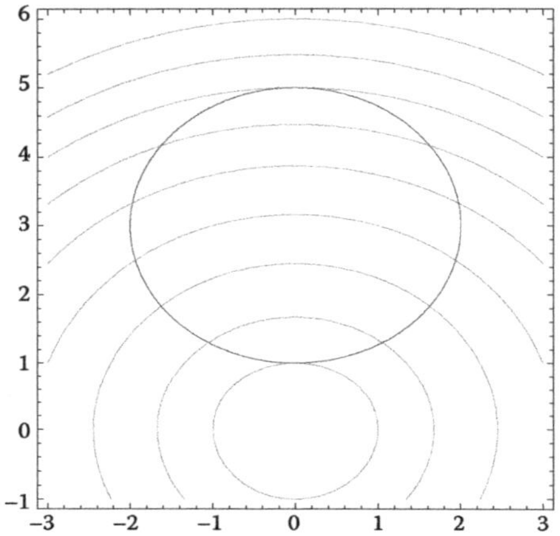

Abb. L18.17 Nebenbedingung (Kreis): $x^2 + (y-3)^2 - 4 = 0$ mit Höhenlinien der Funktion: $f(x, y) = x^2 + y^2$.

Lösung zu A18.3.6

a) Die Menge

$$M = \left\{ \begin{pmatrix} x \\ y \end{pmatrix} \in \mathbb{R}^2 \;\middle|\; x^2 + 4y^2 = 1 \right\}$$

beschreibt eine Ellipse, insbesondere ist M kompakt und $f(x, y) = x^2 - 2(y+1)^2$ nimmt als stetige Funktion Maximum und Minimum auf M an.

Für die Nebenbedingung $g(x, y) = x^2 + 4y^2 - 1$ ergibt sich $\operatorname{grad} g(x, y) = (2x, 8y) = (0, 0)$ nur für $(x, y) = (0, 0)$. Dieser Punkt liegt jedoch nicht auf dem Rand, d. h., die Regularitätsbedingung ist in allen Randpunkten erfüllt.

Mit der Lagrange-Funktion

$$F(x, y, \lambda) = x^2 - 2(y+1)^2 + \lambda(x^2 + 4y^2 - 1)$$

erhält man

$$\nabla F(x, y, \lambda) = \begin{pmatrix} 2x + 2\lambda x \\ -4(y+1) + 8\lambda y \\ x^2 + 4y^2 - 1 \end{pmatrix} = \begin{pmatrix} 0 \\ 0 \\ 0 \end{pmatrix}.$$

1\. Fall: $x = 0 \quad \Rightarrow \quad y = \pm\frac{1}{2} \quad \Rightarrow \quad P_1 = \begin{pmatrix} 0 \\ \frac{1}{2} \end{pmatrix}, \quad P_2 = \begin{pmatrix} 0 \\ -\frac{1}{2} \end{pmatrix}$

2\. Fall: $\lambda = -1 \quad \Rightarrow \quad y = -\frac{1}{3} \quad \Rightarrow \quad x = \pm\frac{\sqrt{5}}{3}$

$$\Rightarrow \quad P_3 = \begin{pmatrix} \frac{\sqrt{5}}{3} \\ -\frac{1}{3} \end{pmatrix}, \quad P_4 = \begin{pmatrix} -\frac{\sqrt{5}}{3} \\ -\frac{1}{3} \end{pmatrix}$$

Die Funktionswerte der stationären Punkte auf dem Rand lauten

$$f(P_1) = -\frac{9}{2}, \quad f(P_2) = -\frac{1}{2}, \quad f(P_3) = -\frac{1}{3}, \quad f(P_4) = -\frac{1}{3}.$$

Auf M sind dann P_3 und P_4 globale Maxima, P_1 ist globales Minimum und P_2 lokales Minimum.

b) Im Inneren der Ellipse M ergeben sich alle stationären Punkte aus:

$$\nabla f = \begin{pmatrix} 2x \\ -4(y+1) \end{pmatrix} = \begin{pmatrix} 0 \\ 0 \end{pmatrix} \quad \Rightarrow \quad \begin{pmatrix} x \\ y \end{pmatrix} = \begin{pmatrix} 0 \\ -1 \end{pmatrix}.$$

Dieser Sattelpunkt liegt jedoch außerhalb der Ellipse, d. h., es gibt im Inneren keine Extrema.

Da auch die Menge Z kompakt ist, bleiben P_3 und P_4 globale Maxima und P_1 globales Minimum.

Der Punkt P_2 ist bezüglich Z nur noch Sattelpunkt, denn $d = (0, 1)^T$ ist wegen

$$\text{grad} f(P_2) \cdot d = (0, -2) \begin{pmatrix} 0 \\ 1 \end{pmatrix} = -2 < 0$$

Abstiegsrichtung ins Innere von Z (siehe Abb. L18.18).

Lösung zu A18.3.7

Die Menge

$$E = \left\{ \begin{pmatrix} x \\ y \end{pmatrix} \in \mathbb{R}^2 \,\middle|\, x^2 + \frac{y^2}{4} \leq 1 \right\}$$

beschreibt eine Ellipse, insbesondere ist E kompakt und

$$f(x, y) = x^2 - \frac{xy}{2} + \frac{y^2}{4} - x$$

besitzt als stetige Funktion Maximum und Minimum auf E.

Stationäre Punkte ohne Nebenbedingung ergeben sich aus der Bedingung

$$\nabla f = \begin{pmatrix} 2x - \frac{y}{2} - 1 \\ -\frac{x}{2} + \frac{y}{2} \end{pmatrix} = \begin{pmatrix} 0 \\ 0 \end{pmatrix} \quad \Rightarrow \quad x = y \ \wedge \ \frac{3}{2}x = 1.$$

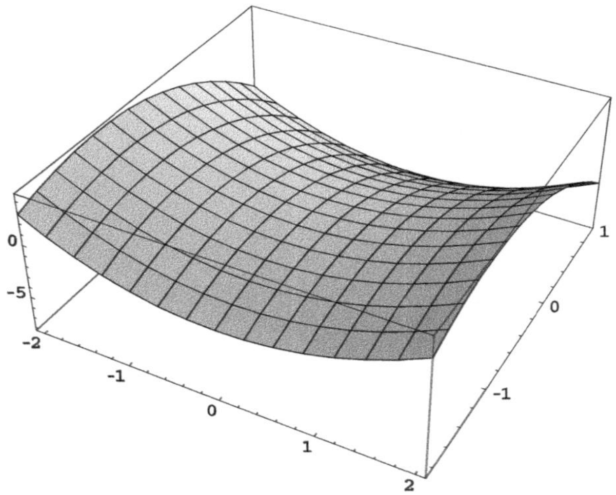

Abb. L18.18
$f(x, y) = x^2 - 2(y + 1)^2$.

Damit ist $P_0 = \frac{2}{3}\begin{pmatrix} 1 \\ 1 \end{pmatrix}$ einziger stationärer Punkt. Er liegt zudem im Inneren von E. Da

$$\boldsymbol{H}f(x, y) = \begin{pmatrix} 2 & -\frac{1}{2} \\ -\frac{1}{2} & \frac{1}{2} \end{pmatrix}$$

auf ganz $\mathbb{R}^2$ positiv definit ist, ist P_0 striktes lokales Minimum mit dem Funktionswert $f(P_0) = -\frac{1}{3}$. Stationäre Punkte auf dem Rand $x^2 + \frac{y^2}{4} = 1$ erhält man aus der Lagrange-Multiplikatorenregel.

Für die Nebenbedingung $g(x, y) = x^2 + \frac{y^2}{4} - 1$ ergibt sich $\operatorname{grad} g(x, y) = \left(2x, \frac{y}{2}\right) = (0, 0)$ nur im Nullpunkt, welcher nicht auf dem Rand liegt. Die Regularitätsbedingung ist also in allen Randpunkten erfüllt. Mit der Lagrange-Funktion

$$F(x, y, \lambda) = x^2 - \frac{xy}{2} + \frac{y^2}{4} - x + \lambda\left(x^2 + \frac{y^2}{4} - 1\right)$$

erhält man

$$\nabla F(x, y, \lambda) = \begin{pmatrix} 2x - \frac{y}{2} - 1 + 2\lambda x \\ -\frac{x}{2} + \frac{y}{2} + \frac{\lambda y}{2} \\ x^2 + \frac{y^2}{4} - 1 \end{pmatrix} = \begin{pmatrix} 0 \\ 0 \\ 0 \end{pmatrix}.$$

Die ersten beiden Gleichungen führen mit $\mu = 2(1 + \lambda)$ auf

$$\underbrace{\begin{pmatrix} \mu & -\frac{1}{2} \\ -\frac{1}{2} & \frac{\mu}{4} \end{pmatrix}}_{=\boldsymbol{A}(\mu)} \begin{pmatrix} x \\ y \end{pmatrix} = \begin{pmatrix} 1 \\ 0 \end{pmatrix}.$$

Für $\det \boldsymbol{A}(\mu) = \dfrac{\mu^2 - 1}{4} = 0$, d. h. $\mu = \pm 1$, besitzt das Gleichungssystem keine Lösung, sonst wird es gelöst durch

$$\begin{pmatrix} x \\ y \end{pmatrix} = \begin{pmatrix} \dfrac{\mu}{\mu^2 - 1} \\ \dfrac{2}{\mu^2 - 1} \end{pmatrix}.$$

In die dritte Gleichung eingesetzt, ergibt sich

$$1 = x^2 + \frac{y^2}{4} = \frac{\mu^2 + 1}{(\mu^2 - 1)^2} \quad \Rightarrow \quad \mu = 0 \vee \mu = \pm\sqrt{3}\,.$$

Man erhält damit die drei stationären Punkte auf dem Rand

$$P_1 = \begin{pmatrix} 0 \\ -2 \end{pmatrix}, \quad P_2 = \begin{pmatrix} -\dfrac{\sqrt{3}}{2} \\ 1 \end{pmatrix}, \quad P_3 = \begin{pmatrix} \dfrac{\sqrt{3}}{2} \\ 1 \end{pmatrix},$$

mit den Funktionswerten

$$f(P_1) = 1\,, \quad f(P_2) = \frac{4 + 3\sqrt{3}}{4} = 2{,}29\ldots\,, \quad f(P_3) = \frac{4 - 3\sqrt{3}}{4} = -0{,}299\ldots$$

Daraus ergibt sich für E, dass P_0 globales Minimum und P_2 globales Maximum ist. P_1 und P_3 sind dann Sattelpunkte.

L18.4 Das Newton-Verfahren

Lösung zu A18.4.1

a) $$\boldsymbol{F}(x, y) = 4 \cdot \begin{pmatrix} (x-1) \cdot \left((x-1)^2 + (y+1)^2 - 1 \right) \\ (y+1) \cdot \left((x-1)^2 + (y+1)^2 - 1 \right) \end{pmatrix}$$

$$\boldsymbol{JF}(x, y) = 4 \cdot \begin{pmatrix} 3(x-1)^2 + (y+1)^2 - 1 & 2(x-1)(y+1) \\ 2(x-1)(y+1) & (x-1)^2 + 3(y+1)^2 - 1 \end{pmatrix}$$

b) Das Newton-Verfahren $\boldsymbol{JF}(\boldsymbol{x}^k)\Delta\boldsymbol{x}^k = -\boldsymbol{F}(\boldsymbol{x}^k)$ mit $\boldsymbol{x}^k = (x_k, y_k)^T$ und $\Delta\boldsymbol{x}^k = (x_{k+1} - x_k, y_{k+1} - y_k)^T$ lautet:

$$\begin{pmatrix} 3(x_k-1)^2 + (y_k+1)^2 - 1 & 2(x_k-1)(y_k-1) \\ 2(x_k-1)(y_k+1) & (x_k-1)^2 + 3(y_k+1)^2 - 1 \end{pmatrix} \begin{pmatrix} x_{k+1} - x_k \\ y_{k+1} - y_k \end{pmatrix}$$

$$= -\begin{pmatrix} (x_k-1)^3 + (x_k-1)(y_k+1)^2 - (x_k-1) \\ (x_k-1)^2(y_k+1) + (y_k+1)^3 - (y_k+1) \end{pmatrix}$$

Mit dem Startvektor $\boldsymbol{x}^0 = (1{,}21, -1{,}15)^T$ ergibt sich

k	x_k	y_k	$\max\{\lvert x_{k+1} - x_k\rvert, \lvert y_{k+1} - y_k\rvert\}$
0	1,210 000 0	−1,150 000 0	
1	0,965 043 7	−0,992 338 1	0,244 956 3
2	1,000 090 0	−1,000 000 9	0,035 046 1
3	1,000 000 0	−1,000 000 0	0,000 089 9
4	1,000 000 0	−1,000 000 0	0,000 000 0

c) Der unter b) berechnete stationäre Punkt $(1, -1)$ ist ein strenges lokales Maximum, denn die Hesse-Matrix von f

$$\boldsymbol{H}f(1,-1) = \boldsymbol{J}\boldsymbol{F}(1,-1) = \begin{pmatrix} -4 & 0 \\ 0 & -4 \end{pmatrix}$$

ist negativ definit. Alle anderen stationären Punkte liegen nach a) auf dem Kreis $(x-1)^2 + (y+1)^2 = 1$ um das Maximum. Es stellt sich heraus, dass es sich hierbei um lokale Minima handelt.

d)

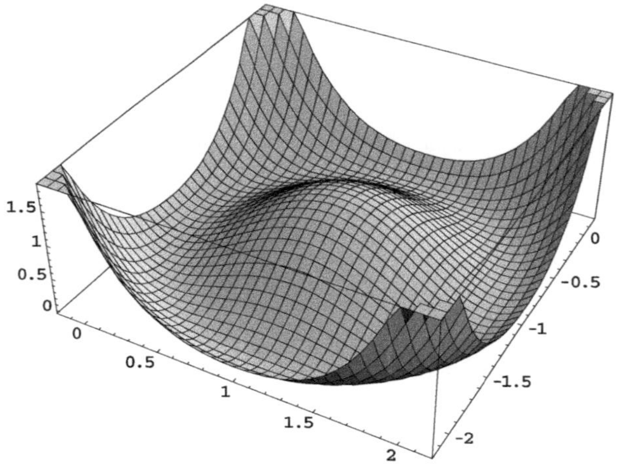

Abb. L18.19 $f(x,y) = (x-1)^4 + 2(x-1)^2(y+1)^2 + (y+1)^4 - 2(x-1)^2 - 2(y+1)^2 + 1$.

Lösung zu A18.4.2

a) Für die Newton-Folge $\boldsymbol{y}^k$ zu $\boldsymbol{h}(\boldsymbol{y})$ mit Startwert $\boldsymbol{y}^0 = \boldsymbol{A}^{-1}\boldsymbol{x}^0$ ergibt sich:

$$\begin{aligned}
\boldsymbol{y}^{k+1}x &= c\boldsymbol{y}^k - (\boldsymbol{J}\boldsymbol{h}(\boldsymbol{y}^k))^{-1}\boldsymbol{h}(\boldsymbol{y}^k) \\
&= \boldsymbol{y}^k - \left(\boldsymbol{J}(\boldsymbol{f}(\boldsymbol{A}\boldsymbol{y}^k))\right)^{-1} \boldsymbol{f}(\boldsymbol{A}\boldsymbol{y}^k) = \boldsymbol{y}^k - (\boldsymbol{J}\boldsymbol{f}(\boldsymbol{A}\boldsymbol{y}^k)\boldsymbol{A})^{-1}\boldsymbol{f}(\boldsymbol{A}\boldsymbol{y}^k) \\
\Rightarrow \quad \boldsymbol{A}\boldsymbol{y}^{k+1} &= \boldsymbol{A}\boldsymbol{y}^k - (\boldsymbol{J}\boldsymbol{f}(\boldsymbol{A}\boldsymbol{y}^k))^{-1}\boldsymbol{f}(\boldsymbol{A}\boldsymbol{y}^k)\,.
\end{aligned}$$

Setzt man $\boldsymbol{x}^k = \boldsymbol{A}\boldsymbol{y}^k$, so ist dies gerade die Newton-Folge zu $\boldsymbol{f}$ mit Startwert $\boldsymbol{x}^0$.

b) Berechnet man die Newton Folge $\boldsymbol{x}^k$ zu $\boldsymbol{g}(x) = \boldsymbol{B} \cdot \boldsymbol{f}(\boldsymbol{x})$, so ergibt sich:

$$\begin{aligned}\boldsymbol{x}^{k+1} &= \boldsymbol{x}^k - (\boldsymbol{J}\boldsymbol{g}(\boldsymbol{x}^k))^{-1}\boldsymbol{g}(\boldsymbol{x}^k) = \boldsymbol{x}^k - \left(\boldsymbol{J}(\boldsymbol{B}\boldsymbol{f}(\boldsymbol{x}^k))\right)^{-1}\boldsymbol{B}\boldsymbol{f}(\boldsymbol{x}^k) \\ &= \boldsymbol{x}^k - (\boldsymbol{B}\boldsymbol{J}\boldsymbol{f}(\boldsymbol{x}^k))^{-1}\boldsymbol{B}\boldsymbol{f}(\boldsymbol{x}^k) = \boldsymbol{x}^k - (\boldsymbol{J}\boldsymbol{f}(\boldsymbol{x}^k))^{-1}\boldsymbol{f}(\boldsymbol{x}^k)\,.\end{aligned}$$

Die Newton-Folge zu $\boldsymbol{g}$ stimmt also mit der zu $\boldsymbol{f}$ überein.

L 19 Integralrechnung mehrerer Variabler

L19.1 Bereichsintegrale

Lösung zu A19.1.1

a) $$U_f(Z) = \sum_{i,j=1}^{n} \inf_{(x,y)\in Q_{i,j}} (f(x,y)) \cdot \mathrm{Vol}(Q_{i,j})$$

$$= \sum_{i=1}^{n}\left(\sum_{j=1}^{n}\left(1+\frac{i-1}{n}-2\frac{2j}{n}+3\right)\cdot\frac{2}{n^2}\right) = \frac{2}{n^3}\sum_{i=1}^{n}\left(\sum_{j=1}^{n}(4n+(i-1)-4j)\right)$$

$$= \frac{2}{n^3}\sum_{i=1}^{n}\left(4n^2+n(i-1)-4\frac{n(n+1)}{2}\right) = \frac{2}{n^3}\left(4n^3+n\frac{(n-1)n}{2}-4\frac{n^2(n+1)}{2}\right)$$

$$= \frac{8n^3+n^3-n^2-4n^3-4n^2}{n^3} = 5-\frac{5}{n}$$

$$O_f(Z) = \sum_{i,j=1}^{n} \sup_{(x,y)\in Q_{i,j}} (f(x,y)) \cdot \mathrm{Vol}(Q_{i,j})$$

$$= \sum_{i=1}^{n}\left(\sum_{j=1}^{n}\left(1+\frac{i}{n}-2\frac{2(j-1)}{n}+3\right)\cdot\frac{2}{n^2}\right) = \cdots = 5+\frac{5}{n}$$

b) $$\int_Q f(x,y)\,\mathrm{d}(x,y) = \int_1^2\left(\int_0^2 x-2y+3\,\mathrm{d}y\right)\mathrm{d}x = \int_1^2 xy-y^2+3y\Big|_0^2\,\mathrm{d}x$$

$$= \int_1^2 2x-4+6\,\mathrm{d}x = x^2+2x\Big|_1^2 = 5$$

Man erhält natürlich:

$$5-\frac{5}{n} = U_f(Z) \le \int_Q f(x,y)\,\mathrm{d}(x,y) = 5 \le O_f(Z) = 5+\frac{5}{n}\,.$$

Mathematik in den Ingenieur- und Naturwissenschaften 2, Aufgaben und Lösungen, 5. Aufl.
Rainer Ansorge, Hans Oberle, Kai Rothe und Thomas Sonar.

Lösung zu A19.1.2

a) $$\int_a^b \int_c^d h(x,y)\,\mathrm{d}y\,\mathrm{d}x = \int_a^b \left(\int_c^d f(x)g(y)\,\mathrm{d}y \right) \mathrm{d}x$$
$$= \int_a^b f(x) \left(\int_c^d g(y)\,\mathrm{d}y \right) \mathrm{d}x = \int_a^b f(x)\,\mathrm{d}x \cdot \int_c^d g(y)\,\mathrm{d}y$$

b) $$\int_0^1 \int_0^{\pi/2} \sinh x \, \cos y\,\mathrm{d}y\,\mathrm{d}x = \int_0^1 \sinh x\,\mathrm{d}x \cdot \int_0^{\pi/2} \cos y\,\mathrm{d}y = \cosh x\,|_0^1 \cdot \sin y|_0^{\pi/2}$$
$$= \cosh 1 - 1$$

Lösung zu A19.1.3

a) $$\int_1^2 \int_{-1}^0 (x+1)^2 + y\,\mathrm{d}x\,\mathrm{d}y = \int_1^2 (x+1)^3/3 + yx\Big|_{-1}^0 \mathrm{d}y = \int_1^2 1/3 + y\,\mathrm{d}y$$
$$= y/3 + y^2/2\Big|_1^2 = 1/3 + 3/2 = 11/6$$
$$\int_{-1}^0 \int_1^2 (x+1)^2 + y\,\mathrm{d}y\,\mathrm{d}x = \int_{-1}^0 y(x+1)^2 + y^2/2\Big|_1^2 \mathrm{d}x = \int_{-1}^0 (x+1)^2 + 3/2\,\mathrm{d}x$$
$$= (x+1)^3/3 + 3x/2\Big|_{-1}^0 = 1/3 + 3/2 = 11/6$$

b) $$\int_0^1 \int_2^3 \frac{x^2+y+1}{xy+x}\,\mathrm{d}x\,\mathrm{d}y = \int_0^1 \int_2^3 \frac{x}{y+1} + \frac{1}{x}\,\mathrm{d}x\,\mathrm{d}y = \int_0^1 \frac{x^2}{2(y+1)} + \ln x\Big|_2^3 \mathrm{d}y$$
$$= \int_0^1 \frac{5}{2(y+1)} + \ln(3/2)\,\mathrm{d}y = \frac{5\ln(y+1)}{2} + y\ln(3/2)\Big|_0^1 \mathrm{d}y = \frac{5\ln 2}{2} + \ln(3/2)$$
$$\int_2^3 \int_0^1 \frac{x^2+y+1}{xy+x}\,\mathrm{d}y\,\mathrm{d}x = \int_2^3 \int_0^1 \frac{x}{y+1} + \frac{1}{x}\,\mathrm{d}y\,\mathrm{d}x = \int_2^3 x\ln(y+1) + \frac{y}{x}\Big|_0^1 \mathrm{d}x$$
$$= \int_2^3 x\ln 2 + \frac{1}{x}\,\mathrm{d}x = \frac{x^2\ln 2}{2} + \ln x\Big|_2^3 \mathrm{d}x = \frac{5\ln 2}{2} + \ln(3/2)$$

c) $$\int_{-1}^3 \int_0^2 xy - x^2 + y\,\mathrm{d}x\,\mathrm{d}y = \int_{-1}^3 \frac{x^2 y}{2} - \frac{x^3}{3} + xy\Big|_0^2 \mathrm{d}y = \int_{-1}^3 4y - \frac{8}{3}\,\mathrm{d}y$$
$$= 2y^2 - \frac{8y}{3}\Big|_{-1}^3 = 18 - 8 - 2 - \frac{8}{3} = \frac{16}{3}$$

d) $$\int_0^4\int_0^1 \frac{x}{(x+y)^2}\,\mathrm{d}y\,\mathrm{d}x = \int_0^4 -\frac{x}{x+y}\bigg|_0^1 \mathrm{d}x = \int_0^4 -\frac{x}{x+1}+1\,\mathrm{d}x = \int_0^4 \frac{1}{x+1}\,\mathrm{d}x$$
$$= \ln|x+1|\,|_0^4 = \ln 5$$

Da $(x, y) = (0, 0)$ eine Definitionslücke auf dem Rand des Integrationsbereiches ist, handelt es sich um ein uneigentliches Integral. Integriert man zuerst nach x, so ist die Berechnung etwas aufwendiger

$$\int_0^1\int_0^4 \frac{x}{(x+y)^2}\,\mathrm{d}x\,\mathrm{d}y = \int_0^1\int_0^4 \frac{1}{x+y} - \frac{y}{(x+y)^2}\,\mathrm{d}x\,\mathrm{d}y = \int_0^1 \ln(x+y) + \frac{y}{x+y}\bigg|_0^4 \mathrm{d}y$$
$$= \int_0^1 \ln(4+y) + \frac{y}{4+y} - (\ln(y)+1)\,\mathrm{d}y$$
$$= \int_0^1 \ln(4+y) - \frac{4}{4+y} - \ln y\,\mathrm{d}y$$
$$= (4+y)\ln(4+y) - y - 4\ln(4+y) - (y\ln(y) - y)|_0^1$$
$$= y\ln(4+y) - y\ln y|_0^1 = \ln 5 + \lim_{y\to 0+} y\ln y = \ln 5$$

Lösung zu A19.1.4

a) $$\int_A e^{x-y}\,\mathrm{d}(x,y) = \int_0^{\ln 3}\int_0^{\ln 2} e^{x-y}\,\mathrm{d}x\,\mathrm{d}y = \int_0^{\ln 3} e^{x-y}|_0^{\ln 2}\,\mathrm{d}y = \int_0^{\ln 3} e^{-y}\,\mathrm{d}y$$
$$= -e^{-y}|_0^{\ln 3} = -e^{-\ln 3} + 1 = 2/3$$

b) $$\int_B \frac{y^2}{x}\,\mathrm{d}(x,y) = \int_0^1\int_1^e \frac{1}{x}\cdot y^2\,\mathrm{d}x\,\mathrm{d}y = \int_0^1 y^2 \int_1^e \frac{1}{x}\,\mathrm{d}x\,\mathrm{d}y = \int_1^e \frac{1}{x}\,\mathrm{d}x \cdot \int_0^1 y^2\,\mathrm{d}y$$
$$= (\ln x)|_1^e \cdot (y^3/3)|_0^1 = 1/3$$

c) $$\int_C 4x - y\,\mathrm{d}(x,y) = \int_0^1\int_{-1}^2 4x - y\,\mathrm{d}y\,\mathrm{d}x = \int_0^1 \left(4xy - \frac{y^2}{2}\right)\bigg|_{-1}^2 \mathrm{d}x$$
$$= \int_0^1 12x - \frac{3}{2}\,\mathrm{d}x = \frac{9}{2}$$

d) $$\int_D \cos(x+y)\,\mathrm{d}(x,y) = \int_0^{\pi/2}\int_0^{\pi} \cos(x+y)\,\mathrm{d}y\,\mathrm{d}x = \int_0^{\pi/2} \sin(x+y)|_0^{\pi}\,\mathrm{d}x$$
$$= \int_0^{\pi/2} \sin(x+\pi) - \sin x\,\mathrm{d}x = (-\cos(x+\pi) + \cos x)|_0^{\pi/2} = -2$$

e) $$\int\limits_E \frac{\cos y}{x^2+4}\,\mathrm{d}(x,y) = \int\limits_0^2 \left(\int\limits_0^{\pi/2} \frac{\cos y}{x^2+4}\,\mathrm{d}y \right) \mathrm{d}x = \int\limits_0^2 \left(\int\limits_0^{\pi/2} \frac{1}{x^2+4} \cdot \cos y\,\mathrm{d}y \right) \mathrm{d}x$$
$$= \int\limits_0^2 \left(\frac{1}{x^2+4} \int\limits_0^{\pi/2} \cos y\,\mathrm{d}y \right) \mathrm{d}x = \int\limits_0^2 \frac{1}{x^2+4} \left(\int\limits_0^{\pi/2} \cos y\,\mathrm{d}y \right) \mathrm{d}x$$
$$= \int\limits_0^2 \frac{1}{x^2+4}\,\mathrm{d}x \int\limits_0^{\pi 2} \cos y\,\mathrm{d}y = \frac{1}{2} \arctan \frac{x}{2}\Big|_0^2 \sin y\Big|_0^{\pi/2} = \frac{1}{2} \cdot \frac{\pi}{4} \cdot 1 = \frac{\pi}{8}$$

Lösung zu A19.1.5

a) $$\int\limits_A xy + e^z\,\mathrm{d}(x,y,z) = \int\limits_0^{\ln 2} \int\limits_0^2 \int\limits_0^1 xy + e^z\,\mathrm{d}x\,\mathrm{d}y\,\mathrm{d}z = \int\limits_0^{\ln 2} \int\limits_0^2 x^2 y/2 + xe^z\Big|_0^1 \mathrm{d}y\,\mathrm{d}z$$
$$= \int\limits_0^{\ln 2} \int\limits_0^2 y/2 + e^z\,\mathrm{d}y\,\mathrm{d}z = \int\limits_0^{\ln 2} y^2/4 + ye^z\Big|_0^2 \mathrm{d}z = \int\limits_0^{\ln 2} 1 + 2e^z\,\mathrm{d}z$$
$$= z + 2e^z\Big|_0^{\ln 2} = 2 + \ln 2$$

b) $$\int\limits_B \frac{x^2+e^y}{z+1}\,\mathrm{d}(x,y,z) = \int\limits_{-1}^2 \int\limits_0^1 \int\limits_0^{e-1} \frac{x^2+e^y}{z+1}\,\mathrm{d}z\,\mathrm{d}y\,\mathrm{d}x$$
$$= \int\limits_{-1}^2 \int\limits_0^1 (x^2+e^y) \ln|z+1|\Big|_0^{e-1} \mathrm{d}y\,\mathrm{d}x = \int\limits_{-1}^2 (x^2 y + e^y)\Big|_0^1 \mathrm{d}x$$
$$= \int\limits_{-1}^2 x^2 + e - 1\,\mathrm{d}x = 3e$$

c) $$\int\limits_C \ln x + y^2 e^z\,\mathrm{d}(x,y,z) = \int\limits_1^2 \int\limits_1^2 \int\limits_1^2 \ln x + y^2 e^z\,\mathrm{d}z\,\mathrm{d}y\,\mathrm{d}x$$
$$= \int\limits_1^2 \int\limits_1^2 (z \ln x + y^2 e^z)\Big|_1^2 \mathrm{d}y\,\mathrm{d}x = \int\limits_1^2 \int\limits_1^2 \ln x + y^2(e^2 - e)\,\mathrm{d}y\,\mathrm{d}x$$
$$= \int\limits_1^2 \left(y \ln x + \frac{y^3}{3}(e^2 - e) \right)\Big|_1^2 \mathrm{d}x$$
$$= \int\limits_1^2 \ln x + \frac{7}{3}(e^2 - e)\,\mathrm{d}x = 2\ln 2 - 1 + \frac{7}{3}(e^2 - e)$$

d) $\int\limits_D \sqrt{x+y+z}\,\mathrm{d}(x,y,z)$

$$= \int_0^1\int_0^1\int_0^1 \sqrt{x+y+z}\,\mathrm{d}x\,\mathrm{d}y\,\mathrm{d}z = \int_0^1\int_0^1 \frac{2}{3}(x+y+z)^{3/2}\Big|_0^1 \mathrm{d}y\,\mathrm{d}z$$

$$= \frac{2}{3}\int_0^1\int_0^1 (1+y+z)^{3/2} - (y+z)^{3/2}\,\mathrm{d}y\,\mathrm{d}z$$

$$= \frac{2}{3}\cdot\frac{2}{5}\int_0^1 (1+y+z)^{5/2} - (y+z)^{5/2}\Big|_0^1 \mathrm{d}z$$

$$= \frac{2}{3}\cdot\frac{2}{5}\int_0^1 (2+z)^{5/2} - 2(1+z)^{5/2} + z^{5/2}\,\mathrm{d}z$$

$$= \frac{2}{3}\cdot\frac{2}{5}\cdot\frac{2}{7}\left((2+z)^{7/2} - 2(1+z)^{7/2} + z^{7/2}\right)\Big|_0^1$$

$$= \frac{8}{105}\left(3^{7/2} - 2\cdot 2^{7/2} + 1^{7/2} - (2^{7/2} - 2\cdot 1^{7/2} + 0^{7/2})\right)$$

$$= \frac{8}{105}\left(3^3\sqrt{3} - 3\cdot 2^3\sqrt{2} + 3\right) = \frac{8}{35}\left(9\sqrt{3} - 8\sqrt{2} + 1\right)$$

Lösung zu A19.1.6

a) Die Schnittpunkte des Kreises $x^2 + y^2 = 1$ mit der Winkelhalbierenden $y = x$ sind durch $(x, y) = \pm(1/\sqrt{2}, 1/\sqrt{2})$ gegeben.

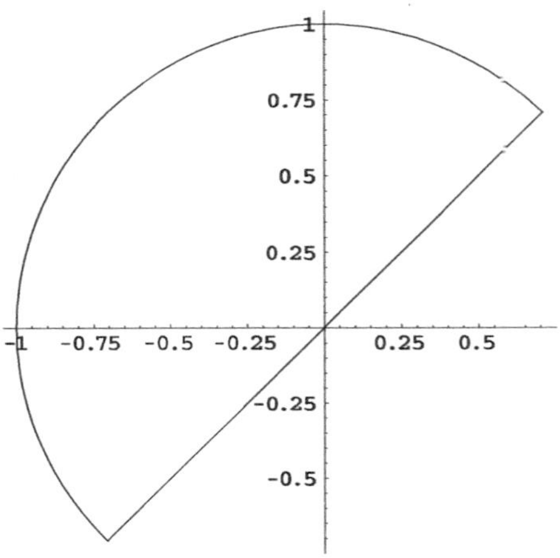

Abb. L19.1 Halbkreis H.

$$H = \left\{ \begin{pmatrix} x \\ y \end{pmatrix} \in \mathbb{R}^2 \;\middle|\; \begin{array}{l} -1 \le x \le -1/\sqrt{2} \;\wedge\; -\sqrt{1-x^2} \le y \le \sqrt{1-x^2} \\ \text{oder } -1/\sqrt{2} \le x \le 1/\sqrt{2} \;\wedge\; x \le y \le \sqrt{1-x^2} \end{array} \right\}$$

b) Mit $\|\boldsymbol{x}\|_\infty = \max\{|x|, |y|\} \leq 4$ ergibt sich

$$H = \left\{ \begin{pmatrix} x \\ y \end{pmatrix} \in \mathbb{R}^2 \;\middle|\; -4 \leq x \leq 4 \;\wedge\; -4 \leq y \leq 4 \right\}$$

c)

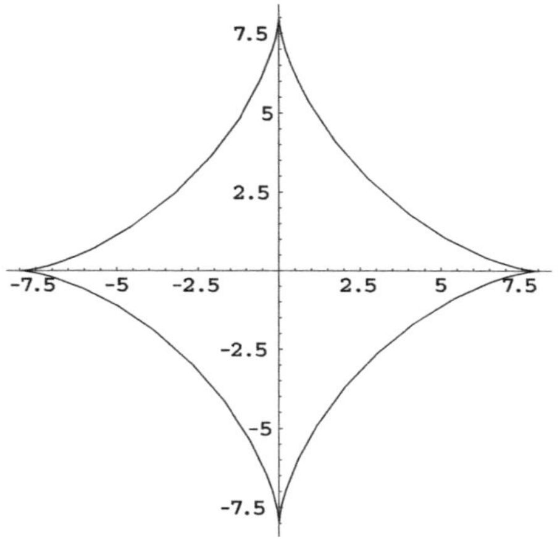

Abb. L19.2 Astroide A.

$$x^{2/3} + y^{2/3} \leq 4 = 8^{2/3} \quad \Rightarrow \quad |x| \leq 8$$

$$A = \left\{ \begin{pmatrix} x \\ y \end{pmatrix} \in \mathbb{R}^2 \;\middle|\; \begin{array}{c} -8 \leq x \leq 8 \quad \text{und} \\ -\sqrt{(4 - x^{2/3})^3} \leq y \leq \sqrt{(4 - x^{2/3})^3} \end{array} \right\}$$

d) Die Höhenlinie $0 = (x^2 + y^2)^2 - x^2 + y^2 = y^4 + y^2(2x^2 + 1) + x^2(x^2 - 1)$ kann nur reelle Lösungen für $x^2 - 1 \leq 0 \Leftrightarrow -1 \leq x \leq 1$ besitzen. Auflösen der biquadratischen Gleichung in y ergibt wiederum nur reelle Lösungen für

$$y_{1,2} = \pm\sqrt{-\frac{2x^2+1}{2} + \sqrt{\frac{(2x^2+1)^2}{4} - x^2(x^2-1)}} = \pm\sqrt{-x^2 - \frac{1}{2} + \frac{1}{2}\sqrt{8x^2+1}}$$

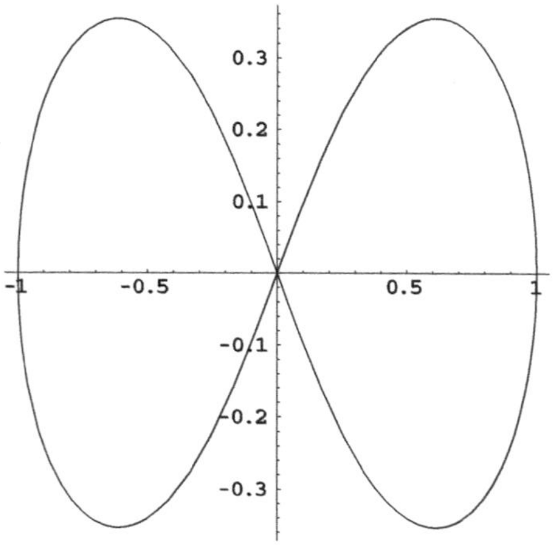

Abb. L19.3 Lemniskate L.

$$L = \left\{ \begin{pmatrix} x \\ y \end{pmatrix} \in \mathbb{R}^2 \,\middle|\, \begin{array}{c} -1 \leq x \leq 1 \quad \text{und} \\ -\sqrt{-x^2 - \frac{1}{2} + \frac{1}{2}\sqrt{8x^2+1}} \leq y \leq \sqrt{-x^2 - \frac{1}{2} + \frac{1}{2}\sqrt{8x^2+1}} \end{array} \right\}$$

e) Ellipsoid: $x^2 + 4y^2 + 9z^2 \leq 1$

$$E = \left\{ \begin{pmatrix} x \\ y \\ z \end{pmatrix} \in \mathbb{R}^3 \,\middle|\, \begin{array}{c} -1 \leq x \leq 1\,, \quad -\frac{1}{2}\sqrt{1-x^2} \leq y \leq \frac{1}{2}\sqrt{1-x^2}\,, \\ -\frac{1}{3}\sqrt{1-x^2-4y^2} \leq z \leq \frac{1}{3}\sqrt{1-x^2-4y^2} \end{array} \right\}$$

f) $y^2 + z^2 = 1$ beschreibt einen unendlich langen Zylinder um die x-Achse. Dieser wird begrenzt durch die Ebenen $x + 1 = 0$ und $x - 1 = 0$.

$$Z = \left\{ \begin{pmatrix} x \\ y \\ z \end{pmatrix} \in \mathbb{R}^3 \,\middle|\, -1 \leq x \leq 1\,, \quad -1 \leq y \leq 1\,, \quad -\sqrt{1-y^2} \leq z \leq \sqrt{1-y^2} \right\}$$

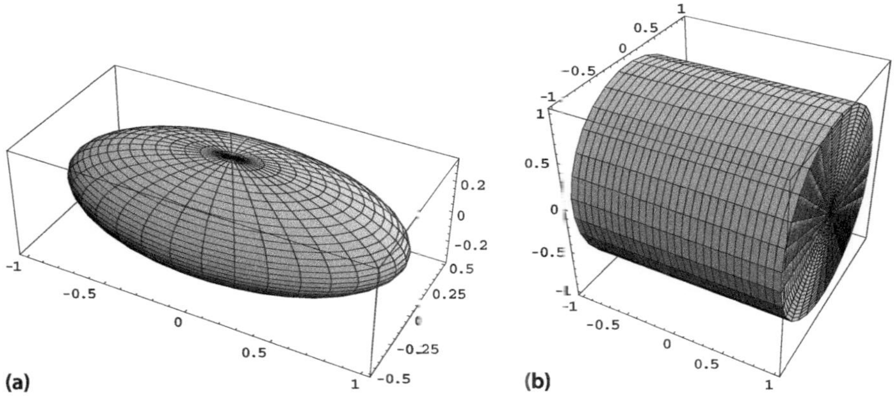

Abb. L19.4 (a) Ellipsoid E; (b) Zylinder Z.

Lösung zu A19.1.7

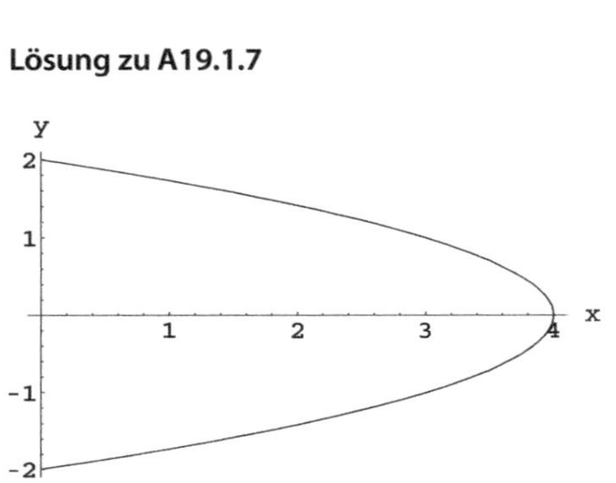

Abb. L19.5 Parabel P.

$$\int_0^4 \left(\int_{-\sqrt{4-x}}^{\sqrt{4-x}} y^2 \,\mathrm{d}y \right) \mathrm{d}x = \int_0^4 \left. \frac{y^3}{3} \right|_{-\sqrt{4-x}}^{\sqrt{4-x}} \mathrm{d}x = \int_0^4 \frac{2(4-x)^{3/2}}{3} \,\mathrm{d}x$$

$$= -\left. \frac{4(4-x)^{5/2}}{15} \right|_0^4 = \frac{128}{15}$$

$$\int_{-2}^{2} \left(\int_0^{4-y^2} y^2 \,\mathrm{d}x \right) \mathrm{d}y = \int_{-2}^{2} \left. xy^2 \right|_0^{4-y^2} \mathrm{d}y = \int_{-2}^{2} 4y^2 - y^4 \,\mathrm{d}y = \left. \frac{4y^3}{3} - \frac{y^5}{5} \right|_{-2}^{2} = \frac{128}{15}$$

Lösung zu A19.1.8

Die Transformation

$$\begin{pmatrix} u \\ v \end{pmatrix} = \boldsymbol{\Psi}(x, y) = \begin{pmatrix} x + y \\ x - y \end{pmatrix} = \underbrace{\begin{pmatrix} 1 & 1 \\ 1 & -1 \end{pmatrix}}_{=:\boldsymbol{A}} \begin{pmatrix} x \\ y \end{pmatrix}$$

transformiert das Rechteck R in das Rechteck

$$\tilde{R} = \left\{ \begin{pmatrix} u \\ v \end{pmatrix} \in \mathbb{R}^2 \,\middle|\, -1 \le u \le 1 \;\wedge\; 0 \le v \le 2 \right\},$$

d. h. $\tilde{R} = \boldsymbol{\Psi}(R)$. Beide Rechtecke sind kompakte und messbare Mengen.

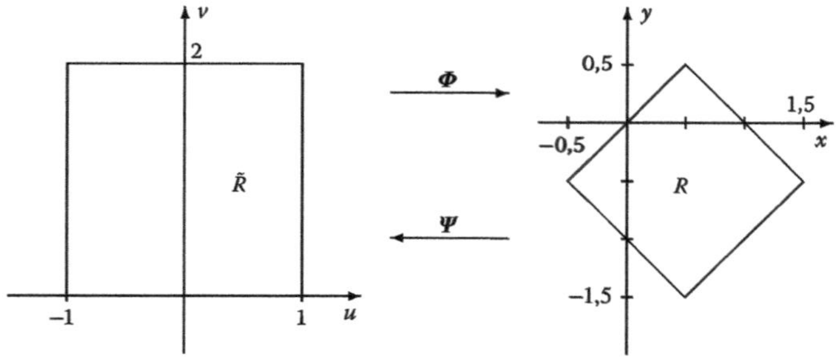

Abb. L19.6 R und $\boldsymbol{\Psi}(R)$.

Die Umkehrabbildung $\boldsymbol{\Phi} = \boldsymbol{\Psi}^{-1}$ ergibt sich durch Invertieren der regulären Matrix $\boldsymbol{A}$:

$$\begin{pmatrix} x \\ y \end{pmatrix} = \boldsymbol{\Phi}(u, v) = \frac{1}{2} \begin{pmatrix} u + v \\ u - v \end{pmatrix} = \underbrace{\frac{1}{2} \begin{pmatrix} 1 & 1 \\ 1 & -1 \end{pmatrix}}_{=\boldsymbol{A}^{-1}} \begin{pmatrix} u \\ v \end{pmatrix}.$$

Damit ist $\boldsymbol{\Phi}$ auf $\tilde{R}$ ein C^1-Diffeomorphismus und der Transformationssatz kann zur Flächenberechnung von R angewendet werden:

$$\int_R 1\,\mathrm{d}(x,y) = \int_{\tilde{R}} |\det(\boldsymbol{J\Phi}(u,v))|\,\mathrm{d}(u,v) = \int_{-1}^{1}\int_{0}^{2} |\det \boldsymbol{A}^{-1}|\,\mathrm{d}v\,\mathrm{d}u = 2\,.$$

Lösung zu A19.1.9

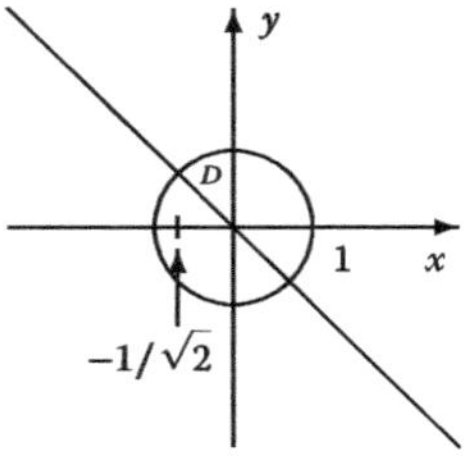

Abb. L19.7 Schnittmenge D.

Die Schnittmenge kann als Normalbereich geschrieben werden:

$$D = \left\{ (x,y) \;\middle|\; -\frac{1}{\sqrt{2}} \le x \le 0 \;\wedge\; -x \le y \le \sqrt{1-x^2} \right\}.$$

Der Flächeninhalt (Achtelkreis) berechnet sich damit durch

$$F = \int_D 1\,\mathrm{d}(x,y) = \int_{-1/\sqrt{2}}^{0}\int_{-x}^{\sqrt{1-x^2}} 1\,\mathrm{d}y\,\mathrm{d}x = \int_{-1/\sqrt{2}}^{0} y\,\Big|_{-x}^{\sqrt{1-x^2}}\,\mathrm{d}x$$

$$= \int_{-1/\sqrt{2}}^{0} \sqrt{1-x^2} + x\,\mathrm{d}x = \frac{1}{2}\left(\arcsin x + x\sqrt{1-x^2} + x^2\right)\Big|_{-1/\sqrt{2}}^{0} = \frac{\pi}{8}\,.$$

Für den Schwerpunkt werden die folgenden Integrale benötigt:

$$\int_D x\,\mathrm{d}(x,y) = \int_{-1/\sqrt{2}}^{0}\int_{-x}^{\sqrt{1-x^2}} x\,\mathrm{d}y\,\mathrm{d}x = \int_{-1/\sqrt{2}}^{0} x(\sqrt{1-x^2}+x)\,\mathrm{d}x = \frac{\sqrt{2}-2}{6}$$

$$\int_D y\,\mathrm{d}(x,y) = \int_{-1/\sqrt{2}}^{0}\int_{-x}^{\sqrt{1-x^2}} y\,\mathrm{d}y\,\mathrm{d}x = \frac{1}{2}\int_{-1/\sqrt{2}}^{0} (1-x^2) - x^2\,\mathrm{d}x = \frac{2}{3\sqrt{8}}$$

Damit ergibt sich der Schwerpunkt

$$\begin{pmatrix} x_s \\ y_s \end{pmatrix} = \frac{\int\limits_D 3 \cdot \begin{pmatrix} x \\ y \end{pmatrix} \mathrm{d}(x, y)}{\int\limits_D 3 \, \mathrm{d}(x, y)} = \frac{8}{\pi} \begin{pmatrix} \int\limits_D x \, \mathrm{d}(x, y) \\ \int\limits_D y \, \mathrm{d}(x, y) \end{pmatrix} \approx \begin{pmatrix} -0{,}2486 \\ 0{,}6002 \end{pmatrix} .$$

Lösung zu A19.1.10

a) Mit den Zylinderkoordinaten

$$\begin{pmatrix} x \\ y \\ z \end{pmatrix} = \boldsymbol{\Phi}(r, \varphi, y) = \begin{pmatrix} r \cos \varphi \\ y \\ r \sin \varphi \end{pmatrix} \quad (\Rightarrow \det(\boldsymbol{J\Phi}(r, \varphi, y)) = r)$$

wird E transformiert auf

$$\boldsymbol{\Phi}^{-1}(E) = \left\{ \begin{pmatrix} r \\ \varphi \\ y \end{pmatrix} \in \mathbb{R}^3 \,\middle|\, 0 \le r \le 3 \wedge 0 \le \varphi \le 2\pi \wedge -\frac{\sqrt{9 - r^2}}{2} \le y \le \frac{\sqrt{9 - r^2}}{2} \right\} .$$

Damit ergibt sich:

$$\int\limits_E x^2 + y + z^2 \, \mathrm{d}(x, y, z) = \int\limits_0^3 \int\limits_0^{2\pi} \int\limits_{-\sqrt{9-r^2}/2}^{\sqrt{9-r^2}/2} (r^2 + y) \, r \, \mathrm{d}y \, \mathrm{d}\varphi \, \mathrm{d}r$$

$$= 2\pi \int\limits_0^3 r^3 \sqrt{9 - r^2} \, \mathrm{d}r = 2\pi \left(-3(9 - r^2)^{3/2} + \frac{1}{5}(9 - r^2)^{5/2} \right) \Big|_0^3 = \frac{324\pi}{5} .$$

b) Mit den elliptisch angepassten ‚Kugelkoordinaten'

$$\begin{pmatrix} x \\ y \\ z \end{pmatrix} = \boldsymbol{\Phi}(r, \varphi, \theta) = \begin{pmatrix} r \cos \varphi \cos \theta \\ (r \sin \varphi \cos \theta)/2 \\ r \sin \theta \end{pmatrix} \quad \left(\Rightarrow \det(\boldsymbol{J\Phi}(r, \varphi, \theta)) = \frac{r^2}{2} \cos \theta \right)$$

wird E transformiert auf

$$\boldsymbol{\Phi}^{-1}(E) = \left\{ \begin{pmatrix} r \\ \varphi \\ \theta \end{pmatrix} \in \mathbb{R}^3 \,\middle|\, 0 \le r \le 3 \ \wedge \ 0 \le \varphi \le 2\pi \ \wedge \ -\frac{\pi}{2} \le \theta \le \frac{\pi}{2} \right\} .$$

Damit ergibt sich: $\int\limits_E x^2 + y + z^2 \,\mathrm{d}(x, y, z)$

$$= \int\limits_0^3 \int\limits_0^{2\pi} \int\limits_{-\pi/2}^{\pi/2} \left(r^2 \cos^2\varphi \cos^2\theta + \frac{r}{2}\sin\varphi\cos\theta + r^2\sin^2\theta\right) \frac{r^2}{2}\cos\theta \,\mathrm{d}\theta\,\mathrm{d}\varphi\,\mathrm{d}r$$

$$= \frac{1}{2}\left\{ \int\limits_0^3 \frac{r^3}{2}\,\mathrm{d}r \int\limits_0^{2\pi} \sin\varphi\,\mathrm{d}\varphi \int\limits_{-\pi/2}^{\pi/2} \cos^2\theta\,\mathrm{d}\theta \right.$$

$$\left. + \int\limits_0^3 r^4\,\mathrm{d}r \left(\int\limits_0^{2\pi} \cos^2\varphi\,\mathrm{d}\varphi \int\limits_{-\pi/2}^{\pi/2} \cos^3\theta\,\mathrm{d}\theta + \int\limits_0^{2\pi} \mathrm{d}\varphi \int\limits_{-\pi/2}^{\pi/2} \sin^2\theta\cos\theta\,\mathrm{d}\theta \right)\right\}$$

$$= \frac{3^5}{10}\left(\int\limits_0^{2\pi} \cos^2\varphi\,\mathrm{d}\varphi \int\limits_{-\pi/2}^{\pi/2} \cos^3\theta\,\mathrm{d}\theta + \frac{2\pi}{3}\sin^3\theta \Big|_{-\pi/2}^{\pi/2} \right) = \frac{324\pi}{5}\,.$$

Lösung zu A19.1.11

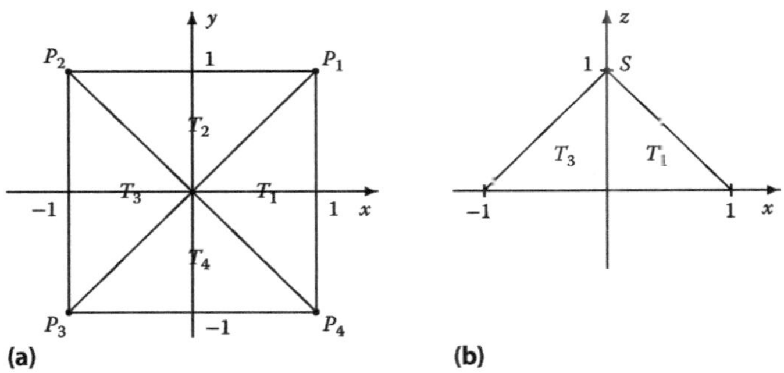

Abb. L19.8 (a) Schnitt der Pyramide mit $z = 0$; (b) Schnitt der Pyramide mit $y = 0$.

a) Für die Pyramide gilt $D = T_1 \cup T_2 \cup T_3 \cup T_4$, wobei T_i die aus der Zeichnung abzulesenden Tetraeder sind. Der Tetraeder T_1 beispielsweise lässt sich in folgender Weise als Normalbereich beschreiben:

$$T_1 = \left\{ \begin{pmatrix} x \\ y \\ z \end{pmatrix} \in \mathbb{R}^3 \;\middle|\; 0 \le x \le 1 \;\wedge\; -x \le y \le x \;\wedge\; 0 \le z \le 1 - x \right\}.$$

Damit ergibt sich das Trägheitsmoment bezüglich der z-Achse

$$\begin{aligned}\Theta_z &= \int_D \rho\, r^2(\boldsymbol{x})\,\mathrm{d}\boldsymbol{x} = 4\rho \int_{T_1} x^2 + y^2\,\mathrm{d}(x,y,z) = 4\rho \int_0^1 \int_{-x}^{x} \int_0^{1-x} x^2 + y^2\,\mathrm{d}z\,\mathrm{d}y\,\mathrm{d}x \\ &= 4\rho \int_0^1 \int_{-x}^{x} (1-x)(x^2+y^2)\,\mathrm{d}y\,\mathrm{d}x = 8\rho \int_0^1 (1-x)\left(x^2 y + \frac{y^3}{3}\right)\Bigg|_0^x \mathrm{d}x \\ &= \frac{32\rho}{3}\int_0^1 (1-x)x^3\,\mathrm{d}x = \frac{8\rho}{15}\,.\end{aligned}$$

b) Mit Hilfe von Zylinderkoordinaten

$$\begin{pmatrix} x \\ y \\ z \end{pmatrix} = \boldsymbol{\Phi}(r,\varphi,z) = \begin{pmatrix} r\cos\varphi \\ r\sin\varphi \\ z \end{pmatrix} \qquad (\Rightarrow\ \det(\boldsymbol{J\Phi}(r,\varphi,z)) = r)$$

wird der Quader

$$Q = \left\{ \begin{pmatrix} r \\ \varphi \\ z \end{pmatrix} \in \mathbb{R}^3 \;\middle|\; 1 \le r \le 2 \ \wedge\ 0 \le \varphi \le 2\pi \ \wedge\ 0 \le z \le 1 \right\}$$

auf das Rohr R transformiert, d. h., es gilt $R = \boldsymbol{\Phi}(Q)$. Damit ergibt sich das Trägheitsmoment bezüglich der z-Achse

$$\begin{aligned}\Theta_z &= \int_R \rho\, r^2(\boldsymbol{x})\,\mathrm{d}\boldsymbol{x} = \int_Q \rho\, r^2\,|\det(\boldsymbol{J\Phi}(r,\varphi,z))|\,\mathrm{d}(r,\varphi,z) \\ &= \rho \int_0^1 \int_0^{2\pi} \int_1^2 r^3\,\mathrm{d}r\,\mathrm{d}\varphi\,\mathrm{d}z = \rho \int_0^1 \mathrm{d}z \int_0^{2\pi} \mathrm{d}\varphi \int_1^2 r^3\,\mathrm{d}r = \frac{15\pi\rho}{2}\,.\end{aligned}$$

Lösung zu A19.1.12

a) Der Kegel wird mit Hilfe der folgenden Koordinaten beschrieben:

$$\begin{pmatrix} x \\ y \\ z \end{pmatrix} = \boldsymbol{\Phi}(r,\varphi,t) = \begin{pmatrix} r\cos\varphi \\ r\sin\varphi \\ (1-r/R)t \end{pmatrix}.$$

$$\Rightarrow\quad \det(\boldsymbol{J\Phi}(r,\varphi,z)) = \begin{vmatrix} \cos\varphi & -r\sin\varphi & 0 \\ \sin\varphi & r\cos\varphi & 0 \\ -t/R & 0 & 1-r/R \end{vmatrix} = r(1-r/R)\,.$$

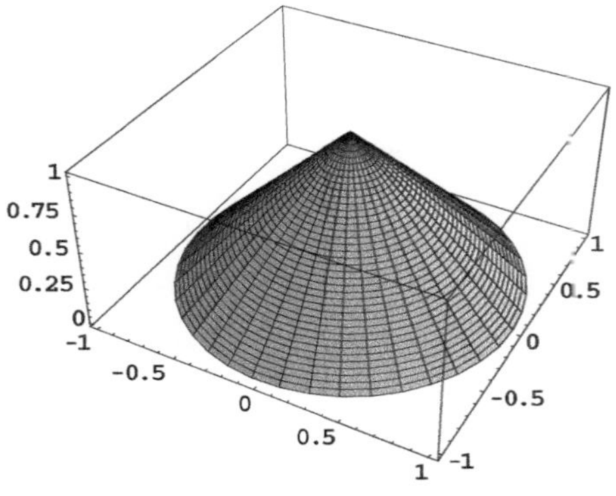

Abb. L19.9 Kegel *K*.

Der Quader

$$Q=\left\{\begin{pmatrix}r\\\varphi\\z\end{pmatrix}\in\mathbb{R}^3\;\middle|\;0\le r\le R\;\wedge\;0\le\varphi\le 2\pi\;\wedge\;0\le t\le H\right\}$$

wird auf den Kegel K transformieren, d. h., es gilt $K=\boldsymbol{\Phi}(Q)$. Damit ergibt sich die Kegelmasse

$$\int_K \rho\,\mathrm{d}\boldsymbol{x}=\int_Q \rho\,|\det(\boldsymbol{J\Phi}(r,\varphi,t))|\,\mathrm{d}(r,\varphi,t)=\rho\int_0^H\int_0^{2\pi}\int_0^R r(1-r/R)\,\mathrm{d}r\,\mathrm{d}\varphi\,\mathrm{d}t$$
$$=\rho\int_0^H \mathrm{d}t\int_0^{2\pi}\mathrm{d}\varphi\int_0^R r(1-r/R)\,\mathrm{d}r=\frac{\rho H\pi R^2}{3}\,.$$

b) Z als Normalbereich in kartesischen Koordinaten:

$$Z=\left\{\begin{pmatrix}x\\y\\z\end{pmatrix}\in\mathbb{R}^3\;\middle|\;\begin{array}{c}-\sqrt{17}\le x\le\sqrt{17}\,,\quad 1\le z\le 11\,,\\ -\dfrac{\sqrt{17-x^2}}{2}\le y\le\dfrac{\sqrt{17-x^2}}{2}\end{array}\right\}$$

Da hier Wurzelfunktionen als Integrationsgrenzen auftreten, deren anschließende Integration sich vergleichsweise schwierig gestaltet, werden zur Massenberechnung an die elliptische Grundfläche angepasste Zylinderkoordinaten $\boldsymbol{\Phi}\colon Q\to Z$ verwendet:

$$\begin{pmatrix}x\\y\\z\end{pmatrix}=\boldsymbol{\Phi}(r,\varphi,z)=\begin{pmatrix}r\cos\varphi\\\frac{r}{2}\sin\varphi\\z\end{pmatrix}$$

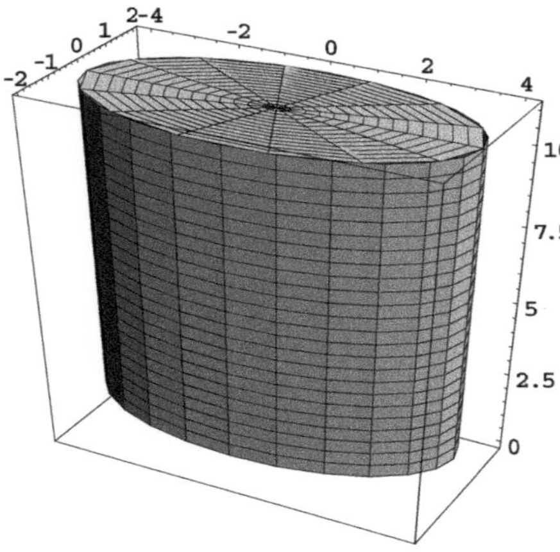

Abb. L19.10 Elliptischer Zylinder Z.

mit

$$Q = \left\{ \begin{pmatrix} r \\ \varphi \\ z \end{pmatrix} \in \mathbb{R}^3 \;\middle|\; 0 \leq r \leq \sqrt{17},\ 0 \leq \varphi \leq 2\pi,\ 1 \leq z \leq 11 \right\}$$

und $Z = \boldsymbol{\Phi}(Q)$. Die Integration erstreckt sich jetzt nur noch über den Quader Q. Die Anwendung des Transformationssatzes erfordert noch die Berechnung von

$$\det \boldsymbol{J\Phi}(r, \varphi, z) = \begin{vmatrix} \cos\varphi & -r\sin\varphi & 0 \\ \frac{1}{2}\sin\varphi & \frac{r}{2}\cos\varphi & 0 \\ 0 & 0 & 1 \end{vmatrix} = \frac{r}{2}$$

Damit erhält man unter Anwendung des Transformationssatzes

$$\begin{aligned}
\int_Z \rho(x, y, z)\,\mathrm{d}(x, y, z) &= \int_Q \rho(\boldsymbol{\Phi}(r, \varphi, z))|\det \boldsymbol{J\Phi}(r, \varphi, z)|\,\mathrm{d}(r, \varphi, z) \\
&= \int_0^{\sqrt{17}} \int_0^{2\pi} \int_1^{11} (r^2\cos^2\varphi) z \,\frac{r}{2}\,\mathrm{d}z\,\mathrm{d}\varphi\,\mathrm{d}r \\
&= \frac{1}{2} \int_0^{\sqrt{17}} r^3\,\mathrm{d}r \int_0^{2\pi} \cos^2\varphi\,\mathrm{d}\varphi \int_1^{11} z\,\mathrm{d}z \\
&= \frac{1}{2} \cdot \frac{17^2}{4} \cdot \left(\frac{\varphi}{2} + \frac{\sin 2\varphi}{4}\right)\Bigg|_0^{2\pi} \cdot 60 = \frac{4335\pi}{2}
\end{aligned}$$

Lösung zu A19.1.13

a)

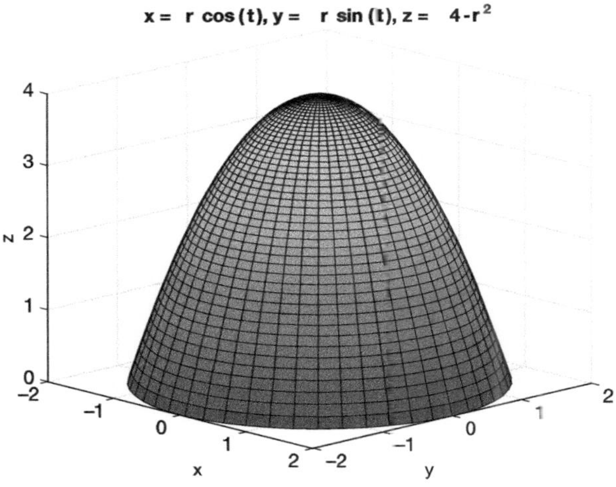

Abb. L19.11 Rotationsparaboloid P.

Der MATLAB-Plotbefehl lautet

```
ezgraph3('surf','r*cos(t)',
         'r*sin(t)','4-r^2',
         [0,2,0,2*pi])
```

b) Berechnung der Masse M in Zylinderkoordinaten unter Verwendung des Transformationssatzes mit konstanter Dichte ρ:

$$M = \int_P \rho \, \mathrm{d}(x, y, z) = \rho \int_0^2 \int_0^{2\pi} \int_0^{4-r^2} r \, \mathrm{d}z \, \mathrm{d}\varphi \, \mathrm{d}r = \rho \int_0^2 \int_0^{2\pi} rz\big|_0^{4-r^2} \, \mathrm{d}\varphi \, \mathrm{d}r$$

$$= \rho \int_0^2 \int_0^{2\pi} r(4-r^2) \, \mathrm{d}\varphi \, \mathrm{d}r = \rho \int_0^2 r(4-r^2)\varphi\Big|_0^{2\pi} \mathrm{d}r = 2\pi\rho \int_0^2 r(4-r^2) \, \mathrm{d}r = 8\pi\rho$$

Berechnung des Trägheitsmoments bezüglich der z-Achse in Zylinderkoordinaten unter Verwendung des Transformationssatzes mit konstanter Dichte ρ

$$\Theta_{z\text{-Achse}} = \int_0^2 \int_0^{2\pi} \int_0^{4-r^2} \rho r^2 r \, \mathrm{d}z \, \mathrm{d}\varphi \, \mathrm{d}r = \rho \int_0^2 \int_0^{2\pi} r^3 z\Big|_0^{4-r^2} \mathrm{d}\varphi \, \mathrm{d}r$$

$$= \rho \int_0^2 \int_0^{2\pi} r^3(4-r^2) \, \mathrm{d}\varphi \, \mathrm{d}r = \rho \int_0^2 r^3(4-r^2)\varphi\Big|_0^{2\pi} \mathrm{d}r$$

$$= 2\pi\rho \int_0^2 r^3(4-r^2) \, \mathrm{d}r = \frac{32\pi\rho}{3}$$

c) Der Schwerpunkt von P liegt aus Symmetriegründen auf der z-Achse. Dies bestätigt sich rechnerisch mit Transformation auf Zylinderkoordinaten

$$x_s = \frac{1}{M}\int_Z \rho x \,\mathrm{d}(x,y,z) = \frac{\rho}{M}\int_0^2\int_0^{2\pi}\int_0^{4-r^2} r\cos(\varphi) r \,\mathrm{d}z\,\mathrm{d}\varphi\,\mathrm{d}r$$

$$= \frac{\rho}{M}\int_0^2\int_0^{4-r^2} r^2\,\mathrm{d}z\,\mathrm{d}r \int_0^{2\pi}\cos(\varphi)\,\mathrm{d}\varphi = 0$$

$$y_s = \frac{1}{M}\int_Z \rho y \,\mathrm{d}(x,y,z) = \frac{\rho}{M}\int_0^2\int_0^{2\pi}\int_0^{4-r^2} r\sin(\varphi) r \,\mathrm{d}z\,\mathrm{d}\varphi\,\mathrm{d}r$$

$$= \frac{\rho}{M}\int_0^2\int_0^{4-r^2} r^2\,\mathrm{d}z\,\mathrm{d}r \int_0^{2\pi}\sin(\varphi)\,\mathrm{d}\varphi = 0$$

Daher gilt nach dem Steinerschen Satz

$$\Theta_D = Md^2 + \Theta_{z\text{-Achse}} = 8\pi\rho(1^2+1^2) + \frac{32\pi\rho}{3} = \frac{80\pi\rho}{3}.$$

Lösung zu A19.1.14

a) i)

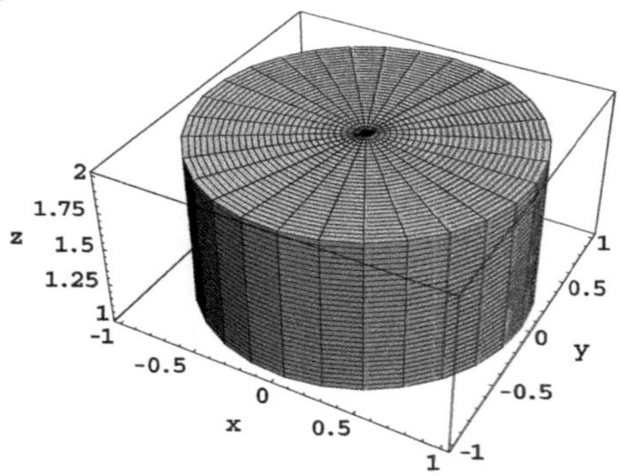

Abb. L19.12 Zylinder Z.

ii) Die Masse des Zylinders wird unter Verwendung von Zylinderkoordinaten

$$\begin{pmatrix} x \\ y \\ z \end{pmatrix} = \begin{pmatrix} r\cos(\phi) \\ r\sin(\phi) \\ z \end{pmatrix} =: \boldsymbol{\Phi}(r,\phi,z)$$

mit $\det \boldsymbol{J\Phi} = r$ berechnet. Es gilt $Z = \boldsymbol{\Phi}(Q)$ mit

$$Q = \left\{ \begin{pmatrix} r \\ \phi \\ z \end{pmatrix} \in \mathbb{R}^3 \;\middle|\; 1 \le z \le 2 \;\wedge\; 0 \le r \le 1 \;\wedge\; 0 \le \phi \le 2\pi \right\}.$$

und man erhält die

$$\text{Masse} = \int\limits_Z \rho(x,y,z)\,\mathrm{d}(x,y,z) = \int\limits_Q \rho(\boldsymbol{\Phi}(r,\phi,z))|\det \boldsymbol{J\Phi}|\,\mathrm{d}(r,\phi,z)$$

$$= \int\limits_1^2\int\limits_0^1\int\limits_0^{2\pi} (r^2+z)\cdot r\,\mathrm{d}\phi\,\mathrm{d}r\,\mathrm{d}z = 2\pi\int\limits_1^2\int\limits_0^1 r^3 + zr\,\mathrm{d}r\,\mathrm{d}z$$

$$= 2\pi\int\limits_1^2 \frac{r^4}{4} + \frac{r^2 z}{2}\Big|_0^1\,\mathrm{d}z = 2\pi\int\limits_1^2 \frac{1}{4} + \frac{z}{2}\,\mathrm{d}z = 2\pi$$

b) i)

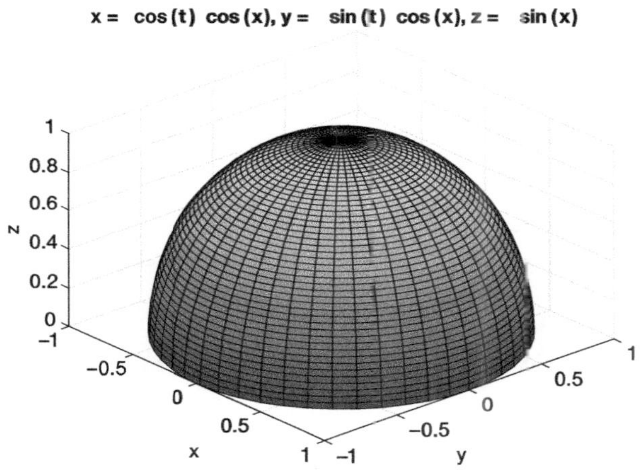

Abb. L19.13 Halbkugel *K*.

ii) Berechnung der Masse von K in Kugelkoordinaten

$$\begin{pmatrix} x\\ y\\ z\end{pmatrix} = \boldsymbol{\Phi}(r,\varphi,\psi) = \begin{pmatrix} r\cos\varphi\cos\psi\\ r\sin\varphi\cos\psi\\ r\sin\psi\end{pmatrix}, \quad 0\le r\le 1,\ 0\le\varphi\le 2\pi,\ 0\le\psi\le\pi/2$$

unter Verwendung des Transformationssatzes mit $\det(\boldsymbol{J\Phi}(r,\varphi,z)) = r^2\cos\psi$

$$M = \int\limits_K \rho(x,y,z)\,\mathrm{d}(x,y,z) = \int\limits_0^1\int\limits_0^{2\pi}\int\limits_0^{\pi/2} (3+5r^2\sin^2\psi)r^2\cos\psi\,\mathrm{d}\psi\,\mathrm{d}\varphi\,\mathrm{d}r$$

$$= \left(\int\limits_0^{2\pi}\mathrm{d}\varphi\right)\cdot\left(\left(\int\limits_0^1 3r^2\,\mathrm{d}r\right)\cdot\left(\int\limits_0^{\pi/2}\cos\psi\,\mathrm{d}\psi\right) + \left(\int\limits_0^1 5r^4\,\mathrm{d}r\right)\cdot\left(\int\limits_0^{\pi/2}\cos\psi\sin^2\psi\,\mathrm{d}\psi\right)\right)$$

$$= 2\pi\left(r^3\Big|_0^1\cdot\sin\psi\Big|_0^{\pi/2} + r^5\Big|_0^1\cdot\frac{\sin^3\psi}{3}\Bigg|_0^{\pi/2}\right) = \frac{8\pi}{3}$$

c) i)

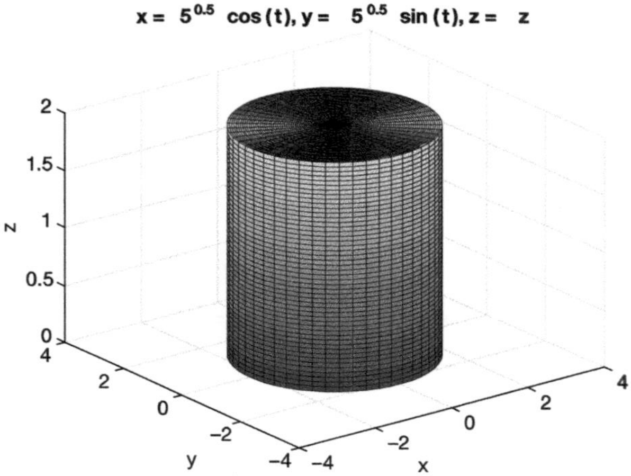

Abb. L19.14 Zylinder Z.

ii) Berechnung des Trägheitsmoments bezüglich der z-Achse in Zylinderkoordinaten

$$\begin{pmatrix} x \\ y \\ z \end{pmatrix} = \boldsymbol{\Phi}(r, \varphi, z) = \begin{pmatrix} r\cos\varphi \\ r\sin\varphi \\ z \end{pmatrix}, \quad 0 \le r \le \sqrt{5}\,,\ 0 \le \varphi \le 2\pi\,,\ 0 \le z \le 2$$

unter Verwendung des Transformationssatzes mit $\det(\boldsymbol{J\Phi}(r, \varphi, z)) = r$

$$\Theta_{z\text{-Achse}} = \int\limits_Z \rho(x, y, z) r^2(x, y, z)\,\mathrm{d}(x, y, z) = \int\limits_0^{\sqrt{5}} \int\limits_0^{2\pi} \int\limits_0^2 (1 + r^2) r^2 \cdot r\,\mathrm{d}z\,\mathrm{d}\varphi\,\mathrm{d}r$$

$$= \left(\int\limits_0^{\sqrt{5}} r^3 + r^5\,\mathrm{d}r \right) \cdot \left(\int\limits_0^{2\pi} \mathrm{d}\varphi \right) \cdot \left(\int\limits_0^2 \mathrm{d}z \right) = 4\pi \left(\frac{5^2}{4} + \frac{5^3}{6} \right) = \frac{325\pi}{3}$$

L19.2 Kurvenintegrale

Lösung zu A19.2.1

a) $$\int\limits_{c_n} \boldsymbol{f}(\boldsymbol{x})\,\mathrm{d}\boldsymbol{x} = \int\limits_0^1 \left\langle \boldsymbol{f}(\boldsymbol{c}_n(t)), \dot{\boldsymbol{c}}_n(t) \right\rangle \mathrm{d}t = \int\limits_0^1 \left\langle \begin{pmatrix} 1 \\ t + t^n \\ 1 + t - t^n \end{pmatrix}, \begin{pmatrix} 1 \\ -nt^{n-1} \\ nt^{n-1} \end{pmatrix} \right\rangle \mathrm{d}t$$

$$= \int\limits_0^1 1 - 2nt^{2n-1} + nt^{n-1}\,\mathrm{d}t = (t - t^{2n} + t^n)\Big|_0^1 = 1\,.$$

b) Da $\operatorname{rot} \boldsymbol{f}(x, y, z) = (1 - 1, 1 - 1, 1 - 1)^T = \boldsymbol{0}^T$ und der $\mathbb{R}^3$ einfach zusammenhängend ist, existiert ein Potential φ. Dieses kann über den Hauptsatz für Kurvenintegrale berechnet werden. Als Kurve kann

$$c_x\colon [0,1] \to \mathbb{R}^3\,, \quad c_x(t) = (tx, ty, tz)^T$$

verwendet werden:

$$\begin{aligned}
\varphi(x,y,z) &= \int_{c_x} f(x)\,dx + C = \int_0^1 \left\langle f(c_x(t)), \dot{c}_x(t)\right\rangle dt + C \\
&= \int_0^1 \left\langle \begin{pmatrix} ty+tz \\ tx+tz \\ tx+ty \end{pmatrix}, \begin{pmatrix} x \\ y \\ z \end{pmatrix} \right\rangle dt + C = \int_0^1 2t(xy+xz+yz)\,dt + C \\
&= xy + xz + yz + C\,.
\end{aligned}$$

Die Kurven c_n besitzen alle den Anfangspunkt $c_n(0) = (0,1,0)^T$ und den Endpunkt $c_n(1) = (1,0,1)^T$. Da f ein Potential φ besitzt, ist das Kurvenintegral wegunabhängig, und es gilt

$$\int_{c_n} f(x)\,dx = \varphi(c_n(1)) - \varphi(c_n(0)) = 1\,.$$

c) $\displaystyle\int_c f(x)\,dx = \varphi(2,1,0) - \varphi(1,1,1) = -1\,.$

Lösung zu A19.2.2

$$\begin{aligned}
\oint_c f(x)\,dx &= \int_{-1}^1 \langle f(c(t)), \dot{c}(t)\rangle\,dt + \int_1^3 \langle f(c(t)), \dot{c}(t)\rangle\,dt \\
&= \int_0^1 \left\langle \begin{pmatrix} 0 \\ 0 \end{pmatrix}, \begin{pmatrix} 1 \\ 0 \end{pmatrix} \right\rangle dt \\
&\quad + \int_1^3 \left\langle \begin{pmatrix} (2-t)^2(1-(t-2)^2) \\ \sqrt{1-(t-2)^2} \end{pmatrix}, \begin{pmatrix} -1 \\ \dfrac{2-t}{\sqrt{1-(t-2)^2}} \end{pmatrix} \right\rangle dt \\
&= \int_1^3 -(t-2)^2(1-(t-2)^2) + (2-t)\,dt \\
&= \left(-\frac{(t-2)^3}{3} + \frac{(t-2)^5}{5} - \frac{(t-2)^2}{2} \right)\Bigg|_1^3 = \frac{-4}{15}
\end{aligned}$$

Mit $\operatorname{rot} f(x,y) = -2x^2y$ und dem von c eingeschlossenen Halbkreis K gilt

$$\int_K \operatorname{rot} f(x)\,dx = \int_{-1}^1 \int_0^{\sqrt{1-x^2}} -2x^2y\,dy\,dx = -\int_{-1}^1 x^2(1-x^2)\,dx = \frac{-4}{15}\,.$$

Lösung zu A19.2.3

a) $$\oint_c \boldsymbol{u}(\boldsymbol{x})\,\mathrm{d}\boldsymbol{x} = \int_0^{2\pi} \langle \boldsymbol{u}(\boldsymbol{c}(t)), \dot{\boldsymbol{c}}(t)\rangle\,\mathrm{d}t = \int_0^{2\pi} \left\langle \begin{pmatrix} \frac{1}{\cos t} \\ \frac{1}{\sin t} \end{pmatrix}, \begin{pmatrix} -\sin t \\ \cos t \end{pmatrix} \right\rangle \mathrm{d}t$$
$$= \int_0^{2\pi} \cot t - \tan t\,\mathrm{d}t.$$

Der Integrand besitzt Singularitäten bei $t = 0, \frac{\pi}{2}, \pi, \frac{3\pi}{2}$ und 2π. Aus der Stammfunktion $\ln|\sin t| - \ln|\cos t|$ liest man ab, dass nur der Cauchysche Hauptwert existiert und gleich 0 ist. Das uneigentliche Integral hingegen existiert nicht.

b) Wegen $\operatorname{rot}\boldsymbol{u} = 0$ folgt $\int_K \operatorname{rot}\boldsymbol{u}\,\mathrm{d}\boldsymbol{x} = 0$. Der Greensche Integralsatz gilt hier also nicht. Der Grund liegt darin, dass $\boldsymbol{u}$ auf den Geraden $x = 0$ und $y = 0$ nicht definiert ist und der Einheitskreis K diese Definitionslücken beinhaltet. Außerhalb der Definitionslücken besitzt $\boldsymbol{u}$ sogar ein Potential $\varphi(x, y) = \ln|x| + \ln|y| + C$.

Lösung zu A19.2.4

a) Der $\mathbb{R}^2$ ist einfach zusammenhängend, und die Integrabilitätsbedingung ist wegen

$$\operatorname{rot}\boldsymbol{a}(x, y) = 30xy^2 + 2ye^{xy^2} + 2xy^3e^{xy^2} - (30xy^2 + 2ye^{xy^2} + 2xy^3e^{xy^2}) = 0$$

erfüllt. Daher besitzt $\boldsymbol{a}(x, y)$ ein Potential $u(x, y)$. Dieses wird beispielsweise durch sukzessive Integration, also durch Ausnutzen der Forderung $\boldsymbol{a}(x, y) = (u_x(x, y), u_y(x, y))^T$, berechnet:

$$u_x(x, y) = 10xy^3 + y^2e^{xy^2} - \frac{2x}{1+x^2}$$
$$\Rightarrow \quad u(x, y) = 5x^2y^3 + e^{xy^2} - \ln(1+x^2) + c(y)$$
$$\Rightarrow \quad u_y(x, y) = 15x^2y^2 + 2xye^{xy^2} + c'(y) \stackrel{!}{=} 15x^2y^2 - \sin y - y\cos y + 2xye^{xy^2}$$
$$\Rightarrow \quad c'(y) = -\sin y - y\cos y \quad \Rightarrow \quad c(y) = -y\sin y + C \quad \text{mit} \quad C \in \mathbb{R}$$
$$\Rightarrow \quad u(x, y) = 5x^2y^3 + e^{xy^2} - \ln(1+x^2) - y\sin y + C\,.$$

b) Wegen $\operatorname{rot}\boldsymbol{b}(x, y) = 2 - 1 = 1 \neq 0$ ist die Integrabilitätsbedingung nicht erfüllt, und es kann kein Potential für $\boldsymbol{b}(x, y)$ geben.

c) Der $\mathbb{R}^3$ ist einfach zusammenhängend, und die Integrabilitätsbedingung ist wegen $\operatorname{rot}\boldsymbol{f}(x, y, z) = \boldsymbol{0}$ erfüllt. Daher besitzt $\boldsymbol{f}(x, y, z)$ ein Potential $v(x, y, z)$.

$$v_x(x, y, z) = \frac{x}{\sqrt{x^2 + y^2 + z^2}} + 2xy$$
$$\Rightarrow \quad v(x, y, z) = \sqrt{x^2 + y^2 + z^2} + x^2y + c(y, z)$$

$$
\begin{aligned}
\Rightarrow \quad v_y(x,y,z) &= \frac{y}{\sqrt{x^2+y^2+z^2}} + x^2 + c_y(y,z) \\
&\overset{!}{=} \frac{y}{\sqrt{x^2+y^2+z^2}} + x^2 + z^2\cos(yz^2) \\
\Rightarrow \quad c_y(y,z) &= z^2\cos(yz^2) \quad \Rightarrow \quad c(y,z) = \sin(yz^2) + k(z) \\
\Rightarrow \quad v(x,y,z) &= \sqrt{x^2+y^2+z^2} + x^2y + \sin(yz^2) + k(z) \\
\Rightarrow \quad v_z(x,y,z) &= \frac{z}{\sqrt{x^2+y^2+z^2}} + 2yz\cos(yz^2) + k'(z) \\
&\overset{!}{=} \frac{z}{\sqrt{x^2+y^2+z^2}} + 2yz\cos(yz^2) + \frac{2z}{1+z^2} \\
\Rightarrow \quad k'(z) &= \frac{2z}{1+z^2} \quad \Rightarrow \quad k(z) = \ln(1+z^2) + K \quad \text{mit } K \in \mathbb{R} \\
\Rightarrow \quad v(x,y,z) &= \sqrt{x^2+y^2+z^2} + x^2y + \sin(yz^2) + \ln(1+z^2) + K
\end{aligned}
$$

d) Wegen $\operatorname{rot} \boldsymbol{h}(x,y,z) = (3x-2x, y-3y, 2z-z) = (x,-2y,z) \neq \mathbf{0}$ ist die Integrabilitätsbedingung nicht erfüllt, und es kann kein Potential für $\boldsymbol{h}(x,y,z)$ geben.

Lösung zu A19.2.5

a) Der Definitionsbereich D muss folgendermaßen eingeschränkt werden:

$$D = \left\{ (x,y)^T \in \mathbb{R}^2 \mid -\frac{\pi}{2} < xy^2 < \frac{\pi}{2} \right\} .$$

D ist einfach zusammenhängend, und es gilt die Integrabilitätsbedingung $\operatorname{rot} \boldsymbol{f}(x,y) = 0$. Daher besitzt $\boldsymbol{f}(x,y)$ ein Potential $u(x,y)$, das nach dem Hauptsatz für Kurvenintegrale berechenbar ist. Als Kurve $\boldsymbol{c}_x$ wird $\boldsymbol{c}\colon [0,1] \to \mathbb{R}^2$ mit $\boldsymbol{c}(t) = (tx, ty)^T$ gewählt. Dann gilt

$$
\begin{aligned}
u(\boldsymbol{x}) &= \int_{\boldsymbol{c}_x} \boldsymbol{f}(\boldsymbol{x})\,\mathrm{d}\boldsymbol{x} + K = \int_0^1 \left\langle \begin{pmatrix} 2xyt^2 + \dfrac{y^2t^2}{\cos^2(xy^2t^3)} \\ x^2t^2 + \dfrac{2xyt^2}{\cos^2(xy^2t^3)} + 1 \end{pmatrix}, \begin{pmatrix} x \\ y \end{pmatrix} \right\rangle \mathrm{d}t + K \\
&= \int_0^1 3x^2yt^2 + \frac{3xy^2t^2}{\cos^2(xy^2t^3)} + y\,\mathrm{d}t + K = x^2yt^3 + \tan(xy^2t^3) + yt\Big|_0^1 + K \\
&= x^2y + \tan(xy^2) + y + K .
\end{aligned}
$$

Durch sukzessive Integration, also durch Ausnutzen der Forderung $\boldsymbol{f}(x,y) = (u_x(x,y), u_y(x,y))^T$, erhält man:

$$u_x(x,y) = 2xy + \frac{y^2}{\cos^2(xy^2)} \quad \Rightarrow \quad u(x,y) = x^2y + \tan(xy^2) + c(y)$$

$$\Rightarrow \quad u_y(x,y) = x^2 + \frac{2xy}{\cos^2(xy^2)} + c'(y) \overset{!}{=} x^2 + \frac{2xy}{\cos^2(xy^2)} + 1$$

$$\Rightarrow \quad c'(y) = 1 \quad \Rightarrow \quad c(y) = y + K \quad \text{mit} \quad K \in \mathbb{R}$$

$$\Rightarrow \quad u(x,y) = x^2 y + \tan(xy^2) + y + K\,.$$

b) Der $\mathbb{R}^3$ ist einfach zusammenhängend, und es gilt die Integrabilitätsbedingung $\operatorname{rot} \boldsymbol{h}(x,y,z) = 0$. Daher besitzt $\boldsymbol{h}(x,y,z)$ ein Potential $v(x,y,z)$. Nach dem Hauptsatz für Kurvenintegrale und mit der Kurve $\boldsymbol{c}\colon [0,1] \to \mathbb{R}^3$, wobei $\boldsymbol{c}(t) = (tx, ty, tz)^T$ gilt, ergibt sich

$$\begin{aligned} v(\boldsymbol{x}) &= \int_{c_x} \boldsymbol{f}(\boldsymbol{x})\,\mathrm{d}\boldsymbol{x} + K = \int_0^1 \left\langle \begin{pmatrix} -2xt\sin(x^2t^2+yt) \\ -\sin(x^2t^2+yt) + z^2t^2e^{yz^2t^3} \\ 2zyt^2e^{yz^2t^3} + \cos(tz) \end{pmatrix}, \begin{pmatrix} x \\ y \\ z \end{pmatrix} \right\rangle \mathrm{d}t + K \\ &= \int_0^1 -(2x^2t+y)\sin(x^2t^2+yt) + 3z^2yt^2e^{yz^2t^3} + z\cos(tz)\,\mathrm{d}t + K \\ &= \cos(x^2t^2+yt) + e^{yz^2t^3} + \sin(tz)\Big|_0^1 + K \\ &= \cos(x^2+y) + e^{yz^2} + \sin(z) + K\,. \end{aligned}$$

Durch sukzessive Integration, also durch Ausnutzen der Forderung $\boldsymbol{h}(x,y,z) = (v_x(x,y,z), v_y(x,y,z), v_z(x,y,z))^T$, erhält man:

$$v_x(x,y,z) = -2x\sin(x^2+y) \quad \Rightarrow \quad v(x,y,z) = \cos(x^2+y) + c(y,z)$$

$$\Rightarrow \quad v_y(x,y,z) = -\sin(x^2+y) + c_y(y,z) \overset{!}{=} -\sin(x^2+y) + z^2e^{yz^2}$$

$$\Rightarrow \quad c_y(y,z) = z^2e^{yz^2} \quad \Rightarrow \quad c(y,z) = e^{yz^2} + k(z)$$

$$\Rightarrow \quad v(x,y,z) = \cos(x^2+y) + e^{yz^2} + k(z)$$

$$\Rightarrow \quad v_z(x,y,z) = 2zye^{yz^2} + k'(z) \overset{!}{=} 2zye^{yz^2} + \cos z$$

$$\Rightarrow \quad k'(z) = \cos z \quad \Rightarrow \quad k(z) = \sin z + K \quad \text{mit} \quad K \in \mathbb{R}$$

$$\Rightarrow \quad v(x,y,z) = \cos(x^2+y) + e^{yz^2} + \sin z + K\,.$$

Lösung zu A19.2.6

a) Da der Definitionsbereich $\mathbb{R}^2$ einfach zusammenhängend ist und die Integrabilitätsbedingung $\operatorname{rot} \boldsymbol{f}(x,y) = 0$ erfüllt ist, existiert ein Potential zu $\boldsymbol{f}$. Als Kurve $\boldsymbol{c}_x$ wird $\boldsymbol{c}\colon [0,1] \to \mathbb{R}^2$ mit $\boldsymbol{c}(t) = (tx, ty)^T$ gewählt. Dann berechnet sich ein Potential $\varphi(x,y)$ zu $\boldsymbol{f}$ nach dem Hauptsatz für Kurvenintegrale folgendermaßen:

$$\varphi(x,y) = \int_{c_x} \boldsymbol{f}(\boldsymbol{x})\,\mathrm{d}\boldsymbol{x} + C = \int_0^1 \left\langle \begin{pmatrix} -ty\sin(t^2xy) - e^{t(x+y)} \\ -tx\sin(t^2xy) - e^{t(x+y)} \end{pmatrix}, \begin{pmatrix} x \\ y \end{pmatrix} \right\rangle \mathrm{d}t + C$$

$$= \int_0^1 -2txy\sin(t^2xy) - (x+y)e^{t(x+y)}\,\mathrm{d}t + C$$

$$= \cos(t^2xy) - e^{t(x+y)}\Big|_0^1 + C = \cos(xy) - e^{x+y} + C\,.$$

b) Ein Potential $\varphi(x, y, z)$ zu $\boldsymbol{g}(x, y, z)$ ergibt sich durch Integration von

$$\boldsymbol{g}(x, y, z) = \left(-\frac{2xyz}{(1+x^2)^2}, \frac{z}{1+x^2} + 2yze^{y^2}, \frac{y}{1-x^2} + e^{y^2} - \sin z\right)^T$$

nach den Variablen:

$$\varphi_x(x, y, z) = -\frac{2xyz}{(1+x^2)^2} \quad \Rightarrow \quad \varphi(x, y, z) = \frac{yz}{1+x^2} + c(y, z)$$

$$\Rightarrow \quad \varphi_y(x, y, z) = \frac{z}{1+x^2} + c_y(y, z) \stackrel{!}{=} \frac{z}{1+x^2} + 2yze^{y^2}$$

$$\Rightarrow \quad c_y(y, z) = 2yze^{y^2} \quad \Rightarrow \quad c(y, z) = ze^{y^2} - k(z)$$

$$\Rightarrow \quad \varphi(x, y, z) = \frac{yz}{1+x^2} + ze^{y^2} + k(z)$$

$$\Rightarrow \quad \varphi_z(x, y, z) = \frac{y}{1+x^2} + e^{y^2} + k'(z) \stackrel{!}{=} \frac{y}{1+x^2} + e^{y^2} - \sin z$$

$$\Rightarrow \quad k'(z) = -\sin z$$

$$\Rightarrow \quad k(z) = \cos z + C \quad \text{mit} \quad C \in \mathbb{R}$$

$$\Rightarrow \quad \varphi(x, y, z) = \frac{yz}{1+x^2} + ze^{y^2} + \cos z + C\,.$$

c) i) $\boldsymbol{f}$ besitzt kein Potential, denn es gilt

$$\operatorname{rot} \boldsymbol{f}(x, y, z) = \begin{pmatrix} f_{3y} - f_{2z} \\ f_{1z} - f_{3x} \\ f_{2x} - f_{1y} \end{pmatrix} = \begin{pmatrix} -z - 0 \\ 0 - 0 \\ 1 - (-1) \end{pmatrix} = \begin{pmatrix} -z \\ 0 \\ 2 \end{pmatrix}$$

ii) Tangentialvektor: $\dot{\boldsymbol{c}}(t) = (3\cos(t), 3\sin(t), 1)^T$ (siehe Abb. L19.15)

$$\int_{\boldsymbol{c}} \boldsymbol{f}(\boldsymbol{x})\,\mathrm{d}\boldsymbol{x} = \int_0^{6\pi} \langle \boldsymbol{f}(\boldsymbol{c}(t)), \dot{\boldsymbol{c}}(t)\rangle\,\mathrm{d}t = \int_0^{6\pi} \left\langle \begin{pmatrix} 3\cos(t) + 1 \\ 3\sin(t) \\ 3t\cos(t) \end{pmatrix}, \begin{pmatrix} 3\cos(t) \\ 3\sin(t) \\ 1 \end{pmatrix} \right\rangle \mathrm{d}t$$

$$= \int_0^{6\pi} 9 + 3\cos(t) + 3t\cos(t)\,\mathrm{d}t$$

$$= 9t + 3\sin(t) + 3(t\sin(t) + \cos(t)|_0^{6\pi} = 54\pi$$

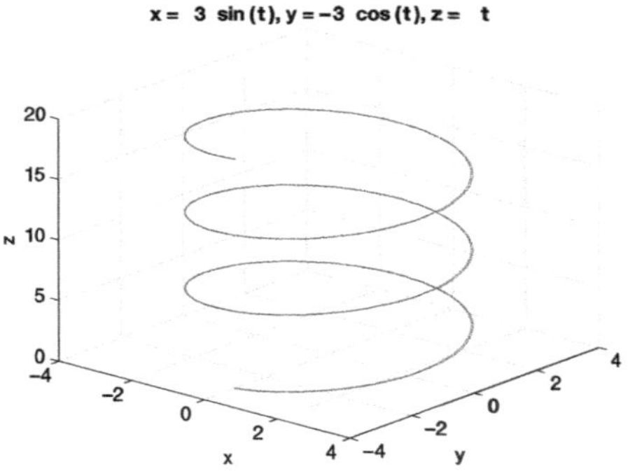

Abb. L19.15 Kurve $\boldsymbol{c}$.

d) i) $\boldsymbol{f}$ besitzt ein Potential, denn es gilt

$$\operatorname{rot} \boldsymbol{f}(x, y, z) = \begin{pmatrix} 4z^3 - 4z^3 \\ -\sin x - (-\sin x) \\ 1 - 1 \end{pmatrix} = \begin{pmatrix} 0 \\ 0 \\ 0 \end{pmatrix}$$

und der $\mathbb{R}^3$ als Definitionsbereich von $\boldsymbol{f}$ ist einfach zusammenhängend.

ii) Berechnung des Potentials $\Phi(x, y)$ durch sukzessive Integration:

$$\Phi_x = 2e^{2x} + y - z \sin x \Rightarrow \Phi(x, y, z) = e^{2x} + xy + z \cos x + c(y, z)$$

$$\Phi_y = x + c_y(y, z) \stackrel{!}{=} x + 2y + z^4 \Rightarrow c_y(y, z) = 2y + z^4$$

$$\Rightarrow c(y, z) = y^2 + yz^4 + k(z)$$

$$\Rightarrow \Phi(x, y, z) = e^{2x} + xy + z \cos x + y^2 + yz^4 + k(z)$$

$$\Phi_z = \cos x + 4yz^3 + k'(z) \stackrel{!}{=} \cos x + 4yz^3 \Rightarrow k'(z) = 0$$

$$\Rightarrow k(z) = K \in \mathbb{R}$$

Damit erhält man das Potential $\Phi(x, y, z) = e^{2x} + xy + z \cos x + y^2 + yz^4 + K$.

iii)

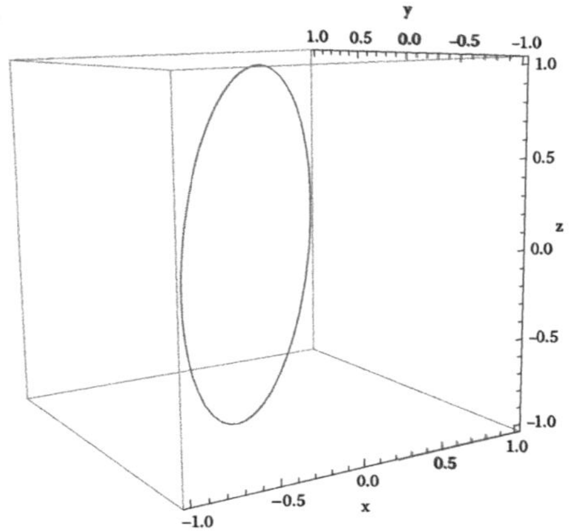

Abb. L19.16 Geschlossene Kurve $\boldsymbol{c}$.

Da zu $\boldsymbol{f}(x, y, z)$ ein Potential $\Phi(x, y, z)$ existiert, gilt nach dem Hauptsatz für Kurvenintegrale

$$\oint_{c} \boldsymbol{f}(\boldsymbol{x})\,\mathrm{d}\boldsymbol{x} = \Phi(\boldsymbol{c}(2\pi)) - \Phi(\boldsymbol{c}(0)) = \Phi(1,1,0) - \Phi(1,1,0) = 0$$

L19.3 Oberflächenintegrale

Lösung zu A19.3.1

a) Bei der darzustellenden Fläche handelt es sich um einen Kegel mit Spitze im Punkt $(0,0,2)$ und Grundfläche in der x-y-Ebene.
Wird die Parametrisierung des Funktionsgraphen $(x, 0, z(x))^T$ mit $x \in [0,3]$ der Drehung des $\mathbb{R}^3$ um die z-Achse unterworfen, so erhält man folgende Parametrisierung des Kegels:

$$\begin{pmatrix} x \\ \varphi \end{pmatrix} \mapsto \begin{pmatrix} \cos\varphi & -\sin\varphi & 0 \\ \sin\varphi & \cos\varphi & 0 \\ 0 & 0 & 1 \end{pmatrix} \begin{pmatrix} x \\ 0 \\ z(x) \end{pmatrix} = \begin{pmatrix} x\cos\varphi \\ x\sin\varphi \\ -\frac{2}{3}x + 2 \end{pmatrix},$$

wobei $(x, \varphi)^T \in [0,3] \times [0, 2\pi]$.

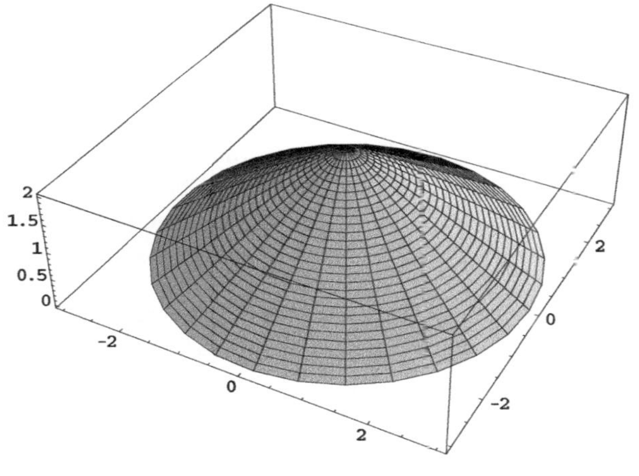

Abb. L19.17
Kegelmantel.

Mit $z = 2\xi = -\frac{2}{3}x + 2$ folgt $x = 3(1-\xi)$, und es ergibt sich die alternative Parametrisierung:

$$\begin{pmatrix} \xi \\ \varphi \end{pmatrix} \mapsto \begin{pmatrix} 3(1-\xi)\cos\varphi \\ 3(1-\xi)\sin\varphi \\ 2\xi \end{pmatrix},$$

wobei $(\xi, \varphi)^T \in [0,1] \times [0, 2\pi]$.

b) Die Darstellung ergibt sich aus den Kugelkoordinaten mit $R = 5$ und anschließender Verschiebung um den Vektor $M = (1, -2, 3)^T$:

$$\begin{pmatrix} \varphi \\ \theta \end{pmatrix} \mapsto \begin{pmatrix} 5\cos\varphi\cos\theta + 1 \\ 5\sin\varphi\cos\theta - 2 \\ 5\sin\theta + 3 \end{pmatrix},$$

wobei $(\varphi, \theta)^T \in [-\pi, \pi] \times \left[0, \frac{\pi}{2}\right]$.

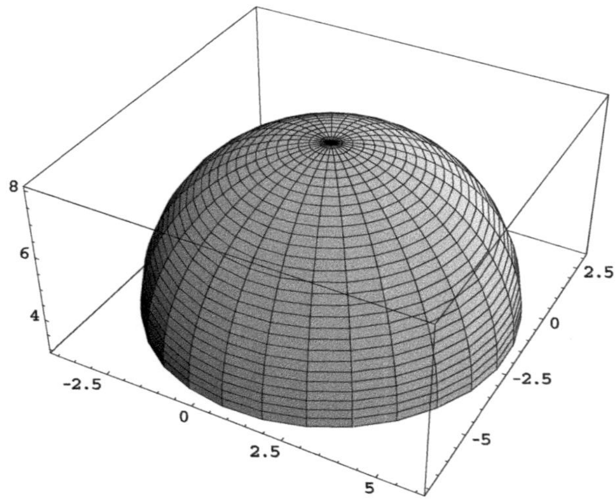

Abb. L19.18 Halbkugel.

c) Bei der darzustellenden Fläche handelt es sich um einen Torus mit der z-Achse als Drehachse sowie den Radien $R = 3$ und $r = 2$. Die Parametrisierung des um die z-Achse zu drehenden Kreises bei $y = 0$ sei $(3 + 2\cos\delta, 0, 2\sin\delta)^T$ mit $\delta \in [0, 2\pi]$. Man erhält so die folgende Parametrisierung des Torus:

$$\begin{pmatrix} \delta \\ \varphi \end{pmatrix} \mapsto \begin{pmatrix} \cos\varphi & -\sin\varphi & 0 \\ \sin\varphi & \cos\varphi & 0 \\ 0 & 0 & 1 \end{pmatrix} \begin{pmatrix} 3 + 2\cos\delta \\ 0 \\ 2\sin\delta \end{pmatrix} = \begin{pmatrix} (3 + 2\cos\delta)\cos\varphi \\ (3 + 2\cos\delta)\sin\varphi \\ 2\sin\delta \end{pmatrix},$$

wobei $(\delta, \varphi)^T \in [0, 2\pi] \times [0, 2\pi]$(siehe Abb. L19.19).

d) Die Parametrisierung der unteren Hälfte des Zylindermantels ergibt sich aus der Drehung der Strecke $(x, \frac{1}{2}, 0)^T$ mit $x \in [-1, 2]$ um die x-Achse für die Drehwinkel $\varphi \in [\pi, 2\pi]$ und anschließender Verschiebung in den Punkt $(0, -1, 0)^T$:

$$\begin{pmatrix} x \\ \varphi \end{pmatrix} \mapsto \begin{pmatrix} 1 & 0 & 1 \\ 0 & \cos\varphi & -\sin\varphi \\ 0 & \sin\varphi & \cos\varphi \end{pmatrix} \begin{pmatrix} x \\ \frac{1}{\sqrt{2}} \\ 0 \end{pmatrix} + \begin{pmatrix} 0 \\ -1 \\ 0 \end{pmatrix} = \begin{pmatrix} x \\ -1 + \frac{1}{\sqrt{2}}\cos\varphi \\ \frac{1}{\sqrt{2}}\sin\varphi \end{pmatrix},$$

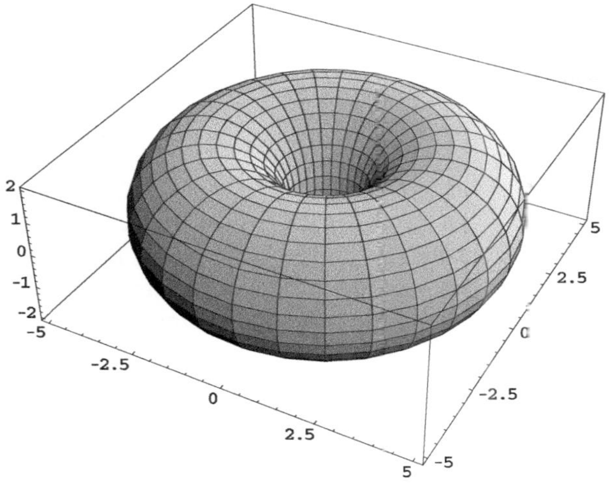

Abb. L19.19 Torus.

wobei $(x, \varphi)^T \in [-1, 2] \times [\pi, 2\pi]$.

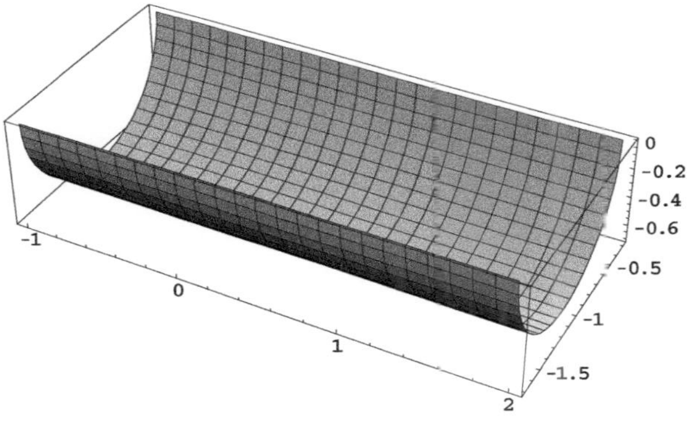

Abb. L19.20
Halber Zylindermantel.

Lösung zu A19.3.2

a) Bei der darzustellenden Fläche handelt es sich um einen Torus mit Dreiecksquerschnitt. Die äußere Fläche wird durch Drehung der Funktion $z_1(x) = 2 - |x|$ und die innere Fläche durch Drehung der Funktion $z(x) = 1$ jeweils um die x-Achse und für $x \in [-1, 1]$ erzeugt.
Die äußere Fläche ist daher parametrisierbar durch $\boldsymbol{p}_1 : [-1, 1] \times [0, 2\pi] \to \mathbb{R}^3$ mit

$$\boldsymbol{p}_1(x, \varphi) = \begin{pmatrix} 1 & 0 & 0 \\ 0 & \cos\varphi & -\sin\varphi \\ 0 & \sin\varphi & \cos\varphi \end{pmatrix} \begin{pmatrix} x \\ 0 \\ 2 - |x| \end{pmatrix} = \begin{pmatrix} x \\ -(2 - |x|)\sin\varphi \\ (2 - |x|)\cos\varphi \end{pmatrix} .$$

Eine Parametrisierung der inneren Zylinderfläche ergibt sich durch $\boldsymbol{p}_2 : [-1, 1] \times [0, 2\pi] \to \mathbb{R}^3$ mit

$$\boldsymbol{p}_2(x, \varphi) = \begin{pmatrix} 1 & 0 & 0 \\ 0 & \cos\varphi & -\sin\varphi \\ 0 & \sin\varphi & \cos\varphi \end{pmatrix} \begin{pmatrix} x \\ 0 \\ 1 \end{pmatrix} = \begin{pmatrix} x \\ -\sin\varphi \\ \cos\varphi \end{pmatrix} .$$

b) Das Rotationsellipsoid entsteht durch Drehung des oberen Ellipsenbogens von $x^2 + 4z^2 = 4$ in der x-z-Ebene um die x-Achse und anschließende Verschiebung um den Vektor $(2, 0, 1)^T$. Eine Parametrisierung ergibt sich daher durch $\boldsymbol{p}: [0, \pi] \times [0, 2\pi] \to \mathbb{R}^3$ mit

$$\boldsymbol{p}(\theta, \varphi) = \begin{pmatrix} 1 & 0 & 0 \\ 0 & \cos\varphi & -\sin\varphi \\ 0 & \sin\varphi & \cos\varphi \end{pmatrix} \begin{pmatrix} 2\cos\theta \\ 0 \\ \sin\theta \end{pmatrix} + \begin{pmatrix} 2 \\ 0 \\ 1 \end{pmatrix} = \begin{pmatrix} 2\cos\theta + 2 \\ -\sin\varphi\sin\theta \\ \cos\varphi\sin\theta + 1 \end{pmatrix} .$$

Damit erfüllt $\boldsymbol{p}$ die Ellipsoidgleichung $(x-2)^2 + 4y^2 + 4(z-1)^2 = 4$.

c) Eine Parametrisierung ergibt sich durch Wahl von Polarkoordinaten $(x, y) = (r\cos\varphi, r\sin\varphi)$ in der x-y-Ebene. Die z-Koordinate ergibt sich aus der Ebene E durch $z = \frac{1}{3}(5 - 2x + y) = \frac{1}{3}(5 - 2r\cos\varphi + r\sin\varphi)$. Damit erhält man $\boldsymbol{p}:]0, 3] \times \left[\frac{\pi}{2}, \frac{3\pi}{2}\right] \to \mathbb{R}^3$ mit

$$\boldsymbol{p}(r, \varphi) = \begin{pmatrix} r\cos\varphi \\ r\sin\varphi \\ \frac{1}{3}(5 - 2r\cos\varphi + r\sin\varphi) \end{pmatrix} .$$

Lösung zu A19.3.3

a) Die Fläche Z kann über Zylinderkoordinaten parametrisiert werden

$$\boldsymbol{p}: \underbrace{[0, 2] \times [0, \pi]}_{=D} \to \mathbb{R}^3 \quad \text{mit} \quad \boldsymbol{p}(y, \varphi) = (3\cos\varphi, y, 3\sin\varphi)^T .$$

b) Für die Zeichnung mit MATLAB verwenden wir die Parametrisierung $\boldsymbol{p}$ (siehe Abb. L19.21)

```
ezgraph3('surf','3*cos(t)',
         'y','3*sin(t)',
         [0,pi,0,2])
```

c) $$\frac{\partial \boldsymbol{p}}{\partial y} \times \frac{\partial \boldsymbol{p}}{\partial \varphi} = \begin{vmatrix} \boldsymbol{e}_1 & \boldsymbol{e}_2 & \boldsymbol{e}_3 \\ 0 & 1 & 0 \\ -3\sin\varphi & 0 & 3\cos\varphi \end{vmatrix} = \begin{pmatrix} 3\cos\varphi \\ 0 \\ 3\sin\varphi \end{pmatrix}$$

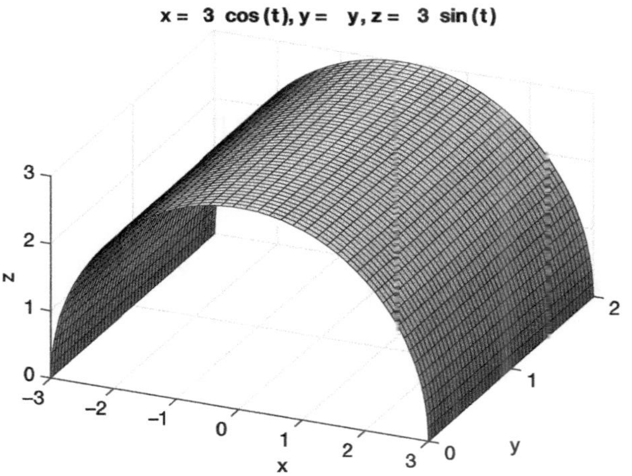

Abb. L19.21
Halber Zylinder Z.

$$\int\limits_Z \mathrm{d}o = \int\limits_D \left\| \frac{\partial \boldsymbol{p}}{\partial y} \times \frac{\partial \boldsymbol{p}}{\partial \varphi} \right\| \mathrm{d}(y,\varphi) = \int\limits_0^2 \int\limits_0^\pi \sqrt{9\cos^2\varphi + 9\sin^2\varphi}\,\mathrm{d}\varphi\,\mathrm{d}y$$

$$= 3\int\limits_0^2 \int\limits_0^\pi \mathrm{d}\varphi\,\mathrm{d}y = 3\int\limits_0^2 \mathrm{d}y \int\limits_0^\pi \mathrm{d}\varphi = 6\pi$$

Lösung zu A19.3.4

a) Parametrisierung und Berechnung in kartesischen Koordinaten:

$$\boldsymbol{p}_1 : K_1 \to \mathbb{R}^3 \quad \text{mit} \quad \boldsymbol{p}_1(x,y) = \begin{pmatrix} x \\ y \\ \sqrt{x^2+y^2} \end{pmatrix},$$

wobei $K_1 = \left\{ (x,y)^T \in \mathbb{R}^2 \mid -1 \le x \le 1 \ \wedge\ -\sqrt{1-x^2} \le y \le \sqrt{1-x^2} \right\}$,
d. h. es gilt $M = \boldsymbol{p}_1(K_1)$.

$$\frac{\partial \boldsymbol{p}_1}{\partial x} \times \frac{\partial \boldsymbol{p}_1}{\partial y} = \begin{vmatrix} \boldsymbol{e}_1 & \boldsymbol{e}_2 & \boldsymbol{e}_3 \\ 1 & 0 & \frac{x}{\sqrt{x^2+y^2}} \\ 0 & 1 & \frac{y}{\sqrt{x^2+y^2}} \end{vmatrix} = \begin{pmatrix} -\frac{x}{\sqrt{x^2+y^2}} \\ -\frac{y}{\sqrt{x^2+y^2}} \\ 1 \end{pmatrix} \Rightarrow \left\| \frac{\partial \boldsymbol{p}_1}{\partial x} \times \frac{\partial \boldsymbol{p}_1}{\partial y} \right\| = \sqrt{2}$$

$$\int\limits_M \mathrm{d}o = \int\limits_{K_1} \left\| \frac{\partial \boldsymbol{p}_1}{\partial x} \times \frac{\partial \boldsymbol{p}_1}{\partial y} \right\| \mathrm{d}(x,y) = \int\limits_{-1}^{1} \int\limits_{-\sqrt{1-x^2}}^{\sqrt{1-x^2}} \sqrt{2}\,\mathrm{d}y\,\mathrm{d}x$$

$$= 2\sqrt{2}\int\limits_{-1}^{1} \sqrt{1-x^2}\,\mathrm{d}x \overset{x=\sin t}{=} 2\sqrt{2}\int\limits_{-\pi/2}^{\pi/2} \cos^2 t\,\mathrm{d}t = \pi\sqrt{2}\,.$$

Parametrisierung und Berechnung in Polarkoordinaten:

$$\boldsymbol{p}_2\colon \underbrace{[0,1]\times[0,2\pi]}_{=K_2} \to \mathbb{R}^3 \quad \text{mit} \quad \boldsymbol{p}_2(r,\varphi) = \begin{pmatrix} r\cos\varphi \\ r\sin\varphi \\ r \end{pmatrix}.$$

$$\frac{\partial \boldsymbol{p}_2}{\partial r} \times \frac{\partial \boldsymbol{p}_2}{\partial \varphi} = \begin{vmatrix} \boldsymbol{e}_1 & \boldsymbol{e}_2 & \boldsymbol{e}_3 \\ \cos\varphi & \sin\varphi & 1 \\ -r\sin\varphi & r\cos\varphi & 0 \end{vmatrix} = \begin{pmatrix} -r\cos\varphi \\ -r\sin\varphi \\ r \end{pmatrix} \Rightarrow \left\| \frac{\partial \boldsymbol{p}_2}{\partial r} \times \frac{\partial \boldsymbol{p}_2}{\partial \varphi} \right\| = \sqrt{2}r$$

$$\int_M \mathrm{d}o = \int_{K_2} \left\| \frac{\partial \boldsymbol{p}_2}{\partial r} \times \frac{\partial \boldsymbol{p}_2}{\partial \varphi} \right\| \mathrm{d}(r,\varphi) = \int_0^1 \int_0^{2\pi} \sqrt{2}r \,\mathrm{d}\varphi\,\mathrm{d}r = \pi\sqrt{2}.$$

b) Unter Verwendung von Polarkoordinaten ergibt sich

$$\int_M \boldsymbol{f}(\boldsymbol{x})\,\mathrm{d}o = \int_{K_2} \left\langle \boldsymbol{f}(\boldsymbol{p}_2(r,\varphi)), \frac{\partial \boldsymbol{p}_2}{\partial r} \times \frac{\partial \boldsymbol{p}_2}{\partial \varphi} \right\rangle \mathrm{d}(r,\varphi)$$

$$= \int_0^1 \int_0^{2\pi} \left\langle \begin{pmatrix} r\cos\varphi + r\sin\varphi \\ r\sin\varphi - r\cos\varphi \\ r^2 \end{pmatrix}, \begin{pmatrix} -r\cos\varphi \\ -r\sin\varphi \\ r \end{pmatrix} \right\rangle \mathrm{d}\varphi\,\mathrm{d}r = \int_0^1 \int_0^{2\pi} -r^2 + r^3 \,\mathrm{d}\varphi\,\mathrm{d}r = -\frac{\pi}{6}.$$

Lösung zu A19.3.5

a) i)

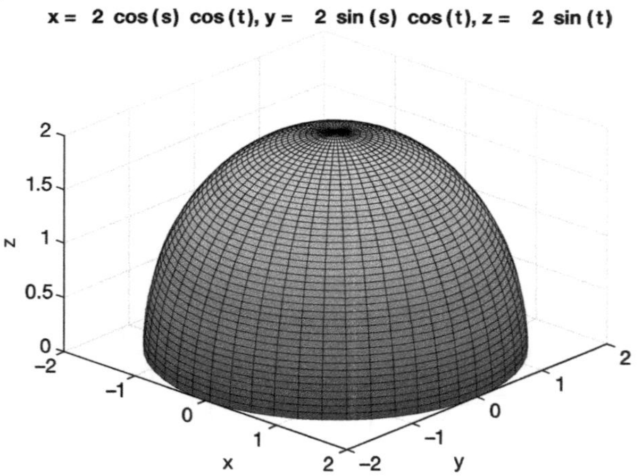

Abb. L19.22 Halbkugel K.

ii) Parametrisierung der Halbkugelfläche K: $\boldsymbol{q}\colon [0,2\pi]\times\left[0,\frac{\pi}{2}\right] \to \mathbb{R}^3$ mit

$$\boldsymbol{q}(\varphi,\psi) = \begin{pmatrix} 2\cos\varphi\cos\psi \\ 2\sin\varphi\cos\psi \\ 2\sin\psi \end{pmatrix} = \begin{pmatrix} x \\ y \\ z \end{pmatrix}$$

iii) Fluss durch K, mit der Flächennormalen

$$\frac{\partial \boldsymbol{q}}{\partial \varphi} \times \frac{\partial \boldsymbol{q}}{\partial \psi} = \begin{vmatrix} \boldsymbol{e}_1 & \boldsymbol{e}_2 & \boldsymbol{e}_3 \\ -2\sin\varphi\cos\psi & 2\cos\varphi\cos\psi & 0 \\ -2\cos\varphi\sin\psi & -2\sin\varphi\sin\psi & 2\cos\psi \end{vmatrix} = 4\cos\psi \begin{pmatrix} \cos\varphi\cos\psi \\ \sin\varphi\cos\psi \\ \sin\psi \end{pmatrix},$$

$$\int_K \boldsymbol{f}\,\mathrm{d}o = \int_0^{2\pi}\int_0^{\pi/2} 4\cos\psi \left\langle \begin{pmatrix} 2\sin\varphi\cos\psi \\ -2\cos\varphi\cos\psi \\ 2\sin\psi \end{pmatrix}, \begin{pmatrix} \cos\varphi\cos\psi \\ \sin\varphi\cos\psi \\ \sin\psi \end{pmatrix} \right\rangle \mathrm{d}\psi\,\mathrm{d}\varphi$$

$$= \int_0^{2\pi}\int_0^{\pi/2} 8\cos\psi\sin^2\psi\,\mathrm{d}\psi\,\mathrm{d}\varphi = 16\pi \left.\frac{\sin^3\psi}{3}\right|_0^{\pi/2} = \frac{16\pi}{3}$$

b) i)

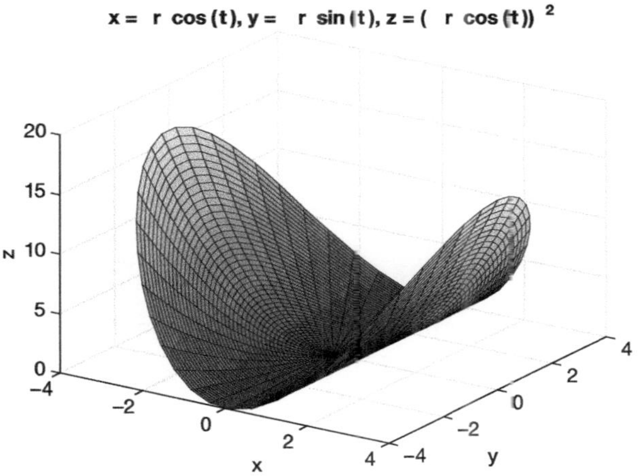

Abb. L19.23 Fläche F.

Parametrisierung der Fläche F:
$\boldsymbol{q}\colon [0,2]\times[0,2\pi] \to \mathbb{R}^3$ mit

$$\boldsymbol{q}(r,\varphi) = \begin{pmatrix} r\cos\varphi \\ r\sin\varphi \\ r^2\cos^2\varphi \end{pmatrix} = \begin{pmatrix} x \\ y \\ z \end{pmatrix}$$

ii) Fluss durch F, mit der Flächennormalen

$$\frac{\partial \boldsymbol{q}}{\partial r} \times \frac{\partial \boldsymbol{q}}{\partial \varphi} = \begin{vmatrix} \boldsymbol{e}_1 & \boldsymbol{e}_2 & \boldsymbol{e}_3 \\ \cos\varphi & \sin\varphi & 2r\cos^2\varphi \\ -r\sin\varphi & r\cos\varphi & -2r^2\sin\varphi\cos\varphi \end{vmatrix} = \begin{pmatrix} -2r^2\cos\varphi \\ 0 \\ r \end{pmatrix},$$

$$\int_F \boldsymbol{f}\,\mathrm{d}o = \int_0^2 \int_0^{2\pi} \left\langle \begin{pmatrix} -r\sin\varphi \\ r\cos\varphi + r^2\cos^2\varphi \\ 6r^2\cos\varphi\sin\varphi \end{pmatrix}, \begin{pmatrix} -2r^2\cos\varphi \\ 0 \\ r \end{pmatrix} \right\rangle \mathrm{d}\varphi\,\mathrm{d}r$$

$$= \int_0^2 \int_0^{2\pi} 8r^3\cos\varphi\sin\varphi\,\mathrm{d}\varphi\,\mathrm{d}r = \int_0^2 4r^3\,\mathrm{d}r \cdot \int_0^{2\pi} 2\cos\varphi\sin\varphi\,\mathrm{d}\varphi$$

$$= r^4\Big|_0^2 \sin^2\varphi\Big|_0^{2\pi} = 0$$

c) i)

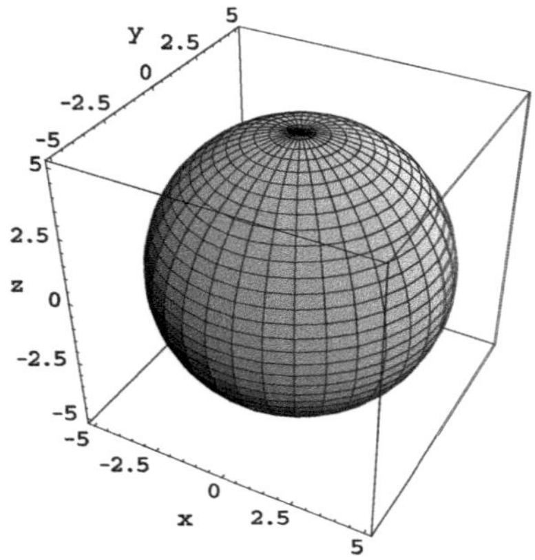

Abb. L19.24 Kugel vom Radius $r = 5$.

ii) Nach dem Gaußschen Integralsatz kann der Fluss von $\boldsymbol{f}$ durch die Oberfläche von K berechnet werden durch

$$\int_{\partial K} \boldsymbol{f}\,\mathrm{d}o = \int_K \operatorname{div}\boldsymbol{f}\,\mathrm{d}(x, y, z)$$

Mit Kugelkoordinaten

$$\begin{pmatrix} x \\ y \\ z \end{pmatrix} = \begin{pmatrix} r\cos\varphi\cos\psi \\ r\sin\varphi\cos\psi \\ r\sin\psi \end{pmatrix}, \quad 0 \le \varphi \le 2\pi\,, \quad -\pi/2 \le \psi \le \pi/2\,, \quad 0 \le r \le 5$$

und $\operatorname{div}\boldsymbol{f} = 3z^2$ erhält man

$$\int_K \operatorname{div}\boldsymbol{f}\,\mathrm{d}(x, y, z) = \int_0^5 \int_0^{2\pi} \int_{-\pi/2}^{\pi/2} 3r^2\sin^2\psi r^2\cos\psi\,\mathrm{d}\psi\,\mathrm{d}\varphi\,\mathrm{d}r$$

$$= \int_0^5 \int_0^{2\pi} r^4\sin^3\psi\,\Big|_{-\pi/2}^{\pi/2} \mathrm{d}\varphi\,\mathrm{d}r$$

$$= \int_0^5 \int_0^{2\pi} 2r^4\,\mathrm{d}\varphi\,\mathrm{d}r = \int_0^5 4\pi r^4\,\mathrm{d}\varphi\,\mathrm{d}r = \frac{4\pi r^5}{5}\Big|_0^5 = 2500\pi$$

Alternativ kann der Fluss auch direkt berechnet werden mit der Parametrisierung $\boldsymbol{p}$ der Kugeloberfläche ∂K:

$$\boldsymbol{p}\colon [0, 2\pi] \times \left[-\frac{\pi}{2}, \frac{\pi}{2}\right] \to \mathbb{R}^3 , \qquad \boldsymbol{p}(\varphi, \psi) = \begin{pmatrix} 5\cos\varphi\cos\psi \\ 5\sin\varphi\cos\psi \\ 5\sin\psi \end{pmatrix}$$

äußere Normale

$$\frac{\partial \boldsymbol{p}}{\partial \varphi} \times \frac{\partial \boldsymbol{p}}{\partial \psi} = \begin{vmatrix} \boldsymbol{e}_1 & \boldsymbol{e}_2 & \boldsymbol{e}_3 \\ -5\sin\varphi\cos\psi & 5\cos\varphi\cos\psi & 0 \\ -5\cos\varphi\sin\psi & -5\sin\varphi\sin\psi & 5\cos\psi \end{vmatrix} = 25\cos\psi \begin{pmatrix} \cos\varphi\cos\psi \\ \sin\varphi\cos\psi \\ \sin\psi \end{pmatrix}$$

Fluss durch ∂K

$$\int_{\partial K} \boldsymbol{f}\,\mathrm{d}o = \int_0^{2\pi} \int_{-\pi/2}^{\pi/2} 25\cos\psi \left\langle \begin{pmatrix} 5\sin\varphi\cos\psi \\ -5\cos\varphi\cos\psi \\ 5^3\sin^3\psi \end{pmatrix}, \begin{pmatrix} \cos\varphi\cos\psi \\ \sin\varphi\cos\psi \\ \sin\psi \end{pmatrix} \right\rangle \mathrm{d}\psi\,\mathrm{d}\varphi$$

$$= \int_0^{2\pi} \int_{-\pi/2}^{\pi/2} 5^5\cos\psi\sin^4\psi\,\mathrm{d}\psi\,\mathrm{d}\varphi = 5^5 2\pi \left.\frac{\sin^5\psi}{5}\right|_{-\pi/2}^{\pi/2} = 2500\pi$$

Lösung zu A19.3.6

a)

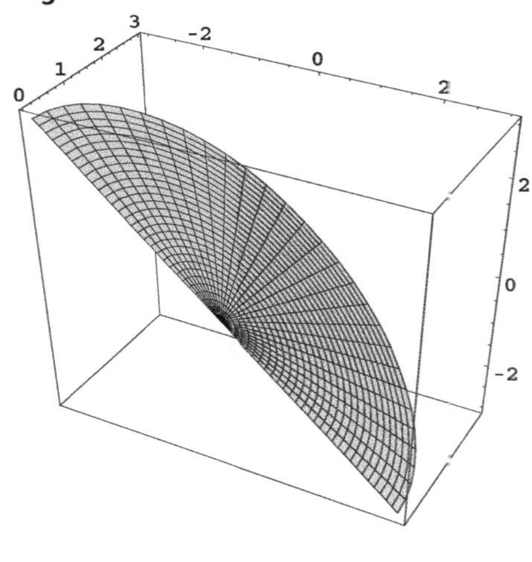

Abb. L19.25 Fläche G.

b) Ohne geometrische Vorstellung ergibt sich der Flächeninhalt von G über die Parametrisierung:
$\boldsymbol{p}\colon [0, 3] \times [0, \pi] \to \mathbb{R}^3$ mit

$$\boldsymbol{p}(r, \varphi) = \begin{pmatrix} r\cos\varphi \\ r\sin\varphi \\ -r\cos\varphi \end{pmatrix} \quad\Rightarrow\quad \frac{\partial \boldsymbol{p}}{\partial r} \times \frac{\partial \boldsymbol{p}}{\partial \varphi} = \begin{vmatrix} \boldsymbol{e}_1 & \boldsymbol{e}_2 & \boldsymbol{e}_3 \\ \cos\varphi & \sin\varphi & -\cos\varphi \\ -r\sin\varphi & r\cos\varphi & r\sin\varphi \end{vmatrix} = \begin{pmatrix} r \\ 0 \\ r \end{pmatrix}$$

$$\int_G \mathrm{d}o = \int_0^3 \int_0^\pi \sqrt{\frac{\partial \boldsymbol{p}}{\partial r} \times \frac{\partial \boldsymbol{p}}{\partial \varphi}}\, \mathrm{d}\varphi\, \mathrm{d}r = \int_0^3 \int_0^\pi r\sqrt{2}\, \mathrm{d}\varphi\, \mathrm{d}r = 9\pi/\sqrt{2}\,.$$

Alternative:
Der Flächeninhalt von G ist der einer halben Ellipse mit den Halbachsen $a = 3\sqrt{2}$ und $b = 3$

$$\int_E \mathrm{d}o = ab\pi/2 = 9\pi/\sqrt{2}\,,$$

denn die um die y-Achse um $\pi/4$ gedrehte Randkurve von G

$$\begin{pmatrix} 1/\sqrt{2} & 0 & -1/\sqrt{2} \\ 0 & 1 & 0 \\ 1/\sqrt{2} & 0 & 1/\sqrt{2} \end{pmatrix} \begin{pmatrix} 3\cos t \\ 3\sin t \\ -3\cos t \end{pmatrix} = \begin{pmatrix} 3\sqrt{2}\cos t \\ 3\sin t \\ 0 \end{pmatrix}$$

erfüllt die Ellipsengleichung $\left(\frac{x}{3\sqrt{2}}\right)^2 + \left(\frac{y}{3}\right)^2 = 1$

c) Parametrisierung der Geraden von ∂G:

$$\boldsymbol{c}_1(t) = \begin{pmatrix} t \\ 0 \\ -t \end{pmatrix}, -3 \le t \le 3 \quad \Rightarrow \quad \dot{\boldsymbol{c}}_1(t) = \begin{pmatrix} 1 \\ 0 \\ -1 \end{pmatrix}$$

$$\int_{\boldsymbol{c}_1} \boldsymbol{f}\, \mathrm{d}\boldsymbol{x} = \int_{-3}^{3} \left\langle \begin{pmatrix} 1 \\ -t^2+1 \\ 1 \end{pmatrix}, \begin{pmatrix} 1 \\ 0 \\ -1 \end{pmatrix} \right\rangle \mathrm{d}t = \int_{-3}^{3} 1 - 1\, \mathrm{d}t = 0\,.$$

Parametrisierung des Ellipsenrandes von ∂G:

$$\boldsymbol{c}_2(t) = \begin{pmatrix} 3\cos t \\ 3\sin t \\ -3\cos t \end{pmatrix}, \ 0 \le t \le \pi \quad \Rightarrow \quad \dot{\boldsymbol{c}}_2(t) = \begin{pmatrix} -3\sin t \\ 3\cos t \\ 3\sin t \end{pmatrix}$$

$$\int_{\boldsymbol{c}_2} \boldsymbol{f}\, \mathrm{d}\boldsymbol{x} = \int_0^\pi \left\langle \begin{pmatrix} -9\sin t\cos t + 1 \\ -9\cos^2 t + 1 \\ 9\sin t\cos t + 1 \end{pmatrix}, \begin{pmatrix} -3\sin t \\ 3\cos t \\ 3\sin t \end{pmatrix} \right\rangle \mathrm{d}t$$

$$= \int_0^\pi 54\sin^2 t\cos t - 27\cos^3 t + 3\cos t\, \mathrm{d}t = 0$$

$$\Rightarrow \quad \oint_{\boldsymbol{c}_1 + \boldsymbol{c}_2} \boldsymbol{f}\, \mathrm{d}\boldsymbol{x} = \int_{\boldsymbol{c}_1} \boldsymbol{f}\, \mathrm{d}\boldsymbol{x} + \int_{\boldsymbol{c}_2} \boldsymbol{f}\, \mathrm{d}\boldsymbol{x} = 0\,.$$

Alternative:
Der $\mathbb{R}^3$ als Definitionsbereich ist einfach zusammenhängend und die Integrabilitätsbedingung

$$\operatorname{rot} \boldsymbol{f}(x, y, z) = \begin{pmatrix} x - x \\ y - y \\ z - z \end{pmatrix} = \boldsymbol{0}$$

ist erfüllt. Daher besitzt $\boldsymbol{f}(x, y, z)$ ein Potential $v(x, y, z)$, d. h. es gilt $\boldsymbol{f} = \operatorname{grad} v = (v_x, v_y, v_z)^T$:

$$v_x(x, y, z) = yz + 1 \quad \Rightarrow \quad v(x, y, z) = xyz + x + c(y, z)$$

$$\Rightarrow \quad v_y(x, y, z) = xz + c_y(y, z) \stackrel{!}{=} xz + 1 \quad \Rightarrow \quad c_y(y, z) = 1$$

$$\Rightarrow \quad c(y, z) = y + k(z) \quad \Rightarrow \quad v(x, y, z) = xyz + x + y + k(z)$$

$$\Rightarrow \quad v_z(x, y, z) = xy + k'(z) \stackrel{!}{=} xy + 1 \quad \Rightarrow \quad k'(z) = 1$$

$$\Rightarrow \quad k(z) = z + K \quad \text{mit} \quad K \in \mathbb{R} \quad \Rightarrow \quad v(x, y, z) = xyz + x + y + z + K\,.$$

Parametrisierung der Geraden $\boldsymbol{c}_1$ von ∂G mit $-3 \leq t \leq 3$:

$$\boldsymbol{c}_1(t) = \begin{pmatrix} t \\ 0 \\ -t \end{pmatrix} \Rightarrow \boldsymbol{c}_1(3) = \begin{pmatrix} 3 \\ 0 \\ -3 \end{pmatrix}, \; \boldsymbol{c}_1(-3) = \begin{pmatrix} -3 \\ 0 \\ 3 \end{pmatrix}.$$

Da zu $\boldsymbol{f}$ ein Potential existiert, gilt:

$$\int_{\boldsymbol{c}_1} \boldsymbol{f}\, \mathrm{d}\boldsymbol{x} = v(\boldsymbol{c}_1(3)) - v(\boldsymbol{c}_1(-3)) = v(3, 0, -3) - v(-3, 0, 3) = 0 - 0 = 0\,.$$

Da die Kurve $\partial G = \boldsymbol{c}_1 + \boldsymbol{c}_2$ geschlossen ist, gilt wegen des existierenden Potentials

$$\oint_{\boldsymbol{c}_1 + \boldsymbol{c}_2} \boldsymbol{f}\, \mathrm{d}\boldsymbol{x} = 0\,.$$

Lösung zu A19.3.7

a) i) Parametrisierung der Bodenfläche F_1:

$$\boldsymbol{p}_1 \colon [0, 1] \times [0, 2\pi] \longrightarrow \mathbb{R}^3 \quad \text{mit} \quad \boldsymbol{p}_1(r, \varphi) = (r\cos\varphi + 2, r\sin\varphi, 1)^T\,.$$

Äußere Normalenrichtung zu F_1:

$$\frac{\partial \boldsymbol{p}_1}{\partial \varphi} \times \frac{\partial \boldsymbol{p}_1}{\partial r} = \begin{vmatrix} \boldsymbol{e}_1 & \boldsymbol{e}_2 & \boldsymbol{e}_3 \\ -r\sin\varphi & r\cos\varphi & 0 \\ \cos\varphi & \sin\varphi & 0 \end{vmatrix} = \begin{pmatrix} 0 \\ 0 \\ -r \end{pmatrix}.$$

ii) Parametrisierung der Halbkugeloberfläche F_2:

$$\boldsymbol{p}_2\colon \left[0, \frac{\pi}{2}\right] \times [0, 2\pi] \quad \text{mit} \quad \boldsymbol{p}_2(\theta, \varphi) = (\cos\varphi\cos\theta + 2, \sin\varphi\cos\theta, \sin\theta + 1)^T .$$

Äußere Normalenrichtung zu F_2:

$$\frac{\partial \boldsymbol{p}_2}{\partial \varphi} \times \frac{\partial \boldsymbol{p}_2}{\partial \theta} = \begin{vmatrix} \boldsymbol{e}_1 & \boldsymbol{e}_2 & \boldsymbol{e}_3 \\ -\sin\varphi\cos\theta & \cos\varphi\cos\theta & 0 \\ -\cos\varphi\sin\theta & -\sin\varphi\sin\theta & \cos\theta \end{vmatrix} = \begin{pmatrix} \cos\varphi\cos^2\theta \\ \sin\varphi\cos^2\theta \\ \sin\theta\cos\theta \end{pmatrix} .$$

b)

i) $$\int_{F_1} \boldsymbol{f}(\boldsymbol{x})\,\mathrm{d}o = \int_0^1 \int_0^{2\pi} \left\langle \begin{pmatrix} 0 \\ 0 \\ 0 \end{pmatrix}, \begin{pmatrix} 0 \\ 0 \\ -r \end{pmatrix} \right\rangle \mathrm{d}r\,\mathrm{d}\varphi = 0$$

ii) $$\int_{F_2} \boldsymbol{f}(\boldsymbol{x})\,\mathrm{d}o = \int_0^{\pi/2} \int_0^{2\pi} \left\langle \begin{pmatrix} \sin\varphi\cos\theta\sin\theta \\ 0 \\ \sin\theta \end{pmatrix}, \begin{pmatrix} \cos\varphi\cos^2\theta \\ \sin\varphi\cos^2\theta \\ \sin\theta\cos\theta \end{pmatrix} \right\rangle \mathrm{d}\varphi\,\mathrm{d}\theta$$

$$= \int_0^{\pi/2} \int_0^{2\pi} \cos\varphi\sin\varphi\cos^3\theta\sin\theta + \sin^2\theta\cos\theta\,\mathrm{d}\varphi\,\mathrm{d}\theta$$

$$= \int_0^{\pi/2} \int_0^{2\pi} \sin^2\theta\cos\theta\,\mathrm{d}\varphi\,\mathrm{d}\theta = 2\pi\, \frac{\sin^3\theta}{3}\bigg|_0^{\pi/2} = \frac{2\pi}{3}$$

iii) Mit Kugelkoordinaten, die um den Vektor $(2, 0, 1)^T$ verschoben worden sind, und mit $\operatorname{div} \boldsymbol{f}(\boldsymbol{x}) = 1$ ergibt sich:

$$\int_H \operatorname{div} \boldsymbol{f}(\boldsymbol{x})\,\mathrm{d}\boldsymbol{x} = \int_0^1 \int_0^{\pi/2} \int_0^{2\pi} r^2\cos\theta\,\mathrm{d}\varphi\,\mathrm{d}\theta\,\mathrm{d}r = \int_0^1 r^2\,\mathrm{d}r \int_0^{\pi/2} \cos\theta\,\mathrm{d}\theta \int_0^{2\pi} \mathrm{d}\varphi$$

$$= \frac{r^3}{3}\bigg|_0^1 \sin\theta\bigg|_0^{\pi/2} \cdot 2\pi = \frac{2\pi}{3} .$$

Lösung zu A19.3.8

Bei dem Körper E handelt es sich um die obere Hälfte eines Rotationsellipsoids. Parametrisierung und Berechnung des Flusses durch die Dachfläche F_1:

$$\boldsymbol{p}\colon \underbrace{[0, 2\pi] \times \left[0, \frac{\pi}{2}\right]}_{=K_1} \to \mathbb{R}^3 \quad \text{mit} \quad \boldsymbol{p}(\varphi, \theta) = \begin{pmatrix} \cos\varphi\cos\theta \\ \sin\varphi\cos\theta \\ \frac{1}{\sqrt{2}}\sin\theta \end{pmatrix} \quad \Rightarrow$$

$$\frac{\partial \boldsymbol{p}}{\partial \varphi} \times \frac{\partial \boldsymbol{p}}{\partial \theta} = \begin{vmatrix} \boldsymbol{e}_1 & \boldsymbol{e}_2 & \boldsymbol{e}_3 \\ -\sin\varphi\cos\theta & \cos\varphi\cos\theta & 0 \\ -\cos\varphi\sin\theta & -\sin\varphi\sin\theta & \frac{1}{\sqrt{2}}\cos\theta \end{vmatrix} = \begin{pmatrix} \frac{1}{\sqrt{2}}\cos\varphi\cos^2\theta \\ \frac{1}{\sqrt{2}}\sin\varphi\cos^2\theta \\ \sin\theta\cos\theta \end{pmatrix}$$

$$\int_{F_1} \boldsymbol{f}(\boldsymbol{x})\,\mathrm{d}o = \int_{K_1} \left\langle \boldsymbol{f}(\boldsymbol{p}(\varphi,\theta)), \frac{\partial \boldsymbol{p}}{\partial \varphi} \times \frac{\partial \boldsymbol{p}}{\partial \theta} \right\rangle \mathrm{d}(\varphi,\theta)$$

$$= \int_0^{2\pi}\int_0^{\pi/2} \left\langle \begin{pmatrix} 1-\sin\varphi\cos\theta \\ 1+\cos\varphi\cos\theta \\ \frac{1}{2}\sin^2\theta \end{pmatrix}, \begin{pmatrix} \frac{1}{\sqrt{2}}\cos\varphi\cos^2\theta \\ \frac{1}{\sqrt{2}}\sin\varphi\cos^2\theta \\ \sin\theta\cos\theta \end{pmatrix} \right\rangle \mathrm{d}\varphi\,\mathrm{d}\theta$$

$$= \frac{1}{\sqrt{2}} \underbrace{\int_0^{2\pi} \cos\varphi + \sin\varphi\,\mathrm{d}\varphi}_{=0} \int_0^{\pi/2} \cos^2\theta\,\mathrm{d}\theta + \frac{1}{2}\int_0^{2\pi}\mathrm{d}\varphi \int_0^{\pi/2} \cos\theta\sin^3\theta\,\mathrm{d}\theta$$

$$= \frac{\pi}{4}\sin^4\theta\Big|_0^{\pi/2} = \frac{\pi}{4}\,.$$

Parametrisierung und Berechnung des Flusses durch die Bodenfläche F_2:

$$\boldsymbol{q}\colon \underbrace{[0,1]\times[0,2\pi]}_{=K_2} \to \mathbb{R}^3 \quad \text{mit} \quad \boldsymbol{q}(r,\varphi) = \begin{pmatrix} r\cos\varphi \\ r\sin\varphi \\ 0 \end{pmatrix}$$

$$\Rightarrow \frac{\partial \boldsymbol{q}}{\partial \varphi} \times \frac{\partial \boldsymbol{q}}{\partial r} = \begin{vmatrix} \boldsymbol{e}_1 & \boldsymbol{e}_2 & \boldsymbol{e}_3 \\ -r\sin\varphi & r\cos\varphi & 0 \\ \cos\varphi & \sin\varphi & 0 \end{vmatrix} = \begin{pmatrix} 0 \\ 0 \\ -r \end{pmatrix}$$

$$\int_{F_2} \boldsymbol{f}(\boldsymbol{x})\,\mathrm{d}o = \int_{K_2} \left\langle \boldsymbol{f}(\boldsymbol{q}(r,\varphi)), \frac{\partial \boldsymbol{q}}{\partial \varphi} \times \frac{\partial \boldsymbol{q}}{\partial r} \right\rangle \mathrm{d}(r,\varphi)$$

$$= \int_0^1\int_0^{2\pi} \left\langle \begin{pmatrix} 1-r\sin\varphi \\ 1+r\cos\varphi \\ 0 \end{pmatrix}, \begin{pmatrix} 0 \\ 0 \\ -r \end{pmatrix} \right\rangle \mathrm{d}\varphi\,\mathrm{d}\theta = 0\,.$$

Lösung zu A19.3.9

a) K ist der Abschnitt eines Zylinders mit Radius $R = \sqrt{2}$. Die Bodenfläche F_1 wird begrenzt durch die Ebene $z = 0$, die Mantelfäche sei F_2 und die Dachfläche F_3 wird begrenzt durch die Ebene $z = x + y + 3$ (siehe Abb. L19.26).

b) i) Parametrisierung der Bodenfläche F_1:

$$\boldsymbol{p}_1\colon [0,\sqrt{2}]\times[0,2\pi] \longrightarrow \mathbb{R}^3 \quad \text{mit} \quad \boldsymbol{p}_1(r,\varphi) = (r\cos\varphi, r\sin\varphi, 0)^T$$

Äußere Normalenrichtung zu F_1:

$$\frac{\partial \boldsymbol{p}_1}{\partial \varphi} \times \frac{\partial \boldsymbol{p}_1}{\partial r} = \begin{vmatrix} \boldsymbol{e}_1 & \boldsymbol{e}_2 & \boldsymbol{e}_3 \\ -r\sin\varphi & r\cos\varphi & 0 \\ \cos\varphi & \sin\varphi & 0 \end{vmatrix} = \begin{pmatrix} 0 \\ 0 \\ -r \end{pmatrix}$$

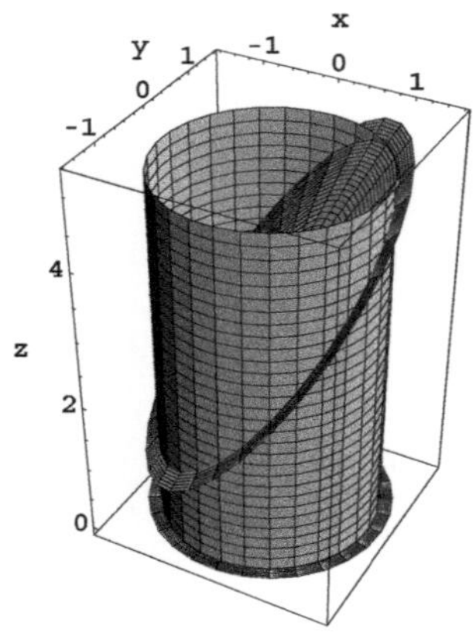

Abb. L19.26 Körper Z.

ii) Parametrisierung der Mantelfläche F_2:

$$\boldsymbol{p}_2 \colon D \longrightarrow \mathbb{R}^3 \quad \text{mit} \quad \boldsymbol{p}_2(\varphi, z) = (\sqrt{2}\cos\varphi, \sqrt{2}\sin\varphi, z)^T \quad \text{und}$$

$$D = \left\{ \begin{pmatrix} \varphi \\ z \end{pmatrix} \in \mathbb{R}^2 \,\middle|\, 0 \le \varphi \le 2\pi \ \wedge \ 0 \le z \le \sqrt{2}(\cos\varphi + \sin\varphi) + 3 \right\}.$$

Äußere Normalenrichtung zu F_2:

$$\frac{\partial \boldsymbol{p}_2}{\partial \varphi} \times \frac{\partial \boldsymbol{p}_2}{\partial z} = \begin{vmatrix} \boldsymbol{e}_1 & \boldsymbol{e}_2 & \boldsymbol{e}_3 \\ -\sqrt{2}\sin\varphi & \sqrt{2}\cos\varphi & 0 \\ 0 & 0 & 1 \end{vmatrix} = \sqrt{2}\begin{pmatrix} \cos\varphi \\ \sin\varphi \\ 0 \end{pmatrix}$$

iii) Parametrisierung der Dachfläche F_3:

$$\boldsymbol{p}_3 \colon [0, \sqrt{2}] \times [0, 2\pi] \longrightarrow \mathbb{R}^3 \quad \text{mit} \quad \boldsymbol{p}_3(r, \varphi) = \begin{pmatrix} r\cos\varphi \\ r\sin\varphi \\ r(\cos\varphi + \sin\varphi) + 3 \end{pmatrix}.$$

Äußere Normalenrichtung zu F_3:

$$\frac{\partial \boldsymbol{p}_3}{\partial r} \times \frac{\partial \boldsymbol{p}_3}{\partial \varphi} = \begin{vmatrix} \boldsymbol{e}_1 & \boldsymbol{e}_2 & \boldsymbol{e}_3 \\ \cos\varphi & \sin\varphi & \cos\varphi + \sin\varphi \\ -r\sin\varphi & r\cos\varphi & r(\cos\varphi - \sin\varphi) \end{vmatrix} = r\begin{pmatrix} -1 \\ -1 \\ 1 \end{pmatrix}$$

c)

i) $$\int_{F_1} \boldsymbol{f}(\boldsymbol{x})\,\mathrm{d}o = \int_0^{2\pi}\int_0^{\sqrt{2}} \left\langle \begin{pmatrix} r\cos\varphi \\ r\sin\varphi \\ 1 \end{pmatrix}, \begin{pmatrix} 0 \\ 0 \\ -r \end{pmatrix} \right\rangle \mathrm{d}r\,\mathrm{d}\varphi = -\int_0^{2\pi} \frac{r^2}{2}\Big|_0^{\sqrt{2}} \,\mathrm{d}r\,\mathrm{d}\varphi = -2\pi$$

ii) $$\int_{F_2} \boldsymbol{f}(\boldsymbol{x})\,\mathrm{d}o = \int_0^{2\pi} \int_0^{\sqrt{2}(\cos\varphi+\sin\varphi)+3} \left\langle \begin{pmatrix} \sqrt{2}\cos\varphi \\ \sqrt{2}\sin\varphi \\ 1 \end{pmatrix}, \sqrt{2}\begin{pmatrix} \cos\varphi \\ \sin\varphi \\ 0 \end{pmatrix} \right\rangle \mathrm{d}z\,\mathrm{d}\varphi$$

$$= 2\int_0^{2\pi} z\Big|_0^{\sqrt{2}(\cos\varphi+\sin\varphi)+3} \mathrm{d}\varphi = 2\int_0^{2\pi} 3\,\mathrm{d}\varphi = 12\pi$$

iii) $$\int\limits_{F_3} \boldsymbol{f}(\boldsymbol{x})\,\mathrm{d}o = \int\limits_0^{2\pi}\int\limits_0^{\sqrt{2}} \left\langle \begin{pmatrix} r\cos\varphi \\ r\sin\varphi \\ 1 \end{pmatrix}, \begin{pmatrix} -r \\ -r \\ r \end{pmatrix} \right\rangle \mathrm{d}r\,\mathrm{d}\varphi$$

$$= \int\limits_0^{2\pi}\int\limits_0^{\sqrt{2}} -r^2\cos\varphi - r^2\sin\varphi + r\,\mathrm{d}r\,\mathrm{d}\varphi = \int\limits_0^{2\pi} \frac{r^2}{2}\bigg|_0^{\sqrt{2}}\,\mathrm{d}r\,\mathrm{d}\varphi = 2\pi$$

iv) In Zylinderkoordinaten und mit $\operatorname{div} \boldsymbol{f}(\boldsymbol{x}) = 2$ ergibt sich:

$$\int\limits_K \operatorname{div} \boldsymbol{f}(\boldsymbol{x})\,\mathrm{d}\boldsymbol{x} = \int\limits_0^{2\pi}\int\limits_0^{\sqrt{2}}\int\limits_0^{r(\cos\varphi+\sin\varphi)+3} 2r\,\mathrm{d}z\,\mathrm{d}r\,\mathrm{d}\varphi$$

$$= 2\int\limits_0^{2\pi}\int\limits_0^{\sqrt{2}} r^2(\cos\varphi + \sin\varphi) + 3r\,\mathrm{d}r\,\mathrm{d}\varphi$$

$$= 2\int\limits_0^{2\pi}\int\limits_0^{\sqrt{2}} 3r\,\mathrm{d}r\,\mathrm{d}\varphi = 12\pi = \int\limits_{F_1\cup F_2\cup F_3} \boldsymbol{f}(\boldsymbol{x})\,\mathrm{d}o\,.$$

Lösung zu A19.3.10

a)

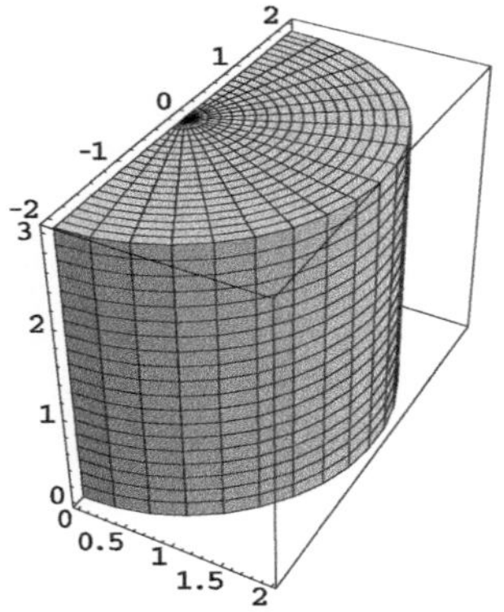

Abb. L19.27 Körper Z.

Teilflächen: E_1 = Boden, E_2 = Rückwand, E_3 = Dach, M = Mantel

b) Parametrisierung des Bodens E_1: $p_1 : [0,2] \times [-\pi/2, \pi/2] \to \mathbb{R}^3$ mit

$$p_1(r,\varphi) = \begin{pmatrix} r\cos\varphi \\ r\sin\varphi \\ 0 \end{pmatrix} \quad\Rightarrow\quad \frac{\partial p_1}{\partial\varphi} \times \frac{\partial p_1}{\partial r} = -\begin{pmatrix} 0 \\ 0 \\ r \end{pmatrix}.$$

Fluss durch E_1: $$\int\limits_{E_1} \boldsymbol{f}\,\mathrm{d}o = \int\limits_0^2\int\limits_{-\pi/2}^{\pi/2} \left\langle \begin{pmatrix} r\cos\varphi \\ -4r\sin\varphi \\ 0 \end{pmatrix}, \begin{pmatrix} 0 \\ 0 \\ -r \end{pmatrix} \right\rangle \mathrm{d}\varphi\,\mathrm{d}r = 0\,.$$

Parametrisierung der Rückwand E_2: $p_2\colon [-2,2]\times[0,3]\to\mathbb{R}^3$ mit

$$p_2(u,v)=\begin{pmatrix}0\\u\\v\end{pmatrix} \quad\Rightarrow\quad \frac{\partial p_2}{\partial v}\times\frac{\partial p_2}{\partial u}=-\begin{pmatrix}1\\0\\0\end{pmatrix}.$$

Fluss durch E_2: $\displaystyle\int_{E_2} \boldsymbol{f}\,\mathrm{d}o=\int_{-2}^{2}\int_{0}^{3}\left\langle\begin{pmatrix}0\\-4u\\v\end{pmatrix},\begin{pmatrix}-1\\0\\0\end{pmatrix}\right\rangle \mathrm{d}v\,\mathrm{d}u=0\,.$

Parametrisierung des Daches E_3: $p_3\colon [0,2]\times[-\pi/2,\pi/2]\to\mathbb{R}^3$ mit

$$p_3(r,\varphi)=\begin{pmatrix}r\cos\varphi\\r\sin\varphi\\3\end{pmatrix} \quad\Rightarrow\quad \frac{\partial p_3}{\partial r}\times\frac{\partial p_3}{\partial \varphi}=\begin{pmatrix}0\\0\\r\end{pmatrix}.$$

Fluss durch E_3:

$$\int_{E_3} \boldsymbol{f}\,\mathrm{d}o=\int_{0}^{2}\int_{-\pi/2}^{\pi/2}\left\langle\begin{pmatrix}r\cos\varphi\\-4r\sin\varphi\\3\end{pmatrix},\begin{pmatrix}0\\0\\r\end{pmatrix}\right\rangle \mathrm{d}\varphi\,\mathrm{d}r=\int_0^2 3r\,\mathrm{d}r\int_{-\pi/2}^{\pi/2}\mathrm{d}\varphi=6\pi\,.$$

c) Transformation in Zylinderkoordinaten

$$\begin{pmatrix}x\\y\\z\end{pmatrix}=\begin{pmatrix}r\cos\varphi\\r\sin\varphi\\z\end{pmatrix}=\Phi(r,\varphi,z) \quad\Rightarrow\quad \det \boldsymbol{J}\Phi=r$$

$$\operatorname{div}\boldsymbol{f}=-2 \quad\Rightarrow\quad \int_Z \operatorname{div}\boldsymbol{f}\,\mathrm{d}(x,y,z)=\int_0^2\int_{-\pi/2}^{\pi/2}\int_0^3 -2r\,\mathrm{d}z\,\mathrm{d}\varphi\,\mathrm{d}r$$

$$=-2\int_0^2 r\,\mathrm{d}r\int_{-\pi/2}^{\pi/2}\mathrm{d}\varphi\int_0^3\mathrm{d}z=-12\pi\,.$$

d) Gaußscher Integralsatz

$$\int_M \boldsymbol{f}\,\mathrm{d}o=\int_Z \operatorname{div}\boldsymbol{f}\,\mathrm{d}(x,y,z)-\int_{E_1}\boldsymbol{f}\,\mathrm{d}o-\int_{E_2}\boldsymbol{f}\,\mathrm{d}o-\int_{E_3}\boldsymbol{f}\,\mathrm{d}o=-18\pi\,.$$

Alternative:
Parametrisierung des Mantels M: $p_4\colon [-\pi/2,\pi/2]\times[0,3]\to\mathbb{R}^3$ mit

$$p_4(\varphi,z)=\begin{pmatrix}2\cos\varphi\\2\sin\varphi\\z\end{pmatrix} \quad\Rightarrow\quad \frac{\partial p_4}{\partial \varphi}\times\frac{\partial p_4}{\partial z}=\begin{pmatrix}2\cos\varphi\\2\sin\varphi\\0\end{pmatrix}.$$

Fluss durch M:

$$\int_M \boldsymbol{f}\,\mathrm{d}o = \int_{-\pi/2}^{\pi/2}\int_0^3 \left\langle \begin{pmatrix} 2\cos\varphi \\ -8\sin\varphi \\ z \end{pmatrix}, \begin{pmatrix} 2\cos\varphi \\ 2\sin\varphi \\ 0 \end{pmatrix} \right\rangle \mathrm{d}z\,\mathrm{d}\varphi$$

$$= \int_0^3 \mathrm{d}z \int_{-\pi/2}^{\pi/2} 4(\cos^2\varphi - 4\sin^2\varphi)\,\mathrm{d}\varphi = 12 \int_{-\pi/2}^{\pi/2} 1 - 5\sin^2\varphi\,\mathrm{d}\varphi$$

$$= 12\left(\varphi - 5\left(\frac{\varphi}{2} - \frac{1}{4}\sin 2\varphi\right)\right)\Bigg|_{-\pi/2}^{\pi/2} = 12\left(-\frac{3\varphi}{2}\right)\Bigg|_{-\pi/2}^{\pi/2} = -18\pi\,.$$

Lösung zu A19.3.11

a)

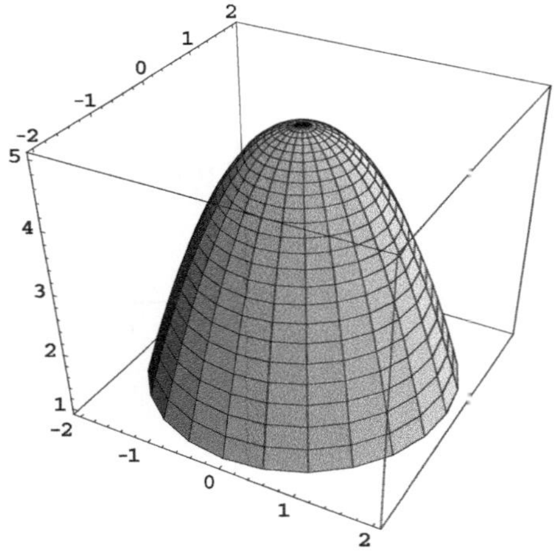

Abb. L19.28 Paraboloid P mit Teilflächen F_1 = Boden und F_2 = Dach.

b) Parametrisierung des Bodens F_1: $p_1: [0,2] \times [0,2\pi] \to \mathbb{R}^3$ mit

$$p_1(r,\varphi) = \begin{pmatrix} r\cos\varphi \\ r\sin\varphi \\ 1 \end{pmatrix}.$$

Parametrisierung des Dachs F_2: $p_2: [0,2] \times [0,2\pi] \to \mathbb{R}^3$ mit

$$p_2(r,\varphi) = \begin{pmatrix} r\cos\varphi \\ r\sin\varphi \\ 5 - r^2\,. \end{pmatrix}$$

c) Äußere Normalenrichtung: $\dfrac{\partial p_1}{\partial\varphi} \times \dfrac{\partial p_1}{\partial r} = -\begin{pmatrix} 0 \\ 0 \\ r \end{pmatrix}$

Fluss durch F_1:

$$\int_{F_1} \boldsymbol{f}\,\mathrm{d}o = \int_0^2\int_0^{2\pi} \left\langle \begin{pmatrix} r\cos\varphi \\ r\sin\varphi \\ 1 \end{pmatrix}, \begin{pmatrix} 0 \\ 0 \\ -r \end{pmatrix} \right\rangle \mathrm{d}\varphi\,\mathrm{d}r = -\int_0^2\int_0^{2\pi} r\,\mathrm{d}\varphi\,\mathrm{d}r$$

$$= -2\pi\int_0^2 r\,\mathrm{d}r = -4\pi$$

Äußere Normalenrichtung: $\dfrac{\partial p_2}{\partial r} \times \dfrac{\partial p_2}{\partial \varphi} = \begin{pmatrix} 2r^2\cos\varphi \\ 2r^2\sin\varphi \\ r \end{pmatrix}$
Fluss durch F_2:

$$\int_{F_2} \boldsymbol{f}\,\mathrm{d}o = \int_0^2\int_0^{2\pi} \left\langle \begin{pmatrix} r\cos\varphi \\ r\sin\varphi \\ (5-r^2)^2 \end{pmatrix}, \begin{pmatrix} 2r^2\cos\varphi \\ 2r^2\sin\varphi \\ r \end{pmatrix} \right\rangle \mathrm{d}\varphi\,\mathrm{d}r$$

$$= \int_0^2\int_0^{2\pi} 2r^3 + (5-r^2)^2 r\,\mathrm{d}\varphi\,\mathrm{d}r = 2\pi\int_0^2 2r^3 + 25r - 10r^3 + r^5\,\mathrm{d}r$$

$$= 2\pi\left(\frac{25}{2}r^2 - 2r^4 + \frac{r^6}{6}\right)\Bigg|_0^2 = 2\pi\left(50 - 32 + \frac{32}{3}\right) = \frac{172\pi}{3}$$

d) Gaußscher Integralsatz:

$$\int_P \operatorname{div}\boldsymbol{f}\,\mathrm{d}(x,y,z) = \int_{F_1}\boldsymbol{f}\,\mathrm{d}o + \int_{F_2}\boldsymbol{f}\,\mathrm{d}o = -4\pi + \frac{172\pi}{3} = \frac{160\pi}{3}\,.$$

Alternative (in Zylinderkoordinaten):

$$\int_P \operatorname{div}\boldsymbol{f}\,\mathrm{d}(x,y,z) = \int_P 2+2z\,\mathrm{d}(x,y,z) = \int_0^2\int_0^{2\pi}\int_1^{5-r^2} (2+2z)r\,\mathrm{d}z\,\mathrm{d}\varphi\,\mathrm{d}r = \frac{160\pi}{3}\,.$$

Lösung zu A19.3.12

a)

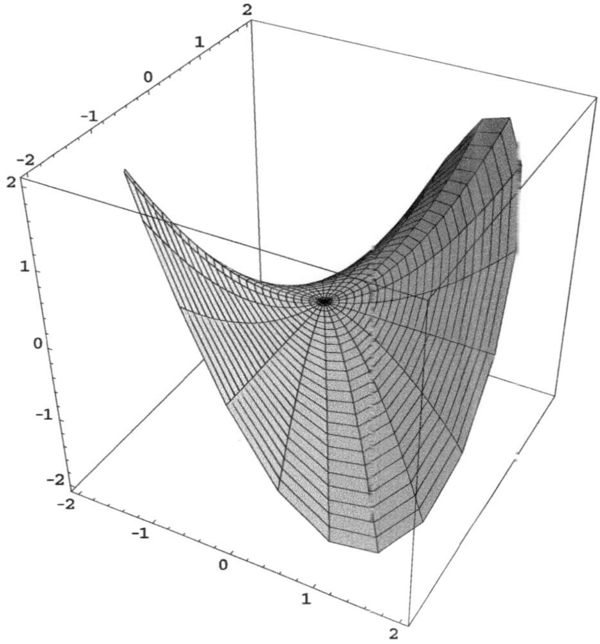

Abb. L19.29
Sattelfläche F.

b) Die Fläche F kann in folgender Weise durch $\boldsymbol{p}$ parametrisiert werden:

$$\boldsymbol{p}: K \longrightarrow \mathbb{R}^3 \quad \text{mit} \quad \boldsymbol{p}(u, v) = (u, v, uv)^T$$

und $K := \{(u, v)^T \in \mathbb{R}^2 \mid u^2 + v^2 \leq 4\}$.

$$\Rightarrow \quad \frac{\partial \boldsymbol{p}}{\partial u} \times \frac{\partial \boldsymbol{p}}{\partial v} = \begin{vmatrix} \boldsymbol{e}_1 & \boldsymbol{e}_2 & \boldsymbol{e}_3 \\ 1 & 0 & v \\ 0 & 1 & u \end{vmatrix} = \begin{pmatrix} -v \\ -u \\ 1 \end{pmatrix}$$

$$\operatorname{rot} \boldsymbol{u}(x, y, z) = (1 - (-1), 1 - (-1), 1 - (-1))^T = (2, 2, 2)^T$$

$$\Rightarrow \quad \int_F \operatorname{rot} \boldsymbol{u}(\boldsymbol{x}) \, \mathrm{d}o = \int_K \left\langle \begin{pmatrix} 2 \\ 2 \\ 2 \end{pmatrix}, \begin{pmatrix} -v \\ -u \\ 1 \end{pmatrix} \right\rangle \mathrm{d}(u, v) = 2 \int_K 1 - u - v \, \mathrm{d}(u, v)$$

$$= 2 \int_0^2 \int_0^{2\pi} (1 - r\cos\varphi - r\sin\varphi) r \, \mathrm{d}\varphi \, \mathrm{d}r$$

$$= 2 \int_0^2 (r\varphi - r^2 \sin\varphi + r^2 \cos\varphi)\Big|_0^{2\pi} \mathrm{d}r = 2 \int_0^2 2\pi r \, \mathrm{d}r = 8\pi$$

c) Die Randkurve ∂F kann in folgender Weise durch $\boldsymbol{c}$ parametrisiert werden:

$$\boldsymbol{c}\colon [0,2\pi] \longrightarrow \mathbb{R}^3 \quad \text{mit} \quad \boldsymbol{c}(\varphi) = 2(\cos\varphi, \sin\varphi, 2\cos\varphi\sin\varphi)^T .$$

$$\Rightarrow \quad \dot{\boldsymbol{c}}(\varphi) = 2(-\sin\varphi, \cos\varphi, 2(\cos^2\varphi - \sin^2\varphi))^T$$

$$\Rightarrow \quad \oint\limits_{\partial F} \boldsymbol{u}(\boldsymbol{x})\,\mathrm{d}\boldsymbol{x} = 4\int\limits_0^{2\pi} \left\langle \begin{pmatrix} 2\cos\varphi\sin\varphi - \sin\varphi \\ \cos\varphi - 2\cos\varphi\sin\varphi \\ \sin\varphi - \cos\varphi \end{pmatrix}, \begin{pmatrix} -\sin\varphi \\ \cos\varphi \\ 2(\cos^2\varphi - \sin^2\varphi) \end{pmatrix} \right\rangle \mathrm{d}\varphi$$

$$= 4\int\limits_0^{2\pi} 1 - 2\sin^3\varphi - 2\cos^3\varphi\,\mathrm{d}\varphi = 4\int\limits_0^{2\pi} 1\,\mathrm{d}\varphi = 8\pi$$

Bemerkung: $\left(\frac{\partial \boldsymbol{p}}{\partial u} \times \frac{\partial \boldsymbol{p}}{\partial v}\right) \times \dot{\boldsymbol{c}}(\varphi)$ zeigt ins Innere der Sattelfläche $f(x,y) = xy$, denn

$$\left(\frac{\partial \boldsymbol{p}}{\partial u} \times \frac{\partial \boldsymbol{p}}{\partial v}\right) \times \dot{\boldsymbol{c}}(\varphi) = \begin{vmatrix} \boldsymbol{e}_1 & \boldsymbol{e}_2 & \boldsymbol{e}_3 \\ -2\sin\varphi & -2\cos\varphi & 1 \\ -2\sin\varphi & 2\cos\varphi & 4(\cos^2\varphi - \sin^2\varphi) \end{vmatrix}$$

$$= \begin{pmatrix} \cdots \\ \cdots \\ -8\sin\varphi\cos\varphi \end{pmatrix}$$

besitzt in der dritten Komponente in den vier Quadranten der x-y-Ebene das richtige Vorzeichenverhalten.

Lösung zu A19.3.13

a) Die Fläche F kann in folgender Weise durch $\boldsymbol{p}$ parametrisiert werden:

$$\boldsymbol{p}\colon [0,3] \times [0,2\pi] \longrightarrow \mathbb{R}^3 \quad \text{mit} \quad \boldsymbol{p}(r,\varphi) = (r\cos\varphi, r\sin\varphi, \cos\varphi - 1)^T .$$

$$\Rightarrow \quad \frac{\partial \boldsymbol{p}}{\partial r} \times \frac{\partial \boldsymbol{p}}{\partial \varphi} = \begin{vmatrix} \boldsymbol{e}_1 & \boldsymbol{e}_2 & \boldsymbol{e}_3 \\ \cos\varphi & \sin\varphi & \cos\varphi \\ -r\sin\varphi & r\cos\varphi & -r\sin\varphi \end{vmatrix} = \begin{pmatrix} -r \\ 0 \\ r \end{pmatrix}$$

$$\operatorname{rot} \boldsymbol{v}(x,y,z) = \left(2y + 1, -\frac{1}{(x-z)^2}, -2x^2y\right)^T$$

$$\Rightarrow \quad \int\limits_F \operatorname{rot} \boldsymbol{v}(\boldsymbol{x})\,\mathrm{d}o = \int\limits_0^3 \int\limits_0^{2\pi} \left\langle \begin{pmatrix} 2r\sin\varphi + 1 \\ -1 \\ -2r^3\cos^2\varphi\sin\varphi \end{pmatrix}, \begin{pmatrix} -r \\ 0 \\ r \end{pmatrix} \right\rangle \mathrm{d}\varphi\,\mathrm{d}r$$

$$= \int\limits_0^3 \int\limits_0^{2\pi} -2r^2\sin\varphi - r - 2r^4\cos^2\varphi\sin\varphi\,\mathrm{d}\varphi\,\mathrm{d}r$$

$$= \int\limits_0^3 \int\limits_0^{2\pi} -r\,\mathrm{d}\varphi\,\mathrm{d}r = -9\pi$$

b) Die Randkurve ∂F kann in folgender Weise durch $\boldsymbol{c}$ parametrisiert werden:

$$\boldsymbol{c}\colon [0, 2\pi] \longrightarrow \mathbb{R}^3 \quad \text{mit} \quad \boldsymbol{c}(\varphi) = (3\cos\varphi, 3\sin\varphi, 3\cos\varphi - 1)^T .$$

$$\Rightarrow \quad \dot{\boldsymbol{c}}(\varphi) = 3(-\sin\varphi, \cos\varphi, -\sin\varphi)^T$$

$$\Rightarrow \quad \oint\limits_{\partial F} \boldsymbol{v}(\boldsymbol{x})\,\mathrm{d}\boldsymbol{x} = 3\int\limits_0^{2\pi} \left\langle \begin{pmatrix} 9\cos^2\varphi\sin^2\varphi \\ 1 - 3\cos\varphi \\ 9\sin^2\varphi + 1 \end{pmatrix}, \begin{pmatrix} -\sin\varphi \\ \cos\varphi \\ -\sin\varphi \end{pmatrix} \right\rangle \mathrm{d}\varphi$$

$$= 3\int\limits_0^{2\pi} -9\sin^3\varphi\cos^2\varphi + \cos\varphi - 3\cos^2\varphi - 3\sin^3\varphi - \sin\varphi\,\mathrm{d}\varphi$$

$$= -9\int\limits_0^{2\pi} \cos^2\varphi\,\mathrm{d}\varphi = -9\pi$$

Bemerkung: Der Vektor $\left(\dfrac{\partial \boldsymbol{p}}{\partial r} \times \dfrac{\partial \boldsymbol{p}}{\partial \varphi}\right) \times \dot{\boldsymbol{c}}(\varphi)$ zeigt ins Innere der Schnittfläche, denn

$$\left(\frac{\partial \boldsymbol{p}}{\partial r} \times \frac{\partial \boldsymbol{p}}{\partial \varphi}\right) \times \dot{\boldsymbol{c}}(\varphi) = \begin{vmatrix} \boldsymbol{e}_1 & \boldsymbol{e}_2 & \boldsymbol{e}_3 \\ -3 & 0 & 3 \\ -3\sin\varphi & 3\cos\varphi & -3\sin\varphi \end{vmatrix} = -9\begin{pmatrix} \cos\varphi \\ 2\sin\varphi \\ \cos\varphi \end{pmatrix} .$$

L 20
Gewöhnliche Differentialgleichungen

L20.1 Einführende Beispiele

Lösung zu A20.1.1

Der Diffusionsprozess wird beschrieben durch $\Delta S = k \cdot F \cdot (C_1 - c(t)) \cdot \Delta t$, wobei ΔS den Salzmengenzuwachs in der Zeit Δt, k die Proportionalitätskonstante, F die Zelloberfläche, C_1 die Salzkonzentration im Schwimmbecken und $c(t)$ die Salzkonzentration in der Zelle zum Zeitpunkt t angibt. Der Salzkonzentrationszuwachs $\Delta c = \Delta S / V$ führt daher zu folgender Differentialgleichung für die Salzkonzentration in der Zelle:

$$c'(t) = \frac{kF}{V}(C_1 - c(t)) \,.$$

Durch Trennung der Veränderlichen erhält man die Lösung der homogenen linearen Differentialgleichung $c'(t) + \frac{kF}{V} c(t) = 0$:

$$\int \frac{\mathrm{d}c}{c} = -\frac{kF}{V} \int \mathrm{d}t \quad \Rightarrow \quad c_\mathrm{h}(t) = \exp\left(-\frac{kF}{V} t\right) .$$

Durch Variation der Konstanten, d. h. mit dem Ansatz $c_\mathrm{p}(t) = K(t) c_\mathrm{h}(t)$, ergibt sich aus der Differentialgleichung $c'(t) + \frac{kF}{V} c(t) = \frac{kFC_1}{V}$ die folgende Gleichung zur Bestimmung von K':

$$K'(t) c_\mathrm{h}(t) = \frac{kFC_1}{V} \quad \Rightarrow \quad K(t) = \int \frac{kFC_1}{V} \cdot \exp\left(\frac{kF}{V} t\right) \mathrm{d}t = C_1 \cdot \exp\left(\frac{kF}{V} t\right)$$
$$\Rightarrow \quad c_\mathrm{p}(t) = C_1 \,.$$

Die allgemeine Lösung lautet daher

$$c(t) = \tilde{K} c_\mathrm{h}(t) + c_\mathrm{p}(t) = \tilde{K} \cdot \exp\left(-\frac{kF}{V} t\right) + C_1 \,.$$

Die Anfangskonzentration C_2 in der Zelle zum Zeitpunkt $t = 0$ ergibt:

$$C_2 = c(0) = \tilde{K} \cdot \exp\left(-\frac{kF}{V} \cdot 0\right) + C_1 \quad \Rightarrow \quad \tilde{K} = C_2 - C_1 \,.$$

Der Konzentrationsverlauf in der Zelle wird also beschrieben durch:

$$c(t) = (C_2 - C_1) \cdot \exp\left(-\frac{kF}{V} t\right) + C_1 \,.$$

Mathematik in den Ingenieur- und Naturwissenschaften 2, Aufgaben und Lösungen, 5. Aufl.
Rainer Ansorge, Hans Oberle, Kai Rothe und Thomas Sonar.

Lösung zu A20.1.2

Beschrieben wird der Mischungsprozess durch den Kalkgehalt $K(t)$ (in Gramm) in der Regentonne.

In der Zeitspanne Δt fließen $2\Delta t$ Liter Wasser aus der Tonne ab und führen damit zu einem Kalkverlust (in Gramm) von

$$\frac{K(t)}{300} \cdot 2\Delta t = \frac{1}{150} \cdot K(t) \cdot \Delta t \, .$$

In derselben Zeitspanne Δt fließen über die Regenrinne $\frac{1}{1000} \cdot 2\Delta t = \frac{1}{500} \cdot \Delta t$

Gramm in die Regentonne hinein. Die Änderung des Kalkgehaltes (in Gramm) in der Tonne beträgt in der Zeispanne Δt damit

$$\Delta K = -\frac{1}{150} \cdot K \cdot \Delta t + \frac{1}{500} \cdot \Delta t \, .$$

Der Kalkgehalt in der Tonne wird also durch folgende Differentialgleichung beschrieben:

$$K'(t) = -\frac{1}{150} \cdot K(t) + \frac{1}{500} \, .$$

Durch Trennung der Veränderlichen erhält man die Lösung der homogen linearen Differentialgleichung $K'(t) = -\dfrac{1}{150} \cdot K(t)$:

$$\int \frac{\mathrm{d}K}{K} = -\frac{1}{150} \int \mathrm{d}t \quad \Rightarrow \quad K_\mathrm{h}(t) = \exp\left(-\frac{t}{150}\right) .$$

Durch Variation der Konstanten, d. h. mit dem Ansatz $K_\mathrm{p}(t) = c(t)K_\mathrm{h}(t)$, ergibt sich aus der Differentialgleichung $K'(t) + \frac{K(t)}{150} = \frac{1}{500}$ die folgende Gleichung zur Bestimmung von c':

$$\begin{aligned} c'(t)K_\mathrm{h}(t) = \frac{1}{500} \quad &\Rightarrow \quad c(t) = \frac{1}{500} \int \exp\left(\frac{t}{150}\right) \mathrm{d}t = \frac{150}{500} \cdot \exp\left(\frac{t}{150}\right) \\ &\Rightarrow \quad K_\mathrm{p}(t) = \frac{3}{10} \, . \end{aligned}$$

Die allgemeine Lösung lautet daher

$$K(t) = C \cdot K_\mathrm{h}(t) + K_\mathrm{p}(t) = C \cdot \exp\left(-\frac{t}{150}\right) + \frac{3}{10} \, .$$

Der Anfangskalkgehalt von 3 g in der Regentonne zum Zeitpunkt $t = 0$ ergibt:

$$3 = K(0) = C + \frac{3}{10} \quad \Rightarrow \quad C = \frac{27}{10} \, .$$

Der Kalkgehalt in der Regentonne wird also beschrieben durch:

$$K(t) = \frac{27}{10} \cdot \exp\left(-\frac{t}{150}\right) + \frac{3}{10} \, .$$

L20.2 Lösungsmethoden für Differentialgleichungen erster Ordnung

Lösung zu A20.2.1

a) Die Differentialgleichung ist linear homogen und besitzt nicht konstante Koeffizienten. Berechnung der allgemeinen Lösung von $x^2y' + (1-x)y = 0$ über Trennung der Veränderlichen:

$$y' = \frac{x-1}{x^2} \cdot y \;\Rightarrow\; \int \frac{dy}{y} = \int \frac{1}{x} - \frac{1}{x^2}\,dx \Rightarrow \ln y = \ln x + \frac{1}{x} + c \Rightarrow y = Cxe^{1/x}$$

b) Die Differentialgleichung $y' = 2y - 2(x^2 - x + 1)$ ist linear und inhomogen mit konstanten Koeffizienten. Berechnung der allgemeinen Lösung der zugehörigen homogenen linearen Differentialgleichung über Trennung der Veränderlichen:

$$y' = 2y \;\Rightarrow\; \int \frac{dy}{y} = \int 2\,dx \;\Rightarrow\; \ln y = 2x + c \;\Rightarrow\; y_h(x) = Ce^{2x}\,.$$

Die Berechnung einer speziellen Lösung der inhomogenen Gleichung erfolgt durch Variation der Konstanten. Mit dem Ansatz $y_p(x) = c(x)e^{2x}$ ergibt sich aus der Differentialgleichung:

$$c'(x) = -2(x^2 - x + 1)e^{-2x}$$

$$\Rightarrow\; c(x) = \int -2(x^2 - x + 1)e^{-2x}\,dx = (x^2+1)e^{-2x} \;\Rightarrow\; y_p(x) = x^2 + 1$$

$$\Rightarrow\; \text{allgemeine Lösung: } y(x) = y_h(x) + y_p(x) = Ce^{2x} + x^2 + 1\,.$$

c) Bernoullische Differentialgleichung:
$y' + xy = xy^3 \Leftrightarrow y' + xy - xy^3 = 0$ mit $\alpha = 3$, $a(x) = x$ und $b(x) = -x$.
Substitution $y(x) = 1/\sqrt{u(x)}$ eingesetzt in die Differentialgleichung ergibt: $u' - 2xu = -2x$.
Die homogene Differentialgleichung $u' - 2xu = 0$ wird durch $u_h(x) = Ce^{x^2}$ gelöst.
Ein spezielle Lösung der inhomogenen Differentialgleichung $u' - 2xu = -2x$ ergibt sich aus der Variation der Konstanten: $u_p(x) = C(x)e^{x^2} \Rightarrow C'(x) = -2xe^{-x^2} \Rightarrow C(x) = e^{-x^2} \Rightarrow u_p(x) = 1$.
Die allgemeine Lösung lautet: $u(x) = Ce^{x^2} + 1$. Rücksubstitution ergibt: $y(x) = 1/\sqrt{1 + Ce^{x^2}}$.

d) Bei $x^2y' = x^2y^2 + xy + 1$ handelt es sich um eine Riccatische Differentialgleichung.
Einsetzen einer partikulären Lösung der Form $y_p(x) = cx^\alpha$ in die Differentialgleichung ergibt:

$$c^2x^{2(\alpha+1)} + (1-\alpha)cx^{\alpha+1} + 1 = 0 \;\Rightarrow\; \alpha = -1 = c \;\Rightarrow\; y_p(x) = -\frac{1}{x}\,.$$

Einsetzen des Ansatzes $y(x) = y_p(x) + \frac{1}{u(x)}$ in die Differentialgleichung liefert:

$$x^2\left(y_p' - \frac{u'}{u^2}\right) = x^2\left(y_p^2 + \frac{2y_p}{u} + \frac{1}{u^2}\right) + x\left(y_p + \frac{1}{u}\right) + 1 \Rightarrow u' - \frac{u}{x} = -1$$

Diese lineare Differentialgleichung wird durch $u = Cx - x\ln x$ gelöst und man erhält die allgemeine Lösung

$$y(x) = -\frac{1}{x} + \frac{1}{Cx - x\ln x}\,.$$

Lösung zu A20.2.2

a) $2y' = 3y + 4 \quad\Rightarrow\quad \frac{2y'}{3y+4} = 1 \quad\Rightarrow\quad \int \frac{2y'(x)}{3y(x)+4}\,dx = \int dx$

$$\Rightarrow\quad \int \frac{2\,dy}{3y+4} = x + \tilde{c} \quad\Rightarrow\quad \frac{2}{3}\ln|3y+4| = x + \tilde{c}$$

$$\Rightarrow\quad |3y+4| = e^{3(x+\tilde{c})/2} \quad\Rightarrow\quad y(x) = ce^{3x/2} - \frac{4}{3}$$

b) $\frac{y'}{x} - y^2 - 4 = 0 \quad\Rightarrow\quad y' = x(y^2+4) \quad\Rightarrow\quad \frac{y'}{y^2+4} = x$

$$\Rightarrow\quad \frac{1}{4}\int \frac{y'}{(y/2)^2+1}\,dx = \int x\,dx \quad\Rightarrow\quad \frac{1}{2}\arctan\frac{y}{2} = \frac{x^2}{2} + \tilde{c}$$

$$\Rightarrow\quad \frac{y}{2} = \tan(x^2+c) \Rightarrow \quad y(x) = 2\tan(x^2+c)$$

c) $\frac{y'}{y} = x^2 - \frac{x^2}{y} = x^2\left(1 - \frac{1}{y}\right) \quad\Rightarrow\quad \int \frac{dy}{y\left(1-\frac{1}{y}\right)} = \int x^2\,dx$

$$\Rightarrow\quad \ln|y-1| = \frac{x^3}{3} + \tilde{c} \quad\Rightarrow\quad y(x) = 1 + ce^{x^3/3}$$

Lösung zu A20.2.3

a) $y' = 2xe^{-y} \quad\Rightarrow\quad \int e^y\,dy = \int 2x\,dx \quad\Rightarrow\quad e^y = x^2 + C \quad\Rightarrow\quad y(x) = \ln(x^2+C)\,.$

Mit $0 = y(0) = \ln C \quad\Rightarrow\quad C = 1$ erhält man $y(x) = \ln(x^2+1)$.

b) $y' = x^3y^2 \quad\Rightarrow\quad \frac{y'}{y^2} = x^3 \quad\Rightarrow\quad \int \frac{dy}{y^2} = \int x^3\,dx \quad\Rightarrow\quad -\frac{1}{y} = \frac{x^4}{4} + c$

$$\Rightarrow\quad y(x) = \frac{1}{-x^4/4 - c}$$

Anfangsbedingung: $4 = y(0) = -1/c \quad\Rightarrow\quad c = -1/4$

$$\Rightarrow\quad y(x) = \frac{1}{1/4 - x^4/4} = \frac{4}{1-x^4}$$

c) $y' = y^2 + 1 \quad\Rightarrow\quad \frac{y'}{y^2+1} = 1 \quad\Rightarrow\quad \int \frac{dy}{y^2+1} = \int dx \quad\Rightarrow\quad \arctan y = x + c$

$$\Rightarrow\quad y(x) = \tan(x+c)$$

Anfangsbedingung: $1 = y\left(\frac{\pi}{4}\right) = \tan\left(\frac{\pi}{4} + c\right) \Rightarrow \frac{\pi}{4} + c = \arctan 1 = \frac{\pi}{4}$
$\Rightarrow c = 0 \Rightarrow y(x) = \tan x$

d) $y' = 2xy \Rightarrow \frac{y'}{y} = 2x \Rightarrow \int \frac{\mathrm{d}y}{y} = \int 2x\,\mathrm{d}x \Rightarrow \ln|y| = x^2 + c \Rightarrow y(x) = Ce^{x^2}$.
Anfangsbedingung: $3 = y(0) = Ce^{0^2} = C$, Lösung der Anfangswertaufgabe: $y(x) = 3e^{x^2}$

e) $y' = \frac{3x^2}{2y} \Rightarrow 2yy' = 3x^2 \Rightarrow \int 2y\,\mathrm{d}y = \int 3x^2\,\mathrm{d}x \Rightarrow y^2 = x^3 + c$
$\Rightarrow y(x) = \pm\sqrt{x^3 + c}$
Die Anfangsbedingung ist nur für die positive Wurzel erfüllbar: $1 = y(0) = \sqrt{0^3 + c} \Rightarrow c = 1$.
Die Lösung der Anfangswertaufgabe lautet $y(x) = \sqrt{x^3 + 1}$.

Lösung zu A20.2.4

a) Umwandlung in eine Ähnlichkeitsdifferentialgleichung ($x \neq 0$):

$$x^3y' - 3xy^2 - x^2y = 0 \Rightarrow y' = 3\left(\frac{y}{x}\right)^2 + \frac{y}{x}.$$

Substitution $u = \frac{y}{x}$ führt auf:

$$(xu)' = u + xu' = 3u^2 + u \quad \Rightarrow \quad u' = \frac{3u^2}{x} \quad \Rightarrow \quad \int \frac{\mathrm{d}u}{u^2} = \int \frac{3\,\mathrm{d}x}{x}$$

$$\Rightarrow -\frac{1}{u} = 3\ln|x| + c \quad \Rightarrow \quad u = \frac{-1}{3\ln|x| + c} \quad \Rightarrow \quad y(x) = \frac{-x}{3\ln|x| + c}.$$

b) $2xy' - y^2 - 2y + x^2 = 0 \Rightarrow 2y' = x\left(\frac{y}{x}\right)^2 + \frac{2y}{x} - x$
Substitution $u = \frac{y}{x}$ führt auf:

$$2(xu)' = xu^2 + 2u - x \quad \Rightarrow \quad 2u - 2xu' = xu^2 + 2u - x \quad \Rightarrow \quad 2u' = u^2 - 1$$

Lösung von $2u' = u^2 - 1$ durch Separation:

$$\int \frac{2}{u^2 - 1}\,\mathrm{d}u = \int \mathrm{d}x \quad \Rightarrow \quad \int \frac{1}{u-1} - \frac{1}{u+1}\,\mathrm{d}u = x + \tilde{c}$$

$$\Rightarrow \quad \ln\left|\frac{u-1}{u+1}\right| = x + \tilde{c} \quad \Rightarrow \quad \frac{u-1}{u+1} = ce^x.$$

Ausnutzen der Anfangsbedingung $0 = y(1) = u(1) \cdot 1 = u(1)$:

$$x = 1: \quad ce^1 = \frac{u(1) - 1}{u(1) + 1} = -1 \quad \Rightarrow \quad c = -\frac{1}{e} \Rightarrow \frac{u-1}{u+1} = -e^{x-1}$$

Auflösen nach u: $\quad u - 1 = -(u+1)e^{x-1} \Rightarrow u(1 + e^{x-1}) = 1 - e^{x-1}$

$$\Rightarrow \quad u(x) = \frac{1 - e^{x-1}}{1 + e^{x-1}} \quad \Rightarrow \quad y(x) = \frac{x(1 - e^{x-1})}{1 + e^{x-1}}.$$

c) Substitution $u = x + y \Rightarrow y' = u' - 1$

$$\Rightarrow \quad u' - 1 = y' = e^{x+y} - 1 = e^u - 1 \quad \Rightarrow \quad u' = e^u$$

Separation: $\int \frac{\mathrm{d}u}{e^u} = \int \mathrm{d}x \;\Rightarrow\; -e^{-u} = x + c \;\Rightarrow\; u(x) = -\ln(-x - c).$

Ausnutzen der Anfangsbedingung $x = 1$: $-\ln(-1 - c) = u(1) = 1 + y(1) = 1 - 1 = 0 \;\Rightarrow\; c = -2.$
Nach Rücksubstitution ergibt sich: $y(x) = -\ln(2 - x) - x.$

Lösung zu A20.2.5

a) Allgemeine Lösung der Differentialgleichung durch Separation:

$$(x^2 + 1)y' - 2x(y^2 + 1) = 0 \;\Rightarrow\; \frac{y'}{y^2 + 1} = \frac{2x}{x^2 + 1} \;\Rightarrow\; \int \frac{\mathrm{d}y}{y^2 + 1} = \int \frac{2x\,\mathrm{d}x}{x^2 + 1}$$

$$\Rightarrow \quad \arctan(y) = \ln(x^2 + 1) + C \;\Rightarrow\; y(x) = \tan(\ln(x^2 + 1) + C)\,.$$

Lösung der Anfangswertaufgabe:

$$1 = y(0) = \tan(\ln(1) + C) = \tan C \;\Rightarrow\; C = \frac{\pi}{4} \;\Rightarrow\; y(x) = \tan\left(\ln(x^2 + 1) + \frac{\pi}{4}\right).$$

b) $y' - y - xy^5 = 0$ ist eine Bernoullische Differentialgleichung mit $a(x) = -1,\ b(x) = -x,\ \alpha = 5.$
Die Substitution: $u(x) = (y(x))^{-4}$ führt auf die transformierte Gleichung:

$$u'(x) + (1 - \alpha)a(x)u(x) = (\alpha - 1)b(x) \quad \Rightarrow \quad u'(x) + 4u(x) = -4x\,.$$

Lösung der homogenen linearen Differentialgleichung: $u_\mathrm{h}(x) = ce^{-4x}$.
Spezieller Ansatz zur Lösung der inhomogenen linearen Differentialgleichung: $u_\mathrm{p}(x) = ax + b$

$$\Rightarrow \quad a + 4(ax + b) = 4ax + a + 4b \stackrel{!}{=} -4x \quad \Rightarrow \quad a = -1\,,\ b = \frac{1}{4}\,.$$

Allgemeine Lösung: $y(x) = u(x)^{-1/4} = \left(ce^{-4x} + \frac{1}{4} - x\right)^{-1/4}.$

c) Substitution:

$$u(x) = y(x) + x \;\Rightarrow\; u' = y' + 1 \quad \text{und} \quad u(0) = 1 y' = (x + y)^2$$
$$\Rightarrow\; u' - 1 = u^2 \;\Rightarrow\; u' = u^2 + 1$$

Separation: $\int \frac{\mathrm{d}u}{u^2 + 1} = \int \mathrm{d}x \;\Rightarrow\; \arctan u = x + c \;\Rightarrow\; u = \tan(x + c)$

Anfangsbedingung: $1 = u(0) = \tan c \;\Rightarrow\; c = \frac{\pi}{4}$

Lösung der Anfangswertaufgabe: $y(x) = \tan\left(x + \frac{\pi}{4}\right) - x$

Lösung zu A20.2.6

a) Die Differentialgleichung ist linear und inhomogen. Berechnung der allgemeinen Lösung von $y' + xy = 0$ durch Trennung der Veränderlichen:

$$y' = -xy \Rightarrow \int \frac{\mathrm{d}y}{y} = -\int x\,\mathrm{d}x \Rightarrow \ln y = -\frac{x^2}{2} + c \Rightarrow y_\mathrm{h} = C \cdot \exp\left(-\frac{x^2}{2}\right)$$

Berechnung einer speziellen Lösung von $y' + xy = x$ durch Variation der Konstanten. Mit dem Ansatz $y_\mathrm{p}(x) = c(x)y_\mathrm{h}(x)$ ergibt sich aus der Differentialgleichung:

$$c'(x) = x \cdot \exp\left(\frac{x^2}{2}\right) \Rightarrow c(x) = \int x \cdot \exp\left(\frac{x^2}{2}\right)\mathrm{d}x = \exp\left(\frac{x^2}{2}\right) \Rightarrow y_\mathrm{p}(x) = 1$$

Die allgemeine Lösung lautet daher: $y(x) = y_\mathrm{h}(x) + y_\mathrm{p}(x) = C \cdot \exp\left(-\frac{x^2}{2}\right) + 1$

b) Die Differentialgleichung ist separierbar.

$$y' = \frac{2\cos^2 y}{1 - x^2} \Rightarrow \frac{y'}{\cos^2 y} = \frac{1}{1+x} + \frac{1}{1-x} \Rightarrow \int \frac{\mathrm{d}y}{\cos^2 y} = \int \frac{1}{1+x} + \frac{1}{1-x}\,\mathrm{d}x$$

$$\Rightarrow \tan y = \ln|1+x| - \ln|1-x| + C \Rightarrow y = \arctan\left(\ln\left(\frac{|1+x|}{|1-x|}\right) + C\right)$$

c) Bei $y' - 2x^2 y + xy^2 = 1 - x^3$ handelt es sich um eine Riccatische Differentialgleichung. Setzt man $y(x) = ax + b$ in die Differentialgleichung ein, so ergibt sich die partikuläre Lösung $y_\mathrm{p}(x) = x$. Der Ansatz $y(x) = y_\mathrm{p}(x) + \frac{1}{u(x)}$ in die Differentialgleichung eingesetzt, liefert:

$$y_\mathrm{p}' - \frac{u'}{u^2} - 2x^2\left(y_\mathrm{p} + \frac{1}{u}\right) + x\left(y_\mathrm{p}^2 + \frac{2y_\mathrm{p}}{u} + \frac{1}{u^2}\right) = 1 - x^3$$

$$\Rightarrow u' + (2x^2 - 2 \cdot x \cdot x)u = x \Rightarrow u = \frac{x^2}{2} + C \Rightarrow y(x) = x + \frac{2}{x^2 + 2C}$$

d) $$y' = \frac{4y^3 + x^3}{3xy^2} = \frac{x^3(4(y/x)^3 + 1)}{x^3(3(y/x)^2)} = \frac{4(y/x)^3 + 1}{3(y/x)^2} = f\left(\frac{y}{x}\right)$$

Es handelt sich um eine Ähnlichkeitsdifferentialgleichung. Der Ansatz $y(x) = x \cdot u(x)$, eingesetzt in die Differentialgleichung, liefert:

$$u' = \frac{\frac{4u^3 + 1}{3u^2} - u}{x} = \frac{u^3 + 1}{3u^2 x} \Rightarrow \int \frac{3u^2\,\mathrm{d}u}{u^3 + 1} = \int \frac{\mathrm{d}x}{x}$$

$$\Rightarrow \ln|u^3 + 1| = \ln x + c \Rightarrow y(x) = x\sqrt[3]{Cx - 1}$$

e) $y' + 2y + \frac{x}{y} = 0$ ist eine Bernoullische Differentialgleichung. Mit der Substitution $y(x) = \sqrt{u(x)}$ ergibt sich, eingesetzt in die Differentialgleichung: $u' + 4u = -2x$.

$u' + 4u = 0$ wird durch $u_\text{h}(x) = Ce^{-4x}$ und $u' + 4u = -2x$ wird durch $u_\text{p}(x) = \frac{1}{8} - \frac{x}{2}$ gelöst. Damit ergibt sich

$$y(x) = \sqrt{Ce^{-4x} + \frac{1}{8} - \frac{x}{2}}\,.$$

Lösung zu A20.2.7

a) Die Differentialgleichung ist linear und inhomogen. Berechnung der allgemeinen Lösung von $y' + \dfrac{y}{x} = 0$ durch Trennung der Veränderlichen:

$$y' = -\frac{y}{x} \;\Rightarrow\; \int \frac{\mathrm{d}y}{y} = -\int \frac{\mathrm{d}x}{x} \;\Rightarrow\; \ln y = -\ln x + c \;\Rightarrow\; y_\text{h} = C\frac{1}{x}$$

Berechnung einer speziellen Lösung von $y' + \dfrac{y}{x} = 2$ durch Variation der Konstanten. Mit dem Ansatz $y_\text{p}(x) = c(x)y_\text{h}(x)$ ergibt sich aus der Differentialgleichung:

$$c'(x) = 2x \;\Rightarrow\; c(x) = x^2 \;\Rightarrow\; y_\text{p}(x) = x$$

Die allgemeine Lösung lautet daher: $y(x) = y_\text{h}(x) + y_\text{p}(x) = \dfrac{C}{x} + x.$

b) Bei $y' + (x-1)^2 y + x\left(1 - \frac{x}{2}\right) y^2 = \frac{x^2}{2} - x + 1$ handelt es sich um eine Riccatische Differentialgleichung. Setzt man $y(x) = ax + b$ in die Differentialgleichung ein, so ergibt sich die partikuläre Lösung $y_\text{p}(x) = 1$. Der Ansatz $y(x) = y_\text{p}(x) + \frac{1}{u(x)}$ in die Differentialgleichung eingesetzt, liefert:

$$y'_\text{p} - \frac{u'}{u^2} + (x-1)^2\left(y_\text{p} + \frac{1}{u}\right) + x\left(1 - \frac{x}{2}\right)\left(y_\text{p}^2 + \frac{2y_\text{p}}{u} + \frac{1}{u^2}\right) = \frac{x^2}{2} - x + 1$$

$$\Rightarrow\quad u' - ((x-1)^2 + 2x - x^2)u = x\left(1 - \frac{x}{2}\right) \quad\Rightarrow\quad u' - u = x\left(1 - \frac{x}{2}\right)$$

$$\Rightarrow\quad u_\text{h} = C\cdot e^x \;\wedge\; u_\text{p} = \frac{x^2}{2} \quad\Rightarrow\quad y(x) = 1 + \frac{1}{u_\text{h} + u_\text{p}} = 1 + \frac{2}{2Ce^x + x^2}$$

c) $y' = \dfrac{y^2 + xy + x^2}{x^2} = \left(\dfrac{y}{x}\right)^2 + \dfrac{y}{x} + 1 = f\left(\dfrac{y}{x}\right)$

Es handelt sich um eine Ähnlichkeitsdifferentialgleichung. Der Ansatz $y(x) = x \cdot u(x)$, eingesetzt in die Differentialgleichung, liefert:

$$u' = \frac{u^2 + u + 1 - u}{x} = \frac{u^2 + 1}{x} \quad\Rightarrow\quad \int \frac{\mathrm{d}u}{u^2 + 1} = \int \frac{\mathrm{d}x}{x}$$

$$\Rightarrow\quad \arctan u = \ln x + c \quad\Rightarrow\quad y(x) = x\tan(\ln x + c)$$

d) $y' + y + \left(\dfrac{1}{3} - x\right) y^4 = 0$ ist eine Bernoullische Differentialgleichung. Mit der Substitution $y(x) = \dfrac{1}{\sqrt[3]{u(x)}}$ ergibt sich, eingesetzt in die Differentialgleichung: $u' - 3u = 1 - 3x$.

$u' - 3u = 0$ wird durch $u_h(x) = Ce^{3x}$ und $u' - 3u = 1 - 3x$ wird durch $u_p(x) = x$ gelöst. Damit ergibt sich

$$y(x) = \frac{1}{\sqrt[3]{u_h(x) + u_p(x)}} = \frac{1}{\sqrt[3]{Ce^{3x} + x}} .$$

Lösung zu A20.2.8

a) i) Die allgemeine Lösung der homogenen Gleichung $y' = \frac{y}{t}$ lautet:

$$y(t) = c \underbrace{t}_{=y_h(t)}$$

ii) Eine spezielle Lösung der inhomogenen Gleichung $y' = \frac{y}{t} - \frac{1}{t}$ berechnet sich über Variation der Konstanten mit dem Ansatz

$$y_p(t) = c(t)y_h(t) \Rightarrow y_p'(t) = c'(t)y_h(t) + c(t)y_h'(t) \stackrel{!}{=} \frac{y_p(t)}{t} - \frac{1}{t}$$

$$\Rightarrow c'(t)y_h(t) = -\frac{1}{t} \Rightarrow c'(t) = -\frac{1}{t^2} \Rightarrow c(t) = \frac{1}{t} \Rightarrow y_p(t) = 1$$

iii) Die allgemeine Lösung der inhomogenen Gleichung $y' = \frac{y}{t} - \frac{1}{t}$ lautet damit:

$$y(t) = c\,y_h(t) + y_p(t) = ct + 1 .$$

b) $\lim\limits_{t\to\infty} \frac{y(t)}{t} = \lim\limits_{t\to\infty} \frac{ct+1}{t} = c = 5 \quad\Rightarrow\quad y(t) = 5t + 1 \quad\Rightarrow\quad y(1) = 6 =: y_0$

Lösung zu A20.2.9

a) Bernoullische Differentialgleichung:

$$y' + ay + by^{\alpha} = y' + y + x^2y^4 = 0 \quad\Rightarrow\quad \alpha = 4, \quad a = 1, \quad b = x^2$$

Substitution:

$$u(x) = y^{(1-\alpha)}(x) = 1/y^3(x) \quad\Leftrightarrow\quad y(x) = u^{1/(1-\alpha)}(x) = 1/\sqrt[3]{u(x)}$$

transformierte Differentialgleichung:

$$u'(x) + (1-\alpha)a(x)u(x) = (\alpha - 1)b(x) \quad\Rightarrow\quad u' - 3u = 3x^2$$

allgemeine homogene Lösung: $u_h(x) = Ke^{3x}$ mit $K \in \mathbb{R}$
Speziellen Ansatz $u_p(x) = ax^2 + bx + c$ einsetzen in die inhomogene Gleichung ergibt:

$$2ax + b - 3(ax^2 + bx + c) = -3ax^2 + (2a - 3b)x + b - 3c = 3x^2 .$$

Koefizientenvergleich: $a = -1$, $b = -2/3$, $c = -2/9$

$$\Rightarrow u(x) = Ke^{3x} - x^2 - \frac{2x}{3} - \frac{2}{9}$$

Rücksubstitution: $y(x) = \dfrac{1}{\sqrt[3]{Ke^{3x} - x^2 - \frac{2x}{3} - \frac{2}{9}}}$

b) Die Differentialgleichung

$$\underbrace{y + 1 + \sin y}_{=f} + \underbrace{(x - 1 + x\cos y)}_{=g} y' = 0$$

ist exakt, denn der Definitionsbereich $\mathbb{R}^2$ ist einfach zusammenhängend und es gilt $f_y = 1 + \cos y = g_x$.
Berechnung des Potentials v zum Vektorfeld (f, g) durch sukzessive Integration:

$$v_x = y + 1 + \sin y \quad \Rightarrow \quad v = xy + x + x \sin y + c(y) \quad \Rightarrow$$

$$v_y = x + x\cos y + c'(y) \stackrel{!}{=} x - 1 + x\cos y \quad \Rightarrow \quad c'(y) = -1$$

$$\Rightarrow \quad c(y) = -y + k \quad \Rightarrow \quad v = xy + x - y + x \sin y + k$$

Die implizite Lösungsdarstellung lautet also $x\,y(x) + x - y(x) + x \sin y(x) = C$.

c) i) Bernoullische Differentialgleichung:

$$y' - y + e^x y^2 = y' + ay + by^\alpha = 0 \quad \Rightarrow \quad a = -1,\ b = e^x,\ \alpha = 2$$

Substitution $u(x) = (y(x))^{1-2} = (y(x))^{-1}$ ergibt $u' = -u + e^x$.
Die Lösung der homogenen Gleichung $u' = -u$ lautet $u(x) = c_1 e^{-x}$.
Der Ansatz $u_p(x) = ae^x$ für eine spezielle Lösung der inhomogenen Differentialgleichung ergibt:

$$ae^x = -ae^x + e^x$$

$$\Rightarrow \quad a = \frac{1}{2} \quad \Rightarrow \quad u(x) = c_1 e^{-x} + \frac{e^x}{2} \quad \Rightarrow \quad y(x) = \frac{1}{c_1 e^{-x} + \frac{e^x}{2}}.$$

Anfangsbedingung: $1 = y(0) = \dfrac{1}{c_1 + \frac{1}{2}} \quad \Rightarrow \quad c_1 = \dfrac{1}{2} \quad \Rightarrow \quad y(x) = \dfrac{2}{e^{-x} + e^x}$

ii) Bernoullische Differentialgleichung:

$$y' - \frac{y}{3} - \frac{y^4}{3} = y' + ay + by^\alpha = 0 \quad \Rightarrow \quad \alpha = 4,\ a = b = -\frac{1}{3}$$

Substitution: $u(x) = y^{(1-\alpha)}(x) = \dfrac{1}{y^3(x)} \quad \Leftrightarrow \quad y(x) = u^{1/(1-\alpha)}(x) = \dfrac{1}{\sqrt[3]{u(x)}}$

transformierte lineare inhomogene Differentialgleichung:

$$u'(x) + (1 - \alpha)a(x)u(x) = (\alpha - 1)b(x) \quad \Rightarrow \quad u' + u = -1$$

allgemeine homogene Lösung: $u_h(x) = ce^{-x}$ mit $c \in \mathbb{R}$

Variation der Konstanten $u_p(x) = c(x)e^{-x}$ in die Differentialgleichung einsetzen, ergibt

$$c'(x)e^{-x} = -1 \;\Rightarrow\; c'(x) = -e^{x} \;\Rightarrow\; c(x) = -e^x \;\Rightarrow\; u_p(x) = -1$$
$$\Rightarrow\; u(x) = ce^{-x} - 1\,.$$

Rücksubstitution: $y(x) = \dfrac{1}{\sqrt[3]{u(x)}} = \dfrac{1}{\sqrt[3]{ke^{-x}-1}}$

Anfangsbedingung: $1 = y(0) = \dfrac{1}{\sqrt[3]{k-1}} \;\Rightarrow\; k=2 \;\Rightarrow\; y(x) = \dfrac{1}{\sqrt[3]{2e^{-x}-1}}$

Die Lösung existiert für $2e^{-x} - 1 > 0 \;\Rightarrow\; x < \ln 2$.

iii) Bernoullische Differentialgleichung:

$$y' + y + (1-2x)y^3 = y' + a(x)y + b(x)y^\alpha = 0$$
$$\Rightarrow\; \alpha = 3\,,\quad a(x) = 1\,,\quad b(x) = 1-2x$$

Substitution: $u(x) = y^{(1-\alpha)}(x) = \dfrac{1}{y^2(x)} \;\Leftrightarrow\; y(x) = u^{1/(1-\alpha)}(x) = \dfrac{1}{\sqrt{u(x)}}$

transformierte lineare inhomogene Differentialgleichung:

$$u'(x) + (1-\alpha)a(x)u(x) = (\alpha-1)b(x) \;\Rightarrow\; u' - 2u = 2 - 4x$$

allgemeine homogene Lösung: $u_h(x) = ke^{2x}$ mit $k \in \mathbb{R}$
speziellen Lösungsansatz $u_p(x) = cx + d$ in die inhomogene Differentialgleichung einsetzen:

$$c - 2(cx+d) = c - 2d - 2cx = 2 - 4x \;\Rightarrow\; c = 2\,,\; d = 0$$

allgemeine Lösung: $u(x) = ke^{2x} + 2x$

Rücktransformation: $y(x) = \dfrac{1}{\sqrt{u(x)}} = \dfrac{1}{\sqrt{ke^{2x}+2x}}$

Lösung Anfangswertaufgabe:

$$1 = y(0) = \frac{1}{\sqrt{k}} \;\Rightarrow\; k = 1 \;\Rightarrow\; y(x) = \frac{1}{\sqrt{e^{2x}+2x}}$$

Lösung zu A20.2.10

a) Allgemeine Lösung der homogenen linearen Differentialgleichung durch Separation:

$$y' + \frac{3y}{x} = 0 \;\Rightarrow\; \frac{y'}{y} = -\frac{3}{x} \;\Rightarrow\; \int \frac{dy}{y} = -\int \frac{3\,dx}{x}$$
$$\Rightarrow\; \ln|y| = -3\ln|x| + C \;\Rightarrow\; y(x) = \frac{c}{x^3}\,,\quad y_h(x) := \frac{1}{x^3}$$

Spezielle Lösung der inhomogenen linearen Differentialgleichung durch Variation der Konstanten mit dem Ansatz $y_p(x) = c(x)y_h(x)$ führt auf die Bestimmungsgleichung:

$$c'(x)y_h(x) = 5x - \frac{3}{x} \;\Rightarrow\; c'(x) = 5x^4 - 3x^2 \;\Rightarrow\; c(x) = x^5 - x^3$$
$$\Rightarrow\; y_p(x) = (x^5 - x^3)y_h(x) = x^2 - 1$$

Die allgemeine Lösung lautet: $y(x) = \dfrac{C}{x^3} + x^2 - 1$.
Lösung der Anfangswertaufgabe:

$$1 = y(1) = \frac{C}{1^3} + 1^2 - 1 = C \quad \Rightarrow \quad y(x) = \frac{1}{x^3} + x^2 - 1\,.$$

b) Die gegebene Differentialgleichung ist exakt, denn mit $g(x, y) = -1 - 2x + y\cos x$ und $h(x, y) = 2 + \sin x$ gilt: $g_y = \cos x = h_x$.
Berechnung des zum Vektorfeld $(g(x, y), h(x, y))^T$ mit Definitionsbereich $\mathbb{R}^2$ gehörigen Potentials $\Phi(x, y)$:

$$\begin{aligned} &\Phi_x = g = -1 - 2x + y\cos x \quad \Rightarrow \quad \Phi = -x - x^2 + y\sin x + k(y) \\ &\Rightarrow \quad \Phi_y = \sin x + k'(y) = h = 2 + \sin x \quad \Rightarrow \quad k'(y) = 2 \\ &\Rightarrow \quad k(y) = 2y + C \quad \Rightarrow \quad \Phi = -x - x^2 + y\sin x + 2y + C \end{aligned}$$

Die allgemeine Lösung ist also durch folgende implizite Gleichung gegeben:

$$0 = \Phi(x, y(x)) = -x - x^2 + y(x)\sin x + 2y(x) + C\,.$$

Auflösen nach $y(x)$ ergibt: $y(x) = \dfrac{x^2 + x - C}{2 + \sin x}$.

Lösung zu A20.2.11

Es wird untersucht, ob es sich bei der vorliegenden Differentialgleichung um eine exakte ($g(x, y) + h(x, y) \cdot y' = 0$) handelt.

Wenn es gelingt ein Potential Φ zu berechnen, mit grad $\Phi(x, y) = (g(x, y), h(x, y))$, so liegt die Lösung $y(x)$ in der impliziten Gleichung $\Phi(x, y(x)) = C$ vor, denn

$$\frac{\partial}{\partial x}\Phi(x, y(x)) = \Phi_x(x, y) + \Phi_y(x, y)\, y' = 0\,.$$

Die Gleichungen, aus denen Φ zu bestimmen ist, lauten also:

$$\begin{aligned} &\Phi_x(x, y) = 1 - 2x + 4y^3 + \frac{2x}{x^2 + y^2} \\ &\quad \Rightarrow \quad \Phi(x, y) = x - x^2 + 4xy^3 + \ln(x^2 + y^2) + c(y) \end{aligned}$$

und

$$\begin{aligned} &\Phi_y(x, y) = 1 + 12xy^2 + \frac{2y}{x^2 + y^2} \\ &\Rightarrow \quad 12xy^2 + \frac{2y}{x^2 + y^2} + c'(y) = 1 + 12xy^2 + \frac{2y}{x^2 + y^2} \quad \Rightarrow \quad c'(y) = 1 \\ &\Rightarrow \quad c(y) = y + \tilde{c} \quad \Rightarrow \quad \Phi(x, y) = x + y - x^2 + 4xy^3 + \ln(x^2 + y^2) + \tilde{c} \end{aligned}$$

Lösung zu A20.2.12

a) Die notwendige Bedingung für den integrierenden Faktor ergibt sich aus der Integrabilitätsbedingung

$$\frac{\partial}{\partial t}(m(\mu(t,y))\cdot h(t,y)) = \frac{\partial}{\partial y}(m(\mu(t,y))\cdot g(t,y))\,.$$

i) Mit $\mu(t,y) = ty$ ergibt sich

$$y\frac{\mathrm{d}m}{\mathrm{d}\mu}h + mh_t = t\frac{\mathrm{d}m}{\mathrm{d}\mu}g + mg_y \quad\Rightarrow\quad \frac{\mathrm{d}m}{\mathrm{d}\mu} = \frac{g_y - h_t}{yh - tg}m =: a\cdot m$$

ii) Mit $\mu(t,y) = t^2 + y^2$ ergibt sich

$$2t\frac{\mathrm{d}m}{\mathrm{d}\mu}h + mh_t = 2y\frac{\mathrm{d}m}{\mathrm{d}\mu}h + mg_y \quad\Rightarrow\quad \frac{\mathrm{d}m}{\mathrm{d}\mu} = \frac{g_y - h_t}{2(th - yg)}m =: a\cdot m$$

Ist $a = a(\mu)$, so kann unter der Voraussetzung, dass das Gebiet einfach zusammenhängend ist und g und h hinreichend glatt sind, ein integrierender Faktor m aus der Differentialgleichung $m'(\mu) = a(\mu)m(\mu)$ berechnet werden.

b) i) Die Differentialgleichung

$$t + \sqrt{t^2+y^2} + \left(y + \sqrt{t^2+y^2}\right)y' = 0$$

ist nicht exakt, denn

$$g_y - h_t = \frac{y-t}{\sqrt{t^2+y^2}} \neq 0\,.$$

Angenommen, es geibt einen integrierenden Faktor der Form $m(\mu)$ mit $\mu = t^2 + y^2$, dann ergibt sich

$$\begin{aligned} a &= \frac{y-t}{\sqrt{t^2+y^2}2(t(y+\sqrt{t^2+y^2}) - y(t+\sqrt{t^2+y^2}))} = -\frac{1}{2(t^2+y^2)} \\ &= -\frac{1}{2\mu} \quad\Rightarrow\quad m'(\mu) = -\frac{m}{2\mu} \quad\Rightarrow\quad m = \frac{1}{\sqrt{\mu}} = \frac{1}{\sqrt{t^2+y^2}}\,. \end{aligned}$$

Damit ist

$$\frac{t}{\sqrt{t^2+y^2}} + 1 + \left(\frac{y}{\sqrt{t^2+y^2}} + 1\right)y' = 0$$

exakt, und aus dem Potential $u(t,y) = \sqrt{t^2+y^2} + t + y$ zu $(g(t,y), h(t,y))$ ergibt sich die implizite Lösungsdarstellung $\sqrt{t^2+y(t)^2} + t + y(t) = c$.

ii) Die Differentialgleichung

$$y + ty^3 + (t + 2t^2y^2)y' = 0$$

ist nicht exakt, denn $g_y - h_t = 1 + 3ty^2 - (1 + 4ty^2) = -ty^2 \neq 0$. Angenommen, es gibt einen integrierenden Faktor der Form $m(\mu)$ mit $\mu = ty$, dann ergibt sich

$$a = \frac{-ty^2}{y(t + 2t^2y^2) - t(y + ty^3)} = -\frac{ty^2}{t^2y^3} = -\frac{1}{\mu}$$

$$\Rightarrow \quad m'(\mu) = -\frac{m}{\mu} \quad \Rightarrow \quad m = \frac{1}{\mu} = \frac{1}{ty}\,.$$

Damit ist

$$\frac{1}{t} + y^2 + \left(\frac{1}{y} + 2ty\right) y' = 0$$

exakt, und aus dem Potential $u(t, y) = \ln(ty) + ty^2$ zu $(g(t, y), h(t, y))$ ergibt sich die implizite Lösungsdarstellung $\ln(ty(t)) + ty(t)^2 = c$.

Lösung zu A20.2.13

a) Die notwendige Bedingung für den integrierenden Faktor ergibt sich aus der Integrabilitätsbedingung

$$\frac{\partial}{\partial t}(m(\mu(t, y)) \cdot h(t, y)) = \frac{\partial}{\partial y}(m(\mu(t, y)) \cdot g(t, y))\,.$$

i) Mit $\mu(t, y) = t + y$ ergibt sich

$$\frac{\mathrm{d}m}{\mathrm{d}\mu}h + mh_t = \frac{\mathrm{d}m}{\mathrm{d}\mu}g + mg_y \quad \Rightarrow \quad \frac{\mathrm{d}m}{\mathrm{d}\mu} = \frac{g_y - h_t}{h - g}m =: a \cdot m\,.$$

ii) Mit $\mu(t, y) = t^2y^2$ ergibt sich

$$2ty^2\frac{\mathrm{d}m}{\mathrm{d}\mu}h + mh_t = 2yt^2\frac{\mathrm{d}m}{\mathrm{d}\mu}g + mg_y \Rightarrow \frac{\mathrm{d}m}{\mathrm{d}\mu} = \frac{g_y - h_t}{2ty(yh - tg)}m =: a \cdot m\,.$$

Ist $a = a(\mu)$, so kann unter der Voraussetzung, dass das Gebiet einfach zusammenhängend ist und g und h hinreichend glatt sind, ein integrierender Faktor m aus der Differentialgleichung $m'(\mu) = a(\mu)m$ berechnet werden.

b) i) Die Differentialgleichung

$$2t^2 + 2ty + (t + y)\cos(t + y) + (2ty + 2y^2 + (t + y)\cos(t + y))y' = 0$$

ist nicht exakt, denn

$$\begin{aligned} g_y - h_t &= 2t + \cos(t + y) - (t + y)\sin(t + y) \\ &\quad - (2y + \cos(t + y) - (t + y)\sin(t + y)) = 2(t - y) \neq 0\,. \end{aligned}$$

Angenommen, es gibt einen integrierenden Faktor der Form $m(\mu)$ mit $\mu = t + y$, dann ergibt sich

$$a = \frac{2(t - y)}{2y^2 - 2t^2} = -\frac{1}{t + y} \quad \Rightarrow \quad m'(\mu) = -\frac{m}{\mu} \quad \Rightarrow \quad m = \frac{1}{\mu} = \frac{1}{t + y}\,.$$

Damit ist $2t + \cos(t + y) + (2y + \cos(t + y))y' = 0$ exakt, und aus dem Potential $u(t, y) = \sin(t + y) + t^2 + y^2$ zu $(g(t, y), h(t, y))$ ergibt sich die implizite Lösungsdarstellung $\sin(t + y(t)) + t^2 + y(t)^2 = c$.

ii) Die Differentialgleichung

$$\frac{2e^{t^2y^2}}{t} + \left(\frac{2e^{t^2y^2}}{y} + \frac{2}{t^2y}\right) y' = 0$$

ist nicht exakt, denn

$$g_y - h_t = 4tye^{t^2y^2} - 4tye^{t^2y^2} + \frac{4}{t^3y} = \frac{4}{t^3y} \neq 0\,.$$

Angenommen, es gibt einen integrierenden Faktor der Form $m(\mu)$ mit $\mu = t^2y^2$, dann ergibt sich

$$a = \frac{4}{t^3y(4tye^{t^2y^2} + 4y/t - 4tye^{t^2y^2})} = \frac{1}{t^2y^2} = \frac{1}{\mu}$$

$$\Rightarrow \quad m'(\mu) = \frac{m}{\mu} \quad \Rightarrow \quad m = \mu = t^2y^2\,.$$

Damit ist $2ty^2e^{t^2y^2} + (2yt^2e^{t^2y^2} + 2y)y' = 0$ exakt, und aus dem Potential $u(t, y) = e^{t^2y^2} + y^2$ zu $(g(t, y), h(t, y))$ ergibt sich die implizite Lösungsdarstellung $e^{t^2y(t)^2} + y(t)^2 = c$.

Lösung zu A20.2.14

Die Differentialgleichung

$$\underbrace{2xy}_{=g(x,y)} + \underbrace{\left(2x^2 + \frac{\cos y}{y}\right)}_{=h(x,y)} y' = 0$$

ist nicht exakt, denn $g_y = 2x \neq h_x = 4x$.

Multipliziert man mit $m = m(y)$, so lautet die Integrabilitätsbedingung:

$$(m(y) \cdot 2xy)_y = \left(m(y)\left(2x^2 + \frac{\cos y}{y}\right)\right)_x$$

$$\Leftrightarrow \quad m'(y) \cdot 2xy + m(y) \cdot 2x = m(y) \cdot 4x\,.$$

Man erhält $m'(y) = \dfrac{m(y)}{y} \quad \Rightarrow \quad m(y) = y.$

Multiplikation mit m ergibt daher die exakte Differentialgleichung $2xy^2 + (2x^2y + \cos y)y' = 0$.

Berechnung des zugehörigen Potentials $v(x, y)$:

$$v_x = 2xy^2 \Rightarrow v(x, y) = x^2y^2 + \varphi(y)$$

$$\Rightarrow v_y(x, y) = 2x^2y + \varphi'(y) = 2x^2y + \cos y \Rightarrow \varphi(y) = \sin y + K$$

$$\Rightarrow v(x, y) = x^2y^2 + \sin y + K$$

Die Lösung der Differentialgleichung ist damit gegeben durch $x^2y^2 + \sin y = C$.

Lösung zu A20.2.15

a) $y' = \left(1 + \frac{2}{x}\right) y \Rightarrow \int \frac{dy}{y} = \int 1 + \frac{2}{x}\, dx$

$$\Rightarrow \ln y = x + 2\ln x + c = x + \ln x^2 + c \Rightarrow y(x) = Cx^2 e^x \quad \text{mit} \quad C \in \mathbb{R}\,.$$

b) Der Potenzreihenansatz $y(x) = \sum_{i=0}^{\infty} a_i x^i$ wird in die Differentialgleichung eingesetzt:

$$\left(\sum_{i=0}^{\infty} a_i x^i\right)' = \left(1 + \frac{2}{x}\right) \sum_{i=0}^{\infty} a_i x^i \quad \Rightarrow \quad x\left(\sum_{i=0}^{\infty} a_i x^i\right)' = (x+2) \sum_{i=0}^{\infty} a_i x^i\,.$$

Im Konvergenzintervall $J := (-r, r)$ der Potenzreihe darf nun gliedweise differenziert werden, und man erhält über einen Koeffizientenvergleich Bestimmungsgleichungen für die a_i:

$$x\left(\sum_{i=0}^{\infty} a_i x^i\right)' = (x+2) \sum_{i=0}^{\infty} a_i x^i \quad \Rightarrow \quad \sum_{i=1}^{\infty} i a_i x^i = \sum_{i=0}^{\infty} a_i x^{i+1} + \sum_{i=0}^{\infty} 2a_i x^i$$

$$\Rightarrow \quad -2a_0 + \sum_{i=1}^{\infty} (i a_i - a_{i-1} - 2a_i) x^i = 0$$

$$\Rightarrow \quad a_0 = 0 \quad \wedge \quad (i-2)a_i - a_{i-1} = 0 \quad \text{für} \quad i = 1, 2, 3 \ldots$$

Für $i = 1{,}2$ ergibt sich $a_1 = 0$ und für $i \geq 3$ folgt $a_i = \frac{a_{i-1}}{i-2} = \cdots = \frac{a_2}{(i-2)!}$ mit $a_2 \in \mathbb{R}$.
Man erhält also für die Lösung der Differentialgleichung $y(x)$ folgende Potenzreihe

$$y(x) = a_2 \sum_{i=2}^{\infty} \frac{1}{(i-2)!} x^i = a_2 x^2 \sum_{i=0}^{\infty} \frac{x^i}{i!} = a_2 x^2 e^x \quad \text{mit } a_2 \in \mathbb{R}\,.$$

Der Konvergenzradius der Potenzreihe von $y(x)$ ist gleich dem der Potenzreihe der Exponentialfunktion, nämlich $r = +\infty$.

Lösung zu A20.2.16

a) $y' = xy \Rightarrow \int \frac{dy}{y} = \int x\, dx \Rightarrow \ln|y| = \frac{x^2}{2} + c \Rightarrow y(x) = Ce^{x^2/2}$ mit $C \in \mathbb{R}$.

b) Der Potenzreihenansatz $y(x) = \sum_{i=0}^{\infty} a_i x^i$ wird in die Differentialgleichung eingesetzt:

$$\left(\sum_{i=0}^{\infty} a_i x^i\right)' = x \sum_{i=0}^{\infty} a_i x^i\,.$$

Im Konvergenzintervall $J := (-r, r)$ der Potenzreihe darf nun gliedweise differenziert werden, und man erhält über einen Koeffizientenvergleich Bestimmungsgleichungen für die a_i:

$$\left(\sum_{i=0}^{\infty} a_i x^i\right)' = x\sum_{i=0}^{\infty} a_i x^i \quad\Rightarrow\quad \sum_{i=1}^{\infty} i a_i x^{i-1} = \sum_{i=0}^{\infty} a_i x^{i+1}$$

$$\Rightarrow \quad a_1 + \sum_{i=1}^{\infty}((i+1)a_{i+1} - a_{i-1})x^i = 0$$

$$\Rightarrow \quad a_1 = 0 \quad \wedge \quad a_{i+1} = \frac{a_{i-1}}{i+1} \quad \text{für} \quad i = 1, 2, 3 \ldots$$

Für $i = 2j$ ergibt sich $a_{2j+1} = \dfrac{a_{2j-1}}{2j+1} = \cdots = \dfrac{a_1}{(2j+1)\cdot \ldots \cdot 3} = 0.$

Für $i = 2j-1$ ergibt sich $a_{2j} = \dfrac{a_{2j-2}}{2j} = \cdots = \dfrac{a_0}{2j(2j-2)\cdot \ldots \cdot 2} = \dfrac{a_0}{2^j \cdot j!}.$

Man erhält also für die Lösung der Differentialgleichung $y(x)$ folgende Potenzreihe:

$$y(x) = \sum_{j=0}^{\infty} \frac{a_0}{2^j \cdot j!} x^{2j} = a_0 \sum_{i=0}^{\infty} \frac{1}{j!}\left(\frac{x^2}{2}\right)^j = a_0 \cdot \exp\left(\frac{x^2}{2}\right) \quad \text{mit } a_0 \in \mathbb{R}\,.$$

Der Konvergenzradius der Potenzreihe von $y(x)$ ist gleich dem der Potenzreihe der Exponentialfunktion, nämlich $r = +\infty$.

Lösung zu A20.2.17

Ein Vergleich der allgemeinen Clairautschen Differentialgleichungsdarstellung $y = xy' + \psi(y')$ mit $y = xy' + e^{y'}$ ergibt $\psi(y') = e^{y'}$.

Die allgemeinen Lösungen sind daher durch die Geradenschar $y(x) = Cx + e^C$ mit $C \in \mathbb{R}$ gegeben.

Die ‚singuläre Lösung' ergibt sich durch Elimination von p aus den Gleichungen

$$y = px + \psi(p) = px + e^p \tag{*}$$

und

$$x + \psi'(p) = x + e^p = 0\,. \tag{**}$$

Für $x < 0$ erhält man aus (**) $p = \ln(-x)$, eingesetzt in (*) ergibt sich

$$y_s(x) = x\ln(-x) - x\,.$$

Zur geometrischen Deutung der singulären Lösung:

Wegen $y_s'(x) = \ln(-x)$ lautet das Taylor-Polynom 1. Grades von $y_s(x)$ im Punkt $x_0 < 0$

$$T_{y_s}(x; x_0) = x_0\ln(-x_0) - x_0 + \ln(-x_0)(x - x_0) = -x_0 + x\ln(-x_0)\,.$$

Mit $C = \ln(-x_0)$ ergibt sich $T_{y_s}(x; x_0) = Cx + e^C$, d. h. die allgemeinen Lösungen sind die Tangenten an $y_s(x)$ oder andersherum ausgedrückt, die singuläre Lösung ist die Einhüllende der Geradenschar, die durch die allgemeine Lösung gegeben ist (siehe auch Abb. L20.1).

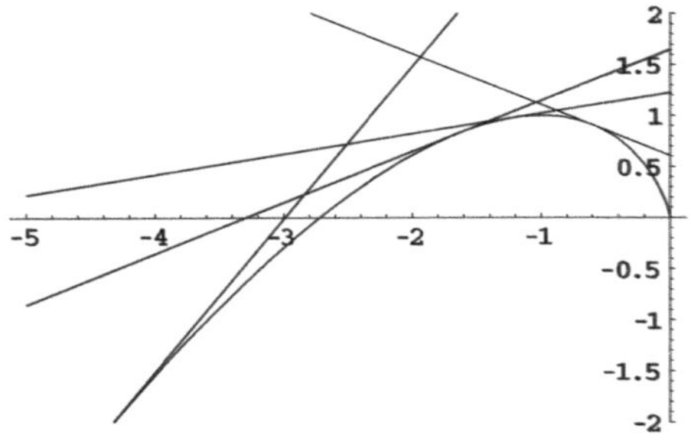

Abb. L20.1 Geradenschar $y(x) = Cx + e^C$ und $y_s(x) = x\ln(-x) - x$.

L20.3 Lösungsmethoden für Differentialgleichungen zweiter Ordnung

Lösung zu A20.3.1

a) Zur Lösung von $y^2 y'' - (y')^3 = 0 \Leftrightarrow y'' = \dfrac{(y')^3}{y^2} = f(y, y')$ setze man $v(y) = y'(x(y))$

$$\Rightarrow\quad y''(x) = \frac{\mathrm{d}}{\mathrm{d}x}(v(y(x))) = \frac{\mathrm{d}v}{\mathrm{d}y}\cdot\frac{\mathrm{d}y}{\mathrm{d}x} = v'(y)v(y) \quad\Rightarrow\quad v'(y) = \frac{f(y,v)}{v} = \frac{v^3}{v y^2}\,.$$

Trennung der Variablen ergibt $\dfrac{v'}{v^2} = \dfrac{1}{y^2} \Rightarrow \dfrac{1}{v} = \dfrac{1}{y} + c \Rightarrow v = y' = \dfrac{y}{1+cy}$.

Erneute Trennung der Variablen ergibt

$$\int \frac{1+cy}{y}\,\mathrm{d}y = \int \frac{1}{y} + c\,\mathrm{d}y = \int \mathrm{d}x \quad\Rightarrow\quad \ln y + cy = x + \mathrm{d}\,.$$

Im Fall $c = 0$ kann sogar die explizite Darstellung $y = De^x$ angegeben werden.

b) Zur Lösung von $y'' + y = 0$ wird mit y' multipliziert und anschließend nach x integriert (Substitution $\mathrm{d}y' = y''\,\mathrm{d}x$ und $\mathrm{d}y = y'\,\mathrm{d}x$):

$$y''y' + yy' = 0 \quad\Rightarrow\quad \int y''y' + yy'\,\mathrm{d}x = \int 0\,\mathrm{d}x \quad\Rightarrow\quad \int y'\,\mathrm{d}y' + \int y\,\mathrm{d}y = \frac{c}{2}$$

$$\Rightarrow\quad \frac{(y')^2}{2} + \frac{y^2}{2} = \frac{c}{2} \geq 0 \quad\Rightarrow\quad (y')^2 + y^2 = k^2$$

$$\Rightarrow\quad y' = \pm\sqrt{k^2 - y^2} \quad\Rightarrow\quad \int \frac{\mathrm{d}y}{\sqrt{k^2-y^2}} = \pm\int \mathrm{d}x \quad\Rightarrow\quad \arcsin\frac{y}{k} = \pm(x+d)$$

$$\Rightarrow\quad y = k\sin(\pm(x+d)) = K\sin(x+d) \quad\Rightarrow\quad y = K(\sin x\cos d + \sin d\cos x)$$
$$= C_1\sin x + C_2\cos x$$

c) Die Differentialgleichung $2xy'' - y' - x = 0$ hängt nicht explizit von y ab. Man setzt $y' = z$ und erhält die lineare inhomogene Differentialgleichung erster Ordnung

$$2xz' - z - x = 0 \quad\Rightarrow\quad z' = \frac{z+x}{2x} = \frac{z}{2x} + \frac{1}{2x}\,.$$

Allgemeine Lösung der homogenen Gleichung durch Trennung der Veränderlichen

$$\frac{z'}{z} = \frac{1}{2x} \quad \Rightarrow \quad \int \frac{\mathrm{d}z}{z} = \frac{1}{2} \int \frac{\mathrm{d}x}{x} \quad \Rightarrow \quad z_\mathrm{h} = c\sqrt{x}\,.$$

Spezielle Lösung der inhomogenen Gleichung durch Variation der Konstanten: $z_\mathrm{p} = x$.
Allgemeine Lösung der inhomogenen Gleichung durch Superposition: $z = c\sqrt{x} + x$.
Wegen $z = y'$ muss nochmals integriert werden und man erhält $y = Cx^{3/2} + \frac{x^2}{2} + D$.

Lösung zu A20.3.2

a) $y''(x) = \frac{x}{y'(x)} \quad \Rightarrow \quad y'(x)y''(x) = x \quad \Rightarrow \int y'(x)y''(x)\,\mathrm{d}x = \int x\,\mathrm{d}x$

$$\Rightarrow \quad \frac{(y'(x))^2}{2} = \frac{x^2+c}{2} \quad \Rightarrow \quad y'(x) = \pm\sqrt{x^2+c} \quad \Rightarrow \quad -1 = y'(0) = -\sqrt{0^2+c}$$

$$\Rightarrow \quad c = 1 \quad \Rightarrow \quad y'(x) = -\sqrt{x^2+1}$$

$$\Rightarrow \quad y(x) = -\int \sqrt{x^2+1}\,\mathrm{d}x = -\frac{1}{2}\left(\operatorname{arsinh} x + x\sqrt{1+x^2}\right) + K$$

$$\Rightarrow \quad 0 = y(0) = -\frac{1}{2}\left(\operatorname{arsinh} 0 + 0\sqrt{1+0^2}\right) + K = K$$

$$\Rightarrow \quad y(x) = -\frac{1}{2}\left(\operatorname{arsinh} x + x\sqrt{1+x^2}\right)$$

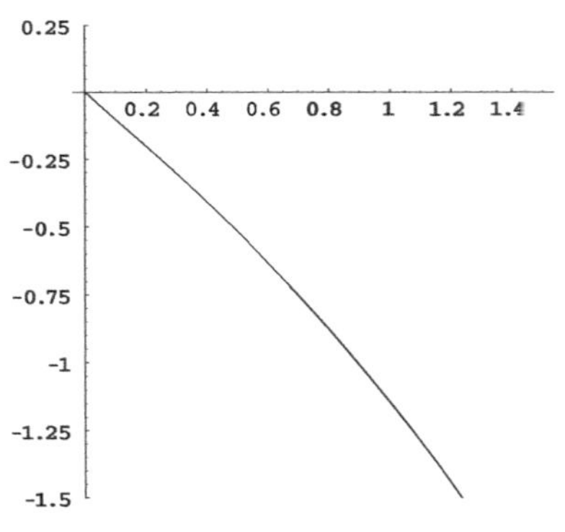

Abb. L20.2 $y(x) = -\frac{1}{2}\left(\operatorname{arsinh} x + x\sqrt{1+x^2}\right)$.

b) $y'' = y^{-3} \Rightarrow y''y' = y'y^{-3} \Rightarrow \frac{(y')^2}{2} = c - \frac{1}{2y^2} \Rightarrow (y')^2 = 2c - \frac{1}{y^2}$
$y(0) = 1$ und $y'(0) = 1$ ergeben $1 = 2c - 1 \Rightarrow c = 1$

$$(y')^2 = 2 - \frac{1}{y^2} \quad \Rightarrow \quad y' = \sqrt{2 - \frac{1}{y^2}} \quad \Rightarrow \quad \frac{\mathrm{d}x}{\mathrm{d}y} = \frac{1}{\sqrt{2 - \frac{1}{y^2}}}$$

$$\Rightarrow \quad x = \int \frac{1}{\sqrt{2 - \frac{1}{y^2}}} \mathrm{d}y = \int \frac{y}{\sqrt{2y^2 - 1}} \mathrm{d}y = \frac{1}{2}\sqrt{2y^2 - 1} - D$$

$y(0) = 1$ ergibt $D = \frac{1}{2}$ und man erhält:

$$2x + 1 = \sqrt{2y^2 - 1} \Rightarrow y(x) = \sqrt{\frac{1}{2} + \frac{1}{2}(2x + 1)^2}$$

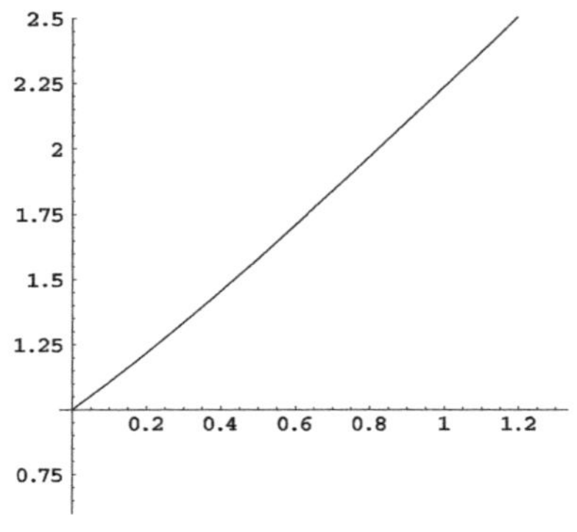

Abb. L20.3 $y(x) = \sqrt{\frac{1}{2} + \frac{1}{2}(2x + 1)^2}$.

Lösung zu A20.3.3

a) Die Differentialgleichung der Phasenkurve für $\varphi''(t) = f(\varphi(t), \varphi'(t))$ ergibt sich mit $v(\varphi) = \varphi'(t(\varphi))$ durch

$$\frac{\mathrm{d}v}{\mathrm{d}\varphi} = \frac{f(\varphi, v)}{v} = -\frac{g \sin\varphi}{\ell v} .$$

Trennung der Veränderlichen ergibt

$$\int v \,\mathrm{d}v = -\frac{g}{\ell} \int \sin\varphi \,\mathrm{d}\varphi \;\Rightarrow\; \frac{v^2}{2} = \frac{g}{\ell}\cos\varphi + c \;\Rightarrow\; h(\varphi, v) = \frac{v^2}{2} - \frac{g}{\ell}\cos\varphi = c .$$

b) $\operatorname{grad} h(\varphi, v) = \left(\frac{g}{\ell}\sin\varphi, v\right) = 0 \;\Rightarrow\; \sin\varphi = 0 \wedge v = 0$. Singuläre Punkte sind also $(k\pi, 0)$ mit $k \in \mathbb{Z}$.

$$\det Hh(k\pi, 0) = \det\begin{pmatrix} \frac{g}{\ell}\cos k\pi & 0 \\ 0 & 1 \end{pmatrix} = \frac{g}{\ell}\cos k\pi .$$

Also sind $(2m\pi, 0)$ mit $m \in \mathbb{Z}$ isolierte Punkte und $((2m + 1)\pi, 0)$ Doppelpunkte.

c) Punkte mit horizontaler Tangente ergeben sich folgendermaßen:
$h_\varphi = \frac{g}{\ell}\sin\varphi = 0 \quad \Rightarrow \quad \varphi = k\pi \quad$ mit $\quad k \in \mathbb{Z}$, wobei $v \neq 0$ ist.
Aus $c = h(k\pi, v) = \frac{v^2}{2} - \frac{g}{\ell}\cos k\pi$ folgt $v = \pm\sqrt{2\left(\frac{g}{\ell}\cos k\pi + c\right)}$.

Punkte horizontaler Tangente: $(\varphi, v) = \left(k\pi, \pm\sqrt{2\left(\frac{g}{\ell}\cos k\pi + c\right)}\right)$.

Punkte mit vertikaler Tangente ergeben sich entsprechend: $h_v = v = 0$ und aus $c = h(\varphi, 0) = -\frac{g}{\ell}\cos\varphi$ folgt $\varphi = \arccos\left(-\frac{c\ell}{g}\right)$. Punkte vertikaler Tangente sind also $(\varphi, v) = \left(\arccos\left(-\frac{c\ell}{g}\right), 0\right)$.

d) 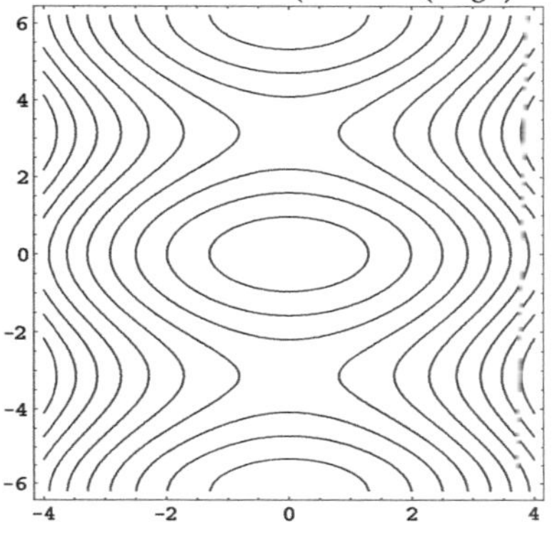

Abb. L20.4 $h(\varphi, v) = \frac{v^2}{2} - \frac{g}{\ell}\cos\varphi$ mit $\ell = 5$.

Lösung zu A20.3.4

a) Die Differentialgleichung der Phasenkurve für $u''(t) = f(u(t), u'(t))$ ergibt sich mit $v(u) = u'(t(u))$ durch

$$\frac{dv}{du} = \frac{f(u,v)}{v} = -\frac{k^2 u}{v}\,.$$

Trennung der Veränderlichen ergibt

$$\int v\,dv = -k^2\int u\,du \quad\Rightarrow\quad \frac{v^2}{2} = -k^2\frac{u^2}{2} + c \quad\Rightarrow\quad h(u,v) = k^2\frac{u^2}{2} + \frac{v^2}{2} = c\,.$$

b) $\operatorname{grad} h(u, v) = (k^2 u, v) = 0 \;\Rightarrow\; u = 0 \wedge v = 0$. Einziger singulärer Punkt ist damit $(u, v) = (0, 0)$.

$$\det Hh(0,0) = \det\begin{pmatrix} k^2 & 0 \\ 0 & 1\end{pmatrix} = k^2 > 0 \quad \text{wegen} \quad k \neq 0\,.$$

Also ist $(u, v) = (0, 0)$ isolierter Punkt.

c) Punkte mit horizontaler Tangente ergeben sich folgendermaßen:
$h_u = k^2 u = 0 \Rightarrow u = 0$, wobei $v \neq 0$ ist. Aus $c = h(0, v) = \frac{v^2}{2}$ folgt $v = \pm\sqrt{2c}$.
Punkte mit horizontaler Tangente sind also: $(u, v) = (0, \pm\sqrt{2c})$
Punkte mit vertikaler Tangente ergeben sich entsprechend: $h_v = v = 0$, wobei $v \neq 0$ ist. Aus $c = h(u, 0) = k^2u^2/2$ folgt $u = \pm\sqrt{2c/k^2}$.
Punkte mit vertikaler Tangente sind somit:

$$(u, 0) = \left(\pm\sqrt{\frac{2c}{k^2}}\,,\, 0\right)$$

d) Die Höhenlinien der impliziten Gleichung $h(u,v) = c$ werden durch Ellipsen mit den Halbachsenlängen $\sqrt{2c/k^2}$ in u-Richtung und $\sqrt{2c}$ in v-Richtung beschrieben. Im Spezialfall $k = 1$ sind es sogar Kreise:

$$\left(\frac{v}{\sqrt{2c}}\right)^2 + \left(u/\sqrt{\frac{2c}{k^2}}\right)^2 = 1\,.$$

Lösung zu A20.3.5

a) Der Laplace-Operator für radialsymmetrische Funktionen $u(r)$ im $\mathbb{R}^n$ ist gegeben durch:

$$\Delta u = u''(r) + \frac{n-1}{r}u'(r)\,.$$

Speziell für $n = 2$ und mit $v = u'$ (DGl-Typ 1) ist folgende Differentialgleichung zu lösen

$$v'(r) + \frac{1}{r}v(r) = 1\,.$$

Die Lösung der homogenen linearen Differentialgleichung erfolgt durch Trennung der Veränderlichen:

$$v' + \frac{1}{r}v(r) = 0 \Rightarrow \frac{v'}{v} = -\frac{1}{r} \Rightarrow \ln v = -\ln r + \ln c \Rightarrow \ln v = \ln\frac{c}{r} \Rightarrow v = \frac{c}{r}\,.$$

Eine spezielle Lösung der inhomogenen linearen Differentialgleichung erhält man durch Variation der Konstanten mit dem Ansatz $v_\mathrm{p}(r) = c(r)/r$:

$$\Rightarrow \quad \frac{c'(r)}{r} = 1 \quad \Rightarrow \quad c'(r) = r \quad \Rightarrow \quad c(r) = \frac{r^2}{2} \quad \Rightarrow \quad v_\mathrm{p}(r) = \frac{r}{2}\,.$$

Die allgemeine Lösung lautet daher:

$$u'(r) = v(r) = \frac{c}{r} + \frac{r}{2} \quad \Rightarrow \quad u(r) = c\ln r + \frac{r^2}{2} + d\,.$$

b) Anpassen der allgemeinen Lösung aus a) an die Randwerte:

$$0 = u(1) = c\ln 1 + \frac{1}{4} + d \quad \Rightarrow \quad d = -\frac{1}{4}\,, \quad 0 = u(2) = c\ln 2 + \frac{2^2}{4} - \frac{1}{4}$$
$$\Rightarrow \quad c = -\frac{3}{4\ln 2}$$

Die Lösung der Randwertaufgabe lautet daher: $u(r) = -\dfrac{3\ln r}{4\ln 2} + \dfrac{1}{4}(r^2 - 1).$

L 21
Theorie der Anfangswertaufgaben

L21.1 Existenz und Eindeutigkeit für Anfangswertaufgaben

Lösung zu A21.1.1

a) Zu Überprüfen sind die Voraussetzungen des Satzes von Picard-Lindelöf:
   i) Die Funktion $f(x, y) = x^2 + y^2$ ist stetig im $\mathbb{R}^2$, also auch auf dem Quader

$$Q := \left\{ \begin{pmatrix} x \\ y \end{pmatrix} \in \mathbb{R}^2 \;\middle|\; |x| \leq \frac{1}{2} \;\wedge\; |y| \leq b \right\} .$$

   ii) Für alle $(x, y)^T \in Q$ gilt $|f(x, y)| = |x^2 + y^2| \leq \frac{1}{4} + b^2 =: M$
   iii) Für alle $(x, y)^T, (x, \tilde{y})^T \in Q$ gilt nach dem Mittelwertsatz mit $\theta \in]0, 1[$

$$|f(x, \tilde{y}) - f(x, y)| = \left| \operatorname{grad} f(x + \theta(x - x), \underbrace{y + \theta(\tilde{y} - y)}_{=:\hat{y}}) \cdot \begin{pmatrix} x - x \\ \tilde{y} - y \end{pmatrix} \right|$$

$$= |f_y(x, \hat{y}) \cdot (\tilde{y} - y)| = 2|\hat{y}| \cdot |\tilde{y} - y| \leq \underbrace{2b}_{=:L} \cdot |\tilde{y} - y|$$

Damit besitzt die gegebene Anfangswertaufgabe nach dem Satz von Picard-Lindelöf eine eindeutig bestimmte Lösung im Intervall $[-\varepsilon, \varepsilon]$ mit $\varepsilon = \min\left(\frac{1}{2}, \frac{b}{M}\right)$. Da die Existenz und Eindeutigkeit für $0 \leq x \leq \frac{1}{2}$ gewährleistet sein soll, ist noch $\frac{b}{M} \geq \frac{1}{2}$ zu fordern:

$$\frac{1}{2} \leq \frac{b}{M} = \frac{b}{1/4 + b^2} \quad \Rightarrow \quad b^2 - 2b + \frac{1}{4} \leq 0 \quad \Rightarrow \quad b \in \left[1 - \frac{\sqrt{3}}{2}, 1 + \frac{\sqrt{3}}{2}\right] .$$

Für $b = 1 + \frac{\sqrt{3}}{2}$ ist die obige Forderung also erfüllt.

b) Der Mittelwertsatz $y(b) - y(a) = (b - a)y'(\xi)$ ergibt für $a = 0$ und $0 \leq b = x \leq 1$:

$$y(x) - y(0) = x \cdot y'(\xi) = x \cdot f(\xi, y(\xi)) = x \cos(\xi \cdot y(\xi)) \geq -1$$
$$\Rightarrow \quad y(x) \geq y(0) - 1 = 1 .$$

Mathematik in den Ingenieur- und Naturwissenschaften 2, Aufgaben und Lösungen, 5. Aufl.
Rainer Ansorge, Hans Oberle, Kai Rothe und Thomas Sonar.

Lösung zu A21.1.2

a) Bei $y'(t) + y(t) + y^{2/3}(t) = 0$ handelt es sich um eine Bernoullische Differentialgleichung mit $\alpha = \frac{2}{3}$, daher führt die Substitution $u = y^{1-\alpha} = y^{1/3}$ auf:

$$u' = \frac{1}{3}y^{-2/3}y' = \frac{1}{3}y^{-2/3}(-y - y^{2/3}) = -\frac{1}{3}(y^{1/3} + 1) = -\frac{1}{3}(u + 1),$$

mit der allgemeinen Lösung $u(t) = ce^{-t/3} - 1$.
Eine Lösung der Anfangswertaufgabe ergibt sich damit durch:

$$y(t) = u^3(t) = (ce^{-t/3} - 1)^3 \quad \Rightarrow \quad 1 = y(0) = (c-1)^3 \Rightarrow c = 2,$$

Eine Lösung lautet also: $\quad y(t) = (2e^{-t/3} - 1)^3$

b) $0 = y(t) = (2e^{-t/3} - 1)^3 \Rightarrow \; 2e^{-t/3} = 1 \; \Rightarrow \; t = 3\ln 2$

$$\Rightarrow \; y(t) > 0 \quad \text{für} \quad t \in [0, 3\ln 2[\,.$$

Die Eindeutigkeit der Lösung im Intervall $[0, 3\ln 2]$ wird nun über den Satz von Picard und Lindelöf nachgewiesen.

$$y'(t) + y(t) + y^{2/3}(t) = 0 \quad \Rightarrow \quad y'(t) = -y(t) - y^{2/3}(t) =: f(t, y)$$

Wegen $f_y(t, y) = -1 - \dfrac{2}{3y^{1/3}}$ ist f eine C^1-Funktion und lipschitzstetig bzgl. der y-Koordinate im Quader $[a, b] \times [c, d]$ mit $0 \leq a < b < 3\ln 2$ und $0 < c < d$. Als Lipschitzkonstante L kann

$$|f_y(t, y)| = \left| -1 - \frac{2}{3y^{1/3}} \right| \leq 1 + \frac{2}{3c^{1/3}} =: L$$

gewählt werden. Damit ist die Lösung $y(t)$ eindeutig bestimmt im Intervall $[a, b]$ und damit auch in $[0, 3\ln 2]$.

c) Nach a) löst $y_1(t) = (2e^{-t/3} - 1)^3$ die Anfangswertaufgabe im Intervall $[0, b]$ mit $b \in \mathbb{R}$.

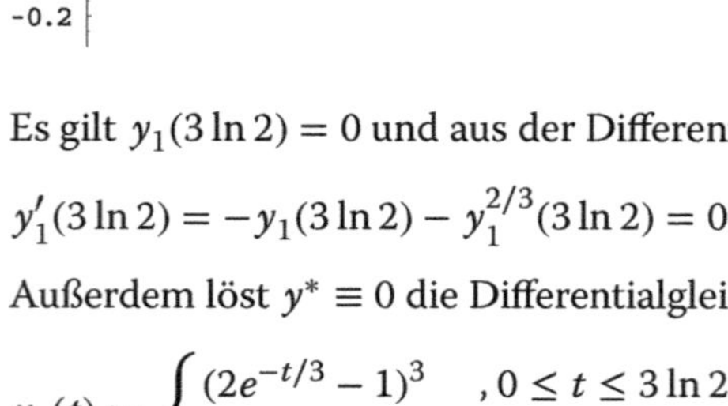

Abb. L21.1 $y_1(t) = (2e^{-t/3} - 1)^3$.

Es gilt $y_1(3\ln 2) = 0$ und aus der Differentialgleichung folgt

$$y_1'(3\ln 2) = -y_1(3\ln 2) - y_1^{2/3}(3\ln 2) = 0\,.$$

Außerdem löst $y^* \equiv 0$ die Differentialgleichung. Daher ist

$$y_2(t) := \begin{cases} (2e^{-t/3} - 1)^3 & ,0 \leq t \leq 3\ln 2 \\ 0 & 3\ln 2 < t \leq b \end{cases}$$

eine C^1-Funktion auf $[0, b]$, die ebenfalls die Differentialgleichung löst und die Anfangsbedingung erfüllt, also Lösung der Anfangswertaufgabe ist.

L21.2 Näherungsverfahren

Lösung zu A21.2.1

$y' + 2xy = 2x \quad \Rightarrow \quad y' = 2x(1-y) =: f(x, y)$

Eulersches Polygonzugverfahren ($h = 0{,}1$):

$$y_{n+1} = y_n + h \cdot f(x_n, y_n) = y_n + 0{,}2x_n(1 - y_n)$$

mit $x_0 = 0$, $x_i = 0{,}1 \cdot i$ und $y_0 = 2$

$$y_1 = 2 + 0{,}2 \cdot 0 \cdot (1-2) = 2 \approx y(0{,}1)$$
$$y_2 = 2 + 0{,}2 \cdot 0{,}1 \cdot (1-2) = 1{,}98 \approx y(0{,}2)$$

Lösung zu A21.2.2

Sukzessive Approximation: mit $y^{[0]}(t) = y_0 = 2$

$$y^{[1]}(t) = y_0 + \int_0^t 2y^{[0]}(\tau)\,d\tau = 2 + \int_0^t 4\,d\tau = 2 + 4t$$

$$y^{[2]}(t) = y_0 + \int_0^t 2y^{[1]}(\tau)\,d\tau = 2 + \int_0^t 4 + 8\tau\,d\tau = 2 + 4t + 4t^2$$

$$y^{[3]}(t) = y_0 + \int_0^t 2y^{[2]}(\tau)\,d\tau = 2 + \int_0^t 4 + 8\tau + 8\tau^2\,d\tau = 2 + 4t + 4t^2 + \frac{8}{3}t^3$$

Lösung zu A21.2.3

a) Das Eulersche Polygonzugverfahren

$$y_{i+1} = y_i + h_i f(t_i, y_i)\,, \quad t_{i+1} = t_i + h_i\,, \quad i = 0, 1, 2, \dots\,,$$

wird durchgeführt mit $t_0 = 0$, $y_0 = y(0) = 2$, $h_i = 0{,}25$ und $f(t, y) = t^2(y-1)$:

$$y_1 = y_0 + 0{,}25 \cdot t_0^2(y_0 - 1) = 2$$
$$y_2 = y_1 + 0{,}25 \cdot t_1^2(y_1 - 1) \approx 2{,}015\,625$$
$$y_3 = y_2 + 0{,}25 \cdot t_2^2(y_2 - 1) \approx 2{,}079\,102$$
$$y_4 = y_3 + 0{,}25 \cdot t_3^2(y_3 - 1) \approx 2{,}230\,850 \approx y(1)\,.$$

b) Das Verfahren der sukzessiven Approximation lautet:

$$y^{[0]}(t) = y_0\,, \quad y^{[k+1]}(t) = y_0 + \int_{t_0}^t f(\tau, y^{[k]}(\tau))\,d\tau\,, \quad k = 0, 1, 2, \dots\,,$$

wobei $t_0 = 0$, $y_0 = y(0) = 2$ und $f(t, y) = t^2(y-1) \Rightarrow$

$$y^{[1]}(t) = 2 + \int_0^t \tau^2(y^{[0]}(\tau) - 1)\,\mathrm{d}\tau = 2 + \frac{1}{3}t^3$$

$$y^{[2]}(t) = 2 + \int_0^t \tau^2(y^{[1]}(\tau) - 1)\,\mathrm{d}\tau = 2 + \frac{1}{3}t^3 + \frac{1}{18}t^6$$

$$y^{[3]}(t) = 2 + \int_0^t \tau^2(y^{[2]}(\tau) - 1)\,\mathrm{d}\tau = 2 + \frac{1}{3}t^3 + \frac{1}{18}t^6 + \frac{1}{162}t^9 .$$

Damit erhält man $y^{[3]}(1) \approx 2{,}395\,062$.

c) Die Differentialgleichung ist separierbar:

$$y' = t^2(y-1) \Rightarrow \frac{y'}{y-1} = t^2 \Rightarrow \int \frac{\mathrm{d}y}{y-1} = \int t^2\,\mathrm{d}t \Rightarrow \ln|y-1| = \frac{t^3}{3} + c$$
$$\Rightarrow y(t) = 1 + C \cdot \exp\left(\frac{t^3}{3}\right) .$$

Die Lösung der Anfangswertaufgabe $y(0) = 2$ liefert $C = 1$, und man erhält

$$y(t) = 1 + \exp\left(\frac{t^3}{3}\right) = 1 + \sum_{k=0}^{\infty} \frac{t^{3k}}{3^k \cdot k!} \quad \Rightarrow \quad y(1) = 1 + \exp\left(\frac{1}{3}\right) \approx 2{,}395\,612 .$$

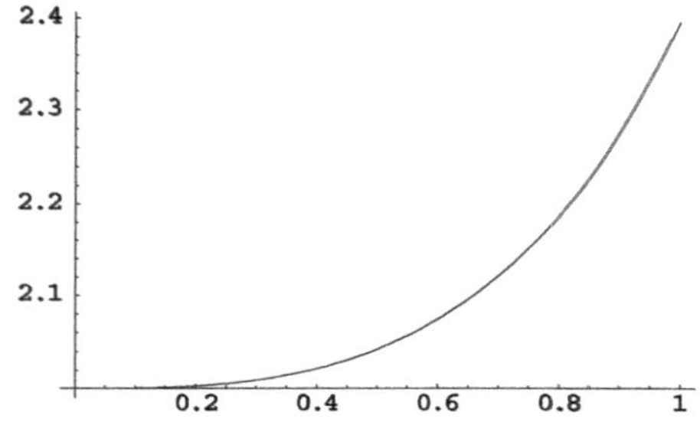

Abb. L21.2 Lösung $y(t) = 1 + \exp\left(\frac{t^3}{3}\right)$.

L 22
Lineare Differentialgleichungen

L22.1 Systeme erster Ordnung

Lösung zu A22.1.1

Da das Differentialgleichungssystem obere Dreiecksform besitzt, wird zuerst die zweite Gleichung mit dem Ansatz $y(x) = e^{\lambda x}$ gelöst:

$$y_2' = 4y_2 \quad \Rightarrow \quad \lambda e^{\lambda x} = 4e^{\lambda x} \quad \Rightarrow \quad \lambda = 4 \quad \Rightarrow \quad y_2(x) = c_2 e^{4x} .$$

Die Anfangsbedingung ergibt $1 = y_2(1) = c_2 e^4 \Rightarrow c_2 = e^{-4} \Rightarrow y_2(x) = e^{4x-4}$.

Für die erste Gleichung erhält man damit die lineare inhomogene Differentialgleichung in y_1

$$y_1' = \frac{1}{x} y_1 + 16x^2 y_2 = \frac{1}{x} y_1 + 16x^2 e^{4x-4} .$$

Die lineare homogene Eulersche Differentialgleichung $y_1' = \frac{1}{x} y_1 \overset{x \neq 0}{\Leftrightarrow} x y_1' = y_1$ wird mit dem Ansatz $y_1(x) = x^\alpha$ gelöst:

$$x y_1' = y_1 \quad \Rightarrow \quad x(x^\alpha)' = x^\alpha \quad \Rightarrow \quad \alpha x^\alpha = x^\alpha \quad \Rightarrow \quad \alpha = 1 \quad \Rightarrow \quad y_{1h}(x) = c_1 x .$$

Die lineare inhomogene Differentialgleichung $y_1' = \frac{1}{x} y_1 + 16x^2 e^{4x-4}$ wird mit Variation der Konstanten über den Ansatz $y_{1p}(x) = k(x)x$ gelöst: $k'(x)x = 16x^2 e^{4x-4} \Rightarrow k'(x) = 16xe^{4x-4}$. Mit partieller Integration erhält man

$$k(x) = 4xe^{4x-4} - \int 4e^{4x-4}\,\mathrm{d}x = 4xe^{4x-4} - e^{4x-4} .$$

Damit erhält man die allgemeine Lösung der ersten Gleichung

$$y_1(x) = y_{1h}(x) + y_{1p}(x) = c_1 x + 4x^2 e^{4x-4} - xe^{4x-4} .$$

Die Anfangsbedingung ergibt $8 = y_1(1) = c_1 + 4e^{4-4} - e^{4-4} \Rightarrow c_1 = 5$.

Die Lösung der ersten Gleichung lautet also $y_1(x) = 5x + 4x^2 e^{4x-4} - xe^{4x-4}$.

Lösung zu A22.1.2

a) $\dot{y}(t) = \begin{pmatrix} -1/t & -2/t^3 \\ -2t & 1/t \end{pmatrix} y(t) \quad \text{mit} \quad y(1) = \begin{pmatrix} 3 \\ 1 \end{pmatrix} .$

Mathematik in den Ingenieur- und Naturwissenschaften 2, Aufgaben und Lösungen, 5. Aufl.
Rainer Ansorge, Hans Oberle, Kai Rothe und Thomas Sonar.

b) Die Lösung in Polynomform

$$\boldsymbol{y}^1(t) := \begin{pmatrix} y_1(t) \\ y_2(t) \end{pmatrix} = \begin{pmatrix} a_0 + a_1\,t + a_2\,t^2 + a_3\,t^3 \\ b_0 + b_1\,t + b_2\,t^2 + b_3\,t^3 \end{pmatrix}$$

wird in die Differentialgleichung eingesetzt und die Unbekannten $a_0, \ldots, b_3$ werden über Koeffizientenvergleich bestimmt:
1. Gleichung:

$$\begin{aligned}
&y_1'(t) = -y_1(t)/t - 2y_2(t)/t^3 \\
&\Rightarrow\; a_1 + 2a_2t + 3a_3t^2 \\
&\qquad = -(a_0 + a_1\,t + a_2\,t^2 + a_3\,t^3)/t - 2(b_0 + b_1\,t + b_2\,t^2 + b_3\,t^3)/t^3 \\
&\Rightarrow\; 3a_3t^2 + 2a_2t + a_1 \\
&\qquad = -a_3t^2 - a_2t - a_1 - 2b_3 - (a_0 + 2b_2)/t - 2b_1/t^2 - 2b_0/t^3 \\
&\Rightarrow\; a_3 = 0\,,\; a_2 = 0\,,\; a_1 = -a_1 - 2b_3\,,\; a_0 + 2b_2 = 0\,,\; b_1 = 0\,,\; b_0 = 0 \\
&\Rightarrow\; y_1(t) = a_1t + a_0\,,\;\; y_2(t) = b_3t^3 + b_2t^2
\end{aligned}$$

2. Gleichung:

$$\begin{aligned}
&y_2'(t) = -2t\,y_1(t) + y_2(t)/t \\
&\Rightarrow\; 3b_3t^2 + 2b_2t \\
&\qquad = -2t(a_1t + a_0) + (b_3t^3 + b_2t^2)/t = (-2a_1 + b_3)t^2 + (-2a_0 + b_2)t \\
&\Rightarrow\; 3b_3 = -2a_1 + b_3\,,\; 2b_2 = -2a_0 + b_2 \;\Rightarrow\; a_0 = 0 = b_2\,, -b_3 = a_1 \in \mathbb{R}
\end{aligned}$$

Für $a_1 = 1$ erhält man damit eine Lösung der Differentialgleichung

$$\boldsymbol{y}^1(t) = \begin{pmatrix} t \\ -t^3 \end{pmatrix}.$$

c) $\boldsymbol{y}^2(t)$ löst die Differentialgleichung:

$$\begin{pmatrix} -1/t & -2/t^3 \\ -2t & 1/t \end{pmatrix} \begin{pmatrix} 1/t^3 \\ 1/t \end{pmatrix} = \begin{pmatrix} -3/t^4 \\ -1/t^2 \end{pmatrix} = \begin{pmatrix} 1/t^3 \\ 1/t \end{pmatrix}'.$$

Die Lösungen $\boldsymbol{y}^1(t)$ und $\boldsymbol{y}^2(t)$ sind linear unabhängig, denn für $\boldsymbol{Y}(t) := (\boldsymbol{y}^1(t)|\,\boldsymbol{y}^2(t))$ gilt

$$\det\begin{pmatrix} t & 1/t^3 \\ -t^3 & 1/t \end{pmatrix} = 2 \neq 0 \quad \text{für} \quad t \neq 0\,.$$

Damit ist $\boldsymbol{Y}(t)$ eine Fundamentalmatrix.

d) Mit $\boldsymbol{c} \in \mathbb{R}^2$ lautet die allgemeine Lösung der Differentialgleichung $\boldsymbol{y}(t) = \boldsymbol{Y}(t)\,\boldsymbol{c}$.

Nach Auswertung der Anfangsbegingung

$$\begin{pmatrix} 3 \\ 1 \end{pmatrix} = \boldsymbol{y}(1) = \boldsymbol{Y}(1)\boldsymbol{c} = \begin{pmatrix} 1 & 1 \\ -1 & 1 \end{pmatrix}\boldsymbol{c} \quad \Rightarrow \quad \boldsymbol{c} = \begin{pmatrix} 1 \\ 2 \end{pmatrix}.$$

ergibt sich die Lösung der Anfangswertaufgabe

$$\boldsymbol{y}(t) = \begin{pmatrix} y_1(t) \\ y_2(t) \end{pmatrix} = \begin{pmatrix} t + 2/t^3 \\ -t^3 + 2/t \end{pmatrix}.$$

Lösung zu A22.1.3
Für die Lösung in Polynomform je Komponente führt der Ansatz

$$\boldsymbol{y}^2(x) = \begin{pmatrix} ax + b \\ cx + d \end{pmatrix},$$

eingesetzt in die Differentialgleichung und nach einem Koeffizientenvergleich je Komponente, auf $a = -1$, $b = 0$, $c = 1$ und $d = -1$. Zur Berechnung einer weiteren linear unabhängigen Lösung $\boldsymbol{y}^1(x)$ wird der Reduktionsansatz

$$\boldsymbol{y}^1(x) = w(x)\boldsymbol{y}^2(x) + \boldsymbol{z}(x) = w(x)\begin{pmatrix} -x \\ x - 1 \end{pmatrix} + \begin{pmatrix} z_1(x) \\ z_2(x) \end{pmatrix}$$

in die Differentialgleichung eingesetzt, und man erhält

$$z_1' = z_1 + z_2 + w'x, \quad z_2' = z_1 + \frac{x+1}{x-1} z_2 - w'(x-1).$$

Wählt man $w' = z_1/(x-1)$, so wird die zweite Gleichung von der ersten entkoppelt und besitzt $z_2 = 0$ als Lösung. Die erste Gleichung lautet damit

$$z_1' = z_1 + \frac{z_1}{x-1} x = \left(2 + \frac{1}{x-1}\right) z_1.$$

Trennung der Veränderlichen führt auf die Lösung $z_1(x) = (x-1)e^{2x}$. Damit ergibt sich $w' = e^{2x}$, also $w(x) = \frac{1}{2}e^{2x}$, und man erhält als weitere linear unabhängige Lösung:

$$\boldsymbol{y}^1(x) = \frac{1}{2}e^{2x}\begin{pmatrix} -x \\ x - 1 \end{pmatrix} + \begin{pmatrix} (x-1)e^{2x} \\ 0 \end{pmatrix} = \frac{1}{2}e^{2x}\begin{pmatrix} x - 2 \\ x - 1 \end{pmatrix}.$$

Die allgemeine Lösung lautet daher

$$\boldsymbol{y}(x) = c_1\boldsymbol{y}^1 + c_2\boldsymbol{y}^2 = c_1\begin{pmatrix} -x \\ x - 1 \end{pmatrix} + c_2 e^{2x}\begin{pmatrix} x - 2 \\ x - 1 \end{pmatrix} \quad \text{mit} \quad c_1, c_2 \in \mathbb{R}.$$

Lösung zu A22.1.4

Für die Lösung in Polynomform je Komponente führt der Ansatz

$$\boldsymbol{y}^1(x) = \begin{pmatrix} ax^2 + bx + c \\ dx^2 + ex + f \end{pmatrix},$$

eingesetzt in die Differentialgleichung, auf

$$\begin{pmatrix} 2ax + b \\ 2dx + e \end{pmatrix} = \begin{pmatrix} -4(ax^2 + bx + c)/x - 4(dx^2 + ex + f)/x^3 \\ 2x(ax^2 + bx + c) + 4(dx^2 + ex + f)/x \end{pmatrix}$$

$$\Rightarrow \quad \begin{pmatrix} (2ax + b)x^3 \\ (2dx + e)x \end{pmatrix} = \begin{pmatrix} -4x^2(ax^2 + bx + c) - 4(dx^2 + ex + f) \\ 2x^2(ax^2 + bx + c) + 4(dx^2 + ex + f) \end{pmatrix}$$

$$\Rightarrow \quad \begin{pmatrix} 2ax^4 + bx^3 \\ 2dx^2 + ex \end{pmatrix} = \begin{pmatrix} -4ax^4 - 4bx^3 - 4(c + d)x^2 - 4ex - 4f \\ 2ax^4 + 2bx^3 + 2(c + 2d)x^2 + 4ex + 4f \end{pmatrix}.$$

Nach einem Koeffizientenvergleich je Komponente ergibt sich

$$a = b = e = f = 0\,, \quad c + d = 0 \quad \Rightarrow \quad c = -d \in \mathbb{R}\,.$$

Wählt man $c = 1 \Rightarrow d = -1$, so löst $\boldsymbol{y}^1(x) = \begin{pmatrix} 1 \\ -x^2 \end{pmatrix}$ das Differentialgleichungssystem.

Zur Berechnung einer weiteren davon linear unabhängigen Lösung $\boldsymbol{y}^2(x)$ wird der Reduktionsansatz

$$\boldsymbol{y}^2(x) := w(x)\boldsymbol{y}^1(x) + \boldsymbol{z}(x) = w(x)\begin{pmatrix} 1 \\ -x^2 \end{pmatrix} + \begin{pmatrix} z_1(x) \\ z_2(x) \end{pmatrix}$$

in die Differentialgleichung eingesetzt: $w'\boldsymbol{y}^1 + w(\boldsymbol{y}^1)' + \boldsymbol{z}' = \boldsymbol{A}(w\boldsymbol{y}^1 + \boldsymbol{z}) = w\boldsymbol{A}\boldsymbol{y}^1 + \boldsymbol{A}\boldsymbol{z}$.

Wegen $w(\boldsymbol{y}^1)' = w\boldsymbol{A}\boldsymbol{y}^1$ erhält man $\boldsymbol{z}' = \boldsymbol{A}\boldsymbol{z} - w'\boldsymbol{y}^1$:

$$z_1' = -\frac{4}{x}z_1 - \frac{4}{x^3}z_2 - w'\,, \quad z_2' = 2xz_1 + \frac{4}{x}z_2 + w'x^2\,.$$

Wählt man $2xz_1 + w'x^2 = 0 \Rightarrow w' = -\frac{2}{x}z_1$, so wird die zweite Gleichung von der ersten entkoppelt, d. h. man erhält $z_2' = \frac{4}{x}z_2$. Diese Gleichung besitzt $z_2 = 0$ als Lösung.

Die erste Gleichung lautet damit $z_1' = -\frac{4}{x}z_1 - w' = -\frac{4}{x}z_1 + \frac{2}{x}z_1 = -\frac{2}{x}z_1$.

Trennung der Veränderlichen führt auf die Lösung $z_1(x) = \frac{1}{x^2}$.

Damit ergibt sich $w' = -\frac{2}{x}z_1 = -\frac{2}{x^3} \Rightarrow w(x) = \frac{1}{x^2}$, und man erhält als weitere linear unabhängige Lösung:

$$y^2(x) = \frac{1}{x^2}\begin{pmatrix}1\\-x^2\end{pmatrix} + \begin{pmatrix}1/x^2\\0\end{pmatrix} = \begin{pmatrix}2/x^2\\-1\end{pmatrix}.$$

Die allgemeine Lösung lautet daher

$$y(x) = c_1 y^1 + c_2 y^2 = c_1\begin{pmatrix}1\\-x^2\end{pmatrix} + c_2\begin{pmatrix}2/x^2\\-1\end{pmatrix} \quad \text{mit} \quad c_1, c_2 \in \mathbb{R}.$$

L22.2 Systeme erster Ordnung mit konstanten Koeffizienten

Lösung zu A22.2.1

Das charakteristische Polynom der Systemmatrix A ergibt sich durch

$$p_A(\lambda) = \begin{vmatrix}2-\lambda & 1\\1 & 2-\lambda\end{vmatrix} = (2-\lambda)^2 - 1.$$

Damit ergeben sich die Eigenwerte $\lambda_1 = 3, \quad \lambda_2 = 1$. Die zugehörigen Eigenvektoren lauten dann

$$v_1 = \begin{pmatrix}1\\1\end{pmatrix}, \quad v_2 = \begin{pmatrix}1\\-1\end{pmatrix}.$$

Die allgemeine Lösung des homogenen Systems lautet daher

$$y_h(t) = c_1 e^{3t}\begin{pmatrix}1\\1\end{pmatrix} + c_2 e^t\begin{pmatrix}1\\-1\end{pmatrix} = \underbrace{\begin{pmatrix}e^{3t} & e^t\\e^{3t} & -e^t\end{pmatrix}}_{Y(t)}\begin{pmatrix}c_1\\c_2\end{pmatrix}.$$

Zur Berechnung einer speziellen Lösung des inhomogenen Systems wird ein Ansatz über Variation der Konstanten gemacht, d. h. $y_p(t) = Y(t)c(t)$. Einsetzen in die Differentialgleichung ergibt die Bestimmungsgleichung für $\dot{c}$

$$\begin{pmatrix}e^{3t} & e^t\\e^{3t} & -e^t\end{pmatrix}\dot{c}(t) = -\begin{pmatrix}2+t\\2t\end{pmatrix}$$

$$\left(\begin{array}{cc|c}e^{3t} & e^t & -2-t\\e^{3t} & -e^t & -2t\end{array}\right) \to \left(\begin{array}{cc|c}e^{3t} & e^t & -2-t\\ & -2e^t & 2-t\end{array}\right) \Rightarrow \dot{c}(t) = \begin{pmatrix}(-1-3t/2)e^{-3t}\\(t/2-1)e^{-t}\end{pmatrix}$$

$$\Rightarrow \quad c(t) = \begin{pmatrix}\int(-1-3t/2)e^{-3t}\,dt\\\int(t/2-1)e^{-t}\,dt\end{pmatrix} = \begin{pmatrix}(t+1)e^{-3t}/2\\-(t-1)e^{-t}/2\end{pmatrix}$$

$$\Rightarrow \quad y_p(t) = \begin{pmatrix}e^{3t} & e^t\\e^{3t} & -e^t\end{pmatrix}\begin{pmatrix}(t+1)e^{-3t}/2\\-(t-1)e^{-t}/2\end{pmatrix} = \begin{pmatrix}1\\t\end{pmatrix}.$$

Damit lautet die allgemeine Lösung der inhomogenen Gleichung

$$\boldsymbol{y}(t) = \begin{pmatrix} 1 \\ t \end{pmatrix} + \begin{pmatrix} e^{3t} & e^{t} \\ e^{3t} & -e^{t} \end{pmatrix} \begin{pmatrix} c_1 \\ c_2 \end{pmatrix} .$$

Berechnung von (c_1, c_2) aus der Anfangsvorgabe:

$$\begin{pmatrix} 2 \\ -1 \end{pmatrix} = \boldsymbol{y}(0) = \begin{pmatrix} 1 \\ 0 \end{pmatrix} + \begin{pmatrix} 1 & 1 \\ 1 & -1 \end{pmatrix} \begin{pmatrix} c_1 \\ c_2 \end{pmatrix}$$

$$\Rightarrow \quad \begin{pmatrix} 1 & 1 \\ 1 & -1 \end{pmatrix} \begin{pmatrix} c_1 \\ c_2 \end{pmatrix} = \begin{pmatrix} 1 \\ -1 \end{pmatrix} \quad \Rightarrow \quad \begin{pmatrix} c_1 \\ c_2 \end{pmatrix} = \begin{pmatrix} 0 \\ 1 \end{pmatrix} .$$

Lösung zu A22.2.2

a) $k = 1$: $13^{1-1} \begin{pmatrix} 9 & 6 \\ 6 & 4 \end{pmatrix} + (-13)^{1-1} \begin{pmatrix} -4 & 6 \\ 6 & -9 \end{pmatrix} = \begin{pmatrix} 5 & 12 \\ 12 & -5 \end{pmatrix} = \boldsymbol{A}$

$k \to k+1$:

$$\begin{aligned}
\boldsymbol{A}^{k+1} &= \boldsymbol{A}^k \boldsymbol{A} \\
&= \left(13^{k-1} \begin{pmatrix} 9 & 6 \\ 6 & 4 \end{pmatrix} + (-13)^{k-1} \begin{pmatrix} -4 & 6 \\ 6 & -9 \end{pmatrix} \right) \left(\begin{pmatrix} 9 & 6 \\ 6 & 4 \end{pmatrix} + \begin{pmatrix} -4 & 6 \\ 6 & -9 \end{pmatrix} \right) \\
&= 13^{k-1} \begin{pmatrix} 9 & 6 \\ 6 & 4 \end{pmatrix} \begin{pmatrix} 9 & 6 \\ 6 & 4 \end{pmatrix} + (-13)^{k-1} \begin{pmatrix} -4 & 6 \\ 6 & -9 \end{pmatrix} \begin{pmatrix} -4 & 6 \\ 6 & -9 \end{pmatrix} \\
&= 13^{k-1} \begin{pmatrix} 117 & 78 \\ 78 & 52 \end{pmatrix} + (-13)^{k-1} \begin{pmatrix} 52 & -78 \\ -78 & 117 \end{pmatrix} \\
&= 13^{k} \begin{pmatrix} 9 & 6 \\ 6 & 4 \end{pmatrix} + (-13)^{k} \begin{pmatrix} -4 & 6 \\ 6 & -9 \end{pmatrix}
\end{aligned}$$

b) Berechnung der Matrix-Exponentiallösung $e^{x\boldsymbol{A}}$:

$$\begin{aligned}
e^{x\boldsymbol{A}} &= \sum_{k=0}^{\infty} \frac{x^k}{k!} \boldsymbol{A}^k = \boldsymbol{A}^0 + \sum_{k=1}^{\infty} \frac{x^k}{k!} \left(13^{k-1} \begin{pmatrix} 9 & 6 \\ 6 & 4 \end{pmatrix} + (-13)^{k-1} \begin{pmatrix} -4 & 6 \\ 6 & -9 \end{pmatrix} \right) \\
&= \boldsymbol{A}^0 + \sum_{k=1}^{\infty} \frac{(13x)^k}{k!} \begin{pmatrix} 9/13 & 6/13 \\ 6/13 & 4/13 \end{pmatrix} + \sum_{k=1}^{\infty} \frac{(-13x)^k}{k!} \begin{pmatrix} 4/13 & -6/13 \\ -6/13 & 9/13 \end{pmatrix} \\
&= \boldsymbol{A}^0 + (e^{13x} - 1) \begin{pmatrix} 9/13 & 6/13 \\ 6/13 & 4/13 \end{pmatrix} + (e^{-13x} - 1) \begin{pmatrix} 4/13 & -6/13 \\ -6/13 & 9/13 \end{pmatrix} \\
&= e^{13x} \begin{pmatrix} 9/13 & 6/13 \\ 6/13 & 4/13 \end{pmatrix} + e^{-13x} \begin{pmatrix} 4/13 & -6/13 \\ -6/13 & 9/13 \end{pmatrix}
\end{aligned}$$

$$= \left(\frac{3}{13} e^{13x} \begin{pmatrix} 3 \\ 2 \end{pmatrix} - \frac{2}{13} e^{-13x} \begin{pmatrix} -2 \\ 3 \end{pmatrix} \;\middle|\; \frac{2}{13} e^{13x} \begin{pmatrix} 3 \\ 2 \end{pmatrix} + \frac{3}{13} e^{-13x} \begin{pmatrix} -2 \\ 3 \end{pmatrix} \right)$$

$$= \underbrace{\left(e^{13x} \begin{pmatrix} 3 \\ 2 \end{pmatrix} \;\middle|\; e^{-13x} \begin{pmatrix} -2 \\ 3 \end{pmatrix} \right)}_{=:\boldsymbol{Y}(x)} \underbrace{\begin{pmatrix} 3/13 & 2/13 \\ -2/13 & 3/13 \end{pmatrix}}_{=:\boldsymbol{S}}$$

c) $\det(\boldsymbol{A} - \lambda \boldsymbol{I}) = \begin{vmatrix} 5-\lambda & 12 \\ 12 & -5-\lambda \end{vmatrix} = (\lambda - 5)(\lambda + 5) - 144 = (\lambda - 13)(\lambda + 13) = 0$

Die Eigenwerte lauten $\lambda_1 = 13\,,\quad \lambda_2 = -13.$
Eigenvektor $\boldsymbol{v}^1$ zu $\lambda_1 = 13$:

$$\left(\begin{array}{cc|c} -8 & 12 & 0 \\ 12 & -18 & 0 \end{array} \right) \to \left(\begin{array}{cc|c} -8 & 12 & 0 \\ 0 & 0 & 0 \end{array} \right) \quad \Rightarrow \quad \boldsymbol{v}^1 = \begin{pmatrix} 3 \\ 2 \end{pmatrix}$$

Eigenvektor $\boldsymbol{v}^2$ zu $\lambda_2 = -13$:

$$\left(\begin{array}{cc|c} 18 & 12 & 0 \\ 12 & 8 & 0 \end{array} \right) \to \left(\begin{array}{cc|c} 18 & 12 & 0 \\ 0 & 0 & 0 \end{array} \right) \Rightarrow \boldsymbol{v}^2 = \begin{pmatrix} -2 \\ 3 \end{pmatrix}$$

Eine Fundamentalmatrix lautet damit: $\boldsymbol{Y}(x) = \left(e^{13x} \begin{pmatrix} 3 \\ 2 \end{pmatrix} \;\middle|\; e^{-13x} \begin{pmatrix} -2 \\ 3 \end{pmatrix} \right)$

Für die allgemeine Lösung $\boldsymbol{y}(x) = \boldsymbol{Y}(x)\boldsymbol{c}$ der Differentialgleichung wird der Wechsel zum Fundamentalsystem $e^{x\boldsymbol{A}}$ durch den Basiswechsel $\boldsymbol{c} = \boldsymbol{S}\tilde{\boldsymbol{c}}$ mit der regulären Matrix $\boldsymbol{S}$ ($\det \boldsymbol{S} = 1/13$) beschrieben.

Lösung zu A22.2.3
Die Laplace-Transformierten von $u(x)$ und $v(x)$ seien $U(s)$ und $V(s)$. Damit lautet das transformierte Differentialgleichungssystem

$$\begin{pmatrix} sU(s) - u(0+) = -3U(s) - 2V(s) \\ sV(s) - v(0+) = 2U(s) - 3V(s) \end{pmatrix} \Leftrightarrow \begin{pmatrix} s+3 & 2 \\ -2 & s+3 \end{pmatrix} \begin{pmatrix} U(s) \\ V(s) \end{pmatrix} = \begin{pmatrix} 2 \\ -3 \end{pmatrix}$$

$$\Rightarrow \quad \begin{pmatrix} U(s) \\ V(s) \end{pmatrix} = \frac{1}{(s+3)^2 + 4} \begin{pmatrix} s+3 & -2 \\ 2 & s+3 \end{pmatrix} \begin{pmatrix} 2 \\ -3 \end{pmatrix} \quad \Rightarrow$$

$$U(s) = \frac{2(s+3) + 6}{(s+3)^2 + 4} = 2\frac{s+3}{(s+3)^2+4} + 3\frac{2}{(s+3)^2+4}\,,$$

$$V(s) = \frac{-3(s+3) + 4}{(s+3)^2 + 4} = -3\frac{s+3}{(s+3)^2+4} + 2\frac{2}{(s+3)^2+4}$$

Durch Rücktransformation erhält man die Lösungen der Anfangswertaufgabe:

$$u(x) = 2e^{-3x}\cos(2x) + 3e^{-3x}\sin(2x)\,, \quad v(x) = 2e^{-3x}\sin(2x) - 3e^{-3x}\cos(2x)\,.$$

Hätte man das System

$$\begin{pmatrix} u \\ v \end{pmatrix}' = \begin{pmatrix} -3 & -2 \\ 2 & -3 \end{pmatrix}\begin{pmatrix} u \\ v \end{pmatrix}$$

mit Exponentialfunktionsansatz gelöst, so hätte sich das Eigensystem $\lambda_1 = -3 + 2i$, $\lambda_2 = -3 - 2i$ mit $\boldsymbol{v}_1 = (1, -i)^T$, $\boldsymbol{v}_2 = (1, i)^T$ und damit folgende allgemeine Lösung ergeben

$$\begin{aligned}\begin{pmatrix} u(x) \\ v(x) \end{pmatrix} &= d_1 e^{(-3+2i)x}\begin{pmatrix} 1 \\ -i \end{pmatrix} + d_2 e^{(-3-2i)x}\begin{pmatrix} 1 \\ i \end{pmatrix} \\ &= \underbrace{(d_1 + d_2)}_{=c_1} e^{-3x}\begin{pmatrix} \cos(2x) \\ \sin(2x) \end{pmatrix} + \underbrace{i(d_1 - d_2)}_{=c_2} e^{-3x}\begin{pmatrix} \sin(2x) \\ -\cos(2x) \end{pmatrix}.\end{aligned}$$

Über die Anfangsbedingungen $(2, -3) = (u(0), v(0)) = (c_1, -c_2)$ hätte man die gleiche Lösung erhalten.

Lösung zu A22.2.4

Das Lösen der Aufgabe $\begin{pmatrix} y_1' \\ y_2' \\ y_3' \end{pmatrix} = \underbrace{\begin{pmatrix} -3 & 7 & -3 \\ -4 & 7 & -2 \\ -3 & 3 & 1 \end{pmatrix}}_{=:\boldsymbol{A}}\begin{pmatrix} y_1 \\ y_2 \\ y_3 \end{pmatrix} + \underbrace{\begin{pmatrix} -4 \\ -1 \\ 4 \end{pmatrix}}_{=:\boldsymbol{b}}$ erfordert:

a) Die allgemeine Lösung der homogenen Differentialgleichung:
Berechnung der Eigenwerte:

$$p_{\boldsymbol{A}}(\lambda) = \begin{vmatrix} -3-\lambda & 7 & -3 \\ -4 & 7-\lambda & -2 \\ -3 & 3 & 1-\lambda \end{vmatrix} = (1-\lambda)(2-\lambda)^2 \Rightarrow \lambda_1 = 1,\ \lambda_2 = 2$$

Berechnung der zugehörigen Eigen- und Hauptvektoren:
Eigenvektor zu λ_1: $\boldsymbol{v}_1 = (1, 1, 1)^T$.
Die Eigenvektoren zu $\lambda_2 = 2$ berechnen sich aus $(\boldsymbol{A} - 2\boldsymbol{I})\boldsymbol{v} = \boldsymbol{0}$:

$$\left(\begin{array}{ccc|c} -5 & 7 & -3 & 0 \\ -4 & 5 & -2 & 0 \\ -3 & 3 & -1 & 0 \end{array}\right) \to \left(\begin{array}{ccc|c} -5 & 7 & -3 & 0 \\ 0 & -3 & 2 & 0 \\ 0 & 0 & 0 & 0 \end{array}\right) \quad \Rightarrow \quad \boldsymbol{v}_2 = \begin{pmatrix} 1 \\ 2 \\ 3 \end{pmatrix}.$$

Da $1 = g(\lambda_2) < a(\lambda_2) = 2$ gilt, ist ein Hauptvektor 1. Stufe über den Ansatz $(\boldsymbol{A} - 2\boldsymbol{I})\boldsymbol{v}_3 = \boldsymbol{v}_2$ zu berechnen:

$$\left(\begin{array}{ccc|c} -5 & 7 & -3 & 1 \\ -4 & 5 & -2 & 2 \\ -3 & 3 & -1 & 3 \end{array}\right) \to \left(\begin{array}{ccc|c} -5 & 7 & -3 & 1 \\ 0 & -3 & 2 & 6 \\ 0 & 0 & 0 & 0 \end{array}\right) \quad \Rightarrow \quad \boldsymbol{v}_3 = \begin{pmatrix} -3 \\ -2 \\ 0 \end{pmatrix}.$$

Damit ergibt sich die allgemeine Lösung der homogenen Gleichung mit $c_1, c_2, c_3 \in \mathbb{R}$:

$$y_h(x) = c_1 e^x \begin{pmatrix} 1 \\ 1 \\ 1 \end{pmatrix} + c_2 e^{2x} \begin{pmatrix} 1 \\ 2 \\ 3 \end{pmatrix} + c_3 e^{2x} \left(x \begin{pmatrix} 1 \\ 2 \\ 3 \end{pmatrix} + \begin{pmatrix} -3 \\ -2 \\ 0 \end{pmatrix} \right) .$$

b) Eine spezielle Lösung der inhomogenen Differentialgleichung ergibt sich aus dem Ansatz $\boldsymbol{y}_p(x) = \boldsymbol{c}$ mit dem konstanten Vektor $\boldsymbol{c} \in \mathbb{R}^3$. Eingesetzt in die Differentialgleichung ergibt sich $\boldsymbol{c}$ aus $\boldsymbol{A}\boldsymbol{c} = -\boldsymbol{b}$:

$$\begin{pmatrix} -3 & 7 & -3 \\ -4 & 7 & -2 \\ -3 & 3 & 1 \end{pmatrix} \boldsymbol{c} = \begin{pmatrix} 4 \\ 1 \\ -4 \end{pmatrix} \quad \Rightarrow \quad \boldsymbol{y}_p(x) = \boldsymbol{c} = \begin{pmatrix} 2 \\ 1 \\ -1 \end{pmatrix} .$$

c) Die allgemeine Lösung der inhomogenen Gleichung lautet mit $c_1, c_2, c_3 \in \mathbb{R}$ daher:

$$\boldsymbol{y}(x) = c_1 e^x \begin{pmatrix} 1 \\ 1 \\ 1 \end{pmatrix} + c_2 e^{2x} \begin{pmatrix} 1 \\ 2 \\ 3 \end{pmatrix} + c_3 e^{2x} \left(x \begin{pmatrix} 1 \\ 2 \\ 3 \end{pmatrix} + \begin{pmatrix} -3 \\ -2 \\ 0 \end{pmatrix} \right) + \begin{pmatrix} 2 \\ 1 \\ -1 \end{pmatrix} .$$

Lösung zu A22.2.5

Das Lösen der Aufgabe $\begin{pmatrix} \dot{x} \\ \dot{y} \\ \dot{z} \end{pmatrix} = \underbrace{\begin{pmatrix} 5 & -2 & -4 \\ -2 & 8 & -2 \\ -4 & -2 & 5 \end{pmatrix}}_{=:\boldsymbol{A}} \begin{pmatrix} x \\ y \\ z \end{pmatrix}$ mit $\begin{pmatrix} x(0) \\ y(0) \\ z(0) \end{pmatrix} = \begin{pmatrix} 1 \\ -3 \\ 5 \end{pmatrix}$ erfordert

a) Die allgemeine Lösung der homogenen linearen Differentialgleichung: Berechnung der Eigenwerte:

$$p_A(\lambda) = \begin{vmatrix} 5-\lambda & -2 & -4 \\ -2 & 8-\lambda & -2 \\ -4 & -2 & 5-\lambda \end{vmatrix} = (9-\lambda)^2 \lambda \quad \Rightarrow \quad \lambda_{1,2} = 9 , \quad \lambda_3 = 0$$

Berechnung der zugehörigen Eigenvektoren:
für $\lambda_{1,2} = 9$:

$$(\boldsymbol{A} - 9\boldsymbol{I})\boldsymbol{v} = \begin{pmatrix} -4 & -2 & -4 \\ -2 & -1 & -2 \\ -4 & -2 & -4 \end{pmatrix} \boldsymbol{v} = \boldsymbol{0} \quad \Rightarrow \quad \boldsymbol{v}_1 = \begin{pmatrix} -1 \\ 0 \\ 1 \end{pmatrix}, \ \boldsymbol{v}_2 = \begin{pmatrix} -1 \\ 2 \\ 0 \end{pmatrix}$$

Analog ergibt sich für $\lambda_3 = 0$ aus $\boldsymbol{A}\boldsymbol{v} = \boldsymbol{0}$: $\quad \boldsymbol{v}_3 = \begin{pmatrix} 2 \\ 1 \\ 2 \end{pmatrix}$

Damit ergibt sich die allgemeine Lösung der homogenen Gleichung mit $c_1, c_2, c_3 \in \mathbb{R}$:

$$y_h(t) = c_1 e^{9t} \begin{pmatrix} -1 \\ 0 \\ 1 \end{pmatrix} + c_2 e^{9t} \begin{pmatrix} -1 \\ 2 \\ 0 \end{pmatrix} + c_3 \begin{pmatrix} 2 \\ 1 \\ 2 \end{pmatrix}.$$

b) Die Lösung der Anfangswertaufgabe:
Die Anfangswerte $(x(0), y(0), z(0)) = (1, -3, 5)$, eingesetzt in die allgemeine Lösung, ergeben

$$c_1 = 3\,, \quad c_2 = -2\,, \quad c_3 = 1\,,$$

also wird die Anfangswertaufgabe gelöst durch

$$y(t) = 3e^{9t} \begin{pmatrix} -1 \\ 0 \\ 1 \end{pmatrix} - 2e^{9t} \begin{pmatrix} -1 \\ 2 \\ 0 \end{pmatrix} + \begin{pmatrix} 2 \\ 1 \\ 2 \end{pmatrix}.$$

Lösung zu A22.2.6

$$\begin{pmatrix} \dot{x} \\ \dot{y} \\ \dot{z} \end{pmatrix} = \underbrace{\begin{pmatrix} -1 & -1 & 1 \\ 0 & -2 & 1 \\ 0 & -1 & -2 \end{pmatrix}}_{=:A} \begin{pmatrix} x \\ y \\ z \end{pmatrix} + \underbrace{\begin{pmatrix} 2 \\ 1 \\ 3 \end{pmatrix}}_{=:h} \quad \text{mit} \quad \begin{pmatrix} x(0) \\ y(0) \\ z(0) \end{pmatrix} = \begin{pmatrix} 3 \\ 3 \\ 1 \end{pmatrix}$$

a) Allgemeine Lösung der homogenen linearen Differentialgleichung:
$p_A(\lambda) = -(1+\lambda)((\lambda+2)^2+1) = 0$ liefert die Eigenwerte $\lambda_1 = -1$, $\lambda_2 = -2+i$ und $\lambda_3 = -2-i$ mit zugehörigen Eigenvektoren $\boldsymbol{v}_1 = (1, 0, 0)^t$, $\boldsymbol{v}_2 = (1, 1, i)^T$ und $\boldsymbol{v}_3 = (1, 1, -i)^T$. Damit ergibt sich die allgemeine Lösung der homogenen Gleichung in komplexer Form mit $d_1, d_2, d_3 \in \mathbb{C}$:

$$y_h(t) = d_1 e^{-t} \begin{pmatrix} 1 \\ 0 \\ 0 \end{pmatrix} + d_2 e^{(-2+i)t} \begin{pmatrix} 1 \\ 1 \\ i \end{pmatrix} + d_3 e^{(-2-i)t} \begin{pmatrix} 1 \\ 1 \\ -i \end{pmatrix},$$

beziehungsweise in reeller Form mit $c_1, c_2, c_3 \in \mathbb{R}$:

$$y_h(t) = c_1 e^{-t} \begin{pmatrix} 1 \\ 0 \\ 0 \end{pmatrix} + c_2 e^{-2t} \begin{pmatrix} \cos t \\ \cos t \\ -\sin t \end{pmatrix} + c_3 e^{-2t} \begin{pmatrix} \sin t \\ \sin t \\ \cos t \end{pmatrix}.$$

b) Spezielle Lösung der inhomogenen Gleichung berechnen:
Da die Inhomogenität $\boldsymbol{h}$ in Form eines konstanten Vektors vorliegt und die Systemmatrix $\boldsymbol{A}$ regulär ist, liegt auch eine spezielle Lösung $\boldsymbol{y}_p(t) = \boldsymbol{w}$ in Form eines konstanten Vektors $\boldsymbol{w}$ vor. Diese ergibt sich durch Einsetzen in die Differentialgleichung, also aus $\boldsymbol{A}\boldsymbol{w} = -\boldsymbol{h}$ zu $\boldsymbol{w} = (2, 1, 1)^T$.

c) Allgemeine Lösung der inhomogenen Gleichung:

$$y(t) = c_1 e^{-t}\begin{pmatrix}1\\0\\0\end{pmatrix} + c_2 e^{-2t}\begin{pmatrix}\cos t\\ \cos t\\ -\sin t\end{pmatrix} + c_3 e^{-2t}\begin{pmatrix}\sin t\\ \sin t\\ \cos t\end{pmatrix} + \begin{pmatrix}2\\1\\1\end{pmatrix}.$$

d) Lösung der Anfangswertaufgabe:
Die Anfangswerte $(x(0), y(0), z(0)) = (3, 3, 1)$, eingesetzt in die allgemeine Lösung der inhomogenen Gleichung, ergeben $c_1 = -1$, $c_2 = 2$ und $c_3 = 0$, also wird die Anfangswertaufgabe gelöst durch

$$y(t) = e^{-t}\left(-\begin{pmatrix}1\\0\\0\end{pmatrix} + 2e^{-t}\begin{pmatrix}\cos t\\ \cos t\\ -\sin t\end{pmatrix}\right) + \begin{pmatrix}2\\1\\1\end{pmatrix}.$$

e) Wegen $\lim\limits_{t\to\infty} e^{-t} = 0$ erhält man $\lim\limits_{t\to\infty} y(t) = \begin{pmatrix}2\\1\\1\end{pmatrix}$.

Lösung zu A22.2.7

Zur Berechnung des Fundamentalsystems des homogenen linearen Differentialgleichungssystems benötigt man Eigenwerte und Eigenvektoren der Systemmatrix

$$A = \begin{pmatrix}4 & 0 & 3 & 0\\ 1 & 1 & 0 & 0\\ -2 & 0 & -1 & 0\\ 0 & 0 & 0 & 1\end{pmatrix}.$$

$p_A(\lambda) = (2-\lambda)(1-\lambda)^3 = 0$ liefert die Eigenwerte $\lambda_1 = 2$ und $\lambda_{2,3,4} = 1$ mit zugehörigen Eigenvektoren $\boldsymbol{v}_1 = (-3, -3, 2, 0)^T$, $\boldsymbol{v}_2 = (0, 0, 0, 1)^T$ und $\boldsymbol{v}_3 = (0, 1, 0, 0)^T$. Außerdem gibt es noch einen Hauptvektor 1. Stufe $\boldsymbol{v}_4 = (1, 0, -1, 0)^T$, der mit $\boldsymbol{v}_3$ eine Kette bildet, d. h. $(\boldsymbol{A} - \boldsymbol{I})\boldsymbol{v}_4 = \boldsymbol{v}_3$.

Damit ergibt sich das Fundamentalsystem

$$\boldsymbol{Y}(t) = \left(e^{2t}\boldsymbol{v}_1, e^t\boldsymbol{v}_2, e^t\boldsymbol{v}_3, e^t(t\boldsymbol{v}_3 + \boldsymbol{v}_4)\right) = \begin{pmatrix}-3e^{2t} & 0 & 0 & e^t\\ -3e^{2t} & 0 & e^t & te^t\\ 2e^{2t} & 0 & 0 & -e^t\\ 0 & e^t & 0 & 0\end{pmatrix}.$$

Lösung zu A22.2.8

a) Charakteristisches Polynom: $p(\lambda) = (7-\lambda)^2 = 0 \Rightarrow$ Eigenwerte: $\lambda_{1,2} = 7$

Eigenvektor: $\boldsymbol{v}_1 = \begin{pmatrix}1\\0\end{pmatrix}$, zugehöriger Hauptvektor: $\boldsymbol{v}_2 = \frac{1}{7}\begin{pmatrix}0\\1\end{pmatrix}$.

Fundamentalmatrix: $\boldsymbol{Y}(t) = \begin{pmatrix} e^{7t} & te^{7t} \\ 0 & e^{7t}/7 \end{pmatrix}$

b) $p(\lambda) = \begin{vmatrix} 1-\lambda & 1 \\ -1 & 1-\lambda \end{vmatrix} = (\lambda - 1)^2 + 1 = 0$

$\Rightarrow$ Eigenwerte: $\lambda_1 = 1 + i$, $\lambda_2 = 1 - i$

zugehörige Eigenvektoren: $v_1 = \begin{pmatrix} 1 \\ i \end{pmatrix}$, $v_2 = \begin{pmatrix} 1 \\ -i \end{pmatrix}$

Allgemeine komplexe Lösung der homogenen Differentialgleichung:

$$\boldsymbol{y}_{\mathrm{h}}(x) = c_1 \begin{pmatrix} 1 \\ i \end{pmatrix} e^{(1+i)x} + c_2 \begin{pmatrix} 1 \\ -i \end{pmatrix} e^{(1-i)x}$$

$$\begin{pmatrix} 1 \\ i \end{pmatrix} e^{(1+i)x} = e^x(\cos x + i \sin x)\left(\begin{pmatrix} 1 \\ 0 \end{pmatrix} + i \begin{pmatrix} 0 \\ 1 \end{pmatrix}\right)$$
$$= e^x \begin{pmatrix} \cos x \\ -\sin x \end{pmatrix} + ie^x \begin{pmatrix} \sin x \\ \cos x \end{pmatrix}$$

Allgemeine reelle Lösung der homogenen Differentialgleichung:

$$\boldsymbol{y}_{\mathrm{h}}(x) = c_1 e^x \begin{pmatrix} \cos x \\ -\sin x \end{pmatrix} + c_2 e^x \begin{pmatrix} \sin x \\ \cos x \end{pmatrix}$$

Spezieller Ansatz für eine inhomogene Lösung:

$$\boldsymbol{y}_{\mathrm{p}}(x) = \begin{pmatrix} a \\ b \end{pmatrix} \Rightarrow \begin{pmatrix} 0 \\ 0 \end{pmatrix} = \begin{pmatrix} 1 & 1 \\ -1 & 1 \end{pmatrix} \begin{pmatrix} a \\ b \end{pmatrix} + \begin{pmatrix} 0 \\ 2 \end{pmatrix} \Rightarrow \begin{pmatrix} a \\ b \end{pmatrix} = \begin{pmatrix} 1 \\ -1 \end{pmatrix}$$

Allgemeine reelle Lösung der inhomogenen Differentialgleichung:

$$\boldsymbol{y}(x) = c_1 e^x \begin{pmatrix} \cos x \\ -\sin x \end{pmatrix} + c_2 e^x \begin{pmatrix} \sin x \\ \cos x \end{pmatrix} + \begin{pmatrix} 1 \\ -1 \end{pmatrix}$$

Lösung zu A22.2.9

a) i) Berechnung der Eigenwerte über das charakteristische Polynom $p_{\boldsymbol{A}}$:

$$p_{\boldsymbol{A}}(\lambda) = \begin{vmatrix} 4-\lambda & 1 \\ -5 & -2-\lambda \end{vmatrix} = (4-\lambda)(-2-\lambda) + 5\lambda^2 - 2\lambda - 3$$
$$= (\lambda + 1)(\lambda - 3) = 0$$

Damit erhält man die Eigenwerte $\lambda_1 = -1$, $\lambda_2 = 3$. Die Berechnung der zugehörigen Eigenvektoren erfolgt durch Lösen von $(\boldsymbol{A} - \lambda \boldsymbol{E})\boldsymbol{v} = \boldsymbol{0}$.
Eigenvektor $\boldsymbol{v}^1$ zu $\lambda_1 = -1$:

$$\left(\begin{array}{cc|c} 5 & 1 & 0 \\ -5 & -1 & 0 \end{array}\right) \to \left(\begin{array}{cc|c} 5 & 1 & 0 \\ 0 & 0 & 0 \end{array}\right) \Rightarrow \boldsymbol{v}^1 = \begin{pmatrix} -1 \\ 5 \end{pmatrix}$$

Eigenvektor v^2 zu $\lambda_2 = 3$:

$$\left(\begin{array}{cc|c} 1 & 1 & 0 \\ -5 & -5 & 0 \end{array}\right) \to \left(\begin{array}{cc|c} 1 & 1 & 0 \\ 0 & 0 & 0 \end{array}\right) \quad \Rightarrow \quad v^2 = \begin{pmatrix} -1 \\ 1 \end{pmatrix}$$

Die allgemeine Lösung mit $c_1, c_2 \in \mathbb{R}$ lautet:

$$y(x) = c_1 y^1(x) + c_2 y^2(x) = c_1 e^{-x} \begin{pmatrix} -1 \\ 5 \end{pmatrix} + c_2 e^{3x} \begin{pmatrix} -1 \\ 1 \end{pmatrix} .$$

ii) Berechnung der Eigenwerte über das charakteristische Polynom p_A:

$$p_A(\lambda) = \begin{vmatrix} 2-\lambda & 3 \\ 1 & 4-\lambda \end{vmatrix} = (2-\lambda)(4-\lambda) - 3 = \lambda^2 - 6\lambda + 5$$
$$= (\lambda - 1)(\lambda - 5) = 0$$

Damit erhält man die Eigenwerte$\lambda_1 = 1$, $\lambda_2 = 5$. Die Berechnung der zugehörigen Eigenvektoren erfolgt durch Lösen von $(A - \lambda E)v = \mathbf{0}$.
Eigenvektor v^1 zu $\lambda_1 = 1$:

$$\left(\begin{array}{cc|c} 1 & 3 & 0 \\ 1 & 3 & 0 \end{array}\right) \to \left(\begin{array}{cc|c} 1 & 3 & 0 \\ 0 & 0 & 0 \end{array}\right) \quad \Rightarrow \quad v^1 = \begin{pmatrix} -3 \\ 1 \end{pmatrix}$$

Eigenvektor v^2 zu $\lambda_2 = 5$:

$$\left(\begin{array}{cc|c} -3 & 3 & 0 \\ 1 & -1 & 0 \end{array}\right) \to \left(\begin{array}{cc|c} -3 & 3 & 0 \\ 0 & 0 & 0 \end{array}\right) \quad \Rightarrow \quad v^2 = \begin{pmatrix} 1 \\ 1 \end{pmatrix}$$

Der Ansatz $y_\mathrm{p}(x) = a$ für eine spezielle inhomogene Lösung führt auf:

$$\mathbf{0} = \begin{pmatrix} 2 & 3 \\ 1 & 4 \end{pmatrix} y_\mathrm{p} + \begin{pmatrix} 5 \\ 5 \end{pmatrix} \quad \Rightarrow \quad y_\mathrm{p}(x) = \begin{pmatrix} -1 \\ -1 \end{pmatrix} .$$

Die allgemeine inhomogene Lösung lautet mit $c_1, c_2 \in \mathbb{R}$:

$$y(x) = c_1 y^1(x) + c_2 y^2(x) = c_1 e^{x} \begin{pmatrix} -3 \\ 1 \end{pmatrix} + c_2 e^{5x} \begin{pmatrix} 1 \\ 1 \end{pmatrix} + \begin{pmatrix} -1 \\ -1 \end{pmatrix} .$$

iii) Das charakteristische Polynom $p_A(\lambda)$ der Systemmatrix A:

$$p_A(\lambda) = \begin{vmatrix} 2-\lambda & 8 \\ 2 & 2-\lambda \end{vmatrix} = (2-\lambda)^2 - 16 = (\lambda - 6)(\lambda + 2) \stackrel{!}{=} 0$$

ergibt die Eigenwerte $\lambda_1 = 6$, $\lambda_2 = -2$.
Als zugehörige Eigenvektoren können $v_1 = \begin{pmatrix} 2 \\ 1 \end{pmatrix}$, $v_2 = \begin{pmatrix} 2 \\ -1 \end{pmatrix}$ gewählt werden.

Die allgemeine Lösung des homogenen Systems lautet daher

$$y_\text{h}(t) = \begin{pmatrix} 2e^{6t} & 2e^{-2t} \\ e^{6t} & -e^{-2t} \end{pmatrix} \begin{pmatrix} c_1 \\ c_2 \end{pmatrix} .$$

Eine spezielle Lösung der inhomogenen Differentialgleichung erhält man über den Ansatz $\boldsymbol{y}_\text{p}(t) = e^t \boldsymbol{a}$. Eingesetzt in die Differentialgleichung ergibt sich

$$e^t \boldsymbol{a} = \begin{pmatrix} 2 & 8 \\ 2 & 2 \end{pmatrix} e^t \boldsymbol{a} + e^t \begin{pmatrix} 5 \\ -5 \end{pmatrix} \Rightarrow \left(\begin{array}{cc|c} 1 & 8 & -5 \\ 2 & 1 & 5 \end{array} \right) \Rightarrow \boldsymbol{y}_\text{p}(t) = e^t \begin{pmatrix} 3 \\ -1 \end{pmatrix} .$$

Die allgemeine Lösung der inhomogenen Differentialgleichung lautet daher

$$y(t) = \begin{pmatrix} 2e^{6t} & 2e^{-2t} \\ e^{6t} & -e^{-2t} \end{pmatrix} \begin{pmatrix} c_1 \\ c_2 \end{pmatrix} + e^t \begin{pmatrix} 3 \\ -1 \end{pmatrix} .$$

b) i) Das charakteristische Polynom $p_{\boldsymbol{A}}(\lambda)$ der Systemmatrix $\boldsymbol{A}$:

$$p_{\boldsymbol{A}}(\lambda) = \det \begin{pmatrix} 3-\lambda & 1 \\ 1 & 3-\lambda \end{pmatrix} = (3-\lambda)^2 - 1 = (\lambda - 4)(\lambda - 2) \stackrel{!}{=} 0$$

ergibt die Eigenwerte $\lambda_1 = 4,\ \lambda_2 = 2$.

$$\text{Eigenvektor zu } \lambda_1 = 4\text{:} \left(\begin{array}{cc|c} -1 & 1 & 0 \\ 1 & -1 & 0 \end{array} \right) \to \left(\begin{array}{cc|c} -1 & 1 & 0 \\ 0 & 0 & 0 \end{array} \right) \Rightarrow \boldsymbol{v}_1 = \begin{pmatrix} 1 \\ 1 \end{pmatrix}$$

$$\text{Eigenvektor zu } \lambda_2 = 2\text{:} \left(\begin{array}{cc|c} 1 & 1 & 0 \\ 1 & 1 & 0 \end{array} \right) \to \left(\begin{array}{cc|c} 1 & 1 & 0 \\ 0 & 0 & 0 \end{array} \right) \Rightarrow \boldsymbol{v}_2 = \begin{pmatrix} 1 \\ -1 \end{pmatrix}$$

Die allgemeine Lösung des homogenen Systems lautet

$$y_\text{h}(x) = c_1 e^{4x} \begin{pmatrix} 1 \\ 1 \end{pmatrix} + c_2 e^{2x} \begin{pmatrix} 1 \\ -1 \end{pmatrix} = \underbrace{\begin{pmatrix} e^{4x} & e^{2x} \\ e^{4x} & -e^{2x} \end{pmatrix}}_{=\boldsymbol{Y}(x)} \begin{pmatrix} c_1 \\ c_2 \end{pmatrix} .$$

ii) Setzt man den speziellen Ansatz $\boldsymbol{y}_\text{p}(x) = \boldsymbol{a}$ in die inhomogene Differentialgleichung ein, so erhält man

$$\left(\begin{array}{cc|c} 3 & 1 & 3 \\ 1 & 3 & -7 \end{array} \right) \to \left(\begin{array}{cc|c} 3 & 1 & 3 \\ 0 & 8/3 & -8 \end{array} \right) \Rightarrow \boldsymbol{a} = \begin{pmatrix} 2 \\ -3 \end{pmatrix} .$$

Eine alternative Berechnung über Variation der Konstanten $\boldsymbol{y}_\text{p}(x) = \boldsymbol{Y}(x)\boldsymbol{c}(x)$ ergibt

$$\boldsymbol{Y}\boldsymbol{c}' = \begin{pmatrix} -3 \\ 7 \end{pmatrix} \to \left(\begin{array}{cc|c} e^{4x} & e^{2x} & -3 \\ e^{4x} & -e^{2x} & 7 \end{array} \right) \to \left(\begin{array}{cc|c} e^{4x} & e^{2x} & -3 \\ 0 & -2e^{2x} & 10 \end{array} \right)$$

$$\Rightarrow \quad \begin{pmatrix} c_1' \\ c_2' \end{pmatrix} = \begin{pmatrix} 2e^{-4x} \\ -5e^{-2x} \end{pmatrix} \quad \Rightarrow \quad \begin{pmatrix} c_1 \\ c_2 \end{pmatrix} = \begin{pmatrix} -e^{-4x}/2 \\ 5e^{-2x}/2 \end{pmatrix}$$

$$\Rightarrow \quad \boldsymbol{y}_{\mathrm{p}}(x) = \boldsymbol{Y}(x)\boldsymbol{c}(x) = \begin{pmatrix} 2 \\ -3 \end{pmatrix} .$$

iii) Die allgemeine Lösung des inhomogenen Systems lautet

$$\boldsymbol{y}(x) = \begin{pmatrix} e^{4x} & e^{2x} \\ e^{4x} & -e^{2x} \end{pmatrix} \begin{pmatrix} c_1 \\ c_2 \end{pmatrix} + \begin{pmatrix} 2 \\ -3 \end{pmatrix} .$$

iv) Für $\boldsymbol{y}(0) = (2, -3)^T$ gilt $c_1 = c_2 = 0$. Es liegt also ein Gleichgewichtspunkt vor und die Lösung bleibt stationär.

Lösung zu A22.2.10

a) Berechnung der Eigenwerte über das charakteristische Polynom $p_{\boldsymbol{A}}$:

$$p_{\boldsymbol{A}}(\lambda) = (2-\lambda)(2-\lambda) - 4 = \lambda^2 - 4\lambda = \lambda(\lambda - 4) = 0 \Rightarrow \lambda_1 = 0\,,\ \lambda_2 = 4$$

Eigenvektor zu zu $\lambda_1 = 0$: $\left(\begin{array}{cc|c} 2 & 1 & 0 \\ 4 & 2 & 0 \end{array}\right) \to \left(\begin{array}{cc|c} 2 & 1 & 0 \\ 0 & 0 & 0 \end{array}\right) \Rightarrow \boldsymbol{v}_1 = \begin{pmatrix} 1 \\ -2 \end{pmatrix}$

Eigenvektor zu zu $\lambda_2 = 4$: $\left(\begin{array}{cc|c} -2 & 1 & 0 \\ 4 & -2 & 0 \end{array}\right) \to \left(\begin{array}{cc|c} -2 & 1 & 0 \\ 0 & 0 & 0 \end{array}\right) \Rightarrow \boldsymbol{v}_2 = \begin{pmatrix} 1 \\ 2 \end{pmatrix}$

Die allgemeine Lösung des homogenen Systems lautet:

$$\boldsymbol{y}_{\mathrm{h}}(x) = c_1 \begin{pmatrix} 1 \\ -2 \end{pmatrix} + c_2 e^{4x} \begin{pmatrix} 1 \\ 2 \end{pmatrix} = \underbrace{\begin{pmatrix} 1 & e^{4x} \\ -2 & 2e^{4x} \end{pmatrix}}_{=\boldsymbol{Y}(x)} \begin{pmatrix} c_1 \\ c_2 \end{pmatrix} .$$

Mit der Anfangsvorgabe $\boldsymbol{y}(0) = \boldsymbol{Y}(0)\boldsymbol{c}$ erhält man

$$\left(\begin{array}{cc|c} 1 & 1 & 13 \\ -2 & 2 & -2 \end{array}\right) \to \left(\begin{array}{cc|c} 1 & 1 & 13 \\ 0 & 4 & 24 \end{array}\right) \to \begin{pmatrix} c_1 \\ c_2 \end{pmatrix} = \begin{pmatrix} 7 \\ 6 \end{pmatrix} .$$

Lösung der Anfangswertaufgabe: $\boldsymbol{y}(x) = 7\begin{pmatrix} 1 \\ -2 \end{pmatrix} + 6e^{4x}\begin{pmatrix} 1 \\ 2 \end{pmatrix}$.

b) i) Berechnung der Eigenwerte über das charakteristische Polynom $p_{\boldsymbol{A}}$:

$$p_{\boldsymbol{A}}(\lambda) = -\lambda(2-\lambda) - 8 = \lambda^2 - 2\lambda - 8 = (\lambda + 2)(\lambda - 4) = 0$$

Eigenwerte: $\lambda_1 = -2\,,\ \lambda_2 = 4$

Eigenvektor zu $\lambda_1 = -2$: $\left(\begin{array}{cc|c} 2 & 2 & 0 \\ 4 & 4 & 0 \end{array}\right) \to \left(\begin{array}{cc|c} 2 & 2 & 0 \\ 0 & 0 & 0 \end{array}\right) \Rightarrow \boldsymbol{v}_1 = \begin{pmatrix} 1 \\ -1 \end{pmatrix}$

Eigenvektor zu $\lambda_2 = 4$: $\left(\begin{array}{cc|c} -4 & 2 & 0 \\ 4 & -2 & 0 \end{array}\right) \to \left(\begin{array}{cc|c} -4 & 2 & 0 \\ 0 & 0 & 0 \end{array}\right) \Rightarrow \boldsymbol{v}_2 = \begin{pmatrix} 1 \\ 2 \end{pmatrix}$

Die allgemeine Lösung des homogenen Systems lautet:

$$\boldsymbol{y}_\mathrm{h}(x) = c_1 e^{-2x} \begin{pmatrix} 1 \\ -1 \end{pmatrix} + c_2 e^{4x} \begin{pmatrix} 1 \\ 2 \end{pmatrix} = \underbrace{\begin{pmatrix} e^{-2x} & e^{4x} \\ -e^{-2x} & 2e^{4x} \end{pmatrix}}_{=\boldsymbol{Y}(x)} \begin{pmatrix} c_1 \\ c_2 \end{pmatrix} .$$

ii) Berechnung einer speziellen Lösung mit Variation der Konstanten $\boldsymbol{y}_\mathrm{p}(x) = \boldsymbol{Y}(x)\boldsymbol{c}(x)$:

$$\boldsymbol{Y}\boldsymbol{c}' = \begin{pmatrix} 2 \\ 6 \end{pmatrix} \to \left(\begin{array}{cc|c} e^{-2x} & e^{4x} & 2 \\ -e^{-2x} & 2e^{4x} & 6 \end{array}\right) \to \left(\begin{array}{cc|c} e^{-2x} & e^{4x} & 2 \\ 0 & 3e^{4x} & 8 \end{array}\right)$$

$$\Rightarrow \quad \begin{pmatrix} c_1' \\ c_2' \end{pmatrix} = \begin{pmatrix} -2e^{2x}/3 \\ 8e^{-4x}/3 \end{pmatrix} \quad \Rightarrow \quad \begin{pmatrix} c_1 \\ c_2 \end{pmatrix} = \begin{pmatrix} -e^{2x}/3 \\ -2e^{-4x}/3 \end{pmatrix}$$

$$\Rightarrow \quad \boldsymbol{y}_\mathrm{p}(x) = \boldsymbol{Y}(x)\boldsymbol{c}(x) = \begin{pmatrix} -1 \\ -1 \end{pmatrix} .$$

Die allgemeine Lösung des inhomogenen Systems lautet

$$\boldsymbol{y}(x) = \begin{pmatrix} -1 \\ -1 \end{pmatrix} + \begin{pmatrix} e^{-2x} & e^{4x} \\ -e^{-2x} & 2e^{4x} \end{pmatrix} \begin{pmatrix} c_1 \\ c_2 \end{pmatrix} .$$

iii) Mit der Anfangsvorgabe erhält man

$$\begin{pmatrix} 0 \\ 1 \end{pmatrix} = \boldsymbol{y}(0) = \begin{pmatrix} -1 \\ -1 \end{pmatrix} + \begin{pmatrix} 1 & 1 \\ -1 & 2 \end{pmatrix} \begin{pmatrix} c_1 \\ c_2 \end{pmatrix} \to \left(\begin{array}{cc|c} 1 & 1 & 1 \\ -1 & 2 & 2 \end{array}\right) \Rightarrow \begin{pmatrix} c_1 \\ c_2 \end{pmatrix} = \begin{pmatrix} 0 \\ 1 \end{pmatrix} .$$

Lösung der Anfangswertaufgabe: $\boldsymbol{y}(x) = \begin{pmatrix} -1 \\ -1 \end{pmatrix} + e^{4x} \begin{pmatrix} 1 \\ 2 \end{pmatrix}$

c) Das charakteristische Polynom $p_{\boldsymbol{A}}$ der Systemmatrix $\boldsymbol{A}$ ergibt sich durch

$$p_{\boldsymbol{A}}(\lambda) = \begin{vmatrix} 1-\lambda & 2 \\ 2 & 1-\lambda \end{vmatrix} = (1-\lambda)^2 - 4 = (\lambda - 3)(\lambda + 1) = 0 .$$

Damit ergeben sich die Eigenwerte $\lambda_1 = 3,\ \lambda_2 = -1$.

Die zugehörigen Eigenvektoren lauten dann $\boldsymbol{v}_1 = \begin{pmatrix} 1 \\ 1 \end{pmatrix}$, $\boldsymbol{v}_2 = \begin{pmatrix} 1 \\ -1 \end{pmatrix}$.

Die allgemeine Lösung des homogenen Systems lautet daher

$$\boldsymbol{y}_\mathrm{h}(t) = \begin{pmatrix} e^{3t} & e^{-t} \\ e^{3t} & -e^{-t} \end{pmatrix} \begin{pmatrix} c_1 \\ c_2 \end{pmatrix} .$$

Eine spezielle Lösung der inhomogenen Differentialgleichung erhält man nach dem Hinweis über den Ansatz $\boldsymbol{y}_\mathrm{p}(t) = e^t\boldsymbol{a}$. Eingesetzt in die Differentialgleichung ergibt sich

$$e^t\boldsymbol{a} = \begin{pmatrix} 1 & 2 \\ 2 & 1 \end{pmatrix} e^t\boldsymbol{a} - e^t\begin{pmatrix} 2 \\ 4 \end{pmatrix} \Rightarrow \left(\begin{array}{cc|c} 0 & 2 & 2 \\ 2 & 0 & 4 \end{array}\right) \Rightarrow \boldsymbol{a} = \begin{pmatrix} 2 \\ 1 \end{pmatrix} \Rightarrow \boldsymbol{y}_\mathrm{p}(t) = e^t\begin{pmatrix} 2 \\ 1 \end{pmatrix}.$$

Die allgemeine Lösung der inhomogenen Differentialgleichung lautet daher

$$\boldsymbol{y}(t) = \begin{pmatrix} e^{3t} & e^{-t} \\ e^{3t} & -e^{-t} \end{pmatrix}\begin{pmatrix} c_1 \\ c_2 \end{pmatrix} + e^t\begin{pmatrix} 2 \\ 1 \end{pmatrix}.$$

Die Anfangsvorgabe $\boldsymbol{y}(0) = (0, 5)^T$ führt auf

$$\begin{pmatrix} 1 & 1 \\ 1 & -1 \end{pmatrix}\begin{pmatrix} c_1 \\ c_2 \end{pmatrix} + \begin{pmatrix} 2 \\ 1 \end{pmatrix} = \begin{pmatrix} 0 \\ 5 \end{pmatrix} \Rightarrow \left(\begin{array}{cc|c} 1 & 1 & -2 \\ 1 & -1 & 4 \end{array}\right) \Rightarrow \begin{pmatrix} c_1 \\ c_2 \end{pmatrix} = \begin{pmatrix} 1 \\ -3 \end{pmatrix}.$$

Lösung zu A22.2.11

a) Charakteristisches Polynom:
$p(\lambda) = (7 - \lambda)(-8 - \lambda) + 54 = \lambda^2 + \lambda - 2 = (\lambda - 1)(\lambda + 2) = 0 \quad \Rightarrow$
Eigenwerte: $\lambda_1 = 1$, $\lambda_2 = -2$
Eigenvektoren:

$$\text{zu } \lambda_1 = 1: \quad \left(\begin{array}{cc|c} 6 & -3 & 0 \\ 18 & -9 & 0 \end{array}\right) \to \left(\begin{array}{cc|c} 6 & -3 & 0 \\ 0 & 0 & 0 \end{array}\right) \quad \Rightarrow \quad \boldsymbol{v}_1 = \begin{pmatrix} 1 \\ 2 \end{pmatrix}$$

$$\text{zu } \lambda_1 = -2: \quad \left(\begin{array}{cc|c} 9 & -3 & 0 \\ 18 & -6 & 0 \end{array}\right) \to \left(\begin{array}{cc|c} 9 & -3 & 0 \\ 0 & 0 & 0 \end{array}\right) \quad \Rightarrow \quad \boldsymbol{v}_2 = \begin{pmatrix} 1 \\ 3 \end{pmatrix}$$

Allgemeine Lösung des homogenen Systems $\boldsymbol{y}_\mathrm{h}(x) = c_1 e^x\begin{pmatrix} 1 \\ 2 \end{pmatrix} + c_2 e^{-2x}\begin{pmatrix} 1 \\ 3 \end{pmatrix}$

b) Mit dem Fundamentalsystem $\boldsymbol{Y}(x) = \begin{pmatrix} e^x & e^{-2x} \\ 2e^x & 3e^{-2x} \end{pmatrix}$ führt Variation der Konstanten $\boldsymbol{y}_\mathrm{p}(x) = \boldsymbol{Y}(x)\boldsymbol{c}(x)$ auf

$$\boldsymbol{Y}(x)\boldsymbol{c}'(x) = \begin{pmatrix} 5 \\ 14 \end{pmatrix} \Leftrightarrow \left(\begin{array}{cc|c} e^x & e^{-2x} & 5 \\ 2e^x & 3e^{-2x} & 14 \end{array}\right) \to \left(\begin{array}{cc|c} e^x & e^{-2x} & 5 \\ 0 & e^{-2x} & 4 \end{array}\right)$$

$$\Rightarrow \quad \boldsymbol{c}'(x) = \begin{pmatrix} e^{-x} \\ 4e^{2x} \end{pmatrix} \quad \Rightarrow \quad \boldsymbol{c}(x) = \begin{pmatrix} -e^{-x} \\ 2e^{2x} \end{pmatrix}$$

$$\Rightarrow \quad \boldsymbol{y}_\mathrm{p}(x) = \begin{pmatrix} e^x & e^{-2x} \\ 2e^x & 3e^{-2x} \end{pmatrix}\begin{pmatrix} -e^{-x} \\ 2e^{2x} \end{pmatrix} = \begin{pmatrix} 1 \\ 4 \end{pmatrix}.$$

c) Die allgemeine Lösung des inhomogenen Systems lautet

$$\boldsymbol{y}(x) = \begin{pmatrix} 1 \\ 4 \end{pmatrix} + c_1 e^x\begin{pmatrix} 1 \\ 2 \end{pmatrix} + c_2 e^{-2x}\begin{pmatrix} 1 \\ 3 \end{pmatrix}.$$

Mit der Anfangsvorgabe erhält man $\begin{pmatrix} 0 \\ 0 \end{pmatrix} = \begin{pmatrix} 1 \\ 4 \end{pmatrix} + c_1 \begin{pmatrix} 1 \\ 2 \end{pmatrix} + c_2 \begin{pmatrix} 1 \\ 3 \end{pmatrix}$

$$\Leftrightarrow \left(\begin{array}{cc|c} 1 & 1 & -1 \\ 2 & 3 & -4 \end{array}\right) \to \left(\begin{array}{cc|c} 1 & 1 & -1 \\ 0 & 1 & -2 \end{array}\right) \Rightarrow \begin{pmatrix} c_1 \\ c_2 \end{pmatrix} = \begin{pmatrix} 1 \\ -2 \end{pmatrix}$$

Die Lösung der Anfangswertaufgabe lautet $\boldsymbol{y}(x) = \begin{pmatrix} 1 \\ 4 \end{pmatrix} + e^x \begin{pmatrix} 1 \\ 2 \end{pmatrix} 2e^{-2x} \begin{pmatrix} 1 \\ 3 \end{pmatrix}$.

d) $\boldsymbol{0} = \begin{pmatrix} 7 & -3 \\ 18 & -8 \end{pmatrix} \boldsymbol{y} + \begin{pmatrix} 5 \\ 14 \end{pmatrix}$ wird gelöst durch $\boldsymbol{y}_\text{p}(x) = \begin{pmatrix} 1 \\ 4 \end{pmatrix}$. Dies ist der einzige Gleichgewichtspunkt, da die Koeffizientenmatrix wegen $\lambda_1 = 1$, $\lambda_2 = -2$ regulär ist.

Bei $\boldsymbol{y}_\text{p}(x) = \begin{pmatrix} 1 \\ 4 \end{pmatrix}$ handelt es sich, wiederum wegen $\lambda_1 = 1$, $\lambda_2 = -2$, um einen instabilen Sattelpunkt.

Lösung zu A22.2.12

a) Berechnung der Eigenwerte über das charakteristische Polynom $p_{\boldsymbol{A}}$:

$$p_{\boldsymbol{A}}(\lambda) = (-2-\lambda)(-4-\lambda) - 3 = \lambda^2 + 6\lambda + 8 - 3 = (\lambda+1)(\lambda+5) = 0$$

Die Eigenwerte lauten $\lambda_1 = -1$, $\lambda_2 = -5$.

Eigenvektor zu $\lambda_1 = -1$: $\left(\begin{array}{cc|c} -1 & 1 & 0 \\ 3 & -3 & 0 \end{array}\right) \to \left(\begin{array}{cc|c} -1 & 1 & 0 \\ 0 & 0 & 0 \end{array}\right) \Rightarrow \boldsymbol{v}_1 = \begin{pmatrix} 1 \\ 1 \end{pmatrix}$

Eigenvektor zu $\lambda_2 = -5$: $\left(\begin{array}{cc|c} 3 & 1 & 0 \\ 3 & 1 & 0 \end{array}\right) \to \left(\begin{array}{cc|c} 3 & 1 & 0 \\ 0 & 0 & 0 \end{array}\right) \Rightarrow \boldsymbol{v}_2 = \begin{pmatrix} 1 \\ -3 \end{pmatrix}$

Allgemeine Lösung des homogenen Systems:

$$\boldsymbol{y}_\text{h}(x) = c_1 e^{-x} \begin{pmatrix} 1 \\ 1 \end{pmatrix} + c_2 e^{-5x} \begin{pmatrix} 1 \\ -3 \end{pmatrix}$$

b) Variation der Konstanten $\boldsymbol{y}_\text{p}(x) = \boldsymbol{Y}(x)\boldsymbol{c}(x)$ mit dem Fundamentalsystem

$$\boldsymbol{Y}(x) = \begin{pmatrix} e^{-x} & e^{-5x} \\ e^{-x} & -3e^{-5x} \end{pmatrix}$$

führt auf

$$\boldsymbol{Y}(x)\boldsymbol{c}'(x) = \begin{pmatrix} 3 \\ -2 \end{pmatrix} \quad \Leftrightarrow \quad \left(\begin{array}{cc|c} e^{-x} & e^{-5x} & 3 \\ e^{-x} & -3e^{-5x} & -2 \end{array}\right) \to \left(\begin{array}{cc|c} e^{-x} & e^{-5x} & 3 \\ 0 & -4e^{-5x} & -5 \end{array}\right)$$

$$\Rightarrow \quad \boldsymbol{c}'(x) = \begin{pmatrix} 7e^x/4 \\ 5e^{5x}/4 \end{pmatrix} \quad \Rightarrow \quad \boldsymbol{c}(x) = \begin{pmatrix} 7e^x/4 \\ e^{5x}/4 \end{pmatrix}$$

$$\Rightarrow \quad \boldsymbol{y}_\mathrm{p}(x) = \begin{pmatrix} e^{-x} & e^{-5x} \\ e^{-x} & -3e^{-5x} \end{pmatrix} \begin{pmatrix} 7e^x/4 \\ e^{5x}/4 \end{pmatrix} = \begin{pmatrix} 2 \\ 1 \end{pmatrix}.$$

Alternativ kann hier eine spezielle Lösung der Form $\boldsymbol{y}_\mathrm{p}(x) = \boldsymbol{a}$ über das Einsetzen in die Differentialgleichung berechnet werden

$$\mathbf{0} = \begin{pmatrix} -2 & 1 \\ 3 & -4 \end{pmatrix} \boldsymbol{a} + \begin{pmatrix} 3 \\ -2 \end{pmatrix}$$

$$\Rightarrow \quad \left(\begin{array}{cc|c} -2 & 1 & -3 \\ 3 & -4 & 2 \end{array} \right) \to \left(\begin{array}{cc|c} -2 & 1 & -3 \\ 0 & -5/2 & -5/2 \end{array} \right)$$

$$\Rightarrow \quad \boldsymbol{a} = \begin{pmatrix} 2 \\ 1 \end{pmatrix}.$$

c) Allgemeine Lösung des inhomogenen Systems:

$$\boldsymbol{y}(x) = \begin{pmatrix} 2 \\ 1 \end{pmatrix} + c_1 e^{-x} \begin{pmatrix} 1 \\ 1 \end{pmatrix} + c_2 e^{-5x} \begin{pmatrix} 1 \\ -3 \end{pmatrix}.$$

Mit der Anfangsvorgabe erhält man

$$\begin{pmatrix} 3 \\ 2 \end{pmatrix} = \boldsymbol{y}(0) = \begin{pmatrix} 2 \\ 1 \end{pmatrix} + c_1 \begin{pmatrix} 1 \\ 1 \end{pmatrix} + c_2 \begin{pmatrix} 1 \\ -3 \end{pmatrix}$$

$$\Rightarrow \quad \left(\begin{array}{cc|c} 1 & 1 & 1 \\ 1 & -3 & 1 \end{array} \right) \to \left(\begin{array}{cc|c} 1 & 1 & 1 \\ 0 & -4 & 0 \end{array} \right) \quad \Rightarrow \quad \begin{pmatrix} c_1 \\ c_2 \end{pmatrix} = \begin{pmatrix} 1 \\ 0 \end{pmatrix}.$$

Die Lösung der Anfangswertaufgabe lautet $\boldsymbol{y}(x) = \begin{pmatrix} 2 \\ 1 \end{pmatrix} + e^{-x} \begin{pmatrix} 1 \\ 1 \end{pmatrix}$.

d) $\mathbf{0} = \begin{pmatrix} -2 & 1 \\ 3 & -4 \end{pmatrix} \boldsymbol{y} + \begin{pmatrix} 3 \\ -2 \end{pmatrix}$ wird gelöst durch $\boldsymbol{y}_\mathrm{p}(x) = \begin{pmatrix} 2 \\ 1 \end{pmatrix}$.
Wegen $\lambda_1 = -1$, $\lambda_2 = -5$ ist die Systemmatrix regulär. $\boldsymbol{y}_\mathrm{p}$ ist also einziger Gleichgewichtspunkt und ein asymptotisch stabiler Knotenpunkt 2. Art.

Lösung zu A22.2.13

Zur Berechnung der allgemeinen Lösung des homogenen linearen Differentialgleichungssystems benötigt man Eigenwerte und Eigenvektoren der Systemmatrix

$$\boldsymbol{A} = \begin{pmatrix} 2 & 0 & 1 \\ 0 & 2 & -1 \\ -1 & 0 & 2 \end{pmatrix}.$$

$p_A(\lambda) = (2-\lambda)((2-\lambda)^2+1) = 0$ liefert die Eigenwerte $\lambda_1 = 2$, $\lambda_2 = 2+i$ und $\lambda_3 = 2-i$ mit zugehörigen Eigenvektoren $\boldsymbol{v}_1 = (0,1,0)^T$, $\boldsymbol{v}_2 = (1,-1,i)^T$ und $\boldsymbol{v}_3 = (1,-1,-i)^T$. Damit lautet die allgemeine Lösung

$$\boldsymbol{y}(t) = c_1 e^{\lambda_1 t}\boldsymbol{v}_1 + c_2 e^{\lambda_2 t}\boldsymbol{v}_2 + c_3 e^{\lambda_3 t}\boldsymbol{v}_3 = c_1 e^{2t}\begin{pmatrix}0\\1\\0\end{pmatrix} + c_2 e^{(2+i)t}\begin{pmatrix}1\\-1\\i\end{pmatrix} + c_3 e^{\lambda_3 t}\begin{pmatrix}1\\-1\\-i\end{pmatrix}.$$

Die allgemeine reelle Lösung ergibt sich wegen $\lambda_3 = \overline{\lambda}_2$ und $\boldsymbol{v}_3 = \overline{\boldsymbol{v}}_2$ durch

$$\begin{aligned}\boldsymbol{y}(t) &= c_1 e^{\lambda_1 t}\boldsymbol{v}_1 + \tilde{c}_2 \operatorname{Re}\left(e^{\lambda_2 t}\boldsymbol{v}_2\right) + \tilde{c}_3 \operatorname{Im}\left(e^{\lambda_2 t}\boldsymbol{v}_2\right)\\ &= c_1 e^{2t}\begin{pmatrix}0\\1\\0\end{pmatrix} + \tilde{c}_2 e^{2t}\begin{pmatrix}\cos t\\-\cos t\\-\sin t\end{pmatrix} + \tilde{c}_3 e^{2t}\begin{pmatrix}\sin t\\-\sin t\\\cos t\end{pmatrix}.\end{aligned}$$

Lösung zu A22.2.14

a) Das charakteristische Polynom von $\boldsymbol{A}$ ergibt sich durch

$$p_A(\lambda) = \begin{vmatrix}1-\lambda & 1 & -2\\ 0 & 3-\lambda & 6\\ 0 & -3 & -3-\lambda\end{vmatrix} = (1-\lambda)(\lambda^2+9).$$

Damit ergeben sich die Eigenwerte $\lambda_1 = 1$, $\lambda_2 = 3i$ und $\lambda_3 = -3i$. Die zugehörigen Eigenvektoren lauten dann

$$\boldsymbol{v}_1 = \begin{pmatrix}1\\0\\0\end{pmatrix}, \quad \boldsymbol{v}_2 = \begin{pmatrix}-i\\1+i\\-1\end{pmatrix}, \quad \boldsymbol{v}_3 = \begin{pmatrix}i\\1-i\\-1\end{pmatrix}.$$

b) Ein komplexes Fundamentalsystem ist gegeben durch

$$\boldsymbol{y}_1(t) = \begin{pmatrix}1\\0\\0\end{pmatrix} e^t, \quad \tilde{\boldsymbol{y}}_2(t) = \begin{pmatrix}-i\\1+i\\-1\end{pmatrix} e^{3it}, \quad \tilde{\boldsymbol{y}}_3(t) = \begin{pmatrix}i\\1-i\\-1\end{pmatrix} e^{-3it}.$$

Wegen $\lambda_3 = \overline{\lambda}_2$ und $\boldsymbol{v}_3 = \overline{\boldsymbol{v}}_2$ und

$$\begin{aligned}\tilde{\boldsymbol{y}}_2(t) &= (\cos(3t) + i\sin(3t))\left\{\begin{pmatrix}0\\1\\-1\end{pmatrix} + i\begin{pmatrix}-1\\1\\0\end{pmatrix}\right\}\\ &= \begin{pmatrix}\sin(3t)\\\cos(3t)-\sin(3t)\\-\cos(3t)\end{pmatrix} + i\begin{pmatrix}-\cos(3t)\\\cos(3t)+\sin(3t)\\-\sin(3t)\end{pmatrix}\end{aligned}$$

erhält man das reelle Fundamentalsystem

$$y_1(t) = \begin{pmatrix} e^t \\ 0 \\ 0 \end{pmatrix}, \quad y_2(t) = \begin{pmatrix} \sin(3t) \\ \cos(3t) - \sin(3t) \\ -\cos(3t) \end{pmatrix}, \quad y_3(t) = \begin{pmatrix} -\cos(3t) \\ \cos(3t) + \sin(3t) \\ -\sin(3t) \end{pmatrix}.$$

c) Der Ansatz $\boldsymbol{y}(t) = \boldsymbol{v}\, e^{2t}$ mit $\boldsymbol{v} \in \mathbb{R}^3$, für die partikuläre Lösung eingesetzt in die inhomogene Differentialgleichung, ergibt

$$\dot{\boldsymbol{y}} = 2\boldsymbol{v}\, e^{2t} = \boldsymbol{A}\,\boldsymbol{y} + \boldsymbol{b} = \boldsymbol{A}\boldsymbol{v}\, e^{2t} + \begin{pmatrix} 2 \\ -5 \\ 2 \end{pmatrix} e^{2t} \quad \Rightarrow \quad (\boldsymbol{A} - 2\boldsymbol{I})\boldsymbol{v} = \begin{pmatrix} -2 \\ 5 \\ -2 \end{pmatrix}$$

mit der Lösung $\boldsymbol{v} = (-1, -1, 1)^T$. Die allgemeine reelle Lösung des Differentialgleichungssystem lautet daher

$$\boldsymbol{y}(t) = \begin{pmatrix} -1 \\ -1 \\ 1 \end{pmatrix} e^{2t} + c_1 \begin{pmatrix} e^t \\ 0 \\ 0 \end{pmatrix} + c_2 \begin{pmatrix} \sin(3t) \\ \cos(3t) - \sin(3t) \\ -\cos(3t) \end{pmatrix} + c_3 \begin{pmatrix} -\cos(3t) \\ \cos(3t) + \sin(3t) \\ -\sin(3t) \end{pmatrix}.$$

L22.3 Einzelgleichungen höherer Ordnung

Lösung zu A22.3.1

Die im Hinweis angegebene Polynomlösung sei $u(t) = at^3 + bt^2 + ct + d$. Einsetzen in die Differentialgleichung $y'' - \frac{1}{t}y' - \frac{3}{t^2}y = 0$ ergibt $6at + 2b - \frac{1}{t}(3at^2 + 2bt + c) - \frac{3}{t^2}(at^3 + bt^2 + ct + d) = 0 \Rightarrow -3bt^2 - 4ct - 3d = 0$. Damit folgt $b = c = d = 0$ und $a \in \mathbb{R}$. Also ist $u(t) = t^3$ eine Lösung der Differentialgleichung.

Zur Berechnung einer weiteren Lösung wird der Reduktionsansatz $y(t) = u(t)z(t)$ in die Differentialgleichung eingesetzt, und man erhält

$$0 = \underbrace{\left(u'' - \frac{1}{t}u' - \frac{3}{t^2}u\right)}_{=0} z + \left(2u' - \frac{1}{t}u\right) z' + uz''.$$

Mit $w = z'$ ergibt sich die um eine Ordnung reduzierte Differentialgleichung

$$w' = -\frac{1}{u}\left(2u' - \frac{1}{t}u\right) w = -\frac{5}{t}w,$$

die mittels Separation zur Lösung $z'(t) = w(t) = \frac{1}{t^5}$ führt. Integrieren ergibt $z(t) = -\frac{1}{4t^4}$.

Eine zu $u(t) = t^3$ linear unabhängige Lösung ist durch $y(t) = u(t)z(t) = -\frac{1}{4t^4}t^3 = -\frac{1}{4t}$ gegeben. Ein Fundamentalsystem bilden daher $y_1(t) = t^3$ und $y_2(t) = \frac{1}{t}$.

Lösung zu A22.3.2

a) Die Koeffizienten der polynomialen Lösung $u(x) = ax + b$ ergeben sich durch Einsetzen von u in die homogene Differentialgleichung:

$$\begin{aligned} 0 &= x^2 \cdot 0 - x(x+2)a + (x+2)(ax+b) \\ &= x^2(a-a) + x(2a+b-2a) + 2b \\ &= bx + 2b \;\Rightarrow\; b = 0\,,\; a \in \mathbb{R}\,,\; \text{wähle z. B. } a = 1\,,\; \text{also } u(x) = x \end{aligned}$$

Reduktionsansatz für eine weitere linear unabhängige Lösung: $y(x) = u(x) \cdot z(x)$.
Einsetzen in die Differentialgleichung liefert:

$$\begin{aligned} 0 &= x^2(u''z + 2u'z' + uz'') - x(x+2)(u'z + uz') + (x+2)uz \\ 0 &= x^2uz'' + (2x^2u' - x(x+2)u)z' + \underbrace{(x^2u'' - x(x+2)u' + (x+2)u)}_{=0}z \\ 0 &= x^3(z'' - z') \;\Rightarrow\; w' - w = 0 \quad \text{mit} \quad w = z'\,. \end{aligned}$$

Die resultierende Differentialgleichung $w' - w = 0$ wird durch $w(x) = e^x$ gelöst. Damit ergibt sich $z(x) = e^x$. Die weitere linear unabhängige Lösung aus dem Reduktionsansatz lautet daher:

$$y(x) = u(x) \cdot z(x) = xe^x\,.$$

Als Fundamentalsystem kann also $y_1(x) = x\,,\; y_2(x) = xe^x$ gewählt werden.

b) Nach Normierung der Differentialgleichung ergibt sich

$$\begin{pmatrix} x & xe^x \\ 1 & (x+1)e^x \end{pmatrix} \begin{pmatrix} c_1'(x) \\ c_2'(x) \end{pmatrix} = \begin{pmatrix} 0 \\ -x \end{pmatrix} \Rightarrow \begin{pmatrix} c_1'(x) \\ c_2'(x) \end{pmatrix} = \begin{pmatrix} 1 \\ -e^{-x} \end{pmatrix}$$

$$\Rightarrow \begin{pmatrix} c_1(x) \\ c_2(x) \end{pmatrix} = \begin{pmatrix} x \\ e^{-x} \end{pmatrix} \Rightarrow \begin{pmatrix} \tilde{y}_p(x) \\ \tilde{y}_p'(x) \end{pmatrix} = \begin{pmatrix} x & xe^x \\ 1 & (x+1)e^x \end{pmatrix} \begin{pmatrix} x \\ e^{-x} \end{pmatrix} = \begin{pmatrix} x^2 + x \\ 2x + 1 \end{pmatrix}.$$

Als spezielle Lösung der inhomogenen Gleichung kann daher $y_p(x) = x^2$ gewählt werden.

c) Die allgemeine Lösung der Differentialgleichung lautet $y(x) = x^2 + c_1x + c_2xe^x$.

Lösung zu A22.3.3

Setzt man zur Berechnung einer Polynomlösung den Ansatz $u(t) = at^2 + bt + c$ in die Differentialgleichung $y'' - \frac{3}{t}y' + \frac{4}{t^2}y = 0$ ein, so ergibt sich etwa $u(t) = t^2$ als Lösung. Der Reduktionsansatz $y(t) = u(t)z(t)$, in die Differentialgleichung eingesetzt, ergibt mit $w(t) = z'(t)$ die um eine Ordnung reduzierte Gleichung in w, die mit Separation gelöst wird:

$$w' = -\frac{1}{t}w \quad\Rightarrow\quad z'(t) = w(t) = \frac{1}{t} \quad\Rightarrow\quad z(t) = \ln t\,.$$

Damit bilden $y_1(t) = t^2$ und $y_2(t) = t^2 \ln t$ ein Fundamentalsystem.

Nach dem Umschreiben der Differentialgleichung zweiter Ordnung in ein System erster Ordnung mit $\boldsymbol{y}(t) = (y(t), y'(t))^T$ führt der Ansatz der Variation der Konstanten, d. h. $\boldsymbol{y}_\mathrm{p}(t) = (y_\mathrm{p}(t), y'_\mathrm{p}(t))^T = \boldsymbol{Y}(t)\boldsymbol{c}(t)$, auf das Lösen des Gleichungssystems $\boldsymbol{Y}(t)\boldsymbol{c}'(t) = (0, t)^T$, wobei $\boldsymbol{Y}(t)$ die Fundamentalmatrix ist, die sich aus dem oben ermittelten Fundamentalsystem ergibt.

$$\left(\begin{array}{cc|c} t^2 & t^2 \ln t & 0 \\ 2t & 2t\ln t + t & t \end{array}\right) \to \left(\begin{array}{cc|c} t^2 & t^2 \ln t & 0 \\ 0 & t & t \end{array}\right) \quad \Rightarrow \quad \begin{pmatrix} c_1'(t) \\ c_2'(t) \end{pmatrix} = \begin{pmatrix} -\ln t \\ 1 \end{pmatrix}$$

$$\Rightarrow \quad \begin{pmatrix} c_1(t) \\ c_2(t) \end{pmatrix} = \begin{pmatrix} -(t \ln t - t) \\ t \end{pmatrix} \quad \Rightarrow \quad y_\mathrm{p}(t) = c_1(t)y_1(t) + c_2(t)y_2(t) = t^3$$

Die allgemeine Lösung der inhomogenen Gleichung lautet daher: $y(t) = t^3 + c_1 t^2 + c_2 t^2 \ln t$.

Aus den beiden Gleichungen der Anfangswerte $y(1) = 0$ und $y'(1) = 0$ werden noch die Konstanten c_1 und c_2 berechnet, und man erhält die Lösung der Aufgabe $y(t) = t^3 - t^2 - t^2 \ln t$.

L22.4 Einzelgleichungen höherer Ordnung mit konstanten Koeffizienten

Lösung zu A22.4.1

a) Das charakteristische Polynom $p(\lambda) = \lambda^5 - 3\lambda^4 + \lambda^3 + \lambda^2 + 4 = (\lambda - 2)^2(\lambda + 1)(\lambda^2 + 1)$ besitzt die Nullstellen $\lambda_{1,2} = 2$, $\lambda_3 = -1$ und $\lambda_{4,5} = \pm i$. Damit ergibt sich das reelle Fundamentalsystem $y_1(t) = e^{2t}$, $y_2(t) = te^{2t}$, $y_3(t) = e^{-t}$, $y_4(t) = \cos t$ und $y_5(t) = \sin t$.

b) Das charakteristische Polynom $p(\lambda) = \lambda^3 + 3\lambda^2 + 3\lambda + 1 = (\lambda + 1)^3$ besitzt die Nullstellen $\lambda_{1,2,3} = -1$. Entsprechend der Inhomogenität wird für eine spezielle Lösung der inhomogenen Gleichung der Ansatz $y_\mathrm{p}(t) = e^t(at + b)$ gewählt. Einsetzen in die Differentialgleichung und Koeffizientenvergleich ergibt $a = 3$ und $b = -2$. Damit ergibt sich die allgemeine Lösung der inhomogenen Gleichung

$$y(t) = c_1 e^{-t} + c_2 te^{-t} + c_3 t^2 e^{-t} + e^t(3t - 2)\,.$$

Lösung zu A22.4.2

Die allgemeine Lösung der homogenen Differentialgleichung ergibt sich durch

$$p(\lambda) = \lambda^2 + \lambda - 2 = (\lambda + 2)(\lambda - 1) = 0 \quad \Rightarrow \quad \lambda_1 = -2, \lambda_2 = 1$$
$$\Rightarrow \quad y_\mathrm{h}(x) = c_1 e^{-2x} + c_2 e^x\,.$$

Die Differentialgleichung, aufgefasst als System, besäße daher folgendes Fundamentalsystem:

$$\begin{pmatrix} y \\ y' \end{pmatrix}' = \begin{pmatrix} 0 & 1 \\ 2 & -1 \end{pmatrix} \begin{pmatrix} y \\ y' \end{pmatrix} + \begin{pmatrix} 0 \\ 2 - 4x \end{pmatrix} \quad \leftrightarrow \quad \boldsymbol{Y}(x) = \begin{pmatrix} e^{-2x} & e^x \\ -2e^{-2x} & e^x \end{pmatrix}.$$

a) Spezieller Ansatz: $y_{\mathrm{p}}(x) = ax + b$. Eingesetzt in die Differentialgleichung ergibt

$$0 + a - 2(ax + b) = -2ax + a - 2b = -4x + 2 \Rightarrow a = 2, b = 0 \Rightarrow y_{\mathrm{p}}(x) = 2x\,.$$

b) Für die Variation der Konstanten ist das folgende Gleichungssystem zu lösen:

$$\boldsymbol{Y}(x)\boldsymbol{c}'(x) = \begin{pmatrix} e^{-2x} & e^{x} \\ -2e^{-2x} & e^{x} \end{pmatrix} \begin{pmatrix} c_1'(x) \\ c_2'(x) \end{pmatrix} = \begin{pmatrix} 0 \\ 2-4x \end{pmatrix}.$$

$$\rightarrow \quad \left(\begin{array}{cc|c} e^{-2x} & e^{x} & 0 \\ 0 & 3e^{x} & 2-4x \end{array}\right) \Rightarrow \begin{pmatrix} c_1'(x) \\ c_2'(x) \end{pmatrix} = \begin{pmatrix} -(2-4x)e^{2x}/3 \\ (2-4x)e^{-x}/3 \end{pmatrix}$$

$$\Rightarrow \begin{pmatrix} c_1(x) \\ c_2(x) \end{pmatrix} = \begin{pmatrix} \int -(2-4x)e^{2x}/3\,\mathrm{d}x \\ \int (2-4x)e^{-x}/3\,\mathrm{d}x \end{pmatrix} = \begin{pmatrix} 2(x-1)e^{2x}/3 \\ (4x+2)e^{-x}/3 \end{pmatrix}$$

$$\Rightarrow \begin{pmatrix} y_{\mathrm{p}}(x) \\ y_{\mathrm{p}}'(x) \end{pmatrix} = \begin{pmatrix} e^{-2x} & e^{x} \\ -2e^{-2x} & e^{x} \end{pmatrix} \begin{pmatrix} 2(x-1)e^{2x}/3 \\ (4x+2)e^{-x}/3 \end{pmatrix} = \begin{pmatrix} 2x \\ 2 \end{pmatrix}.$$

c) Die Greenschen Funktion wird bestimmt über die Lösung $w(x)$ der Anfangswertaufgabe (hier $x_0 = 0$)

$$\begin{pmatrix} w \\ w' \end{pmatrix}' = \begin{pmatrix} 0 & 1 \\ 2 & -1 \end{pmatrix} \begin{pmatrix} w \\ w' \end{pmatrix}, \quad \begin{pmatrix} w(0) \\ w'(0) \end{pmatrix} = \begin{pmatrix} 0 \\ 1 \end{pmatrix}.$$

$$\begin{pmatrix} 0 \\ 1 \end{pmatrix} = \begin{pmatrix} w(0) \\ w'(0) \end{pmatrix} = \boldsymbol{Y}(0)\boldsymbol{c} = \begin{pmatrix} 1 & 1 \\ -2 & 1 \end{pmatrix} \begin{pmatrix} c_1 \\ c_2 \end{pmatrix} \Rightarrow \begin{pmatrix} c_1 \\ c_2 \end{pmatrix} = \begin{pmatrix} -1/3 \\ 1/3 \end{pmatrix}$$

$$\Rightarrow \quad w(x) = -\frac{1}{3}e^{-2x} + \frac{1}{3}e^{x} \quad \Rightarrow \quad G(x,\tau) = -\frac{1}{3}e^{-2(x-\tau)} + \frac{1}{3}e^{x-\tau} \quad \Rightarrow$$

$$\begin{aligned} y_{\mathrm{p}}(x) &= \int_0^x G(x,\tau)h(\tau)\,\mathrm{d}\tau = \int_0^x \left(-\frac{1}{3}e^{-2(x-\tau)} + \frac{1}{3}e^{x-\tau}\right)(2-4\tau)\,\mathrm{d}\tau \\ &= \frac{2}{3}\left(-e^{-2x}\int_0^x e^{2\tau}(1-2\tau)\,\mathrm{d}\tau + e^{x}\int_0^x e^{-\tau}(1-2\tau)\,\mathrm{d}\tau\right) \\ &= \frac{2}{3}\left(-e^{-2x}\left((1-\tau)e^{2\tau}\right)\Big|_0^x + e^{x}\left((1+2\tau)e^{-\tau}\right)\Big|_0^x\right) \\ &= \frac{2}{3}\left(-e^{-2x}\left((1-x)e^{2x} - 1\right) + e^{x}\left((1+2x)e^{-x} - 1\right)\right) \\ &= \frac{2}{3}\left(-(1-x) + e^{-2x} + (1+2x) - e^{x}\right) = 2x + \frac{2}{3}e^{-2x} - \frac{2}{3}e^{x}\,. \end{aligned}$$

Damit lautet die allgemeine Lösung der Differentialgleichung

$$y(x) = y_{\mathrm{h}}(x) + y_{\mathrm{p}}(x) = c_1 e^{-2x} + c_2 e^{x} + 2x \quad \text{mit} \quad c_1, c_2 \in \mathbb{R}\,.$$

Lösung zu A22.4.3
Es sind folgende Lösungsschritte erforderlich:

a) Das charakteristische Polynom $p(\lambda) = \lambda^3 - \lambda^2 - 2\lambda = \lambda(\lambda + 1)(\lambda - 2)$ besitzt die Nullstellen $\lambda_1 = 0$, $\lambda_2 = -1$ und $\lambda_3 = 2$. Damit ergibt sich die allgemeine Lösung der homogenen Gleichung $y_h(t) = c_1 + c_2e^{-t} + c_3e^{2t}$.
b) i) Das Grundlösungsverfahren erfordert die Lösung $w(t)$ der homogenen Gleichung zu den Anfangswerten $w(0) = 0$, $w'(0) = 0$ und $w''(0) = 1$. Nach Berechnung der Koeffizienten c_1, c_2 und c_3 erhält man

$$w(t) = -\frac{1}{2} + \frac{1}{3}e^{-t} + \frac{1}{6}e^{2t} .$$

Damit ergibt sich eine spezielle Lösung der inhomogenen Gleichung durch

$$y_p(t) = \int_0^t \left(-\frac{1}{2} + \frac{1}{3}e^{-(t-\tau)} + \frac{1}{6}e^{2(t-\tau)}\right)(-6\tau^2 - 6\tau + 8)\,\mathrm{d}\tau = t^3 - t + 2e^{-t} .$$

ii) Wählt man für die spezielle Lösung der inhomogenen Gleichung den der Inhomogenität angepassten Ansatz $y_p(t) = t(at^2 + bt + c)$, so ergeben sich nach Einsetzen in die Differentialgleichung und Koeffizientenvergleich $a = 1$, $b = 0$ und $c = -1$.
c) Die allgemeine Lösung der inhomogenen Differentialgleichung lautet daher:

$$y(t) = c_1 + c_2e^{-t} + c_3e^{2t} + t^3 - t .$$

d) Mit den Anfangswerten $y(0) = 1$, $y'(0) = 3$ und $y''(0) = 2$ erhält man als Lösung der Aufgabe

$$y(t) = 2 - 2e^{-t} + e^{2t} + t^3 - t .$$

Lösung zu A22.4.4
a) charakteristisches Polynom zu $y'' + y' - 6y = 0$: $p(\lambda) = \lambda^2 + \lambda - 6 = (\lambda + 3)(\lambda - 2) \overset{!}{=} 0$
Man erhält die Nullstellen: $\lambda_1 = -3$, $\lambda_2 = 2$. Die allgemeine Lösung der homogenen Differentialgleichung lautet also

$$y_h(x) = c_1e^{-3x} + c_2e^{2x} \quad \text{mit} \quad c_1, c_2 \in \mathbb{R} .$$

Berechnung der Greensche Funktion über die Lösung $g(x)$ der Anfangswertaufgabe

$$y'' + y' - 6y = 0 , \quad y(0) = 0,\ y'(0) = 1 .$$

Berechnung von c_1, c_2 aus der allgemeinen homogenen Lösung über die Anfangswerte:

$$0 = y(0) = c_1 + c_2\,, \quad 1 = y'(0) = -3c_1 + 2c_2 = -3c_1 - 2c_1$$
$$\Rightarrow \quad c_1 = -\frac{1}{5}\,, \quad c_2 = \frac{1}{5} \quad \Rightarrow \quad g(x) = -\frac{1}{5}e^{-3x} + \frac{1}{5}e^{2x}$$
$$\Rightarrow \quad G(x,\tau) := g(x-\tau) = -\frac{1}{5}e^{-3(x-\tau)} + \frac{1}{5}e^{2(x-\tau)}\,.$$

$$\begin{aligned}
y_p(x) &= \int_0^x G(x,\tau)h(\tau)\,\mathrm{d}\tau = \int_0^x \left(-\frac{1}{5}e^{-3(x-\tau)} + \frac{1}{5}e^{2(x-\tau)}\right)(6\tau^2 - 20\tau + 7)\,\mathrm{d}\tau \\
&= \frac{1}{5}\left(-e^{-3x}\int_0^x e^{3\tau}(6\tau^2 - 20\tau + 7)\,\mathrm{d}\tau + e^{2x}\int_0^x e^{-2\tau}(6\tau^2 - 20\tau + 7)\,\mathrm{d}\tau\right) \\
&= \frac{1}{5}\left(e^{-3x}\left((-2\tau^2 + 8\tau - 5)e^{3\tau}\right)\Big|_0^x + e^{2x}\left((-3\tau^2 + 7\tau)e^{-2\tau}\right)\Big|_0^x\right) \\
&= \frac{1}{5}\left(e^{-3x}\left((-2x^2 + 8x - 5)e^{3x} + 5\right) + e^{2x}\left((-3x^2 + 7x)e^{-2x}\right)\right) \\
&= -x^2 + 3x - 1 + e^{-3x}
\end{aligned}$$

b) i) Die Laplace-Transformation des Anfangswertproblems für y_p mit $y(t) \circ\!\!-\!\!\bullet\, Y(s)$ ergibt

$$\ddot{y} - 6\dot{y} + 5y = 20\,,\ y(0) = 0\,,\ \dot{y}(0) = 0 \quad \circ\!\!-\!\!\bullet \quad s^2Y(s) - 6sY(s) + 5Y(s) = \frac{20}{s}\,.$$

Man erhält

$$\begin{aligned}
Y(s) &= \frac{1}{s^2 - 6s + 5}\cdot\frac{20}{s} = \frac{20}{s(s-1)(s-5)} \\
&\overset{PBZ}{=} \frac{4}{s} - \frac{5}{s-1} + \frac{1}{s-5} \quad \bullet\!\!-\!\!\circ \quad 4 - 5e^t + e^{5t} = y_p(t)\,.
\end{aligned}$$

Im Vergleich mit der allgemeinen homogenen Lösung mit $c_1, c_2 \in \mathbb{R}\, y_h(t) = c_1e^t + c_2e^{5t}$ erkennt man hier die spezielle Lösung $\tilde{y}_p(t) = 4$ wieder, die sich aus dem Ansatz $\tilde{y}_p(t) = c \in \mathbb{R}$ ergeben hätte.

ii) Die Laplace-Transformation des zur Greenschen Funktion gehörigen Anfangswertproblems mit $y(t) \circ\!\!-\!\!\bullet\, Y(s)$ ergibt

$$\ddot{y} - 6\dot{y} + 5y = 0\,,\ y(0) = 0\,,\ \dot{y}(0) = 1 \circ\!\!-\!\!\bullet\, s^2Y(s) - 1 - 6sY(s) + 5Y(s) = 0\,.$$

Man erhält

$$\begin{aligned}
Y(s) &= \underbrace{\frac{1}{s^2 - 6s + 5}}_{=:G(s)} = \frac{1}{(s-1)(s-5)} \overset{PBZ}{=} \frac{1}{4(s-5)} - \frac{1}{4(s-1)} \\
&\bullet\!\!-\!\!\circ \quad \frac{1}{4}e^{5t} - \frac{1}{4}e^t = y(t) = g(t)\,.
\end{aligned}$$

Greensche Funktion: $g(t-\tau) = \frac{1}{4}e^{5(t-\tau)} - \frac{1}{4}e^{(t-\tau)}$

$$\begin{aligned}
y_p(t) &= \int_0^t g(t-\tau)\cdot 20\,\mathrm{d}\tau = 20\int_0^t \frac{1}{4}e^{5(t-\tau)} - \frac{1}{4}e^{(t-\tau)}\,\mathrm{d}\tau \\
&= 5\left(e^{5t}\int_0^t e^{-5\tau}\,\mathrm{d}\tau - e^t\int_0^t e^{-\tau}\,\mathrm{d}\tau\right) = 5\left(-\frac{1}{5}e^{5t}e^{-5\tau} + e^t e^{-\tau}\Big|_0^t\right) \\
&= 5\left(-\frac{1}{5} + \frac{1}{5}e^{5t} + 1 - e^t\right) = 4 - 5e^t + e^{5t}
\end{aligned}$$

Lösung zu A22.4.5

a) Zunächst wird die allgemeine Lösung der homogenen Differentialgleichung $y''' - 3y' - 2y = 0$ mit Hilfe des charakteristischen Polynoms berechnet:

$$p(\lambda) = \lambda^3 - 3\lambda - 2 = (\lambda+1)^2(\lambda-2) \stackrel{!}{=} 0\,.$$

Die Nullstellen $\lambda_{1,2} = -1\,, \lambda_3 = 2$ liefern das Fundamentalsystem

$$y_1(x) = e^{-x}\,,\ y_2(x) = xe^{-x}\,,\ y_3(x) = e^{2x}\,.$$

Die allgemeine Lösung der homogenen Differentialgleichung lautet also

$$y(x) = c_1e^{-x} + c_2xe^{-x} + c_3e^{2x} \quad \text{mit} \quad c_1, c_2, c_3 \in \mathbb{R}\,.$$

Da $\lambda_{1,2} = -1$ Nullstelle des charakteristischen Polynoms ist, lautet der spezielle Ansatz für die Inhomogenität $y_p(x) = ax^2e^{-x}$. Die Ableitungen lauten:

$$\begin{aligned}
y_p'(x) &= ae^{-x}(-x^2+2x)\,,\\
y_p''(x) &= ae^{-x}(x^2-4x+2),\\
y_p'''(x) &= ae^{-x}(-x^2+6x-6)\,.
\end{aligned}$$

Einsetzen in die inhomogene Differentialgleichung ergibt

$$ae^{-x}(-x^2+6x-6) - 3ae^{-x}(-x^2+2x) - 2ax^2e^{-x} = -6ae^{-x} \stackrel{!}{=} -6e^{-x}\,.$$

Ein Koeffizientenvergleich ergibt $a = 1$. Die allgemeine Lösung der inhomogenen Differentialgleichung lautet daher

$$y(x) = c_1e^{-x} + c_2xe^{-x} + c_3e^{2x} + x^2e^{-x}\,.$$

c_1, c_2, c_3 werden aus den Anfangsbedingungen berechnet. Mit den Ableitungen

$$\begin{aligned}
y'(x) &= -c_1e^{-x} + (1-x)c_2e^{-x} + 2c_3e^{2x} + (2x-x^2)e^{-x}\,,\\
y''(x) &= c_1e^{-x} + (x-2)c_2e^{-x} + 4c_3e^{2x} + (x^2-4x+2)e^{-x}
\end{aligned}$$

erhält man $2 = y(0) = c_1 + c_3$, $0 = y'(0) = -c_1 + c_2 + 2c_3$, $9 = y''(0) = c_1 - 2c_2 + 4c_3 + 2$.
Durch Lösen des Gleichungssystems erhält man $c_1 = 1$, $c_2 = -1$, $c_3 = 1$ und damit die Lösung der Anfangswertaufgabe

$$y(x) = e^{-x} - xe^{-x} + e^{2x} + x^2 e^{-x} .$$

b) Die Laplace-Transformierte von $y(x)$ sei $Y(s)$. Damit lautet die transformierte Differentialgleichung:

$$-\frac{6}{s+1} = s^3 Y(s) - s^2 y(0+) - s y'(0+) - y''(0+) - 3(sY(s) - y(0+)) - 2Y(s)$$
$$= Y(s)(s^3 - 3s - 2) - 2s^2 - 9 + 6 = Y(s)(s+1)^2(s-2) - 2s^2 - 3$$
$$\Rightarrow \quad Y(s) = \frac{1}{(s+1)^2(s-2)}\left(2s^2 + 3 - \frac{6}{s+1}\right) = \frac{(2s^2+3)(s+1)-6}{(s+1)^3(s-2)}$$
$$= \frac{2s^3 + 2s^2 + 3s - 3}{(s+1)^3(s-2)} \overset{PBZ}{=} \frac{1}{s+1} - \frac{1}{(s+1)^2} + \frac{2}{(s+1)^3} + \frac{1}{s-2}$$
$$\Rightarrow \quad y(x) = e^{-x} - xe^{-x} + x^2 e^{-x} + e^{2x}$$

Lösung zu A22.4.6

a) Das charakteristische Polynom der Differentialgleichung $y''' - 4y'' + 4y' = 0$ lautet

$$p(\lambda) = \lambda^3 - 4\lambda^2 + 4\lambda = \lambda(\lambda - 2)^2$$

und besitzt die Nullstellen $\lambda_1 = 0$ und $\lambda_{2,3} = 2$. Man erhält das Fundamentalsystem

$$y_1(t) = 1 , \quad y_2(t) = e^{2t} , \quad y_3(t) = te^{2t} ,$$

und damit die allgemeine Lösung $y(t) = c_1 y_1(t) + c_2 y_2(t) + c_3 y_3(t) = c_1 + c_2 e^{2t} + c_3 te^{2t}$.

b) $p(\lambda) = \lambda^3 - 4\lambda^2 + 5\lambda - 2 = (\lambda - 1)(\lambda^2 - 3\lambda + 2) = (\lambda - 1)(\lambda - 1)(\lambda - 2) = 0$
Allgemeine Lösung der homogenen Gleichung: $y_h(x) = c_1 e^x + c_2 xe^x + c_3 e^{2x}$
Ansatz für spezielle Lösung der inhomogenen Gleichung: $y_p(x) = a$

$$0 - 4 \cdot 0 + 5 \cdot 0 - 2a \overset{!}{=} 1 \quad \Rightarrow \quad a = -\frac{1}{2}$$

Allgemeine Lösung der homogenen Differentialgleichung: $y(x) = c_1 e^x + c_2 xe^x + c_3 e^{2x} - \frac{1}{2}$

c) Charakteristisches Polynom: $p(\lambda) = \lambda^3 + \lambda^2 - 4\lambda - 4 = (\lambda + 1)(\lambda + 2)(\lambda - 2) = 0$
Nullstellen: $\lambda_1 = -1$, $\lambda_2 = -2$, $\lambda_3 = 2$ $\Rightarrow$ Allgemeine Lösung: $y(t) = ae^{-t} + be^{-2t} + ce^{2t}$

Anfangswerte: $y(0) = 1,\ y'(0) = 0\ \ y''(0) = -2$

$$\left(\begin{array}{rrr|r} 1 & 1 & 1 & 1 \\ -1 & -2 & 2 & 0 \\ 1 & 4 & 4 & -2 \end{array}\right) \to \left(\begin{array}{rrr|r} 1 & 1 & 1 & 1 \\ 0 & -1 & 3 & 1 \\ 0 & 3 & 3 & -3 \end{array}\right) \to \left(\begin{array}{rrr|r} 1 & 1 & 1 & 1 \\ 0 & -1 & 3 & 1 \\ 0 & 0 & 12 & 0 \end{array}\right)$$

$$\Rightarrow \quad \begin{pmatrix} a \\ b \\ c \end{pmatrix} = \begin{pmatrix} 2 \\ -1 \\ 0 \end{pmatrix}$$

Lösung der Anfangswertaufgabe: $\quad y(t) = 2e^{-t} - e^{-2t}$

Lösung zu A22.4.7

a) charakteristisches Polynom: $p(\lambda) = \lambda^2 + 8\lambda + 16 = (\lambda + 4)^2 = 0$
allgemeine Lösung der homogenen Differentialgleichung: $y_h(x) = c_1 e^{-4x} + c_2 x e^{-4x}$
Lösungsansatz für die inhomogene Gleichung: $y_p(x) = ax^2 + bx + c$

$$\begin{aligned} \Rightarrow \quad & 2a + 8(2ax + b) + 16(ax^2 + bx + c) \\ & \quad = 16ax^2 + 16(a + b)x + 2a + 8b + 16c = 16x^2 - 6 \\ \Rightarrow \quad & a = 1\,, \quad b = -1\,, \quad c = 0 \end{aligned}$$

allgemeine Lösung der inhomogenen Differentialgleichung: $y(x) = c_1 e^{-4x} + c_2 x e^{-4x} + x^2 - x$

b) i) charakteristisches Polynom: $p(\lambda) = \lambda^2 - 6\lambda + 13 = (\lambda - 3)^2 + 4 = 0$
allgemeine komplexe Lösung: $\quad y(x) = d_1 e^{(3+2i)x} + d_2 e^{(3-2i)x}$
allgemeine reelle Lösung: $\quad y(x) = c_1 e^{3x}\cos(2x) + c_2 e^{3x}\sin(2x)$

ii) $\begin{pmatrix} y \\ y' \end{pmatrix}' = \begin{pmatrix} 0 & 1 \\ -13 & 6 \end{pmatrix}\begin{pmatrix} y \\ y' \end{pmatrix}$

iii) Wie oben: $\quad p(\lambda) = \lambda^2 - 6\lambda + 13 = 0$
Eigenwerte: $\quad \lambda_1 = 3 + 2i,\ \lambda_2 = 3 - 2i$
Damit ist die Systemmatrix regulär und $P = (0, 0)^T$ ist einziger stationärer Punkt.

iv) Da $\mathrm{Re}(\lambda_1) = \mathrm{Re}(\lambda_2) = 3 > 0$ gilt, ist P instabiler Strudelpunkt.

L22.5 Stabilität

Lösung zu A22.5.1

a) i) Berechnung des Gleichgewichtspunktes $\boldsymbol{y}^* = (x^*, y^*)^T$:

$$\underbrace{\begin{pmatrix} -3 & 1 \\ 1 & -3 \end{pmatrix}}_{=A}\begin{pmatrix} x \\ y \end{pmatrix} + \begin{pmatrix} 9 \\ -11 \end{pmatrix} = \begin{pmatrix} 0 \\ 0 \end{pmatrix} \quad \Rightarrow \quad \begin{pmatrix} x^* \\ y^* \end{pmatrix} = \begin{pmatrix} 2 \\ -3 \end{pmatrix}$$

ii) Transformation auf den Standardfall $\dot{\boldsymbol{z}} = \boldsymbol{A}\boldsymbol{z}$ mit Gleichgewichtspunkt $\boldsymbol{z}^* = \boldsymbol{0}$ durch $\boldsymbol{z} = \boldsymbol{y} - \boldsymbol{y}^*$.
Stabilitätsuntersuchung von $\boldsymbol{z}^* = \boldsymbol{0}$:

$$\det\begin{pmatrix} -3-\lambda & 1 \\ 1 & -3-\lambda \end{pmatrix} = (3+\lambda)^2 - 1 = 0$$

$$\Rightarrow \quad \lambda_1 = -2\,,\ \lambda_2 = -4 \quad \Rightarrow \quad \boldsymbol{v}_1 = (1,1)^T\,,\ \boldsymbol{v}_2 = (1,-1)^T$$

$\Rightarrow$ $\boldsymbol{z}^* = \boldsymbol{0}$ ist, und damit auch $\boldsymbol{y}^*$, strikt stabil.

iii) Wegen $\lambda_1 < 0\,,\ \lambda_2 < 0$ und $\lambda_1 \neq \lambda_2$ ist $\boldsymbol{y}^*$ asymptotisch stabiler Knotenpunkt 2. Art.

iv)

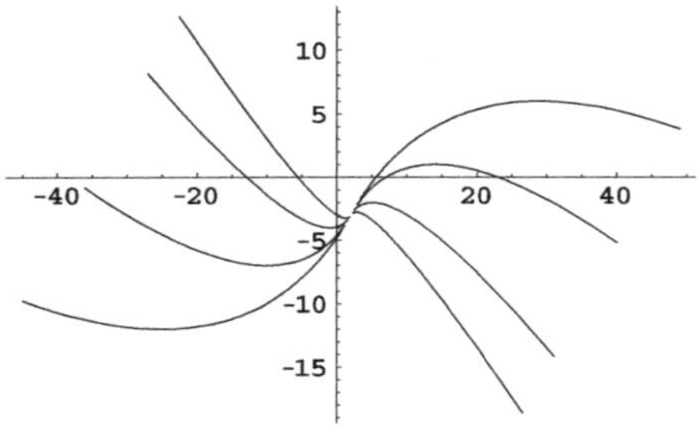

Abb. L22.1 Asymptotisch stabiler Knotenpunkt 2. Art.

Die allgemeine Lösung des autonomen Systems lautet

$$\boldsymbol{y}(t) = \begin{pmatrix} 2 \\ -3 \end{pmatrix} + c_1 e^{-2t}\begin{pmatrix} 1 \\ 1 \end{pmatrix} + c_2 e^{-4t}\begin{pmatrix} 1 \\ -1 \end{pmatrix}.$$

b) i) Berechnung des Gleichgewichtspunktes $\boldsymbol{y}^* = (x^*, y^*)^T$:

$$\underbrace{\begin{pmatrix} 4 & 5 \\ -5 & -4 \end{pmatrix}}_{=\boldsymbol{A}}\begin{pmatrix} x \\ y \end{pmatrix} = \begin{pmatrix} 0 \\ 0 \end{pmatrix} \quad \Rightarrow \quad \begin{pmatrix} x^* \\ y^* \end{pmatrix} = \begin{pmatrix} 0 \\ 0 \end{pmatrix}$$

ii) Stabilitätsuntersuchung von $\boldsymbol{y}^* = \boldsymbol{0}$:

$$\det\begin{pmatrix} 4-\lambda & 5 \\ -5 & -4-\lambda \end{pmatrix} = -(4-\lambda)(4+\lambda) + 25 = \lambda^2 + 9 = 0$$

$$\Rightarrow \quad \lambda_1 = 3i\,,\ \lambda_2 = -3i \quad \left(\Rightarrow \ \boldsymbol{v}_1 = (5, -4+3i)^T\,,\ \boldsymbol{v}_2 = (5, -4-3i)^T\right)$$

$\Rightarrow$ $\boldsymbol{y}^* = \boldsymbol{0}$ ist gleichmäßig stabil.

iii) Wegen $\lambda_1 = \overline{\lambda_2} = 3i$ ist $\boldsymbol{y}^*$ stabiler Wirbelpunkt.

iv) Die allgemeine reelle Lösung des autonomen Systems lautet

$$\boldsymbol{y}(t) = c_1\begin{pmatrix} 5\cos 3x \\ -4\cos 3x - 3\sin 3x \end{pmatrix} + c_2\begin{pmatrix} 5\sin 3x \\ 3\cos 3x - 4\sin 3x \end{pmatrix}$$

(siehe auch Abb. L22.2).

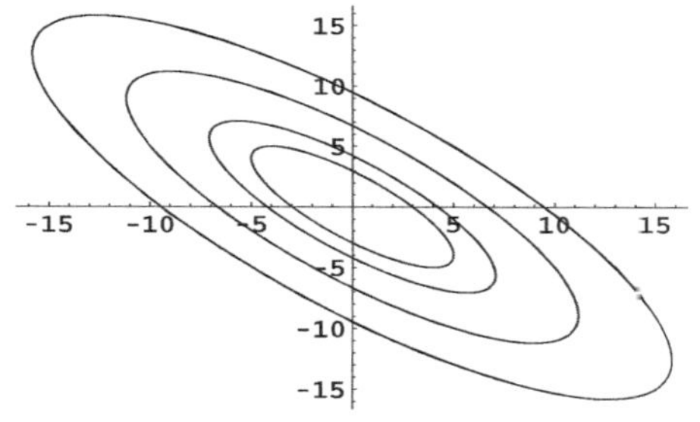

Abb. L22.2 Stabiler Wirbelpunkt.

Lösung zu A22.5.2

a) $y''' - 4y'' - y' + 4y = 0 \quad \Rightarrow \quad \begin{pmatrix} y \\ y' \\ y'' \end{pmatrix}' = \underbrace{\begin{pmatrix} 0 & 1 & 0 \\ 0 & 0 & 1 \\ -4 & 1 & 4 \end{pmatrix}}_{=A} \begin{pmatrix} y \\ y' \\ y'' \end{pmatrix}$

b) Da $\boldsymbol{A}$ regulär ist, gibt es nur den Gleichgewichtspunkt $(y, y', y'') = (0, 0, 0)$.

$$\det \begin{pmatrix} -\lambda & 1 & 0 \\ 0 & -\lambda & 1 \\ -4 & 1 & 4-\lambda \end{pmatrix} = -\lambda^3 + 4\lambda^2 + \lambda - 4 = (4-\lambda)(\lambda^2 - 1) = 0$$

Die Eigenwerte lauten: $\lambda_1 = -1\,, \quad \lambda_2 = 1\,, \quad \lambda_3 = 4.$
Daher ist der Gleichgewichtspunkt instabil.

c) Zu den Eigenwerten können folgende Eigenvektoren gewählt werden:

$$\boldsymbol{v}_1 = \begin{pmatrix} 1 \\ -1 \\ 1 \end{pmatrix}, \quad \boldsymbol{v}_2 = \begin{pmatrix} 1 \\ 1 \\ 1 \end{pmatrix}, \quad \boldsymbol{v}_3 = \begin{pmatrix} 1 \\ 4 \\ 16 \end{pmatrix}.$$

Damit lautet die allgemeine Lösung des Systems

$$\begin{pmatrix} y \\ y' \\ y'' \end{pmatrix} = c_1 e^{-t} \begin{pmatrix} 1 \\ -1 \\ 1 \end{pmatrix} + c_2 e^{t} \begin{pmatrix} 1 \\ 1 \\ 1 \end{pmatrix} + c_3 e^{4t} \begin{pmatrix} 1 \\ 4 \\ 16 \end{pmatrix}.$$

d) Die zur Einzelgleichung $y''' - 4y'' - y' + 4y = 0$ gehörige charakteristische Gleichung lautet $p(\lambda) = \lambda^3 - 4\lambda^2 - \lambda + 4 = (\lambda - 4)(\lambda^2 - 1) = 0$.
Damit lautet die allgemeine Lösung

$$y(t) = c_1 e^{-t} + c_2 e^{t} + c_3 e^{4t}\,.$$

Dies ist gerade die erste Gleichung der allgemeinen Lösung des Systems.

Lösung zu A22.5.3

a) $$\begin{pmatrix}\dot{x}\\ \dot{y}\end{pmatrix} = \underbrace{\begin{pmatrix}8 & 5\\ -10 & -7\end{pmatrix}}_{A}\begin{pmatrix}x\\ y\end{pmatrix} \quad\Rightarrow\quad p_A(\lambda) = \lambda^2 - \lambda - 6 \;\Rightarrow\; \lambda_1 = 3\,,\ \lambda_2 = -2\,.$$

Damit ist der Gleichgewichtspunkt $\mathbf{0}$ ein instabiler Sattelpunkt. Zu $\lambda_1 = 3$ und $\lambda_2 = -2$ lassen sich die Eigenvektoren $\boldsymbol{v}_1 = (1,-1)^T$ und $\boldsymbol{v}_2 = (1,-2)^T$ wählen, und man erhält so die allgemeine Lösung

$$\begin{pmatrix}x(t)\\ y(t)\end{pmatrix} = c_1 e^{3t}\begin{pmatrix}1\\ -1\end{pmatrix} + c_2 e^{-2t}\begin{pmatrix}1\\ -2\end{pmatrix}\,.$$

Aus der Anfangsbedingung $x(0) = 0$ und $y(0) = 1$ ergeben sich $c_1 = 1$ und $c_2 = -1$ (siehe Abb. L22.3a).

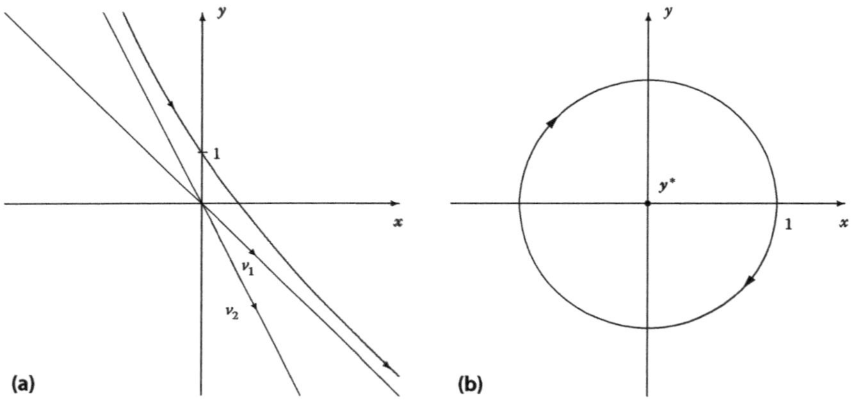

Abb. L22.3 (a) Phasenkurve $(x(t), y(t))$; (b) Phasenkurve $(x(t), y(t))$ mit stabilem Wirbelpunkt $\boldsymbol{y}^* = \mathbf{0}$.

b) Siehe auch Abb. L22.3b

$$\begin{pmatrix}\dot{x}\\ \dot{y}\end{pmatrix} = \underbrace{\begin{pmatrix}0 & b\\ -b & 0\end{pmatrix}}_{A}\begin{pmatrix}x\\ y\end{pmatrix} \quad\Rightarrow\quad p_A(\lambda) = \lambda^2 + b^2$$

Die Eigenwerte sind damit $\lambda_{1,2} = \pm i b$, und die zugehörigen Eigenvektoren lauten $\boldsymbol{v}_1 = (1, i)^T$ und $\boldsymbol{v}_2 = (1, -i)^T$, und man erhält die allgemeine Lösung in reeller Darstellung

$$\begin{pmatrix}x(t)\\ y(t)\end{pmatrix} = c_1\begin{pmatrix}\cos(bt)\\ -\sin(bt)\end{pmatrix} + c_2\begin{pmatrix}\sin(bt)\\ \cos(bt)\end{pmatrix}\,.$$

Die Konstanten c_1, c_2 ergeben sich aus den Anfangswerten $c_1 = x(0) = 1$ und $c_2 = y(0) = 0$. Die Lösung der Anfangswertaufgabe ist daher gegeben durch

$$\begin{pmatrix} x(t) \\ y(t) \end{pmatrix} = \begin{pmatrix} \cos(bt) \\ -\sin(bt) \end{pmatrix} .$$

Lösung zu A22.5.4

a) Aus $0 = xy + x - y - 1 = (x-1)(y+1)$ und $0 = y^2 - x^2 = (y-x)(y+x)$ folgt:

$$\begin{aligned} x - 1 = 0 \quad &\Rightarrow \quad x = 1 \quad \Rightarrow \quad y = 1 \ \vee \ y = -1 \quad \text{oder} \\ y + 1 = 0 \quad &\Rightarrow \quad y = -1 \quad \Rightarrow \quad x = -1 \ \vee \ x = 1 . \end{aligned}$$

Man erhält damit die Gleichgewichtspunkte

$$\boldsymbol{y}_1 = \begin{pmatrix} 1 \\ 1 \end{pmatrix} , \quad \boldsymbol{y}_2 = \begin{pmatrix} 1 \\ -1 \end{pmatrix} \quad \text{und} \quad \boldsymbol{y}_3 = \begin{pmatrix} -1 \\ -1 \end{pmatrix} .$$

Für die Linearisierung benötigt man $\boldsymbol{J f}(\boldsymbol{y}) = \begin{pmatrix} y+1 & x-1 \\ -2x & 2y \end{pmatrix}$

$$\boldsymbol{J f}(\boldsymbol{y}_1) = \begin{pmatrix} 2 & 0 \\ -2 & 2 \end{pmatrix} \Rightarrow p(\lambda) = (\lambda - 2)^2 \Rightarrow \lambda_{1,2} = 2 \wedge g(\lambda_{1,2}) = 1$$

$\Rightarrow$ $\boldsymbol{y}_1$ ist instabiler Knotenpunkt 3. Art

$$\boldsymbol{J f}(\boldsymbol{y}_2) = \begin{pmatrix} 0 & 0 \\ -2 & -2 \end{pmatrix} \Rightarrow p(\lambda) = \lambda(\lambda + 2) \Rightarrow \lambda_1 = 0 , \ \lambda_2 = -2$$

$\Rightarrow$ $\boldsymbol{y}_2$ ist in der Linearisierung stabiler nicht isolierter Gleichgewichtspunkt.

$$\boldsymbol{J f}(\boldsymbol{y}_3) = \begin{pmatrix} 0 & -2 \\ 2 & -2 \end{pmatrix} \Rightarrow p(\lambda) = (\lambda + 1)^2 + 3 \Rightarrow \lambda_{1,2} = -1 \pm i\sqrt{3}$$

$\Rightarrow$ $\boldsymbol{y}_3$ ist asymptotisch stabiler Strudelpunkt

b) Aus $0 = x^2 + xy = x(x+y)$ und $0 = xy - 2x + y - 2 = (x+1)(y-2)$ folgt: $x + 1 = 0 \Rightarrow x = -1 \Rightarrow y = 1$ oder $y - 2 = 0 \Rightarrow y = 2 \Rightarrow x = 0 \vee x = -2$. Die Gleichgewichtspunkte lauten also

$$\boldsymbol{y}_1 = \begin{pmatrix} -1 \\ 1 \end{pmatrix} , \quad \boldsymbol{y}_2 = \begin{pmatrix} 0 \\ 2 \end{pmatrix} \quad \text{und} \quad \boldsymbol{y}_3 = \begin{pmatrix} -2 \\ 2 \end{pmatrix} .$$

Für die Linearisierung benötigt man $\boldsymbol{J f}(\boldsymbol{y}) = \begin{pmatrix} 2x + y & x \\ y - 2 & x + 1 \end{pmatrix}$

$$\boldsymbol{J f}(\boldsymbol{y}_1) = \begin{pmatrix} -1 & -1 \\ -1 & 0 \end{pmatrix} \quad \Rightarrow \quad p(\lambda) = \lambda^2 + \lambda - 1 \quad \Rightarrow \quad \lambda_{1,2} = \frac{-1 \pm \sqrt{5}}{2}$$

$\Rightarrow$ $\boldsymbol{y}_1$ ist instabiler Sattelpunkt

$$\boldsymbol{J}\boldsymbol{f}(\boldsymbol{y}_2) = \begin{pmatrix} 2 & 0 \\ 0 & 1 \end{pmatrix} \quad \Rightarrow \quad \boldsymbol{y}_2 \text{ ist instabiler Knotenpunkt 2. Art}$$

$$\boldsymbol{J}\boldsymbol{f}(\boldsymbol{y}_3) = \begin{pmatrix} -2 & -2 \\ 0 & -1 \end{pmatrix} \quad \Rightarrow \quad \boldsymbol{y}_3 \text{ ist asymptotisch stabiler Knotenpunkt 2. Art}$$

Lösung zu A22.5.5

a) Man erhält alle Gleichgewichtspunkte eines autonomen Systems $\boldsymbol{y}' = \boldsymbol{f}(\boldsymbol{y})$ durch Lösen von:

$$\boldsymbol{0} = \boldsymbol{f}(\boldsymbol{y}) = \begin{pmatrix} y_2 \\ -y_1 - y_1^3 \end{pmatrix} = \begin{pmatrix} y_2 \\ -y_1(1 + y_1^2) \end{pmatrix} \quad \Rightarrow \quad \begin{pmatrix} y_1 \\ y_2 \end{pmatrix} = \begin{pmatrix} 0 \\ 0 \end{pmatrix} .$$

Einziger stationärer Punkt ist also $\boldsymbol{y}^* = \boldsymbol{0}$.

b) $$\boldsymbol{J}\boldsymbol{f}(\boldsymbol{y}) = \begin{pmatrix} 0 & 1 \\ -1 - 3y_1^2 & 0 \end{pmatrix} \quad \Rightarrow \quad \det(\boldsymbol{J}\boldsymbol{f}(\boldsymbol{0}) - \lambda \boldsymbol{I}) = \lambda^2 + 1$$

Damit ergeben sich die Eigenwerte von $\boldsymbol{J}\boldsymbol{f}(\boldsymbol{0})$ durch $\lambda_{1,2} = \pm i$, und Stabilitätssatz III ist nicht anwendbar, da $\mathrm{Re}(\lambda_{1,2}) = 0$.

c) Aus dem Ansatz $V(\boldsymbol{y}) = a y_1^2 + b y_1^4 + c y_2^2$ für die Ljapunov-Funktion folgt $\operatorname{grad} V(\boldsymbol{y}) = (2a y_1 + 4b y_1^3, 2c y_2)$, und damit ergibt sich:

$$\begin{aligned} \operatorname{grad} V(\boldsymbol{y}) \cdot \boldsymbol{f}(\boldsymbol{y}) &= (2a y_1 + 4b y_1^3, 2c y_2) \begin{pmatrix} y_2 \\ -y_1 - y_1^3 \end{pmatrix} \\ &= y_1 y_2 (2a - 2c) + y_1^3 y_2 (4b - 2c) . \end{aligned}$$

Damit ist $\operatorname{grad} V(\boldsymbol{y}) \cdot \boldsymbol{f}(\boldsymbol{y}) \leq 0$ für alle $\|\boldsymbol{y}\| \leq R$ nur erfüllbar, falls $a = c = 2b$ gilt. Für $b = 1$ ergibt sich also die Ljapunov-Funktion $V(\boldsymbol{y}) = 2y_1^2 + y_1^4 + 2y_2^2$, die auch noch die Bedingung $V(\boldsymbol{0}) = 0$ und $V(\boldsymbol{y}) > 0$ für $\boldsymbol{y} \neq \boldsymbol{0}$ erfüllt.
Aus Stabilitätssatz IV folgt damit, dass $\boldsymbol{y}^* = \boldsymbol{0}$ ein gleichmäßig stabiler Gleichgewichtspunkt ist. Auf asymptotische Stabilität kann hier nicht geschlossen werden, da $V(\boldsymbol{y})$ keine strenge Ljapunov-Funktion ist (siehe Abb. L22.4).

Lösung zu A22.5.6

a) Man erhält alle stationären Punkte eines autonomen Systems $\boldsymbol{y}' = \boldsymbol{f}(\boldsymbol{y})$ durch Lösen von:

$$\boldsymbol{0} = \boldsymbol{f}(\boldsymbol{y}) = \begin{pmatrix} y_2 \\ -2y_1^3 - 8y_1^5 \end{pmatrix} = \begin{pmatrix} y_2 \\ -2y_1^3(1 + 4y_1^2) \end{pmatrix} \quad \Rightarrow \quad \begin{pmatrix} y_1 \\ y_2 \end{pmatrix} = \begin{pmatrix} 0 \\ 0 \end{pmatrix} .$$

Einziger stationärer Punkt ist also $\boldsymbol{y}^* = \boldsymbol{0}$.

b) $$\boldsymbol{J}\boldsymbol{f}(\boldsymbol{y}) = \begin{pmatrix} 0 & 1 \\ -6y_1^2 - 40y_1^4 & 0 \end{pmatrix}$$

Damit sind $\lambda_{1,2} = 0$ die Eigenwerte von $\boldsymbol{J}\boldsymbol{f}(\boldsymbol{0})$, und Stabilitätssatz III ist nicht anwendbar, da $\mathrm{Re}(\lambda_{1,2}) = 0$.

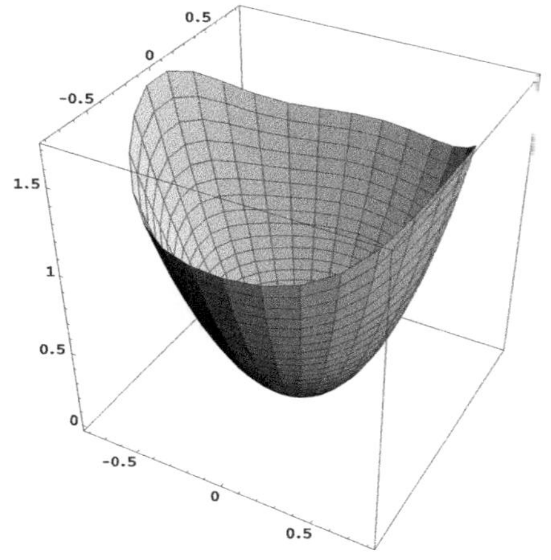

Abb. L22.4 Ljapunov-Funktion $V(\boldsymbol{y}) = 2y_1^2 + y_1^4 + 2y_2^2$.

c) Aus dem Ansatz $V(\boldsymbol{y}) = a y_1^4 + b y_1^6 + c y_2^2$ für die Ljapunov-Funktion folgt grad $V(\boldsymbol{y}) = (4a y_1^3 + 6b y_1^5, 2c y_2)$, und damit ergibt sich:

$$\begin{aligned}\text{grad}\, V(\boldsymbol{y}) \cdot \boldsymbol{f}(\boldsymbol{y}) &= (4a y_1^3 + 6b y_1^5, 2c y_2) \begin{pmatrix} y_2 \\ -2y_1^3 - 8y_1^5 \end{pmatrix} \\ &= y_1^3 y_2 (4a - 4c) + y_1^5 y_2 (6b - 16c)\,.\end{aligned}$$

Damit ist grad $V(\boldsymbol{y}) \cdot \boldsymbol{f}(\boldsymbol{y}) \le 0$ nur für alle $\|\boldsymbol{y}\| \le R$ erfüllbar, falls $a = c$ und $b = \frac{8}{3}c$ gilt. Für $c = 3$ ergibt sich also die Ljapunov-Funktion $V(\boldsymbol{y}) = 3y_1^4 + 8y_1^6 + 3y_2^2$, die auch noch die Bedingung $V(\boldsymbol{0}) = 0$ und $V(\boldsymbol{y}) > 0$ für $\boldsymbol{y} \neq 0$ erfüllt. Aus Stabilitätssatz IV folgt damit, dass $\boldsymbol{y}^* = 0$ ein gleichmäßig stabiler stationärer Punkt ist. Auf asymptotische Stabilität kann hier nicht geschlossen werden, da $V(\boldsymbol{y})$ keine strenge Ljapunov-Funktion ist.

Lösung zu A22.5.7

a) $p(\lambda) = \begin{vmatrix} 5-\lambda & -6 \\ 7 & 5-\lambda \end{vmatrix} = (\lambda - 5)^2 + 42 = 0 \quad \Rightarrow$

Eigenwerte: $\lambda_{1,2} = 5 \pm i\sqrt{42} \;\Rightarrow\; \boldsymbol{y}^* = \boldsymbol{0}$ ist instabiler Strudelpunkt

b) $p(\lambda) = \begin{vmatrix} -6-\lambda & 1 \\ 1 & -6-\lambda \end{vmatrix} = (\lambda + 6)^2 - 1 = 0 \;\Rightarrow\; \lambda_{1,2} = -6 \pm 1$

Eigenwerte: $\lambda_1 = -5\,,\ \lambda_2 = -7 \;\Rightarrow\; \boldsymbol{y}^* = \boldsymbol{0}$ ist asymptotisch stabiler Knotenpunkt 2. Art

c) $p(\lambda) = \begin{vmatrix} 1-\lambda & 1 \\ 4 & 1-\lambda \end{vmatrix} = (\lambda - 1)^2 - 4 = (\lambda - 3)(\lambda + 1) = 0$

Eigenwerte: $\lambda_1 = 3\,,\ \lambda_2 = -1 \;\Rightarrow\; \boldsymbol{y}^* = \boldsymbol{0}$ ist instabiler Sattelpunkt

d) $p(\lambda) = \begin{vmatrix} -\lambda & -3 \\ 4 & -\lambda \end{vmatrix} = \lambda^2 + 12 = (\lambda - i\sqrt{12})(\lambda + i\sqrt{12}) = 0$

Eigenwerte: $\lambda_{1,2} = \pm i\sqrt{12} \;\Rightarrow\; \boldsymbol{y}^* = \boldsymbol{0}$ ist stabiler Wirbelpunkt

Lösung zu A22.5.8

a) Berechnung des Gleichgewichtspunktes $\boldsymbol{y}^* = (x^*, y^*)^T$:

$$\underbrace{\begin{pmatrix} 0 & 1 \\ -10 & -2 \end{pmatrix}}_{=A} \begin{pmatrix} x \\ y \end{pmatrix} + \begin{pmatrix} 4 \\ 2 \end{pmatrix} = \begin{pmatrix} 0 \\ 0 \end{pmatrix} \Rightarrow \begin{pmatrix} x^* \\ y^* \end{pmatrix} = \begin{pmatrix} 1 \\ -4 \end{pmatrix}.$$

Berechnung der Eigenwerte λ_1, λ_2 über das charakteristische Polynom:

$$p(\lambda) = \det \begin{pmatrix} -\lambda & 1 \\ -10 & -2-\lambda \end{pmatrix} = \lambda^2 + 2\lambda + 10 = (\lambda+1)^2 + 9 = 0$$

$$\Rightarrow \quad \lambda_1 = -1 + 3i\,, \quad \lambda_2 = -1 - 3i\,.$$

Wegen $\lambda_1 = \overline{\lambda}_2$ und $\mathrm{Re}(\lambda_{1,2}) = -1 < 0$ ist $\boldsymbol{y}^*$ ein asymptotisch stabiler Strudelpunkt.

b) Berechnung der Eigenwerte λ_1, λ_2 über das charakteristische Polynom:

$$p(\lambda) = \det \begin{pmatrix} -1-\lambda & 2 \\ 2 & -1-\lambda \end{pmatrix} = (1+\lambda)^2 - 4 = (\lambda-1)(\lambda+3) \stackrel{!}{=} 0$$

$$\Rightarrow \quad \lambda_1 = 1\,, \quad \lambda_2 = -3\,.$$

Eigenvektor zu $\lambda_1 = 1$: $\left(\begin{array}{cc|c} -2 & 2 & 0 \\ 2 & -2 & 0 \end{array}\right) \to \left(\begin{array}{cc|c} -2 & 2 & 0 \\ 0 & 0 & 0 \end{array}\right) \Rightarrow \boldsymbol{v}_1 = \begin{pmatrix} 1 \\ 1 \end{pmatrix}$

Eigenvektor zu $\lambda_2 = -3$: $\left(\begin{array}{cc|c} 2 & 2 & 0 \\ 2 & 2 & 0 \end{array}\right) \to \left(\begin{array}{cc|c} 2 & 2 & 0 \\ 0 & 0 & 0 \end{array}\right) \Rightarrow \boldsymbol{v}_2 = \begin{pmatrix} 1 \\ -1 \end{pmatrix}$

Da $\lambda_1 = 1 > 0$, $\lambda_2 = -3 < 0$ ist $(0, 0)$ ein instabiler Sattelpunkt.
Allgemeine Lösung des homogenen Systems:

$$\boldsymbol{y}_{\mathrm{h}}(t) = c_1 e^t \begin{pmatrix} 1 \\ 1 \end{pmatrix} + c_2 e^{-3t} \begin{pmatrix} 1 \\ -1 \end{pmatrix}$$

Für $c_1 = 0$, also eine Anfangswertvorgabe $\boldsymbol{y}_{\mathrm{h}}(t_0) = (k, -k)^T$ mit $k \in \mathbb{R}$, bleibt die Lösung des zugehörigen Anfangswertproblems für $t \to \infty$ beschränkt.

c) Berechnung des Gleichgewichtspunktes $\boldsymbol{y}^* = (x^*, y^*)^T$:

$$\begin{pmatrix} 0 \\ 0 \end{pmatrix} = \begin{pmatrix} \dot{x} \\ \dot{y} \end{pmatrix} = \begin{pmatrix} -4 & 3 \\ -2 & 1 \end{pmatrix} \begin{pmatrix} x\,y \end{pmatrix} + \begin{pmatrix} -2 \\ 0 \end{pmatrix} \Rightarrow \begin{pmatrix} x^*\,y^* \end{pmatrix} = \begin{pmatrix} 1 \\ 2 \end{pmatrix}$$

Berechnung der Eigenwerte λ_1, λ_2 über das charakteristisches Polynom:

$$p(\lambda) = \det \begin{pmatrix} -4-\lambda & 3 \\ -2 & 1-\lambda \end{pmatrix} = \lambda^2 + 3\lambda + 2 = (\lambda+1)(\lambda+2) \stackrel{!}{=} 0$$

$$\Rightarrow \quad \lambda_1 = -1\,, \quad \lambda_2 = -2$$

Da $\lambda_2 = -2 < \lambda_1 = -1 < 0$ gilt, ist $\boldsymbol{x}^*$ ein asymptotisch stabiler Knotenpunkt.

Lösung zu A22.5.9
Die Gleichgewichtspunkte ergeben sich aus

$$\mathbf{0} = \begin{pmatrix} 3 & 0 & 4 \\ 0 & -2 & 0 \\ 4 & 0 & -3 \end{pmatrix} \boldsymbol{y} - \begin{pmatrix} 7 \\ 0 \\ 1 \end{pmatrix} \rightarrow \left(\begin{array}{ccc|c} 3 & 0 & 4 & 7 \\ 0 & -2 & 0 & 0 \\ 4 & 0 & -3 & 1 \end{array}\right) \rightarrow \left(\begin{array}{ccc|c} 3 & 0 & 4 & 7 \\ 0 & -2 & 0 & 0 \\ 0 & 0 & -\frac{25}{3} & -\frac{25}{3} \end{array}\right)$$

Man erhält damit den einzigen Gleichgewichtspunkt $\boldsymbol{P} = \begin{pmatrix} 1 \\ 0 \\ 1 \end{pmatrix}$.

charakteristisches Polynom der Systemmatrix:

$$p(\lambda) = (-2-\lambda)((3-\lambda)(-3-\lambda) - 16) = -(2+\lambda)(\lambda^2 - 25) \stackrel{!}{=} 0$$

Die Eigenwerte lauten also: $\lambda_1 = -5,\ \lambda_2 = -2,\ \lambda_3 = 5$. Damit ist $\boldsymbol{P}$ instabil.

Lösung zu A22.5.10
Die stationären Punkte P_i ergeben sich aus

$$\dot{x} = (x+2)(10 + 6x + x^2 + y) = 0\,,$$
$$\dot{y} = (y-1)(y-x-2) = 0\,.$$

1. Fall $\quad x = -2 \wedge y = 1 \quad \Rightarrow \quad P_1 = (-2, 1)^T$

2. Fall $\quad x = -2 \wedge y \neq 1 \quad \Rightarrow \quad P_2 = (-2, 0)^T$

3. Fall $\quad x \neq -2 \wedge y = 1 \quad \Rightarrow \quad 0 = 10 + 6x + x^2 + 1 = (x+3)^2 + 2$

$\Rightarrow$ keine reellen Lösungen

4. Fall $\quad x \neq -2 \wedge y \neq 1 \quad \Rightarrow \quad y = x + 2 \wedge x^2 + 6x + 10 + y = 0$

$\Rightarrow \quad x^2 + 7x + 12 = (x+3)(x+4) = 0$

$\Rightarrow \quad P_3 = (-3, -1)^T \vee P_4 = (-4, -2)^T\,.$

Die Linearisierung von

$$\boldsymbol{f}(x, y) = \begin{pmatrix} (x+2)(10 + 6x + x^2 + y) \\ (y-1)(y-x-2) \end{pmatrix} = \begin{pmatrix} x^3 - 8x^2 + 22x + 20 + y(x+2) \\ y^2 - xy - 3y + x + 2 \end{pmatrix}$$

erfordert die Jacobi-Matrix $\boldsymbol{J}\boldsymbol{f}(x, y) = \begin{pmatrix} 3x^2 + 16x + 22 + y & x + 2 \\ -y + 1 & 2y - x - 3 \end{pmatrix}$.

$$\boldsymbol{Jf}(-2,1) = \begin{pmatrix} 3 & 0 \\ 0 & 1 \end{pmatrix} \quad \Rightarrow \quad \text{Eigenwerte sind } \lambda_1 = 3,\ \lambda_2 = 1$$

$$\Rightarrow \quad P_1 \text{ist instabil}$$

$$\boldsymbol{Jf}(-2,0) = \begin{pmatrix} 2 & 0 \\ 1 & -1 \end{pmatrix} \quad \Rightarrow \quad \text{Eigenwerte sind } \lambda_1 = 2,\ \lambda_2 = -1$$

$$\Rightarrow \quad P_2 \text{ist instabil}$$

$$\boldsymbol{Jf}(-3,-1) = \begin{pmatrix} 0 & -1 \\ 2 & -2 \end{pmatrix} \quad \Rightarrow \quad \text{Eigenwerte sind } \lambda_{1,2} = -1 \pm i$$

$$\Rightarrow \quad P_3 \text{ist strikt stabil}$$

$$\boldsymbol{Jf}(-4,-2) = \begin{pmatrix} 4 & -2 \\ 3 & -3 \end{pmatrix} \quad \Rightarrow \quad \text{Eigenwerte sind } \lambda_1 = 3,\ \lambda_2 = -2$$

$$\Rightarrow \quad P_4 \text{ist instabil}$$

L 23
Randwertaufgaben

L23.1 Lineare Randwertaufgaben bei Systemen

Lösung zu A23.1.1

a) $$\boldsymbol{y}' = \underbrace{\begin{pmatrix} 0 & 1 & 2 \\ 1 & 0 & 2 \\ 2 & 2 & 3 \end{pmatrix}}_{\boldsymbol{A}} \boldsymbol{y} \quad , \quad \boldsymbol{y}(0) - \boldsymbol{y}(b) = \begin{pmatrix} 1 \\ 0 \\ 2 \end{pmatrix}$$

b) Die Systemmatrix $\boldsymbol{A}$ besitzt die Eigenwerte $\lambda_1 = 5$, $\lambda_{2,3} = -1$ mit den zugehörigen Eigenvektoren

$$\boldsymbol{v}_1 = \begin{pmatrix} 1 \\ 1 \\ 2 \end{pmatrix}, \quad \boldsymbol{v}_2 = \begin{pmatrix} 1 \\ 1 \\ -1 \end{pmatrix}, \quad \boldsymbol{v}_3 = \begin{pmatrix} 1 \\ -1 \\ 0 \end{pmatrix}.$$

Mit dem Fundamentalsystem $\boldsymbol{Y}(t)$ lautet die allgemeine Lösung daher

$$\boldsymbol{y}(t) = \underbrace{\begin{pmatrix} e^{5t} & e^{-t} & e^{-t} \\ e^{5t} & e^{-t} & -e^{-t} \\ 2e^{5t} & -e^{-t} & 0 \end{pmatrix}}_{\boldsymbol{Y}(t)} \boldsymbol{c}, \quad \boldsymbol{c} \in \mathbb{R}^3 .$$

c) Die Randwertaufgabe ist nach Satz 23.2 des Lehrbuches eindeutig lösbar, falls die Matrix $\boldsymbol{E} := \boldsymbol{B}_0 \boldsymbol{Y}(0) + \boldsymbol{B}_b \boldsymbol{Y}(b)$ regulär ist. Aus a) ergibt sich $\boldsymbol{B}_0 = \boldsymbol{I}$ und $\boldsymbol{B}_b = -\boldsymbol{I}$.

$$\det \boldsymbol{E} = \begin{vmatrix} 1-e^{5b} & 1-e^{-b} & 1-e^{-b} \\ 1-e^{5b} & 1-e^{-b} & -1+e^{-b} \\ 2-2e^{5b} & -1+e^{-b} & 0 \end{vmatrix} = \begin{vmatrix} 1-e^{5b} & 1-e^{-b} & 1-e^{-b} \\ 0 & 0 & -2+2e^{-b} \\ 0 & -3+3e^{-b} & -2+2e^{-b} \end{vmatrix}$$
$$= -6(1-e^{5b})(1-e^{-b})^2$$

Damit ist die Randwertaufgabe für $b \neq 0$ eindeutig lösbar.

Mathematik in den Ingenieur- und Naturwissenschaften 2, Aufgaben und Lösungen, 5. Aufl.
Rainer Ansorge, Hans Oberle, Kai Rothe und Thomas Sonar.

d) Im Falle $b = 0$ liegt eine Anfangswertaufgabe vor, und es gibt keine Lösung, denn

$$\boldsymbol{y}(0) - \boldsymbol{y}(b) = \boldsymbol{0} \neq \begin{pmatrix} 1 \\ 0 \\ 2 \end{pmatrix}.$$

Lösung zu A23.1.2

a) Die Systemmatrix

$$\boldsymbol{A} = \begin{pmatrix} 0 & 1 & -1 \\ 0 & 1 & 0 \\ 1 & 0 & 0 \end{pmatrix}$$

besitzt die Eigenwerte $\lambda_1 = 1$, $\lambda_2 = i$ und $\lambda_3 = -i$ mit den zugehörigen Eigenvektoren

$$\boldsymbol{v}_1 = \begin{pmatrix} 1 \\ 2 \\ 1 \end{pmatrix}, \quad \boldsymbol{v}_2 = \begin{pmatrix} 1 \\ 0 \\ -i \end{pmatrix}, \quad \boldsymbol{v}_3 = \begin{pmatrix} 1 \\ 0 \\ i \end{pmatrix}.$$

Damit erhält man das reelle Fundamentalsystem

$$\boldsymbol{Y}(t) = \begin{pmatrix} e^t & \cos t & \sin t \\ 2e^t & 0 & 0 \\ e^t & \sin t & -\cos t \end{pmatrix}.$$

Eine spezielle Lösung $\boldsymbol{y}_\mathrm{p}(t)$ des inhomogenen Systems mit der konstanten Inhomogenität $\boldsymbol{h} = -(1, 1, 2)^T$ ist gegeben durch einen konstanten Vektor $\boldsymbol{w}$, der sich nach Einsetzen in die Differentialgleichung aus dem Gleichungssystem $\boldsymbol{A}\boldsymbol{w} = -\boldsymbol{h}$ zu $\boldsymbol{y}_\mathrm{p}(t) = \boldsymbol{w} = (2, 1, 0)^T$ berechnet. Die allgemeine Lösung mit $\boldsymbol{c} \in \mathbb{R}^3$ ohne Randwertvorgabe lautet daher

$$\boldsymbol{y}(t) = \begin{pmatrix} e^t & \cos t & \sin t \\ 2e^t & 0 & 0 \\ e^t & \sin t & -\cos t \end{pmatrix} \boldsymbol{c} + \begin{pmatrix} 2 \\ 1 \\ 0 \end{pmatrix}.$$

b) Die Randwertaufgabe ist nach Satz 23.2 des Lehrbuches genau dann eindeutig lösbar, wenn die Matrix $\boldsymbol{E} := \boldsymbol{B}_0 \boldsymbol{Y}(0) + \boldsymbol{B}_b \boldsymbol{Y}(b)$ regulär ist. Aus a) ergibt sich

$$\boldsymbol{B}_0 = \boldsymbol{B}_b = \begin{pmatrix} 1 & 5 & 7 \\ 0 & 7 & 1 \\ 0 & 0 & -8 \end{pmatrix}.$$

$$\begin{aligned}\det \boldsymbol{E} &= \det \boldsymbol{B}_0 \cdot \det(\boldsymbol{Y}(0) + \boldsymbol{Y}(b)) \\ &= -56 \begin{vmatrix} 1+e^b & 1+\cos b & \sin b \\ 2+2e^b & 0 & 0 \\ 1+e^b & \sin b & -(1+\cos b) \end{vmatrix} \\ &= 112(1+e^b)(-(1+\cos b)^2 - \sin^2 b) = -224(1+e^b)(1+\cos b)\,.\end{aligned}$$

a) Für $b \neq (2k-1)\pi$ mit $k \in \mathbb{N}$ ist $\det \boldsymbol{E} \neq 0$, und die Aufgabe ist eindeutig lösbar.

b) Für $b = b_k = (2k-1)\pi$ mit $k \in \mathbb{N}$ ist $\det \boldsymbol{E} = 0$, und es gibt entweder keine oder unendlich viele Lösungen. Es muss nämlich mit der Inhomogenität $\boldsymbol{d} = (1,1,1)^T$ aus der Randwertvorgabe die Lösbarkeit von $\boldsymbol{Ec} = \boldsymbol{B}_0(\boldsymbol{Y}(0) + \boldsymbol{Y}(b_k))\boldsymbol{c} = \boldsymbol{d} - \boldsymbol{B}_0\boldsymbol{y}_\mathrm{p}(0) - \boldsymbol{B}_0\boldsymbol{y}_\mathrm{p}(b_k) = \boldsymbol{d} - 2\boldsymbol{B}_0\boldsymbol{w}$ überprüft werden, also

$$\begin{pmatrix} 1 & 5 & 7 \\ 0 & 7 & 1 \\ 0 & 0 & -8 \end{pmatrix}\begin{pmatrix} 1+e^{b_k} & 0 & 0 \\ 2+2e^{b_k} & 0 & 0 \\ 1+e^{b_k} & 0 & 0 \end{pmatrix}\boldsymbol{c} = \begin{pmatrix} 1 \\ 1 \\ 1 \end{pmatrix} - 2\begin{pmatrix} 1 & 5 & 7 \\ 0 & 7 & 1 \\ 0 & 0 & -8 \end{pmatrix}\begin{pmatrix} 2 \\ 1 \\ 0 \end{pmatrix}$$

$$\Rightarrow \quad c_1(1+e^{b_k})\begin{pmatrix} 18 \\ 15 \\ -8 \end{pmatrix} = \begin{pmatrix} -13 \\ -13 \\ 1 \end{pmatrix}.$$

Da die letzte Gleichung für alle $c_1 \in \mathbb{R}$ unlösbar ist, besitzt die Randwertaufgabe keine Lösung.

Lösung zu A23.1.3

a) Die lineare Randwertaufgabe 1. Ordnung lässt sich mit $\boldsymbol{y} = (y_1, y_2, y_3)^T$ schreiben als

$$\dot{\boldsymbol{y}} = \underbrace{\begin{pmatrix} -4 & 0 & -5 \\ 0 & 2 & 0 \\ 1 & 0 & 2 \end{pmatrix}}_{=:\boldsymbol{A}}\boldsymbol{y}$$

mit Randbedingungen

$$\underbrace{\begin{pmatrix} 1 & 0 & 0 \\ 0 & 1 & 0 \\ 0 & 0 & 3 \end{pmatrix}}_{=:\boldsymbol{B}_0}\boldsymbol{y}(0) + \underbrace{\begin{pmatrix} -3 & 0 & 0 \\ 0 & -1 & 0 \\ 0 & 0 & -1 \end{pmatrix}}_{=:\boldsymbol{B}_1}\boldsymbol{y}(1) = \underbrace{\begin{pmatrix} 0 \\ 1-e^2 \\ 0 \end{pmatrix}}_{=:\boldsymbol{b}}.$$

b) Fundamentalsystem:

$$\det(\boldsymbol{A} - \lambda \boldsymbol{I}) = \begin{pmatrix} -4-\lambda & 0 & -5 \\ 0 & 2-\lambda & 0 \\ 1 & 0 & 2-\lambda \end{pmatrix} = (2-\lambda)((\lambda+4)(\lambda-2)+5)$$

$$= (2-\lambda)(\lambda^2+2\lambda-3) = (2-\lambda)(\lambda-1)(\lambda+3) \overset{!}{=} 0\,.$$

Die Matrix $\boldsymbol{A}$ hat also die Eigenwerte $\lambda_1 = 1, \lambda_2 = 2, \lambda_3 = -3$.
Als zugehörige Eigenvektoren können gewählt werden:

$$\boldsymbol{v}_1 = \begin{pmatrix} 1 \\ 0 \\ -1 \end{pmatrix}, \boldsymbol{v}_2 = \begin{pmatrix} 0 \\ 1 \\ 0 \end{pmatrix}, \boldsymbol{v}_3 = \begin{pmatrix} 5 \\ 0 \\ -1 \end{pmatrix}.$$

Die allgemeine Lösung lautet mit Fundamentalsystem $\boldsymbol{Y}(t)$:

$$\boldsymbol{y}(t) = \underbrace{\begin{pmatrix} e^t & 0 & 5e^{-3t} \\ 0 & e^{2t} & 0 \\ -e^t & 0 & -e^{-3t} \end{pmatrix}}_{=:\boldsymbol{Y}(t)} \boldsymbol{c}\,, \quad \boldsymbol{c} \in \mathbb{R}^3\,.$$

c) Einsetzen der allgemeinen Lösung in die Randbedingungen führt auf das Gleichungssystem

$$\underbrace{(\boldsymbol{B}_0 \boldsymbol{Y}(0) + \boldsymbol{B}_1 \boldsymbol{Y}(1))}_{\boldsymbol{E}} \boldsymbol{c} = \boldsymbol{b}\,.$$

$$\boldsymbol{E} = \begin{pmatrix} 1 & 0 & 5 \\ 0 & 1 & 0 \\ -3 & 0 & -3 \end{pmatrix} + \begin{pmatrix} -3e & 0 & -15e^{-3} \\ 0 & -e^2 & 0 \\ e & 0 & e^{-3} \end{pmatrix} = \begin{pmatrix} 1-3e & 0 & 5-15e^{-3} \\ 0 & 1-e^2 & 0 \\ -3+e & 0 & -3+e^{-3} \end{pmatrix}.$$

Die Lösung des Gleichungssystems

$$(\boldsymbol{E}\boldsymbol{c} =) \begin{pmatrix} 1-3e & 0 & 5-15e^{-3} \\ 0 & 1-e^2 & 0 \\ -3+e & 0 & -3+e^{-3} \end{pmatrix} \boldsymbol{c} = \begin{pmatrix} 0 \\ 1-e^2 \\ 0 \end{pmatrix} (= \boldsymbol{b})$$

lautet $\boldsymbol{c} = (0, 1, 0)^T$. Damit wird das Randwertproblem gelöst durch

$$\boldsymbol{y}(t) = e^{2t} \begin{pmatrix} 0 \\ 1 \\ 0 \end{pmatrix}.$$

L23.2 Grundbegriffe der Variationsrechnung

Lösung zu A23.2.1

a) Da mit $f = f(y, y') = y\sqrt{1 - y'^2}$ das Problem autonom ist, ergeben sich die Extremalkandidaten der Aufgabe über die Hamilton-Funktion

$$H = f - f_{y'} y' = y\sqrt{1 - y'^2} + \frac{yy'}{\sqrt{1 - y'^2}} y' = \frac{y}{\sqrt{1 - y'^2}} = C\,.$$

Der Fall $C = 0$ ergibt nur $y \equiv 0$ für alle $t \in [0, 1]$, erfüllt also nicht die Randbedingung $y(1) = \frac{2}{\pi}$. Für $C \neq 0$ und $y(0) = 0$ ergibt sich

$$y' = \sqrt{1 - \frac{y^2}{C^2}} \Rightarrow \int\limits_{y(0)}^{y} \frac{\mathrm{d}z}{\sqrt{1 - \frac{z^2}{C^2}}} = \int\limits_0^t \mathrm{d}s \overset{z = C\sin x}{\Rightarrow} C \int\limits_0^{\arcsin(y/C)} \mathrm{d}x = t$$

$$\Rightarrow \arcsin\frac{y}{C} = \frac{t}{C} \Rightarrow y(t) = C\sin\frac{t}{C}\,.$$

Die Randbedingung $y(1) = \frac{2}{\pi} = C\sin\frac{1}{C}$ führt auf $C = \pm\frac{2}{\pi}$.
Als Extremalkandidat ergibt sich damit $y(t) = \frac{2}{\pi}\sin\frac{\pi t}{2}$

$$\Rightarrow \quad I[y] = \int\limits_0^1 \frac{2}{\pi}\sin\frac{\pi t}{2}\sqrt{1 - \cos^2\frac{\pi t}{2}}\,\mathrm{d}t = \frac{2}{\pi}\int\limits_0^1 \sin^2\frac{\pi t}{2}\,\mathrm{d}t = \frac{1}{\pi}\,.$$

b) Wird die Randbedingung $y(1) = \frac{2}{\pi}$ fallen gelassen, so stellt sich die natürliche Randbedingung ein:

$$f_{y'}(1, y(1), y'(1)) = -\frac{y(1)y'(1)}{\sqrt{1 - y'^2(1)}} = 0 \quad \Rightarrow \quad y(1)y'(1) = 0 \wedge y'(1) \neq \pm 1\,.$$

Im obigen Fall $C = 0$ wird damit $y \equiv 0$ Extremalkandidat mit dem Zielfunktionswert $I[y] = 0$. Für $C \neq 0$ ergibt sich

$$0 = y(1)y'(1) = \sin\frac{1}{C}\cos\frac{1}{C} = \frac{1}{2}\sin\frac{2}{C} \overset{k\neq 0}{\Rightarrow} C = \frac{2}{k\pi} \Rightarrow y(t) = \frac{2}{k\pi}\sin\frac{k\pi t}{2}$$

$$\Rightarrow y'(t) = \cos\frac{k\pi t}{2} \Rightarrow y'(1) = \cos\frac{k\pi}{2} \neq \pm 1 \Rightarrow k = 2n - 1 \Rightarrow y'(1) = 0\,.$$

Als natürliche Randbedingung stellt sich also $y'(1) = 0$ ein. Für den Wert des Zielfunktionals ergibt sich $I[y] = 1/((2n - 1)\pi)$.

Lösung zu A23.2.2

Wegen $f = f(y, y') = \sqrt{y(1 + (y')^2)}$ ist das Problem autonom, und die Extremalkandidaten der Aufgabe ergeben sich in Vereinfachung der Euler-Lagrange-Gleichung über die Hamilton-Funktion

$$H = f - f_{y'} y' = \sqrt{y}\left\{\sqrt{1 + (y')^2} - \frac{(y')^2}{\sqrt{1 + (y')^2}}\right\} = \frac{\sqrt{y}}{\sqrt{1 + (y')^2}} = \tilde{C}\,.$$

Daraus ergibt sich mit $C > 0$ $y = C(1 + (y')^2) \quad \Rightarrow \quad y' = \pm\sqrt{\frac{y}{C} - 1}$.

Trennung der Veränderlichen liefert die Extremalkandidaten

$$\int \frac{y'(t)}{\sqrt{\frac{y(t)}{C} - 1}}\,\mathrm{d}t = \pm\int \mathrm{d}t \quad \Rightarrow \quad 2C\sqrt{\frac{y(t)}{C} - 1} = \pm(t + \alpha)$$

$$\Rightarrow \quad \frac{y(t)}{C} - 1 = \frac{1}{4C^2}(t + \alpha)^2 \quad \Rightarrow \quad y(t) = C\left[\left(\frac{t + \alpha}{2C}\right)^2 + 1\right].$$

Lösung zu A23.2.3

a) Die Euler-Lagrange-Gleichung für $f = \frac{(y')^2(t)}{2} - y(t)$, als notwendige Bedingung für die Funktionalminimierung, liefert

$$f_y - \frac{\mathrm{d}}{\mathrm{d}t} f_{y'} = -1 - y'' = 0$$

mit der natürlichen Randbedingung $f_{y'}|_{t=1} = y'(1) = 0$. Die eindeutig bestimmte Lösung dieser Randwertaufgabe mit $0 \leq t \leq 1$ ist gegeben durch

$$y_e(t) = -\frac{t^2}{2} + t + y_0\,.$$

b) y_e, der einzige Extremalkandidat aus a), ist striktes globales Minimum, denn für $y(t) = y_e(t) + \eta(t)$ mit $\eta \in C^1[0,1]$ und $\eta(0) = 0$ erhält man

$$I[y] - I[y_e] = \int_0^1 \frac{(y_e' + \eta')^2 - (y_e')^2}{2} - (y_e + \eta) + y_e\,\mathrm{d}t$$

$$= \int_0^1 y_e'\eta' + \frac{(\eta')^2}{2} - \eta\,\mathrm{d}t = \underbrace{y_e'\eta|_0^1}_{=0} + \int_0^1 \underbrace{(-y_e'' - 1)}_{=0}\,\eta\,\mathrm{d}t + \int_0^1 \frac{(\eta')^2}{2}\,\mathrm{d}t \geq 0\,.$$

L23.3 Lineare Randwertaufgaben zweiter Ordnung

Lösung zu A23.3.1

Die allgemeine Lösung der Differentialgleichung $y'' + y = 0$ lautet:

$y(x) = c_1 \sin x + c_2 \cos x \quad$ mit $c_1, c_2 \in \mathbb{R}$.

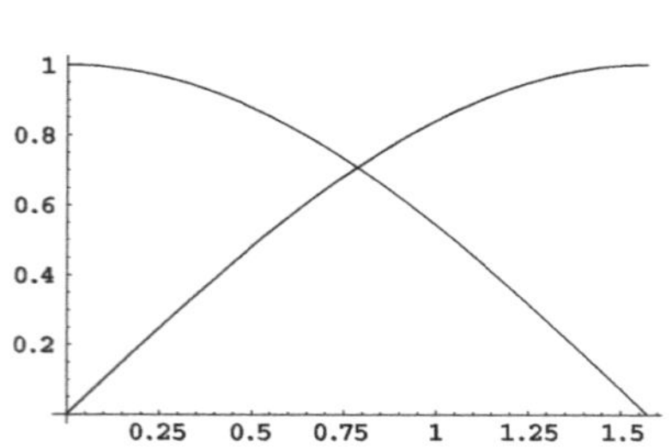

Abb. L23.1 Fundamentalsystem $\sin x$, $\cos x$.

Einsetzen der Randbedingungen liefert:

a) $y(0) = c_1 \sin 0 + c_2 \cos 0 = c_2 = 0$; $\quad y'(\pi/2) = c_1 \cos(\pi/2) = 0 \neq 1$
$\Rightarrow$ es gibt keine Lösung

b) $y(0) = c_1 \sin 0 + c_2 \cos 0 = c_2 = 0$, $\quad y(\pi/2) = c_1 \sin(\pi/2) = c_1 = 2$
$\Rightarrow$ es gibt genau eine Lösung: $\quad y(x) = 2 \sin x$

c) $y(0) = c_1 \sin 0 + c_2 \cos 0 = c_2 = 0$, $\quad y'(\pi/2) = c_1 \cos(\pi/2) = 0$
$\Rightarrow$ es gibt unendlich viele Lösungen: $\quad y(x) = c_1 \sin x$, $\quad c_1 \in \mathbb{R}$

Lösung zu A23.3.2

a) Charakteristisches Polynom:
$p(\lambda) = \lambda^2 - 3\lambda - 4 = (\lambda - 4)(\lambda + 1) = 0 \quad \Rightarrow \quad$ Nullstellen: $\lambda_1 = 4$, $\lambda_2 = -1$
Allgemeine Lösung: $y(t) = ae^{4t} + be^{-t}$
Randwerte:

$$0 = y(0) = a + b$$

$$\Rightarrow \quad b = -a\,, \quad 1 = y(1) = ae^4 + be^{-1} = ae^4 - ae^{-1} = a\frac{e^5 - 1}{e}$$

$$\Rightarrow \quad a = \frac{e}{e^5 - 1}\,, \; b = -\frac{e}{e^5 - 1}$$

Lösung der Randwertaufgabe: $\quad y(t) = \dfrac{e^{4t+1}}{e^5 - 1} - \dfrac{e^{-t+1}}{e^5 - 1}$

b) $p(\lambda) = \lambda^2 - 1 = 0 \quad \Rightarrow \quad \lambda_{1,2} = \pm 1$
Allgemeine Lösung der homogenen Gleichung:

$$y(x) = c_1 e^x + c_2 e^{-x} \quad \left(\Rightarrow \quad y'(x) = c_1 e^x - c_2 e^{-x}\right)$$

Anpassen an die Randbedingungen:

$$1 = y'(0) = c_1 - c_2$$

$$\Rightarrow \quad c_2 = c_1 - 1\,, \quad 1 = y'(1) = c_1 e - (c_1 - 1)e^{-1} = c_1(e - e^{-1}) + e^{-1}$$

$$\Rightarrow \quad c_1 = \frac{1 - e^{-1}}{e - e^{-1}} = \frac{e - 1}{e^2 - 1} = \frac{1}{e + 1} \quad \Rightarrow \quad c_2 = \frac{1}{e + 1} - 1 = -\frac{e}{e + 1}$$

Lösung zu A23.3.3

Für die homogene Differentialgleichung $y''(t) - \frac{3}{t}y'(t) + \frac{4}{t^2}y(t) = 0$ kann mit einem Polynomansatz der Form $at^2 + bt + c$ die Lösung $y_1(t) = t^2$ ermittelt werden. Das Verfahren der Reduktion der Ordnung liefert die weitere Lösung $y_2(t) = t^2 \ln t$. Damit besitzt die homogene Differentialgleichung das Fundamentalsystem

$$y_1(t) = t^2\,, \quad y_2(t) = t^2 \ln t\,.$$

Der Ansatz für die Greensche Funktion lautet:

$$G(t, \tau) = \begin{cases} (a_1(\tau) + b_1(\tau))y_1(t) + (a_2(\tau) + b_2(\tau))y_2(t): & \tau \le t \\ (a_1(\tau) - b_1(\tau))y_1(t) + (a_2(\tau) - b_2(\tau))y_2(t): & t \le \tau\,. \end{cases}$$

Stetigkeit und Sprungbedingung in der Ableitung führen auf:

$$\left.\begin{array}{l} b_1(t)y_1(t)+b_2(t)y_2(t)=0 \\ b_1(t)y_1'(t)+b_2(t)y_2'(t)=\frac{1}{2} \end{array}\right\} \quad \Rightarrow \quad b_1(t)=-\frac{1}{2t}\ln t\,, \quad b_2(t)=\frac{1}{2t}\,.$$

Mit den Randbedingungen $y(1)=0$, $y(2)-\frac{1}{2}y'(2)=0$ werden a_1 und a_2 berechnet:

$$\left\{\begin{array}{lr} (a_1(\tau)-b_1(\tau))y_1(1)+(a_2(\tau)-b_2(\tau))y_2(1) & =0 \\ (a_1(\tau)+b_1(\tau))\left(y_1(2)-\frac{1}{2}y_1'(2)\right)+(a_2(\tau)+b_2(\tau))\left(y_2(2)-\frac{1}{2}y_2'(2)\right) & =0 \end{array}\right\}$$

$$\Rightarrow \quad \left\{\begin{array}{lr} a_1(\tau)-b_1(\tau) & =0 \\ 2(a_1(\tau)+b_1(\tau))+(2\ln 2-1)(a_2(\tau)+b_2(\tau)) & =0 \end{array}\right\}$$

$$\Rightarrow \quad a_1(\tau)+b_1(\tau)=-\frac{\ln\tau}{\tau}\,, \quad a_2(\tau)+b_2(\tau)=\frac{2\ln\tau}{(2\ln 2-1)\tau}\,,$$

$$a_2(\tau)-b_2(\tau)=\frac{2\ln\tau}{(2\ln 2-1)\tau}-\frac{1}{\tau}\,.$$

Mit den nun berechneten Koeffizienten der Greenschen Funktion und der Inhomogenität $h(t)=t$ ergibt sich die Lösung $y(t)$ der Randwertaufgabe folgendermaßen:

$$y(t)=\int_1^2 G(t,\tau)\tau\,d\tau=\int_1^t G(t,\tau)\tau\,d\tau+\int_t^2 G(t,\tau)\tau\,d\tau\,,$$

wobei

$$\int_1^t G(t,\tau)\tau\,d\tau=\int_1^t((a_1(\tau)+b_1(\tau))y_1(t)+(a_2(\tau)+b_2(\tau))y_2(t))\tau\,d\tau$$

$$=\int_1^t -y_1(t)\ln\tau+\frac{2y_2(t)\ln\tau}{2\ln 2-1}\,d\tau=\left(\frac{2t^2\ln t}{2\ln 2-1}-t^2\right)(1-t+t\ln t)$$

und

$$\int_t^2 G(t,\tau)\tau\,d\tau=\int_t^2((a_1(\tau)-b_1(\tau))y_1(t)+(a_2(\tau)-b_2(\tau))y_2(t))\tau\,d\tau$$

$$=\int_t^2 \frac{2y_2(t)\ln\tau}{2\ln 2-1}-y_2(t)\,d\tau=t^2\ln t\left(\frac{2(2\ln 2-2)}{2\ln 2-1}-2-\frac{2(t\ln t-t)}{2\ln 2-1}+t\right)\,.$$

Damit ergibt sich die Lösung der Randwertaufgabe $y(t)=\int_1^2 G(t,\tau)\tau\,d\tau=t^3-t^2$.

Lösung zu A23.3.4

Das der Differentialgleichung $y''(t) + y'(t) = h(t)$ zugeordnete charakteristische Polynom $p(\lambda) = \lambda^2 + \lambda = 0$ besitzt die Nullstellen $\lambda_1 = 0$ und $\lambda_2 = -1$. Damit erhält man das Fundamentalsystem

$$y_1(t) = 1\,, \quad y_2(t) = e^{-t}\,.$$

Der Ansatz für die Greensche Funktion lautet:

$$G(t,\tau) = \begin{cases} (a_1(\tau) + b_1(\tau))y_1(t) + (a_2(\tau) + b_2(\tau))y_2(t): & \tau \le t \\ (a_1(\tau) - b_1(\tau))y_1(t) + (a_2(\tau) - b_2(\tau))y_2(t): & t \le \tau\,. \end{cases}$$

Die Stetigkeit und Sprungbedingung in der Ableitung führen auf b_1 und b_2:

$$\begin{array}{rcl} b_1(t)y_1(t) + b_2(t)y_2(t) = 0 & & b_1(t) + b_2(t)e^{-t} = 0 \\ & \Rightarrow & & \Rightarrow \\ b_1(t)y_1'(t) + b_2(t)y_2'(t) = \dfrac{1}{2} & & -b_2(t)e^{-t} = \dfrac{1}{2} \end{array} \quad \begin{array}{l} b_1(t) = \dfrac{1}{2}\,, \\ b_2(t) = -\dfrac{e^t}{2}\,. \end{array}$$

Mit den Randbedingungen $y(0) = 0$, $y'(0) - y'(1) = 0$ werden a_1 und a_2 berechnet:

$$\left\{\begin{array}{rl} G(0,\tau) = (a_1(\tau) - b_1(\tau))y_1(0) + (a_2(\tau) - b_2(\tau))y_2(0) & = 0 \\ G_t(0,\tau) - G_t(1,\tau) = (a_1(\tau) - b_1(\tau))y_1'(0) + (a_2(\tau) - b_2(\tau))y_2'(0) & \\ - (a_1(\tau) + b_1(\tau))y_1'(1) - (a_2(\tau) + b_2(\tau))y_2'(1) & = 0 \end{array}\right\}$$

$$\Rightarrow \quad \left\{\begin{array}{r} a_1(\tau) - b_1(\tau) + a_2(\tau) - b_2(\tau) = 0 \\ -(a_2(\tau) - b_2(\tau)) + (a_2(\tau) + b_2(\tau))e^{-1} = 0 \end{array}\right\}$$

$$\Rightarrow \quad \left\{\begin{array}{ll} a_1(\tau) + a_2(\tau) = b_1(\tau) + b_2(\tau) & = \dfrac{1}{2}(1 - e^{\tau})\,, \\ a_2(\tau)(1 - e^{-1}) = b_2(\tau)(1 + e^{-1}) & = -\dfrac{e^{\tau}}{2}(1 + e^{-1}) \end{array}\right\}$$

$$\Rightarrow \quad a_2(\tau) = -\frac{e^{\tau}}{2} \cdot \frac{e+1}{e-1}\,, \quad a_1(\tau) = \frac{1}{2}(1 - e^{\tau}) + \frac{e^{\tau}}{2} \cdot \frac{e+1}{e-1} = \frac{1}{2} + \frac{e^{\tau}}{e-1}$$

$$\Rightarrow \quad G(t,\tau) = \begin{cases} \left(1 + \dfrac{e^{\tau}}{e-1}\right) + \left(-\dfrac{e^{\tau}}{2} \cdot \dfrac{e+1}{e-1} - \dfrac{e^{\tau}}{2}\right)e^{-t} & : \quad \tau \le t \\ \dfrac{e^{\tau}}{e-1} + \left(-\dfrac{e^{\tau}}{2} \cdot \dfrac{e+1}{e-1} + \dfrac{e^{\tau}}{2}\right)e^{-t} & : \quad t \le \tau \end{cases}$$

$$= \begin{cases} 1 + \dfrac{e^{\tau}}{e-1}(1 - e^{1-t}) & : \quad \tau \le t \\ \dfrac{e^{\tau}}{e-1}(1 - e^{-t}) & : \quad t \le \tau \end{cases}$$

$$\Rightarrow \quad y(t) = \int_0^t \left(1 + \frac{e^\tau}{e-1}(1 - e^{1-t})\right) \tau \, d\tau + \int_t^1 \frac{\tau e^\tau}{e-1}(1 - e^{-t}) \, d\tau$$

$$= \left[\frac{\tau^2}{2} + \frac{(\tau - 1)e^\tau}{e-1}(1 - e^{1-t})\right]\Bigg|_0^t + \left[\frac{(\tau - 1)e^\tau}{e-1}(1 - e^{-t})\right]\Bigg|_t^1$$

$$= \frac{t^2}{2} + \frac{(t-1)e^t}{e-1}(1 - e^{1-t}) + \frac{1}{e-1}(1 - e^{1-t}) - \frac{(t-1)e^t}{e-1}(1 - e^{-t})$$

$$= \frac{t^2}{2} + \frac{(t-1)e}{e-1} - \frac{e^{1-t}}{e-1} + \frac{t}{e-1}\,.$$

Lösung zu A23.3.5

a) Berechnung der allgemeinen homogenen Lösung y_h:
charakteristisches Polynom: $p(\lambda) = \lambda^2 - 2\lambda + 1 = (\lambda - 1)^2 = 0 \Rightarrow \lambda_{1,2} = 1 \Rightarrow$

$$y_\text{h}(x) = c_1 e^x + c_2 x e^x \quad \text{mit} \quad c_1, c_2 \in \mathbb{R}$$

Ansatz für spezielle inhomogene Lösung: $y_\text{p}(x) = ax + b$ in die Differentialgleichung einsetzen:

$$-2a + ax + b = 2x - 4 \Rightarrow a = 2,\ b = 0 \Rightarrow y_\text{p}(x) = 2x$$

allgemeine Lösung: $y(x) = c_1 e^x + c_2 x e^x + 2x$
Aus den Randbedingungen erhält man: $0 = y(0) = c_1$ und $3 = y(1) = c_2 e + 2 \Rightarrow$
$c_2 = \frac{1}{e}$
Lösung der Randwertaufgabe: $y(x) = xe^{x-1} + 2x$

b) charakteristisches Polynom: $p(\lambda) = \lambda^2 + 9 \stackrel{!}{=} 0 \Rightarrow \lambda_{1,2} = \pm 3i$
komplexes Fundamentalsystem: $e^{3ix} = \cos(3x) + i\sin(3x)$, $e^{-3ix} = \cos(3x) - i\sin(3x)$
allgemeine reelle homogene Lösung: $y_\text{h}(x) = c_1 \cos(3x) + c_2 \sin(3x)$ mit $c_1, c_2 \in \mathbb{R}$
spezielle inhomogene Lösung $y_\text{p}(x) = a$ in die Differentialgleichung einsetzen:

$$9a = -9 \Rightarrow a = -1 \Rightarrow y_\text{p}(x) = -1$$

allgemeine reelle inhomogene Lösung: $y(x) = c_1 \cos(3x) + c_2 \sin(3x) - 1$
Aus den Randbedingungen erhält man:

$$0 = y(0) = c_1 - 1 \Rightarrow c_1 = 1 \quad \text{und} \quad 0 = y\left(\frac{\pi}{2}\right) = -c_2 - 1 \Rightarrow c_2 = -1$$

Lösung der Randwertaufgabe: $y(x) = \cos(3x) - \sin(3x) - 1$

L23.4 Eigenwertaufgaben

Lösung zu A23.4.1

Setzt man den Lösungsansatz $y(x) = x^\alpha$ in die Differentialgleichung $x^2y'' + 3xy' + \lambda y = 0$ ein, so ergibt sich

$$\alpha^2 + 2\alpha + \lambda = 0 \quad \Rightarrow \quad \alpha_{1,2} = -1 \pm \sqrt{1-\lambda}$$

Man unterscheidet folgende Fälle:

a) $\lambda < 1$: Die allgemeine Lösung lautet dann $y(x) = c_1x^{\alpha_1} + c_2x^{\alpha_2}$, und die Randbedingungen $y(1) = y(e) = 0$ ergeben $c_1 = 0 = c_2$. In diesem Fall existieren also keine Eigenlösungen.

b) $\lambda = 1$: Aus dem Ansatz ergibt sich nur die eine Lösung $y_1(x) = \frac{1}{x}$. Mittels Reduktion berechnet man die weitere Lösung

$$y_2(x) = \frac{1}{x}\int_1^x \exp\left(-\frac{s^2}{2}\right) ds\,.$$

Die allgemeine Lösung lautet $y(x) = c_1y_1(x) + c_2y_2(x)$, und die Randbedingungen $y(1) = 0 = y(e)$ liefern $c_1 = 0 = c_2$, so dass auch hier keine Eigenlösungen existieren.

c) $\lambda > 1$: Man erhält $\alpha_1 = \overline{\alpha}_2 = -1 + i\sqrt{\lambda-1}$ und daraus die Lösungen

$$u(x) = x^{-1\pm i\sqrt{\lambda-1}} = e^{(-1\pm i\sqrt{\lambda-1})\ln x} = \frac{1}{x}(\cos(\sqrt{\lambda-1}\ln x) \pm i\sin(\sqrt{\lambda-1}\ln x)\,.$$

Man erhält die allgemeine reelle Lösung

$$y(x) = c_1\frac{1}{x}\cos\left(\sqrt{\lambda-1}\ln x\right) + c_2\frac{1}{x}\sin\left(\sqrt{\lambda-1}\ln x\right)\,.$$

Die Randbedingung $y(1) = 0$ ergibt $c_1 = 0$, und aus der anderen Randbedingung erhält man $0 = y(e) = c_2\frac{1}{e}\sin(\sqrt{\lambda-1}\ln e)$. Eigenlösungen existieren nur für $c_2 \neq 0$. Damit muss $\sin(\sqrt{\lambda-1}) = 0$ gelten. Dies ist der Fall für $\sqrt{\lambda-1} = k\pi$. Für $k \neq 0$ ergeben sich daher die Eigenwerte $\lambda_k = 1 + (k\pi)^2$ mit den zugehörigen Eigenfunktionen $y_k(x) = \frac{1}{x}\sin(k\pi\ln x)$.

Man erhält $\lambda_1 \doteq 10{,}869$, $\lambda_2 \doteq 40{,}478$, $\lambda_3 \doteq 89{,}826$ und $\lambda_4 \doteq 158{,}91$ (siehe auch Abb. L23.2).

Lösung zu A23.4.2

Das charakteristische Polynom $p(\mu) = \mu^2 - 2\mu - \lambda = (\mu-1)^2 - 1 - \lambda \stackrel{!}{=} 0$ besitzt die Nullstellen $\mu = 1 \pm \sqrt{1+\lambda}$.

Zu unterscheiden sind jetzt drei Fälle:

a) $1 + \lambda = 0 \Leftrightarrow \lambda = -1$:
Die allgemeine Lösung reelle lautet hier $y(t) = c_1e^t + c_2te^t$.

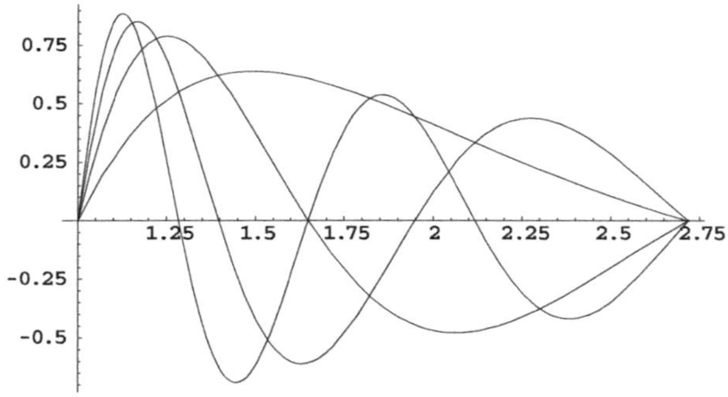

Abb. L23.2 Eigenfunktionen $y_k(x) = \frac{1}{x}\sin(k\pi \ln x)$ für $k = 1, 2, 3, 4$.

Aus den Randbedingungen $0 = y(0) = c_1$ und $0 = y(2) = c_2 2e^2$ folgt nur die triviale Lösung $y = 0$. Es gibt also keine Eigenfunktion und damit ist $\lambda = -1$ kein Eigenwert.

b) $1 + \lambda > 0 \Leftrightarrow \lambda > -1$:
Die allgemeine reelle Lösung lautet $y(t) = c_1 e^{(1+\sqrt{1+\lambda})t} + c_2 e^{(1-\sqrt{1+\lambda})t}$.
Aus den Randbedingungen ergibt sich

$$\begin{pmatrix} 0 \\ 0 \end{pmatrix} = \begin{pmatrix} y(0) \\ y(2) \end{pmatrix} = \underbrace{\begin{pmatrix} 1 & 1 \\ e^{(1+\sqrt{1+\lambda})2} & e^{(1-\sqrt{1+\lambda})2} \end{pmatrix}}_{=A} \begin{pmatrix} c_1 \\ c_2 \end{pmatrix} \Rightarrow$$

$$\begin{aligned} \det A &= e^{(1-\sqrt{1+\lambda})2} - e^{(1+\sqrt{1+\lambda})2} = -e^2\left(e^{2\sqrt{1+\lambda}} - e^{-2\sqrt{1+\lambda}}\right) \\ &= -2e^2 \sinh(2\sqrt{1+\lambda}) < 0\,. \end{aligned}$$

Damit ist A regulär und es existiert nur die triviale Lösung. Es gibt also auch hier keine Eigenwerte und Eigenfunktionen.

c) $1 + \lambda < 0 \Leftrightarrow \lambda < -1$:
Die allgemeine komplexe bzw. reelle Lösung lautet

$$y(t) = c_1 e^{(1+\sqrt{1+\lambda})t} + c_2 e^{(1-\sqrt{1+\lambda})t} = d_1 e^t \cos(t\sqrt{-1-\lambda}) + d_2 e^t \sin(t\sqrt{-1-\lambda})\,.$$

Aus den Randbedingungen ergibt sich

$$0 = y(0) = d_1\,, \quad 0 = y(2) = d_2 e^2 \sin(2\sqrt{-1-\lambda})\,.$$

Da triviale Lösungen keine Eigenwerte und Eigenfunktionen liefern, muss $d_2 \neq 0$ und $\sin(2\sqrt{-1-\lambda}) = 0$ gelten.
Eigenwerte ergeben sich also aus

$$2\sqrt{-1-\lambda} = k\pi \quad \Rightarrow \quad \lambda_k = -1 - \frac{(k\pi)^2}{4}\,, \quad k = 1, 2 \ldots$$

Die zugehörigen Eigenfunktionen lauten:

$$y_k(t) = d_2 e^t \sin\left(\frac{k\pi t}{2}\right)\,, \quad d_2 \in \mathbb{R}\,.$$

L 24
Numerik für Anfangswertaufgaben

L24.1 Einschrittverfahren

Lösung zu A24.1.1

a) $y' = \dfrac{y-x}{y+x}$ mit $y(0) = 1$

	Eulersches Polygonzugverfahren		verbessertes Polygonzugverfahren	
	$h = 0{,}1$	$h = 0{,}05$	$h = 0{,}1$	$h = 0{,}05$
x	$y(x)$	$y(x)$	$y(x)$	$y(x)$
0	1,000 000 000	1,000 000 000	1,000 000 000	1,000 000 000
0,5	1,369 193 015	1,354 020 392	1,338 759 143	1,339 092 941
1,0	1,547 062 298	1,522 524 124	1,497 754 668	1,498 142 634
1,5	1,617 285 919	1,583 809 993	1,549 888 751	1,550 314 037
2,0	1,605 924 330	1,562 875 865	1,519 062 607	1,519 525 400

b) $y' = \dfrac{x+y}{10e^x}$ mit $y(0) = 5$

	Eulersches Polygonzugverfahren		verbessertes Polygonzugverfahren	
	$h = 0{,}1$	$h = 0{,}05$	$h = 0{,}1$	$h = 0{,}05$
x	$y(x)$	$y(x)$	$y(x)$	$y(x)$
0	5,000 000 000	5,000 000 000	5,000 000 000	5,000 000 000
0,5	5,217 669 888	5,213 719 095	5,209 771 113	5,209 786 272
1,0	5,367 035 166	5,360 094 439	5,353 162 574	5,353 196 870
1,5	5,467 217 663	5,458 154 032	5,449 105 009	5,449 156 113
2,0	5,533 396 452	5,522 831 237	5,512 385 028	5,512 448 990

Mathematik in den Ingenieur- und Naturwissenschaften 2, Aufgaben und Lösungen, 5. Aufl.
Rainer Ansorge, Hans Oberle, Kai Rothe und Thomas Sonar.

c) $y' = \sin(xy)$ mit $y(0) = 5$

	Eulersches Polygonzugverfahren		verbessertes Polygonzugverfahren	
	$h = 0{,}1$	$h = 0{,}05$	$h = 0{,}1$	$h = 0{,}05$
x	$y(x)$	$y(x)$	$y(x)$	$y(x)$
0	5,000 000 000	5,000 000 000	5,000 000 000	5,000 000 000
0,5	5,319 226 851	5,336 746 498	5,353 615 506	5,350 729 646
1,0	5,111 571 257	5,090 646 631	5,068 295 069	5,068 637 027
1,5	4,985 391 868	5,008 894 185	5,028 443 979	5,031 759 493
2,0	5,184 267 793	5,166 123 682	5,143 711 480	5,147 134 024

Lösung zu A24.1.2

a) $$y_{n+1} = y_n + h \cdot \underbrace{\frac{1}{6}(k_1 + k_2 + 4k_3)}_{\Phi} \quad \text{mit}$$

$$k_1 = f(x_n, y_n), \quad k_2 = f(x_n + h, y_n + hk_1),$$

$$k_3 = f\left(x_n + \frac{h}{2}, y_n + \frac{h}{4}(k_1 + k_2)\right)$$

b) Der lokale Diskretisierungsfehler $\tau(x_n, y_n, h)$ mit $y_n = y(x_n)$, wobei man beachte, dass im Allgemeinen $y_{n+1} \neq y(x_{n+1})$ gilt, ergibt sich aus

$$\tau(x_n, y_n, h) = \Delta(x_n, y_n, h) - \Phi(x_n, y_n, h) \quad \text{(vgl. (24.11))}.$$

Für das exakte Inkrement $\Delta(x_n, y_n, h)$ liefert die Taylor-Entwicklung um $h = 0$ wegen $y'(x) = f(x, y(x))$

$$\begin{aligned}\Delta(x_n, y_n, h) &= \frac{y(x_n + h) - y_n}{h}\\ &= f + \frac{h}{2}(f_x + f_y f) + \frac{h^2}{6}\left(f_{xx} + f_x f_y + f_y^2 f + 2f_{xy}f + f_{yy}f^2\right) + O(h^3).\end{aligned}$$

Die Taylor-Entwicklung um $h = 0$ der Verfahrensfunktion $\Phi(x_n, y_n, h)$ ergibt

$$k_1 = f$$

$$k_2 = f + h(f_x + f_y f) + \frac{h^2}{2}\left(f_{xx} + 2f_{xy}f + f_{yy}f^2\right) + O(h^3)$$

$$\begin{aligned}k_3 &= f + h\left(\frac{1}{2}f_x + \frac{1}{4}f_y(k_1 + k_2)\right) + \frac{h^2}{2}\left\{\frac{1}{2}\left(\frac{1}{2}f_{xx} + \frac{1}{4}f_{xy}(k_1 + k_2)\right)\right.\\ &\quad \left. + \frac{1}{4}\left(\frac{1}{2}f_{xy} + \frac{1}{4}f_{yy}(k_1 + k_2)\right)(k_1 + k_2)\right\} + O(h^3)\\ &= f + \frac{h}{2}\left(f_x + \frac{1}{2}f_y\left(2f + h(f_x + f_y f) + O(h^2)\right)\right)\\ &\quad + \frac{h^2}{8}\left\{f_{xx} + f_{xy}(2f + O(h)) + \frac{1}{4}f_{yy}(2f + O(h))^2\right\} + O(h^3)\\ &= f + \frac{h}{2}(f_x + f_y f) + \frac{h^2}{8}\left\{2(f_x f_y + f_y^2 f) + f_{xx} + 2f_{xy}f + f_{yy}f^2\right\}\\ &\quad + O(h^3)\end{aligned}$$

$$\begin{aligned}\Phi &= \frac{1}{6}(k_1 + k_2 + 4k_3)\\ &= \frac{1}{6}(f + f + 4f) + \frac{h}{6}(f_x + f_y f + 2(f_x + f_y f))\\ &\quad + \frac{h^2}{12}\left\{2\left(f_{xx} + 2f_{xy}f + f_{yy}f^2\right) + 2\left(f_x f_y + f_y^2 f\right)\right\} + O(h^3)\\ &= f + \frac{h}{2}(f_x + f_y f) + \frac{h^2}{6}\left\{f_{xx} + 2f_{xy}f + f_{yy}f^2 + f_x f_y + f_y^2 f\right\}\\ &\quad + O(h^3)\end{aligned}$$

Damit besitzt das Verfahren mindestens die Ordnung $p = 3$.

Lösung zu A24.1.3

a) Bei $y' = y - (2x)/y$ handelt es sich um eine Bernoullische Differentialgleichung. Man substituiert daher $z(x) = (y(x))^2$ und erhält folgende lineare inhomogene Differentialgleichung in z

$$z' = 2yy' = 2y^2 - 4x = 2z - 4x\,.$$

Die allgemeine Lösung der homogenen linearen Differentialgleichung ist durch $z_{\mathrm{h}}(x) = Ce^{2x}$ gegeben, und für eine spezielle Lösung der inhomogenen linearen Differentialgleichung ergibt sich aus dem Ansatz $z_{\mathrm{sp}}(x) = ax + b$ durch Einsetzen in die Differentialgleichung $a = 2$ und $b = 1$. Die allgemeine Lösung der Bernoullischen Differentialgleichung lautet daher

$$y(x) = \pm\sqrt{2x + 1 + Ce^{2x}}\,.$$

Der Anfangswert $y(0) = 1$ liefert die Lösung $y(x) = \sqrt{2x+1}$, für die sich speziell $y(2) = \sqrt{5} = 2{,}236\,067\,977$ ergibt.

b) Die Näherung y_{h} für $y(2)$ nach dem klassischen Runge-Kutta-Verfahren

$$y_{n+1} = y_n + \frac{h}{6}(k_1 + 2k_2 + 2k_3 + k_4) \quad \text{mit}$$

$$k_1 = f(x_n, y_n)\,, \qquad k_2 = f\left(x_n + \frac{h}{2}, y_n + \frac{h}{2}k_1\right)$$

$$k_3 = f\left(x_n + \frac{h}{2}, y_n + \frac{h}{2}k_2\right)\,, \qquad k_4 = f(x_n + h, y_n + hk_3)$$

ergibt sich aus folgender Tabelle

h	y_{h}	$e_{\mathrm{h}} = y_{\mathrm{h}} - y(2)$	p
0,4	2,244 802 037	$8{,}734 \cdot 10^{-3}$	
0,2	2,236 624 097	$5{,}561 \cdot 10^{-4}$	3,973
0,1	2,236 102 107	$3{,}412 \cdot 10^{-5}$	4,027
0,05	2,236 070 074	$2{,}096 \cdot 10^{-6}$	4.025
0,025	2,236 068 108	$1{,}305 \cdot 10^{-7}$	4,006

c) Die Ordnung p des Einschrittverfahrens für die unter b) berechneten Werte (letzte Spalte der Tabelle in b)) ergibt sich unter Vernachlässigung der Terme höherer Ordnung näherungsweise aus

$$|y_{\mathrm{h}} - y(2)| \approx Ch^p \quad \Rightarrow \quad \frac{|y_{2h} - y(2)|}{|y_{\mathrm{h}} - y(2)|} \approx \frac{C(2h)^p}{Ch^p} = 2^p \quad \Rightarrow \quad p \approx \frac{\log|e_{2h}/e_{\mathrm{h}}|}{\log 2}\,.$$

L24.2 Mehrschrittverfahren

Lösung zu A24.2.1

a) Für die einzelnen Terme des Mehrschrittverfahrens

$$y_{n+4} = y_n + \frac{h}{3}(8f_{n+3} - 4f_{n+2} + 8f_{n+1})\,.$$

werden Taylor-Entwicklungen um den Punkt t vorgenommen, und man erhält:

$$\begin{aligned}
&y(t+4h) - y(t) - \frac{h}{3}\left(8y'(t+3h) - 4y'(t+2h) + 8y'(t+h)\right)\\
&\quad = y(t) + 4hy'(t) + \frac{16h^2}{2}y''(t) + \frac{64h^3}{6}y'''(t) + \frac{64h^4}{6}y^{(4)}(t) + O(h^5) - y(t)\\
&\qquad - \frac{8h}{3}y'(t) - 8h^2y''(t) - \frac{24h^3}{2}y'''(t) - \frac{24h^4}{2}y^{(4)}(t) - O(h^5)\\
&\qquad + \frac{4h}{3}y'(t) + \frac{8h^2}{3}y''(t) + \frac{8h^3}{3}y'''(t) + \frac{16h^4}{9}y^{(4)}(t) + O(h^5)\\
&\qquad - \frac{8h}{3}y'(t) - \frac{8h^2}{3}y''(t) - \frac{4h^3}{3}y'''(t) - \frac{4h^4}{9}y^{(4)}(t) - O(h^5)\\
&\quad = O(h^5) \quad \left(= \frac{14h^5}{45}y^{(5)}(t) + O(h^6)\right)
\end{aligned}$$

b) Die charakteristische Gleichung $\rho(z) = \rho^4 - 1$ des Mehrschrittverfahrens besitzt die einfachen Nullstellen $z_1 = 1$, $z_2 = i$, $z_3 = -1$ und $z_4 = -i$. Da $|z_i| = 1$ für $i = 1, 2, 3, 4$, ist das Mehrschrittverfahren nicht stark stabil, sondern nur schwach stabil.

L24.3 Anfangswertmethoden für Randwertaufgaben

Lösung zu A24.3.1

a) Setzt man $z(x) = y'(x)$, so ist zunächst $z' = 2z^{3/2}$ mit $z(0) = s > 0$ mittels Separation zu lösen:

$$\frac{1}{2}\int_{z(0)}^{z} \frac{\mathrm{d}v}{v^{3/2}} = \int_0^x \mathrm{d}r \quad \Rightarrow \quad -\left(\frac{1}{\sqrt{z}} - \frac{1}{\sqrt{s}}\right) = x \quad \Rightarrow \quad z(x) = \frac{s}{(\sqrt{s}x - 1)^2}\,.$$

Unter Berücksichtigung von $y(0) = 0$ ergibt sich

$$y(x,s) = \int_0^x z(r)\,\mathrm{d}r = \int_0^x \frac{s}{(\sqrt{s}r - 1)^2}\,\mathrm{d}r = \frac{\sqrt{s}}{1 - \sqrt{s}x} - \sqrt{s}\,.$$

Die Lösung besitzt die Singularität $x_\infty(s) = \dfrac{1}{\sqrt{s}}$.

$$x_\infty(s) \in [0,1] \quad \Rightarrow \quad \frac{1}{\sqrt{s}} \le 1 \quad \Rightarrow \quad 1 \le s\,.$$

Lösungen der Differentialgleichung in $[0, 1]$ ergeben sich also nur für $0 \le s < 1$. Der in der Aufgabenstellung ausgeschlossene Fall $s = 0$, der auf die triviale Lösung $y \equiv 0$ führt, ist in obiger Lösungsdarstellung enthalten.

b) Das s^*, das die Randvorgabe $y(1) = 1$ erfüllt, erhält man aus

$$1 = y(1) = \frac{\sqrt{s^*}}{1 - \sqrt{s^*}} - \sqrt{s^*} \quad \Rightarrow \quad (s^*)^2 - 3s^* + 1 = 0$$

$$\Rightarrow \quad s_1^* = \frac{3 - \sqrt{5}}{2} = 0{,}381\,966\ldots \quad \wedge \quad s_2^* = \frac{3 + \sqrt{5}}{2} = 2{,}618\,033\ldots$$

Da für s_2^* die Singularität $x_\infty(s_2^*) = 0{,}618\,033\ldots$ im Intervall $[0, 1]$ liegt, wird die Randwertaufgabe nur durch $s^* = s_1^*$ gelöst.

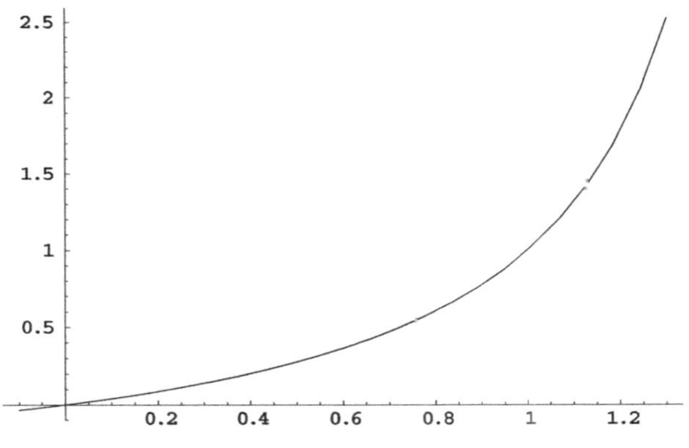

Abb. L24.1 Lösung $y(x, s_1^*) = \dfrac{\sqrt{s_1^*}}{1 - \sqrt{s_1^*}x} - \sqrt{s_1^*}$.

c) Das Nullstellenproblem für das einfache Schießverfahren lautet:

$$\tilde{F}(s) = y(1,s) - y(1) = \frac{\sqrt{s}}{1 - \sqrt{s}} - \sqrt{s} - 1 = 0\,.$$

Vereinfacht ergibt sich wiederum obiges Polynom $F(s) = s^2 - 3s + 1 = (s - \frac{3}{2})^2 - \frac{5}{4} = 0$. Aus dem Funktionsverlauf von $F(s)$ ergibt sich, dass das Newton-Verfahren für alle Startwerte $s_0 \in]-\infty, 1{,}5[$ gegen $s^* = 0{,}381\,966$ konvergiert.

L 25
Partielle Differentialgleichungen

L25.1 Grundlegende Begriffe und Beispiele

Lösung zu A25.1.1

a) i) $x^2 u_x + y^2 u_y + 3\sin(x)u = e^{x+y}$, skalar, linear, 1. Ordnung

ii) $u^2 u_x + y^2 u_y + 3\sin(x)u = e^{x+y+u}$, skalar, quasilinear, 1. Ordnung

iii) $(u_{xx})^2 + \sin(u_y) = u^2$, skalar, nichtlinear, 2. Ordnung

iv) $\Delta u = u^2$, skalar, semilinear, 2. Ordnung,

v) $\begin{pmatrix} u_x \\ u_y \end{pmatrix} = \begin{pmatrix} v_y \\ -v_x \end{pmatrix}$, vektoriell, linear, 1. Ordnung,

(Cauchy-Riemannsche-Dgln)

b) i)
$$\begin{aligned}\Delta v_1 &= (x^4 - 6x^2y^2 + y^4)_{xx} + (x^4 - 6x^2y^2 + y^4)_{yy} \\ &= 12x^2 - 12y^2 - 12x^2 + 12y^2 = 0\end{aligned}$$

ii) $\Delta v_2 = (4x^3y - 4xy^3)_{xx} + (4x^3y - 4xy^3)_{yy} = 24xy - 24xy = 0$

iii) $z^2 = (x+iy)^2 = x^2 - y^2 + 2ixy$

$$\begin{aligned}\cos z &= \frac{e^{iz} + e^{-iz}}{2} = \frac{e^{i(x+iy)} + e^{-i(x+iy)}}{2} \\ &= \frac{e^{-y}(\cos x + i\sin x) + e^{y}(\cos x - i\sin x)}{2} \\ &= \cos x\ \cosh y - i\sin x\ \sinh y \\ \Delta v_3 &= (-\sin x\ \sinh y + 2xy)_{xx} + (-\sin x\ \sinh y + 2xy)_{yy} \\ &= \sin x\ \sinh y - \sin x\ \sinh y = 0\end{aligned}$$

Lösung zu A25.1.2

a) Fasst man x als Parameter auf, so kann diese partielle Differentialgleichung als gewöhnliche Differentialgleichung aufgefasst werden in $v(y) := u(x, y)$:

$$v'' + 2xv' + (x^2 - 1)v = x^2y^2 - y^2 + 4xy + 2\,.$$

Lösung der homogenen gewöhnlichen Differentialgleichung

$$v'' + 2xv' + (x^2 - 1)v = 0$$

Mathematik in den Ingenieur- und Naturwissenschaften 2, Aufgaben und Lösungen, 5. Aufl.
Rainer Ansorge, Hans Oberle, Kai Rothe und Thomas Sonar.

mit dem üblichen Ansatz $v(y) = e^{\lambda y}$, dabei kann λ von x abhängen, also $\lambda = \lambda(x)$ gelten.

$$p(\lambda) = \lambda^2 + 2x\lambda + x^2 - 1 = (\lambda + x)^2 - 1 = 0 \quad \Rightarrow \quad \lambda = -x \pm 1$$

$$\Rightarrow \quad v_{\text{h}}(x) = c_1(x)e^{(-x+1)y} + c_2(x)e^{(-x-1)y}$$

mit beliebigen Funktionen $c_1(x)$ und $c_2(x)$.
Lösung der inhomogenen gewöhnlichen Differentialgleichung

$$v'' + 2xv' + (x^2 - 1)v = x^2y^2 - y^2 + 4xy + 2$$

mit dem üblichen Ansatz $v_{\text{p}}(y) = a(x)y^2 + b(x)y + c(x)$:

$$\begin{aligned} v'' + 2xv' + (x^2 - 1)v &= 2a + 2x(2ay + b) + (x^2 - 1)(ay^2 + by + c) \\ &= a(x^2 - 1)y^2 + (4ax + b(x^2 - 1))y + (2a + 2bx + c(x^2 - 1)) \\ &= (x^2 - 1)y^2 + 4xy + 2 \end{aligned}$$

$$\Rightarrow \quad -y^2a = -y \wedge -y^2b = y^3 \quad \Rightarrow \quad a = 1 \wedge b = 0 \wedge c = 0 \quad \Rightarrow \quad v_{\text{p}}(x) = y^2$$

$$\Rightarrow \quad u(x, y) = v_{\text{h}}(x) + v_{\text{p}}(x) = c_1(x)e^{(-x+1)y} + c_2(x)e^{(-x-1)y} + y^2$$

b) $u_{xy} = (u_x)_y = e^x + \cos y + 1 \quad \Rightarrow \quad u_x = ye^x + \sin y + y + c(x)$
$\Rightarrow \quad u(x, y) = ye^x + x\sin y + yx + f(x) + g(y)$

mit beliebigen und differenzierbaren Funktionen g und f, wobei $f'(x) = c(x)$ gilt.

c) Setze $v(x, y) := u_y(x, y)$, dann erhält man:

$$(x^2 - 1)u_{xy} = 2u_y \quad \Rightarrow \quad v_x = \frac{2v}{x^2 - 1} \quad \Rightarrow \quad \frac{v_x}{v} = \frac{1}{x - 1} - \frac{1}{x + 1}$$

$$\Rightarrow \quad \int \frac{\mathrm{d}v}{v} = \int \frac{1}{x - 1} - \frac{1}{x + 1}\,\mathrm{d}x \quad \Rightarrow \quad \ln|v| = \ln\left|\frac{x - 1}{x + 1}\right| + k(y)$$

$$\Rightarrow \quad u_y = v = c(y) \cdot \frac{x - 1}{x + 1} \quad \Rightarrow \quad u(x, y) = g(y) \cdot \frac{x - 1}{x + 1} + f(x)$$

mit beliebigen und differenzierbaren Funktionen f und g, wobei $g'(y) = c(y)$ gilt.

Lösung zu A25.1.3

$u_{xx} = 2x|y| \quad \Rightarrow \quad u_x = x^2|y| + w(y)$

Damit existiert u_{xy} im Nullpunkt nicht, d. h. $u \notin C^2(\mathbb{R}^2)$.

Lösung zu A25.1.4

a) $u(x, y) = e^{\alpha x + \beta y} \quad \Rightarrow$

$$u_x = \alpha u\,, \quad u_y = \beta u\,, \quad u_{xx} = \alpha^2 u\,, \quad u_{xy} = \alpha\beta u\,, \quad u_{yy} = \beta^2 u$$

i) $0 = u_{xy} + u_x - u_y - u = \alpha\beta u + \alpha u - \beta u - u$

$$\overset{u\neq 0}{\Rightarrow} \quad \alpha(\beta + 1) = \beta + 1 \quad \Rightarrow$$

$$\alpha = 1\,, \text{ d. h. } u(x, y) = e^{x+\beta y} \quad \text{oder} \quad \beta = -1\,, \text{ d. h. } u(x, y) = e^{\alpha x - y}$$

ii) $0 = u_{xx} + u_{yy} = \alpha^2 u + \beta^2 u \overset{u\neq 0}{\Rightarrow} \alpha^2 + \beta^2 = 0 \quad \Rightarrow \quad \beta = \pm i\alpha$

$\Rightarrow \quad u(x, y) = e^{\alpha x \pm i\alpha y} = e^{\alpha x}(\cos(\alpha y) \pm i \sin(\alpha y))$

reelle Lösungen sind damit

$$u_1(x, y) = e^{\alpha x}\cos(\alpha y) \quad \text{und} \quad u_2(x, y) = e^{\alpha x}\sin(\alpha y)$$

b) $u(x, y, t) = e^{\alpha x + \beta y + \gamma t} \quad \Rightarrow \quad u_t = \gamma u\,, \; u_{xx} = \alpha^2 u\,, \; u_{yy} = \beta^2 u$

$u_t = u_{xx} + u_{yy} + 2u \quad \Rightarrow \quad \gamma u = \alpha^2 u + \beta^2 u - 2u$

$\overset{u\neq 0}{\Rightarrow} \quad \gamma = \alpha^2 + \beta^2 + 2 \quad \Rightarrow \quad u(x, y, t) = e^{\alpha x + \beta y + (\alpha^2+\beta^2+2)t}$

Lösung zu A25.1.5

Die partiellen Ableitungen für u in der Produktform $u(x, y) = v(x)w(y)$ lauten:

$$u_x = v'(x)w(y)\,, \quad u_y = v(x)w'(y)\,, \quad u_{yy} = v(x)w''(y)\,, \quad u_{yyyy} = v(x)w''''(y)\,.$$

a) Eingesetzt in die Differentialgleichung $xy^2 u_{yy} - xyu_y = u_x$ erhält man:

$$xy^2 vw'' - xyvw' = v'w \quad \Rightarrow \quad \frac{y^2 w''(y) - yw'(y)}{w(y)} = \frac{v'(x)}{xv(x)} =: \lambda\,.$$

Da die linke Seite nur von y und die rechte Seite nur von x abhängt und die Gleichheit für alle x und y gelten soll, sind beide Seiten konstant gleich λ. Damit ergeben sich zur Bestimmung von v und w die gewöhnlichen Differentialgleichungen:

$$y^2 w'' - yw' - \lambda w = 0 \quad \text{und} \quad v' - \lambda x v = 0\,.$$

Die Differentialgleichung in w ist eine Eulersche Differentialgleichung, für die der Ansatz $w(y) = y^\nu$ Lösungen erzeugt. Eingesetzt in die Differentialgleichung ergibt sich:

$$0 = y^2\nu(\nu - 1)y^{\nu-2} - y\nu y^{\nu-1} - \lambda y^\nu = y^\nu(\nu^2 - 2\nu - \lambda)\,.$$

Aus $\nu^2 - 2\nu - \lambda = 0$ ergeben sich zwei unabhängige Lösungen für $\nu = 1 + \sqrt{1+\lambda}$ und $\nu = 1 - \sqrt{1+\lambda}$. Damit lautet die allgemeine Lösung für $\lambda \neq -1$

$$w(y) = c_1 y^{1+\sqrt{1+\lambda}} + c_2 y^{1-\sqrt{1+\lambda}}\,.$$

Die Differentialgleichung in v wird durch Separation gelöst, und die allgemeine Lösung lautet

$$v(x) = c_3 \cdot \exp\left(\frac{\lambda x^2}{2}\right)\,.$$

Es ergeben sich die Produktformlösungen der partiellen Differentialgleichung

$$u(x, y) = \left(a y^{1+\sqrt{1+\lambda}} + b y^{1-\sqrt{1+\lambda}}\right)\exp\left(\frac{\lambda x^2}{2}\right)$$

$$\text{mit} \quad a, b \in \mathbb{R} \quad \text{und} \quad \lambda \neq -1\,.$$

b) Eingesetzt in die Differentialgleichung $16u_{yyyy} + u_x = 0$ erhält man:

$$16vw'''' + v'w = 0 \quad \Rightarrow \quad \frac{16w''''}{w} = -\frac{v'}{v} =: \lambda \, .$$

Es ergeben sich analog zu a) für v und w gewöhnliche Differentialgleichungen:

$$v' + \lambda v = 0 \quad \text{und} \quad w'''' - \frac{\lambda w}{16} = 0 \, .$$

Die allgemeinen Lösungen lauten $v(x) = c_1 e^{-\lambda x}$ und für $\lambda \neq 0$

$$w(y) = c_2 \cdot \exp\left(\frac{\sqrt[4]{\lambda}y}{2}\right) + c_3 \cdot \exp\left(\frac{-\sqrt[4]{\lambda}y}{2}\right) + c_4 \cdot \exp\left(\frac{i\sqrt[4]{\lambda}y}{2}\right) + c_5 \cdot \exp\left(\frac{-i\sqrt[4]{\lambda}y}{2}\right) .$$

Mit $a, b, c, d \in \mathbb{R}$ erhält man so für $\lambda \neq 0$ die Lösungen in Produktform der partiellen Differentialgleichung

$$u(x, y) = e^{-\lambda x}\left(a \cdot \exp\left(\frac{\sqrt[4]{\lambda}y}{2}\right) + b \cdot \exp\left(\frac{-\sqrt[4]{\lambda}y}{2}\right) + c \cdot \exp\left(\frac{i\sqrt[4]{\lambda}y}{2}\right) + d \cdot \exp\left(\frac{-i\sqrt[4]{\lambda}y}{2}\right)\right) .$$

Für $\lambda = 0$ ergibt sich $u(x, y) = ay^3 + by^2 + cy + d$.

Lösung zu A25.1.6

Die partiellen Ableitungen für u in der Produktform $u(x, y) = v(x)w(y)$ lauten:

$$u_y = v(x)w'(y) \, , \quad u_{xx} = v''(x)w(y) \, , \quad u_{xxyy} = v''(x)w''(y) \, .$$

a) Eingesetzt in die Differentialgleichung $u_{xxyy} + u_y + u = 0$ erhält man:

$$v''w'' + vw' + vw = 0 \quad \Rightarrow \quad -\frac{w'(y) + w(y)}{w''(y)} = \frac{v''(x)}{v(x)} =: \lambda \, .$$

Da die linke Seite nur von y und die rechte Seite nur von x abhängt und die Gleichheit für alle x und y gelten soll, sind beide Seiten konstant gleich λ. Damit ergeben sich zur Bestimmung von v und w die gewöhnlichen Differentialgleichungen

$$w'' + \frac{1}{\lambda}w' + \frac{1}{\lambda}w = 0 \quad \text{und} \quad v'' - \lambda v = 0 \, .$$

Die allgemeinen Lösungen für $\lambda \neq 0$ und $\lambda \neq 1/4$ lauten

$$v(x) = a \cdot \exp\left(\sqrt{\lambda}x\right) + b \cdot \exp\left(-\sqrt{\lambda}x\right) ,$$

$$w(y) = c \cdot \exp\left(\frac{-1+\sqrt{1-4\lambda}}{2\lambda}\, y\right) + d \cdot \exp\left(\frac{-1-\sqrt{1-4\lambda}}{2\lambda}\, y\right).$$

Aus dem Produktansatz erhält man so die folgenden Lösungen der partiellen Differentialgleichung:

$$u(x, y) = \left(a \cdot \exp\left(\sqrt{\lambda}x\right) + b \cdot \exp\left(-\sqrt{\lambda}x\right)\right) \cdot \left(c \cdot \exp\left(\frac{-1+\sqrt{1-4\lambda}}{2\lambda}\, y\right) + d \cdot \exp\left(\frac{-1-\sqrt{1-4\lambda}}{2\lambda}\, y\right)\right)$$

mit $a, b, c, d \in \mathbb{R}$.

b) Eingesetzt in die Differentialgleichung $2yu_{xx} - (1+y^2)u_y + 4yu = 0$ erhält man:

$$2yv''w - (1+y^2)vw' + 4yvw = 0 \quad \Rightarrow \quad \frac{v''}{v} + 2 = \frac{(1+y^2)w'}{2yw} =: \lambda\,.$$

Es ergeben sich analog zu a) für v und w gewöhnliche Differentialgleichungen:

$$v'' - (\lambda - 2)v = 0 \quad \text{und} \quad w' = \frac{2\lambda yw}{1+y^2}\,.$$

Die allgemeinen Lösungen für $\lambda \neq 2$ lauten

$$v(x) = c_1 \cdot \exp\left(\sqrt{\lambda-2}x\right) + c_2 \cdot \exp\left(-\sqrt{\lambda-2}x\right) \quad \text{und} \quad w(y) = c_3(1+y^2)^{\lambda}\,.$$

Man erhält so die Lösungen in Produktform der partiellen Differentialgleichung

$$u(x, y) = \left(a \cdot \exp\left(\sqrt{\lambda-2}x\right) + b \cdot \exp\left(-\sqrt{\lambda-2}x\right)\right)(1+y^2)^{\lambda} \quad \text{mit } a, b \in \mathbb{R}\,.$$

Lösung zu A25.1.7

a) Es sei $\xi = 2x + 3y$. Der Ansatz $u(x, y) = \omega(2x + 3y) = \omega(\xi)$ führt auf die Ableitungen

$$u_x = 2\omega'(\xi)\,, \quad u_y = 3\omega'(\xi)\,, \quad u_{xy} = 6\omega''(\xi)\,.$$

Damit ergibt sich für die gesuchte Funktion ω aus $u_{xy} = (u_y)^2 - 9u_x + 9$ die gewöhnliche Differentialgleichung

$$6\omega''(\xi) = 9(\omega'(\xi))^2 - 18\omega'(\xi) + 9\,.$$

Die Anfangsvorgaben $u = u_y = 0$ längs der Geraden $y = -\frac{2x}{3}$ führen auf $\omega(0) = 0 = \omega'(0)$. Die gewöhnliche Differentialgleichung geht mit $z = \omega'$ über in:

$$6z' = 9z^2 - 18z + 9 = 9(z-1)^2 \quad \Rightarrow \quad \frac{z'}{(z-1)^2} = \frac{3}{2}\,.$$

Trennung der Veränderlichen liefert mit $z(0) = 0$:

$$\left.\frac{-1}{v-1}\right|_0^z = \frac{3\xi}{2} \quad \Rightarrow \quad z = 1 - \frac{1}{1+\frac{3\xi}{2}} = \omega' \,.$$

Mit $\omega(0) = 0$ ergibt sich $\omega(\xi) = \xi - \frac{2}{3}\ln\left|1 + \frac{3\xi}{2}\right|$.
Die Lösung der Anfangswertaufgabe lautet daher

$$u(x, y) = 2x + 3y - \frac{2}{3}\ln\left|1 + \frac{3(2x+3y)}{2}\right| \,.$$

b) Die Funktion u ist für $1 + \frac{3(2x+3y)}{2} = 0$, also auf der Geraden $y = -\frac{2x}{3} - \frac{2}{9}$, nicht definiert. Wegen der Anfangsvorgabe auf der Geraden $y = -\frac{2x}{3}$ besitzt die Lösung der Anfangswertaufgabe als Definitionsbereich D den oberen Halbraum

$$D := \left\{ \begin{pmatrix} x \\ y \end{pmatrix} \in \mathbb{R}^2 \;\middle|\; y > -\frac{2x}{3} - \frac{2}{9} \right\} ,$$

in der Lösungsdarstellung können die Betragsstriche für das Argument des Logarithmus also weggelassen werden.

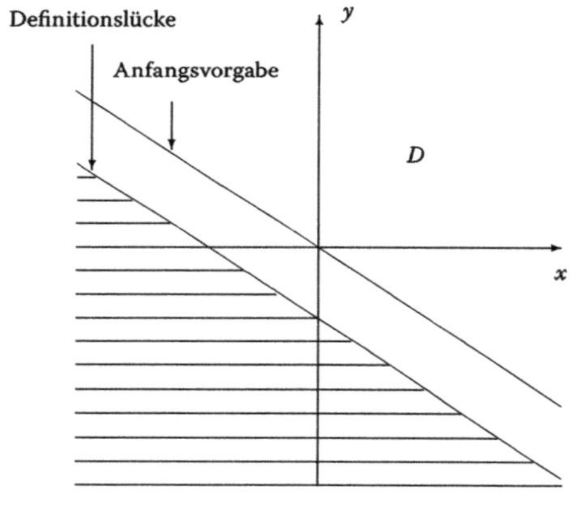

Abb. L25.1 Definitionsbereich D.

Lösung zu A25.1.8

Der Laplace-Operator in n Raumdimensionen ($\boldsymbol{x} = (x_1, \ldots, x_n)^T$) berechnet sich für radialsymmetrische Funktionen $\tilde{u}(r(\boldsymbol{x}), t) := u(\boldsymbol{x}, t)$ mit $r(\boldsymbol{x}) = \|\boldsymbol{x}\|_2$ nach der Kettenregel:

$$\begin{aligned}
\Delta_n u &= u_{x_1x_1} + \cdots + u_{x_nx_n} = (\tilde{u}_r r_{x_1})_{x_1} + \cdots + (\tilde{u}_r r_{x_n})_{x_n} \\
&= \left(\tilde{u}_r \frac{x_1}{r}\right)_{x_1} + \cdots + \left(\tilde{u}_r \frac{x_n}{r}\right)_{x_n} \\
&= \tilde{u}_{rr}\left(\frac{x_1^2}{r}\right)^2 + \tilde{u}_r \frac{r - x_1^2/r}{r^2} + \cdots + \tilde{u}_{rr}\left(\frac{x_n^2}{r}\right)^2 + \tilde{u}_r \frac{r - x_n^2/r}{r^2} \\
&= \tilde{u}_{rr} + \frac{n-1}{r}\tilde{u}_r \,.
\end{aligned}$$

Damit lautet die Wellengleichung für radialsymmetrische Funktionen

$$0 = u_{tt} - c^2 \Delta_2 u = \tilde{u}_{tt} - c^2 \left(\tilde{u}_{rr} + \frac{n-1}{r} \tilde{u}_r \right) .$$

Lösung zu A25.1.9

a) Der Produktansatz $u(x, t) = X(x) \cdot T(t)$ in Verbindung mit der Randbedingung $u(0, t) = 3 \sin(2t)$ ergibt $T(t) = \frac{3}{X(0)} \sin(2t)$. Setzt man dies in die Differentialgleichung ein, so erhält man

$$\begin{aligned} 0 &= u_{tt} - u_{xx} + 2u_t + u \\ &= -\frac{12X(x)}{X(0)} \sin(2t) - \frac{3X''(x)}{X(0)} \sin(2t) + \frac{6X(x)}{X(0)} \cos(2t) + \frac{3X(x)}{X(0)} \sin(2t) \\ &= \underbrace{\left(-\frac{9X(x)}{X(0)} - \frac{3X''(x)}{X(0)} \right)}_{=0} \sin(2t) + \underbrace{\left(\frac{6X(x)}{X(0)} \right)}_{=0} \cos(2t) . \end{aligned}$$

Einzige Lösung ist damit $X \equiv 0$. Dies führt auf $u \equiv 0$, der Produktansatz liefert hier also keine Lösung.

b) Der Lösungsansatz $u(x, t) = 3e^{-ax} \sin(2t - bx)$ erfüllt die Randbedingungen und $a > 0$ sorgt für die Beschränktheit von u für $x \to \infty$. Eingesetzt in die Differentialgleichung ergibt sich

$$\begin{aligned} 0 &= u_{tt} - u_{xx} + 2u_t + u \\ &= e^{-ax} \left\{ \sin(2t - bx) \underbrace{(3(b^2 - a^2) - 9)}_{=0} + \cos(2t - bx) \underbrace{(12 - 6ab)}_{=0} \right\} . \end{aligned}$$

Das resultierende nichtlineare Gleichungssystem $ab = 2 \ \wedge \ b^2 - a^2 = 3$ besitzt die Lösungen $a = 1$ und $b = 2$, und die Lösung der Telegraphengleichung lautet $u(x, t) = 3e^{-x} \sin(2t - 2x)$.

Lösung zu A25.1.10

Es gilt $\boldsymbol{q}_t = (\rho \boldsymbol{u})_t = \rho_t \boldsymbol{u} + \rho \boldsymbol{u}_t$ und $\frac{1}{\rho} \langle \boldsymbol{q}, \nabla \rangle \boldsymbol{q} = \langle \boldsymbol{u}, \nabla \rangle (\rho \boldsymbol{u}) = \langle \boldsymbol{u}, \nabla \rho \rangle \boldsymbol{u} + \rho \langle \boldsymbol{u}, \nabla \rangle \boldsymbol{u}$.

Aus der Euler-Gleichung $\boldsymbol{q}_t + \frac{1}{\rho} \langle \boldsymbol{q}, \nabla \rangle \boldsymbol{q} + \operatorname{div} \left(\frac{1}{\rho} \boldsymbol{q} \right) \boldsymbol{q} + \nabla p = \boldsymbol{e}$ ergibt sich damit

$$\left(\rho_t + \langle \boldsymbol{u}, \nabla \rho \rangle + \rho \operatorname{div} \boldsymbol{u} \right) \boldsymbol{u} + \rho \left(\boldsymbol{u}_t + \langle \boldsymbol{u}, \nabla \rangle \boldsymbol{u} \right) + \nabla p = \boldsymbol{e} . \qquad (*)$$

Die Kontinuitätsgleichung lässt sich umschreiben in $0 = \rho_t + \operatorname{div}(\rho \boldsymbol{u}) = \rho_t + \langle \boldsymbol{u}, \nabla \rho \rangle + \rho \operatorname{div} \boldsymbol{u}$.

Eingesetzt in (*) erhält man $\boldsymbol{u}_t + \langle \boldsymbol{u}, \nabla \rangle \boldsymbol{u} + \frac{1}{\rho} \nabla p = \frac{1}{\rho} \boldsymbol{e}$.

Lösung zu A25.1.11

Wegen rot $\boldsymbol{u} = \dfrac{\partial v}{\partial x} - \dfrac{\partial u}{\partial y} = 0$ gilt die zweite Gleichung des Systems.

Die Euler-Gleichungen $\rho \, \langle \boldsymbol{u}, \nabla \rangle \, \boldsymbol{u} + \nabla p = \boldsymbol{0}$ lauten explizit

$$\rho(u\, u_x + v\, u_y) + p_x = 0\,, \quad \rho(u\, v_x + v\, v_y) + p_y = 0\,. \tag{*}$$

Die Kontinuitätsgleichung ergibt ausgeschrieben

$$0 = \operatorname{div}(\rho \boldsymbol{u}) = (\rho u)_x + (\rho v)_y = \rho_x u + \rho_y v + \rho(u_x + v_y)\,. \tag{**}$$

Mit $\rho = \rho(p(x, y), s(x, y))$ erhält man $\rho_x = \rho_\mathrm{p} p_x + \rho_\mathrm{s} s_x$ und $\rho_y = \rho_\mathrm{p} p_y + \rho_\mathrm{s} s_y$.

Eingesetzt in die Kontinuitätsgleichung (**) liefert dies

$$\rho_\mathrm{p}(p_x u + p_y v) + \rho_\mathrm{s} \underbrace{(s_x u + s_y v)}_{=0} + \rho(u_x + v_y) = 0\,.$$

Mit den Euler-Gleichungen (*) ergibt sich daraus

$$\begin{aligned} 0 &= -\rho_\mathrm{p} \left\{ (u\, u_x + v\, u_y)u + (u\, v_x + v\, v_y)v \right\} + u_x + v_y \\ &= (1 - \rho_\mathrm{p} u^2)u_x + (1 - \rho_\mathrm{p} v^2)v_y - \rho_\mathrm{p} uv(u_y + v_x)\,. \end{aligned}$$

Mit $\dfrac{1}{c^2} = \dfrac{\partial \rho}{\partial p}$ folgt die erste Gleichung des Systems

$$\left(1 - \frac{u^2}{c^2}\right)\frac{\partial u}{\partial x} + \left(1 - \frac{v^2}{c^2}\right)\frac{\partial v}{\partial y} - \frac{uv}{c^2}\left(\frac{\partial u}{\partial y} + \frac{\partial v}{\partial x}\right) = 0\,.$$

L25.2 Partielle Differentialgleichungen erster Ordnung

Lösung zu A25.2.1

a) Die lineare Transformation

$$\begin{pmatrix} \nu \\ \mu \end{pmatrix} = \begin{pmatrix} b & a \\ b & -a \end{pmatrix} \begin{pmatrix} x \\ y \end{pmatrix}$$

ist regulär mit der Umkehrabbildung

$$\begin{pmatrix} x \\ y \end{pmatrix} = \frac{-1}{2ab} \begin{pmatrix} -a & -a \\ -b & b \end{pmatrix} \begin{pmatrix} \nu \\ \mu \end{pmatrix}.$$

Für $u(x, y) = \tilde{u}(\nu(x, y), \mu(x, y)) =: \tilde{u}(\nu, \mu)$ transformieren sich die partiellen Ableitungen nach der Kettenregel:

$$\begin{aligned} u_x &= \tilde{u}_\nu \nu_x + \tilde{u}_\mu \mu_x = b\tilde{u}_\nu + b\tilde{u}_\mu\,, \\ u_y &= \tilde{u}_\nu \nu_y + \tilde{u}_\mu \mu_y = a\tilde{u}_\nu - a\tilde{u}_\mu\,. \end{aligned}$$

Damit erhält man

$$\begin{aligned} au_x + bu_y &= ab\tilde{u}_\nu + ab\tilde{u}_\mu + ab\tilde{u}_\nu - ab\tilde{u}_\mu = 2ab\tilde{u}_\nu \\ &= g\left(\frac{\nu+\mu}{2b}, \frac{\nu-\mu}{2a}\right) =: \tilde{g}(\nu,\mu) \,. \end{aligned}$$

Es ergibt sich für $\tilde{u}$ die gewöhnliche Differentialgleichung bezüglich ν

$$\tilde{u}_\nu = \frac{1}{2ab}\tilde{g}(\nu,\mu) \quad (\mu \text{ ist als Parameter aufzufassen}) \,.$$

b) Mit $\nu = 3t + x$ und $\mu = 3t - x$ transformiert sich $u_t + 3u_x = 36t + 12x$ nach a) in

$$\begin{aligned} &\tilde{u}_\nu = \frac{1}{6}\left(36\frac{\nu+\mu}{6} + 12\frac{\nu-\mu}{2}\right) = 2\nu \quad \Rightarrow \quad \tilde{u} = \nu^2 + f(\mu) \\ &\Rightarrow \quad u = (3t+x)^2 + f(3t-x) \,. \end{aligned}$$

Mit der Anfangsbedingung $u(x,0) = 0$ wird die unbekannte Funktion f bestimmt:

$$u(x,0) = (3\cdot 0 + x)^2 + f(3\cdot 0 - x) = x^2 + f(-x) = 0 \quad \Rightarrow \quad f(x) = -x^2 \,.$$

Die Lösung des Anfangswertproblems lautet also $u(x,t) = (3t+x)^2 - (3t-x)^2 = 12tx$ (siehe Abb. L25.2).

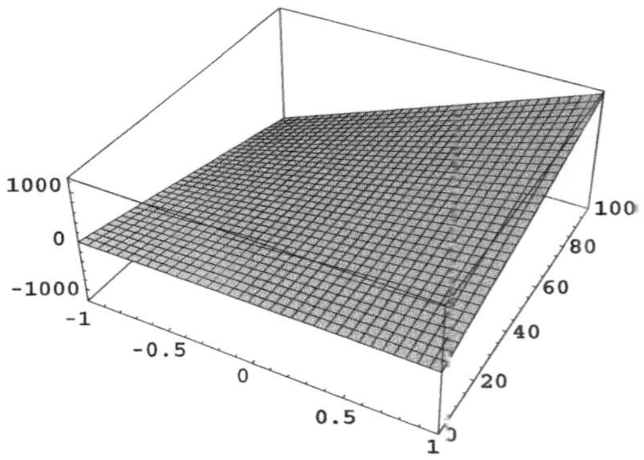

Abb. L25.2 Lösung $u(x, y)$.

Lösung zu A25.2.2
Mit $v(t,x) = w(r(t,x), s(t,x))$ transformieren sich die partiellen Ableitungen in der Differentialgleichung nach der Kettenregel $v_t = w_r r_t + w_s s_t$, $v_x = w_r r_x + w_s s_x$, mit $r_t = a$, $s_t = c$, $r_x = b$ und $s_x = d$. Eingesetzt in die Differentialgleichung ergibt sich

$$\begin{aligned} 12tx + 15t^2 &= 2(w_r r_t + w_s s_t) + 5(w_r r_x + w_s s_x) = w_r(2r_t + 5r_x) + w_s(2s_t + 5s_x) \\ &= w_r(2a + 5b) + w_s(2c + 5d) \,. \end{aligned}$$

Durch geschickte Wahl der noch unbestimmten Koeffizienten a, b, c und d der linearen Transformation kann man einen Koeffizienten der transformierten Differentialgleichung gleich Null setzen und den anderen eindeutig festlegen unter Berücksichtigung von $ad - bc \neq 0$ (reguläre Transformation). Beispielsweise führt die Wahl

$$a = 5\,, \quad b = -2\,, \quad c = 0\,, \quad d = 1/5 \quad \Rightarrow \quad \begin{array}{l} r = 5t - 2x \\ s = x/5 \end{array} \quad \Rightarrow \quad \begin{array}{l} t = r/5 + 2s \\ x = 5s \end{array}$$

auf die transformierte Differentialgleichung

$$w_s(r,s) = 12(r/5 + 2s)5s + 15(r/5 + 2s)^2 = \frac{3}{5}(r^2 + 40rs + 300s^2)\,.$$

Diese gewöhnliche Differentialgleichung in s mit Parameter r wird gelöst durch Integration nach s

$$\begin{aligned} w(r,s) &= \frac{3}{5}(r^2 s + 20rs^2 + 100s^3) + f(r) \quad \Rightarrow \\ v(t,x) &= \frac{3}{5}\left((5t-2x)^2\frac{x}{5} + 20(5t-2x)\left(\frac{x}{5}\right)^2 + 100\left(\frac{x}{5}\right)^3\right) + f(5t-2x) \\ &= 3t^2 x + f(5t - 2x)\,. \end{aligned}$$

Die Anfangsvorgabe legt f fest: $v(0,x) = f(-2x) = \cos(2x) \Rightarrow f(x) = \cos x$.

Die Lösung der Anfangswertaufgabe lautet also: $v(t,x) = 3t^2 x + \cos(5t - 2x)$.

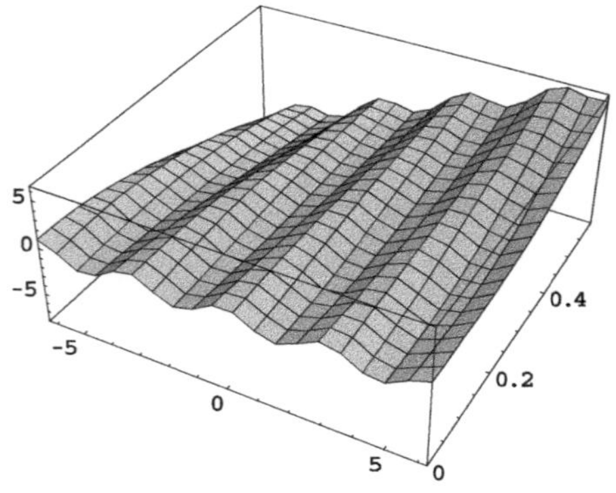

Abb. L25.3 $v(t,x) = 3t^2x + \cos(5t - 2x)$ für $0 \leq t \leq 0{,}6$ und $-2\pi \leq x \leq 2\pi$.

Lösung zu A25.2.3

a) Der linearen homogenen PDG 1. Ordnung in den Variablen (x, y)

$$xu_x + (x+y)u_y = 0$$

ist ein charakteristisches Differentialgleichungssystem zugeordnet. Die Lösung dieses Systems vereinfacht sich, wenn man durch $x \neq 0$ dividiert

$$u_x + \frac{x+y}{x}u_y = 0\,.$$

Die charakteristischen Differentialgleichungen dieses Systems sind sogenannte Phasendifferentialgleichungen, bei denen x mit t identifiziert werden kann, da der Koeffizient vor U_x gleich eins ist.

$$\dot{x}(t) = 1 \quad \Rightarrow \quad x(t) = t$$
$$\dot{y}(t) = y'(x) = \frac{x+y}{x} = 1 + \frac{y}{x}$$

Die lineare inhomogene Differentialgleichung in y wird wie folgt gelöst:

$$y' = \frac{y}{x} \quad \Rightarrow \quad \frac{y'}{y} = \frac{1}{x} \quad \Rightarrow \quad \ln|y| = \ln|x| + k \quad \Rightarrow \quad y_\text{h}(x) = Cx$$

Variation der Konstanten mit $y_\text{p}(x) = c(x)x$ für $y' = 1 + \dfrac{y}{x}$

$$\Rightarrow \quad c'(x)x = 1 \quad \Rightarrow \quad c(x) = \ln|x| \quad \Rightarrow \quad y_\text{p}(x) = x\ln|x|$$

Damit ergibt sich die allgemeine Lösung $y(x) = Cx + x\ln|x|$
Auflösen nach C: $\quad C = \dfrac{y - x\ln|x|}{x} = \dfrac{y}{x} - \ln|x|$
Damit ist die allgemeine Lösung der Ausgangssgleichung gegeben durch

$$u(x, y) = \Phi\left(\frac{y}{x} - \ln|x|\right)$$

mit einer beliebigen C^1-Funktion Φ.

b) Die Differentialgleichung wird hier als quasilineare PDG 1. Ordnung in den Variablen (x, y) interpretiert. Ihr ist das erweiterte Problem

$$xU_x + (x+y)U_y + 3x^3u^2U_u = 0$$

zugeordnet. Die Lösung vereinfacht sich wie in a), wenn man durch $x \neq 0$ dividiert

$$U_x + \left(1 + \frac{y}{x}\right)U_y + 3x^2u^2U_u = 0$$

Die charakteristischen Differentialgleichungen dieses Systems sind wiederum die sogenannte Phasendifferentialgleichungen, bei denen x mit t identifiziert werden kann:

$$\dot{x}(t) = 1 \quad \Rightarrow \quad x(t) = t$$
$$\dot{y}(t) = y'(x) = 1 + \frac{y}{x}$$
$$u'(x) = 3x^2u^2$$

Die lineare inhomogene Differentialgleichung in y wird wie in a) gelöst durch

$$y(x) = C_1x + x\ln|x| \,.$$

Die Differentialgleichung in u wird folgendermaßen gelöst:

$$u'(x) = 3x^2u^2 \quad \Rightarrow \quad \frac{u'}{u^2} = 3x^2 \quad \Rightarrow \quad -\frac{1}{u} = x^3 - C_2$$

Auflösen nach C_1 und C_2:
Wie in a) $\quad C_1 = \frac{y}{x} - \ln|x| \quad$ und $\quad C_2 = x^3 + \frac{1}{u}$
Damit ist die allgemeine Lösung gegeben durch die implizite Gleichung

$$U(x, y, u) = \Phi\left(\frac{y}{x} - \ln|x|, x^3 + \frac{1}{u}\right) = 0$$

mit einer beliebigen C^1-Funktion Φ.

Lösung zu A25.2.4
Der inhomogenen Differentialgleichung in $u(x, y)$ wird eine homogene Differentialgleichung in $U(x, y, u)$ als Hilfsproblem zugeordnet:

$$3u_x + y^2u_y = \frac{xu}{y} \quad \leftrightarrow \quad 3U_x + y^2U_y + \frac{xu}{y}U_u = 0\,.$$

Das charakteristische Differentialgleichungssystem des Hilfsproblems lautet:

$$\dot{x} = 3 \Rightarrow x = 3t\,, \quad \dot{y} = y^2 \Rightarrow y' = \frac{y^2}{3} \Rightarrow \frac{y'}{y^2} = \frac{1}{3} \Rightarrow -\frac{1}{y} = \frac{x}{3} - C_1$$

$$\Rightarrow C_1 = \frac{1}{y} + \frac{x}{3} =: \varphi_1(x, y, u)\,,$$

$$\dot{u} = \frac{xu}{y} \Rightarrow \frac{u'}{u} = \frac{x}{3}\frac{1}{y} \Rightarrow \frac{u'}{u} = \frac{x}{3}\left(C_1 - \frac{x}{3}\right) \Rightarrow \ln u = C_1\frac{x^2}{6} - \frac{x^3}{27} + C_2\,,$$

$$\Rightarrow C_2 = \ln u - \left(\frac{1}{y} + \frac{x}{3}\right)\frac{x^2}{6} + \frac{x^3}{27} =: \varphi_2(x, y, u) \left(\text{mit } \dot{} = \frac{\mathrm{d}}{\mathrm{d}t} \text{ und } {}' = \frac{\mathrm{d}}{\mathrm{d}x}\right)\,.$$

Aus der allgemeinen Lösung des Hilfsproblems erhält man damit eine implizite Lösungsdarstellung für u mit einer beliebigen C^1-Funktion Φ:

$$0 = U(x, y, u) = \Phi(\varphi_1(x, y, u), \varphi_2(x, y, u)) = \Phi\left(\frac{1}{y} + \frac{x}{3}, \ln u - \frac{x^2}{6y} - \frac{x^3}{54}\right)\,.$$

Lösung zu A25.2.5

a) Der inhomogenen lineare PDG 1. Ordnung in den Variablen (x, y) wird das erweiterte Problem in den Variablen (x, y, u) zugeordnet:

$$U_x - U_y + (1 + 2x + 2y)U_u = 0\,.$$

Für dieses Problem werden die charakteristischen Differentialgleichungen gelöst:

i) Standardlösungsmethode für lineare Systeme mit konstanten Koeffizienten:

$$\begin{aligned}\dot{x}(t) &= 1\\ \dot{y}(t) &= -1\\ \dot{u}(t) &= 1+2x+2y\end{aligned} \quad \Leftrightarrow \quad \begin{pmatrix}\dot{x}(t)\\ \dot{y}(t)\\ \dot{u}(t)\end{pmatrix} = \underbrace{\begin{pmatrix}0 & 0 & 0\\ 0 & 0 & 0\\ 2 & 2 & 0\end{pmatrix}}_{=A}\begin{pmatrix}x(t)\\ y(t)\\ u(t)\end{pmatrix} + \begin{pmatrix}1\\ -1\\ 1\end{pmatrix}$$

$$p_A(\lambda) = \det(A - \lambda I) = -\lambda^3 = 0 \quad \Rightarrow \quad \text{Eigenwerte} \quad \lambda_{1,2,3} = 0$$

Eigenvektoren: $\boldsymbol{v}_1 = \begin{pmatrix}0\\ 0\\ 1\end{pmatrix}, \quad \boldsymbol{v}_2 = \begin{pmatrix}1\\ -1\\ 0\end{pmatrix}$

Hauptvektor: $\boldsymbol{v}_3 = \frac{1}{2}\begin{pmatrix}0\\ 1\\ 0\end{pmatrix}$ (zu $\boldsymbol{v}_1$)

Allgemeine Lösung des homogenen Systems:

$$\boldsymbol{v}_\mathrm{h}(t) = c_0\begin{pmatrix}0\\ 0\\ 1\end{pmatrix} + c_1\left(t\begin{pmatrix}0\\ 0\\ 1\end{pmatrix} + \frac{1}{2}\begin{pmatrix}0\\ 1\\ 0\end{pmatrix}\right) + c_2\begin{pmatrix}1\\ -1\\ 0\end{pmatrix}$$

Spezielle Lösung des inhomogenen Systems:

$$\boldsymbol{v}_\mathrm{s}(t) = t\begin{pmatrix}1\\ -1\\ 1\end{pmatrix}$$

Allgemeine Lösung des inhomogenen Systems:

$$\boldsymbol{v}(t) = \boldsymbol{v}_\mathrm{h}(t) + \boldsymbol{v}_\mathrm{s}(t) = \begin{pmatrix}c_2 + t\\ c_1/2 - c_2 - t\\ c_0 + c_1 t + t\end{pmatrix} = \begin{pmatrix}x(t)\\ y(t)\\ u(t)\end{pmatrix}$$

Paramatrisierungsforderung $x(0) = 0 \quad \Rightarrow \quad c_2 = 0 \quad \Rightarrow$

$$\begin{pmatrix}x(t)\\ y(t)\\ u(t)\end{pmatrix} = \begin{pmatrix}t\\ c_1/2 - t\\ c_0 + t(c_1+1)\end{pmatrix} \quad \overset{x=t}{\Rightarrow}$$

$y = -x + c_1/2$

$u = c_0 + x(c_1 + 1) = c_0 + x(2x + 2y + 1) = x + 2xy + 2x^2 + c_0$

ii) Alternative kurze Lösung:

$$\begin{aligned}
\dot{x}(t) &= 1 &&\Rightarrow\quad x(t) = t + C_1\,,\ C_1 = 0 \quad\Rightarrow\quad t = x\\
\dot{y}(t) &= -1 &&\Rightarrow\quad y = -t + C_2 = -x + C_2\\
\dot{u}(t) &= 1 + 2x + 2y &&\Rightarrow\quad \dot{u}(t) = 1 + 2(t + C_1) + 2(-t + C_2)\\
& &&\qquad = 1 + 2C_2 \quad\Rightarrow\\
u(t) &= (1 + 2C_2)t + C_3 &&\Rightarrow\quad u = (1 + 2(x + y))x + C_3\\
& &&\qquad = x + 2xy + 2x^2 + C_3
\end{aligned}$$

Auflösen nach $C_2 = c_1/2$ und $C_3 = c_0$:

$$C_2 = x + y\,, \quad C_3 = u - x - 2xy - 2x^2$$

Damit wird die Lösung u beschrieben durch folgende implizite Gleichung:

$$U(x, y, u) = \Phi(C_2, C_3) = \Phi(x + y, u - x - 2xy - 2x^2) = 0\,.$$

Setzt man die Auflösbarkeit nach der zweiten Variablen voraus, so ergibt sich die allgemeine Lösung mit einer noch frei wählbaren Funktion Ψ:

$$u - x - 2xy - 2x^2 = \Psi(x + y) \Rightarrow u(x, y) = x + 2xy + 2x^2 + \Psi(x + y)\,.$$

Durch Einsetzen der Anfangsbedingung wird Ψ bestimmt:

$$x = u(x, x) = x + 2x^2 + 2x^2 + \Psi(2x) \Rightarrow \Psi(2x) = -4x^2 \Rightarrow \Psi(x) = -x^2\,.$$

Daraus erhält man die Lösung der Anfangswertaufgabe:

$$u(x, y) = x + 2xy + 2x^2 - (x + y)^2 = x + x^2 - y^2\,.$$

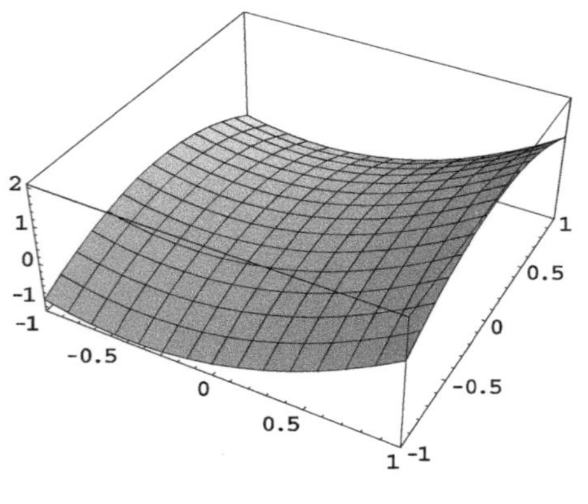

Abb. L25.4 $u(x, y) = x + x^2 - y^2$ für $-1 \leq x, y \leq 1$.

b) $u(x, y) = f(x) + g(y)$

$\Rightarrow \quad u_x = f'(x)\,, \quad u_y = g'(y)$

In die Differentialgleichung einsetzen:

$$
\begin{aligned}
&u_x - u_y = 1 + 2x + 2y \\
&\Rightarrow \quad f'(x) - g'(y) = 1 + 2x + 2y \\
&\Rightarrow \quad f'(x) - 2x = g'(y) + 1 + 2y = \lambda \quad (= \text{const.}) \\
&\Rightarrow \quad f'(x) = 2x + \lambda \quad \Rightarrow \quad f(x) = x^2 + \lambda x + c_1 \\
&\Rightarrow \quad g'(y) = -2y - 1 + \lambda \quad \Rightarrow \quad g(y) = -y^2 + \lambda y - y + c_2
\end{aligned}
$$

Anfangsbedingung ausnutzen:

$$
\begin{aligned}
&x = u(x,x) = f(x) + g(x) = x^2 + \lambda x + c_1 - x^2 + \lambda x - x + c_2 \\
&\Rightarrow \quad 2x(\lambda - 1) + c_1 + c_2 = 0 \\
&\Rightarrow \quad \lambda = 1 \quad \wedge \quad c_1 + c_2 = 0 \\
&\Rightarrow \quad f(x) = x^2 + x + c_1 \quad \wedge \quad g(y) = -y^2 + c_2 \\
&\Rightarrow \quad u(x,y) = f(x) + g(y) = x^2 + x - y^2 + c_1 + c_2 = x^2 + x - y^2
\end{aligned}
$$

Lösung zu A25.2.6

Die Phasendifferentialgleichungen liefern folgende implizite Lösungsdarstellung

$$
\begin{aligned}
y'(x) = 1 \quad &\Rightarrow \quad y(x) = x + C_1 \quad \Rightarrow \quad C_1 = y - x\,, \quad u'(x) = 1 \\
&\Rightarrow \quad u(x) = x + C_2 \quad \Rightarrow \quad C_2 = u - x\,. \\
&\Rightarrow \quad 0 = \Phi(C_1, C_2) = \Phi(y - x, u - x)
\end{aligned}
$$

Auflösen nach der zweiten Komponente ergibt: $u - x = \psi(y - x) \Rightarrow u(x,y) = x + \psi(y - x)$.

Die Anfangsbedingung führt dann auf folgenden Widerspruch $u(x,x) = x + \psi(x - x) = x + \psi(0) \neq x^2$.

Lösung zu A25.2.7

a) i) $3u_x + x^2 u_y = -1 \Leftrightarrow u_x + \dfrac{x^2}{3} u_y = -\dfrac{1}{3} \Rightarrow U_x + \dfrac{x^2}{3} U_y - \dfrac{1}{3} U_u = 0$ mit $U = U(x,y,u)$

Die zugehörigen Phasendifferentialgleichungen lauten

$$\dot{x} = 1\,, \quad \dot{y} = \frac{x^2}{3}\,, \quad \dot{u} = -\frac{1}{3}\,.$$

Lösen der Phasendifferentialgleichungen: $\dot{x} = 1 \Rightarrow x = t + C_0$

Mit $x(0) = 0$ wird $C_0 = 0$ festgelegt. Man erhält: $x = t \Rightarrow \dfrac{\mathrm{d}}{\mathrm{d}t} = \dfrac{\mathrm{d}}{\mathrm{d}x}$.

$$
\begin{aligned}
y' &= \frac{x^2}{3} \quad \Rightarrow \quad y = \frac{x^3}{9} + C_1 \quad \Rightarrow \quad C_1 = y - \frac{x^3}{9} =: \varphi_1(x,y,u) \\
u' &= -\frac{1}{3} \quad \Rightarrow \quad u = -\frac{x}{3} + C_2 \quad \Rightarrow \quad C_2 = u + \frac{x}{3} =: \varphi_2(x,y,u)
\end{aligned}
$$

Dies führt auf folgende implizite Lösungsdarstellung für u mit einer C^1-Funktion Φ:

$$0 = U(x,y,u) = \Phi(\varphi_1(x,y,u), \varphi_2(x,y,u)) = \Phi\left(y - \frac{x^3}{9}, u + \frac{x}{3}\right)\,.$$

ii) $3u_x + x^2 u_y = -1 \overset{x\neq 0}{\Leftrightarrow} \frac{3}{x^2}u_x + u_y = -\frac{1}{x^2} \Rightarrow \frac{3}{x^2}U_x + U_y - \frac{1}{x^2}U_u = 0$ mit $U = U(x, y, u)$
Die zugehörigen Phasendifferentialgleichungen lauten

$$\dot{x} = \frac{3}{x^2}, \; \dot{y} = 1, \; \dot{u} = -\frac{1}{x^2}\,.$$

Lösen der Phasendifferentialgleichungen: $\dot{y} = 1 \Rightarrow y = t + C_0$
Mit $y(0) = 0$ wird $C_0 = 0$ festgelegt. Man erhält: $y = t \Rightarrow \frac{\mathrm{d}}{\mathrm{d}t} = \frac{\mathrm{d}}{\mathrm{d}y}$.

$$x' = \frac{3}{x^2} \Rightarrow \frac{x^2}{3}x' = 1 \Rightarrow \int \frac{x^2}{3}x'\,\mathrm{d}y = \int \mathrm{d}y \Rightarrow \frac{x^3}{9} + C_1 = y$$

$$\Rightarrow C_1 = y - \frac{x^3}{9} =: \varphi_1(x, y, u)$$

$$u' = -\frac{1}{x^2} = -\frac{x'}{3} \Rightarrow u = -\frac{x}{3} + C_2 \Rightarrow C_2 = u + \frac{x}{3} =: \varphi_2(x, y, u)$$

Man erhält also die gleiche implizite Lösungsdarstellung für u wie unter (i).

b) Angenommen die implizite Lösungsdarstellung $0 = \Phi\left(y - \frac{x^3}{9}, u + \frac{x}{3}\right)$ lässt sich nach dem Satz über implizite Funktionen nach der zweiten Komponente auflösen, so erhält man mit einer unbekannten Funktion ψ

$$u + \frac{x}{3} = \psi\left(y - \frac{x^3}{9}\right) \Rightarrow u(x, y) = -\frac{x}{3} + \psi\left(y - \frac{x^3}{9}\right).$$

Die Anfangsbedingung führt auf

$$u(x, 0) = x^3 - \frac{x}{3} = -\frac{x}{3} + \psi\left(0 - \frac{x^3}{9}\right) \Rightarrow \psi\left(-\frac{x^3}{9}\right) = x^3\,.$$

Mit $\xi = -\frac{x^3}{9} \Rightarrow x^3 = -9\xi$ erhält man $\psi(\xi) = -9\xi$. Die Lösung der Anfangswertaufgabe lautet

$$u(x, y) = -\frac{x}{3} - 9\left(y - \frac{x^3}{9}\right) = x^3 - \frac{x}{3} - 9y\,.$$

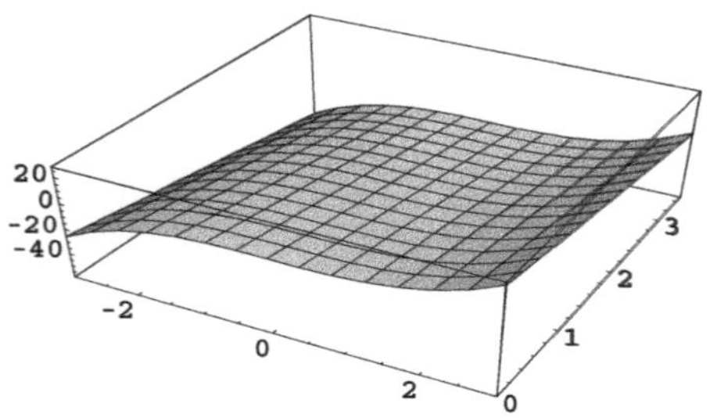

Abb. L25.5 $u(x, y) = x^3 - \frac{x}{3} - 9y$ für $-3 \leq x \leq 3$ und $0 \leq y \leq 3{,}5$.

c) Probe Anfangsbedingung: $u(x,0) = x^3 - \frac{x}{3} - 9 \cdot 0 = x^3 - \frac{x}{3}$

Probe Differentialgleichung: $3u_x + x^2 u_y = 3\left(3x^2 - \frac{1}{3}\right) + x^2(-9) = -1$

d) Mit $u(x,y) = -\frac{x}{3} + \psi(y - \frac{x^3}{9})$ und der Anfangsbedingung $u(x, \frac{x^3}{9} + 1) = \sin x$ erhält man:

$$\sin x = u\left(x, \frac{x^3}{9} + 1\right) = -\frac{x}{3} + \psi(1) \Rightarrow \psi(1) = \sin x + \frac{x}{3}\,.$$

Die Anfangswertaufgabe ist wegen dieses Widerspruchs nicht lösbar. Der Grund liegt darin, dass die Kurve $(x, \frac{x^3}{9} + 1)$, auf der für u Werte vorgeschrieben werden sollen, eine Grundcharakteristik ist (vgl. a) mit $C_1 = 1$). Auf dieser soll u jedoch schon die charakteristische Differentialgleichung bzw. Phasendifferentialgleichung $u' = -\frac{1}{3}$ mit der Lösung $u = -\frac{x}{3} + C_2$ erfüllen.

Lösung zu A25.2.8

$$yu_x - xu_y - \frac{y}{z}u_z = 0 \quad \overset{y\neq 0}{\Leftrightarrow} \quad u_x - \frac{x}{y}u_y - \frac{1}{z}u_z = 0$$

Das charakteristische Differentialgleichungssystem der linken Gleichung lautet:

$$\dot{x} = 1\,, \quad \dot{y} = -\frac{x}{y}\,, \quad \dot{z} = -\frac{1}{z}\,.$$

$$\dot{x} = 1 \quad \Rightarrow \quad x = t \quad \Rightarrow \quad y(t) = y(x) \quad \wedge \quad z(t) = z(x) \quad \wedge \quad \frac{\mathrm{d}}{\mathrm{d}t} = \frac{\mathrm{d}}{\mathrm{d}x}\,,$$

$$\dot{y} = -\frac{x}{y} \Rightarrow yy' = -x \Rightarrow \frac{y^2}{2} = -\frac{x^2}{2} + \frac{C_1}{2} \Rightarrow C_1 = x^2 + y^2 =: \varphi_1(x,y,z)\,,$$

$$\dot{z} = -\frac{1}{z} \Rightarrow zz' = -1 \Rightarrow \frac{z^2}{2} = -x + \frac{C_2}{2} \Rightarrow C_2 = 2x + z^2 =: \varphi_2(x,y,z)\,.$$

Damit lautet die allgemeine Lösung mit einer beliebigen C^1-Funktion Φ:

$$u(x,y,z) = \Phi(\varphi_1(x,y,z), \varphi_2(x,y,z)) = \Phi(x^2 + y^2, 2x + z^2)\,.$$

Die Lösung, die der Anfangsbedingung $u(x,x,z) = x^2 + z^2$ für $x \geq 0$ genügt, erhält man durch:

$$u(x,x,z) = \Phi(\underbrace{2x^2}_{=:\xi}, \underbrace{2x + z^2}_{=:\eta}) \quad \Rightarrow \quad x = \sqrt{\frac{\xi}{2}} \quad \Rightarrow \quad z^2 = \eta - \sqrt{2\xi}$$

$$\Rightarrow \quad \Phi(\xi,\eta) = x^2(\xi,\eta) + z^2(\xi,\eta) = \frac{\xi}{2} + \eta - \sqrt{2\xi}$$

$$\Rightarrow \quad u(x,y,z) = \Phi(x^2 + y^2, 2x + z^2) = \frac{x^2 + y^2}{2} + 2x + z^2 - \sqrt{2(x^2 + y^2)}\,.$$

Lösung zu A25.2.9
Das charakteristische Differentialgleichungssystem von $u_x - yu_y - u_z = 0$ lautet:

$$\dot{x} = 1\,, \quad \dot{y} = -y\,, \quad \dot{z} = -1\,.$$

$$\dot{x} = 1 \quad \Rightarrow \quad x = t \quad \Rightarrow \quad y(t) = y(x) \quad \wedge \quad z(t) = z(x) \quad \wedge \quad \frac{\mathrm{d}}{\mathrm{d}t} = \frac{\mathrm{d}}{\mathrm{d}x}\,,$$

$$\dot{y} = -y \Rightarrow \frac{y'}{y} = -1 \Rightarrow y = C_1 e^{-x} \Rightarrow C_1 = ye^x =: \varphi_1(x, y, z)\,,$$

$$\dot{z} = -1 \Rightarrow z = -x + C_2 \Rightarrow C_2 = x + z =: \varphi_2(x, y, z)\,.$$

Damit lautet die allgemeine Lösung mit einer beliebigen C^1-Funktion Φ:

$$u(x, y, z) = \Phi(\varphi_1(x, y, z), \varphi_2(x, y, z)) = \Phi(ye^x, x + z)\,.$$

Die Lösung, die der Anfangsbedingung $u(x, y, x) = x + y$ genügt, erhält man durch:

$$u(x, y, x) = \Phi(\underbrace{ye^x}_{=:\xi}, \underbrace{2x}_{=:\eta}) \Rightarrow x = \frac{\eta}{2} \Rightarrow y = \xi e^{-\eta/2}$$

$$\Rightarrow \quad \Phi(\xi, \eta) = x(\xi, \eta) + y(\xi, \eta) = \frac{\eta}{2} + \xi e^{-\eta/2}$$

$$\Rightarrow \quad u(x, y, z) = \Phi(ye^x, x + z) = \frac{x+z}{2} + ye^x e^{-(x+z)/2} = \frac{x+z}{2} + ye^{(x-z)/2}\,.$$

Lösung zu A25.2.10
Der inhomogenen Differentialgleichung $u_x + u_y + u_z = x + y + z + u$ wird eine homogene Differentialgleichung in $U(x, y, z, u)$ als Hilfsproblem zugeordnet

$$U_x + U_y + U_z + (x + y + z + u)U_u = 0\,.$$

Das charakteristische Differentialgleichungssystem des Hilfsproblems lautet

$$\frac{\mathrm{d}x}{\mathrm{d}t} = \frac{\mathrm{d}y}{\mathrm{d}t} = \frac{\mathrm{d}z}{\mathrm{d}t} = 1\,, \quad \frac{\mathrm{d}u}{\mathrm{d}t} = x + y + z + u\,.$$

Damit ergeben sich die Phasendifferentialgleichungen

$$\frac{\mathrm{d}y}{\mathrm{d}x} = \frac{\mathrm{d}z}{\mathrm{d}x} = 1\,, \quad \frac{\mathrm{d}u}{\mathrm{d}x} = x + y + z + u$$

$$\Rightarrow \quad y = x + C_1\,, \quad z = x + C_2\,, \quad \frac{\mathrm{d}u}{\mathrm{d}x} = 3x + C_1 + C_2 + u\,.$$

Die Differentialgleichung in u besitzt $u_\mathrm{h} = C_3 e^x$ als Lösung der zugehörigen homogenen und $u_i = -(3x + 3 + C_1 + C_2)$ als spezielle Lösung der inhomogenen Gleichung, und man erhält

$$u = -(3x + 3 + C_1 + C_2) + C_3 e^x \quad \Rightarrow \quad C_3 = (u + x + y + z + 3)e^{-x}\,.$$

Aus der allgemeinen Lösung des Hilfsproblems erhält man damit eine implizite Lösungsdarstellung für u mit einer beliebigen C^1-Funktion Φ:

$$0 = U(x, y, z, u) = \Phi\left(y - x, z - x, (u + x + y + z + 3)e^{-x}\right) .$$

Wegen $U_u \neq 0$ ergibt sich die allgemeine Lösung des Ausgangsproblems

$$u(x, y, z) = -(x + y + z + 3) + e^x \Psi(y - x, z - x) .$$

Die Lösung der Anfangswertaufgabe $u(y + z, y, z) = y - z$ erhält man durch

$$y - z = u(y + z, y, z) = -(2y + 2z + 3) + e^{y+z}\Psi(-z, -y) .$$

Mit $\xi = -z$ und $\eta = -y$ erhält man $\Psi(\xi, \eta) = (-3\eta - \xi + 3)e^{\xi+\eta}$.

Damit ergibt sich die Lösung der Anfangswertaufgabe

$$u(x, y, z) = -(x + y + z + 3) + (4x - y - 3z + 3)e^{y+z-x} .$$

Lösung zu A25.2.11

a) i) $v := u_x \quad \Rightarrow \quad zv_y - yv_z = 0$

ii) Phasendifferentialgleichung bzgl. y: $\quad v_y - \dfrac{y}{z}v_z = 0$

Charakteristische Differentialgleichungen:

$$\dot{x}(t) = 0 , \quad \dot{y}(t) = 1 , \quad \dot{z}(t) = -\frac{y(t)}{z(t)}$$

$\dot{x}(t) = 0 \quad \Rightarrow \quad x(t) = C_1$

$\dot{y}(t) = 1 \quad \Rightarrow \quad y(t) = t ,\quad$ wobei $y(0) = 0$ gewählt wurde.

$$\dot{z}(t) = -\frac{y(t)}{z(t)} \quad \Leftrightarrow \quad z'(y) = -\frac{y}{z(y)}$$

$$\Rightarrow \quad \int z(y)z'(y)\,\mathrm{d}y = -\int y\,\mathrm{d}y$$

$$\Rightarrow \quad \frac{z^2}{2} = -\frac{y^2}{2} + \frac{C_2}{2} \quad \Rightarrow \quad C_2 = y^2 + z^2$$

$$\Rightarrow \quad v(x, y, z) = \Phi(C_1, C_2) = \Phi(x, y^2 + z^2)$$

iii) $u_x(x, y, z) = \Phi(x, y^2 + z^2)$

$$\Rightarrow \quad u(x, y, z) = \int \Phi(x, y^2 + z^2)\,\mathrm{d}x + \phi(y, z)$$

b) Der Produktansatz $u(x, y, z) = f(x)g(y)h(z)$ eingesetzt in die Differentialgleichung ergibt

$$\begin{aligned}
0 &= x^2 u_x + u_y + \frac{u_z}{z} + \left(x + \frac{2}{y} + 1\right) u \\
&= x^2 f'(x)g(y)h(z) + f(x)g'(y)h(z) + \frac{f(x)g(y)h'(z)}{z} \\
&\quad + \left(x + \frac{2}{y} + 1\right) f(x)g(y)h(z) .
\end{aligned}$$

Division durch $f(x)g(y)h(z)$ führt auf

$$\underbrace{x^2\frac{f'(x)}{f(x)}+x}_{=\lambda}+\underbrace{\frac{g'(y)}{g(y)}+\frac{2}{y}}_{=\mu}+\underbrace{\frac{h'(z)}{zh(z)}+1}_{=-\lambda-\mu}=0\,.$$

Lösen der drei entstehenden gewöhnlichen Differentialgleichungen:

i) $x^2\frac{f'(x)}{f(x)}+x=\lambda \quad\Rightarrow\quad \frac{f'(x)}{f(x)}=\frac{\lambda}{x^2}-\frac{1}{x}$

$\Rightarrow \quad \ln|f(x)|=-\frac{\lambda}{x}-\ln|x|+k_1$

$\Rightarrow \quad |f(x)|=e^{-\lambda/x-\ln|x|+k_1} \quad\Rightarrow\quad f(x)=\frac{c_1}{x}\,e^{-\lambda/x}\,,\quad c_1\in\mathbb{R}$

ii) $\frac{g'(y)}{g(y)}+\frac{2}{y}=\mu \quad\Rightarrow\quad \frac{g'(y)}{g(y)}=\mu-\frac{2}{y}$

$\Rightarrow \quad \ln|g(y)|=\mu y-2\ln|y|+k_2$

$\Rightarrow \quad |g(y)|=e^{\mu y-2\ln|y|+k_2} \quad\Rightarrow\quad g(y)=\frac{c_2}{y^2}\,e^{\mu y}\,,\quad c_2\in\mathbb{R}$

iii) $\frac{h'(z)}{zh(z)}+1=-\lambda-\mu \quad\Rightarrow\quad \frac{h'(z)}{h(z)}=-(1+\lambda+\mu)z$

$\Rightarrow \quad \ln|h(z)|=-\frac{(1+\lambda+\mu)z^2}{2}+k_3 \quad\Rightarrow\quad |h(z)|=e^{-(1+\lambda+\mu)z^2/2+k_3}$

$\Rightarrow \quad h(z)=c_3e^{-(1+\lambda+\mu)z^2/2}\,,\quad c_3\in\mathbb{R}$

Damit lauten partikuläre Lösungen aus dem Produktansatz

$$u(x,y,z)=\frac{c}{xy^2}\,e^{-\lambda/x+\mu y-(1+\lambda+\mu)z^2/2}\,,\quad c,\lambda,\mu\in\mathbb{R}\,.$$

Lösung zu A25.2.12

a) $2uu_x-4xuu_y=x^3 \quad\Rightarrow\quad u_x-2xu_y=\frac{x^3}{2u} \quad\Rightarrow\quad U_x-2xU_y+\frac{x^3}{2u}\,U_u=0$

Lösen der Phasendifferentialgleichungen bzgl x:

$\dot{x}=1 \quad\Rightarrow\quad x=t+C_0$

Durch die Parametrisierungsforderung $x(0)=0$ wird $C_0=0$ festgelegt. Man erhält $x=t\Rightarrow \frac{\mathrm{d}}{\mathrm{d}t}=\frac{\mathrm{d}}{\mathrm{d}x}$.

$y'=-2x\Rightarrow y=-x^2+C_1\Rightarrow C_1=y+x^2$

$u'=\frac{x^3}{2u}\Rightarrow 2uu'=x^3\Rightarrow u^2=\frac{x^4}{4}+C_2\Rightarrow C_2=u^2-\frac{x^4}{4}$

Damit wird die allgemeine Lösung durch die folgende implizite Gleichung mit einer C^1-Funktion Φ beschrieben:

$$U(x,y,u)=\Phi\left(y+x^2,u^2-\frac{x^4}{4}\right)=0\,.$$

b) Angenommen die implizite Lösungsdarstellung

$$\Phi\left(y + x^2, u^2 - \frac{x^4}{4}\right) = 0$$

lässt sich nach dem Satz über implizite Funktionen nach der zweiten Komponente auflösen, so erhält man mit einer unbekannten Funktion ψ

$$u^2(x, y) - \frac{x^4}{4} = \psi(y + x^2) .$$

Die Anfangsbedingung $u(x, x^2) = x^2$ führt auf

$$u^2(x, x^2) - \frac{x^4}{4} = \frac{3x^4}{4} = \psi(x^2 + x^2) = \psi(2x^2) \stackrel{s=2x^2}{\Rightarrow} \quad \psi(s) = \frac{3s^2}{16} .$$

Die Lösung der Anfangswertaufgabe lautet also

$$u^2(x, y) = \frac{x^4}{4} + \frac{3(y + x^2)^2}{16} \quad \Rightarrow \quad u(x, y) = \sqrt{\frac{4x^4 + 3(y + x^2)^2}{16}} .$$

c) Anfangsbedingung:

$$u(x, x^2) = \sqrt{\frac{4x^4 + 3(x^2 + x^2)^2}{16}} = x^2 .$$

Differentialgleichung:

$$\begin{aligned} &2u\left(\sqrt{\frac{4x^4 + 3(y + x^2)^2}{16}}\right)_x - 4xu\left(\sqrt{\frac{4x^4 + 3(y + x^2)^2}{16}}\right)_y \\ &= \frac{16x^3 + 3 \cdot 2 \cdot 2x(y + x^2)}{16} - 2x \cdot \frac{3 \cdot 2 \cdot (y + x^2)}{16} \\ &= x^3 \end{aligned}$$

Lösung zu A25.2.13

a) Der quasilinearen Burgers-Gleichung

$$0 = u_t + \left(\frac{u^2}{2}\right)_x = u_t + uu_x$$

wird das erweiterte Problem

$$U_t + uU_x + 0 \cdot U_u = 0$$

zugeordnet. Lösen der Phasendifferentialgleichungen:

$$\dot{t}(s) = 1 \quad \Rightarrow \quad t = s + C_0 .$$

Durch die Parametrisierungsforderung $t(0) = 0$ wird $C_0 = 0$ festgelegt. Man erhält $t = s \Rightarrow \frac{\mathrm{d}}{\mathrm{d}s} = \frac{\mathrm{d}}{\mathrm{d}t}$.

$$u'(t) = 0 \quad \Rightarrow \quad u(t) = C$$
$$x'(t) = u = C \quad \Rightarrow \quad x = Ct + D \quad \Rightarrow \quad D = x - ut$$

Damit wird die allgemeine Lösung durch die folgende implizite Gleichung mit einer C^1-Funktion Φ beschrieben:

$$U(t, x, u) = \Phi(u, x - ut) = 0 \,.$$

Angenommen diese implizite Lösungsdarstellung lässt sich nach dem Satz über implizite Funktionen nach der ersten Komponente auflösen, so erhält man mit einer unbekannten Funktion ψ die implizite Lösungsdarstellung

$$u(x, t) = \psi(x - u(x, t)t) \,.$$

b) i) Die Anfangsbedingung $u(x, 0) = 5 + x$ führt auf

$$5 + x = u(x, 0) = \psi(x - u(x, 0) \cdot 0) = \psi(x) \,.$$

Die implizite Lösungsdarstellung der Anfangswertaufgabe lautet also

$$u(x, t) = \psi(x - u(x, t)t) = 5 + (x - u(x, t)t) \,.$$

Auflösen nach u ergibt für alle $(x, t) \in \mathbb{R} \times (0, \infty)$ die explizite Lösungsdarstellung

$$u(x, t) = \frac{x + 5}{t + 1} \,.$$

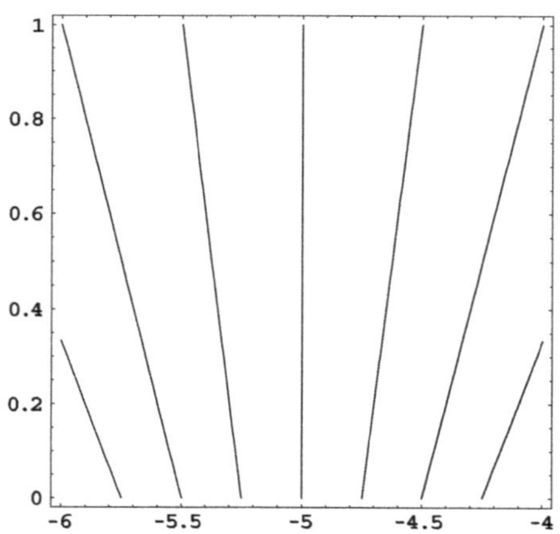

Abb. L25.6 $x(t) = (5 + x_0)t + x_0$.

Charakteristische Grundkurve: $(x(t), t)$ mit $x(0) = x_0$
$x(t) = Ct + D \Rightarrow x_0 = x(0) = D$ und
$C = u(x(t), t) = u(x(0), 0) = u_0(x_0)$, also

$$x(t) = u_0(x_0)t + x_0 = (5 + x_0)t + x_0 \,.$$

ii) Die Anfangsbedingung $u(x, 0) = 5 - x$ führt auf

$$5 - x = u(x, 0) = \psi(x - u(x, 0) \cdot 0) = \psi(x) .$$

Die implizite Lösungsdarstellung der Anfangswertaufgabe lautet also

$$u(x, t) = \psi((x - u(x, t)t) = 5 - (x - u(x, t)t) .$$

Auflösen nach u ergibt für alle $(x, t) \in \mathbb{R} \times (0, 1)$ die explizite Darstellung

$$u(x, t) = \frac{5 - x}{1 - t} .$$

Für $T = 1$ besitzt diese Lösung eine Singularität.
Charakteristische Grundkurve: $x(t) = (5 - x_0)t + x_0$.

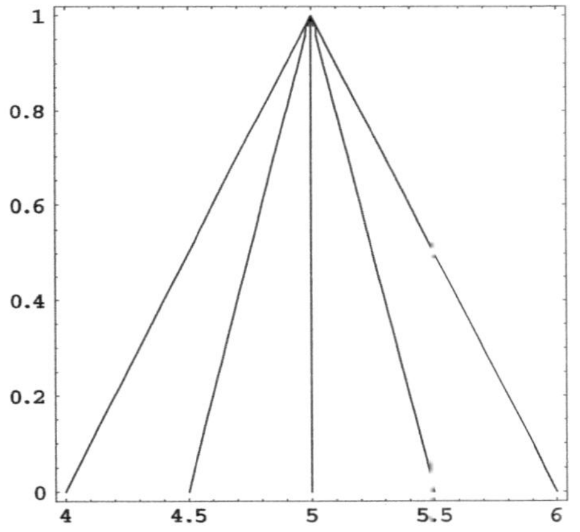

Abb. L25.7 $x(t) = (5 - x_0)t + x_0$.

Im Punkt $(x, t) = (5, 1)$ schneiden sich alle charakteristischen Grundkurven.

Lösung zu A25.2.14

a) Der Sprung von u_0 bei $x_0 = -2$ erzeugt eine Verdünnungswelle u_v. Mit $u_l = 0 < u_r = 1$ erhält man

$$u_v(x, t) = \begin{cases} 0\,, & x \leq -2 \\ (x + 2)/t\,, & -2 < x \leq -2 + t \\ 1\,, & -2 + t < x\,. \end{cases}$$

Die Entropiebedingung $u(x + z, t) - u(x, t) < Cz/t$ für $t, z, C > 0,\ x \in \mathbb{R}$ wird von u_v, aufgrund der Stetigkeit von u_v, erfüllt. Außerdem kann man eine Stoßwelle u_s berechnen. Die Rankine-Hugoniot Bedingung lautet

$$\dot{s} = \frac{1}{2}(u_l + u_r) = \frac{1}{2}(0 + 1) = \frac{1}{2} \quad \Rightarrow \quad s(t) = \frac{t}{2} + C$$

Mit $s(0) = x_0 = -2$ erhält man die Stoßfront $s_0(t) = \frac{t}{2} - 2$ und damit die Stoßwelle.

$$u_s(x,t) = \begin{cases} 0\,, & x \le \frac{t}{2} - 2 = s(t) \\ 1\,, & \frac{t}{2} - 2 < x\,. \end{cases}$$

Die Entropiebedingung für u_s ergibt z.B für $x = s(t)$ den Widerspruch $u_s(s(t)+z,t) - u_s(s(t),t) = 1 - 0 = 1 < Cz/t$. Diese Bedingung ist nur für $t/C < z$ und nicht für alle $z > 0$ erfüllt. Damit ist nur u_v die Entropielösung. Der Sprung von u_0 bei $x_1 = 0$ führt nur zu einer Stoßwelle mit $u_l = 1 > u_r = -1$. Eine Verdünnungswelle ist hier nicht definiert.
Die Rankine-Hugoniot Bedingung lautet

$$\dot{s} = \frac{1}{2}(u_l + u_r) = \frac{1}{2}(1-1) = 0 \quad \Rightarrow \quad s(t) = C\,.$$

Mit $s(0) = x_1 = 0$ erhält man die Stoßfront $s_1(t) = 0$ und damit die Stoßwelle.

$$u_s(x,t) = \begin{cases} 1\,, & x \le 0 \\ -1\,, & 0 < x\,. \end{cases}$$

Die Entropiebedingung ist wegen $u(x+z,t) - u(x,t) \le 0 < Cz/t$ automatisch erfüllt. Damit lautet die gesamte Entropielösung also

$$u(x,t) = \begin{cases} 0\,, & x \le -2 \\ (x+2)/t\,, & -2 < x \le -2+t \\ 1\,, & -2+t < x \le 0 \\ -1\,, & 0 < x\,. \end{cases}$$

Diese Lösung ist jedoch nur für $-2 + t \le 0 \Rightarrow t \le 2 =: T$ definiert, also nur bis zu dem Zeitpunkt, wo die Verdünnungswelle auf die Stoßfront der Stoßwelle trifft.

b)

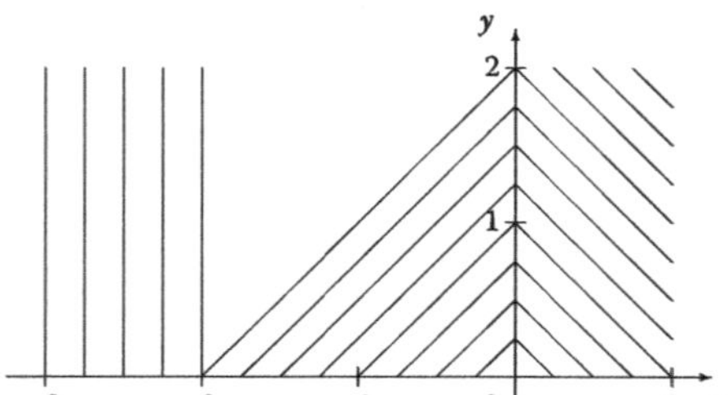

Abb. L25.8 Grundcharakteristiken mit Stoßfront.

c)

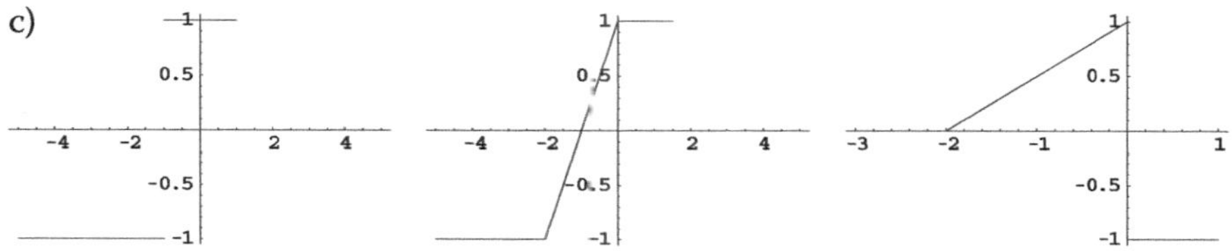

Abb. L25.9 $u(x,0)$, $u(x,1)$, $u(x,2)$.

Lösung zu A25.2.15

a) i) Allgemeine Darstellung der Grundcharakteristiken

$$
\begin{aligned}
& x(t) = x_0 + u_0(x_0)t \\
\Rightarrow \quad & x(t) = x_0 + (2x_0 - 3)t
\end{aligned}
$$

(siehe Abb. L25.10a)

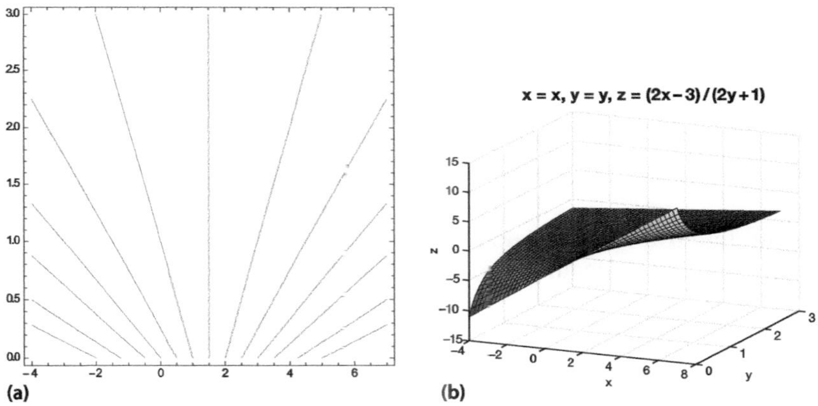

Abb. L25.10 (a) $x(t) = x_0 + (2x_0 - 3)t$; (b) $u(x,t) = \dfrac{2x-3}{2t+1}$.

ii) Implizite Lösungsdarstellung:

$$u(x,t) = \psi(x - u(x,t) \cdot t)$$

Anfangsbedingung:

$$
\begin{aligned}
& u_0(x) := u(x,0) = 2x - 3 \\
& 2x - 3 = \psi(x - u_0(x) \cdot 0) = \psi(x) \\
\Rightarrow \quad & u(x,t) = 2(x - u(x,t) \cdot t) - 3 \\
\Rightarrow \quad & u(x,t) = \frac{2x-3}{2t+1}, \quad \forall t \geq 0
\end{aligned}
$$

(siehe Abb. L25.10b)

b) i) Allgemeine Darstellung der Grundcharakteristiken

$$x(t) = x_0 + u_0(x_0)t$$
$$\Rightarrow \quad x(t) = x_0 + (4 - 3x_0)t$$

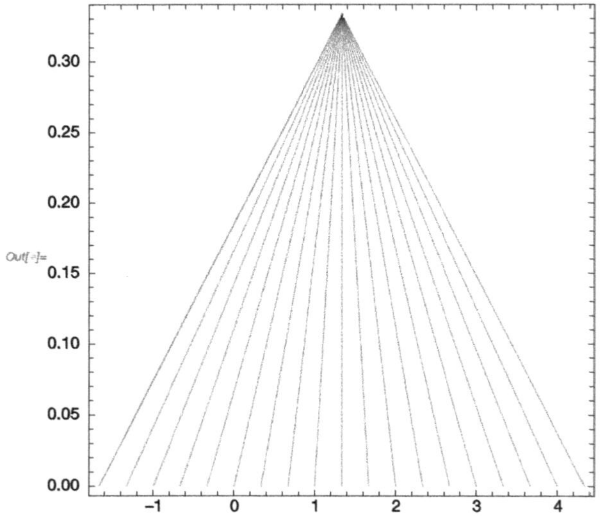

Abb. L25.11 $x(t) = x_0 + (4 - 3x_0)t$.

ii) Implizite Lösungsdarstellung: $u(x,t) = \psi(x - u(x,t)\cdot t)$
Anfangsbedingung: $u_0(x) := u(x,0) = 4 - 3x$

$$4 - 3x = \psi(x - u_0(x)\cdot 0) = \psi(x) \quad \Rightarrow \quad u(x,t) = 4 - 3(x - u(x,t)\cdot t)$$
$$\Rightarrow \quad u(x,t) = \frac{4-3x}{1-3t}$$

iii) Die Lösung u existiert bis $t < T = \frac{1}{3}$.

L25.3 Normalformen linearer partieller Differentialgleichungen zweiter Ordnung

Lösung zu A25.3.1

a) $u_{xx} + 2u_{xy} + 3u_{yy} + e^y u_x - \sin(x)u_y = \tan(x^2+y^2)$

$$\Leftrightarrow \quad \nabla^T \underbrace{\begin{pmatrix} 1 & 1 \\ 1 & 3 \end{pmatrix}}_{=:A} \nabla u + (e^y, -\sin x)\nabla u = \tan(x^2+y^2)$$

$$\det(A - \lambda I) = (1-\lambda)(3-\lambda) - 1 = (\lambda-2)^2 - 2 \quad \Rightarrow \quad \lambda_{1,2} = 2 \pm \sqrt{2} > 0$$

Damit ist die Differentialgleichung in ganz $\mathbb{R}^2$ von elliptischem Typ.

b)

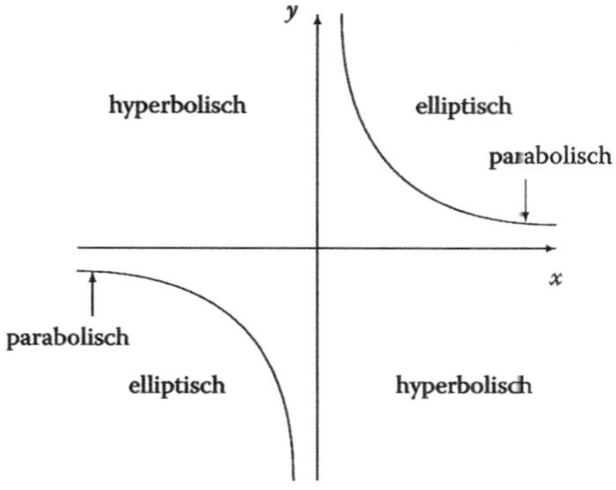

Abb. L25.12 Gebiete unterschiedlichen Typs.

$$x^3 u_{xx} + 2u_{xy} + y^3 u_{yy} + u_x - yu_y = e^x$$

$$\Leftrightarrow \quad \nabla^T \underbrace{\begin{pmatrix} x^3 & 1 \\ 1 & y^3 \end{pmatrix}}_{=:A} \nabla u + (1 - 3x^2, -y - 3y^2)\nabla u = e^x$$

$$\lambda_1 \lambda_2 = \det A$$

$$= (xy)^3 - 1 \begin{cases} > 0 \text{ (elliptisch)} & \text{für } x > 0 \Rightarrow y > \frac{1}{x}, \quad x < 0 \Rightarrow y < \frac{1}{x} \\ = 0 \text{ (parabolisch)} & \text{für } y = \frac{1}{x} \\ < 0 \text{ (hyperbolisch)} & \text{für } x > 0 \Rightarrow y < \frac{1}{x}, \quad x < 0 \Rightarrow y > \frac{1}{x} \\ & x = 0, \ y \in \mathbb{R} \end{cases}$$

Lösung zu A25.3.2

a) $2u_{xx} + 4u_{xy} + 2u_{yy} + 2u_x + 4u_y = 2u \quad \Leftrightarrow \quad \nabla^T \underbrace{\begin{pmatrix} 2 & 2 \\ 2 & 2 \end{pmatrix}}_{=:A} \nabla u + (2, 4)\nabla u = 2u$

$$\det(A - \lambda I) = \lambda(\lambda - 2) \quad \Rightarrow \quad \lambda_1 = 0, \ \lambda_2 = 2$$

Damit ist die Differentialgleichung in ganz $\mathbb{R}^2$ von parabolischem Typ.

b) $yu_{xx} + 2xu_{xy} + yu_{yy} = y^2 + \ln(1 + x^2)$

$$\Leftrightarrow \quad \nabla^T \underbrace{\begin{pmatrix} y & x \\ x & y \end{pmatrix}}_{=:A} \nabla u - (0, 2)\nabla u = y^2 + \ln(1 + x^2)$$

$$\det \boldsymbol{A} = y^2 - x^2$$

$$= (y+x)(y-x) \begin{cases} > 0 & \text{(elliptisch) für } (y < -x \;\wedge\; y < x) \;\vee\; (y > -x \;\wedge\; y > x) \\ = 0 & \text{(parabolisch) für } y = x \;\vee\; y = -x \\ < 0 & \text{(hyperbolisch) für} \\ & (y > -x \;\wedge\; y < x) \;\vee\; (y < -x \;\wedge\; y > x) \end{cases}$$

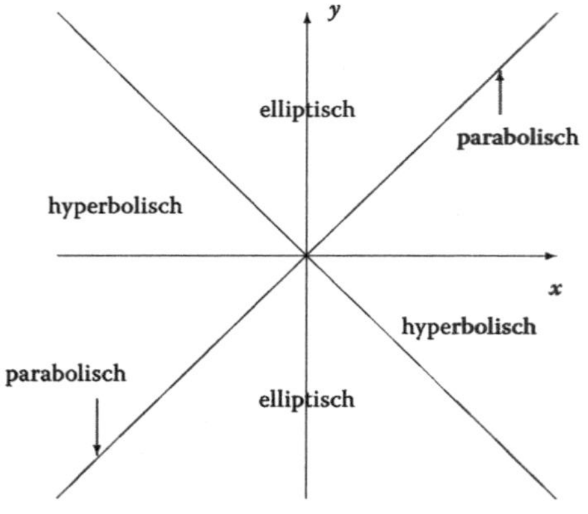

Abb. L25.13 Gebiete unterschiedlichen Typs.

Lösung zu A25.3.3

a) $11u_{xx} + 11u_{yy} + 14u_{zz} - 2u_{xy} - 8u_{xz} - 8u_{yz} = 0$

$$\Leftrightarrow \quad \nabla^T \underbrace{\begin{pmatrix} 11 & -1 & -4 \\ -1 & 11 & -4 \\ -4 & -4 & 14 \end{pmatrix}}_{=:\boldsymbol{A}} \nabla u = 0$$

$$\det(\boldsymbol{A} - \lambda \boldsymbol{I}) = -(\lambda - 6)(\lambda - 12)(\lambda - 18) \quad \Rightarrow \quad \lambda_1 = 6\,,\ \lambda_2 = 12\,,\ \lambda_3 = 18$$

Damit ist die Differentialgleichung in ganz $\mathbb{R}^3$ von elliptischem Typ.

b) $u_{xx} + u_{yy} - 2u_{zz} + 2u_{xy} + 8u_{xz} + 8u_{yz} - 5xyu_z + 3u = x^2$

$$\Leftrightarrow \quad \nabla^T \underbrace{\begin{pmatrix} 1 & 1 & 4 \\ 1 & 1 & 4 \\ 4 & 4 & -2 \end{pmatrix}}_{=:\boldsymbol{A}} \nabla u + (0, 0, -5xy)\nabla u + 3u = x^2$$

$$\det(\boldsymbol{A} - \lambda \boldsymbol{I}) = -\lambda(\lambda - 6)(\lambda + 6) \quad \Rightarrow \quad \lambda_1 = 0\,,\ \lambda_2 = 6\,,\ \lambda_3 = -6$$

Damit ist die Differentialgleichung in ganz $\mathbb{R}^3$ von parabolischem Typ.

c) $7u_{xx}+7u_{yy}-2u_{zz}-10u_{xy}+8u_{xz}+8u_{yz}+8u_{yz}+4\sin y u_x+9u_y-3xu_z=0$

$$\Leftrightarrow \quad \nabla^T \underbrace{\begin{pmatrix} 7 & -5 & 4 \\ -5 & 7 & 4 \\ 4 & 4 & -2 \end{pmatrix}}_{=:A} \nabla u + (4\sin y, 9, -3x)\nabla u = 0$$

$$\det(A-\lambda I) = -(\lambda-6)(\lambda-12)(\lambda+6) \quad \Rightarrow \quad \lambda_1 = 6\,,\ \lambda_2 = 12\,,\ \lambda_3 = -6$$

Damit ist die Differentialgleichung in ganz $\mathbb{R}^3$ von hyperbolischem Typ.

Lösung zu A25.3.4

a) $-\frac{1}{2}u_{xx} + 3u_{xy} - \frac{1}{2}u_{yy} + \sqrt{2}u_x - \sqrt{2}u_y = x + y$

$$\Leftrightarrow \quad \nabla^T \underbrace{\begin{pmatrix} -\frac{1}{2} & \frac{3}{2} \\ \frac{3}{2} & -\frac{1}{2} \end{pmatrix}}_{=:A} \nabla u + (\sqrt{2}, -\sqrt{2})\nabla u = x + y$$

$$\det(A-\lambda I) = (\lambda-1)(\lambda+2) \quad \Rightarrow \quad \lambda_1 = 1\,,\ \lambda_2 = -2$$

Es handelt sich also in ganz $\mathbb{R}^2$ um eine hyperbolische Differentialgleichung.

b) Eigenvektoren v_1 und v_2 von A und Transformationsmatrix S:

$$v_1 = \frac{1}{\sqrt{2}}\begin{pmatrix} 1 \\ 1 \end{pmatrix}, \quad v_2 = \frac{1}{\sqrt{2}}\begin{pmatrix} 1 \\ -1 \end{pmatrix}, \quad S = \frac{1}{\sqrt{2}}\begin{pmatrix} 1 & 1 \\ 1 & -1 \end{pmatrix}.$$

Mit den neuen Variablen

$$\begin{pmatrix} \xi \\ \eta \end{pmatrix} := \frac{1}{\sqrt{2}}\begin{pmatrix} 1 & 1 \\ 1 & -1 \end{pmatrix}\begin{pmatrix} x \\ y \end{pmatrix}$$

wird die Ausgangsgleichung nach der Kettenregel transformiert und in eine Gleichung $\tilde{u}(\xi(x,y), \eta(x,y)) := u(x,y)$ überführt:

$$\tilde{u}_{\xi\xi} - 2\tilde{u}_{\eta\eta} + 2\tilde{u}_\eta = \sqrt{2}\xi\,.$$

Erneute Transformation mit den Variablen $\mu := \xi,\ \nu := \frac{\eta}{\sqrt{2}}$ führt auf die hyperbolische Normalform in $\hat{u}(\mu(\xi,\eta), \nu(\xi,\eta)) := \tilde{u}(\xi,\eta)$

$$\hat{u}_{\mu\mu} - \hat{u}_{\nu\nu} + \sqrt{2}\hat{u}_\nu = \sqrt{2}\mu\,.$$

Lösung zu A25.3.5

a) Ein Vergleich von $4x^2u_{xx} - 4xyu_{xy} + y^2u_{yy} + 3yu_y = 3u$ mit der Standardform $au_{xx} + 2bu_{xy} + cu_{yy} = f(x, y, u, u_x, u_y)$ ergibt $a = 4x^2$, $b = -2xy$ und $c = y^2$. Wegen $ac - b^2 = 4x^2y^2 - (-2xy)^2 = 0$ ist die Differentialgleichung in ganz $\mathbb{R}^2$ parabolisch.

b) Zur Transformation auf Normalform sind die charakteristischen gewöhnlichen Differentialgleichungen zu lösen. Im parabolischen Fall ergibt sich jedoch nur eine Gleichung:

$$0 = a(y')^2 - 2by' + c = 4x^2(y')^2 + 4xyy' + y^2 = 4x^2\left(y' + \frac{y}{2x}\right)^2$$

$$\Rightarrow \quad y' = -\frac{y}{2x} \quad \Rightarrow \quad \ln y = \ln\frac{1}{\sqrt{x}} + \ln C \quad \Rightarrow \quad y = \frac{C}{\sqrt{x}} \quad \Rightarrow \quad C = y\sqrt{x}\,.$$

Man erhält die Charakteristik $\xi = y\sqrt{x}$. Zur Transformation auf parabolische Normalform wähle man die neuen Variablen

$$\xi = y\sqrt{x} \quad \text{und} \quad \eta = y\,.$$

Für $\tilde{u}(\xi(x,y), \eta(x,y)) := u(x,y)$ ergibt sich nach der Kettenregel:

$$\begin{aligned}
u_y &= \tilde{u}_\xi \xi_y + \tilde{u}_\eta \eta_y\,,\\
u_{xx} &= \tilde{u}_{\xi\xi}(\xi_x)^2 + 2\xi_x\eta_x\tilde{u}_{\xi\eta} + \tilde{u}_{\eta\eta}(\eta_x)^2 + \tilde{u}_\xi\xi_{xx} + \tilde{u}_\eta\eta_{xx}\,,\\
u_{xy} &= \tilde{u}_{\xi\xi}\xi_x\xi_y + (\xi_x\eta_y + \xi_y\eta_x)\tilde{u}_{\xi\eta} + \tilde{u}_{\eta\eta}\eta_x\eta_y + \tilde{u}_\xi\xi_{xy} + \tilde{u}_\eta\eta_{xy}\,,\\
u_{yy} &= \tilde{u}_{\xi\xi}(\xi_y)^2 + 2\xi_y\eta_y\tilde{u}_{\xi\eta} + \tilde{u}_{\eta\eta}(\eta_y)^2 + \tilde{u}_\xi\xi_{yy} + \tilde{u}_\eta\eta_{yy}\,.
\end{aligned}$$

Die weitere Rechnung erfordert die partiellen Ableitungen von $\xi(x,y)$ und $\eta(x,y)$:

$$\xi_x = \frac{y}{2\sqrt{x}}\,, \quad \xi_y = \sqrt{x}\,, \quad \xi_{xx} = \frac{-y}{4x^{1,5}}\,, \quad \xi_{xy} = \frac{1}{2\sqrt{x}}\,, \quad \xi_{yy} = 0\,.$$

$$\eta_x = 0\,, \quad \eta_y = 1\,, \quad \eta_{xx} = 0\,, \quad \eta_{xy} = 0\,, \quad \eta_{yy} = 0\,.$$

Die transformierte Gleichung lautet

$$A\tilde{u}_{\xi\xi} + 2B\tilde{u}_{\xi\eta} + C\tilde{u}_{\eta\eta} = D\tilde{u}_\xi + E\tilde{u}_\eta + 3\tilde{u}\,,$$

mit den Koeffizienten

$$\begin{aligned}
A &= 4x^2\xi_x^2 - 4xy\xi_x\xi_y + y^2\xi_y^2 = 0\,,\\
B &= 4x^2\xi_x\eta_x - 2xy(\xi_x\eta_y + \xi_y\eta_x) + y^2\xi_y\eta_y = 0\,,\\
C &= 4x^2\eta_x^2 - 4xy\eta_x\eta_y + y^2\eta_y^2 = y^2 = \eta^2\,,\\
D &= -(4x^2\xi_{xx} - 4xy\xi_{xy} + y^2\xi_{yy} + 3y\xi_y) = 0\,,\\
E &= -(4x^2\eta_{xx} - 4xy\eta_{xy} + y^2\eta_{yy} + 3y\eta_y) = -3y = -3\eta\,.
\end{aligned}$$

Die Differentialgleichung besitzt also die Normalform

$$\eta^2\tilde{u}_{\eta\eta} + 3\eta\tilde{u}_\eta - 3\tilde{u} = 0\,.$$

c) Die parabolische Normalform aus b) ist eine gewöhnliche Differentialgleichung bezüglich η mit Parameter ξ. Genauer handelt es sich um eine Eulersche Differentialgleichung, für die man mit dem Ansatz $\tilde{u}(\xi, \eta) = f(\xi)\eta^\lambda$ Lösungen konstruiert. Eingesetzt in die Differentialgleichung ergibt sich

$$0 = \eta^2\lambda(\lambda-1)f(\xi)\eta^{\lambda-2} + 3\eta\lambda f(\xi)\eta^{\lambda-1} - 3f(\xi)\eta^\lambda = f(\xi)\eta^\lambda(\lambda^2 + 2\lambda - 3)\,.$$

Aus $\lambda^2 + 2\lambda - 3 = 0$ ergeben sich für $\lambda = 1$ und $\lambda = -3$ zwei unabhängige Lösungen, so dass die allgemeine Lösung der Eulerschen Differentialgleichung durch $g(\xi)\eta + h(\xi)\eta^{-3}$ gegeben ist. Damit erhält man die allgemeine Lösung der parabolischen Gleichung

$$u(x, y) = g(y\sqrt{x})y + \frac{h(y\sqrt{x})}{y^3}\,.$$

Lösung zu A25.3.6

a) Ein Vergleich von $u_{xx} + 2xu_{xy} - u_{yy} = 0$ mit der Standardform $au_{xx} + 2bu_{xy} + cu_{yy} = f(x, y, u, u_x, u_y)$ ergibt $a = 1, b = x$ und $c = -1$. Wegen $ac - b^2 = -1 - x^2 < 0$ ist die Differentialgleichung in ganz $\mathbb{R}^2$ hyperbolisch.

b) Zur Berechnung der Charakteristiken sind die charakteristischen gewöhnlichen Differentialgleichungen zu lösen:

$$0 = a(y')^2 - 2by' + c = (y')^2 - 2xy' - 1 \quad \Rightarrow \quad y' = x \pm \sqrt{1+x^2}$$
$$\Rightarrow \quad y_{1,2} = \frac{1}{2}\left\{x^2 \pm \left(x\sqrt{1+x^2} - \ln(x + \sqrt{1+x^2})\right) + C_{1,2}\right\}\,.$$

Daraus ergeben sich die Charakteristiken

$$\xi = 2y - x^2 - x\sqrt{1+x^2} - \ln(x + \sqrt{1+x^2})\,,$$
$$\eta = 2y - x^2 + x\sqrt{1+x^2} + \ln(x + \sqrt{1+x^2})\,.$$

c) Die Transformation der gegebenen Differentialgleichung in u auf die hyperbolische Normalform in $\tilde{u}(\xi(x, y), \eta(x, y)) := u(x, y)$ erfolgt nach der Kettenregel:

$$u_{xx} = \tilde{u}_{\xi\xi}(\xi_x)^2 + 2\xi_x\eta_x\tilde{u}_{\xi\eta} + \tilde{u}_{\eta\eta}(\eta_x)^2 + \tilde{u}_\xi\xi_{xx} + \tilde{u}_\eta\eta_{xx}\,,$$
$$u_{xy} = \tilde{u}_{\xi\xi}\xi_x\xi_y + (\xi_x\eta_y + \xi_y\eta_x)\tilde{u}_{\xi\eta} + \tilde{u}_{\eta\eta}\eta_x\eta_y + \tilde{u}_\xi\xi_{xy} + \tilde{u}_\eta\eta_{xy}\,,$$
$$u_{yy} = \tilde{u}_{\xi\xi}(\xi_y)^2 + 2\xi_y\eta_y\tilde{u}_{\xi\eta} + \tilde{u}_{\eta\eta}(\eta_y)^2 + \tilde{u}_\xi\xi_{yy} + \tilde{u}_\eta\eta_{yy}\,.$$

Die transformierte Gleichung lautet

$$A\tilde{u}_{\xi\xi} + 2B\tilde{u}_{\xi\eta} + C\tilde{u}_{\eta\eta} = \tilde{u}_\xi(-\xi_{xx} - 2x\xi_{xy} + \xi_{yy}) + \tilde{u}_\eta(-\eta_{xx} - 2x\eta_{xy} + \eta_{yy})\,.$$

Die Koeffizienten A und C sind per Konstruktion gleich 0. Die Berechnung der anderen Koeffizienten erfordert die partiellen Ableitungen von $\xi(x, y)$ und $\eta(x, y)$:

$$\xi_x = -2(x + \sqrt{1+x^2})\,, \quad \xi_y = 2\,, \quad \xi_{xx} = -2\left(1 + \frac{x}{\sqrt{1+x^2}}\right)\,,$$

$$\xi_{xy} = 0\,, \quad \xi_{yy} = 0\,. \qquad \eta_x = -2(x - \sqrt{1+x^2})\,,$$

$$\eta_y = 2\,, \quad \eta_{xx} = -2\left(1 - \frac{x}{\sqrt{1+x^2}}\right)\,, \quad \eta_{xy} = 0\,, \quad \eta_{yy} = 0\,.$$

Damit ergibt sich

$$B = \xi_x\eta_x + x(\xi_x\eta_y + \xi_y\eta_x) - \xi_y\eta_y = -8(1+x^2)$$

$$-\xi_{xx} - 2x\xi_{xy} + \xi_{yy} = 2\left(1 + \frac{x}{\sqrt{1+x^2}}\right)$$

$$-\eta_{xx} - 2x\eta_{xy} + \eta_{yy} = 2\left(1 - \frac{x}{\sqrt{1+x^2}}\right)\,.$$

Die Normalform lautet daher

$$\tilde{u}_{\xi\eta} = \frac{-1}{8(1+x^2(\xi,\eta))}\left(\left(1 + \frac{x(\xi,\eta)}{\sqrt{1+x^2(\xi,\eta)}}\right)\tilde{u}_\xi + \left(1 - \frac{x(\xi,\eta)}{\sqrt{1+x^2(\xi,\eta)}}\right)\tilde{u}_\eta\right)\,,$$

wobei $x(\xi,\eta)$ die erste Komponente der Umkehrfunktion der Transformation ist. Die Umkehrfunktion existiert lokal, denn für die Transformationsdeterminante gilt:

$$\begin{vmatrix} \xi_x & \xi_y \\ \eta_x & \eta_y \end{vmatrix} = \xi_x\eta_y - \xi_y\eta_x = -8\sqrt{1+x^2} \neq 0\,.$$

Lösung zu A25.3.7

a) Ein Vergleich von $x^4 u_{xx} + y^4 u_{yy} = 1/(xy)$ mit der Standardform

$$a u_{xx} + 2b u_{xy} + c u_{yy} = f(x, y, u, u_x, u_y)$$

ergibt $a = x^4$, $b = 0$ und $c = y^4$. Wegen $ac - b^2 = (xy)^4 > 0$ ist die Differentialgleichung elliptisch für $xy \neq 0$.

b) Die charakteristischen gewöhnlichen Differentialgleichungen sind

$$0 = a(y')^2 - 2by' + c = x^4(y')^2 + y^4 \;\Rightarrow\; y' = \pm i\frac{y^2}{x^2} \;\Rightarrow\; C_{1,2} = \frac{1}{y} \mp i\frac{1}{x}\,.$$

Als neue Variable für die Transformation auf Normalform wähle man

$$\xi = \frac{1}{y} \quad \text{und} \quad \eta = \frac{1}{x}\,.$$

Die weitere Rechnung erfordert einige partielle Ableitungen von $\xi(x, y)$ und $\eta(x, y)$:

$$\xi_x = 0\,, \quad \xi_y = -\frac{1}{y^2}\,, \quad \xi_{xx} = 0\,, \quad \xi_{yy} = \frac{2}{y^3}\,,$$

$$\eta_x = -\frac{1}{x^2}, \quad \eta_y = 0, \quad \eta_{xx} = \frac{2}{x^3}, \quad \eta_{yy} = 0.$$

Nach der Kettenregel für $\tilde{u}(\xi(x, y), \eta(x, y)) := u(x, y)$ erhält man

$$u_{xx} = \frac{1}{x^4}\tilde{u}_{\eta\eta} + \frac{2}{x^3}\tilde{u}_\eta \quad \text{und} \quad u_{yy} = \frac{1}{y^4}\tilde{u}_{\xi\xi} + \frac{2}{y^3}\tilde{u}_\xi .$$

Die Normalform lautet daher

$$\tilde{u}_{\xi\xi} + \tilde{u}_{\eta\eta} + \frac{2}{\xi}\tilde{u}_\xi + \frac{2}{\eta}\tilde{u}_\eta = \xi\eta .$$

Lösung zu A25.3.8

Ein Vergleich von $yu_{xx} + u_{yy} = 0$ mit der allgemeinen Form $au_{xx} + 2bu_{xy} + cu_{yy} = g$ ergibt $a = y$, $b = 0$ und $c = 1$. Wegen $ac - b^2 = y$ ist die Differentialgleichung auf der Halbebene

$$H := \left\{ \begin{pmatrix} x \\ y \end{pmatrix} \in \mathbb{R}^2 \,\middle|\, y < 0 \right\}$$

hyperbolisch.

Zur Berechnung der Charakteristiken sind die charakteristischen gewöhnlichen Differentialgleichungen zu lösen:

$$0 = a(y')^2 - 2by' + c = y(y')^2 + 1 \quad \Rightarrow \quad (y')^2 = \frac{1}{-y} \quad \Rightarrow \quad \sqrt{-y}\, y' = \pm 1$$

$\Rightarrow \frac{2}{3}(-y)^{3/2} = \mp x + C_j$, $j = 1, 2$. Daraus ergeben sich die Charakteristiken

$$\xi = x + \frac{2}{3}(-y)^{3/2} \quad \text{und} \quad \eta = -x + \frac{2}{3}(-y)^{3/2},$$

mit den partiellen Ableitungen

$$\xi_x = 1, \quad \xi_y = -\sqrt{-y}, \quad \xi_{xx} = 0, \quad \xi_{xy} = 0, \quad \xi_{yy} = \frac{1}{2\sqrt{-y}},$$

$$\eta_x = -1, \quad \eta_y = -\sqrt{-y}, \quad \eta_{xx} = 0, \quad \eta_{xy} = 0, \quad \eta_{yy} = \frac{1}{2\sqrt{-y}}.$$

Die Koordinatentransformation ist wegen $\xi_x\eta_y - \xi_y\eta_x = -2\sqrt{-y} \neq 0$ zulässig (siehe Abb. L25.14).

Die Transformation der Tricomi-Differentialgleichung in u auf hyperbolische Normalform in $\tilde{u}(\xi(x, y), \eta(x, y)) := u(x, y)$ in der Halbebene H erfolgt nach der Kettenregel:

$$\begin{aligned} u_{xx} &= \tilde{u}_{\xi\xi}(\xi_x)^2 + 2\xi_x\eta_x\tilde{u}_{\xi\eta} + \tilde{u}_{\eta\eta}(\eta_x)^2 + \tilde{u}_\xi\xi_{xx} + \tilde{u}_\eta\eta_{xx} \\ &= \tilde{u}_{\xi\xi} - 2\tilde{u}_{\xi\eta} + \tilde{u}_{\eta\eta} \\ u_{yy} &= \tilde{u}_{\xi\xi}(\xi_y)^2 + 2\xi_y\eta_y\tilde{u}_{\xi\eta} + \tilde{u}_{\eta\eta}(\eta_y)^2 + \tilde{u}_\xi\xi_{yy} + \tilde{u}_\eta\eta_{yy} \\ &= -y\tilde{u}_{\xi\xi} - 2y\tilde{u}_{\xi\eta} - y\tilde{u}_{\eta\eta} + \frac{1}{2\sqrt{-y}}\tilde{u}_\xi + \frac{1}{2\sqrt{-y}}\tilde{u}_\eta . \end{aligned}$$

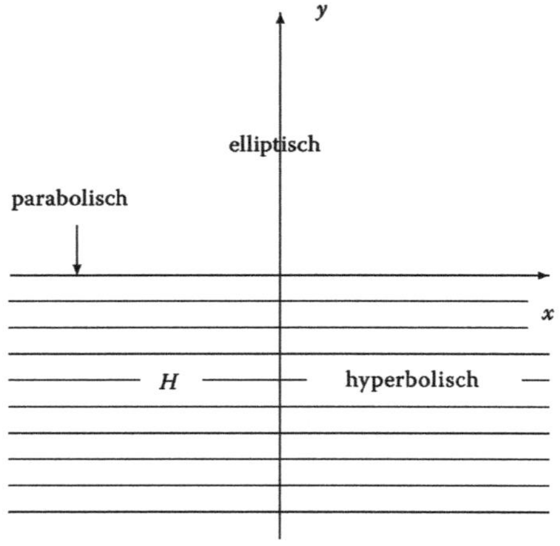

Abb. L25.14 Gebiete unterschiedlichen Typs.

Damit erhält man

$$0 = yu_{xx} + u_{yy} = -4y\tilde{u}_{\xi\eta} + \frac{1}{2\sqrt{-y}}\tilde{u}_\xi + \frac{1}{2\sqrt{-y}}\tilde{u}_\eta \quad \Rightarrow \quad \tilde{u}_{\xi\eta} = -\frac{\tilde{u}_\xi + \tilde{u}_\eta}{8(-y)^{3/2}} .$$

Aus $\xi + \eta = \frac{4}{3}(-y)^{3/2}$ folgt $-y = \left(\frac{3(\xi+\eta)}{4}\right)^{2/3}$.

Die hyperbolische Normalform lautet daher $\tilde{u}_{\xi\eta} = -\frac{\tilde{u}_\xi + \tilde{u}_\eta}{6(\xi + \eta)}$.

Lösung zu A25.3.9

a) Ein Vergleich von $(1 - x^2)u_{xx} - u_{yy} = 0$ mit der Standardform

$$au_{xx} + 2bu_{xy} + cu_{yy} = f(x, y, u, u_x, u_y)$$

ergibt $a = 1 - x^2$, $b = 0$ und $c = -1$. Der Typ ergibt sich aus

$$xac - b^2 = x^2 - 1 \begin{cases} = 0 & \text{für } |x| = 1 \ \Rightarrow \ \text{parabolisch}, \\ < 0 & \text{für } |x| < 1 \ \Rightarrow \ \text{hyperbolisch}, \\ > 0 & \text{für } |x| > 1 \ \Rightarrow \ \text{elliptisch}; \end{cases}$$

siehe Abb. L25.15.

b) Die charakteristischen gewöhnlichen Differentialgleichungen für $|x| < 1$ sind

$$0 = a(y')^2 - 2by' + c = (1 - x^2)(y')^2 - 1$$
$$\Rightarrow \quad y' = \frac{\pm 1}{\sqrt{1 - x^2}} \quad \Rightarrow \quad C_{1,2} = y \pm \arcsin x .$$

Als neue Variable für die Transformation auf Normalform wähle man

$$\xi = y + \arcsin x \quad \text{und} \quad \eta = y - \arcsin x .$$

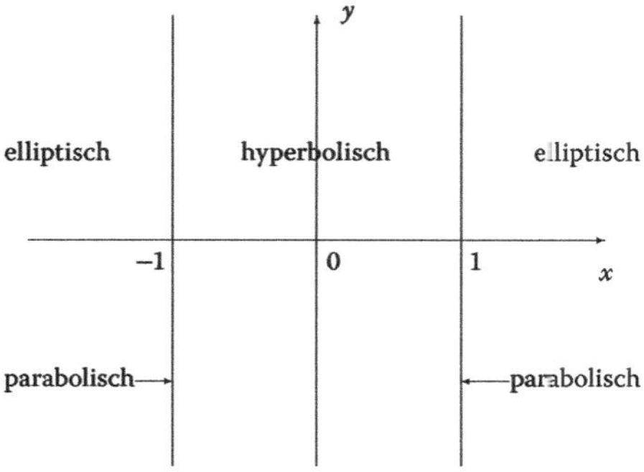

Abb. L25.15 Gebiete unterschiedlichen Typs.

Die weitere Rechnung erfordert einige partielle Ableitungen von $\xi(x, y)$ und $\eta(x, y)$:

$$\xi_x = \frac{1}{\sqrt{1-x^2}}, \quad \xi_y = 1, \quad \xi_{xx} = \frac{x}{(1-x^2)^{3/2}}, \quad \xi_{yy} = 0,$$

$$\eta_x = \frac{-1}{\sqrt{1-x^2}}, \quad \eta_y = 1, \quad \eta_{xx} = \frac{-x}{(1-x^2)^{3/2}}, \quad \eta_{yy} = 0.$$

Nach der Kettenregel für $\tilde{u}(\xi(x, y), \eta(x, y)) := u(x, y)$ erhält man

$$u_{xx} = \frac{1}{1-x^2}\left(\tilde{u}_{\xi\xi} - 2\tilde{u}_{\xi\eta} + \tilde{u}_{\eta\eta}\right) + \frac{x}{(1-x^2)^{3/2}}(\tilde{u}_\xi - \tilde{u}_\eta) \quad \text{und}$$

$$u_{yy} = \tilde{u}_{\xi\xi} + 2\tilde{u}_{\xi\eta} + \tilde{u}_{\eta\eta}.$$

Eingesetzt in die Differentialgleichung ergibt sich:

$$-4\tilde{u}_{\xi\eta} + \frac{x}{\sqrt{1-x^2}}(\tilde{u}_\xi - \tilde{u}_\eta) = 0.$$

Mit $x = \sin\frac{\xi-\eta}{2}$ lautet die Normalform daher

$$\tilde{u}_{\xi\eta} = \frac{1}{4}\tan\frac{\xi-\eta}{2}(\tilde{u}_\xi - \tilde{u}_\eta).$$

L25.4 Die Laplacegleichung

Lösung zu A25.4.1

a) Ohne über Holomorphie zu argumentieren wird der Sachverhalt direkt nachgerechnet:

$$e^z = e^{x+iy} = \underbrace{e^x \cos y}_{=u(x,y)} + i\,\underbrace{e^x \sin y}_{v(x,y)}.$$

$$u_x = e^x \cos y, \quad u_{xx} = e^x \cos y, \quad u_y = -e^x \sin y, \quad u_{yy} = -e^x \cos y$$

$$\Rightarrow \quad \Delta u = u_{xx} + u_{yy} = 0.$$

Entsprechend zeigt man $\Delta v = 0$.

b) Lösung in Polynomform für $\Delta u = x + y$ mit dem Ansatz:

$$u(x, y) = a_1x^3 + a_2x^2y + a_3xy^2 + a_4y^3 + b_1x^2 + b_2xy + b_3y^2 + c_1x + c_2y + d\,.$$

Einsetzen in die Differentialgleichung liefert:

$$\begin{aligned} x + y = \Delta u = u_{xx} + u_{yy} &= 6a_1x + 2a_2y + 2a_3x + 6a_4y + 2b_1 + 2b_3 \\ &= (6a_1 + 2a_3)x + (6a_4 + 2a_2)y + 2(b_1 + b_3)\,. \end{aligned}$$

Aus dem Vergleich der Koeffizienten ergeben sich folgende Bedingungen:

$$6a_1 + 2a_3 = 1\,, \quad 6a_4 + 2a_2 = 1\,, \quad b_1 + b_3 = 0\,,$$

außerdem können $b_2, c_1, c_2, d \in \mathbb{R}$ beliebig gewählt werden. Eine Lösung ist damit gegeben durch:

$$\begin{aligned} u(x, y) = {} & a_1x^3 + (1/2 - 3a_4)x^2y + (1/2 - 3a_1)xy^2 + a_4y^3 \\ & + b_1x^2 + b_2xy - b_1y^2 + c_1x + c_2y + d \end{aligned}$$

mit $a_1, a_4, b_1, b_2, c_1, c_2, d \in \mathbb{R}$.

Lösung zu A25.4.2

a) Für die Koordinaten $\xi = x + a$ und $\eta = y + b$ erhält man: $\xi_x = 1,\ \eta_x = 0,\ \xi_y = 0,\ \eta_y = 1$. Nach der Kettenregel gilt daher

$$\begin{aligned} & u_x = u_\xi\xi_x + u_\eta\eta_x = u_\xi \quad \Rightarrow \quad u_{xx} = u_{\xi\xi}\xi_x + u_{\xi\eta}\eta_x = u_{\xi\xi} \\ & u_y = u_\xi\xi_y + u_\eta\eta_y = u_\eta \quad \Rightarrow \quad u_{yy} = u_{\eta\xi}\xi_y + u_{\eta\eta}\eta_y = u_{\eta\eta} \\ & \Rightarrow \quad u_{xx} + u_{yy} = u_{\xi\xi} + u_{\eta\eta}\,. \end{aligned}$$

b) Für die Koordinaten $\xi = x\cos\varphi + y\sin\varphi$ und $\eta = -x\sin\varphi + y\cos\varphi$ erhält man:

$$\xi_x = \cos\varphi,\ \eta_x = -\sin\varphi,\ \xi_y = \sin\varphi,\ \eta_y = \cos\varphi\,.$$

Nach der Kettenregel gilt daher

$$\begin{aligned} u_x &= u_\xi\xi_x + u_\eta\eta_x = u_\xi\cos\varphi - u_\eta\sin\varphi \\ u_{xx} &= (u_{\xi\xi}\cos\varphi - u_{\xi\eta}\sin\varphi)\cos\varphi - (u_{\eta\xi}\cos\varphi - u_{\eta\eta}\sin\varphi)\sin\varphi \\ &= u_{\xi\xi}\cos^2\varphi - 2u_{\xi\eta}\sin\varphi\cos\varphi + u_{\eta\eta}\sin^2\varphi \\ u_y &= u_\xi\xi_y + u_\eta\eta_y = u_\xi\sin\varphi + u_\eta\cos\varphi \\ u_{yy} &= (u_{\xi\xi}\sin\varphi + u_{\xi\eta}\cos\varphi)\sin\varphi + (u_{\eta\xi}\sin\varphi + u_{\eta\eta}\cos\varphi)\cos\varphi \\ &= u_{\xi\xi}\sin^2\varphi + 2u_{\xi\eta}\sin\varphi\cos\varphi + u_{\eta\eta}\cos^2\varphi \\ \Rightarrow \quad & u_{xx} + u_{yy} = u_{\xi\xi} + u_{\eta\eta}\,. \end{aligned}$$

Lösung zu A25.4.3

a) Mittelwerteigenschaft für $\boldsymbol{x}_0 \in \mathbb{R}^2$: $u(\boldsymbol{x}_0) = \frac{1}{2\pi R} \int\limits_{\|\boldsymbol{x}-\boldsymbol{x}_0\|=R} u(\boldsymbol{x})\,\mathrm{d}s$

Mit $\boldsymbol{x}_0 = (1,0)$, $R = 1$ und der Parametrisierung des Kreisrandes

$$\boldsymbol{x} = \begin{pmatrix} x \\ y \end{pmatrix} = \boldsymbol{c}(\varphi) = \begin{pmatrix} \cos\varphi + 1 \\ \sin\varphi \end{pmatrix} \quad \Rightarrow \quad \|\dot{\boldsymbol{c}}(\varphi)\| = 1 \quad \Rightarrow \quad \mathrm{d}s = \mathrm{d}\varphi$$

erhält man

$$u(1,0) = \frac{1}{2\pi} \int\limits_0^{2\pi} 1 + \cos\varphi + 1 + \sin\varphi \,\mathrm{d}\varphi = \frac{1}{2\pi} \int\limits_0^{2\pi} 2\,\mathrm{d}\varphi = 2\,.$$

b) Die Mittelwerteigenschaft für harmonische Funktionen u im $\mathbb{R}^3$ besagt, dass sich der Funktionswert von u im Mittelpunkt $\boldsymbol{x}_0$ einer Kugel vom Radius R berechnen lässt durch Integration über die Kugeloberfläche

$$u(\boldsymbol{x}_0) = \frac{1}{4\pi R^2} \int\limits_{\|\boldsymbol{x}-\boldsymbol{x}_0\|=R} u(\boldsymbol{x})\,\mathrm{d}o\,.$$

Für den in der Aufgabenstellung vorliegenden Fall $\boldsymbol{x}_0 = (-1,2,-3)$ und $R = 2$ berechnen wir das Oberflächenintegral 1.Art durch Parametrisierung der Kugeloberfläche in Kugelkoordinaten:

$$\boldsymbol{x} = \begin{pmatrix} x \\ y \\ z \end{pmatrix} = \boldsymbol{p}(\varphi,\psi) = \begin{pmatrix} 2\cos\varphi\cos\psi - 1 \\ 2\sin\varphi\cos\psi + 2 \\ 2\sin\psi - 3 \end{pmatrix}$$

$$\Rightarrow \quad \left\| \frac{\partial \boldsymbol{p}}{\partial\varphi} \times \frac{\partial \boldsymbol{p}}{\partial\psi} \right\| = 2^2\cos\psi \quad \Rightarrow \quad \mathrm{d}o = 2^2\cos\psi\,\mathrm{d}\psi\,\mathrm{d}\varphi\,.$$

$$\begin{aligned} u(-1,2,-3) &= \frac{1}{4\pi 2^2} \int\limits_0^{2\pi} \int\limits_{-\pi/2}^{\pi/2} (2\cos\varphi\cos\psi - 1)(2\sin\varphi\cos\psi + 2) \\ &\qquad \cdot (2\sin\psi - 3) 2^2 \cos\psi\,\mathrm{d}\psi\,\mathrm{d}\varphi \\ &= \frac{1}{4\pi} \int\limits_0^{2\pi} \int\limits_{-\pi/2}^{\pi/2} 6\cos\psi\,\mathrm{d}\psi\,\mathrm{d}\varphi = 6 \end{aligned}$$

Bemerkung: $u(x,y,z) = xyz$ erfüllt $u_{xx} + u_{yy} + u_{zz} = 0$ und löst daher die Randwertaufgabe selbst. Es gilt also $u(-1,2,-3) = (-1)2(-3) = 6$.

Lösung zu A25.4.4

Die Lösung des Randwertproblems erfolgt in Teilschritten. Zunächst wird eine bilineare Funktion $h(x,y) = a + bx + cy + dxy$ bestimmt, die die Randwerte in den vier Eckpunkten interpoliert. Hier ist $h(x, y) = (xy)/(2\pi)$. Da $\Delta h = 0$ gilt, ist jetzt noch das folgende Problem in $v(x, y) := u(x, y) - h(x, y)$ zu lösen:

$$\begin{aligned}
\Delta v &= 0\,, & &0 < x < 2\pi \quad 0 < y < \pi\,,\\
v(x, 0) &= 0\,, & &0 \le x \le 2\pi\,,\\
v(x, \pi) &= 0\,, & &0 \le x \le 2\pi\,,\\
v(0, y) &= 0\,, & &0 \le y \le \pi\,,\\
v(2\pi, y) &= \frac{y}{\pi}(\pi - y)\,, & &0 \le y \le \pi\,.
\end{aligned}$$

Dieses Dirichlet-Problem hat jetzt die Eigenschaft, dass v in den Randeckpunkten den Funktionswert 0 annimmt. Solche Probleme setzen sich im Allgemeinen aus der Summe von vier Teillösungen zusammen, wobei jede dieser Teillösungen auf drei Rändern den Wert 0 annimmt und auf dem verbleibenden Rand die Randdaten des Ursprungsproblems erfüllt. Im vorliegenden Fall ist nur eine dieser Teillösungen zu bestimmen. Dies geschieht über einen Produktansatz $v(x, y) = X(x)Y(y)$. Eingesetzt in die Differentialgleichung $\Delta v = 0$ ergibt sich

$$\frac{X''(x)}{X(x)} = -\frac{Y''(y)}{Y(y)} =: \lambda\,.$$

Man erhält die beiden gewöhnlichen Differentialgleichungen $X'' - \lambda X = 0$ und $Y'' + \lambda Y = 0$. Die Randbedingungen $0 = v(x, 0) = X(x)Y(0)$ und $0 = v(x, \pi) = X(x)Y(\pi)$ ergeben $Y(0) = 0 = Y(\pi)$. Nur die Lösungen $(\lambda > 0)$ $Y(y) = \alpha \sin(\sqrt{\lambda}\, y) + \beta \cos(\sqrt{\lambda}\, y)$ führen aufgrund der Nullrandbedingungen zu nichttrivialen Lösungen. Aus $Y(0) = 0$ folgt $\beta = 0$, $Y(\pi) = 0$ liefert die Eigenwerte $\lambda_k = k^2$ mit $k > 0$, und die zugehörigen Eigenfunktionen sind gegeben durch $Y_k(y) = \sin(ky)$. Setzt man $\lambda_k = k^2$ in die Differentialgleichung für $X(x)$ ein, so erhält man dort die allgemeine Lösung $X_k(x) = A_k \sinh(kx) + B_k \cosh(kx)$. Man erhält so die Lösungsdarstellung

$$v(x, y) = \sum_{k=1}^{\infty} (A_k \sinh(kx) + B_k \cosh(kx)) \sin(ky)\,.$$

Mit der noch nicht verwendeten Randbedingung

$$v(0, y) = \sum_{k=1}^{\infty} B_k \sin(ky) = 0\,,$$

ergibt sich $B_k = 0$. Die letzte Randbedingung liefert jetzt

$$v(2\pi, y) = \sum_{k=1}^{\infty} A_k \sinh(2\pi k) \sin(ky) = \frac{y}{\pi}(\pi - y)\,.$$

Man berechnet A_k als Fourier-Koeffizient

$$
\begin{aligned}
A_k &= \frac{2}{\pi \sinh(2\pi k)} \int_0^\pi \left(\frac{y}{\pi}(\pi - y) \right) \sin(ky)\,\mathrm{d}y \\
&= \frac{4}{k^3\pi^2 \sinh(2\pi k)}(1 - \cos kx) = \begin{cases} \dfrac{8}{k^3\pi^2 \sinh(2\pi k)} & k \text{ ungerade} \\ 0 & \text{sonst} . \end{cases}
\end{aligned}
$$

Die Lösung des Ausgangsproblems lautet daher

$$
u(x, y) = \frac{xy}{2\pi} + \sum_{n=1}^{\infty} \frac{8 \sinh((2n-1)x) \sin((2n-1)y)}{(2n-1)^3\pi^2 \sinh(2\pi(2n-1))} .
$$

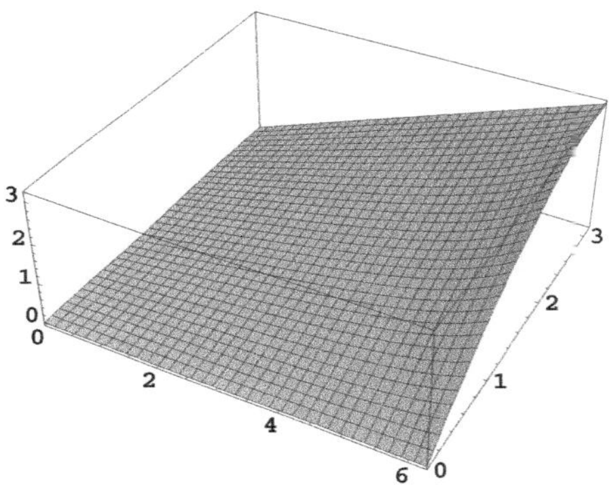

Abb. L25.16 Lösung $u(x, y)$.

Lösung zu A25.4.5

a) $y = w(0, y) = a + cy \quad \Rightarrow \quad a = 0\,,\ c = 1$

$-y = w(1, y) = b + y + dy \quad \Rightarrow \quad b = 0\,,\ d = -2$

$\Rightarrow \quad w(x, y) = y - 2xy$

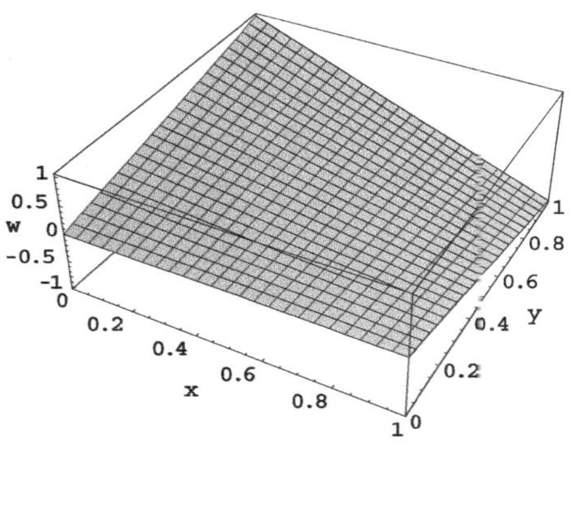

Abb. L25.17 Lösung $w(x, y)$.

b) $v(x, y) := u(x, y) - w(x, y) = u(x, y) - y + 2xy$ führt auf das Randwertproblem

$$\begin{aligned} \Delta v &= 0 && \text{für } 0 < x, y < 1\,, \\ v(0, y) &= 0 = v(1, y) && \text{für } 0 \le y \le 1\,, \\ v(x, 0) &= 0 && \text{für } 0 \le x \le 1\,, \\ v(x, 1) &= 2x - 2x^2 = 2x(1-x)\,. \end{aligned}$$

c) Der Produktansatz $v(x, y) = f(x) \cdot g(y)$ eingesetzt in $\Delta v = 0$ liefert die folgenden beiden gewöhnlichen Differentialgleichungen (siehe auch Abb. L25.18a und b)

i) $f'' + \lambda f = 0$ mit $f(0) = 0 = f(1)$ und den nichttrivialen Lösungen

$$\lambda_k = k^2\pi^2 \quad \text{und} \quad f_k(x) = c_k \sin(k\pi x)\,, \quad k = 1, 2, \ldots$$

ii) $g'' - \lambda_k g = 0$ mit $g(0) = 0$ und den Lösungen $g_k(y) = \sinh(k\pi y)$.

Daher lautet die sich aus dem Produktansatz ergebende Lösungsdarstellung

$$v(x, y) = \sum_{k=1}^{\infty} c_k \sin(k\pi x) \sinh(k\pi y)\,.$$

Es muss noch die verbleibende Randbedingung erfüllt werden

$$2x(1-x) = v(x, 1) = \sum_{k=1}^{\infty} \underbrace{c_k \sinh(k\pi)}_{=:b_k} \sin(k\pi x)\,.$$

Berechnung der Fourier-Koeffizienten

$$\begin{aligned} b_k &= 2\int_0^1 2x(1-x)\sin(k\pi x)\,\mathrm{d}x \\ &= -\frac{4x(1-x)\cos(k\pi x)}{k\pi}\bigg|_0^1 + \int_0^1 \frac{(4-8x)\cos(k\pi x)}{k\pi}\,\mathrm{d}x \\ &= \frac{(4-8x)\sin(k\pi x)}{k^2\pi^2}\bigg|_0^1 + \int_0^1 \frac{8\sin(k\pi x)}{k^2\pi^2}\,\mathrm{d}x \\ &= -\frac{8\cos(k\pi x)}{k^3\pi^3}\bigg|_0^1 = \frac{8(1-\cos(k\pi))}{k^3\pi^3}\,. \end{aligned}$$

Damit lautet die Lösung

$$v(x, y) = \sum_{k=1}^{\infty} \frac{8(1-\cos(k\pi))}{k^3\pi^3\sinh(k\pi)} \sin(k\pi x)\sinh(k\pi y)\,.$$

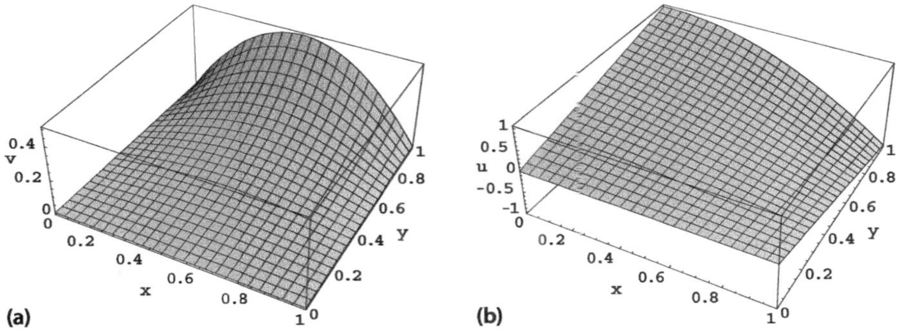

Abb. L25.18 (a) Lösung $v(x, y)$; (b) Lösung des Gesamtproblems $u(x, y) = w(x, y) + v(x, y)$.

Lösung zu A25.4.6

Das innere Dirichlet-Problem im Kreis mit Radius R besitzt die Lösungsdarstellung

$$u(r, \varphi) = \frac{A_0}{2} + \sum_{k=1}^{\infty} \left(\frac{r}{R}\right)^k [A_k \cos(k\varphi) - B_k \sin(k\varphi)] .$$

Die Randvorgabe ($R = 1$) $u(1, \varphi) = 1 + 3\sin\varphi - 3\cos\varphi - 4\sin^3\varphi + 4\cos^3\varphi = 1 + \sin(3\varphi) + \cos(3\varphi)$ ergibt im Vergleich mit der obigen Lösung nur die von 0 verschiedenen Koeffizienten $A_0 = 2$, $A_3 = 1$ und $B_3 = 1$. Damit erhält man die Lösung

$$u(r, \varphi) = 1 + r^3 \sin(3\varphi) + r^3 \cos(3\varphi) = 1 - r^3(3\sin\varphi - 3\cos\varphi - 4\sin^3\varphi + 4\cos^3\varphi) .$$

Umwandlung mittels $x = r\cos\varphi$ und $y = r\sin\varphi$ liefert die Lösung in kartesischen Koordinaten

$$u(x, y) = 1 + 3(x^2 + y^2)(y - x) + 4(x^3 - y^3) ;$$

(siehe Abb. L25.19).

Lösung zu A25.4.7

a) Die Lösung für $\Delta u = 0$ im Kreis $x^2 + y^2 < R^2$ lautet in Polarkoordinaten

$$u(r, \varphi) = \frac{a_0}{2} + \sum_{k=1}^{\infty} [a_k \cos(k\varphi) + b_k \sin(k\varphi)]\, r^k .$$

Differentiation nach r ergibt $\frac{\partial u}{\partial r}(r, \varphi) = \sum_{k=1}^{\infty} [a_k \cos(k\varphi) + b_k \sin(k\varphi)]\, kr^{k-1}$. Speziell für $r = R$ folgt

$$\begin{aligned}\frac{\partial u}{\partial r}(R, \varphi) &= \sum_{k=1}^{\infty} [a_k \cos(k\varphi) + b_k \sin(k\varphi)]\, kR^{k-1} = g(\varphi) \\ &= \sum_{k=1}^{\infty} [\alpha_k \cos(k\varphi) + \beta_k \sin(k\varphi)] .\end{aligned}$$

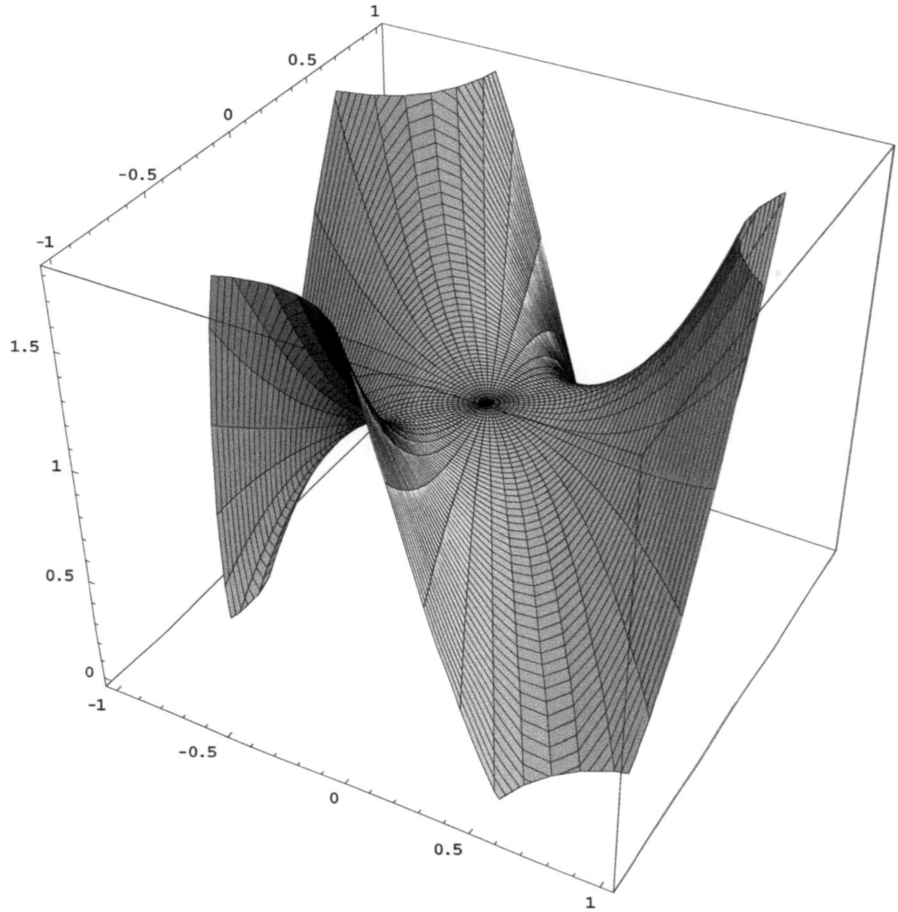

Abb. L25.19 Lösung $u(r, \varphi)$.

Ein Vergleich der Fourier-Koeffizienten für $k \geq 1$ ergibt

$$a_k = \frac{\alpha_k}{kR^{k-1}}\,, \quad b_k = \frac{\beta_k}{kR^{k-1}}\,,$$

und mit $C = \frac{a_0}{2} \in \mathbb{R}$ erhält man die Lösung der Randwertaufgabe

$$u(r, \varphi) = C + \sum_{k=1}^{\infty} [\alpha_k \cos(k\varphi) + \beta_k \sin(k\varphi)]\, \frac{R}{k} \left(\frac{r}{R}\right)^k .$$

b) Die Randvorgabe für $R = 1$ kann umgeformt werden in

$$\begin{aligned} g(\varphi) &= -\frac{1}{2} + 2\sin\varphi + \cos^2\varphi - 4\sin^3\varphi \\ &= -\frac{1}{2} + 2\sin\varphi + \frac{1}{2}(1 + \cos 2\varphi) - 4 \cdot \frac{1}{4}(3\sin\varphi - \sin 3\varphi) \\ &= -\sin\varphi + \frac{1}{2}\cos 2\varphi - 3\sin\varphi + \sin 3\varphi\,. \end{aligned}$$

Bis auf $\beta_1 = -1$, $\alpha_2 = \frac{1}{2}$, $\beta_3 = 1$ sind damit alle anderen Koeffizienten gleich 0 und man erhält die Lösung in Polarkoordinaten

$$u(r, \varphi) = C - r\sin\varphi + \frac{r^2}{4}\cos 2\varphi + \frac{r^3}{3}\sin 3\varphi\,.$$

Die Lösung in kartesischen Koordinaten $x = r\cos\varphi$ und $y = r\sin\varphi$ mit $r = \sqrt{x^2 + y^2}$ ergibt sich durch

$$\begin{aligned} u &= C - r\sin\varphi + \frac{r^2}{4}\cos 2\varphi + \frac{r^3}{3}\sin 3\varphi \\ &= C - r\sin\varphi + \frac{r^2}{4}(\cos^2\varphi - \sin^2\varphi) + \frac{r^3}{3}(3\sin\varphi - 4\sin^3\varphi) \\ &= C - y + \frac{x^2 - y^2}{4} + y(x^2 + y^2) - \frac{4y^3}{3}\,. \end{aligned}$$

Lösung zu A25.4.8

Das äußere Dirichlet-Problem im Kreis mit Radius R besitzt die Lösungsdarstellung

$$u(r, \varphi) = \frac{A_0}{2} + \sum_{k=1}^{\infty}\left(\frac{R}{r}\right)^k [A_k\cos(k\varphi) + B_k\sin(k\varphi)]\,.$$

Die Randvorgabe ($R = 3$) $u(3, \varphi) = 2\sin^2\varphi + 8\cos^4\varphi = 4 + 3\cos(2\varphi) + \cos(4\varphi)$ ergibt im Vergleich mit der obigen Lösung nur die von 0 verschiedenen Koeffizienten $A_0 = 8$, $A_2 = 3$ und $A_4 = 1$. Damit erhält man die Lösung

$$\begin{aligned} u(r, \varphi) &= 4 + 3\left(\frac{3}{r}\right)^2\cos(2\varphi) + \left(\frac{3}{r}\right)^4\cos(4\varphi) \\ &= 4 + 3\left(\frac{3}{r}\right)^2(\cos^2\varphi - \sin^2\varphi) + \left(\frac{3}{r}\right)^4(8\cos^4\varphi - 8\cos^2\varphi + 1)\,. \end{aligned}$$

Umwandlung mittels $x = r\cos\varphi$ und $y = r\sin\varphi$ liefert die Lösung in kartesischen Koordinaten

$$u(x, y) = 4 + \frac{27}{(x^2 + y^2)^2}(x^2 - y^2) + \frac{648x^4}{(x^2 - y^2)^4} - \frac{648x^2}{(x^2 + y^2)^3} + \frac{81}{(x^2 + y^2)^2}\,;$$

(siehe Abb. L25.20).

Lösung zu A25.4.9

Das Dirichlet-Problem im Kreisring besitzt die Lösungsdarstellung

$$u(r, \varphi) = a_0 + b_0\ln r + \sum_{k=1}^{\infty}(a_k r^k + c_k r^{-k})\cos(k\varphi) + (b_k r^k + d_k r^{-k})\sin(k\varphi)\,.$$

Die Randbedingung

$$\begin{aligned} u(1, \varphi) &= 1 + 3\cos\varphi + 4\sin(2\varphi) \\ &= a_0 + \sum_{k=1}^{\infty}(a_k + c_k)\cos(k\varphi) + (b_k + d_k)\sin(k\varphi) \end{aligned}$$

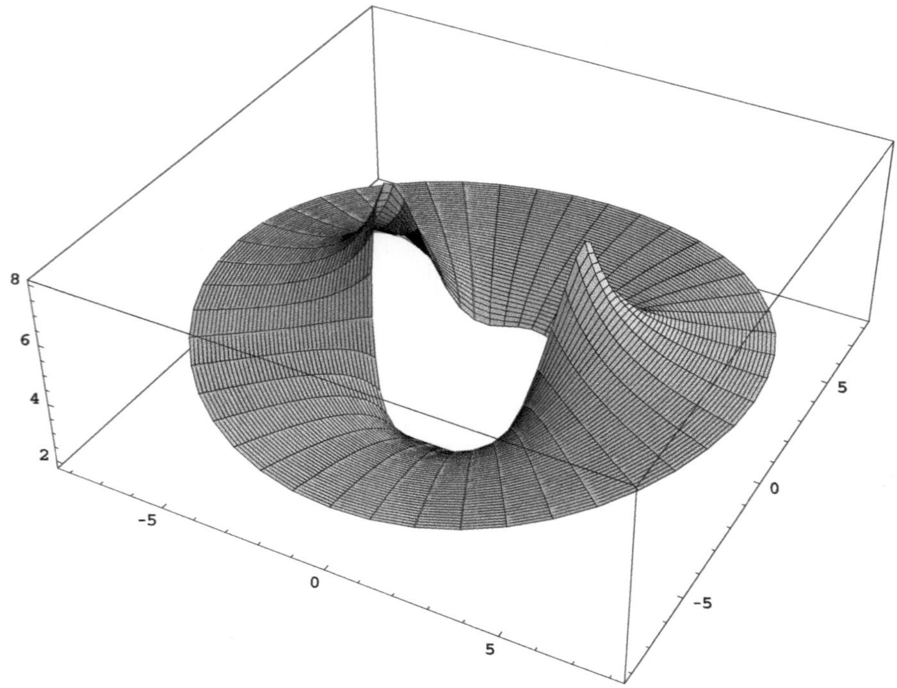

Abb. L25.20 Lösung $u(r, \varphi)$.

ergibt $a_0 = 1,\ a_1 + c_1 = 3,\ b_2 + d_2 = 4$, sonst $a_k + c_k = 0 = b_k + d_k$. Die Randbedingung

$$\begin{aligned} u(2, \varphi) &= 1 + 2\ln 2 + 6\cos\varphi + \sin(2\varphi) \\ &= 1 + b_0 \ln 2 + \sum_{k=1}^{\infty} (2^k a_k + 2^{-k} c_k)\cos(k\varphi) + (2^k b_k + 2^{-k} d_k)\sin(k\varphi) \end{aligned}$$

ergibt $b_0 = 2,\ 2a_1 + \frac{c_1}{2} = 6,\ 4b_2 + \frac{d_2}{4} = 1$, sonst $2^k a_k + 2^{-k} c_k = 0 = 2^k b_k + 2^{-k} d_k$. Man erhält also nur die von 0 verschiedenen Koeffizienten $a_0 = 1,\ b_0 = 2,\ a_1 = 3,\ d_2 = 4$. Damit lautet die Lösung

$$\begin{aligned} u(r, \varphi) &= 1 + 2\ln r + 3r\cos\varphi + \frac{4}{r^2}\sin(2\varphi) \\ &= 1 + 2\ln r + 3r\cos\varphi + \frac{4}{r^2}(2\sin\varphi\cos\varphi)\,. \end{aligned}$$

Umwandlung mittels $x = r\cos\varphi$ und $y = r\sin\varphi$ liefert die Lösung in kartesischen Koordinaten

$$u(x, y) = 1 + 2\ln\sqrt{x^2 + y^2} + 3x + \frac{8xy}{(x^2 + y^2)^2}\,.$$

Lösung zu A25.4.10

Der Produktansatz $u(r, \varphi) = a(r)\Phi(\varphi)$, eingesetzt in die Differentialgleichung, ergibt

$$\frac{r^2 a''(r) + r a'(r)}{a(r)} = -\frac{\Phi''(\varphi)}{\Phi(\varphi)} =: \lambda\,.$$

Man erhält die beiden gewöhnlichen Differentialgleichungen $r^2 a'' + r a' - \lambda a = 0$ und $\Phi'' + \lambda\Phi = 0$. Die Randbedingungen $0 = u(r, 0) = a(r)\Phi(0)$ und $0 = u(r, \frac{\pi}{2}) = a(r)\Phi(\frac{\pi}{2})$ liefern $\Phi(0) = 0 = \Phi(\frac{\pi}{2})$. Die gewöhnliche Randeigenwertaufgabe für Φ besitzt somit die Eigenwerte $\lambda_k = 4k^2$ mit $k > 0$, und die zugehörigen Eigenlösungen sind gegeben durch $\Phi_k(\varphi) = \sin(2k\varphi)$. Setzt man $\lambda_k = 4k^2$ in die Differentialgleichung für $a(r)$ ein, so erhält man dort die Lösungen $a_k(r) = r^{2k}$ und $a_{-k}(r) = r^{-2k}$. Aus dem Produktansatz ergibt sich damit die Lösung

$$u(r, \varphi) = \sum_{k=1}^{\infty} \sin(2k\varphi)\left(A_k r^{2k} + B_k r^{-2k}\right)\,.$$

Mit den noch nicht verwendeten Randbedingungen werden die Koeffizienten A_k und B_k bestimmt:

$$u(1, \varphi) = \sum_{k=1}^{\infty} \sin(2k\varphi)\underbrace{(A_k + B_k)}_{c_k} = \varphi^2 - \frac{\pi\varphi}{2}\,,$$

$$u(3, \varphi) = \sum_{k=1}^{\infty} \sin(2k\varphi)\left(A_k 3^{2k} + B_k 3^{-2k}\right) = 0\,.$$

Man berechnet die Fourier-Koeffizienten (siehe Abb. L25.21)

$$\begin{aligned} c_k &= \frac{4}{\pi}\int_0^{\pi/2}\left(\varphi^2 - \frac{\pi\varphi}{2}\right)\sin(2k\varphi)\,\mathrm{d}\varphi \\ &= \frac{1}{\pi k^3}(\cos(k\pi) - 1) = \begin{cases} -\dfrac{2}{k^3\pi} & k \text{ ungerade} \\ 0 & \text{sonst} \end{cases}\,. \end{aligned}$$

Damit sind nur für ungerades k die Koeffizienten A_k und B_k von 0 verschieden und berechnen sich aus

$$\begin{aligned} & A_k + B_k = -\frac{2}{k^3\pi} \wedge A_k 3^{2k} + B_k 3^{-2k} = 0 \\ \Rightarrow \quad & A_k = \frac{2 \cdot 3^{-2k}}{(3^{2k} - 3^{-2k})k^3\pi} \wedge B_k = \frac{2 \cdot 3^{2k}}{(3^{-2k} - 3^{2k})k^3\pi}\,. \end{aligned}$$

Da u harmonisch und nicht konstant ist, werden Maximum und Minimum nur auf dem Rand angenommen, können also aus den Randbedingungen abgelesen

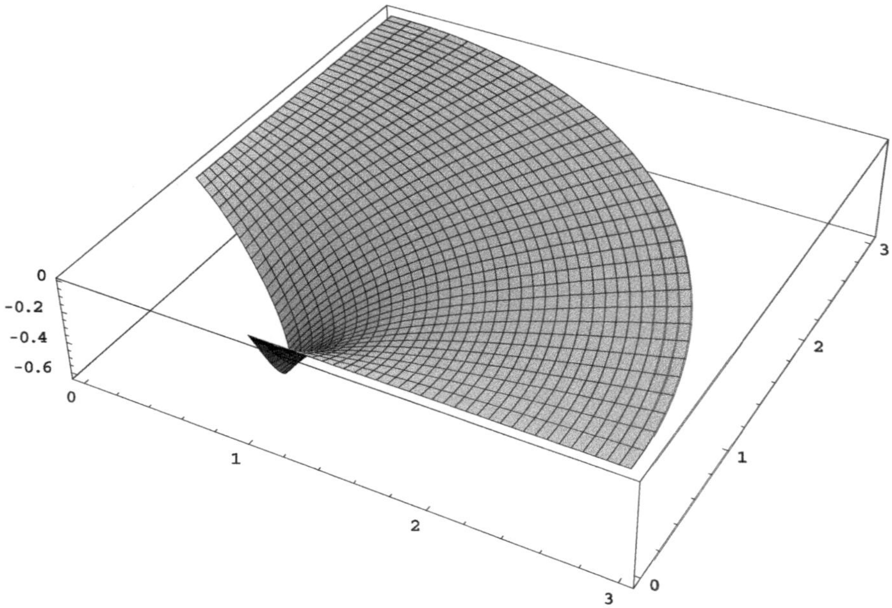

Abb. L25.21 Lösung $u(r, \varphi)$.

werden. Der Maximalwert ist gleich 0, und das Minimum liegt im Punkt $(r, \varphi) = (1, \frac{\pi}{4})$ mit dem Wert

$$u\left(1, \frac{\pi}{4}\right) = \left(\frac{\pi}{4}\right)^2 - \frac{\pi}{2} \cdot \frac{\pi}{4} = -\frac{\pi^2}{16} .$$

Lösung zu A25.4.11

Der Produktansatz $u(r, \varphi) = a(r)\Phi(\varphi)$, eingesetzt in die Differentialgleichung, ergibt

$$\frac{r^2 a''(r) + r a'(r)}{a(r)} = -\frac{\Phi''(\varphi)}{\Phi(\varphi)} =: \lambda .$$

Man erhält die beiden gewöhnlichen Differentialgleichungen $r^2 a'' + r a' - \lambda a = 0$ und $\Phi'' + \lambda \Phi = 0$. Die Randbedingungen $0 = u(r, 0) = a(r)\Phi(0)$ und $0 = u(r, \frac{\pi}{4}) = a(r)\Phi(\frac{\pi}{4})$ ergeben $\Phi(0) = 0 = \Phi(\frac{\pi}{4})$. Nur die Lösungen $(\lambda > 0)$ $\Phi(\varphi) = \alpha \sin(\sqrt{\lambda}\varphi) + \beta \cos(\sqrt{\lambda}\varphi)$ führen aufgrund der Nullrandbedingungen zu nichttrivialen Lösungen. Aus $\Phi(0) = 0$ folgt $\beta = 0$, und $\Phi(\frac{\pi}{4}) = 0$ liefert die Eigenwerte $\lambda_k = 16k^2$ mit $k > 0$, und die zugehörigen Eigenfunktionen sind gegeben durch $\Phi_k(\varphi) = \sin(4k\varphi)$. Setzt man $\lambda_k = 16k^2$ in die Differentialgleichung für $a(r)$ ein, so erhält man dort die Lösungen $a_k(r) = r^{4k}$ und $a_{-k}(r) = r^{-4k}$. Die letzte Lösung scheidet wegen ihrer Singularität im Nullpunkt aus. Aus dem Produktansatz erhält man damit die Lösungsdarstellung

$$u(r, \varphi) = \sum_{k=1}^{\infty} A_k r^{4k} \sin(4k\varphi) .$$

Mit der noch nicht verwendeten Randbedingung

$$u(4,\varphi)=\sum_{k=1}^{\infty} A_k 4^{4k}\sin(4k\varphi)=\cos(2\varphi)-1+\frac{4\varphi}{\pi}$$

berechnet man A_k als Fourier-Koeffizienten

$$\begin{aligned} A_k &= \frac{8}{\pi 4^{4k}}\int_0^{\pi/4}\left(\cos(2\varphi)-1+\frac{4\varphi}{\pi}\right)\sin(4k\varphi)\,\mathrm{d}\varphi \\ &= \frac{8}{\pi 4^{4k}}\left(\frac{k}{(2k+1)(2k-1)}-\frac{1}{4k}\right). \end{aligned}$$

Lösung zu A25.4.12

a) Aus dem Produktansatz ergibt sich die Lösungsdarstellung

$$u(r,\varphi)=\sum_{k=1}^{\infty} b_k r^{2k/3}\sin\left(\frac{2k\varphi}{3}\right).$$

Die noch nicht verwendete Randbedingung

$$\varphi(2\varphi-3\pi)=u(3,\varphi)=\sum_{k=1}^{\infty}\underbrace{b_k 3^{2k/3}}_{=c_k}\sin\left(\frac{2k\varphi}{3}\right)$$

erfordern eine ungerade Fourier-Reihenentwicklung der Periode $T=3\pi$ mit den Fourier-Koeffizienten:

$$\begin{aligned} c_k &= \frac{4}{3\pi}\int_0^{3\pi/2}\varphi(2\varphi-3\pi)\sin\left(\frac{2k\varphi}{3}\right)\mathrm{d}\varphi \\ &= \frac{4}{3\pi}\cdot\frac{3}{2k}\left(-\varphi(2\varphi-3\pi)\cos\left(\frac{2k\varphi}{3}\right)\Bigg|_0^{3\pi/2}+\int_0^{3\pi/2}(4\varphi-3\pi)\cos\left(\frac{2k\varphi}{3}\right)\mathrm{d}\varphi\right) \\ &= \frac{4}{3\pi}\cdot\frac{3}{2k}\cdot\frac{3}{2k}\left((4\varphi-3\pi)\sin\left(\frac{2k\varphi}{3}\right)\Bigg|_0^{3\pi/2}-\int_0^{3\pi/2}4\sin\left(\frac{2k\varphi}{3}\right)\mathrm{d}\varphi\right) \\ &= \frac{4}{3\pi}\cdot\frac{3}{2k}\cdot\frac{3}{2k}\cdot\frac{3}{2k}\cdot 4\cos\left(\frac{2k\varphi}{3}\right)\Bigg|_0^{3\pi/2}=\frac{18(\cos(k\pi)-1)}{k^3\pi}=c_k. \end{aligned}$$

Damit lautet die Lösung $u(r,\varphi)=\sum_{k=1}^{\infty} c_k\left(\frac{r}{3}\right)^{2k/3}\sin\left(\frac{2k\varphi}{3}\right)$.

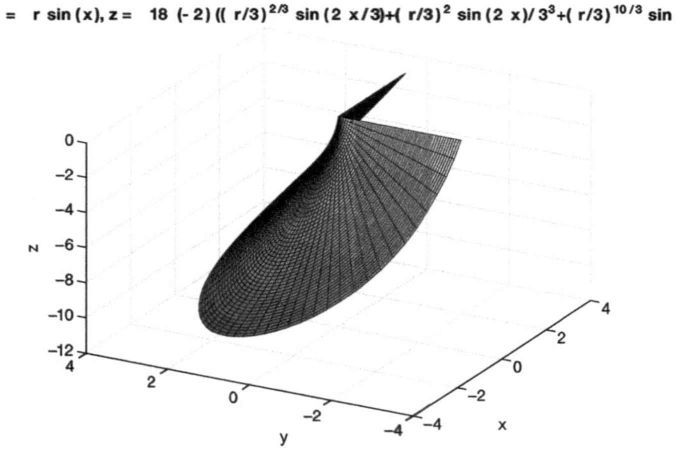

Abb. L25.22
Lösung $u(r, \varphi)$.

b) Da u harmonisch und nicht konstant ist, werden Maximum und Minimum nur auf dem Rand angenommen:

$$u_{\max} = u(0,0) = 0\,,$$
$$u_{\min} = u\left(3, \frac{3\pi}{4}\right) = \frac{3\pi}{4}\left(\frac{3\pi}{2} - 3\pi\right) = -\frac{9\pi^2}{8} \approx -11{,}1033\,.$$

Lösung zu A25.4.13

a) Für $\|\boldsymbol{y}\| = R$ und $\|\boldsymbol{x}\| < R$ erhält man $\|\boldsymbol{y}\| - \|\boldsymbol{x}\| \le \|\boldsymbol{y} - \boldsymbol{x}\| \le \|\boldsymbol{y}\| + \|\boldsymbol{x}\|$

$$\Rightarrow \quad (\|\boldsymbol{y}\| - \|\boldsymbol{x}\|)^3 \le \|\boldsymbol{y} - \boldsymbol{x}\|^3 \le (\|\boldsymbol{y}\| + \|\boldsymbol{x}\|)^3$$
$$\Rightarrow \quad \frac{R^2 - \|\boldsymbol{x}\|^2}{(R + \|\boldsymbol{x}\|)^3} \le \frac{R^2 - \|\boldsymbol{x}\|^2}{\|\boldsymbol{y} - \boldsymbol{x}\|^3} \le \frac{R^2 - \|\boldsymbol{x}\|^2}{(R - \|\boldsymbol{x}\|)^3}$$

Multiplikation mit $u(\boldsymbol{y}) \ge 0$ und Integration über die Kugeloberfläche liefert

$$\int\limits_{\|\boldsymbol{y}\|=R} \frac{(R^2 - \|\boldsymbol{x}\|^2)u(\boldsymbol{y})}{(R + \|\boldsymbol{x}\|)^3}\,\mathrm{d}o \le \int\limits_{\|\boldsymbol{y}\|=R} \frac{(R^2 - \|\boldsymbol{x}\|^2)u(\boldsymbol{y})}{\|\boldsymbol{y} - \boldsymbol{x}\|^3}\,\mathrm{d}o$$
$$\le \int\limits_{\|\boldsymbol{y}\|=R} \frac{(R^2 - \|\boldsymbol{x}\|^2)u(\boldsymbol{y})}{(R - \|\boldsymbol{x}\|)^3}\,\mathrm{d}o$$
$$\Rightarrow \quad \frac{R - \|\boldsymbol{x}\|}{(R + \|\boldsymbol{x}\|)^2} \int\limits_{\|\boldsymbol{y}\|=R} u(\boldsymbol{y})\,\mathrm{d}o \le (R^2 - \|\boldsymbol{x}\|^2) \int\limits_{\|\boldsymbol{y}\|=R} \frac{u(\boldsymbol{y})}{\|\boldsymbol{y} - \boldsymbol{x}\|^3}\,\mathrm{d}o$$
$$\le \frac{R + \|\boldsymbol{x}\|}{(R - \|\boldsymbol{x}\|)^2} \int\limits_{\|\boldsymbol{y}\|=R} u(\boldsymbol{y})\,\mathrm{d}o\,.$$

mit der Poissonschen Integralformel und der Mittelwerteigenschaft folgt

$$\frac{R - \|\boldsymbol{x}\|}{(R + \|\boldsymbol{x}\|)^2}\, 4\pi R^2 u(\boldsymbol{0}) \le 4\pi R u(\boldsymbol{x}) \le \frac{R + \|\boldsymbol{x}\|}{(R - \|\boldsymbol{x}\|)^2}\, 4\pi R^2 u(\boldsymbol{0})\,.$$

$$\Rightarrow \quad \frac{R^2 - R\|\boldsymbol{x}\|}{(R + \|\boldsymbol{x}\|)^2}\, u(\boldsymbol{0}) \le u(\boldsymbol{x}) \le \frac{R^2 + R\|\boldsymbol{x}\|}{(R - \|\boldsymbol{x}\|)^2}\, u(\boldsymbol{0})\,.$$

b) Für eine im $\mathbb{R}^3$ beschränkte Funktion u gibt es eine Konstante $C > 0$, so dass $-C \le u(\boldsymbol{x}) \le C$ für alle $\boldsymbol{x} \in \mathbb{R}^3$ gilt. Da u und konstante Funktionen harmonisch sind, ist auch $v(\boldsymbol{x}) := u(\boldsymbol{x}) + C \ge 0$ harmonisch, und die Harnacksche Ungleichung aus a) ergibt

$$\frac{R^2 - R\|\boldsymbol{x}\|}{(R + \|\boldsymbol{x}\|)^2}\, v(\boldsymbol{0}) \le v(\boldsymbol{x}) \le \frac{R^2 + R\|\boldsymbol{x}\|}{(R - \|\boldsymbol{x}\|)^2}\, v(\boldsymbol{0})\,.$$

Daraus folgt für festes $\boldsymbol{x}$ und $R \to \infty$, dass $v(\boldsymbol{x}) = v(\boldsymbol{0})$, also v konstant und damit u konstant ist.

L25.5 Die Wärmeleitungsgleichung

Lösung zu A25.5.1

a) Für die Dimension $n = 1$ lautet die Fundamentallösung der Wärmeleitungsgleichung

$$\Phi(x,t) = \begin{cases} \dfrac{e^{-x^2/(4t)}}{\sqrt{4\pi t}} & \text{für } x \in \mathbb{R} \text{ und } t > 0\,, \\ 0 & \text{für } x \in \mathbb{R} \text{ und } t < 0\,. \end{cases}$$

Die Fundamentallösung ist für $t > 0$ folgendermaßen normiert:

$$\int\limits_{-\infty}^{\infty} \Phi(x,t)\, \mathrm{d}x = 1\,.$$

Mit der Fundamentallösung kann die Lösung der Wärmeleitungsgleichung für $t > 0$ dargestellt werden durch

$$\begin{aligned} u(x,t) &= \int\limits_{-\infty}^{\infty} \Phi(x-y,t)\cdot u(y,0)\,\mathrm{d}y = \int\limits_{-\infty}^{\infty} \frac{e^{-(x-y)^2/(4t)}}{\sqrt{4\pi t}} \cdot e^{3y-1}\,\mathrm{d}y \\ &= \frac{e^{-1}}{\sqrt{4\pi t}} \int\limits_{-\infty}^{\infty} \exp\left(\frac{-(x-y)^2 + 12ty}{4t}\right) \mathrm{d}y \\ &= \frac{e^{-1}}{\sqrt{4\pi t}} \int\limits_{-\infty}^{\infty} \exp\left(\frac{-(y^2 - 2(x+6t)y + x^2)}{4t}\right) \mathrm{d}y \\ &= \frac{e^{-1}}{\sqrt{4\pi t}} \int\limits_{-\infty}^{\infty} \exp\left(\frac{-((y-(x+6t))^2 + x^2 - (x+6t)^2)}{4t}\right) \mathrm{d}y \end{aligned}$$

$$= e^{3x+9t-1} \cdot \frac{1}{\sqrt{4\pi t}} \int_{-\infty}^{\infty} \exp\left(-\frac{(y-(x+6t))^2}{4t}\right) dy$$

$$= e^{3x+9t-1} \int_{-\infty}^{\infty} \Phi(y-(x+6t), t)\, dy = e^{3x+9t-1} \int_{-\infty}^{\infty} \Phi(p, t)\, dp$$

$$= e^{3x+9t-1}.$$

b) Der Produktansatz $u(x, t) = X(x)T(t)$, eingesetzt in die Differentialgleichung, ergibt

$$\frac{T'(t)}{T(t)} = \frac{X''(x)}{X(x)} =: \mu = (\text{konst}).$$

Man erhält die beiden gewöhnlichen Differentialgleichungen

$$T' - \mu T = 0 \quad \Rightarrow \quad T(t) = Ce^{\mu t},$$

$$X'' - \mu X = 0 \quad \Rightarrow \quad X(x) = a_1 e^{\sqrt{\mu} x} + a_2 e^{-\sqrt{\mu} x}$$

und damit die Lösung aus dem Produktansatz

$$u(x, t) = Ce^{\mu t}\left(a_1 e^{\sqrt{\mu} x} + a_2 e^{-\sqrt{\mu} x}\right).$$

Einsetzen der Anfangsbedingung und Koeffizientenvergleich ergibt

$$e^{3x-1} = e^{3x}e^{-1} = u(x, 0) = C\left(a_1 e^{\sqrt{\mu} x} + a_2 e^{-\sqrt{\mu} x}\right)$$

$$\Rightarrow \quad Ca_1 = e^{-1}, \; \sqrt{\mu} = 3, \; a_2 = 0.$$

Die Lösung aus dem Produktansatz lautet also

$$u(x, t) = e^{3x+9t-1}.$$

Lösung zu A25.5.2

Der Produktansatz $u(x, t) = X(x)T(t)$, eingesetzt in die Differentialgleichung, ergibt

$$\frac{T'(t)}{T(t)} = \frac{X''(x)}{X(x)} =: -\lambda = (\text{konst}).$$

Man erhält die beiden gewöhnlichen Differentialgleichungen

$$T' + \lambda T = 0 \quad \text{und} \quad X'' + \lambda X = 0.$$

Die Randbedingungen

$$0 = u(0, t) = X(0)T(t) \quad \text{und} \quad 0 = u(2, t) = X(2)T(t)$$

liefern $X(0) = 0 = X(2)$.

Die gewöhnliche Randeigenwertaufgabe in X besitzt nur für $\lambda > 0$ nichttriviale Lösungen:

$$X(x) = a\cos(\sqrt{\lambda}x) + b\sin(\sqrt{\lambda}x)\,.$$

Einsetzen des Randwertes $X(0) = 0$ ergibt $a = 0$ und $X(2) = 0$ liefert die Eigenwerte

$$\lambda_k = \frac{k^2\pi^2}{4}$$

mit $k \geq 1$ und zugehörigen Eigenfunktionen

$$X_k(x) = b_k \sin\frac{k\pi x}{2}\,.$$

Setzt man λ_k in die Differentialgleichung für T ein, so erhält man dort die Lösungen

$$T_k(t) = \exp\left(-\frac{k^2\pi^2}{4}t\right)\,.$$

Aus dem Produktansatz und Superposition ergibt sich damit die Lösung

$$u(x,t) = \sum_{k=1}^{\infty} b_k \sin\frac{k\pi x}{2}\exp\left(-\frac{k^2\pi^2}{4}t\right)\,.$$

Mit der noch nicht verwendeten Anfangsbedingung werden die fehlenden Koeffizienten b_k berechnet. Aus dem Bild in der Aufgabenstellung ergibt sich die Anfangsvorgabe

$$u_0(x) = \begin{cases} x & \text{für} \quad 0 \leq x \leq 1\,, \\ 0 & \text{für} \quad 1 < x \leq 2\,. \end{cases}$$

$$b_k = \frac{2}{2}\int_0^2 u_0(x)\sin\left(\frac{k\pi x}{2}\right)\mathrm{d}x = \int_0^1 x\sin\left(\frac{k\pi x}{2}\right)\mathrm{d}x$$

$$= -\frac{2x}{k\pi}\cos\frac{k\pi x}{2}\bigg|_0^1 + \frac{2}{k\pi}\int_0^1 \cos\left(\frac{k\pi x}{2}\right)\mathrm{d}x = -\frac{2}{k\pi}\cos\frac{k\pi}{2} + \left(\frac{2}{k\pi}\right)^2\sin\frac{k\pi}{2}$$

$$= \begin{cases} (-1)^n\dfrac{4}{(2n+1)^2\pi^2}: & k = 2n+1,\ n = 0, 1, \cdots \\ (-1)^{n+1}\dfrac{1}{n\pi}: & k = 2n,\ n = 1, 2, \cdots \end{cases}$$

Mit

$$u_n(x,t) = \sum_{k=1}^{n} b_k \sin\frac{k\pi x}{2}\exp\left(-\frac{k^2\pi^2}{4}t\right)$$

werden die sich aus dem Abbruch der Reihe bei $k = n$ ergebenden Lösungsnäherungen bezeichnet.

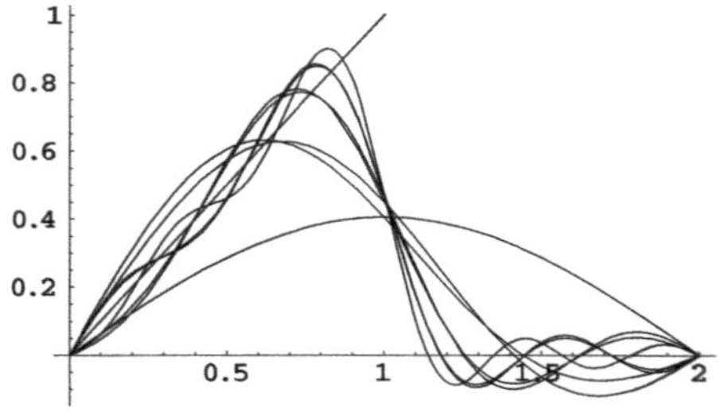

Abb. L25.23 Lösungsnäherungen $u_1(x, 0), \ldots, u_8(x, 0)$ mit $0 \leq x \leq 2$.

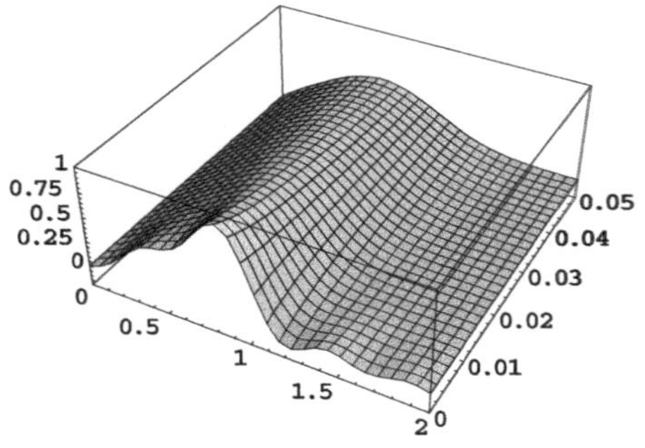

Abb. L25.24 Lösungsnäherung $u_8(x, t)$ mit $0 \leq x \leq 2$ und $0 \leq t \leq 0{,}05$.

Lösung zu A25.5.3

a) Wegen $(u_\lambda)_t = -\lambda \sin(x)\exp(-t) = (u_\lambda)_{xx}$ ist die Differentialgleichung erfüllt. Wegen $u_\lambda(0, t) = \lambda \sin 0 e^{-t} = 0 = \lambda \sin \pi e^{-t} = u_\lambda(\pi, t)$ sind die Randbedingungen erfüllt.

b) Nach a) löst $v(x, t) := w(x, t) - u_\lambda(x, t)$ die Differentialgleichung und nimmt daher in G für $t = 0$ oder $x = 0$ oder $x = \pi$ nach dem Maximum-Minimum Prinzip Maximal- und Minimalwert an. Da v auch die Nullrandbedingungen erfüllt, werden Maximal- und Minimalwert für $t = 0$ angenommen. Der Parameter λ soll also so gewählt werden, dass für $f(x) := w(x, 0) - u_\lambda(x, 0) = x(\pi - x) - \lambda \sin x$ gilt: $\max\limits_{x \in [0,\pi]} |f(x)| = \min$.

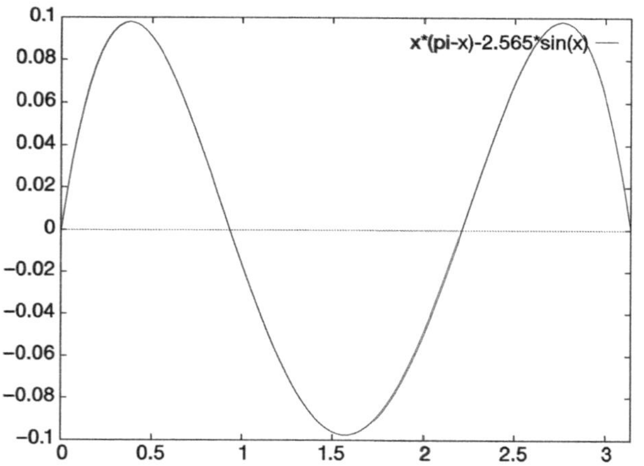

Abb. L25.25 Funktion $f(x)$.

Die Extrema von f werden für $x_1 = \xi$, $x_2 = \frac{\pi}{2}$ und für $x_3 = \pi - \xi$ angenommen, wobei aus Symmetriegründen $f(\xi) = f(\pi - \xi)$ gilt. Für die gesuchten Werte λ und ξ muss nun gelten $f'(\xi) = \pi - 2\xi - \lambda \cos \xi = 0$

$$\Rightarrow \quad \lambda = \frac{\pi - 2\xi}{\cos \xi} \quad \text{und} \quad \xi(\pi - \xi) - \lambda \sin \xi = f(\xi) = -f\left(\frac{\pi}{2}\right) = \lambda - \frac{\pi^2}{4}.$$

Damit ergibt sich $\xi \in \left]0, \frac{\pi}{2}\right[$ als Nullstelle von

$$g(x) = x(\pi - x) - \frac{(1 + \sin x)(\pi - 2x)}{\cos x} + \frac{\pi^2}{4}.$$

Das Newton-Verfahren liefert $\xi = 0{,}379\,310\,8\ldots$ Daraus berechnet sich $\lambda = 2{,}565\,313\,393\ldots$

Lösung zu A25.5.4

Aus Abb. 25.2 in der Aufgabenstellung ergibt sich die Anfangsvorgabe

$$u_0(x) = \begin{cases} 4x & \text{für} \quad 0 \le x \le \frac{1}{2}, \\ 4(1 - x) & \text{für} \quad \frac{1}{2} \le x \le 1, \\ 0 & \text{für} \quad 1 \le x \le 2. \end{cases}$$

Die Lösung der Wärmeleitungsgleichung ist gegeben durch

$$u(x, t) = \sum_{k=1}^{\infty} b_k \cdot \exp\left(-\frac{\pi^2 k^2 t}{4}\right) \sin\left(\frac{\pi k x}{2}\right)$$

mit den Fourier-Koeffizienten

$$\begin{aligned} b_k &= \int_0^2 u_0(x) \sin\left(\frac{\pi k x}{2}\right) \mathrm{d}x \\ &= \int_0^{1/2} 4x \sin\left(\frac{\pi k x}{2}\right) \mathrm{d}x + \int_{1/2}^{1} 4(1 - x) \sin\left(\frac{\pi k x}{2}\right) \mathrm{d}x \\ &= \frac{32}{\pi^2 k^2} \sin\left(\frac{\pi k}{4}\right) - \frac{16}{\pi^2 k^2} \sin\left(\frac{\pi k}{2}\right). \end{aligned}$$

Nach dem Maximumprinzip wird das Maximum in $G := [0, 2] \times [0, T]$ für $x = 0$ oder $x = 2$ oder $t = 0$ angenommen. Speziell in der Aufgabe ergibt sich der Maximalwert also im Punkt $(\frac{1}{2}, 0)$ mit dem Funktionswert $u(\frac{1}{2}, 0) = u_0(\frac{1}{2}) = 2$.

Lösung zu A25.5.5

Die Lösung des Problems erfolgt in drei Schritten:

1. Schritt

Das Problem mit den inhomogenen Randbedingungen $u(0, t) = \varphi_0(t) := t$ und $u(\pi, t) = \varphi_1(t) := t$ wird durch

$$v(x, t) := u(x, t) - \left(\varphi_0(t) + \frac{x}{\pi}(\varphi_1(t) - \varphi_0(t))\right)$$

in eines mit homogenen Randbedingungen transformiert. Das transformierte Problem in v lautet dann

$$\begin{aligned} v_t - 2v_{xx} &= -1 \quad \text{für} \quad 0 < x < \pi\,, \quad 0 < t\,, \\ v(x,0) = v_0(x) &= \begin{cases} 1 & \text{für} \quad \frac{\pi}{4} \le x \le \frac{3\pi}{4}\,, \\ 0 & \text{sonst}\,, \end{cases} \\ v(0,t) = 0 &= v(\pi,t) \quad \text{für} \quad 0 \le t\,. \end{aligned}$$

2. Schritt
Man löst das Problem mit homogener Differentialgleichung und inhomogener Anfangsbedingung

$$\begin{aligned} v_t - 2v_{xx} &= 0 \quad \text{für} \quad 0 < x < \pi\,, \quad 0 < t\,, \\ v(x,0) = v_0(x) &= \begin{cases} 1 & \text{für} \quad \frac{\pi}{4} \le x \le \frac{3\pi}{4}\,, \\ 0 & \text{sonst}\,, \end{cases} \\ v(0,t) = 0 &= v(\pi,t) \quad \text{für} \quad 0 \le t\,. \end{aligned}$$

Die Lösung ist gegeben durch: $v^*(x,t) = \sum_{k=1}^{\infty} b_k e^{-2k^2 t} \sin(kx)$ mit den Fourier-Koeffizienten

$$b_k = \frac{2}{\pi} \int_0^{\pi} v_0(x) \sin(kx)\,\mathrm{d}x = \frac{2}{\pi} \int_{\pi/4}^{3\pi/4} \sin(kx)\,\mathrm{d}x = \frac{2}{\pi k} \left(\cos \frac{k\pi}{4} - \cos \frac{3k\pi}{4} \right)\,.$$

3. Schritt
Man löst das Problem mit inhomogener Differentialgleichung und homogener Anfangsbedingung

$$\begin{aligned} v_t - 2v_{xx} &= -1 \quad \text{für} \quad 0 < x < \pi\,, \quad 0 < t\,, \\ v(x,0) &= 0 \quad \text{für} \quad 0 \le x \le \pi\,, \quad v(0,t) = 0 = v(\pi,t) \quad \text{für} \quad 0 \le t\,. \end{aligned}$$

Für die Lösung wird folgender Ansatz gemacht:

$$v^{**}(x,t) = \sum_{k=1}^{\infty} v_k(t) \sin(kx)\,.$$

Die homogene Anfangsbedingung wird durch die Forderung $v_k(0) = 0$ erfüllt. Die rechte Seite wird ebenfalls in eine sin-Reihe entwickelt

$$-1 = \sum_{k=1}^{\infty} f_k(t) \sin(kx) \quad \Rightarrow \quad f_k(t) = \frac{2}{\pi} \int_0^{\pi} -\sin(kx)\,\mathrm{d}x = \begin{cases} -\dfrac{4}{k\pi} & k \text{ ungerade}\,, \\ 0 & k \text{ gerade}\,. \end{cases}$$

Eingesetzt in die Differentialgleichung ergibt sich

$$\sum_{k=1}^{\infty} \left(\dot{v}_k(t) + 2k^2 v_k(t) - f_k(t) \right) \sin(kx) = 0\,.$$

Die Koeffizienten $v_k(t)$ der Lösung v^{**} sind daher aus den folgenden gewöhnlichen Anfangswertaufgaben zu berechnen: $\dot v_k(t)+2k^2 v_k(t)-f_k(t)=0$ mit $v_k(0)=0$. Für gerades k ist $v_k\equiv 0$. Für ungerades k erhält man unter Verwendung der Variation der Konstanten die allgemeine Lösung $v_k(t)=-\frac{2}{k^3\pi}+ce^{-2k^2t}$. Berücksichtigt man die Anfangsvorgabe, so ergibt sich $v_k(t)=\frac{2}{k^3\pi}(e^{-2k^2t}-1)$. Die Lösung des Ausgangsproblems erhält man nun durch

$$u(x,t)=t+v^*(x,t)+v^{**}(x,t)\,.$$

Lösung zu A25.5.6

Die Lösung des Problems erfolgt in drei Schritten:

1. Schritt

Das Problem mit den inhomogenen Randbedingungen $u(0,t)=\varphi_0(t):=-t$ und $u(\pi,t)=\varphi_1(t):=t$ wird durch

$$v(x,t):=u(x,t)-\left(\varphi_0(t)+\frac{x}{\pi}(\varphi_1(t)-\varphi_0(t))\right)=u(x,t)-\underbrace{\left(-t+\frac{2xt}{\pi}\right)}_{=u^*(x,t)}$$

$$\Rightarrow\ u_t=v_t-1+\frac{2x}{\pi},\ u_{xx}=v_{xx},\ v(x,0)=u(x,0)=u_0(x)$$

in eines mit homogenen Randbedingungen in v transformiert:

$$\begin{aligned} v_t&=v_{xx}+1 && \text{für}\quad 0<x<\pi\,,\ 0<t\,,\\ v(x,0)&=u_0(x) && \text{für}\quad 0\le x\le\pi\,,\quad v(0,t)=0=v(\pi,t)\quad\text{für}\quad 0\le t\,.\end{aligned}$$

2. Schritt

Man löst das Problem mit homogener Differentialgleichung und inhomogener Anfangsbedingung

$$\begin{aligned} v_t&=v_{xx} && \text{für}\quad 0<x<\pi\,,\ 0<t\,,\\ v(x,0)&=u_0(x) && \text{für}\quad 0\le x\le\pi\,,\quad v(0,t)=0=v(\pi,t)\quad\text{für}\quad 0\le t\,.\end{aligned}$$

Die Lösung ist gegeben durch $v^*(x,t)=\sum\limits_{k=1}^{\infty}b_k e^{-k^2t}\sin(kx)$. Die Anfangsbedingung ergibt

$u_0(x)=v^*(x,0)=\sum\limits_{k=1}^{\infty}b_k\sin(kx)$, so dass b_k sich als Fourier-Koeffizienten berechnen

$$\begin{aligned} b_k&=\frac{2}{\pi}\int\limits_0^{\pi}u_0(x)\sin(kx)\,\mathrm{d}x=\frac{2}{\pi}\int\limits_{3\pi/8}^{5\pi/8}\sin(kx)\,\mathrm{d}x\\ &=\frac{2}{\pi}\left(-\frac{\cos(kx)}{k}\Big|_{3\pi/8}^{5\pi/8}\right)=\frac{2(\cos(3k\pi/8)-\cos(5k\pi/8))}{k\pi}\,.\end{aligned}$$

3. Schritt
Man löst das Problem mit inhomogener Differentialgleichung und homogener Anfangsbedingung

$$\begin{aligned} v_t &= v_{xx} + 1 \quad \text{für} \quad 0 < x < \pi\,, \quad 0 < t\,, \\ v(x,0) &= 0 \quad \text{für} \quad 0 \le x \le \pi\,, \quad v(0,t) = 0 = v(\pi,t) \quad \text{für} \quad 0 \le t\,. \end{aligned}$$

Für die Lösung wird nach der Fourier-Methode folgender Ansatz gemacht:

$$v^{**}(x,t) = \sum_{k=1}^{\infty} a_k(t)\sin(kx)\,.$$

Die homogene Anfangsbedingung wird nach einem Koeffizientenvergleich durch die Forderung $a_k(0) = 0$ erfüllt. Die rechte Seite wird ebenfalls in eine sin-Reihe entwickelt $1 = \sum_{k=1}^{\infty} c_k(t)\sin(kx) \Rightarrow$

$$c_k(t) = \frac{2}{\pi}\int_0^{\pi} \sin(kx)\,\mathrm{d}x = \frac{2}{\pi}\left(-\frac{\cos(kx)}{k}\Big|_0^{\pi}\right) = \frac{2(1-\cos(k\pi))}{k\pi} = \frac{2(1-(-1)^k)}{k\pi}\,.$$

Eingesetzt in die Differentialgleichung ergibt sich

$$\sum_{k=1}^{\infty}\left(\dot{a}_k(t) + k^2 a_k(t) - c_k(t)\right)\sin(kx) = 0\,.$$

Die Koeffizienten $a_k(t)$ der Lösung v^{**} sind daher aus den folgenden gewöhnlichen Anfangswertaufgaben zu berechnen

$$\dot{a}_k(t) + k^2 a_k(t) = \frac{2(1-(-1)^k)}{k\pi} \quad \text{mit} \quad a_k(0) = 0\,.$$

Die allgemeine Lösung lautet $a_k(t) = \dfrac{2(1-(-1)^k)}{k^3\pi} + d_k e^{-k^2 t}$.

Berücksichtigt man die Anfangsvorgabe, so ergibt sich

$$a_k(t) = \frac{2(1-(-1)^k)}{k^3\pi}(1 - e^{-k^2 t})\,.$$

Die Lösung des Ausgangsproblems erhält man nun durch $u(x,t) = u^*(x,t) + v^*(x,t) + v^{**}(x,t)$ (siehe Abb. L25.26).

Lösung zu A25.5.7

a) Die Lösung des Problems erfolgt in zwei Schritten:

1. Schritt
Das Problem mit den inhomogenen Randbedingungen $u(0,t) = \varphi_0(t) := 2$ und $u(3,t) = \varphi_1(t) := -1$ wird durch

$$v(x,t) := u(x,t) - \left(\varphi_0(t) + \frac{x}{3}(\varphi_1(t) - \varphi_0(t))\right) = u(x,t) - 2 + x$$

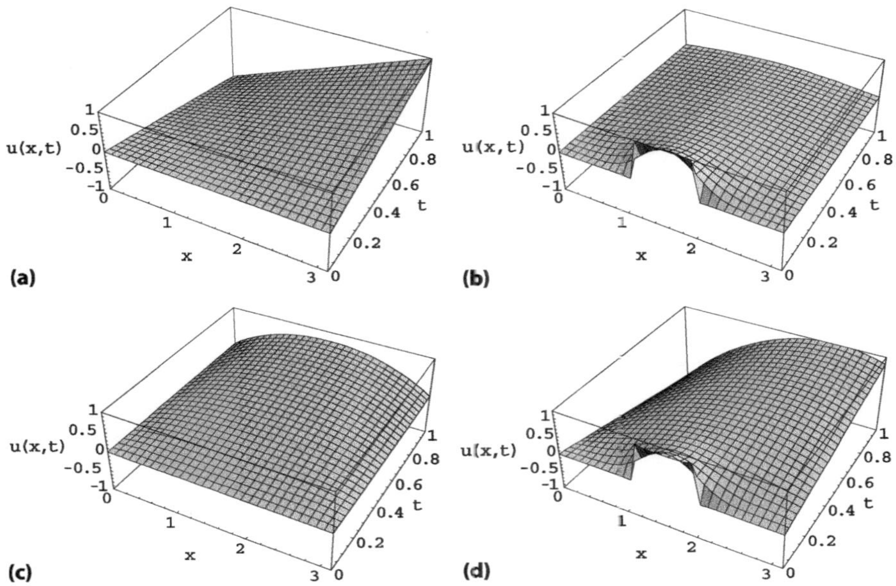

Abb. L25.26 (a) $u^*(x,t) = -t + \dfrac{2xt}{\pi}$;

(b) $v^*(x,t) = \sum\limits_{k=1}^{\infty} \dfrac{2(\cos(3k\pi/8) - \cos(5k\pi/8))}{k\pi} e^{-k^2 t} \sin(kx)$;

(c) $v^{**}(x,t) = \sum\limits_{k=1}^{\infty} \dfrac{2(1-(-1)^k)}{k^3\pi}(1 - e^{-k^2 t}) \sin(kx)$; (d) $u(x,t) = u^*(x,t) + v^*(x,t) + v^{**}(x,t)$.

in eines mit homogenen Randbedingungen in v transformiert. Das Problem in v lautet dann:

$$
\begin{aligned}
v_t &= v_{xx} + (\pi^2(2t-1)+2)\sin(\pi x)\,, && \text{für} \quad 0 < x < 3 \text{ und } t > 0\,, \\
v(0,t) &= 0 = v(3,t)\,, && \text{für} \quad t \geq 0\,, \\
v(x,0) &= 0\,, && \text{für} \quad 0 \leq x \leq 3\,.
\end{aligned}
$$

2. Schritt

Lösungsansatz: $v(x,t) = \sum\limits_{k=1}^{\infty} a_k(t) \sin\left(\dfrac{k\pi x}{3}\right)$, $v(x,0) = 0 \Rightarrow a_k(0) = 0$

Fourier-Entwicklung der Inhomogenität:

$$
(\pi^2(2t+1)+2)\sin(\pi x) = \sum_{k=1}^{\infty} f_k(t) \sin\left(\frac{k\pi x}{3}\right)
$$

$$
\Rightarrow \quad f_3(t) = \pi^2(2t-1) + 2\,, \quad f_{k\neq 3}(t) = 0
$$

Aus der Wärmeleitungsgleichung ergibt sich damit insgesamt:

$$
\dot{a}_k(t) + \frac{k^2\pi^2}{9} a_k(t) = f_k(t) \quad \text{mit} \quad a_k(0) = 0\,.
$$

Für $k \neq 3$ erhält man: $\dot{a}_k(t) + \frac{k^2\pi^2}{9} a_k(t) = 0$ mit $a_k(0) = 0 \Rightarrow a_k(t) = 0.$
Für $k = 3$ erhält man: $\dot{a}_3(t) + \pi^2 a_3(t) = \pi^2(2t - 1) + 2$
Die Lösung der homogenen Gleichung lautet: $a_{3,\text{h}}(t) = c_3 e^{-\pi^2 t}$.
Der spezielle Ansatz für die inhomogene Gleichung $a_{3,\text{p}}(t) = at + b$ ergibt:

$$\pi^2(at + b) + a = \pi^2(2t - 1) + 2 \quad \Rightarrow \quad a = 2,\ b = -1$$

$$\Rightarrow \quad a_3(t) = c_3 e^{-\pi^2 t} + 2t - 1 \quad \Rightarrow \quad 0 = a_3(0) = c_3 - 1 \quad \Rightarrow \quad c_3 = 1$$

$$\Rightarrow \quad v(x, t) = e^{-\pi^2 t} + 2t - 1 \,.$$

Die Lösung der Anfangsrandwertaufgabe lautet: $u(x, t) = 2 - x + (e^{-\pi^2 t} + 2t - 1)\sin(\pi x)$.

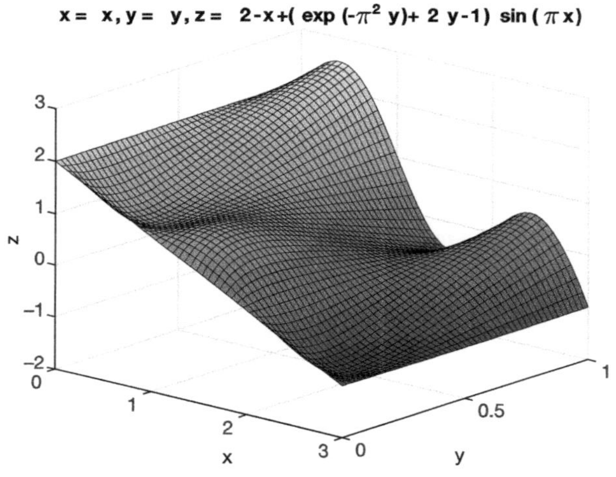

Abb. L25.27
Lösung $u(x, t)$.

b) Lösungsansatz: $u(x, t) = \sum_{k=1}^{\infty} a_k(t) \sin\left(\frac{kx}{2}\right)$, $u(x, 0) = 0 \Rightarrow a_k(0) = 0$

Fourier-Entwicklung der Inhomogenität:

$$(t - 2)\sin x = \sum_{k=1}^{\infty} f_k(t) \sin\left(\frac{kx}{2}\right) \quad \Rightarrow \quad f_2(t) = t - 2\,, \quad f_{k\neq 2}(t) = 0$$

Für $k \neq 2$ erhält man: $\dot{a}_k(t) + \frac{k^2}{4} a_k(t) = 0$ mit $a_k(0) = 0 \Rightarrow a_k(t) = 0.$
Für $k = 2$ erhält man: $\dot{a}_2(t) + a_2(t) = t - 2.$
Allgemeine Lösung der homogenen Gleichung: $a_{2,\text{h}}(t) = c_2 e^{-t}$
Spezielle Lösung der inhomogenen Gleichung, Ansatz: $a_{2,\text{p}}(t) = at + b$

$$a + at + b = t - 2 \quad \Rightarrow \quad a = 1\,, \quad b = -3 \quad \Rightarrow \quad a_2(t) = c_2 e^{-t} + t - 3$$
$$\Rightarrow \quad 0 = a_2(0) = c_2 - 3 \quad \Rightarrow \quad c_2 = 3$$

Die Lösung der Anfangsrandwertaufgabe lautet: $u(x, t) = (3e^{-t} + t - 3)\sin(x)$.

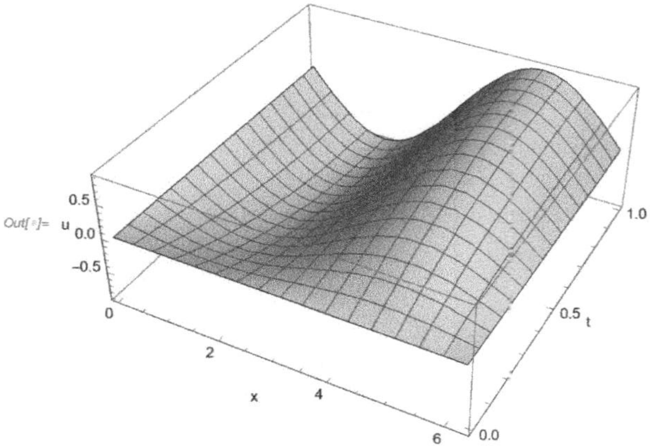

Abb. L25.28 Lösung $u(x, t) = (3e^{-t} + t - 3)\sin(x)$.

Lösung zu A25.5.8
Der Produktansatz $u(x, t) = X(x)Y(y)T(t)$ eingesetzt in die Differentialgleichung $u_t = u_{xx} + u_{yy}$ ergibt

$$\frac{T'(t)}{T(t)} = \frac{X''(x)}{X(x)} + \frac{Y''(y)}{Y(y)} =: -\lambda = (\text{konst}) .$$

Für T erhält man eine gewöhnliche Differentialgleichung:

$$T' + \lambda T = 0 \quad \Rightarrow \quad T(t) = Ke^{-\lambda t} ,$$

Nach weiterer Trennung ergeben sich gewöhnliche Differentialgleichungen in X und Y

$$\frac{X''(x)}{X(x)} = -\frac{Y''(y)}{Y(y)} - \lambda = -\mu = (\text{konst}) .$$

Die Randbedingungen

$$\begin{aligned} 0 &= u(0, y, t) = X(0)Y(y)T(t) , \\ 0 &= u(1, y, t) = X(1)Y(y)T(t) , \\ 0 &= u(x, 0, t) = X(x)Y(0)T(t) , \\ 0 &= u(x, 2, t) = X(x)Y(2)T(t) \end{aligned}$$

liefern $X(0) = 0 = X(1)$ und $Y(0) = 0 = Y(2)$.

Die gewöhnliche Randwertaufgabe in X

$$X''(x) + \mu X(x) = 0 \quad \text{mit} \quad X(0) = 0 = X(1)$$

besitzt nur nichttriviale Lösungen für $\mu > 0$

$$X(x) = a\cos(\sqrt{\mu}x) + b\sin(\sqrt{\mu}x) .$$

Einsetzen des Randwertes $X(0) = 0$ ergibt $a = 0$ und $X(1) = 0$ liefert $\mu_k = k^2\pi^2$ mit $k \geq 1$ und $X_k(x) = b_k \sin(k\pi x)$.

Die gewöhnliche Randwertaufgabe in Y

$$Y''(y) + (\lambda - \mu)Y(y) = 0 \quad \text{mit} \quad Y(0) = 0 = Y(2)$$

besitzt nur nichttriviale Lösungen für $\lambda - \mu > 0$

$$Y(y) = c\cos(\sqrt{\lambda - \mu}\, y) + d\sin(\sqrt{\lambda - \mu}\, y)\,.$$

Einsetzen des Randwertes $Y(0) = 0$ ergibt $c = 0$ und $Y(2) = 0$ liefert

$$\lambda_{j,k} - \mu_k = \frac{j^2\pi^2}{4} \quad \text{mit} \quad j \geq 1 \quad \text{und} \quad Y_j(y) = d_j \sin\left(\frac{j\pi y}{2}\right)\,.$$

Setzt man $\lambda_{j,k}$ in die Differentialgleichung für T ein, so erhält man dort die Lösungen

$$T_{j,k}(t) = Ke^{-\pi^2(k^2+j^2/4)t}\,.$$

Aus dem Produktansatz und Superposition ergibt sich damit die Lösung

$$u(x, y, t) = \sum_{k=1}^{\infty}\sum_{j=1}^{\infty} A_{k,j} e^{-\pi^2(k^2+j^2/4)t} \sin(k\pi x)\sin\left(\frac{j\pi y}{2}\right)\,.$$

Mit der Anfangsvorgabe ergibt sich

$$\begin{aligned} &7\sin(2\pi x)\sin(\pi y) + (3\sin(\pi x) - 4\sin^3(\pi x))\sin(3\pi y/2) \\ &\quad = u(x, y, 0) = \sum_{k=1}^{\infty}\sum_{j=1}^{\infty} A_{k,j}\sin(k\pi x)\sin\left(\frac{j\pi y}{2}\right)\,. \end{aligned}$$

Wegen $\sin 3\alpha = 3\sin\alpha - 4\sin^3\alpha$ gilt

$$(3\sin(\pi x) - 4\sin^3(\pi x))\sin(3\pi y/2) = \sin(3\pi x)\sin(3\pi y/2)$$

und man erhält mit einem Koeffizientenvergleich $A_{2,2} = 7$, $A_{3,3} = 1$ und $A_{k,j} = 0$ sonst, also die Lösung

$$u(x, y, t) = 7e^{-5\pi^2 t}\sin(2\pi x)\sin(\pi y) + e^{-45\pi^2 t/4}\sin(3\pi x)\sin(3\pi y/2)\,.$$

Wegen $\lim\limits_{t\to\infty} e^{-5\pi^2 t} = 0$ und $\lim\limits_{t\to\infty} e^{-45\pi^2 t/4} = 0$ gilt $\lim\limits_{t\to\infty} u(x, y, t) = 0$.

L25.6 Die Wellengleichung

Lösung zu A25.6.1

a) Wegen $u_{xx}(x, t) = f''(x + 3t) + g''(x - 3t)$ und $u_{tt}(x, t) = 3^2 f''(x + 3t) + (-3)^2 g''(x - 3t)$ gilt $u_{tt} = 9u_{xx}$.

b) Die Kettenregel liefert für $u(x, y) = \tilde{u}(\xi(x, y), \eta(x, y))$ in den neuen Variablen $\xi = x + 3t$ und $\eta = x - 3t$:

$$\begin{aligned} u_x &= \tilde{u}_\xi \xi_x + \tilde{u}_\eta \eta_x , \\ u_{xx} &= \tilde{u}_{\xi\xi}(\xi_x)^2 + 2\xi_x\eta_x\tilde{u}_{\xi\eta} + \tilde{u}_{\eta\eta}(\eta_x)^2 + \tilde{u}_\xi\xi_{xx} + \tilde{u}_\eta\eta_{xx} \\ &= \tilde{u}_{\xi\xi} + 2\tilde{u}_{\xi\eta} + \tilde{u}_{\eta\eta} , \\ u_{tt} &= \tilde{u}_{\xi\xi}(\xi_t)^2 + 2\xi_t\eta_t\tilde{u}_{\xi\eta} + \tilde{u}_{\eta\eta}(\eta_t)^2 + \tilde{u}_\xi\xi_{tt} + \tilde{u}_\eta\eta_{tt} \\ &= 9\tilde{u}_{\xi\xi} - 18\tilde{u}_{\xi\eta} + 9\tilde{u}_{\eta\eta} . \end{aligned}$$

Damit erhält man die transformierte Gleichung $0 = u_{tt} - 9u_{xx} = -36\tilde{u}_{\xi\eta}$

$$\Rightarrow \quad \tilde{u}_{\xi\eta} = 0 \quad \Rightarrow \quad \tilde{u}_\xi = \tilde{f}(\xi) \quad \Rightarrow \quad \tilde{u} = \int \tilde{f}(\xi)\,\mathrm{d}\xi + g(\eta) =: f(\xi) + g(\eta) .$$

Die allgemeine Lösung der Wellengleichung lautet also: $u(x, y) = f(x + 3t) + g(x - 3t)$.

c) Setzt man die Anfangswerte in die allgemeine Lösung aus b) ein, so ergibt sich:

$$x^2 = u(x, 0) = f(x) + g(x) \quad \wedge \quad \cos x = u_t(x, 0) = 3f'(x) - 3g'(x) .$$

$$\Rightarrow \quad 3x^2 = 3f(x) + 3g(x) \quad \wedge \quad \sin x + C = 3f(x) - 3g(x)$$

$$\Rightarrow \quad f(x) = \frac{x^2}{2} + \frac{1}{6}\sin x + \frac{C}{6} \quad \wedge \quad g(x) = \frac{x^2}{2} - \frac{1}{6}\sin x - \frac{C}{6}$$

$$\Rightarrow \quad u(x, t) = \frac{1}{2}\big((x + 3t)^2 + (x - 3t)^2 \big) + \frac{1}{6}\big(\sin(x + 3t) - \sin(x - 3t) \big) .$$

Lösung zu A25.6.2

Die allgemeine Lösung von $u_{tt} = 4u_{xx}$ lautet $u(x, t) = v(x + 2t) + w(x - 2t)$. Mit den Randwerten ergibt sich damit ein Widerspruch:

$$\begin{aligned} &0 = u(0, t) = v(2t) + w(-2t) \quad \Rightarrow \quad v(\xi) = -w(-\xi) \\ &x(1 - x) = u(x, 0) = v(x) + w(x) \quad \Rightarrow \quad x(1 - x) = w(x) - w(-x) \\ &0 = u(1, t) = v(1 + 2t) + w(1 - 2t) \quad \Rightarrow \quad v(1 + 2t) = -w(1 - 2t) \\ &0 = u(x, 1/2) = v(x + 1) + w(x - 1) \quad \Rightarrow \quad v(1 + x) = -w(-(1 - x)) \\ &\Rightarrow \quad v(1 + 2t) = -w(-(1 - 2t)) = -w(1 - 2t) \quad \Rightarrow \quad w(-x) = w(x) \\ &\Rightarrow \quad x(1 - x) = 0 \quad \text{für alle } x \in [0, 1] \quad \text{Widerspruch!} \end{aligned}$$

Lösung zu A25.6.3

Die Anfangsvorgabe $u_0(t) = \sin t$ längs der Charakteristik $x - 2t = 0$ ist mit der Anfangsvorgabe $u_1(t) = t$ längs der Charakteristik $x + 2t = 0$ für $t = 0$, d. h. im Nullpunkt, kompatibel, denn $u(0, 0) = u_0(0) = u_1(0) = 0$.

Die allgemeine Lösung der Wellengleichung $u_{tt} = 4u_{xx}$ lautet $u(x, y) = f(x - 2t) + g(x + 2t)$ mit beliebigen C^2-Funktionen f und g. Hieraus ergibt sich $u(0, 0) = f(0) + g(0) = 0$.

Durch Auswerten der Anfangsvorgaben ergeben sich f und g in Abhängigkeit von $u_0(t)$ und $u_1(t)$:

$$
\begin{aligned}
&u(2t,t) = f(0) + g(\underbrace{4t}_{=:\eta}) = u_0(t) := \sin t\\
&\Rightarrow \quad g(\eta) = u_0\left(\frac{\eta}{4}\right) - f(0) = \sin\left(\frac{\eta}{4}\right) - f(0)\\
&u(-2t,t) = f(\underbrace{-4t}_{=:\xi}) + g(0) = u_1(t) := t\\
&\Rightarrow \quad f(\xi) = u_1\left(-\frac{\xi}{4}\right) - g(0) = -\frac{\xi}{4} - g(0)\\
&u(x,t) = f(x-2t) + g(x+2ct) = u_1(x-2t) + u_0(x+2t) - (f(0)+g(0))\\
&\qquad = \frac{2t-x}{4} + \sin\left(\frac{x+2t}{4}\right) .
\end{aligned}
$$

Die Anfangsvorgaben $u_0(t)$ und $u_1(t)$ längs der Charakteristiken sind nur für $t \geq 0$ definiert. Die Lösung ist daher nur im Bereich $x - 2t \geq 0$ und $x + 2t \geq 0$ erklärt. Der Definitionsbereich lautet also

$$
D := \left\{ \begin{pmatrix} x \\ t \end{pmatrix} \in \mathbb{R}^2 \;\middle|\; t \geq 0 \wedge 2t \leq x \right\} .
$$

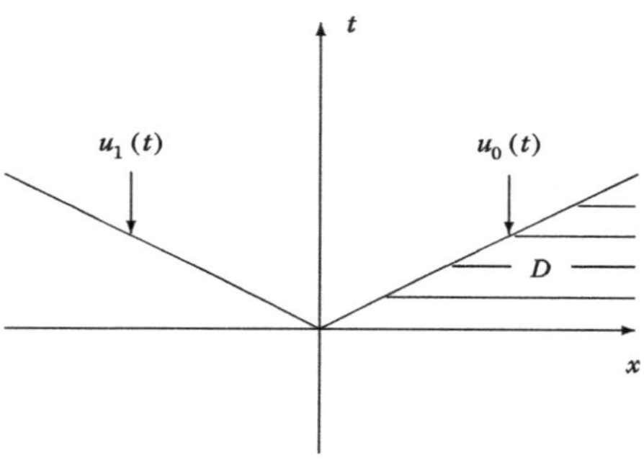

Abb. L25.29 Definitionsbereich D.

Lösung zu A25.6.4

Ein Vergleich von $u_{tt} - c^2 u_{xx} = 0$ mit $u_{tt} - u_{xx} = 0$ ergibt $c = 1$.

a) Abhängigkeitsbereich für $(x_0, t_0) = (2, 1{,}5)$: $A = [x_0 - ct_0, x_0 + ct_0] = [0.5, 3{,}5]$

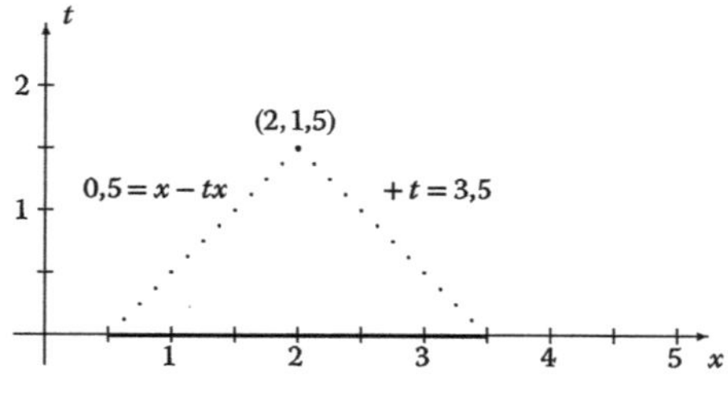

Abb. L25.30 Abhängigkeitsbereich $[0.5, 3{,}5]$ für $(x_0, t_0) = (2, 1{,}5)$.

b) Im Bestimmtheitsbereich gilt: $x - t, x + t \in [1, 5]$

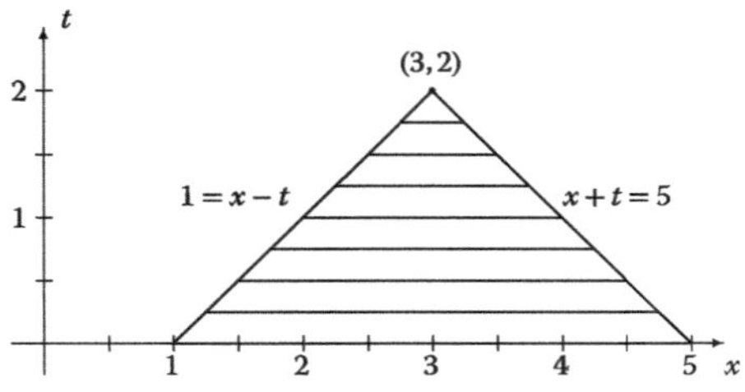

Abb. L25.31 Bestimmtheitsbereich für $t \geq 0$.

c) Die Reflexionsmethode setzt die Anfangsfunktionen ungerade fort, so dass man ein reines Anfangswertproblem mit ungeraden Anfangsfunktionen erhält, auf dass dann die d'Alembertsche Lösungsformel angewendet wird. Die resultierende Lösungsformel lautet:

$$u(x,t) = \begin{cases} \frac{1}{2}(u_0(x+t) + u_0(x-t)) + \frac{1}{2}\int\limits_{x-t}^{x+t} v_0(y)\,\mathrm{d}y\,, & t \leq x \\ \frac{1}{2}(u_0(x+t) - u_0(t-x)) + \frac{1}{2}\int\limits_{t-x}^{x+t} v_0(y)\,\mathrm{d}y\,, & x < t \end{cases}$$

i) Bei der zu berechnenden Lösung handelt es sich um eine C^2-Funktion, denn $u_0(x)$ ist bereits ungerade, also mit seiner ungeraden Fortsetzung identisch, und eine C^2-Funktion und die ungerade Fortsetzung von $v_0(x)$ ist eine C^1-Funktion.

$$u(x,t) = \begin{cases} \frac{1}{2}((x+t) + (x-t)) + \frac{1}{2}\int\limits_{x-t}^{x+t} y^2\,\mathrm{d}y\,, & t \leq x \\ \frac{1}{2}((x+t) - (t-x)) + \frac{1}{2}\int\limits_{t-x}^{x+t} y^2\,\mathrm{d}y\,, & x < t \end{cases}$$

$$= \begin{cases} x + \left.\frac{y^3}{6}\right|_{x-t}^{x+t} = x + x^2 t + \frac{t^3}{3}\,, & t \leq x \\ x + \left.\frac{y^3}{6}\right|_{t-x}^{x+t} = x + x t^2 + \frac{x^3}{3}\,, & x < t \end{cases}$$

ii)
$$u(x,t) = \begin{cases} \frac{1}{2}(\sin(x+t) + \sin(x-t)) + \frac{1}{2}\int\limits_{x-t}^{x+t} dy\,, & t \le x \\ \frac{1}{2}(\sin(x+t) - \sin(t-x)) + \frac{1}{2}\int\limits_{t-x}^{x+t} dy\,, & x < t \end{cases}$$
$$= \begin{cases} \sin(x)\cos(t) + t\,, & t \le x \\ \sin(x)\cos(t) + x\,, & x < t \end{cases}$$

Die Lösung u ist im Dreieck $0 < t < x$ eine C^2-Funktion, entsprechendes gilt im Dreieck $0 < x < t$. Auf der Diagonalen $x = t$ liegt jedoch nur Stetigkeit vor. Schon

$$u_x(x,t) = \begin{cases} \cos(x)\cos(t)\,, & t < x \\ \cos(x)\cos(t) + 1\,, & x < t \end{cases}$$

ist dort unstetig. Der Grund liegt darin, dass die ungerade Fortsetzung $\tilde{v}_0$ von v_0 die aus der d'Alembertsche Lösungsformel ablesbaren Differenzierbarkeitseigenschaften $\tilde{v}_0 \in C^1(\mathbb{R})$ speziell für $x = 0$ nicht besitzt.

Lösung zu A25.6.5
Ein Vergleich von $u_{tt} = c^2 u_{xx}$ mit $u_{tt} = 36 u_{xx}$ ergibt $c = 6$.

a) Abhängigkeitsbereich für $(x_0, t_0) = (-3, 1)$: $A = [x_0 - ct_0, x_0 + ct_0] = [-9, 3]$
b)

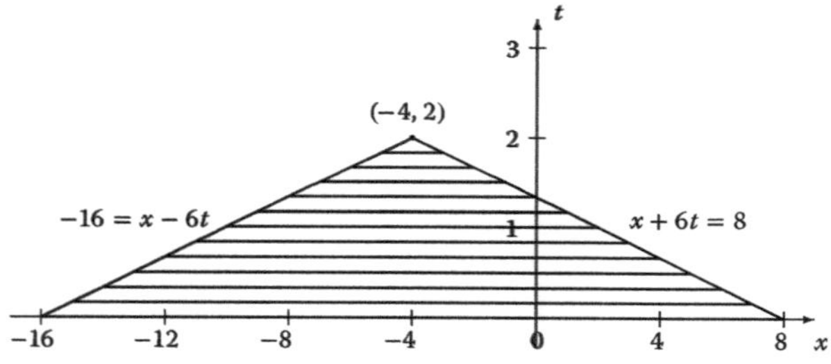

Abb. L25.32 Bestimmtheitsbereich für $t \geq 0$.

c) Mit der d'Alembertschen Lösungsformel erhält man

$$u(x,t) = \frac{1}{2}(-(x+6t) - (x-6t)) - \frac{1}{2\cdot 6}\int\limits_{x-6t}^{x+6t} 12\sin y\,dy$$
$$= -x + \cos(x+6t) - \cos(x-6t)\,;$$

(siehe Abb. L25.33).

Lösung zu A25.6.6
Eine Lösung der inhomogenen Differentialgleichung $u_{tt} - u_{xx} = -4x$ raten:

$$w(x,t) = -2xt^2\,.$$

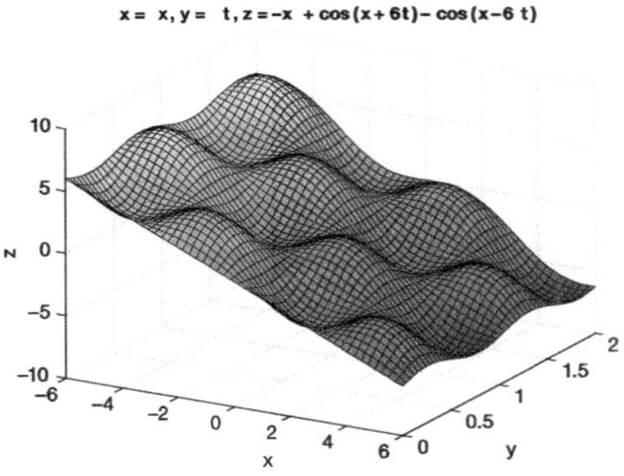

Abb. L25.33 Lösung $u(x, y) = -x + \cos(x + 6t) - \cos(x - 6t)$.

Probe: $w_{tt} - w_{xx} = -4x - 0 = -4x$

Transformation durch $u(x, t) = w(x, t) + v(x, t)$ in ein Anfangswertproblem mit homogener Differentialgleichung in v:

Transformation der Differentialgleichung:

$$u_{tt} - u_{xx} = w_{tt} - w_{xx} + v_{tt} - v_{xx} = -4x \quad \Rightarrow \quad v_{tt} - v_{xx} = 0$$

Transformation der Anfangsbedingungen:

$$u(x, 0) = w(x, 0) + v(x, 0) = v(x, 0) = 1$$
$$u_t(x, 0) = w_t(x, 0) + v_t(x, 0) = v_t(x, 0) = \cos x$$

Die d'Alembertschen Lösungsformel ergibt ($c = 1$):

$$v(x, t) = \frac{1}{2}(1 + 1) + \frac{1}{2}\int_{x-t}^{x+t} \cos\xi \, d\xi = 1 + \frac{1}{2}(\sin(x + t) - \sin(x - t))$$

Damit ergibt sich die Lösung der Anfangswertaufgabe nach dem Superpositionsprinzip durch:

$$u(x, t) = w(x, t) + v(x, t) = -2xt^2 + 1 + \frac{1}{2}(\sin(x + t) - \sin(x - t)) .$$

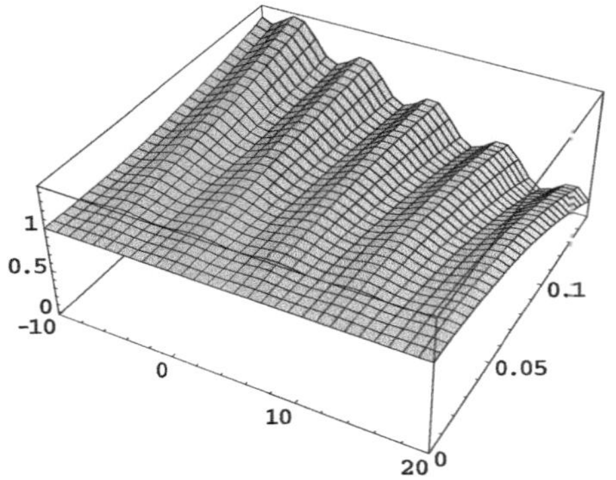

Abb. L25.34 Lösung $u(x, t)$.

Probe:
in die Differentialgleichung einsetzen

$$u_{tt} - u_{xx} = w_{tt} - w_{xx} + v_{tt} - v_{xx}$$

$$= -4x + \frac{1}{2}(-\sin(x+t) + \sin(x-t)) - \frac{1}{2}(-\sin(x+t) + \sin(x-t)) = -4x$$

in die Anfangsbedingungen einsetzen

$$u(x,0) = w(x,0) + v(x,0) = 1 + \frac{1}{2}(\sin x - \sin x) = 1$$

$$u_t(x,0) = w_t(x,0) + v_t(x,0) = \frac{1}{2}(\cos x + \cos x) = \cos x$$

Lösung zu A25.6.7
Das Abhängigkeitsdreieck

$$D := \left\{ \begin{pmatrix} \xi \\ \tau \end{pmatrix} \in \mathbb{R}^2 \,\middle|\, 0 \le \tau \le t \ \wedge \ x - c(t-\tau) \le \xi \le x + c(t-\tau) \right\}$$

führt auf

$$u(x,t) = \frac{1}{2c} \int_D f(\xi,\tau)\ \mathrm{d}(\xi,\tau) = \frac{1}{2c} \int_0^t \int_{x-c(t-\tau)}^{x+c(t-\tau)} f(\xi,\tau)\,\mathrm{d}\xi\,\mathrm{d}\tau\,.$$

Um die Gültigkeit der Differentialgleichung zu überprüfen, muss $u(x,t)$ nach der Regel für parameterabhängige Integrale differenziert werden:

$$u_t(x,t) = \frac{\partial}{\partial t}\left(\frac{1}{2c} \int_0^t \int_{x-c(t-\tau)}^{x+c(t-\tau)} f(\xi,\tau)\,\mathrm{d}\xi\,\mathrm{d}\tau \right)$$

$$= \frac{1}{2c} \int_0^t \frac{\partial}{\partial t}\left(\int_{x-c(t-\tau)}^{x+c(t-\tau)} f(\xi,\tau)\,\mathrm{d}\xi \right) \mathrm{d}\tau + \frac{1}{2c} \int_{x-c(t-t)}^{x+c(t-t)} f(\xi,t)\,\mathrm{d}\xi$$

$$= \frac{1}{2c} \int_0^t c f(x + c(t-\tau),\tau) + c f(x - c(t-\tau),\tau)\,\mathrm{d}\tau$$

$$\begin{aligned}
u_{tt}(x,t) &= \frac{1}{2}\frac{\partial}{\partial t}\int\limits_0^t f(x+c(t-\tau),\tau)+f(x-c(t-\tau),\tau)\,\mathrm{d}\tau \\
&= \frac{1}{2}\int\limits_0^t c f_x(x+c(t-\tau),\tau)-c f_x(x-c(t-\tau),\tau)\,\mathrm{d}\tau \\
&\quad + \frac{1}{2}(f(x+c(t-t),t)+f(x-c(t-t),t)) \\
&= \frac{c}{2}\int\limits_0^t f_x(x+c(t-\tau),\tau)-f_x(x-c(t-\tau),\tau)\,\mathrm{d}\tau + f(x,t)
\end{aligned}$$

$$\begin{aligned}
u_x(x,t) &= \frac{\partial}{\partial x}\left(\frac{1}{2c}\int\limits_0^t\int\limits_{x-c(t-\tau)}^{x+c(t-\tau)} f(\xi,\tau)\,\mathrm{d}\xi\,\mathrm{d}\tau\right) = \frac{1}{2c}\int\limits_0^t \frac{\partial}{\partial x}\left(\int\limits_{x-c(t-\tau)}^{x+c(t-\tau)} f(\xi,\tau)\,\mathrm{d}\xi\right)\mathrm{d}\tau \\
&= \frac{1}{2c}\int\limits_0^t f(x+c(t-\tau),\tau)-f(x-c(t-\tau),\tau)\,\mathrm{d}\tau
\end{aligned}$$

$$\begin{aligned}
u_{xx}(x,t) &= \frac{\partial}{\partial x}\left(\frac{1}{2c}\int\limits_0^t f(x+c(t-\tau),\tau)-f(x-c(t-\tau),\tau)\,\mathrm{d}\tau\right) \\
&= \frac{1}{2c}\int\limits_0^t f_x(x+c(t-\tau),\tau)-f_x(x-c(t-\tau),\tau)\,\mathrm{d}\tau
\end{aligned}$$

$$\Rightarrow \quad u_{tt}(x,t)-c^2u_{xx}(x,t)=f(x,t)\,.$$

Die Anfangsbedingungen sind auch erfüllt, denn

$$u(x,0)=\frac{1}{2c}\int\limits_0^0\int\limits_{x-c(0-\tau)}^{x+c(0-\tau)} f(\xi,\tau)\,\mathrm{d}\xi\,\mathrm{d}\tau = 0\,,$$

$$u_t(x,0)=\frac{1}{2}\int\limits_0^0 f(x+c(0-\tau),\tau)+f(x-c(0-\tau),\tau)\,\mathrm{d}\tau = 0\,.$$

Lösung zu A25.6.8

Die Reflexionsmethode setzt die Anfangsfunktionen ungerade fort, so dass man ein reines Anfangswertproblem mit ungeraden Anfangsfunktionen erhält, auf dass dann die d'Alembertsche Lösungsformel angewendet wird.

Die resultierende Lösungsformel lautet:

$$u(x,t) = \begin{cases} \frac{1}{2}(u_0(x+t) + u_0(x-t)) + \frac{1}{2}\int\limits_{x-t}^{x+t} v_0(y)\,\mathrm{d}y\,, & t \le x \\ \frac{1}{2}(u_0(x+t) - u_0(t-x)) + \frac{1}{2}\int\limits_{t-x}^{x+t} v_0(y)\,\mathrm{d}y\,, & x < t \end{cases}$$

a) Bei der zu berechnenden Lösung handelt es sich um eine C^2-Funktion, denn $u_0(x)$ und $v_0(x)$ sind ungerade, also identisch mit ihren Fortsetzungen, und es gilt $u_0 \in C^2(\mathbb{R})$ und $v_0 \in C^1(\mathbb{R})$.
Die Lösung des Anfangsrandwertproblems ist also die Einschränkung des (ungerade fortgesetzten) Anfangsproblems auf den ‚1. Quadranten'.

$$u(x,t) = \begin{cases} \frac{1}{2}((x+t)^3 + (x-t)^3) + \frac{1}{2}\int\limits_{x-t}^{x+t} 2y\,\mathrm{d}y\,, & t \le x \\ \frac{1}{2}((x+t)^3 - (t-x)^3) + \frac{1}{2}\int\limits_{t-x}^{x+t} 2y\,\mathrm{d}y\,, & x < t \end{cases}$$
$$= \begin{cases} \frac{1}{2}((x+t)^3 + (x-t)^3) + \frac{y^2}{2}\Big|_{x-t}^{x+t}\,, & t \le x \\ \frac{1}{2}((x+t)^3 + (x-t)^3) + \frac{y^2}{2}\Big|_{t-x}^{x+t}\,, & x < t \end{cases}$$
$$= x^3 + 3xt^2 + 2xt$$

b) $$u(x,t) = \begin{cases} \frac{1}{2}((x+t)^2 + (x-t)^2) + \frac{1}{2}\int\limits_{x-t}^{x+t} 2\,\mathrm{d}y\,, & t \le x \\ \frac{1}{2}((x+t)^2 - (t-x)^2) + \frac{1}{2}\int\limits_{t-x}^{x+t} 2\,\mathrm{d}y\,, & x < t \end{cases}$$
$$= \begin{cases} x^2 + t^2 + 2t\,, & t \le x \\ 2xt + 2x\,, & x < t \end{cases}$$

Die Lösung u ist im Dreieck $0 < t < x$ eine C^2-Funktion und erfüllt die Differentialgleichung. Entsprechendes gilt im Dreieck $0 < x < t$.
Auf der Diagonalen $x = t$ liegt jedoch nur Stetigkeit vor. Schon

$$u_t(x,t) = \begin{cases} 2t + 2\,, & t < x \\ 2x\,, & x < t \end{cases}$$

ist dort unstetig. Der Grund liegt darin, dass die ungeraden Fortsetzungen $\tilde{u}_0$, $\tilde{v}_0$ die aus der d'Alembertsche Lösungsformel ablesbaren Differenzierbarkeitseigenschaften $\tilde{u}_0 \in C^2(\mathbb{R})$ und $\tilde{v}_0 \in C^1(\mathbb{R})$ in $x = 0$ nicht besitzen.

Lösung zu A25.6.9

Der Produktansatz $u(x,t) = X(x)T(t)$, eingesetzt in die Differentialgleichung, ergibt

$$\frac{T''(t)}{T(t)} = \frac{4X''(x)}{X(x)} =: -\lambda\,.$$

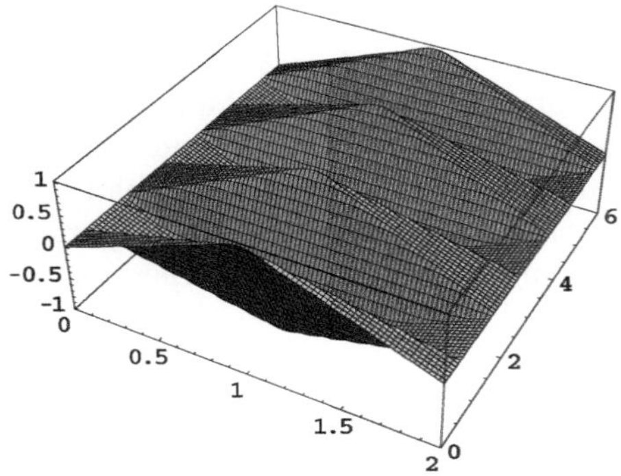

Abb. L25.35 Lösung $u(x,t)$.

Man erhält die beiden gewöhnlichen Differentialgleichungen $T'' + \lambda T = 0$ und $4X'' + \lambda X = 0$. Die Randbedingungen $0 = u(0,t) = X(0)T(t)$ und $0 = u(2,t) = X(2)T(t)$ liefern $X(0) = 0 = X(2)$. Die gewöhnliche Randeigenwertaufgabe für X besitzt somit die Eigenwerte $\lambda_k = k^2\pi^2$ mit $k > 0$, und die zugehörigen Eigenlösungen sind gegeben durch $X_k(x) = \sin(k\pi x/2)$. Setzt man $\lambda_k = k^2\pi^2$ in die Differentialgleichung für T ein, so erhält man dort die Lösungen $T_k(t) = a_k\cos(k\pi t) + b_k \sin(k\pi t)$. Aus dem Produktansatz und Superposition ergibt sich damit die Lösung

$$u(x,t) = \sum_{k=1}^{\infty} \sin\frac{k\pi x}{2}(a_k\cos(k\pi t) + b_k\sin(k\pi t))\,.$$

Mit den noch nicht verwendeten Anfangsbedingungen werden die fehlenden Koeffizienten a_k und b_k bestimmt:

$$u_t(x,0) = \sum_{k=1}^{\infty} k\pi b_k \sin\frac{k\pi x}{2} = 0$$

$$\Rightarrow\ b_k = 0\,,\quad u(x,0) = \sum_{k=1}^{\infty} a_k \sin\frac{k\pi x}{2} = 1 - |x-1|$$

$$\Rightarrow\ a_k = \int_0^2 (\,1 - |x-1|\,)\sin\frac{k\pi x}{2}\,dx = \int_0^1 x\sin\frac{k\pi x}{2}\,dx + \int_1^2 (2-x)\sin\frac{k\pi x}{2}\,dx$$

$$= \frac{8}{k^2\pi^2}\sin\frac{k\pi}{2} = \begin{cases} \dfrac{8\cdot(-1)^{n+1}}{k^2\pi^2} & \text{für } k = 2n-1 \\ 0 & \text{für } k = 2n \end{cases} \quad \text{mit } n \in \mathbb{N}\,.$$

Lösung zu A25.6.10

a) Der Produktansatz $u(x,t) = X(x)T(t)$, eingesetzt in die Differentialgleichung, ergibt

$$\frac{T''(t)}{T(t)} = \frac{9X''(x)}{X(x)} =: -\lambda \,.$$

Man erhält die beiden gewöhnlichen Differentialgleichungen $T'' + \lambda T = 0$ und $9X'' + \lambda X = 0$. Die Randbedingungen $0 = u(0,t) = X(0)T(t)$ und $0 = u(\pi,t) = X(\pi)T(t)$ liefern $X(0) = 0 = X(\pi)$. Die gewöhnliche Randeigenwertaufgabe für X besitzt somit die Eigenwerte $\lambda_k = 9k^2$ mit $k > 0$, und die zugehörigen Eigenlösungen sind gegeben durch $X_k(x) = \sin(kx)$. Setzt man $\lambda_k = 9k^2$ in die Differentialgleichung für T ein, so erhält man dort die Lösungen $T_k(t) = a_k \cos(3kt) + b_k \sin(3kt)$. Aus dem Produktansatz und Superposition ergibt sich damit die Lösung

$$u(x,t) = \sum_{k=1}^{\infty} \sin(kx)(a_k \cos(3kt) + b_k \sin(3kt)) \,.$$

Mit den noch nicht verwendeten Anfangsbedingungen werden die fehlenden Koeffizienten a_k und b_k bestimmt:

$$u(x,0) = \sum_{k=1}^{\infty} a_k \sin(kx) = 0 \quad \Rightarrow \quad a_k = 0$$

$$u_t(x,0) = \sum_{k=1}^{\infty} 3kb_k \sin(kx) = v_0(x) \quad \Rightarrow \quad b_k = \frac{2}{3k\pi}\int_0^{\pi} v_0(x)\sin(kx)\,\mathrm{d}x \,.$$

b) Aus der allgemeinen Lösung $u(x,t) = f(x-3t) + g(x+3t)$ ergibt sich durch die Anfangsvorgabe im Bestimmtheitsbereich mit $x \in [0,\pi]$

$$\begin{aligned}
&0 = u(x,0) = f(x) + g(x) \quad \Rightarrow \quad u(x,t) = f(x-3t) - f(x+3t)\\
&\Rightarrow \quad v_0(x) = u_t(x,0) = -6f'(x)\\
&\Rightarrow \quad f(x) = \underbrace{-\frac{1}{6}\int v_0(x)\,\mathrm{d}x}_{=:V(x)} \quad \Rightarrow \quad u(x,t) = \frac{1}{6}(\,V(x+3t) - V(x-3t)\,) \,.
\end{aligned}$$

Die Erweiterung der Lösung über den Bestimmtheitsbereich hinaus geschieht unter Verwendung der Randbedingungen $u(0,t) = 0 = u(\pi,t)$:

$$\begin{aligned}
0 = u(0,t) &= \frac{1}{6}(\,V(3t) - V(-3t)\,) \quad \Rightarrow \quad V \text{ ist eine gerade Funktion}\\
0 = u(\pi,t) &= \frac{1}{6}(\,V(\pi+3t) - V(\pi-3t)\,) \quad \Rightarrow \quad V(\pi-3t) = V(\pi+3t)\\
&\qquad\qquad\qquad\qquad\qquad\qquad\qquad\qquad\quad = V(-\pi-3t) \,.
\end{aligned}$$

Die Funktion V ist also gerade und 2π-periodisch. Damit ist $V' = v_0$ ungerade und 2π-periodisch fortzusetzen, d. h.

$$v_0(x) = \sum_{k=1}^{\infty} B_k \sin(kx)) \quad \Rightarrow \quad B_k = \frac{2}{\pi} \int_0^{\pi} v_0(x) \sin(kx)\, dx \,.$$

Daraus erhält man $V(x) = -\sum_{k=1}^{\infty} \frac{B_k}{k} \cos(kx) + c$. Die Lösung der Anfangsrandwertaufgabe ergibt sich dann folgendermaßen:

$$u(x,t) = \frac{1}{6} \sum_{k=1}^{\infty} \frac{B_k}{k} (\cos k(x-3t) - \cos k(x+3t)) = \sum_{k=1}^{\infty} \frac{B_k}{3k} \sin(kx) \sin(3kt) \,.$$

c) Für das spezielle v_0 aus der Aufgabenstellung berechnet man

$$B_k = \frac{2}{\pi} \int_{7\pi/16}^{9\pi/16} \pi \sin(kx)\, dx = \frac{2}{k} \left(\cos \frac{7k\pi}{16} - \cos \frac{9k\pi}{16} \right) \,.$$

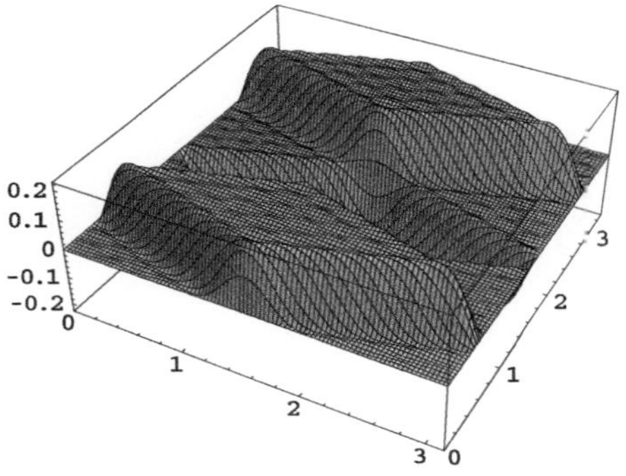

Abb. L25.36 Lösung $u(x, t)$.

Lösung zu A25.6.11

Aus Abb. 25.3 in der Aufgabenstellung ergibt sich die Anfangsvorgabe

$$u_0(x) = \begin{cases} -\frac{4x}{\pi} & \text{für} \quad 0 \le x \le \frac{\pi}{4}, \\ \frac{4x}{\pi} - 2 & \text{für} \quad \frac{\pi}{4} \le x \le \frac{3\pi}{4}, \\ -\frac{4x}{\pi} + 4 & \text{für} \quad \frac{3\pi}{4} \le x \le \pi \,. \end{cases}$$

Die Lösung der Wellengleichung ist gegeben durch $u(x,t) = \sum_{k=1}^{\infty} b_k \sin kx \cos 4kt$ mit den Fourier-Koeffizienten (siehe Abb. L25.37)

$$b_k = \frac{2}{\pi}\int\limits_0^{\pi} u_0(x)\sin kx\,\mathrm{d}x$$

$$= \frac{2}{\pi}\left[\int\limits_0^{\pi/4} -\frac{4x}{\pi}\sin kx\,\mathrm{d}x + \int\limits_{\pi/4}^{3\pi/4}\left(\frac{4x}{\pi}-2\right)\sin kx\,\mathrm{d}x + \int\limits_{3\pi/4}^{\pi}\left(-\frac{4x}{\pi}+4\right)\sin kx\,\mathrm{d}x\right]$$

$$= \frac{2}{\pi}\left[\left(\frac{4x\cos kx}{k\pi} - \frac{4\sin kx}{k^2\pi}\right)\Bigg|_0^{\pi/4} + \left(-\frac{(4x-2\pi)\cos kx}{k\pi} + \frac{4\sin kx}{k^2\pi}\right)\Bigg|_{\pi/4}^{3\pi/4}\right.$$

$$\left. + \left(\frac{(4x-4\pi)\cos kx}{k\pi} - \frac{4\sin kx}{k^2\pi}\right)\Bigg|_{3\pi/4}^{\pi}\right]$$

$$= \frac{16}{k^2\pi^2}\left(\sin\frac{3k\pi}{4} - \sin\frac{k\pi}{4}\right) = \begin{cases} \dfrac{32\cdot(-1)^n}{k^2\pi^2} & \text{für } k = 2(2n-1)\,,\ n\in\mathbb{N}\,,\\ 0 & \text{sonst}\,. \end{cases}$$

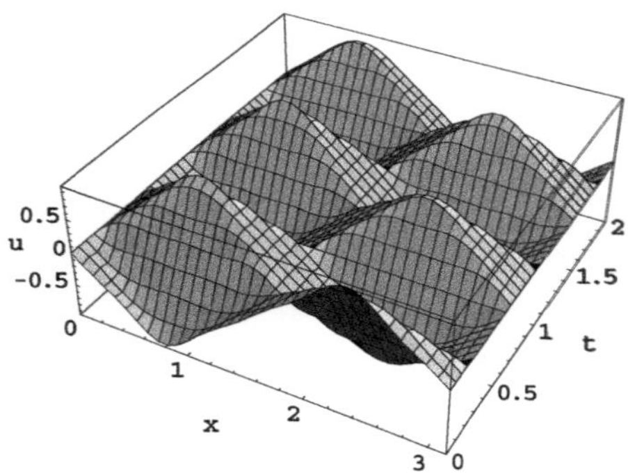

Abb. L25.37 Lösung $u(x, t)$.

Lösung zu A25.6.12

Die Lösung des Problems erfolgt in drei Schritten:

1. Schritt

Das Problem mit den inhomogenen Randbedingungen

$$u(0,t) = \varphi_0(t) := e^{-t} \quad \text{und} \quad u(\pi,t) = \varphi_1(t) := -e^{-t}$$

wird durch

$$v(x,t) := u(x,t) - \varphi_0(t) - \frac{x}{\pi}(\varphi_1(t) - \varphi_0(t))$$

in eines mit homogenen Randbedingungen transformiert. Das transformierte Problem in v lautet dann

$$\begin{aligned} v_{tt} &= c^2 v_{xx} + \sin x + \left(1 - \frac{2x}{\pi}\right) \cdot e^{-t} - \varphi_0''(t) - \frac{x}{\pi}(\varphi_1''(t) - \varphi_0''(t)) \\ &= c^2 v_{xx} + \sin x\,, \quad \text{für} \quad 0 < x < \pi,\ 0 < t\,, \end{aligned}$$

$$v(x,0) = u(x,0) - \varphi_0(0) - \frac{x}{\pi}(\varphi_1(0) - \varphi_0(0)) = 1 - \frac{2x}{\pi} - 1 + \frac{2x}{\pi} = 0\,,$$

$$\text{für} \quad 0 \le x \le \pi$$

$$v_t(x,0) = u_t(x,0) - \varphi_0'(0) - \frac{x}{\pi}(\varphi_1'(0) - \varphi_0'(0)) = \frac{2x}{\pi} - 1 + 1 - \frac{2x}{\pi} = 0\,,$$

$$v(0,t) = 0 = v(\pi,t)\,, \quad \text{für } 0 \le t\,.$$

2. Schritt
Man löst das Problem mit homogener Differentialgleichung und Anfangsbedingungen

$$\begin{aligned} v_{tt} &= c^2 v_{xx}\,, && \text{für} \quad 0 < x < \pi\,,\ 0 < t\,, \\ v(x,0) &= 0 = v_t(x,0)\,, && \text{für} \quad 0 \le x \le \pi\,, \\ v(0,t) &= 0 = v(\pi,t)\,, && \text{für} \quad 0 \le t\,. \end{aligned}$$

Das Problem wird gelöst durch $v^* \equiv 0$. Rein rechnerisch ergibt sich dies auch aus der über einen Produktansatz gewonnenen Lösungsdarstellung, die schon die Randbedingungen erfüllt:

$$v^*(x,t) = \sum_{k=1}^{\infty} \big(A_k \cos(ckt) + B_k \sin(ckt)\big) \sin(kx)$$

unter Ausnutzung der Anfangsbedingungen mit anschließendem Koeffizientenvergleich.

3. Schritt
Man löst das Problem mit inhomogener Differentialgleichung und homogenen Anfangsbedingungen

$$\begin{aligned} v_{tt} &= c^2 v_{xx} + \sin x\,, && \text{für} \quad 0 < x < \pi\,,\ 0 < t\,, \\ v(x,0) &= 0 = v_t(x,0)\,, && \text{für} \quad 0 \le x \le \pi\,, \\ v(0,t) &= 0 = v(\pi,t)\,, && \text{für} \quad 0 \le t\,. \end{aligned}$$

Nach der Fourier-Methode wird für die Lösung in Anlehnung an den zweiten Schritt folgender Ansatz gemacht:

$$v^{**}(x,t) = \sum_{k=1}^{\infty} v_k(t) \sin(kx)\,.$$

Die homogenen Anfangsbedingungen führen auf $v_k(0) = 0$ und $\dot v_k(0) = 0$.

Die Inhomogenität der Differentialgleichung wird ebenfalls in eine sin-Reihe entwickelt

$$\sin x = \sum_{k=1}^{\infty} f_k(t) \sin(kx) \quad \Rightarrow \quad f_1(t) = 1\,,\ f_k(t) = 0 \text{ sonst}\,.$$

Eingesetzt in die Differentialgleichung ergibt sich

$$\sum_{k=1}^{\infty} \left(\ddot{v}_k(t) + (ck)^2 v_k(t) - f_k(t)\right) \sin(kx) = 0.$$

Die Koeffizienten $v_k(t)$ der Lösung v^{**} ergeben sich daher aus den folgenden gewöhnlichen Anfangswertaufgaben

$$\ddot{v}_k(t) + (ck)^2 v_k(t) - f_k(t) = 0 \quad \text{mit} \quad v_k(0) = 0 = \dot{v}_k(0)\,.$$

Für $k \neq 1$ ist $v_k \equiv 0$.

Für $k = 1$ erhält man die allgemeine Lösung

$$v_1(t) = A_1 \cos(ct) + B_1 \sin(ct) + \frac{1}{c^2}\,.$$

Berücksichtigt man die Anfangsvorgaben, so ergibt sich

$$v_1(t) = \frac{1}{c^2}(1 - \cos(ct))\,.$$

Die Lösung des Ausgangsproblems erhält man nun durch

$$\begin{aligned} u(x,t) &= \varphi_0(t) + \frac{x}{\pi}(\varphi_1(t) - \varphi_0(t)) + v^*(x,t) + v^{**}(x,t) \\ &= e^{-t}\left(1 - \frac{2x}{\pi}\right) + \frac{1}{c^2}(1 - \cos(ct)) \sin x\,. \end{aligned}$$

(siehe Abb. L25.38).

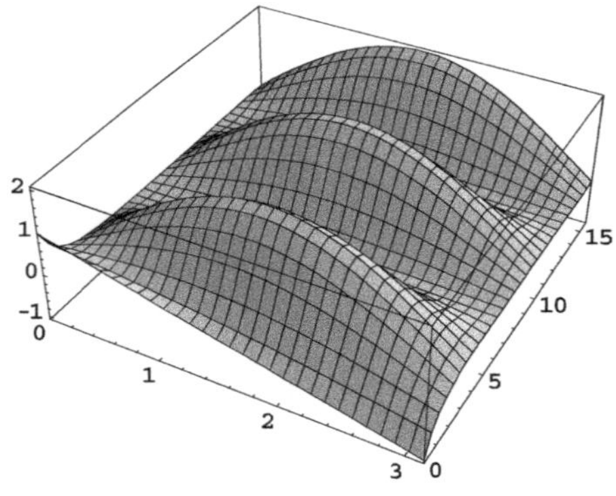

Abb. L25.38 Lösung $u(x, t)$ für $c = 1$.

Lösung zu A25.6.13

Der Normalenvektor der Einheitssphäre S lautet:

$$\boldsymbol{n} = \begin{pmatrix} \cos\varphi \cos\theta \\ \sin\varphi \cos\theta \\ \sin\theta \end{pmatrix}$$

Die Liouvillesche Lösungsformel ergibt nun mit $u_0(\boldsymbol{x}) = 0$ und $v_0(\boldsymbol{x}) = x + y^2 + z$

$$u(\boldsymbol{x}, t) = \frac{\partial}{\partial t}\left(\frac{t}{4\pi}\int\limits_S u_0(\boldsymbol{x} + ct\boldsymbol{n})\,\mathrm{d}o\right) + \frac{t}{4\pi}\int\limits_S v_0(\boldsymbol{x} + ct\boldsymbol{n})\,\mathrm{d}o$$

$$= \frac{t}{4\pi}\int\limits_0^{2\pi}\int\limits_{-\pi/2}^{\pi/2} \big(\,(x + ct\cos\varphi\cos\theta) + (y + ct\sin\varphi\cos\theta)^2$$

$$+ (z + ct\sin\theta)\,\big)\cos\theta\,\mathrm{d}\theta\,\mathrm{d}\varphi$$

$$= \frac{t}{4\pi}\int\limits_0^{2\pi}\int\limits_{-\pi/2}^{\pi/2} \big(\,(x + y^2 + z) + ct(\cos\varphi\cos\theta + 2y\sin\varphi\cos\theta + \sin\theta)$$

$$+ c^2t^2\sin^2\varphi\cos^2\theta\,\big)\cos\theta\,\mathrm{d}\theta\,\mathrm{d}\varphi$$

$$= t(x + y^2 + z) + \frac{c^2t^3}{4\pi}\int\limits_0^{2\pi}\sin^2\varphi\,\mathrm{d}\varphi\int\limits_{-\pi/2}^{\pi/2}\cos^3\theta\,\mathrm{d}\theta = t(x + y^2 + z) + \frac{c^2t^3}{3}$$

Lösung zu A25.6.14

Die Kugeloberfläche werde mittels Kugelkoordinaten parametrisiert:

$$\boldsymbol{p}\colon [0, 2\pi]\times\left[-\frac{\pi}{2}, \frac{\pi}{2}\right] \to \mathbb{R}^3 \quad \text{mit} \quad \boldsymbol{x} = \boldsymbol{p}(\varphi, \theta) = \boldsymbol{x}_0 + \begin{pmatrix} R\cos\varphi\cos\theta \\ R\sin\varphi\cos\theta \\ R\sin\theta \end{pmatrix},$$

$$\frac{\partial\boldsymbol{p}}{\partial\varphi}\times\frac{\partial\boldsymbol{p}}{\partial\theta} = \begin{vmatrix} \boldsymbol{e}_1 & \boldsymbol{e}_2 & \boldsymbol{e}_3 \\ -R\sin\varphi\cos\theta & R\cos\varphi\cos\theta & 0 \\ -R\cos\varphi\sin\theta & -R\sin\varphi\sin\theta & R\cos\theta \end{vmatrix} = \begin{pmatrix} R^2\cos\varphi\cos^2\theta \\ R^2\sin\varphi\cos^2\theta \\ R^2\sin\theta\cos\theta \end{pmatrix}.$$

Damit berechnet sich das sphärische Mittel folgendermaßen

$$M_R[f](\boldsymbol{x}_0) = \frac{1}{4\pi R^2}\int\limits_{\|\boldsymbol{x}-\boldsymbol{x}_0\|=R} f(\boldsymbol{x})\,\mathrm{d}o$$

$$= \frac{1}{4\pi R^2}\int\limits_0^{2\pi}\int\limits_{-\pi/2}^{\pi/2} f(\boldsymbol{p}(\varphi, \theta))\left\|\frac{\partial\boldsymbol{p}}{\partial\varphi}\times\frac{\partial\boldsymbol{p}}{\partial\theta}\right\|\mathrm{d}\theta\,\mathrm{d}\varphi$$

$$= \frac{1}{4\pi R^2}\int\limits_0^{2\pi}\int\limits_{-\pi/2}^{\pi/2} f\left(\begin{pmatrix} x_{1,0} \\ x_{2,0} \end{pmatrix} + \begin{pmatrix} R\cos\varphi\cos\theta \\ R\sin\varphi\cos\theta \end{pmatrix}\right) R^2\cos\theta\,\mathrm{d}\theta\,\mathrm{d}\varphi$$

$$= \frac{1}{2\pi}\int\limits_0^{2\pi}\int\limits_{-\pi/2}^{0} f\left(\begin{pmatrix} x_{1,0} \\ x_{2,0} \end{pmatrix} + \begin{pmatrix} R\cos\varphi\cos\theta \\ R\sin\varphi\cos\theta \end{pmatrix}\right)\cos\theta\,\mathrm{d}\theta\,\mathrm{d}\varphi\,.$$

Bei der letzten Umformung wurde berücksichtigt, dass der Integrand bezüglich θ eine gerade Funktion ist. Substituiert man $r = R\cos\theta$, so ergibt sich

$$M_R[f](\tilde{x}_0) = \frac{1}{2\pi}\int_0^{2\pi}\int_0^R f\left(\begin{pmatrix} x_{1,0} \\ x_{2,0} \end{pmatrix} + r\begin{pmatrix} \cos\varphi \\ \sin\varphi \end{pmatrix}\right)\frac{r}{R\sqrt{R^2 - r^2}}\,\mathrm{d}r\,\mathrm{d}\varphi\,.$$

Setzt man $\tilde{x} := \begin{pmatrix} x_{1,0} \\ x_{2,0} \end{pmatrix} + r\begin{pmatrix} \cos\varphi \\ \sin\varphi \end{pmatrix}$, so liefert der Transformationssatz

$$M_R[f](\tilde{x}_0) = \frac{1}{2\pi R}\int_{\|\tilde{x}-\tilde{x}_0\|\le R} \frac{f(\tilde{x})}{\sqrt{R^2 - \|\tilde{x}-\tilde{x}_0\|^2}}\,\mathrm{d}\tilde{x}\,.$$

L25.7 Eigenwertaufgaben

Lösung zu A25.7.1

Der Produktansatz $u(x, y) = X(x)Y(y)$, eingesetzt in die Differentialgleichung, ergibt

$$-\frac{X''(x)}{X(x)} = \frac{Y''(y)}{Y(y)} + \lambda =: \mu\,.$$

Man erhält die beiden gewöhnlichen Differentialgleichungen

$$X'' + \mu X = 0 \quad \text{und} \quad Y'' + \underbrace{(\lambda - \mu)}_{=:\nu}\,Y = 0\,.$$

Die Randbedingungen $u(0, y) = X(0)Y(y) = 0 = u(a, y) = X(a)Y(y)$ liefern $X(0) = 0 = X(a)$. Die Randbedingungen $u_y(x, 0) = X(x)Y'(0) = 0 = u_y(x, b) = X(x)Y'(b)$ liefern $Y'(0) = 0 = Y'(b)$. Die gewöhnliche Randeigenwertaufgabe für X besitzt somit die Eigenwerte $\mu_k = (k\pi/a)^2$ mit $k > 0$, und die zugehörigen Eigenlösungen sind gegeben durch $X_k(x) = \sin(k\pi x/a)$. Entsprechend besitzt die gewöhnliche Randeigenwertaufgabe für Y die Eigenwerte $\nu_k = (n\pi/b)^2$ mit $n \ge 0$, und die zugehörigen Eigenlösungen sind gegeben durch $Y_n(x) = \cos(n\pi y/b)$. Man erhält so die Eigenwerte der Aufgabe

$$\lambda_{k,n} = \mu_k + \nu_n = \left(\frac{k\pi}{a}\right)^2 + \left(\frac{n\pi}{b}\right)^2$$

mit den zugehörigen Eigenfunktionen

$$u_{k,n}(x, y) = X_k(x)Y_n(y) = \sin\frac{k\pi x}{a}\cos\frac{n\pi y}{b}\,;$$

siehe Abb. L25.39.

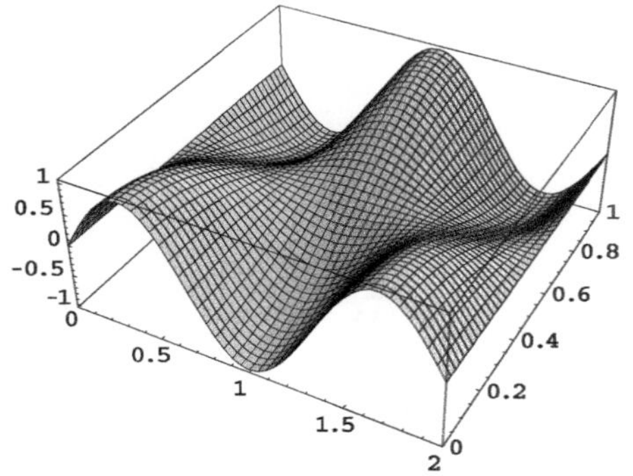

Abb. L25.39 Eigenfunktion $u_{3,1}(x, y)$.

Speziell für $a = 2$ und $b = 1$ ergeben sich die zehn kleinsten Eigenwerte aus der folgenden Tabelle.

(k, n)	$\lambda_{k,n}$	(k, n)	$\lambda_{k,n}$
$(1, 0)$	$\frac{\pi^2}{4} = 2{,}4674\ldots$	$(2, 0)$	$\pi^2 = 9{,}8696\ldots$
$(1, 1)$	$\frac{5\pi^2}{4} = 12{,}337\ldots$	$(2, 1)$	$2\pi^2 = 19{,}739\ldots$
$(3, 0)$	$\frac{9\pi^2}{4} = 22{,}207\ldots$	$(3, 1)$	$\frac{13\pi^2}{4} = 32{,}076\ldots$
$(4, 0)$	$4\pi^2 = 39{,}478\ldots$	$(1, 2)$	$\frac{17\pi^2}{4} = 41{,}946\ldots$
$(4, 1)$, $(2, 2)$	$5\pi^2 = 49{,}348\ldots$	$(5, 0)$, $(3, 2)$	$\frac{25\pi^2}{4} = 61{,}685\ldots$

Lösung zu A25.7.2
Der Produktansatz $u(r, \phi) = f(\phi) \cdot g(r)$, eingesetzt in die Differentialgleichung, ergibt

$$-\frac{f''(\phi)}{f(\phi)} = \frac{r^2 g''(r) + r g'(r)}{g(r)} + \lambda r^2 =: \mu \,.$$

Man erhält die beiden gewöhnlichen Differentialgleichungen

$$f'' + \mu f = 0 \quad \text{und} \quad r^2 g'' + r g' + (\lambda r^2 - \mu) g = 0 \,.$$

Die Randbedingung $u(R, \phi) = f(\phi) g(R) = 0$ ergibt $g(R) = 0$.

Die Randbedingungen $u(r, 0) = f(0) g(r) = 0 = u(r, \omega) = f(\omega) g(r)$ liefern $f(0) = 0 = f(\omega)$.

Die gewöhnliche Randeigenwertaufgabe für f besitzt somit die Eigenwerte $\mu_k = (k\pi/\omega)^2$ mit $k > 0$, und die zugehörigen Eigenlösungen sind gegeben durch $f_k(\phi) = \sin(k\pi\phi/\omega)$.

Die Differentialgleichung $r^2g'' + rg' + (\lambda r^2 - \mu_k)g = 0$ wird durch $x := r\sqrt{\lambda}$ transformiert in die Besselsche Differentialgleichung in $G(x) := g(x/\sqrt{\lambda})$

$$x^2G'' + xG' + \left(x^2 - \left(\frac{k\pi}{\omega}\right)^2\right)G = 0\,.$$

Die Randbedingung $g(R) = 0$ geht dabei über in $G(R\sqrt{\lambda}) = 0$.

Die Besselsche Differentialgleichung besitzt zwei linear unabhängige Lösungen. Da der Nullpunkt zum Definitionsbereich gehört und die Neumann-Funktionen bzw. im nichtganzzahligen Fall von $k\pi/\omega$ die Bessel-Funktionen $J_{-k\pi/\omega}(x)$ dort nicht definiert ist, verbleibt als Lösung nur noch die Bessel-Funktion

$$J_{k\pi/\omega}(x) = \left(\frac{x}{2}\right)^{k\pi/\omega}\sum_{n=0}^{\infty}\frac{(-1)^n}{\Gamma(n+1)\Gamma(k\pi/\omega + n + 1)}\left(\frac{x}{2}\right)^{2n}\,.$$

Wegen der Randbedingung $J_{k\pi/\omega}(R\sqrt{\lambda}) = 0$ berechnen sich die Eigenwerte der Aufgabe aus den positiven Nullstellen $0 < x_{1,k} < x_{2,k} < x_{3,k} < x_{4,k} < \cdots$ von $J_{k\pi/\omega}(x)$ und sind dann gegeben durch

$$\lambda_{i,k} = \left(\frac{x_{i,k}}{R}\right)^2\,.$$

Die zugehörigen Eigenfunktionen sind gegeben durch

$$u_{i,k}(r,\phi) = \sin\frac{k\pi\phi}{\omega}J_{k\pi/\omega}\left(\frac{x_{i,k}r}{R}\right) \quad \text{mit} \quad i,k \in \mathbb{N}\,.$$

Speziell für $\omega = \dfrac{5\pi}{3}$ und $R = 1$ ergibt sich der kleinste Eigenwert mit zugehöriger Eigenfunktion aus dem Bild.

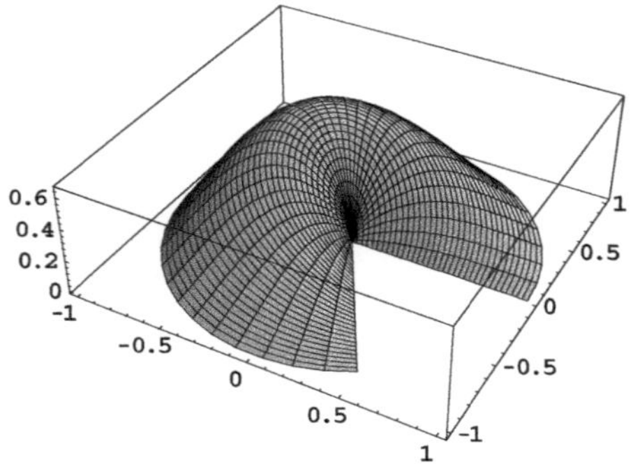

Abb. L25.40 Eigenfunktion $u_1(r,\phi) = J_{3/5}(3{,}282\,545r)\cdot\sin\left(\frac{3\phi}{5}\right)$ zu $\lambda_1 = 10{,}7751$.

L25.8 Spezielle Funktionen

Lösung zu A25.8.1

a) Die Vorwärtsrekursion lautet $J_{k+1}(x) = \frac{2k}{x} J_k(x) - J_{k-1}(x)$. Mit den Startwerten $\tilde{J}_0(1{,}5) = 0{,}511\,827\,6$ und $\tilde{J}_1(1{,}5) = 0{,}557\,936\,5$ ergibt sich

$$\tilde{J}_0(1{,}5) = 0{,}511\,827\,6 \qquad \tilde{J}_6(1{,}5) = 0{,}230\,301\,3 \cdot 10^{-3}$$
$$\tilde{J}_1(1{,}5) = 0{,}557\,936\,5 \qquad \tilde{J}_7(1{,}5) = 0{,}426\,349\,8 \cdot 10^{-4}$$
$$\tilde{J}_2(1{,}5) = 0{,}232\,087\,7 \qquad \tilde{J}_8(1{,}5) = 0{,}167\,625\,2 \cdot 10^{-3}$$
$$\tilde{J}_3(1{,}5) = 0{,}609\,639\,7 \cdot 10^{-1} \qquad \tilde{J}_9(1{,}5) = 0{,}174\,536\,7 \cdot 10^{-2}$$
$$\tilde{J}_4(1{,}5) = 0{,}117\,682\,0 \cdot 10^{-1} \qquad \tilde{J}_{10}(1{,}5) = 0{,}207\,767\,8 \cdot 10^{-1}$$
$$\tilde{J}_5(1{,}5) = 0{,}179\,977\,5 \cdot 10^{-2}\,.$$

Der berechnete Wert für $\tilde{J}_{10}(1{,}5)$ weicht also um Größenordnungen vom tatsächlichen Wert $J_{10}(1{,}5) = 0{,}147\,432\,690 \cdot 10^{-7}$ ab. Der Grund für die Abweichung liegt darin, dass nicht $J_0(1{,}5)$ und $J_1(1{,}5)$ als Startwerte verwendet wurden, sondern durch die Darstellung auf dem Rechner bedingt

$$\tilde{J}_0(1{,}5) = J_0(1{,}5) + \varepsilon_0 N_0(1{,}5) \quad \text{und} \quad \tilde{J}_1(1{,}5) = J_1(1{,}5) + \varepsilon_1 N_1(1{,}5)\,.$$

Da auch die Bessel-Funktionen 2. Art N_k die Dreitermrekursion erfüllen und man $\varepsilon \approx \varepsilon_0 \approx \varepsilon_1$ annehmen kann, ergibt sich aufgrund der Linearität der Rekursion für die berechnete Folge

$$\tilde{J}_k(1{,}5) \approx J_k(1{,}5) + \varepsilon N_k(1{,}5)\,.$$

Wegen $\lim_{k\to\infty} J_k(x) = 0$ und $\lim_{k\to\infty} N_k(x) = \infty$ überwiegt für großes k der Störterm $\varepsilon N_k(1{,}5)$ und macht das Ergebnis schon von $J_{10}(1{,}5)$ unbrauchbar.

b) Aufgrund der Eigenschaft $\lim_{k\to\infty} J_k(x) = 0$ kann man bei den Startwerten $\overline{J}_{14}(1{,}5) = 0$ und $\overline{J}_{13}(1{,}5) = 10^{-12}$ davon ausgehen, dass kein allzu großer Fehler vorliegt. Die Rückwärtsrekursion

$$J_{k-1}(x) = \frac{2k}{x} J_k(x) - J_{k+1}(x)$$

liefert dann die Folge $\overline{J}_k(1{,}5)$, und nach der Normierung $1 = J_0(x) + 2\sum_{k=1}^{\infty} J_{2k}(x)$ ergibt sich daraus die Folge

$$\hat{J}_{14}(1{,}5) = 0{,}000\,000\,0 \qquad \hat{J}_6(1{,}5) = 0{,}228\,012\,7 \cdot 10^{-3}$$
$$\hat{J}_{13}(1{,}5) = 0{,}365\,334\,3 \cdot 10^{-11} \qquad \hat{J}_5(1{,}5) = 0{,}179\,942\,2 \cdot 10^{-2}$$
$$\hat{J}_{12}(1{,}5) = 0{,}633\,246\,1 \cdot 10^{-10} \qquad \hat{J}_4(1{,}5) = 0{,}117\,681\,3 \cdot 10^{-1}$$
$$\hat{J}_{11}(1{,}5) = 0{,}100\,954\,0 \cdot 10^{-8} \qquad \hat{J}_3(1{,}5) = 0{,}609\,639\,5 \cdot 10^{-1}$$
$$\hat{J}_{10}(1{,}5) = 0{,}147\,432\,7 \cdot 10^{-7} \qquad \hat{J}_2(1{,}5) = 0{,}232\,087\,7$$
$$\hat{J}_9(1{,}5) = 0{,}195\,567\,4 \cdot 10^{-6} \qquad \hat{J}_1(1{,}5) = 0{,}557\,936\,5$$
$$\hat{J}_8(1{,}5) = 0{,}233\,206\,5 \cdot 10^{-5} \qquad \hat{J}_0(1{,}5) = 0{,}511\,827\,7$$
$$\hat{J}_7(1{,}5) = 0{,}246\,798\,0 \cdot 10^{-4}\,.$$

L 26
Funktionen einer komplexen Variablen

L26.1 Grundlegende Begriffe

Lösung zu A26.1.1

a) $z_1 + z_2 = 2 + 3i + (-4 + 5i) = -2 + 8i,$

$|z_1 + z_2| = |-2 + 8i| = \sqrt{2^2 + 8^2} = \sqrt{68},$

$$2z_1 - 3iz_2 = 2(2 + 3i) - 3i(-4 + 5i) = 19 + 18i\,, \quad 2\overline{z}_1 - 3i\overline{z}_2$$
$$= 2(2 - 3i) - 3i(-4 - 5i) = -11 + 6i$$

b) $z_1 \cdot z_2 = (2 + 3i)(-4 + 5i) = -23 - 2i, \quad \overline{z}_1 \cdot \overline{z}_2 = \overline{z_1 \cdot z_2} = -23 + 2i,$

$z_1^2 \cdot z_2^3 = (2 + 3i)^2(-4 + 5i)^3 = (-5 + 12i)(236 + 115i) = -2560 + 2257i\,,$

$\mathrm{Re}(z_1^2) \cdot \mathrm{Im}(z_2^3) = -5 \cdot 115 = -575$

c) $$\frac{z_1}{z_2} = \frac{2 + 3i}{-4 + 5i} = \frac{(2 + 3i)(-4 - 5i)}{(-4 + 5i)(-4 - 5i)} = \frac{7}{41} - \frac{22}{41}i\,, \quad \frac{\mathrm{Im}(z_1)}{\mathrm{Re}(z_2)} = -\frac{3}{4}$$

Lösung zu A26.1.2

a) $$z_1 = \frac{(2 - 3i)^2}{3 + 4i} = \frac{(-5 - 12i)(3 - 4i)}{(3 + 4i)(3 - 4i)} = \frac{-63 - 16i}{25} = -\frac{63}{25} - \frac{16}{25}i$$

$$\Rightarrow \quad \mathrm{Re}(z_1) = -\frac{63}{25}, \quad \mathrm{Im}(z_1) = -\frac{16}{25}$$

$$|z_1| = \sqrt{\left(-\frac{63}{25}\right)^2 + \left(-\frac{16}{25}\right)^2} = \sqrt{\frac{4225}{625}} = \sqrt{\frac{169}{25}} = \frac{13}{5},$$

$$\arg z_1 = \pi + \arctan\frac{16}{63}, \quad z_1 = \frac{13}{5}e^{i\left(\pi + \arctan\frac{16}{63}\right)}, \quad z_2 = \sqrt{3} - i$$

$$\Rightarrow \quad \mathrm{Re}(z_2) = \sqrt{3}, \quad \mathrm{Im}(z_2) = -1$$

$$|z_2| = 2, \quad \arg z_2 = 2\pi + \arctan\frac{-1}{\sqrt{3}} = 2\pi - \frac{\pi}{6} = \frac{11\pi}{6}$$

$$z_2 = 2e^{11\pi i/6}$$

b) $z_2^9 = (2e^{11\pi i/6})^9 = 2^9 e^{33\pi i/2} = 512e^{\pi i/2} = 512i$

Mathematik in den Ingenieur- und Naturwissenschaften 2, Aufgaben und Lösungen, 5. Aufl.
Rainer Ansorge, Hans Oberle, Kai Rothe und Thomas Sonar.

c) $(w + z_2)^3 = 8i = 8e^{i\pi/2}$

$$\Rightarrow \quad w_k = -z_2 + \sqrt[3]{8}e^{i(\pi/2+2\pi k)/3} = -z_2 + 2e^{i(\pi+4\pi k)/6}\,, \quad k = 0, 1, 2$$

$$w_0 = -z_2 + 2e^{i\pi/6} = i - \sqrt{3} + i + \sqrt{3} = 2i,$$

$$w_1 = -z_2 + 2e^{i5\pi/6} = i - \sqrt{3} + i - \sqrt{3} = 2(i - \sqrt{3}),$$

$$w_2 = -z_2 + 2e^{i9\pi/6} = i - \sqrt{3} - 2i = -\sqrt{3} - i.$$

Lösung zu A26.1.3

a) $z_1: \quad r = |z_1| = \sqrt{2}\,, \quad \varphi = \arctan(1) = \dfrac{\pi}{4} \qquad \Rightarrow \quad z_1 = \sqrt{2}e^{\pi i/4}\,,$

$z_2: \quad r = |z_2| = \sqrt{2}\,, \quad \varphi = \pi + \arctan(-1) = \pi - \dfrac{\pi}{4} = \dfrac{3\pi}{4} \qquad \Rightarrow \quad z_2 = \sqrt{2}e^{3\pi i/4},$

$z_3: \quad r = |z_3| = \sqrt{2}\,, \quad \varphi = \pi + \arctan(1) = \pi + \dfrac{\pi}{4} = \dfrac{5\pi}{4} \qquad \Rightarrow \quad z_3 = \sqrt{2}e^{5\pi i/4},$

$z_4: \quad r = |z_4| = \sqrt{2}\,, \quad \varphi = 2\pi + \arctan(-1) = 2\pi - \dfrac{\pi}{4} = \dfrac{7\pi}{4} \quad \Rightarrow \quad z_4 = \sqrt{2}e^{7\pi i/4}$

b) $z_1^9 = \left(\sqrt{2}e^{\pi i/4}\right)^9 = \left(\sqrt{2}\right)^8 \sqrt{2}e^{9\pi i/4} = 16\sqrt{2}e^{\pi i/4} = 16z_1\,,$

$$\frac{z_1^2 z_2}{z_3 \overline{z}_4} = \frac{2e^{2\pi i/4}\sqrt{2}e^{3\pi i/4}}{\sqrt{2}e^{5\pi i/4}\sqrt{2}e^{-7\pi i/4}} = \sqrt{2}e^{7\pi i/4}$$

c) $\dfrac{z_2}{e^{i\pi/12}} = \dfrac{\sqrt{2}e^{3\pi i/4}}{e^{i\pi/12}} = \sqrt{2}e^{3\pi i/4 - i\pi/12} = \sqrt{2}e^{2\pi i/3}$

$$= \sqrt{2}(\cos(2\pi/3) + i\sin(2\pi/3)) = \sqrt{2}\left(-\frac{1}{2} + i\frac{\sqrt{3}}{2}\right) = -\frac{1}{\sqrt{2}} + i\sqrt{\frac{3}{2}}$$

Lösung zu A26.1.4

Alle Lösungen $z_k \in \mathbb{C}$ von $z^n = c$ mit $c \in \mathbb{C}$ ergeben sich über die Polarkoordinatendarstellung von $c = re^{i\varphi}$ durch

$$z_k = \sqrt[n]{r}e^{(\varphi+2k\pi)i/n}\,, \quad k = 0, 1, \dots, n-1\,.$$

Damit wird $z^4 + 4 = 0 \quad \Leftrightarrow \quad z^4 = -4 = 4e^{i\pi}$ gelöst durch

$$z_0 = \sqrt[4]{4}e^{\pi i/4} = \sqrt{2}e^{\pi i/4} = 1 + i\,,$$

$$z_1 = \sqrt[4]{4}e^{(\pi+2\pi)i/4} = \sqrt{2}e^{3\pi i/4} = -1 + i\,,$$

$$z_2 = \sqrt[4]{4}e^{(\pi+4\pi)i/4} = \sqrt{2}e^{5\pi i/4} = -1 - i\,,$$

$$z_3 = \sqrt[4]{4}e^{(\pi+6\pi)i/4} = \sqrt{2}e^{7\pi i/4} = 1 - i\,.$$

Lösung zu A26.1.5

a) $|4z + 3 + 2i| = 1 \quad \Leftrightarrow \quad \left|z + \dfrac{3}{4} + \dfrac{i}{2}\right| = \dfrac{1}{4}$

Mit der kartesischen Darstellung $z = x + iy$ erhält man:

$$\left|z + \frac{3}{4} + \frac{i}{2}\right| = \left|x + iy + \frac{3}{4} + \frac{i}{2}\right| = \left|x + \frac{3}{4} + i\left(y + \frac{1}{2}\right)\right|$$
$$= \sqrt{\left(x + \frac{3}{4}\right)^2 + \left(y + \frac{1}{2}\right)^2} = \frac{1}{4}$$
$$\Rightarrow \quad \left(x + \frac{3}{4}\right)^2 + \left(y + \frac{1}{2}\right)^2 = \left(\frac{1}{4}\right)^2$$

Kreisgleichung.

b) $\{z \in \mathbb{C}\colon 0 \leq \operatorname{Re}(z)\,,\ 0 \leq \operatorname{Im}(z)\}$ beschreibt den ersten Quadranten.

c) $1 = \operatorname{Re}((2+i)z) = \operatorname{Re}((2+i)(x+iy)) = \operatorname{Re}(2x - y + i(x+2y)) = 2x - y$
Die Punktmenge wird also durch folgende Gerade beschrieben: $y = 2x - 1$.

d) $\{z \in \mathbb{C}\colon 0 \leq \arg(z) \leq \pi/2\,,\ 1 \leq |z| \leq 2\}$,
ist der Viertelkreisring im ersten Quadranten mit Radius $1 \leq r \leq 2$.

Lösung zu A26.1.6

a) Der Kreis vom Radius r um $z_0 \in \mathbb{C}$ besitzt die Darstellung $|z - z_0| = r$

$$\Leftrightarrow \quad r^2 = |z - z_0|^2 = (z - z_0)(\overline{z - z_0}) = z\overline{z} - z\overline{z}_0 - z_0\overline{z} + z_0\overline{z}_0\,.$$

b) Die Umkehrabbildung der Inversion $w = f(z) = \frac{1}{z}$ lautet $z = f^{-1}(w) = \frac{1}{w}$, wobei $z \neq 0$ und $w \neq 0$. Damit ergeben sich folgende Bilder

i) $5 = \operatorname{Re}(z) = \frac{1}{2}(z + \overline{z}) = \frac{1}{2}\left(\frac{1}{w} + \frac{1}{\overline{w}}\right) \quad \Leftrightarrow \quad 10w\overline{w} - w - \overline{w} = 0$

$$\Leftrightarrow \frac{1}{100} = w\overline{w} - \frac{1}{10}w - \frac{1}{10}\overline{w} + \frac{1}{100} \Leftrightarrow \left(w - \frac{1}{10}\right)\left(\overline{w} - \frac{1}{10}\right) = \frac{1}{100}$$
$$\Leftrightarrow \left|w - \frac{1}{10}\right| = \frac{1}{10}$$

Bild von $\operatorname{Re}(z) = 5$ ist der Kreis um $w_0 = \frac{1}{10}$ mit Radius $r = \frac{1}{10}$.

ii) $\operatorname{Re}(z) = \operatorname{Im}(z) \quad \Leftrightarrow \quad z = x(1+i) \quad \Leftrightarrow \quad w = \dfrac{1}{x(1+i)} = \dfrac{1-i}{2x}$
Bilder der Strahlen sind um 90° gedrehte und umgekehrt durchlaufene Strahlen.

iii) $2 = |z| = \left|\dfrac{1}{w}\right| \quad \Leftrightarrow \quad |w| = \dfrac{1}{2}$.
Der Ursprungskreis vom Radius 2 wird in den Ursprungskreis vom Radius $\frac{1}{2}$ abgebildet.

iv) $|z + i| = 1 \quad \Leftrightarrow \quad 1 = z\overline{z} - iz + i\overline{z} + 1 = \dfrac{1}{w}\dfrac{1}{\overline{w}} - i\dfrac{1}{w} + i\dfrac{1}{\overline{w}} + 1$

$$\Leftrightarrow \quad i(w - \overline{w}) = -1 \quad \Leftrightarrow \quad \operatorname{Im}(w) = \frac{1}{2}\,.$$

Bild des Kreises ist die Gerade $\operatorname{Im}(w) = \dfrac{1}{2}$.

v) $|z-3i|=1 \;\Leftrightarrow\; 1 = z\overline{z} + 3iz - 3i\overline{z} + 9 = \frac{1}{w}\frac{1}{\overline{w}} + 3i\frac{1}{w} - 3i\frac{1}{\overline{w}} + 9$

$$\Leftrightarrow \; w\overline{w} + \frac{3i}{8}\overline{w} - \frac{3i}{8}w + \frac{9}{64} = \frac{9}{64} - \frac{1}{8} \;\Leftrightarrow\; \left|w + \frac{3i}{8}\right| = \frac{1}{8}\,.$$

Bild des Kreises ist der Kreis um $w_0 = -\frac{3i}{8}$ mit Radius $r = \frac{1}{8}$.

Lösung zu A26.1.7

a) $5 = z\overline{z} + 2iz - 2i\overline{z} = (z-2i)(\overline{z}+2i) - 4 \Rightarrow |z-2i| = 3$,
Kreismittelpunkt $z_0 = 2i$, Kreisradius $r = 3$.

b) i) $(w-1)^4 = -4 = 4e^{\pi i} \Rightarrow w_k = 1 + \sqrt[4]{4}e^{(\pi i + 2k\pi i)/4}\,, \quad k = 0,1,2,3$

$$w_0 = 1 + \sqrt{2}e^{\pi i/4} = 1 + \sqrt{2}\cdot\frac{1}{\sqrt{2}}(1+i) = 2+i\,, \quad w_1 = 1 + \sqrt{2}e^{3\pi i/4}$$

$$= 1 + \sqrt{2}\cdot\frac{1}{\sqrt{2}}(-1+i) = i$$

$$w_2 = 1 + \sqrt{2}e^{5\pi i/4} = 1 + \sqrt{2}\cdot\frac{1}{\sqrt{2}}(-1-i) = -i\,, \quad w_3 = 1 + \sqrt{2}e^{7\pi i/4}$$

$$= 1 + \sqrt{2}\cdot\frac{1}{\sqrt{2}}(1-i) = 2-i$$

ii) $-\exp(1) = \exp z = e^x(\cos y + i\sin y) \Rightarrow \sin y = 0 \Rightarrow y_n = n\pi$
$\Rightarrow \cos n\pi = (-1)^n \Rightarrow x = 1 \quad$ und $\quad n = 2k+1 \Rightarrow z_k = 1 + (2k+1)\pi i$

c) Hauptwert: $\ln z = \ln|z| + i\cdot\arg(z)$ mit $-\pi < \arg(z) < \pi$.
Für den Einheitskreis erhält man damit die Stecke $\ln z = 0 + i\cdot v = i\cdot v$ mit $-\pi < v < \pi$.

Lösung zu A26.1.8

Wenn z_n konvergiert, so gilt mit $z^* := \lim_{n\to\infty} z_n = \lim_{n\to\infty} z_{n+1}$:

$$z^* = \frac{2+i}{3}(i-1+z^*) \Rightarrow z^*\left(1 - \frac{2+i}{3}\right) = z^*\left(\frac{1-i}{3}\right) = \frac{(2+i)(i-1)}{3}$$

$$\Rightarrow \quad z^* = -2-i\,.$$

z_n konvergiert, da

$$\left|z_{n+1} - z^*\right| = |z_{n+1} + 2 + i| = \left|\frac{2+i}{3}(i-1+z_n) + 2 + i\right|$$

$$= \left|\frac{2+i}{3}\right|\left|i - 1 + z_n + \frac{2+i}{\frac{2+i}{3}}\right| = \frac{\sqrt{5}}{3}|z_n + 2 + i|$$

$$= \left(\frac{\sqrt{5}}{3}\right)^2 |z_{n-1} + 2 + i| = \cdots = \left(\frac{\sqrt{5}}{3}\right)^{n+1} |z_0 + 2 + i|$$

$$= \left(\frac{\sqrt{5}}{3}\right)^{n+1} \cdot \sqrt{5} \to 0$$

L26.2 Elementare Funktionen

Lösung zu A26.2.1

a) Das Bild ist gegeben durch den Streifen $f(G) = \{w = u + iv \in \mathbb{C} | 0 < u < 2\}$, denn:

i) Der Hauptzweig der Wurzel bildet die durch die negative reelle Achse und den Nullpunkt geschlitzte Ebene bijektiv auf die rechte Halbebene ohne die imaginäre Achse ab.

ii) Die Umkehrfunktion $z = f^{-1}(w) = w^2$ bildet die Gerade $w = 2 + iv$ auf die Parabel $x = 4 - \dfrac{y^2}{16}$ ab:

$$x + iy = z = w^2 = (2 + iv)^2 = 4 - v^2 + 4iv \quad \Rightarrow \quad x = 4 - v^2 \wedge y = 4v$$

$$\Rightarrow \quad v^2 = \frac{y^2}{16} \quad \Rightarrow \quad x = 4 - \frac{y^2}{16}\,.$$

iii) $z^* = 1$ ist Fixpunkt und liegt in G und $f(G)$, und f ist stetig.

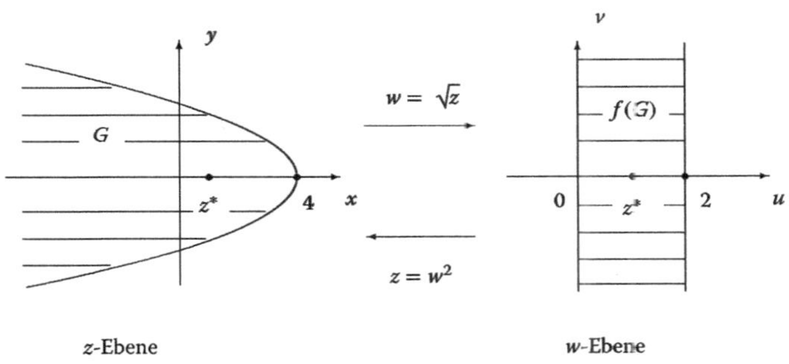

Abb. L26.1 Transformation $f(z) = \sqrt{z}$.

b) $x + iy = z = w^2 = u^2 - v^2 + 4iuv \Rightarrow x = u^2 - v^2 \wedge y = 2uv$

$$\Rightarrow \quad v^2 = \frac{y^2}{4u^2} \quad \Rightarrow \quad x = u^2 - \frac{y^2}{4u^2} \quad \Rightarrow \quad u^4 - xu^2 - \frac{y^2}{4u^2} = 0$$

$$\Rightarrow \quad u^2 = \frac{x + \sqrt{x^2 + y^2}}{2} \; (> 0) \quad \overset{u>0\,(\text{Hauptzweig})}{\Rightarrow} \quad u = \sqrt{\frac{x + \sqrt{x^2 + y^2}}{2}}$$

$$v^2 = u^2 - x \quad \Rightarrow \quad v = \begin{cases} \sqrt{\dfrac{-x + \sqrt{x^2 + y^2}}{2}} & \text{für } y > 0 \\ -\sqrt{\dfrac{-x + \sqrt{x^2 + y^2}}{2}} & \text{für } y < 0 \\ 0 & \text{für } y = 0 \text{ (beachte } x > 0) \end{cases}$$

Lösung zu A26.2.2

a) Der Strahl $z = x \geq 0$ wird durch $w = f(z) = \sqrt[3]{z^2+8}$ auf den Strahl $w \geq 2$ abgebildet. Insbesondere gilt $f(0) = \sqrt[3]{0+8} = 2$.

b) Der Strahl $z = iy$ mit $y \geq 0$: $w = f(iy) = \sqrt[3]{(iy)^2+8} = \sqrt[3]{8-y^2}$

$$0 \leq y \leq \sqrt{8} \quad \Rightarrow \quad 0 \leq 8-y^2 \leq 8 \quad \Rightarrow \quad 0 \leq w = \sqrt[3]{8-y^2} \leq 2$$

$$y > \sqrt{8} \quad \Rightarrow \quad 0 > (8-y^2) = |8-y^2|e^{\pi i}$$

$$\Rightarrow \quad w = \sqrt[3]{8-y^2} = \sqrt[3]{|8-y^2|}e^{\pi i/3} \quad \text{(Hauptzweig der 3.Wurzel)}$$

Insbesondere gilt $f(i\sqrt{8}) = \sqrt[3]{(i\sqrt{8})^2+8} = 0$.
Das Bild des Strahls $z = iy$ mit wachsendem $y \geq 0$ beginnt also auf der reellen Achse bei $w = 2$, läuft auf den Nullpunkt zu und knickt dort ab in den Strahl $w = re^{\pi i/3}$.
Entsprechendes gilt für den Strahl $z = -iy$ mit $y \geq 0$, mit dem Unterschied, dass dieser bei Null in den Strahl $w = re^{-\pi i/3}$ abknickt.

c) Nach a) und b) ist das Bild der rechten Halbebene H unter f gegeben durch den Winkelbereich

$$f(H) = \left\{ w = re^{i\phi} \in \mathbb{C} \;\middle|\; r \geq 0 \wedge -\frac{\pi}{3} \leq \phi \leq \frac{\pi}{3} \right\}.$$

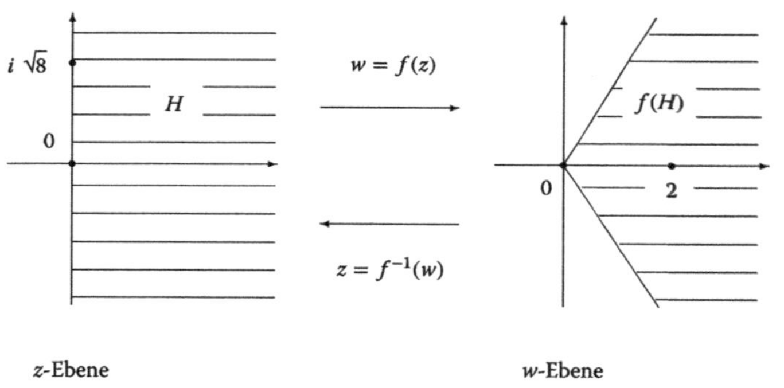

Abb. L26.2 Transformation $f(z) = \sqrt[3]{z^2+8}$.

d) Eine Umkehrfunktion kann nach b) nur für das auf $\tilde{H}$ eingeschränkte f definiert werden. Der Definitionsbereich von f^{-1} ist dann gegeben durch den geschlitzten Winkelbereich

$$f(\tilde{H}) = \left\{ w = re^{i\phi} \in \mathbb{C} \;\middle|\; r > 0 \wedge -\frac{\pi}{3} < \phi < \frac{\pi}{3} \right\} \backslash (0,2].$$

Die Umkehrfunktion berechnet sich nun folgendermaßen:

$$w = \sqrt[3]{z^2+8} \Rightarrow z^2 = w^3 - 8 \Rightarrow z = f^{-1}(w) := \sqrt{w^3-8} \quad \text{(Hauptzweig)}.$$

Lösung zu A26.2.3

a) i) $\exp(1+i\pi) = e^1(\cos(\pi) + i\sin(\pi)) = -e$
ii) $\exp(2+i\pi/2) = e^2(\cos(\pi/2) + i\sin(\pi/2)) = e^2 i$
iii) $\exp(1+i\pi)\cdot\exp(2+i\pi/2) = -e\cdot e^2 i = -e^3 i$

$$\exp(3+i3\pi/2) = e^3(\cos(3\pi/2) + i\sin(3\pi/2)) = -e^3 i$$

Die Funktionalgleichung der Exponentialfunktion $\exp(z_1+z_2) = \exp(z_1)$ $\exp(z_2)$ gilt bei diesem Beispiel:

$$\exp(1+i\pi)\cdot\exp(2+i\pi/2) = \exp(1+i\pi+2+i\pi/2) = \exp(3+i3\pi/2)\,.$$

b) i) $\ln(1+i\sqrt{3}) = \ln|1+i\sqrt{3}| + i\arg(1+i\sqrt{3}) = \ln 2 + i\pi/3$
ii) $\ln(-\sqrt{3}+i) = \ln|-\sqrt{3}+i| + i\arg(-\sqrt{3}+i) = \ln 2 + i5\pi/6$
iii) $\ln(1+i\sqrt{3}) + \ln(-\sqrt{3}+i) = \ln 2 + i\pi/3 + \ln 2 + i5\pi/6 = 4 + i7\pi/6$

$$(1+i\sqrt{3})(-\sqrt{3}+i) = -2(\sqrt{3}+i)$$
$$\ln(-2(\sqrt{3}+i)) = \ln|-2(\sqrt{3}+i)| + i\arg(-2(\sqrt{3}-i)) = \ln 4 - i5\pi/6$$

Die Funktionalgleichung der Logarithmusfunktion $\ln z_1 + \ln z_2 = \ln(z_1 z_2)$ gilt bei diesem Beispiel nicht.
Die Winkel $7\pi/6$ und $-5\pi/6$ beschreiben zwar prinzipiell den gleichen Winkel, jedoch unterscheiden sie sich um einen vollen Umlauf von 2π.
Dies führt dazu, dass $\ln(1+i\sqrt{3}) + \ln(-\sqrt{3}+i) = 4 + i7\pi/6$ auf einen Nebenzweig des komplexen Logarithmus führt, also nicht im Hauptzweig bleibt.

Lösung zu A26.2.4

a) Mit $z = x + iy$ gilt:

$$\begin{aligned}\sin z &= \frac{1}{2i}(e^{iz} - e^{-iz}) = -\frac{i}{2}(e^{-y+ix} - e^{y-ix})\\ &= \frac{1}{2}(-ie^{-y}(\cos x + i\sin x) + ie^{y}(\cos x - i\sin x))\\ &= \frac{1}{2}(\sin x(e^y + e^{-y}) + i\cos x(-e^{-y} + e^y)) = \sin x\ \cosh y + i\cos x\ \sinh y\end{aligned}$$

b) $\frac{1}{i}\sinh(iz) = \frac{1}{i}\frac{1}{2}(e^{iz} - e^{-iz}) = \frac{1}{2i}(e^{iz} - e^{-iz}) = \sin z$

c) $3 = \sin z = \sin x\ \cosh y + i\cos x\ \sinh y \quad\Rightarrow\quad \cos x\ \sinh y = 0$

1. Fall: $\sinh y = 0 \quad\Rightarrow\quad y = 0 \quad\Rightarrow\quad \sin x\ \cosh 0 = \sin x = 3$
besitzt keine Lösung.

2.Fall: $\cos x = 0 \quad\Rightarrow\quad x = \frac{\pi}{2} + k\pi\,,\quad k\in\mathbb{Z}$

$$\Rightarrow\quad \sin\left(\frac{\pi}{2} + k\pi\right)\cosh y = (-1)^k\cosh y = 3$$
$$\Rightarrow\quad \cosh y = 3 \text{ und } k = 2n \quad\Rightarrow\quad y = \pm\,\text{arcosh}\,3$$
$$\Rightarrow\quad z_n = \frac{\pi}{2} + 2n\pi \pm i\,\text{arcosh}\,3\,,\quad n\in\mathbb{Z}$$

Lösung zu A26.2.5

$$T(z) = \frac{z+2}{-z-1} \quad \Rightarrow \quad a = 1\,,\ b = 2\,,\ c = -1\,,\ d = -1$$

$$\Rightarrow \quad ad - bc = 1(-1) - 2(-1) = 1 \neq 0$$

a) $T(z) = z \quad \Rightarrow \quad z + 2 = -z(z+1) \quad \Rightarrow \quad 0 = z^2 + 2z + 2 = (z+1)^2 + 1$

$\Rightarrow \quad z^*_{1,2} = -1 \pm i$

b) $$\begin{pmatrix} 1 & 2 \\ -1 & -1 \end{pmatrix}\begin{pmatrix} -1+i \\ 1 \end{pmatrix} = \begin{pmatrix} 1+i \\ -i \end{pmatrix} = -i \cdot \begin{pmatrix} -1+i \\ 1 \end{pmatrix} \quad \Rightarrow \quad \lambda_1 = -i$$

$$\begin{pmatrix} 1 & 2 \\ -1 & -1 \end{pmatrix}\begin{pmatrix} -1-i \\ 1 \end{pmatrix} = \begin{pmatrix} 1-i \\ i \end{pmatrix} = i \cdot \begin{pmatrix} -1-i \\ 1 \end{pmatrix} \quad \Rightarrow \quad \lambda_2 = i$$

c) $z^*_{1,2} = -1 \pm i = \dfrac{\mp i + 1}{-1} = \dfrac{\lambda_{1,2} - d}{c}$

Berechnung der Eigenwerte aus dem charakteristischen Polynom:

$$\begin{vmatrix} 1-\lambda & 2 \\ -1 & -1-\lambda \end{vmatrix} = (1-\lambda)(-1-\lambda) + 2 = \lambda^2 + 1 = 0 \quad \Rightarrow \quad \lambda_{1,2} = \mp i$$

Lösung zu A26.2.6

a) Ein Vergleich der gegebenen Abbildung mit der allgemeinen Darstellung

$$T(z) = \frac{z+2i}{z-(1-i)} = \frac{az+b}{cz+d}$$

ergibt $ad - bc = -1 - i \neq 0$. Damit ist T Möbius-Transformation.

b) $z = T(z) = \dfrac{z+2i}{z-(1-i)} \quad \Leftrightarrow \quad z(z-(1-i)) = z + 2i \quad \Leftrightarrow \quad (z-2)(z+i) = 0$

Die Fixpunkte lauten also $z^* = 2$ und $z^{**} = -i$.

c) $w_1 = T(z_1) = T(0) = 1 - i\,,\quad w_2 = T(z_2) = T(\infty) = 1$ und $w_3 = T(z_3) = T(-2i) = 0$

d) $z = T^{-1}(w) = \dfrac{(1-i)w + 2i}{w-1}$

e) $z_4 = T^{-1}(w_4) = T^{-1}(0) = -2i\,,\quad z_5 = T^{-1}(w_5) = T(1) = \infty$ und $z_6 = T(w_6) = T(\infty) = 1 - i$

f) Das Bild der Geraden $\operatorname{Re} z = 0$ unter T ist entweder eine Gerade oder ein Kreis. Die vier Punkte $z_1 = 0\,,\ z_2 = \infty\,,\ z_3 = -2i$ und $z^{**} = -i$ liegen auf der Geraden $\operatorname{Re} z = 0$. Die vier Bildpunkte $w_1 = 1 - i\,,\ w_2 = 1\,,\ w_3 = 0$ und $z^{**} = -i$ liegen auf dem Kreis $|w - \frac{1}{2}(1-i)| = \frac{1}{\sqrt{2}}$. Da der Fixpunkt $z^* = 2$ in der rechten Halbebene und außerhalb des Bildkreises von $\operatorname{Re} z = 0$ liegt, wird die rechte Halbebene auf das Außengebiet von $|w - \frac{1}{2}(1-i)| = \frac{1}{\sqrt{2}}$ abgebildet.

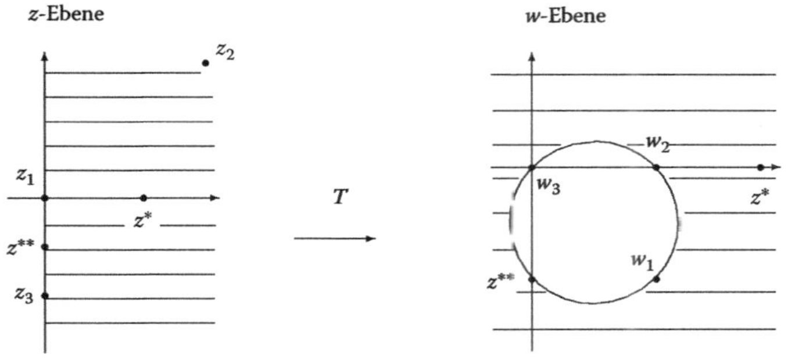

Abb. L26.3 Möbius-Transformation T.

Rein rechnerisch ergibt sich dieses Bild auch aus dem Auflösen der folgenden Gleichung nach w:

$$0 = \operatorname{Re} z = \frac{1}{2}(z + \overline{z}) = \frac{1}{2}\left(T^{-1}(w) + \overline{T^{-1}(w)}\right)$$
$$= \frac{1}{2}\left(\frac{(1-i)w + 2i}{w-1} + \frac{(1+i)\overline{w} - 2i}{\overline{w} - 1}\right) .$$

g) Der Einheitskreis wird unter T auf einen echten Kreis abgebildet, da $z_6 = 1 - i$ nicht auf dem Einheitskreis liegt und $T(1-i) = \infty$.
Da $z_2 = \infty$ und $z_6 = 1 - i$ außerhalb des Einheitskreises liegen, liegen beide Bilder wegen $w_6 = T(z_6) = \infty$ außerhalb des Bildkreises, und das Innere des Einheitskreises wird auf das Innere des Bildkreises abgebildet.
Die Bilder $w_1 = 1 - i$ und $w_2 = 1$ der zum Einheitskreis symmetrischen Punkte $z_1 = 0$ und $z_2 = \infty$ liegen symmetrisch zum Bildkreis $|w - w_0| = R$ und auf einer Geraden mit dem Mittelpunkt w_0. Damit besitzt der Mittelpunkt die Darstellung $w_0 = 1 - iy$ mit $y > 0$. Aus der Symmetrie ergibt sich die Gleichung

$$R^2 = (w_1 - w_0)(\overline{w}_2 - \overline{w}_0) = (1 - i - (1 - iy))(1 - (1 + iy)) = y^2 - y .$$

Der Fixpunkt $z^{**} = -i$ liegt auf dem Einheits- und auf dem Bildkreis. Daraus ergibt sich die Gleichung

$$R^2 = |z^{**} - w_0|^2 = |-i - (1 - iy)|^2 = 1 + (y-1)^2 = y^2 - 2y + 2 .$$

Man erhält $y = 2$ und $R = \sqrt{2}$, also den Bildkreis $|w - (1 - 2i)| = \sqrt{2}$.

h) Alle Geraden und Kreise, die durch $-2i$ und nicht durch $1 - i$ verlaufen.

Lösung zu A26.2.7

a) Symmetrie von z_1 und z_2 zu K_1: $|z - 3i| = \sqrt{2}$: $(z_1 - 3i)(\overline{z}_2 + 3i) = 2 \Rightarrow$ $\overline{z}_2 = \dfrac{2}{z_1 - 3i} - 3i$

Symmetrie von z_1 und z_2 zu K_2: $|z + i| = \sqrt{6}$:

$$6 = (z_1 + i)(\overline{z}_2 - i) = (z_1 + i)\left(\frac{2}{z_1 - 3i} - 3i - i\right)$$

$$\Rightarrow \quad 6(z_1-3i)=(z_1+i)(2-4i(z_1-3i)) \quad \Rightarrow \quad z_1^2-3iz_1-2=(z_1-i)(z_1-2i)=0$$

Damit ergeben sich die Lösungen $z_1 = i$ und $z_2 = 2i$ (oder umgekehrt).

b) $T(z) = c \cdot \dfrac{z-i}{z-2i} \quad \text{mit} \quad c \in \mathbb{C}\backslash\{0\}$.

c) Die Bilder $w_1 = 0$ und $w_2 = \infty$ von $z_1 = i$ und $z_2 = 2i$ liegen symmetrisch zu den Bildern von K_1 und K_2. Also sind die Bilder von K_1 und K_2 Kreise um den Nullpunkt. Da $3i + \sqrt{2}$ auf K_1 liegt, wird K_1 wegen $T(3i+\sqrt{2}) = 1$ auf den Einheitskreis abgebildet und das Innere von K_1 wegen $|z_2 - 3i| < \sqrt{2}$ und $T(z_2) = \infty$ auf den entsprechenden Außenraum. Da $z_1 = i$ im Inneren von K_2 liegt und $T(z_1) = 0$ gilt, wird das Innere von K_2 auf das Innere eines Ursprungskreises vom Radius kleiner als 1 abgebildet.

$$1 = T(3i+\sqrt{2}) = c \cdot \frac{3i+\sqrt{2}-i}{3i+\sqrt{2}-2i} \quad \Rightarrow \quad c = \frac{4-i\sqrt{2}}{6} \quad \Rightarrow \quad |c| = \frac{1}{\sqrt{2}}$$

Da $\sqrt{6} - i$ auf K_2 liegt, ergibt sich der Bildradius r von K_2 aus

$$r = \left|T(\sqrt{6}-i)\right| = |c| \left|\frac{\sqrt{6}-i-i}{\sqrt{6}-i-2i}\right| = \frac{\sqrt{99}}{15} = 0{,}663\,32\ldots$$

$\mathbb{C}\backslash\{K_1 \cup K_2\}$ wird also auf den Kreisring $\dfrac{\sqrt{99}}{15} < |w| < 1$ abgebildet.

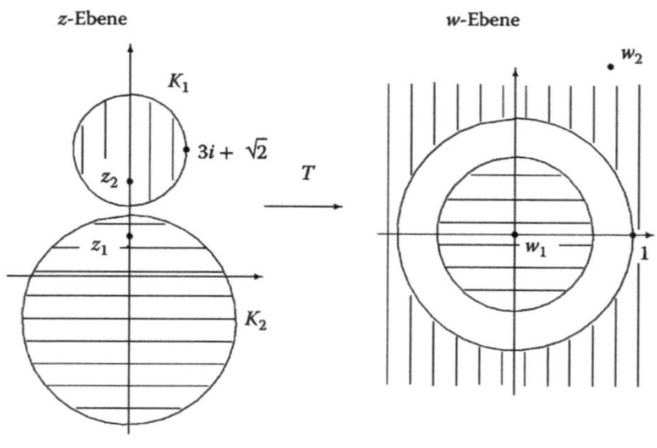

Abb. L26.4 Möbius-Transformation T.

Lösung zu A26.2.8

a) Da z_j $(j = 1,2,3)$ voneinander verschieden sind und dies auch für w_j $(j = 1,2,3)$ gilt, gibt es genau eine Möbius-Transformation T mit $w_j = T(z_j)$, die man durch Auflösen der Dreipunkteformel nach w erhält:

$$\frac{w-w_1}{w-w_2} : \frac{w_3-w_1}{w_3-w_2} = \frac{z-z_1}{z-z_2} : \frac{z_3-z_1}{z_3-z_2} \, .$$

Eingesetzt ergibt sich:

$$\frac{w}{w-1} : \frac{-1}{-1-1} = \frac{z}{z+2i} : \frac{1-i}{1-i+2i} \quad \Rightarrow \quad \frac{2w}{w-1} = \frac{iz}{z+2i}$$

$$\Rightarrow \quad 2w(z+2i) = iz(w-1) \quad \Rightarrow \quad w(2z+4i-iz) = -iz$$

$$\Rightarrow \quad w = \frac{-iz}{(2-i)z+4i} =: T(z)$$

b) Das Doppelverhältnis für $z_0 = -1-i$ ergibt

$$\frac{z_0-z_1}{z_0-z_2} : \frac{z_3-z_1}{z_3-z_2} = \frac{-1-i}{-1-i+2i} : \frac{1-i}{1-i+2i} = \frac{-1-i}{-1+i} : \frac{1-i}{1+i} = -1 \in \mathbb{R}\,.$$

Daher liegen $z_0, \ldots, z_3$ auf einem Kreis (hier: $|z+i| = 1$).

c) Antwort 1:
Da Möbius-Transformationen verallgemeinerte Kreise in verallgemeinerte Kreise abbilden, liegen auch $w_0, \ldots, w_3$ auf einem verallgemeinerten Kreis (hier: die x-Achse).
Antwort 2:
Da T aus der Dreipunkteformel resultiert und $w_0 = T(z_0)$ gilt, erhält man für das Doppelverhältnis von $w_0, \ldots, w_3$

$$\frac{w_0-w_1}{w_0-w_2} : \frac{w_3-w_1}{w_3-w_2} = \frac{z_0-z_1}{z_0-z_2} : \frac{z_3-z_1}{z_3-z_2} = -1 \in \mathbb{R}\,,$$

d. h. das Doppelverhältnis ändert sich unter T nicht.

Lösung zu A26.2.9

a) Symmetrie von z_1 und z_2 zu G: $\quad z_2 = -\overline{z}_1$
Symmetrie von z_1 und z_2 zu K:

$$1 = (z_1+3)(\overline{z}_2+3) \quad \Rightarrow \quad 1 = (z_1+3)(-z_1+3) \quad \Rightarrow \quad z_1^2 = 8$$

Damit ergeben sich die Lösungen $z_1 = -2\sqrt{2}$ und $z_2 = 2\sqrt{2}$ (oder umgekehrt).

b) $w = f(z) = c \cdot \dfrac{z+2\sqrt{2}}{z-2\sqrt{2}} \quad \text{mit} \quad c \in \mathbb{C}\backslash\{0\}\,.$

c) $-1 = f(0) = c \cdot \dfrac{0+2\sqrt{2}}{0-2\sqrt{2}} = -c \quad \Rightarrow \quad c = 1$

Die Bilder der Punkte z_1 und z_2 sind, da f Möbius-Transformation ist, zu den Bildkreisen $f(K)$ und $f(G)$ symmetrisch. Da $f(z_1) = 0$ und $f(z_2) = \infty$ nur symmetrisch zu Ursprungskreisen sind, sind $f(K)$ und $f(G)$ Ursprungskreise. Da $0 \in G$ und $f(0) = -1$, ist $f(G)$ der Einheitskreis, d. h. $r_2 = 1$. Die rechte Halbebene wird auf das Äußere des Einheitskreises abgebildet, denn z_2 liegt in der rechten Halbebene und es gilt $f(z_2) = \infty$. Da $-2 \in K$ und $f(-2) = (\sqrt{2}-1)^2$ ist $f(K)$ der Kreis vom Radius $r_1 = (\sqrt{2}-1)^2$. Das Innere von K wird in das Innere dieses Kreises abgebildet, da z_1 im Inneren von K liegt und $f(z_1) = 0$ gilt.

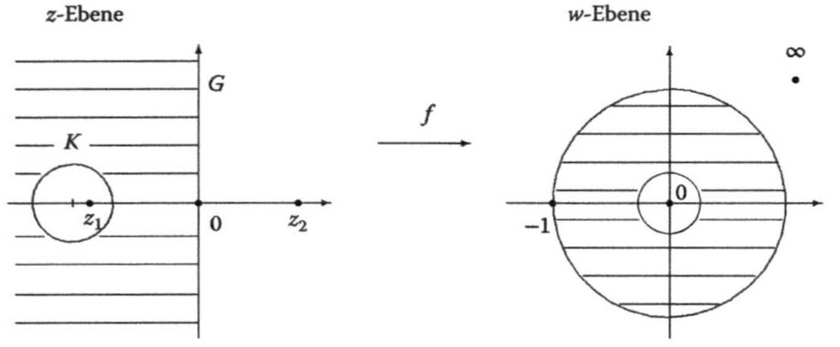

Abb. L26.5 Möbius-Transformation f.

d) Nach c) sind die Urbilder der Ursprungskreise $|w| = \rho$, mit $(\sqrt{2}-1)^2 = r_1 < \rho < r_2 = 1$ gesucht:

$$\rho^2 = w\overline{w} = \frac{z+2\sqrt{2}}{z-2\sqrt{2}} \cdot \frac{\overline{z}+2\sqrt{2}}{\overline{z}-2\sqrt{2}}$$

$$\Leftrightarrow \quad \rho^2\left(z-2\sqrt{2}\right)\left(\overline{z}-2\sqrt{2}\right) = \left(\overline{z}+2\sqrt{2}\right)\left(z+2\sqrt{2}\right)$$

$$\Leftrightarrow \quad \rho^2\left(z\overline{z}-2\sqrt{2}z-2\sqrt{2}\overline{z}+8\right) = z\overline{z}+2\sqrt{2}z+2\sqrt{2}\overline{z}+8$$

$$\Leftrightarrow \quad (1-\rho^2)z\overline{z}+2\sqrt{2}z(1+\rho^2)+2\sqrt{2}\overline{z}(1+\rho^2)+8(1-\rho^2)=0$$

$$\Leftrightarrow \quad \rho^2\left(z\overline{z}-2\sqrt{2}z-2\sqrt{2}\overline{z}+8\right) = z\overline{z}+2\sqrt{2}z+2\sqrt{2}\overline{z}+8$$

$$\Leftrightarrow \quad (1-\rho^2)z\overline{z}+2\sqrt{2}z(1+\rho^2)+2\sqrt{2}\overline{z}(1+\rho^2)+8(1-\rho^2)=0$$

$$\Leftrightarrow \quad z\overline{z}+\frac{2\sqrt{2}(1+\rho^2)}{1-\rho^2}z+\frac{2\sqrt{2}(1+\rho^2)}{1-\rho^2}\overline{z}=-8$$

$$\Leftrightarrow \quad \left|z+\frac{2\sqrt{2}(1+\rho^2)}{1-\rho^2}\right| = \sqrt{\left(\frac{2\sqrt{2}(1+\rho^2)}{1-\rho^2}\right)^2-8} = \frac{4\sqrt{2}\rho}{1-\rho^2}\,.$$

Dies sind Kreise mit Mittelpunkt auf der negativen reellen Achse.

Lösung zu A26.2.10

Die Funktion $w = (1+2i+iz)/(z-i)$ ist vom Typ $w = (az+b)/(cz+d)$ und wegen $ad-bc = i(-i)-(1+2i) = -2i \neq 0$ eine Möbius-Transformation. Man erhält folgende Wertetabelle:

$z_1 = -1$	$z_2 = 1$	$z_3 = i\sqrt{3}$	$z_4 = i$	$z_5 = \infty$
$w_1 = -1$	$w_2 = -1+2i$	$w_3 = \dfrac{2}{\sqrt{3}-1}+i$	$w_4 = \infty$	$w_5 = i\,.$

Da w eine Möbius-Transformation ist, werden die das Dreieck berandenden Geraden durch z_1, z_2 bzw. z_2, z_3 bzw. z_1, z_3 auf echte Kreise durch w_1, w_2, i bzw. w_2, w_3, i bzw. w_1, w_3, i abgebildet, denn $z_4 = i \mapsto w_4 = \infty$ liegt im Inneren des

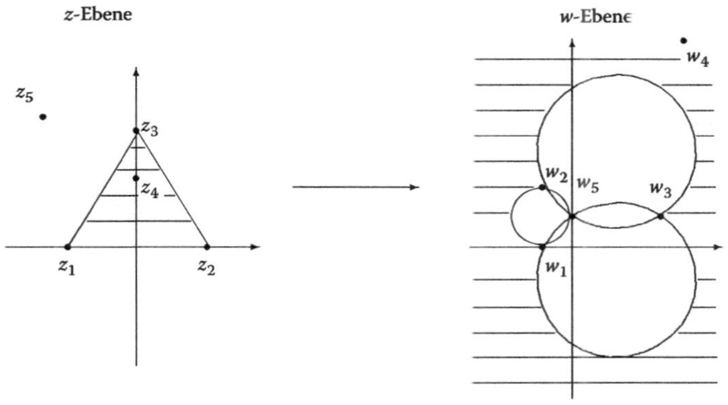

Abb. L26.6 Urbild- und Bildbereich der Transformation.

Dreiecks und nicht auf dem Rand. Die Dreiecksseiten $\overline{z_1 z_2}$, $\overline{z_2 z_3}$ und $\overline{z_1 z_3}$ gehen über in entsprechende Kreisabschnitte, die die Vereinigung der Bildkreise beranden.

Wegen $z_4 = i \mapsto w_4 = \infty$ bzw. $z_5 = \infty \mapsto w_5 = i$ wird das Innere des Dreiecks auf den Außenraum und das Äußere des Dreiecks auf die Vereinigung der Bildkreise abgebildet.

Lösung zu A26.2.11

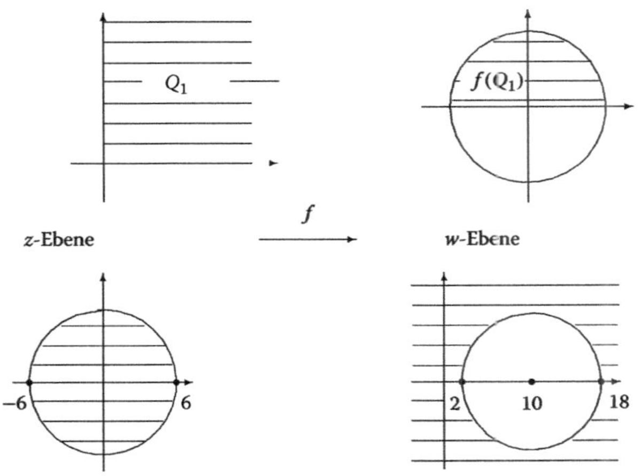

Abb. L26.7 Möbius-Transformation f.

a) Die Möbius-Transformation $w = f(z)$, für die $f(3) = 0$, $f(-3) = \infty$ und $f(0) = -6$ gilt, kann beispielsweise über das Doppelverhältnis berechnet werden:

$$\frac{w-0}{w+6} : \frac{\infty - 0}{\infty + 6} = \frac{z-3}{z-0} : \frac{-3-3}{-3-0} \quad \Rightarrow \quad w = \frac{6(z-3)}{z+3} .$$

b) Die reelle Achse der z-Ebene wird per Konstruktion auf die reelle Achse der w-Ebene abgebildet. Da $f(0) = -6$ gilt und man außerdem noch $f(3i) = 6i$ und $f(-3i) = -6i$ berechnen kann, wird die imaginäre Achse der z-Ebene auf den Kreis $|w| = 6$ abgebildet. Wegen $f(-3) = \infty$, $f(3i) = 6i$ und $f(-3i) = -6i$ wird der Kreis $|z| = 3$ auf die imaginäre Achse der w-Ebene abgebildet.

c) Die obere Halbebene der z-Ebene wird nach b) und wegen $f(3i) = 6i$ auf die obere Halbebene der w-Ebene abgebildet. Die rechte Halbebene der z-Ebene wird nach b) und wegen $f(3) = 0$ ins Innere des Kreises $|w| = 6$ abgebildet. Damit wird der erste Quadrant $Q_1 := \{ z \in \mathbb{C} \mid x, y > 0 \}$ ins Innere des oberen Halbkreises $|w| = 6$ abgebildet. Da $f(-3) = \infty$ gilt, wird der Kreis $|z| = 6$ auf einen echten Kreis in der w-Ebene abgebildet. Da $|z| = 6$ symmetrisch zur reellen Achse der z-Ebene liegt und die reellen Achsen nach b) aufeinander abgebildet werden, liegt der Bildkreis symmetrisch zur reellen Achse der w-Ebene. Wegen $f(6) = 2$ und $f(-6) = 18$ wird $|z| = 6$ daher auf $|w - 10| = 8$ abgebildet. Wegen $|f(0) - 10| = |-6 - 10| = 16 > 8$ wird das Innere $|z| < 6$ auf das Äußere $|w - 10| > 8$ abgebildet.

Lösung zu A26.2.12

a) Die Symmetriebedingung zu K_1:

$$(z_1 - 2)(\overline{z}_2 - 2) = 1^2 \quad \Rightarrow \quad \overline{z}_2 = \frac{1}{z_1 - 2} + 2 = \frac{z_1 + 2}{z_1^2 - 4} + 2$$

eingesetzt in die Symmetriebedingung zu K_2 ergibt:

$$1^2 = (z_1 + 2)(\overline{z}_2 + 2) = (z_1 + 2)\left(\frac{1}{z_1 - 2} + 4\right)$$

$$\Rightarrow \quad z_1 - 2 = (z_1 + 2)(1 + 4(z_1 - 2)) = z_1 + 2 + 4(z_1^2 - 4)$$

$$\Rightarrow \quad -1 = z_1^2 - 4 \;\Rightarrow\; z_1 = \pm\sqrt{3} \;\Rightarrow\; \overline{z}_2 = \frac{\pm\sqrt{3} + 2}{3 - 4} + 2 = \mp\sqrt{3} = z_2$$

b) Da $z_1 = \sqrt{3}$ und $z_2 = -\sqrt{3}$ symmetrisch zu K_1 und K_2 liegen, liegen auch $T(z_1) = 0$ und $T(z_2) = \infty$ symmetrisch zu den Bildkreisen $T(K_1)$ und $T(K_2)$. Da $z_2 = -\sqrt{3}$ nicht auf $K_{1,2}$ liegt, liegt $T(z_2) = \infty$ nicht auf den Bildern. Damit müssen $T(K_1)$ und $T(K_2)$ Kreise um den Ursprung sein, mit den Radien R_1 und R_2:

$$R_1 = |T(1)| = \frac{1 - \sqrt{3}}{1 + \sqrt{3}} < 1 \quad \text{und} \quad R_2 = |T(-1)| = \frac{1 + \sqrt{3}}{1 - \sqrt{3}} > 1\,.$$

Mit $x \in \mathbb{R}$ gilt $T(x) = (x - \sqrt{3})/(x + \sqrt{3}) \in \mathbb{R}$, d. h. die reelle Achse wird auf sich selbst abgebildet.

c) $$w = T(z) = \frac{z - \sqrt{3}}{z + \sqrt{3}} \quad \Rightarrow \quad z = T^{-1}(w) = -\sqrt{3} \cdot \frac{w + 1}{w - 1}$$

Lösung zu A26.2.13

Da im Definitionsbereich die Punkte $z_1 = 0,\ z_2 = 2,\ z_3 = 1 + i$ und im Bildbereich die Punkte $w_1 = 1,\ w_2 = -1,\ w_3 = i$ voneinander verschieden sind, gibt es genau eine Möbius-Transformation T mit $w_j = T(z_j)$, die man durch Auflösen der Dreipunkteformel nach w erhält:

$$\frac{w-w_1}{w-w_2} : \frac{w_3-w_1}{w_3-w_2} = \frac{z-z_1}{z-z_2} : \frac{z_3-z_1}{z_3-z_2} \,.$$

Eingesetzt ergibt sich:

$$\frac{w-1}{w+1} : \frac{i-1}{i+1} = \frac{z}{z-2} : \frac{1+i}{1+i-2} \quad \Leftrightarrow \quad \frac{w-1}{w+1} : i = \frac{z}{z-2} : (-i)$$

$$\Rightarrow \quad (w-1)(z-2) = -z(w+1) \quad \Rightarrow \quad w(z-2+z) = -z+z-2$$

$$\Rightarrow \quad w = \frac{-2}{2z-2} = -\frac{1}{z-1} =: T(z)$$

Lösung zu A26.2.14

a) i) Die Symmetriebedingung für K mit Mittelpunkt $z_0 = 2$ und Radius $R = 2$ lautet:

$$4 = R^2 = (z_1 - z_0)(\overline{z}_2 - \overline{z}_0) = (1-2)(\overline{z}_2 - 2) \Rightarrow z_2 = -2$$

ii) $T(z) = k\dfrac{z-1}{z+2}$ erfüllt die Bedingungen $T(1) = 0$ und $T(-2) = \infty$.

$$1 = T(0) = k\frac{0-1}{0+2} \quad \Rightarrow \quad k = -2 \quad \Rightarrow \quad T(z) = \frac{2-2z}{z+2}$$

iii) Wegen $T(z_1) = 0,\ T(z_2) = \infty\,,\ T(0) = 1$ gilt $T(G) = G$.
Wegen $T(z_1) = 0,\ T(z_2) = \infty$ und $|T(0)| = 1$ ist $T(K)$ der Einheitskreis.

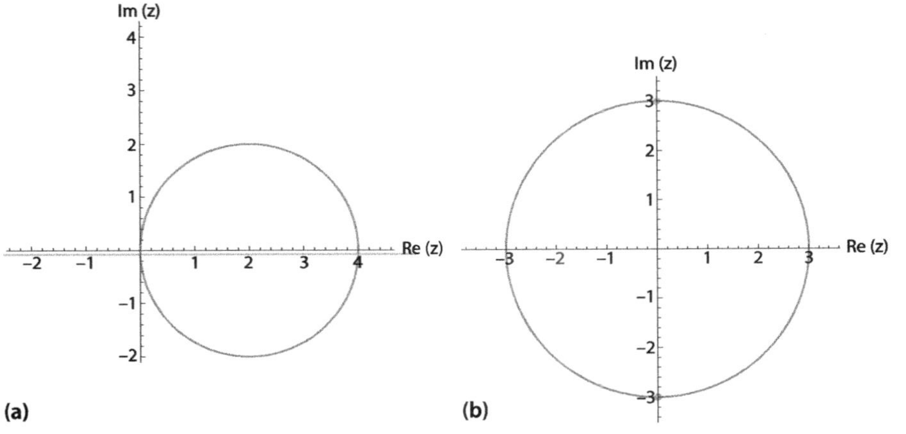

Abb. L26.8 (a) G und K; (b) $T(G)$ und $T(K)$.

b) $T(-2i) = 0 = w_1\,,\quad T(2i) = \infty = w_2$ und $T(0) = -1 = w_3\,.$

i) $z_1 = -2i$ und $z_2 = 2i$ liegen symmetrisch zu G und $z_3 = 0$ liegt auf G. Also liegen w_1 und $w_2 = \infty$ symmetrisch zu $T(G)$. Wegen $|w_3| = 1$ ist $T(G)$ der Einheitskreis.

ii) Wegen $w_1 = 0$, $w_3 = -1$ und $w_2 = \infty$ wird H auf die reelle Achse abgebildet.
iii) K liegt symmetrisch zu G und H, also liegt $T(K)$ symmetrisch zu $T(G)$ und $T(H)$. Damit ist $T(K)$ die imaginäre Achse.

Lösung zu A26.2.15

a) i) Symmetrische Punkte zu G und K liegen auf der reellen Achse.
Aus der Symmetrie zu G folgt $z_1 = a$ und $z_2 = -a$ mit $a \in \mathbb{R}$.
Die Symmetrie zu $K = \{z \in \mathbb{C} \mid |z-3| = \sqrt{8}\}$ ergibt

$$8 = (z_1 - 3)(\overline{z}_2 - 3) = (a-3)(-a-3) = -a^2 + 9 \Rightarrow a = \pm 1 .$$

ii) Für $z_1 = 1$ und $z_2 = -1$ erhält man eine Möbius-Transformation durch

$$T(z) = k \cdot \frac{z - z_1}{z - z_2} = k \cdot \frac{z-1}{z+1}, \quad k \in \mathbb{C}\backslash\{0\} .$$

iii) Die Punkte $z_1 = 1$ und $z_2 = -1$ liegen symmetrisch zur imaginären Achse und sind damit auch symmetrisch zum Bildkreis. Dieser ist wegen $T(z_1) = 0$ und $T(z_2) = \infty$ ein Kreis um den Ursprung mit Radius $R = |T(0)| = |-1| = 1$.

b) i) Die Punkte $z_1 = 0$, $z_2 = i$, $z_3 = -i$ liegen auf der imaginären Achse. Das Bild der imaginären Achse ist wegen $w_3 = T(-i) = \infty$ eine Gerade durch $w_1 = T(0) = -2$ und $w_2 = T(i) = 0$, also die reelle Achse.
ii) Die Punkte $z_2 = i$, $z_3 = -i$ liegen symmetrisch zur reellen Achse und sind damit auch symmetrisch zum Bildkreis. Dieser ist wegen $T(z_2) = 0$ und $T(z_3) = \infty$ ein Kreis um den Ursprung mit Radius $R = |T(0)| = |-2| = 2$.
iii) Die Möbius-Transformation kann mit $k \in \mathbb{C}\backslash\{0\}$ berechnet werden durch

$$T(z) = k \cdot \frac{z - z_2}{z - z_3} = k \cdot \frac{z-i}{z+i}, -2 = T(0) = k \cdot \frac{-i}{+i} = -k \Rightarrow k = 2$$

oder aus der Dreipunkteformel

$$\frac{z}{z-i} : \frac{-i}{-i-i} = \frac{z-z_1}{z-z_2} : \frac{z_3-z_1}{z_3-z_2} = \frac{w-w_1}{w-w_2} : \frac{w_3-w_1}{w_3-w_2} = \frac{w+2}{w} : \frac{w_3+2}{w_3} .$$

L26.3 Komplexe Differentiation und konforme Abbildungen

Lösung zu A26.3.1

a)
$$\begin{aligned} f(z) &= z^2 \cos z = (x+iy)^2 (e^{iz} + e^{-iz})/2 \\ &= (x^2 - y^2 + i2xy)(\cos x \cosh y - i \sin x \sinh y) \\ &= (x^2 - y^2) \cos x \cosh y + 2xy \sin x \sinh y \\ &\quad + i(2xy \cos x \cosh y - (x^2 - y^2) \sin x \sinh y) \\ &=: u(x,y) + iv(x,y) \end{aligned}$$

Wegen $u_x = 2x\cos x\cosh y - (x^2 - y^2)\sin x\cosh y + 2y\sin x\sinh y$
$+ 2xy\cos x\sinh y = v_y$

und $v_x = 2y\cos x\cosh y - 2xy\sin x\cosh y$
$- 2x\sin x\sinh y - (x^2 - y^2)\cos x\sinh y = -u_y$

sind die Cauchy-Riemannschen Differentialgleichungen erfüllt. Außerdem sind alle partiellen Ableitungen stetig, die vektorwertige Funktion (u, v) ist also total differenzierbar. Damit ist f holomorph in $\mathbb{C}$.

b) $z^3 = x^3 - 3xy^2 + i(3x^2y - y^3) \Rightarrow f(z) = \operatorname{Im}(z^3) = 3x^2y - y^3 =: u(x, y) + iv(x, y)$
Wegen $u_x = 6xy \neq 0 = v_y$ sind die Cauchy-Riemannschen Differentialgleichungen nicht erfüllt und f ist nicht komplex differenzierbar und damit nicht holomorph in $\mathbb{C}$.

c) $f(z) = e^{\overline{z}} = e^{x-iy} = e^x\cos y + i(-e^x\sin y) =: u(x, y) + iv(x, y)$
Wegen $u_x = e^x\cos y \neq -e^x\cos y = v_y$ sind die Cauchy-Riemannschen Differentialgleichungen nicht erfüllt und f ist nicht komplex differenzierbar und damit nicht holomorph in $\mathbb{C}$.

d) $f(z) = z + \overline{z} + 1 = 2x + 1$ ist reell und nicht konstant, also nicht komplex differenzierbar und damit nicht holomorph in $\mathbb{C}$.

Lösung zu A26.3.2

a) $f(z) = z^2 = (x + iy)^2 = x^2 - y^2 + i2xy \Rightarrow u(x, y) = x^2 - y^2 \wedge v(x, y) = 2xy$
Die Cauchy-Riemannschen Differentialgleichungen sind wegen

$$u_x = 2x = v_y \quad \wedge \quad u_y = -2y = -v_x$$

erfüllt, und damit ist $f(z) = z^2$ holomorph.

b) $f(z) = \overline{z} = \overline{x + iy} = x - iy \quad \Rightarrow \quad u(x, y) = x \quad \wedge \quad v(x, y) = -y$
$u_x = 1 \neq -1 = v_y$, damit ist $f(z) = \overline{z}$ nicht holomorph.

c) $f(z) = (\operatorname{Im}(x + iy) + i\operatorname{Re}(x + iy))(1 + i) = (y + ix)(1 + i) = y - x + i(x + y)$

$$\Rightarrow \quad u(x, y) = y - x \quad \wedge \quad v(x, y) = x + y \quad \Rightarrow \quad u_x = -1 \neq 1 = v_y\,.$$

Damit ist $f(z) = (\operatorname{Im} z + i\operatorname{Re} z)(1 + i)$ nicht holomorph.

d) $$f(z) = \sqrt{z} = \sqrt{|z|}\cdot\exp\left(\frac{i\arg z}{2}\right)$$
$$= \sqrt[4]{x^2 + y^2}\left(\cos\left(\frac{1}{2}\arctan\frac{y}{x}\right) + i\sin\left(\frac{1}{2}\arctan\frac{y}{x}\right)\right),$$
wobei wegen des Hauptwertes der Wurzel $x > 0$ gilt.

$$\Rightarrow u(x, y) = \sqrt[4]{x^2 + y^2}\cos\left(\frac{1}{2}\arctan\frac{y}{x}\right)$$
$$\wedge \quad v(x, y) = \sqrt[4]{x^2 + y^2}\sin\left(\frac{1}{2}\arctan\frac{y}{x}\right)$$

$$\Rightarrow u_x = \frac{1}{2\sqrt[4]{(x^2+y^2)^3}}\left(y\sin\left(\frac{1}{2}\arctan\frac{y}{x}\right) + x\cos\left(\frac{1}{2}\arctan\frac{y}{x}\right)\right) = v_y$$

$$\wedge\ u_y = \frac{1}{2\sqrt[4]{(x^2+y^2)^3}}\left(y\cos\left(\frac{1}{2}\arctan\frac{y}{x}\right) - x\sin\left(\frac{1}{2}\arctan\frac{y}{x}\right)\right) = -v_x\,.$$

Damit ist der Hauptwert der Wurzel im Definitionsbereich $x > 0$ holomorph.

Lösung zu A26.3.3

$g(z) = z^n = (re^{i\varphi})^n = r^n e^{in\varphi} = r^n(\cos(n\varphi) + i\sin(n\varphi))$

$$\Rightarrow \quad u(r,\varphi) = r^n\cos(n\varphi) \quad \text{und} \quad v(r,\varphi) = r^n\sin(n\varphi)$$

$$\Rightarrow \quad ru_r = rnr^{n-1}\cos(n\varphi) = nr^n\cos(n\varphi) = v_\varphi,\ rv_r = rnr^{n-1}\sin(n\varphi)$$
$$= -(-nr^n\sin(n\varphi)) = -u_\varphi$$

Da $u(r,\varphi)$ und $v(r,\varphi)$ stetig differenzierbar sind und die Cauchy-Riemannschen Differentialgleichungen gelten, ist $g(z) = z^n$ holomorph.

Lösung zu A26.3.4

$f(z) = e^{x+iy} = e^x(\cos(y) + i\sin(y))$

$$\Rightarrow \quad u(x,y) = e^x\cos(y) \quad \text{und} \quad v(x,y) = e^x\sin(y)$$

$$\Rightarrow \quad u_x = e^x\cos(y) = v_y\,, \quad v_x = e^x\sin(y) = -u_y\,.$$

Da $u(x,y)$ und $v(x,y)$ stetig differenzierbar sind und die Cauchy-Riemannschen Differentialgleichungen gelten, ist $f(z) = e^z$ holomorph.

$$f(z) = e^z = e^{re^{i\varphi}} = e^{r(\cos\varphi + i\sin\varphi)} = e^{r\cos\varphi}e^{ir\sin\varphi}$$
$$= e^{r\cos\varphi}(\cos(r\sin\varphi) + i\sin(r\sin\varphi))$$

$$\Rightarrow \quad u(r,\varphi) = \cos(r\sin\varphi)e^{r\cos\varphi}\,, \quad v(r,\varphi) = \sin(r\sin\varphi)e^{r\cos\varphi}$$

$$\Rightarrow \quad ru_r = r(-\sin(\varphi)\sin(r\sin\varphi)e^{r\cos\varphi} + \cos(\varphi)\cos(r\sin\varphi)e^{r\cos\varphi}) = v_\varphi$$

$$\Rightarrow \quad rv_r = r(\sin(\varphi)\cos(r\sin\varphi)e^{r\cos\varphi} + \cos(\varphi)\sin(r\sin\varphi)e^{r\cos\varphi}) = -u_\varphi$$

Da $u(r,\varphi)$ und $v(r,\varphi)$ stetig differenzierbar sind und die Cauchy-Riemannschen Differentialgleichungen gelten, ist $f(z) = e^z$ holomorph.

Etwas einfacher ist die Rechnung in kartesischen Koordinaten.

Lösung zu A26.3.5

a) Mit $z = x + iy$ erhält man

i) $$f(z) = e^{z+\overline{z}}\left(\cos(i(\overline{z}-z)) - i\sin(i(z-\overline{z}))\right) = e^{2x}(\cos(2y) + i\sin(2y))$$
$$= \underbrace{e^{2x}\cos(2y)}_{=u(x,y)} + i\,\underbrace{e^{2x}\sin(2y)}_{=v(x,y)}$$

$f(z)$ ist holomorph, denn $u(x,y)$ und $v(x,y)$ sind stetig partiell differenzierbar und es gelten die Cauchy-Riemannschen Differentialgleichungen:

$$u_x = 2e^{2x}\cos(2y) = v_y\,, \quad u_y = -2e^{2x}\sin(2y) = -v_x\,.$$

ii) $g(z) = z^2 + 2|z| + 1 = \underbrace{x^2 - y^2 + 1 + 2\sqrt{x^2 + y^2}}_{=u(x,y)} + i \cdot \underbrace{2xy}_{=v(x,y)}$

ist nicht holomorph, denn die Cauchy-Riemannschen Differentialgleichungen gelten nicht:

$$u_x = 2x + \frac{2x}{\sqrt{x^2 + y^2}} \neq v_y = 2x\,.$$

b) Das Polynom $f(z) = z^2 + 1$ ist holomorph und damit ist $\mathrm{Re}(z^2 + 1)$ harmonisch.
Alternative: $\Delta\,\mathrm{Re}(z^2 + 1) = \Delta(x^2 - y^2 + 1) = 2 - 2 = 0.$

c) $\Delta v = (4x^3y - 4xy^3 - 2xy)_{xx} + (4x^3y - 4xy^3 - 2xy)_{yy}$
$\quad = 24xy - 24xy = 0$

Damit $f(z) = u(x, y) + iv(x, y)$ holomorph in $\mathbb{C}$ ist, müssen die Cauchy-Riemannschen Differentialgleichungen erfüllt sein:

$$u_x = v_y = (4x^3y - 4xy^3 - 2xy)_y = 4x^3 - 12xy^2 - 2x$$
$$\Rightarrow \quad u = x^4 - 6x^2y^2 - x^2 + c(y)$$
$$u_y = -12x^2y + c'(y) = -v_x = -(4x^3y - 4xy^3 - 2xy)_x = -12x^2y + 4y^3 + 2y$$
$$\Rightarrow \quad c'(y) = 4y^3 + 2y \quad \Rightarrow \quad c(y) = y^4 + y^2 + c \in \mathbb{R}$$

Da $u(x, y) = x^4 - 6x^2y^2 - x^2 + y^4 + y^2 + c$ (und auch v) stetig partiell differenzierbar ist, ist f holomorph in $\mathbb{C}$ und v eine (die) konjugiert harmonische Funktion zu u.
Bemerkung: Für $f(z) = z^4 - z^2$ und $c = 0$ ergibt sich $u(x, y) = \mathrm{Re}\, f$ und $v(x, y) = \mathrm{Im}\, f$.

Lösung zu A26.3.6

a) Für die Holomorphie von $f(z) = u(x, y) + iv(x, y)$ in $\mathbb{C}$ müssen die Cauchy-Riemannschen Differentialgleichungen erfüllt sein:

$$v_y \stackrel{!}{=} u_x = (x^3 - 3xy^2 + e^x \cos y)_x = 3x^2 - 3y^2 + e^x \cos y$$
$$\Rightarrow \quad v = 3x^2y - y^3 + e^x \sin y + c(x)$$
$$v_x = 6xy + e^x \sin y + c'(x) \stackrel{!}{=} -u_y = -(x^3 - 3xy^2 + e^x \cos y)_y = 6xy + e^x \sin y$$
$$\Rightarrow \quad c'(x) = 0 \quad \Rightarrow \quad c(x) = c \in \mathbb{R} \quad \Rightarrow \quad v(x, y) = 3x^2y - y^3 + e^x \sin y + c\,.$$

Da $v(x, y) = 3x^2y - y^3 + e^x \sin y + c$ und u stetig partiell differenzierbar sind, ist f holomorph in $\mathbb{C}$ und v als Imaginärteil ist harmonisch.
Bemerkung: Für $f(z) = z^3 + e^z$ und $c = 0$ ergibt sich $u(x, y) = \mathrm{Re}\, f$ und $v(x, y) = \mathrm{Im}\, f$.

b) i) $g(z) = e^z + e^{\bar{z}} = 2e^x \cos y$ ist reellwertig und nicht konstant, also nicht holomorph.

ii) f ist holomorph, denn mit $z = x + iy$ gilt

$$f(z) = (z+\overline{z})^2 - 2|z|^2 + (z+\overline{z})(z-\overline{z}) + 3$$
$$= (2x)^2 - 2(x^2+y^2) + 2x2iy + 3 = 2x^2 - 2y^2 + 3 + i4xy\,.$$

$u = 2x^2 - 2y^2 + 3$ und $v = 4xy$ sind stetig partiell differenzierbar und es gelten die Cauchy-Riemannschen Differentialgleichungen $u_x = 4x = v_y$, $v_x = 4y = -u_y$.
Alternative:

$$f(z) = (z+\overline{z})^2 - 2|z|^2 + (z+\overline{z})(z-\overline{z}) + 3$$
$$= z^2 + 2z\overline{z} + \overline{z}^2 - 2z\overline{z} + z^2 - \overline{z}^2 + 3 = 2z^2 + 3$$

ist ein Polynom in z und damit holomorph.

iii) h ist harmonisch, denn $\Delta h = h_{xx} + h_{yy} = 12x^2 - 12y^2 - 12x^2 + 12y^2 = 0$.

Lösung zu A26.3.7

a) i) $f(z) = f(z) = (z+\overline{z})^2 + (z-\overline{z})^2 + 2(z+\overline{z})(z-\overline{z}) = z^2 + 2z\overline{z} + \overline{z}^2 + z^2 - 2z\overline{z} + \overline{z}^2 + 2(z^2 - \overline{z}^2) = 4z^2$.
f ist also ein Polynom in z und damit holomorph.

ii) $z = x + iy \Rightarrow g(z) = 2\,\mathrm{Re}(z) + 3i\,\mathrm{Im}(z) = 2x + i3y$
Die Cauchy-Riemannschen Differentialgleichungen sind mit $u = 2x$ und $v = 3y$ nicht erfüllt: $u_x = 2 \neq 3 = v_y$, $v_x = 0 = -u_y$. Damit ist g nicht holomorph.

iii) h ist harmonisch, denn $\Delta h = h_{xx} + h_{yy} = 2 - 6x - e^{-x}\cos y - 2 + 6x + e^{-x}\cos y = 0$.

b) i) $\Delta u = (x^2 - y^2 + 2x - 4y - 3)_{xx} + (x^2 - y^2 + 2x - 4y - 3)_{yy} = 2 - 2 = 0$

ii) Für die Holomorphie von $f(z) = u(x,y) + iv(x,y)$ in $\mathbb{C}$ müssen die Cauchy-Riemannschen Differentialgleichungen erfüllt sein:

$$v_y \overset{!}{=} u_x = (x^2 - y^2 + 2x - 4y - 3)_x = 2x + 2 \Rightarrow v = 2xy + 2y + c(x)$$
$$\Rightarrow \quad v_x = 2y + c'(x) \overset{!}{=} -u_y = -(x^2 - y^2 + 2x - 4y - 3)_y = 2y + 4$$
$$\Rightarrow c'(x) = 4 \Rightarrow c(x) = 4x + K,\ K \in \mathbb{R} \Rightarrow v(x,y) = 2xy + 2y + 4x + K$$

iii) Da v und u stetig partiell differenzierbar sind, ist f holomorph in $\mathbb{C}$ und v als Imaginärteil ist harmonisch.

Lösung zu A26.3.8

a) i) Mit $z = x + iy$ erhält man

$$f(z) = z\overline{z} - 2(\mathrm{Im}(z))^2 + i\,\mathrm{Im}(z^2)$$
$$= x^2 + y^2 - 2y^2 + i\cdot\mathrm{Im}(x^2 - y^2 + 2ixy) = x^2 - y^2 + i2xy\,.$$

$u = x^2 - y^2$ und $v = 2xy$ sind stetig partiell differenzierbar und es gelten die Cauchy-Riemannschen Differentialgleichungen $u_x = 2x = v_y$, $v_x = 2y = -u_y$.
Damit ist f holomorph.

ii) u und v sind harmonisch, denn es gilt

$$\Delta u(x, y) = (\sin x \cosh y)_{xx} + (\sin x \cosh y)_{yy} = 0$$
$$\Delta v(x, y) = (\sin y \cosh x)_{xx} + (\sin y \cosh x)_{yy} = 0$$

$f = u + iv$ ist nicht holomorph, denn die Cauchy-Riemannschen Differentialgleichungen gelten nicht: $u_x = \cos x \cosh y \neq \cos y \cosh x = v_y$, $v_x = \sin y \sinh x \neq -\sin x \sinh y = -u_y$.

b) i) $\Delta u = (x^2 - x - 2 - y^2 + \cos x \sinh y)_{xx} + (x^2 - x - 2 - y^2 + \cos x \sinh y)_{yy} = 0$

ii) Für die Holomorphie von $f(z) = u(x, y) + iv(x, y)$ in $\mathbb{C}$ müssen die Cauchy-Riemannschen Differentialgleichungen erfüllt sein:

$$\begin{aligned}
& v_y \overset{!}{=} u_x = (x^2 - x - 2 - y^2 + \cos x \sinh y)_x = 2x - 1 - \sin x \sinh y \\
& \Rightarrow\ v = 2xy - y - \sin x \cosh y + c(x) \\
& \Rightarrow\ v_x = 2y - \cos x \cosh y + c'(x) \overset{!}{=} -u_y \\
& \qquad = -(x^2 - x - 2 - y^2 + \cos x \sinh y)_y = 2y - \cos x \sinh y \\
& \Rightarrow\ c'(x) = 0 \ \Rightarrow\ c(x) = K,\ K \in \mathbb{R} \Rightarrow\ v(x, y) = 2xy - y - \sin x \cosh y + K
\end{aligned}$$

iii) Da v und u stetig partiell differenzierbar sind, ist f holomorph in $\mathbb{C}$ und v als Imaginärteil ist harmonisch.

Lösung zu A26.3.9
$w = f(z) = z^2 = (x + iy)^2 = u + iv$

a) Bildkurve von $c_1(t) = t + i$:

$$d_1(t) = f(c_1(t)) = (t + i)^2 = t^2 + 2it - 1 = u_1(t) + iv_1(t)$$

$$\Rightarrow\ u_1(t) = t^2 - 1\,,\ v_1(t) = 2t\ \Rightarrow\ t = \frac{v_1}{2}\ \Rightarrow\ u_1(v_1) = \frac{v_1^2}{4} - 1 \quad \text{(Parabel)}$$

Bildkurve von $c_2(t) = 1 + it$:

$$d_2(t) = f(c_2(t)) = (1 + it)^2 = 1 + 2it - t^2 = u_2(t) + iv_2(t)$$

$$\Rightarrow\ u_2(t) = 1 - t^2\,,\ v_2(t) = 2t\ \Rightarrow\ t = \frac{v_2}{2}\ \Rightarrow\ u_2(v_2) = 1 - \frac{v_2^2}{4} \quad \text{(Parabel)}$$

b) Schnittpunkt der z-Ebene:

$$c_1(t) = t + i = c_2(t) = 1 + it\ \Rightarrow\ t = 1\ \Rightarrow\ c_1(1) = 1 + i = c_2(1)$$

Schnittpunkt im Bildbereich:

$$d_1(1) = f(c_1(1)) = f(c_2(1)) = d_2(1) = 2i$$

Ableitungen der Kurven:

$$\dot{c}_1(t) = 1\,,\ \dot{c}_2(t) = i\,,\quad \dot{d}_1(t) = 2t + 2i\,,\ \dot{d}_2(t) = -2t + 2i$$

Winkelerhaltung im Schnittpunkt:

$$\gamma = \angle(\dot{c}_2(1), \dot{c}_1(1)) = \arg \dot{c}_2(1) - \arg \dot{c}_1(1) = \arg i - \arg 1 = \frac{\pi}{2} - 0 = \frac{\pi}{2}$$

$$\tilde{\gamma} = \angle(\dot{d}_2(1), \dot{d}_1(1)) = \arg \dot{d}_2(1) - \arg \dot{d}_1(1) = \arg(-2+2i) - \arg(2+2i)$$

$$= \frac{3\pi}{4} - \frac{\pi}{4} = \frac{\pi}{2} \quad \Rightarrow \quad \gamma = \tilde{\gamma}$$

Erhaltung der lokalen Längenverhältnisse:

$$\frac{|\dot{c}_2(1)|}{|\dot{c}_1(1)|} = \frac{|i|}{|1|} = 1 = \frac{|-2+2i|}{|2+2i|} = \frac{|\dot{d}_2(1)|}{|\dot{d}_1(1)|}$$

Bemerkung:
Der Streckungsfaktor $f'(c(t))$ der in $\dot{d}(t) = \frac{\mathrm{d}}{\mathrm{d}t}(f(c(t))) = f'(c(t))\dot{c}(t)$ steckt, kürzt sich im Schnittpunkt heraus.

L26.4 Komplexe Integration und Cauchyscher Hauptsatz

Lösung zu A26.4.1

$$\int_0^1 \frac{1}{t+i}\,\mathrm{d}t = \int_0^1 \frac{1}{t+i}\cdot\frac{t-i}{t-i}\,\mathrm{d}t = \int_0^1 \frac{t}{t^2+1} - \frac{i}{t^2+1}\,\mathrm{d}t$$

$$= \left\{\frac{1}{2}\ln(t^2+1) - i\arctan t\right\}\Big|_0^1 = \frac{1}{2}\ln 2 - i\arctan 1 = \ln\sqrt{2} - i\frac{\pi}{4}$$

$$F(s) = \int_0^\infty e^{-st}e^{at}\,\mathrm{d}t = \lim_{r\to\infty}\int_0^r e^{(a-s)t}\,\mathrm{d}t = \lim_{r\to\infty}\frac{1}{a-s}e^{(a-s)t}\Big|_0^r$$

$$= \lim_{r\to\infty}\frac{1}{a-s}\left(e^{\mathrm{Re}(a-s)r}e^{i\,\mathrm{Im}(a-s)r} - 1\right) = \frac{1}{s-a} \quad \text{für} \quad \mathrm{Re}(a-s) < 0$$

Lösung zu A26.4.2

a) $c(\varphi) = e^{i\varphi} = \cos\varphi + i\sin\varphi \quad \Rightarrow \quad c'(\varphi) = ie^{i\varphi} = -\sin\varphi + i\cos\varphi$

$$\oint_c \mathrm{Im}\,z\,\mathrm{d}z = \int_0^{2\pi} \mathrm{Im}(c(\varphi))\cdot c'(\varphi)\,\mathrm{d}\varphi = \int_0^{2\pi} \sin\varphi(-\sin\varphi + i\cos\varphi)\,\mathrm{d}\varphi$$

$$= -\int_0^{2\pi}\sin^2\varphi\,\mathrm{d}\varphi + i\int_0^{2\pi}\sin\varphi\cos\varphi\,\mathrm{d}\varphi = -\frac{1}{2}(\varphi - \sin\varphi\cos\varphi)\Big|_0^{2\pi}$$

$$= -\pi$$

b) $c(t) = (i-1)t \quad \Rightarrow \quad \dot{c}(t) = i - 1$

$$\int_c z\,\mathrm{d}z = \int_0^1 c(t)\cdot\dot{c}(t)\,\mathrm{d}t = \int_0^1 (i-1)^2 t\,\mathrm{d}t = -2i\,\frac{t^2}{2}\bigg|_0^1 = -i$$

c) $c(t) = \begin{cases} -t\,, & 0 \le t \le 1 \\ -1+(t-1)i\,, & 1 \le t \le 2 \end{cases} \quad \Rightarrow \quad \dot{c}(t) = \begin{cases} -1\,, & 0 \le t < 1 \\ i\,, & 1 < t \le 2 \end{cases}$

$$\int_c z\,\mathrm{d}z = \int_0^2 c(t)\cdot\dot{c}(t)\,\mathrm{d}t = \int_0^1 -t\cdot(-1)\,\mathrm{d}t + \int_1^2 (-1+(t-1)i)i\,\mathrm{d}t$$
$$= \frac{1}{2} + \left(-it - \frac{(t-1)^2}{2}\right)\bigg|_1^2 = -i$$

d) $c(t) = \begin{cases} t\,, & -1 \le t \le 1 \\ e^{i\pi(t-1)}\,, & 1 \le t \le 2 \end{cases} \quad \Rightarrow \quad \dot{c}(t) = \begin{cases} 1\,, & -1 < t < 1 \\ i\pi e^{i\pi(t-1)}\,, & 1 < t < 2 \end{cases}$

$$\oint_c \overline{z}\,\mathrm{d}z = \int_{-1}^2 \overline{c(t)}\cdot\dot{c}(t)\,\mathrm{d}t = \int_{-1}^1 t\,\mathrm{d}t + i\pi\int_1^2 e^{-i\pi(t-1)}e^{i\pi(t-1)}\,\mathrm{d}t = i\pi$$

Lösung zu A26.4.3

a) Der äußere Kreisrand wird gegen den Uhrzeigersinn durchlaufen und durch $c_1(\varphi) = 2e^{i2\pi\varphi}$ mit $\varphi \in [0,1]$ parametrisiert ($\dot{c}_1(\varphi) = 4\pi i e^{i2\pi\varphi}$). Der innere Kreisrand wird im Uhrzeigersinn durchlaufen und durch $c_2(\varphi) = e^{-i\pi\varphi}$ mit $\varphi \in [0,2]$ parametrisiert ($\dot{c}_2(\varphi) = -\pi i e^{-i\pi\varphi}$).

$$\int_c \overline{z}\,\mathrm{d}z = \int_{c_1} \overline{z}\,\mathrm{d}z + \int_{c_2} \overline{z}\,\mathrm{d}z = \int_0^1 2e^{-i2\pi\varphi}4\pi i e^{i2\pi\varphi}\,\mathrm{d}\varphi - \int_0^2 e^{i\pi\varphi}\pi i e^{-i\pi\varphi}\,\mathrm{d}\varphi$$
$$= \int_0^1 8\pi i\,\mathrm{d}\varphi - \int_0^2 \pi i\,\mathrm{d}\varphi = 8\pi i - 2\pi i = 6\pi i$$

b) Der Kreis vom Radius r wird durch $c(\varphi) = re^{-i\varphi}$ mit $\varphi \in [0, 2\pi]$ parametrisiert ($\dot{c}(\varphi) = -ire^{-i\varphi}$).

$$\oint_c |z|\,\mathrm{d}z = \int_0^{2\pi} r(-ire^{-i\varphi})\,\mathrm{d}\varphi = -ir^2\left(\frac{e^{-i\varphi}}{-i}\right)\bigg|_0^{2\pi} = r^2(e^{-i2\pi\varphi} - e^{-i\cdot 0}) = 0$$

Lösung zu A26.4.4

a) Mit $c(t) = 1 + t(i-1)$ gilt $c(0) = 1$ und $c(1) = i$.

i) $$\int_c \frac{1}{z}\,\mathrm{d}z = \int_0^1 \frac{\dot c(t)}{c(t)}\,\mathrm{d}t = \ln c(t)|_0^1 = \ln i - \ln 1 = \ln|i| + i\arg i = \frac{i\pi}{2}$$

ii) $$\int_c \frac{1}{z}\,\mathrm{d}z = \int_0^i \frac{1}{z}\,\mathrm{d}z = \ln z|_1^i = \ln i = \frac{i\pi}{2}$$

b) $$\int_c \frac{1}{z}\,\mathrm{d}z = \int_0^1 \frac{i-1}{1+t(i-1)}\,\mathrm{d}t = \int_0^1 \frac{(i-1)(1+t(-i-1))}{(1+t(i-1))(1+t(-i-1))}\,\mathrm{d}t$$
$$= \int_0^1 \frac{2t-1}{(t-1)^2+t^2}\,\mathrm{d}t + i\int_0^1 \frac{1}{(t-1)^2+t^2}\,\mathrm{d}t \overset{a)}{=} \frac{i\pi}{2} \quad\Rightarrow$$

i) $$\int_0^1 \frac{1}{(t-1)^2+t^2}\,\mathrm{d}t = \frac{\pi}{2}\,,\quad \text{ii)} \int_0^1 \frac{2t-1}{(t-1)^2+t^2}\,\mathrm{d}t = 0\,.$$

Lösung zu A26.4.5

a) direkt: $$\int_c e^z\,\mathrm{d}z = \int_0^{\pi/2} e^{c(t)}\dot c(t)\,\mathrm{d}t = e^{c(t)}\Big|_0^{\pi/2} = e^{(1+i)\pi/2} - e^0 = -1 + ie^{\pi/2}$$

Stammfunktion:
$$\int_c e^z\,\mathrm{d}z = \int_0^{(1+i)\pi/2} e^z\,\mathrm{d}z = e^z\Big|_0^{(1+i)\pi/2} = e^{(1+i)\pi/2} - e^0 = -1 + ie^{\pi/2}$$

b) direkt: $$\int_c \frac{1}{z^2}\,\mathrm{d}z = \int_0^{\pi/4} \frac{\dot c(t)}{c^2(t)}\,\mathrm{d}t = -\frac{1}{c(t)}\Big|_0^{\pi/4} = -e^{-it}\Big|_0^{\pi/4} = 1 - \frac{1-i}{\sqrt{2}}$$

Stammfunktion:
$$\int_c \frac{1}{z^2}\,\mathrm{d}z = \int_1^{(1+i)/\sqrt{2}} \frac{1}{z^2}\,\mathrm{d}z = -\frac{1}{z}\Big|_1^{(1+i)/\sqrt{2}} = 1 - \frac{\sqrt{2}}{1+i} = 1 - \frac{1-i}{\sqrt{2}}$$

c) direkt: $$\int_c \cos z\,\mathrm{d}z = \int_0^1 \cos(c(t))\dot c(t)\,\mathrm{d}t = \int_0^1 i\cos it\,\mathrm{d}t = \sin it|_0^1$$
$$= \sin i = \frac{1}{2i}(e^{i\cdot i} - e^{-i\cdot i}) = i\sinh 1$$

Stammfunktion: $$\int_c \cos z\,\mathrm{d}z = \int_0^i \cos z\,\mathrm{d}z = \sin z|_0^i = \sin i = i\sinh 1$$

d) direkt:

$$\int_c z^3 + 1\,\mathrm{d}z = \int_{-\pi/2}^{\pi/2} (c^3(t) + 1)\dot{c}(t)\,\mathrm{d}t$$

$$= \left(\frac{c^4(t)}{4} + c(t)\right)\Bigg|_{-\pi/2}^{\pi/2} = \left(\frac{e^{4it}}{4} + e^{it}\right)\Bigg|_{-\pi/2}^{\pi/2} = 2i$$

Stammfunktion: $\int_c z^3 + 1\,\mathrm{d}z = \int_{-i}^{i} z^3 + 1\,\mathrm{d}z = \left(\frac{z^4}{4} + z\right)\Big|_{-i}^{i} = 2i$

Lösung zu A26.4.6

a) $$\int_c \overline{z}^2\,\mathrm{d}z = \int_0^2 (\overline{(1+i)(t-1)})^2(1+i)\,\mathrm{d}t = (\overline{1+i})^2(1+i)\int_0^2 (t-1)^2\,\mathrm{d}t$$

$$= 2(1-i)\,\frac{(t-1)^3}{3}\Bigg|_0^2 = \frac{4(1-i)}{3}$$

b) $c(t) = e^{it} \quad\Rightarrow\quad \dot{c}(t) = ie^{it} \quad\Rightarrow \int_c z\cdot\overline{z}\,\mathrm{d}z = \int_0^{\pi} e^{it}e^{-it}ie^{it}\,\mathrm{d}t = e^{it}\Big|_0^{\pi} = -2$

c) $c(t) = c(t) = (1+i)t \quad\Rightarrow\quad \dot{c}(t) = 1+i$

$$\int_c z+\overline{z}\,\mathrm{d}z = \int_{-1}^{1} ((1+i)t + (1-i)t)(1+i)\,\mathrm{d}t = (1+i)\int_{-1}^{1} 2t\,\mathrm{d}t = (1+i)t^2\Big|_{-1}^{1} = 0$$

d) $c(t) = it \quad\Rightarrow\quad \dot{c}(t) = i$

$$\int_c \frac{\overline{z}e^z}{z}\,\mathrm{d}z = \int_0^{\pi} \frac{-ite^{it}}{it}i\,\mathrm{d}t = -i\int_0^{\pi} e^{it}\,\mathrm{d}t = -e^{it}\Big|_0^{\pi} = e^0 - e^{i\pi} = 2$$

e) $c(t) = e^{it} \quad\Rightarrow\quad \dot{c}(t) = ie^{it}$

$$\int_c \frac{z^2}{\overline{z}}\,\mathrm{d}z = \int_{-\pi/4}^{\pi/2} \frac{e^{2it}}{e^{-it}}ie^{it}\,\mathrm{d}t = i\int_{-\pi/4}^{\pi/2} e^{4it}\,\mathrm{d}t = \frac{1}{4}e^{4it}\Bigg|_{-\pi/4}^{\pi/2} = \frac{1}{4}(e^{2\pi i} - e^{-\pi i}) = \frac{1}{2}$$

Lösung zu A26.4.7

a) Da der Integrand holomorph ist, kann das Integral über die Stammfunktion berechnet werden:

$$\int_c \sin z\cos z\,\mathrm{d}z = \int_{i\pi}^{-\pi} \sin z\cos z\,\mathrm{d}z = \frac{\sin^2 z}{2}\Bigg|_{i\pi}^{-\pi} = -\frac{(\sin i\pi)^2}{2} = \frac{\sinh^2\pi}{2}\,.$$

b) Unter Verwendung des Hauptwertes von $\ln z$ erhält man

$$\int_1^{2i} \frac{1}{z}\,\mathrm{d}z = \ln z|_1^{2i} = \ln 2i - \ln 1 = \ln|2i| + i\arg(2i) = \ln 2 + \frac{\pi i}{2}\,.$$

c) Da der Integrand holomorph im durchlaufenen Gebiet ist, kann das Integral über Stammfunktionsauswertung an den Endpunkten von c berechnet werden:

$$\int_{-i}^{1} z\ln z\,\mathrm{d}z = \left.\frac{z^2\ln z}{2} - \frac{z^2}{4}\right|_{-i}^{1} = -\frac{1}{4} - \left(\frac{-\ln(-i)}{2} + \frac{1}{4}\right) = -\frac{1}{2} - \frac{i\pi}{4}\,.$$

L26.5 Cauchysche Integralformel und Taylor-Entwicklung

Lösung zu A26.5.1

a) Der Integrand ist holomorph in $\mathbb{C}\backslash\{i\}$, also im Gebiet ohne die Nennernullstelle $z_0 = i$. z_0 liegt wegen $|z_0 - 1| = \sqrt{2} < \frac{\pi}{2}$ im von der Kurve c_1 eingeschlossenen Gebiet. Daher gilt nach der Cauchyschen Integralformel für die n-te Ableitung

$$\oint_{c_1} \frac{e^{2z}}{(z-i)^4}\,\mathrm{d}z = \frac{2\pi i}{3!}\left.(e^{2z})'''\right|_{z=i} = \frac{8\pi i}{3}e^{2i}\,.$$

z_0 liegt wegen $|z_0 + 2i| = 3 > 2$ außerhalb des von der Kurve c_2 eingeschlossenen Gebietes. Daher gilt nach dem Cauchyschen Integralsatz

$$\oint_{c_2} \frac{e^{2z}}{(z-i)^4}\,\mathrm{d}z = 0\,.$$

(siehe Abb. L26.9a).

b) Eine Partialbruchzerlegung ergibt: $\frac{z+3}{z^2-1} = \frac{2}{z-1} - \frac{1}{z+1}$.
Der Integrand ist holomorph bis auf Singularitäten bei $z_0 = 1$ und $z_1 = -1$ (siehe Abb. L26.9b):

$$\oint_{c_1} \frac{z+3}{z^2-1}\,\mathrm{d}z = \oint_{c_1} \frac{2}{z-1}\,\mathrm{d}z - \oint_{c_1} \frac{1}{z+1}\,\mathrm{d}z = 2\cdot 2\pi i - 0 = 4\pi i\,,$$

$$\oint_{c_2} \frac{z+3}{z^2-1}\,\mathrm{d}z = \oint_{c_2} \frac{2}{z-1}\,\mathrm{d}z - \oint_{c_2} \frac{1}{z+1}\,\mathrm{d}z = 2\cdot 2\pi i - 2\pi i = 2\pi i\,,$$

$$\oint_{c_3} \frac{z+3}{z^2-1}\,\mathrm{d}z = \oint_{c_3} \frac{2}{z-1}\,\mathrm{d}z - \oint_{c_3} \frac{1}{z+1}\,\mathrm{d}z = 0 - 2\pi i = -2\pi i\,.$$

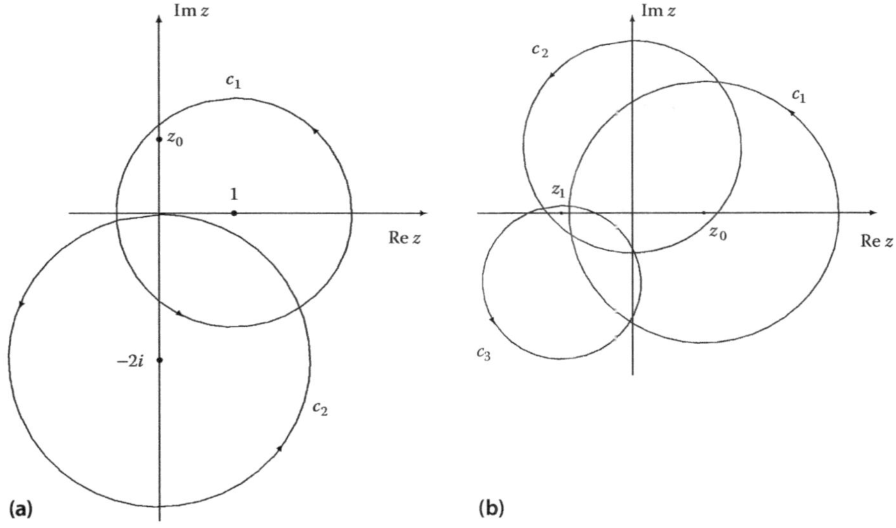

Abb. L26.9 (a) Kreise c_1 und c_2 und Singularität z_0; (b) Kreise c_1 , c_2 und c_3 und Singularitäten z_0 und z_1.

c) Der Integrand ist holomorph bis auf eine Singularität bei $z_0 = \frac{\pi}{3}$, also

$$\oint_{c_1} \frac{\sin^3 z}{(z-\pi/3)^2}\,\mathrm{d}z = 0\,, \quad \oint_{c_2} \frac{\sin^3 z}{(z-\pi/3)^2}\,\mathrm{d}z = 6\pi i \sin^2\frac{\pi}{3}\cos\frac{\pi}{3} = \frac{9\pi i}{4}\,.$$

d) Bis auf die Definitionslücke auf der negativen reellen Achse einschließlich der Null und der beiden Singulartäten bei $z_0 = i$ und $z_1 = -i$ ist der Integrand holomorph in $\mathbb{C}$. Da von den Definitionslücken nur z_0 im von c eingeschlossenen Gebiet liegt und der Integrand sonst auf und in c holomorph ist, gilt nach der Cauchyschen Integralformel

$$\oint_c \frac{\ln z}{z^2+1}\,\mathrm{d}z = \oint_c \frac{\ln z/(z+i)}{z-i}\,\mathrm{d}z = 2\pi i\frac{\ln i}{i+i} = \pi(\ln|i| + i\arg i) = \frac{i\pi^2}{2}\,.$$

e) $\oint_c z^{17}\,\mathrm{d}z = 0$ gilt nach dem Cauchyschen Integralsatz, da z^{17} holomorph in $\mathbb{C}$.

Lösung zu A26.5.2

Der Konvergenzradius r der Taylor-Reihe ist gegeben durch den Abstand vom Entwicklungspunkt zur am nächsten gelegenen nicht stetig ergänzbaren Definitionslücke von f.

a) $f(z) = (z^3+8)/(z^2-2z+2)$ besitzt als Definitionslücken die Nennernullstellen $w_0 = 1+i$ und $w_1 = 1-i$, diese sind nicht stetig ergänzbar. Der Konvergenzradius der Taylor-Reihe zum Entwicklungspunkt $z_0 = 0$ ist daher durch $r_0 = |w_0 - z_0| = |w_1 - z_0| = \sqrt{2}$ und zum Entwicklungspunkt $z_1 = -i$ durch $r_1 = |w_1 - z_1| = |1 - i + i| = 1$ gegeben.

b) $f(z) = (2z - \pi i)/(\cosh z)$ besitzt als Definitionslücken die Nennernullstellen von $\cosh z$. Diese berechnen sich aus $0 = \cosh z = \cosh x \cos y + i \sinh x \sin y$ zu $w_k = i(\frac{\pi}{2} + k\pi)$ mit $k \in \mathbb{Z}$. Davon ist $w_0 = \frac{\pi i}{2}$ stetig ergänzbar. Der Konvergenzradius der Taylor-Reihe zum Entwicklungspunkt $z_0 = \frac{3\pi i}{4}$ ist daher durch

$$r_0 = |w_1 - z_0| = \left|\frac{3\pi i}{2} - \frac{3\pi i}{4}\right| = \frac{3\pi}{4}$$

und zum Entwicklungspunkt $z_1 = \pi$ durch

$$r_1 = |w_{-1} - z_1| = \left|-\frac{\pi i}{2} - \pi\right| = \frac{\pi\sqrt{5}}{2}$$

gegeben.

c) $f(z) = (z-1)/(\ln(z+2))$ besitzt für den Hauptwert des komplexen Logarithmus als Definitionslücken die Nennernullstelle $w_0 = -1$ und die Halbachse $w \le -2$, diese sind nicht stetig ergänzbar.
Der Konvergenzradius der Taylor-Reihe zum Entwicklungspunkt $z_0 = 0$ ist daher durch $r_0 = |w_0 - z_0| = |-1-0| = 1$ und zum Entwicklungspunkt $z_1 = -2 + 2i$ durch $r_1 = |-2 - z_1| = |-2i| = 2$ gegeben.

Lösung zu A26.5.3

$$f(z) = \int_i^z \frac{1}{3-\xi}\,d\xi = \int_i^z \frac{1}{3-i-(\xi-i)}\,d\xi = \frac{1}{3-i}\int_i^z \frac{1}{1-(\xi-i)/(3-i)}\,d\xi$$

$$\overset{|(\xi-i)/(3-i)|<1}{=} \frac{1}{3-i}\int_i^z \sum_{n=0}^{\infty} \frac{1}{(3-i)^n}(\xi-i)^n\,d\xi = \sum_{n=0}^{\infty} \frac{1}{(3-i)^{n+1}} \int_i^z (\xi-i)^n\,d\xi$$

$$= \sum_{n=0}^{\infty} \frac{1}{(3-i)^{n+1}(n+1)}\,(\xi-i)^{n+1}\Big|_i^z = \sum_{n=0}^{\infty} \frac{1}{(3-i)^{n+1}(n+1)}\,(z-i)^{n+1}$$

Der Konvergenzradius r ergibt sich aus $|(\xi-i)/(3-i)| < 1 \Leftrightarrow |(\xi-i)| < |(3-i)| = \sqrt{10} =: r$.

L26.6 Laurent-Entwicklung und Singularitäten

Lösung zu A26.6.1

a) Die Singularitäten ergeben sich aus den Nennernullstellen

$$-1 = e^z = e^{x+iy} = e^x \cos y + ie^x \sin y$$
$$\Rightarrow\ e^x \sin y = 0 \ \Rightarrow\ y = k\pi \wedge x = 0 \ \Rightarrow\ \cos k\pi = -1 \ \Rightarrow\ k = 2n+1$$

Damit lauten die Nennernullstellen $z_n = (2n+1)\pi i$, $n \in \mathbb{Z}$.
Wegen $(e^z)'|_{z_n} = e^{z_n} = -1 \neq 0$ handelt es sich bei z_n um einfache Nullstellen. Also sind $z_{n\neq -1}$ Pole erster Ordnung und z_{-1} ist hebbare Singularität.

b) $g(z) = \dfrac{z+4}{z^3+6z^2+9z+4} = \dfrac{z+4}{(z+4)(z+1)^2}$

$z_0 = -4$ ist hebbare Singularität und $z_1 = -1$ ist Pol der Ordnung 2.

c) $h(z) = \sin\left(\dfrac{z+2}{(z+2)(z-2)}\right) = \sum_{n=0}^{\infty} \dfrac{(-1)^n}{(2n+1)!} \dfrac{1}{(z-2)^{2n+1}}$

$z_0 = -2$ ist hebbare Singularität und $z_1 = 2$ ist wesentliche Singularität.

Lösung zu A26.6.2

a)
$$\begin{aligned} f(z) &= z \cdot \exp\left(\frac{1}{z+1}\right) \\ &= ((z+1)-1)\left(1 + \frac{1}{(z+1)} + \frac{1}{2(z+1)^2} + \frac{1}{3!(z+1)^3} + \cdots\right) \\ &= z+1-\frac{1}{2(z+1)} + \left(\frac{1}{3!}-\frac{1}{2!}\right)\frac{1}{(z+1)^2} + \left(\frac{1}{4!}-\frac{1}{3!}\right)\frac{1}{(z+1)^3} + \cdots \\ &= z+1-\frac{1}{2(z+1)} + \sum_{n=-\infty}^{-2}\left(\frac{1}{(-n+1)!}-\frac{1}{(-n)!}\right)(z+1)^n \end{aligned}$$

$z_0 = -1$ ist wesentliche Singularität und $\operatorname{Res}(f;-1) = -\dfrac{1}{2}$.

b) $f(z) = \dfrac{\cos z - 1 + z^2/2}{z^4} = \dfrac{1}{z^4}\left(\dfrac{z^4}{4!} - \dfrac{z^6}{6!} + \dfrac{z^8}{8!} + \cdots\right) = \sum_{n=2}^{\infty}(-1)^n \dfrac{z^{2n-4}}{(2n)!}$

$z_0 = 0$ ist hebbare Singularität und $\operatorname{Res}(f;0) = 0$.

c)
$$\begin{aligned} f(z) &= \frac{z - \sin(z+\pi)}{(z+\pi)^2} \\ &= \frac{1}{(z+\pi)^2}\left(-\pi + \frac{(z+\pi)^3}{3!} - \frac{(z+\pi)^5}{5!} + \frac{(z+\pi)^7}{7!} + \cdots\right) \\ &= -\frac{\pi}{(z+\pi)^2} - \sum_{n=1}^{\infty}(-1)^n \frac{(z+\pi)^{2n-1}}{(2n+1)!} \end{aligned}$$

$z_0 = -\pi$ ist Pol der Ordnung 2 und $\operatorname{Res}(f;-\pi) = 0$.

Lösung zu A26.6.3

a) Die Singularitäten von $f(z) = \dfrac{z}{z^3+1}$, die Nennernullstellen, sind Pole 1. Ordnung:

$$z_0 = e^{\pi i/3} = \frac{1}{2}\left(1 + i\sqrt{3}\right), \quad z_1 = e^{\pi i} = -1, \quad z_2 = e^{5\pi i/3} = \frac{1}{2}\left(1 - i\sqrt{3}\right).$$

$$\operatorname{Res}(f;z_0) = \frac{z_0}{3z_0^2} = \frac{1}{6}\left(1 - i\sqrt{3}\right), \quad \operatorname{Res}(f;z_1) = -\frac{1}{3},$$

$$\operatorname{Res}(f;z_2) = \frac{1}{6}\left(1 + i\sqrt{3}\right)$$

Die Laurent-Entwicklung im Außengebiet $|z| > 1$ ergibt sich durch:

$$f(z) = \frac{1}{z^2} \cdot \frac{1}{1+1/z^3} = \frac{1}{z^2}\sum_{n=0}^{\infty}(-1)^n \frac{1}{z^{3n}} = \sum_{n=0}^{\infty}(-1)^n \frac{1}{z^{3n+2}}.$$

Damit ist $z = \infty$ hebbare Singularität mit $\operatorname{Res}(f;\infty) = 0$.

b) $$f(z) = \frac{z - \sin z}{z^2} = -\frac{1}{z^2}\sum_{n=1}^{\infty}(-1)^n \frac{z^{2n+1}}{(2n+1)!} = -\sum_{n=1}^{\infty} \underbrace{\frac{(-1)^n}{(2n+1)!}}_{=:a_{2n-1}} z^{2n-1}$$

Die einzige Singularität $z_0 = 0$ ist hebbar mit $\operatorname{Res}(f;z_0) = a_{-1} = 0$. Da die angegebene Laurent-Reihenentwicklung um z_0 auch im Außenraum gilt, ist $z = \infty$ wesentliche Singularität mit $\operatorname{Res}(f;\infty) = -a_{-1} = 0$.

c) $$f(z) = z + \sin\frac{1}{z} = z + \sum_{n=-\infty}^{-1} \underbrace{\frac{(-1)^{n+1}}{(-2n-1)!}}_{=:a_n} z^{2n+1}$$

Die einzige Singularität $z_0 = 0$ ist wesentlich mit $\operatorname{Res}(f;z_0) = a_{-1} = 1$. Da die angegebene Laurent-Reihenentwicklung um z_0 auch im Außenraum gilt, ist $z = \infty$ Pol 1. Ordnung mit $\operatorname{Res}(f;\infty) = -a_{-1} = -1$.

d) Die Singularitäten von $f(z) = \dfrac{z^2+1}{\sinh z}$ ergeben sich aus:

$$\begin{aligned} 0 = \sinh z &= \frac{1}{2}(e^z - e^{-z}) = \frac{1}{2}\left(e^{x+iy}z - e^{-x-iy}\right) \\ &= \frac{1}{2}(e^x(\cos y + i\sin y) - e^{-x}(\cos y - i\sin y)) = \cos y \sinh x + i \sin y \cosh x\,. \end{aligned}$$

Diese Gleichung besitzt die Lösungen $y = k\pi$ und $x = 0$. Damit sind die Singularitäten $z_k = k\pi i$ Pole 1. Ordnung, und man erhält

$$\operatorname{Res}(f;z_k) = \left(\frac{z^2+1}{(\sinh z)'}\right)\bigg|_{z=z_k} = \frac{(k\pi i)^2+1}{\cosh k\pi i} = (-1)^k(1-(k\pi)^2)\,.$$

Da sich die Singularitäten z_k im Unendlichen häufen, ist $z = \infty$ keine isolierte Singularität und $\operatorname{Res}(f;\infty)$ nicht definiert.

e) Die Singularitäten von

$$f(z) = \frac{5z^4 + z^3 + 20z^2 + 7z}{z^2+4} = 5z^2 + z + \frac{3z}{z^2+4}\,,$$

die Nennernullstellen, sind Pole 1. Ordnung: $z_1 = 2i$, $z_2 = -2i$.

$$\operatorname{Res}(f;2i) = \frac{5z^4 + z^3 + 20z^2 + 7z}{(z^2+4)'}\bigg|_{z=2i} = \frac{3}{2}\,, \quad \operatorname{Res}(f;-2i) = \frac{3}{2}\,.$$

Die Laurent-Entwicklung im Außengebiet $|z| > 2$ lautet:

$$f(z) = 5z^2 + z + \frac{3}{z}\cdot\frac{1}{1+(2/z)^2} = 5z^2 + z + \frac{3}{z}\sum_{n=0}^{\infty}(-1)^n\frac{4^n}{z^{2n}} = 5z^2 + z + \frac{3}{z} \mp \cdots$$

Damit ist $z = \infty$ Pol 2. Ordnung mit $\operatorname{Res}(f;\infty) = -3$.

Lösung zu A26.6.4

Die Faktorisierung des Nenners $z^2 - z = z(z-1)$ ergibt die Singularitäten der Funktion bei $z_1 = 0$ und $z_2 = 1$. Eine Partialbruchzerlegung liefert:

$$f(z) = \frac{3z-2}{z^2-z} = \frac{2}{z} + \frac{1}{z-1} \,.$$

a) Aufgrund der Lage des Entwicklungspunktes bei $z_0 = -1$ und der beiden Singularitäten z_1 und z_2 kann man ablesen, dass eine Taylor-Reihenentwicklung in der Kreisscheibe $|z+1| < 1$ vorliegen wird, eine Laurent-Reihenentwicklung im Kreisring $1 < |z+1| < 2$ und eine davon verschiedene Laurent-Reihenentwicklung im Außenraum $2 < |z+1|$ (siehe Abb. L26.10a).

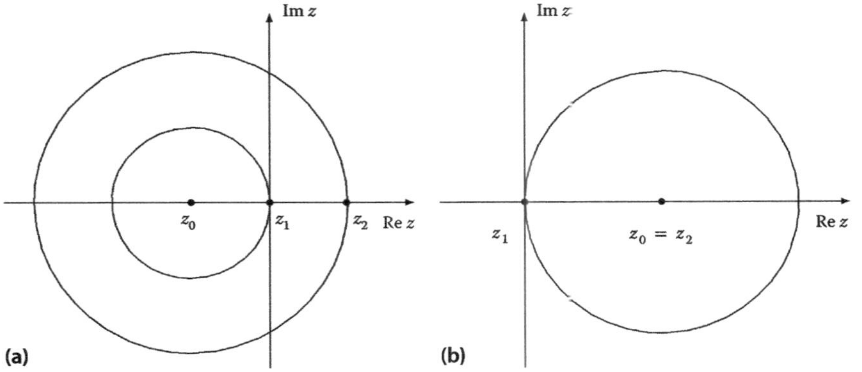

Abb. L26.10 (a) Konvergenzbereiche der Laurent-Reihenentwicklungen; (b) Konvergenzbereiche der Laurent-Reihenentwicklungen.

Mit Hilfe der Summenformel der geometrischen Reihe im entsprechenden Konvergenzbereich können die Partialbrüche durch Reihenentwicklungen dargestellt werden:

$$|z+1| < 1: \quad \frac{2}{z} = -\frac{2}{1-(z+1)} = -2\sum_{n=0}^{\infty}(z+1)^n$$

$$\begin{aligned} |z+1| > 1: \quad \frac{2}{z} &= \frac{2}{z+1}\cdot\frac{1}{1-1/(z+1)} = \frac{2}{z+1}\sum_{n=0}^{\infty}\left(\frac{1}{z+1}\right)^n \\ &= 2\sum_{n=-\infty}^{-1}(z+1)^n \end{aligned}$$

$$\begin{aligned} |z+1| < 2: \quad \frac{1}{z-1} &= -\frac{1}{2}\cdot\frac{1}{1-(z+1)/2} = -\frac{1}{2}\sum_{n=0}^{\infty}\left(\frac{z+1}{2}\right)^n \\ &= -\sum_{n=0}^{\infty}\frac{(z+1)^n}{2^{n+1}} \end{aligned}$$

$$|z+1| > 2: \quad \frac{1}{z-1} = \frac{1}{z+1} \cdot \frac{1}{1-2/(z+1)} = \frac{1}{z+1} \sum_{n=0}^{\infty} \left(\frac{2}{z+1}\right)^n$$

$$= \sum_{n=-\infty}^{-1} \frac{(z+1)^n}{2^{n+1}} .$$

Taylor-Reihe mit Konvergenz in der Kreisscheibe $|z+1| < 1$:

$$f(z) = \frac{2}{z} + \frac{1}{z-1} = -2 \sum_{n=0}^{\infty} (z+1)^n - \sum_{n=0}^{\infty} \frac{(z+1)^n}{2^{n+1}}$$

$$= -\sum_{n=0}^{\infty} \left(2 + \frac{1}{2^{n+1}}\right) (z+1)^n .$$

Laurent-Reihe mit Konvergenz im Kreisring $1 < |z+1| < 2$:

$$f(z) = \frac{2}{z} + \frac{1}{z-1} = \underbrace{2 \sum_{n=-\infty}^{-1} (z+1)^n}_{\text{Hauptteil}} - \underbrace{\sum_{n=0}^{\infty} \frac{(z+1)^n}{2^{n+1}}}_{\text{Nebenteil}} .$$

Laurent-Reihe mit Konvergenz im Außenring $2 < |z+1|$:

$$f(z) = \frac{2}{z} + \frac{1}{z-1} = 2 \sum_{n=-\infty}^{-1} (z+1)^n + \sum_{n=-\infty}^{-1} \frac{(z+1)^n}{2^{n+1}}$$

$$= \sum_{n=-\infty}^{-1} \left(2 + \frac{1}{2^{n+1}}\right) (z+1)^n .$$

b) Da der Entwicklungspunkt $z_0 = 1$ mit der Singularität z_2 übereinstimmt, gibt es keine Taylor-Reihenentwicklung (siehe Abb. L26.10b).
Analog zu a) ergibt sich:

$$|z-1| < 1: \quad \frac{2}{z} = \frac{2}{1+(z-1)} = 2 \sum_{n=0}^{\infty} (-1)^n (z-1)^n$$

$$|z-1| > 1: \quad \frac{2}{z} = \frac{2}{z-1} \cdot \frac{1}{1+1/(z-1)} = 2 \sum_{n=-\infty}^{-1} (-1)^{n+1} (z-1)^n .$$

In der punktierten Kreisscheibe konvergente Laurent-Reihe $0 < |z-1| < 1$:

$$f(z) = \frac{2}{z} + \frac{1}{z-1} = \underbrace{\frac{1}{z-1}}_{\text{Hauptteil}} + \underbrace{2 \sum_{n=0}^{\infty} (-1)^n (z-1)^n}_{\text{Nebenteil}} .$$

Im Außenring konvergente Laurent-Reihe $1 < |z - 1|$:

$$f(z) = \frac{2}{z} + \frac{1}{z-1} = \frac{1}{z-1} + 2 \sum_{n=-\infty}^{-1} (-1)^{n+1}(z-1)^n$$

$$= \frac{3}{z-1} + 2 \sum_{n=-\infty}^{-2} (-1)^{n+1}(z-1)^n \, .$$

Lösung zu A26.6.5

Eine Partialbruchzerlegung liefert:

$$f(z) = \frac{1}{(z-1)(z-4)^2} = \frac{1}{9(z-1)} + \frac{1}{3(z-4)^2} - \frac{1}{9(z-4)} \, .$$

Die Singularitäten von f liegen bei $z_1 = 1$ (Pol 1. Ordnung) und $z_2 = 4$ (Pol 2. Ordnung).

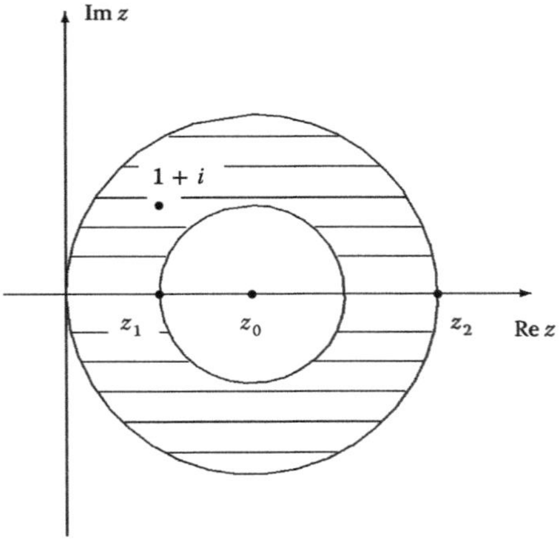

Abb. L26.11 Konvergenzbereich der Laurent-Reihenentwicklung.

Da $|(1+i) - z_0| = |(1+i) - 2| = \sqrt{2}$ gilt, ist die Laurent-Reihe, die im Kreisring $1 < |z-2| < 2$ konvergiert, gesucht.

Mit Hilfe der Summenformel der geometrischen Reihe können die Partialbrüche durch Reihenentwicklungen dargestellt werden:

$$|z-2| > 1: \quad \frac{1}{z-1} = \frac{1}{z-2} \cdot \frac{1}{1 + 1/(z-2)} = \frac{1}{z-2} \sum_{n=0}^{\infty} \left(\frac{-1}{z-2} \right)^n$$

$$= \sum_{n=-\infty}^{-1} (-1)^{n+1}(z-2)^n$$

$$|z-2| < 2: \quad \frac{1}{z-4} = -\frac{1}{2} \cdot \frac{1}{1 - (z-2)/2} = -\frac{1}{2} \sum_{n=0}^{\infty} \left(\frac{z-2}{2} \right)^n \, .$$

Mit dem Hinweis, die geometrische Reihe zu differenzieren, erhält man für

$$|z-2| < 2: \quad \frac{1}{(z-4)^2} = \sum_{n=0}^{\infty} \frac{n+1}{2^{n+2}} (z-2)^n \, .$$

Damit ergibt sich die gesuchte Laurent-Reihe im Kreisring $1 < |z-2| < 2$

$$f(z) = \sum_{n=-\infty}^{-1} \frac{(-1)^{n+1}}{9}(z-2)^n + \sum_{n=0}^{\infty} \left(\frac{1}{9 \cdot 2^{n+1}} + \frac{n+1}{3 \cdot 2^{n+2}} \right) (z-2)^n .$$

Lösung zu A26.6.6

a) Die Singularitäten von $f(z) = \dfrac{2z^3}{z^2+a^2}$ mit $a > 0$ liegen bei $z_1 = ia$ und $z_2 = -ia$ und sind Pole 1. Ordnung. Mit Hilfe der Summenformel der geometrischen Reihe kann f in den Konvergenzbereichen $|z| < a$ und $|z| > a$ durch Reihenentwicklungen dargestellt werden:
Taylor-Reihe mit Konvergenz in der Kreisscheibe $|z| < a$:

$$\begin{aligned} f(z) &= \frac{2z^3}{z^2+a^2} = \frac{2z^3}{a^2} \cdot \frac{1}{1+(z/a)^2} = \frac{2z^3}{a^2} \sum_{n=0}^{\infty} \left(-\frac{z^2}{a^2} \right)^n \\ &= \sum_{n=0}^{\infty} \frac{2 \cdot (-1)^n}{a^{2n+2}} z^{2n+3} \end{aligned}$$

Laurent-Reihe mit Konvergenz im Außengebiet $|z| > a$:

$$\begin{aligned} f(z) &= \frac{2z^3}{z^2+a^2} = 2z \cdot \frac{1}{1+(a/z)^2} = 2z \sum_{n=0}^{\infty} \left(-\frac{a^2}{z^2} \right)^n \\ &= \sum_{n=0}^{\infty} 2 \cdot (-1)^n a^{2n} \frac{1}{z^{2n-1}} \end{aligned}$$

b)
$$\begin{aligned} \oint_{|z|=\rho>a} \frac{2z^3}{z^2+a^2} \, dz &= 2\pi i (\mathrm{Res}(f; ia) + \mathrm{Res}(f; -ia)) \\ &= 2\pi i(\, (ia)^2 + (-ia)^2 \,) = -4\pi i a^2 \end{aligned}$$

c) Nach a) besitzt f für $|z| < \dfrac{a}{2}$ eine Taylor-Reihendarstellung, und es gilt

$$\begin{aligned} |f(z)| &= \left| \frac{2z^3}{a^2} \sum_{n=0}^{\infty} \left(-\frac{z^2}{a^2} \right)^n \right| \le \frac{2|z|^3}{a^2} \sum_{n=0}^{\infty} \left| -\frac{z^2}{a^2} \right|^n \\ &\le \frac{a}{4} \sum_{n=0}^{\infty} \left(\frac{1}{4} \right)^n = \frac{a}{4} \cdot \frac{1}{1-1/4} = \frac{a}{3} . \end{aligned}$$

Lösung zu A26.6.7

a) Wegen $z^2 + z - 12 = (z-3)(z+4)$ liegen bei $z_1 = 3$ und $z_2 = -4$ Pole erster Ordnung vor.

b)
$$\mathrm{Res}(f, z_1) = \mathrm{Res}\left(\frac{z+25}{(z-3)(z+4)}, z_1 \right) = \frac{z_1+25}{z_1+4} = 4$$
$$\mathrm{Res}(f, z_2) = \mathrm{Res}\left(\frac{z+25}{(z-3)(z+4)}, z_2 \right) = \frac{z_2+25}{z_2-3} = -3$$

c) $\oint\limits_{|z|=\pi} f(z)\,\mathrm{d}z = 2\pi i \operatorname{Res}(f, z_1) = 8\pi i$

d) $f(z) = \dfrac{z+25}{(z-3)(z+4)} = h(z, z_1) + h(z, z_2)$
$= \dfrac{\operatorname{Res}(f, z_1)}{z-3} + \dfrac{\operatorname{Res}(f, z_2)}{z+4} = \dfrac{4}{z-3} - \frac{3}{z+4}$

Lösung zu A26.6.8

a) $g(z) = \dfrac{e^z - 1}{z^3} = \dfrac{1}{z^3}\left(1 + z + \dfrac{z^2}{2} + \dfrac{z^3}{3!} + \dfrac{z^4}{4!} + \cdots - 1\right)$
$= \dfrac{1}{z^2} + \dfrac{1}{2z} + \dfrac{1}{3!} + \dfrac{z}{4!} + \cdots = \sum\limits_{n=1}^{\infty} \dfrac{1}{k!} z^{k-3}$

b) Die einzige Singularität $z_0 = 0$ ist ein Pol 2.Ordnung mit $\operatorname{Res}(g; 0) = \frac{1}{2}$.

c) $\oint\limits_{|z|=1} g(z)\,\mathrm{d}z = 2\pi i \cdot \operatorname{Res}(g; 0) = \pi i$

Lösung zu A26.6.9

a) $g(z) = (z+1)^2 \sin\left(\dfrac{1}{z+1}\right) = (z+1)^2 \sum\limits_{n=0}^{\infty} \dfrac{(-1)^k}{(2k+1)!} \dfrac{1}{(z+1)^{2k+1}}$
$= (z+1) - \dfrac{1}{3!(z+1)} + \dfrac{1}{5!(z+1)^3} - \dfrac{1}{7!(z+1)^5} + \dfrac{1}{9!(z+1)^7} \mp$

b) $z_0 = -1$ ist eine wesentliche Singularität mit $\operatorname{Res}(g; -1) = -\dfrac{1}{3!}$.

c) $\oint\limits_{|z|=2} g(z)\,\mathrm{d}z = 2\pi i \cdot \operatorname{Res}(g; -1) = -\dfrac{\pi i}{3}$

Lösung zu A26.6.10

a) $f(z) = \dfrac{\exp(z-2) - 1}{z^2 + z - 6}$
$= \dfrac{1}{(z-2)(z+3)}\left(1 + (z-2) + \dfrac{(z-2)^2}{2!} + \dfrac{(z-2)^3}{3!} + \cdots - 1\right)$
$= \dfrac{1}{z+3}\left(1 + \dfrac{z-2}{2!} + \dfrac{(z-2)^2}{3!} + \cdots\right)$

Damit besitzt f in $z_0 = 2$ eine hebbare Singularität und in $z_1 = -3$ einen Pol 1. Ordnung.

b) $\operatorname{Res}(f; -3) = \left.\dfrac{\exp(z-2) - 1}{z-2}\right|_{z=-3} = -\dfrac{\exp(-5) - 1}{5}$

c) Nach a) ergibt sich die Taylor-Reihe zum Entwicklungspunkt $z_0 = 2$ durch

$$\begin{aligned}
f(z) &= \frac{1}{z+3}\left(1+\frac{z-2}{2!}+\frac{(z-2)^2}{3!}+\cdots\right)\\
&= \frac{1}{5}\cdot\frac{1}{1+(z-2)/5}\left(1+\frac{z-2}{2!}+\frac{(z-2)^2}{3!}+\cdots\right)\\
&= \frac{1}{5}\left(1-\frac{z-2}{5}+\frac{(z-2)^2}{25}\mp\cdots\right)\left(1+\frac{z-2}{2}+\frac{(z-2)^2}{6}+\cdots\right)\\
&= \frac{1}{5}\left(1+\frac{z-2}{2}+\frac{(z-2)^2}{6}-\frac{z-2}{5}-\frac{(z-2)^2}{10}+\frac{(z-2)^2}{25}\cdots\right)\\
&= \frac{1}{5}+\frac{3(z-2)}{50}+\frac{8(z-2)^2}{375}+\cdots
\end{aligned}$$

d) Da $z_1 = -3$ Pol 1. Ordnung ist, gilt für den Hauptteil der Laurent-Reihe von f zum Entwicklungspunkt $z_1 = -3$

$$h(z;-3) = \frac{\operatorname{Res}(f;-3)}{z+3} = -\frac{\exp(-5)-1}{5(z+3)}$$

e) Nach dem Residuensatz gilt

$$\oint\limits_{|z+2|=2} f(z)\,\mathrm{d}z = 2\pi i \operatorname{Res}(f;-3) = -\frac{2\pi i(\exp(-5)-1)}{5}\,.$$

Nach dem Cauchyschen Integralsatz gilt $\oint\limits_{|z+1|=1} f(z)\,\mathrm{d}z = 0.$

Lösung zu A26.6.11

a)
$$\begin{aligned}
f(z) &= \frac{1}{z+2}+\frac{1}{1+(z+2)/2}+\exp\left(\tfrac{4}{z+2}\right)\\
&= \frac{1}{z+2}+\sum_{n=0}^{\infty}\left(-\frac{z+2}{2}\right)^n+\sum_{n=0}^{\infty}\frac{4^n}{n!}\cdot\frac{1}{(z+2)^n}\\
&= 2+\frac{5}{z+2}+\sum_{n=1}^{\infty}\frac{(-1)^n}{2^n}(z+2)^n+\sum_{n=2}^{\infty}\frac{4^n}{n!}\cdot\frac{1}{(z+2)^n}
\end{aligned}$$

b) $z_0 = -2$ eine wesentliche Singularität mit $\operatorname{Res}(f;-2) = a_{-1} = 5$.
$z_1 = -4$ ist ein Pol 1.Ordnung mit

$$\operatorname{Res}(f;-4) = \lim_{z\to-4}(z+4)\cdot f(z) = \lim_{z\to-4}\left(\frac{z+4}{z+2}+2+(z+4)\exp\left(\frac{4}{z+2}\right)\right) = 2\,.$$

c)
$$\oint\limits_{|z+2|=1} f(z)\,\mathrm{d}z = 2\pi i \operatorname{Res}(f;-2) = 10\pi i\,,$$

$$\oint\limits_{|z+4|=3} f(z)\,\mathrm{d}z = 2\pi i(\operatorname{Res}(f;-2)+\operatorname{Res}(f;-4)) = 14\pi i$$

Lösung zu A26.6.12

a) $f(z) = \dfrac{5}{z^2+9} = \dfrac{5}{(z-3i)(z+3i)}$

Damit besitzt f Pole 1. Ordnung in $z_1 = 3i$ und $z_2 = -3i$

$$\operatorname{Res}(f;3i) = \left.\frac{5}{z+3i}\right|_{z=3i} = \frac{5}{3i+3i} = \frac{5}{6i}, \quad \operatorname{Res}(f;-3i) = \left.\frac{5}{z-3i}\right|_{z=-3i}$$
$$= \frac{5}{-3i-3i} = -\frac{5}{6i}$$

b) $f(z) = h(z,3i) + h(z,-3i) = \dfrac{\operatorname{Res}(f;3i)}{z-3i} + \dfrac{\operatorname{Res}(f;-3i)}{z+3i}$
$$= \frac{5}{6i(z-3i)} - \frac{5}{6i(z+3i)}$$

c) Es gibt zwei Konvergenzbereiche:

$$|z| < 3: \quad f(z) = \frac{5}{z^2+9} = \frac{5}{9}\cdot\frac{1}{1+z^2/9} = \sum_{n=0}^{\infty}\frac{5(-1)^k z^{2k}}{9^{k+1}}$$

$$|z| > 3: \quad f(z) = \frac{5}{z^2+9} = \frac{5}{z^2}\cdot\frac{1}{1+9/z^2} = \sum_{n=0}^{\infty}\frac{5\cdot 9^k(-1)^k}{z^{2(k+1)}}$$

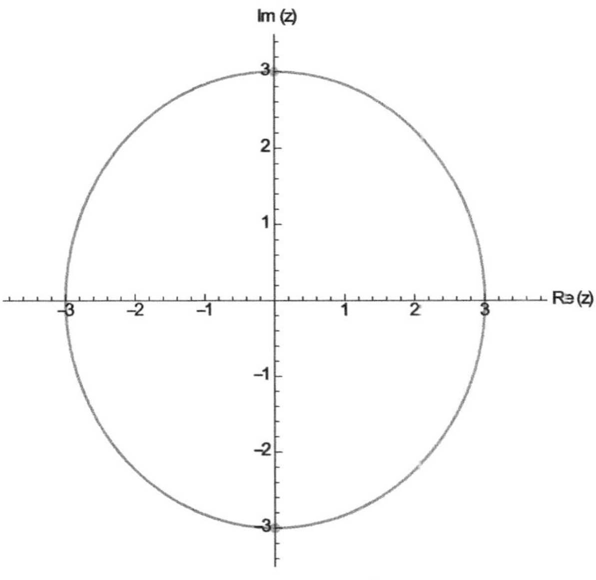

Abb. L26.12 Kreisscheibe $|z| < 3$ und Außengebiet $3 < |z|$.

d) $\displaystyle\oint_{|z|=2} f(z)\,\mathrm{d}z = 0, \qquad \oint_{|z-2i|=2} f(z)\,\mathrm{d}z = 2\pi i \operatorname{Res}(f;3i) = 2\pi i\frac{5}{6i} = \frac{5\pi}{3}$

Lösung zu A26.6.13

a) i) $f(z) = z^3 \cos\left(\frac{1}{z}\right) = z^3 \sum_{n=0}^{\infty} \frac{(-1)^k}{(2k)!} \frac{1}{z^{2k}} = z^3 - \frac{z}{2!} + \frac{1}{4!z} - \frac{1}{6!z^3} + \frac{1}{8!z^5} - \ldots$

ii) $z_0 = 0$ ist eine wesentliche Singularität mit $\text{Res}(f; 0) = \frac{1}{4!}$

b) Es gibt zwei Konvergenzbereiche

$$|z| < 4: \quad f(z) = \frac{1}{4-z} = \frac{1}{4} \cdot \frac{1}{1 - z/4} = \sum_{n=0}^{\infty} \frac{z^k}{4^{k+1}}$$

$$|z| > 4: \quad f(z) = \frac{1}{4-z} = -\frac{1}{z} \cdot \frac{1}{1 - 4/z} = -\sum_{n=0}^{\infty} \frac{4^k}{z^{k+1}}$$

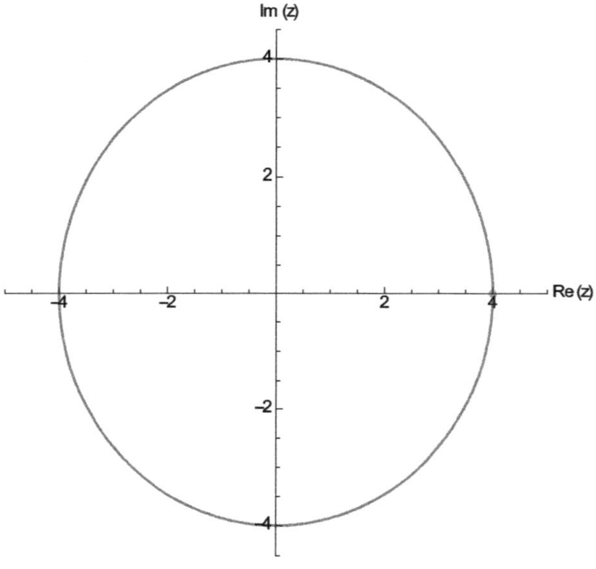

Abb. L26.13 Kreisscheibe $|z| < 4$ und Außengebiet $4 < |z|$.

c) $\oint_{|z|=4} \frac{\cos z}{(z+\pi)^3} \, \mathrm{d}z = 2\pi i \left. \frac{\cos'' z}{2!} \right|_{z=-\pi} = \pi i$

L26.7 Residuensatz mit Anwendungen

Lösung zu A26.7.1

a) Aus der Faktorisierung

$$z^4 + 8z^3 + 20z^2 + 32z + 64 = (z + 2i)(z - 2i)(z + 4)^2$$

ergeben sich die Nennernullstellen, die keine Zählernullstellen sind

$$z_0 = -2i, \quad z_1 = 2i, \quad z_2 = -4.$$

Damit sind z_0 und z_1 Pole 1. Ordnung und z_2 ist Pol 2. Ordnung.

Der Hauptteil der Laurent-Entwicklung in z_k, $k = 0,1$ besitzt damit die Form

$$h(z, z_k) = \frac{a_{-1,k}}{z - z_k}, \quad \text{wobei} \quad a_{-1,k} = \text{Res}(f(z); z_k)$$

gilt. Für $z_0 = -2i$ ergibt sich

$$\begin{aligned}\text{Res}(f(z); -2i) &= \left.\frac{20}{(z-2i)(z+4)^2}\right|_{z=-2i} = \frac{20}{(-2i-2i)(4-2i)^2} \\ &= \frac{20}{-16i(3-4i)} = \frac{3i-4}{20}.\end{aligned}$$

Zum gleichen Ergebnis führt die Taylor-Reihenentwicklung des holomorphen Anteils von f um $z_0 = -2i$:

$$f(z) = \frac{1}{z+2i} \cdot \underbrace{\frac{20}{(z-2i)(z+4)^2}}_{= g_1(z),\ \text{(holom.)}} = \frac{1}{z+2i}(g_1(-2i) + g_1'(-2i)(z+2i) + \cdots)$$

mit $g_1(-2i) = \text{Res}(f(z); -2i) = \frac{3i-4}{20}$. Insgesamt erhält man also

$$f(z) = \underbrace{\frac{3i-4}{20(z+2i)}}_{= h(z,-2i)} + \underbrace{g_1'(-2i) + \cdots}_{\text{Nebenteil}}$$

Für $z_1 = 2i$ ergibt sich entsprechend

$$f(z) = \frac{1}{z-2i} \cdot \underbrace{\frac{20}{(z+2i)(z+4)^2}}_{= g_2(z)\ ,\ \text{(holom.)}} = \frac{1}{z-2i}(g_1(2i) + g_1'(2i)(z-2i) + \cdots)$$

mit $g_1(2i) = \text{Res}(f(z); 2i) = \frac{-3i-4}{20}$.

$$\Rightarrow \quad f(z) = \underbrace{\frac{-3i-4}{20(z-2i)}}_{= h(z,2i)} + \underbrace{g_1'(2i) + \cdots}_{\text{Nebenteil}}$$

Für den Pol 2. Ordnung $z_2 = -4$ erhält man den Hauptteil der Laurent-Reihe um z_2 über die Taylor-Reihenentwicklung des holomorphen Anteils g_3 von f:

$$\begin{aligned}f(z) &= \frac{1}{(z+4)^2} \cdot \frac{20}{(z+2i)(z-2i)} = \frac{1}{(z+4)^2} \cdot \underbrace{\frac{20}{z^2-4}}_{= g_3(z)} \\ &= \frac{1}{(z+4)^2}\left(g_3(-4) + g_3'(-4)(z+4) + \frac{1}{2}g_3''(-4)(z+4)^2 + \cdots\right).\end{aligned}$$

Nach kurzer Rechnung erhält man

$$g_3(-4) = 1\,, \quad g_3'(-4) = \frac{2}{5} = \mathrm{Res}(f(z); -4)$$

$$\Rightarrow \quad f(z) = \underbrace{\frac{1}{(z+4)^2} + \frac{2}{5(z+4)}}_{= h(z,-4)} + \underbrace{g_3''(-4)/2 + \cdots}_{\text{Nebenteil}}$$

Die komplexe Partialbruchzerlegung lautet deshalb:

$$f(z) = h(z,-2i) + h(z,2i) + h(z,-4)$$
$$= \frac{3i-4}{20(z+2i)} + \frac{-3i-4}{20(z-2i)} + \frac{1}{(z+4)^2} + \frac{2}{5(z+4)}\,.$$

Als reelle Partialbruchzerlegung ergibt sich:

$$f(z) = \frac{3-2z}{5(z^2+4)} + \frac{1}{(z+4)^2} + \frac{2}{5(z+4)}\,.$$

b) Von den Singularitäten von f

$$z_0 = -2i\,, \quad z_1 = 2i\,, \quad z_2 = -4$$

liegen nur $z_1 = 2i$ und $z_2 = -4$ innerhalb von c.

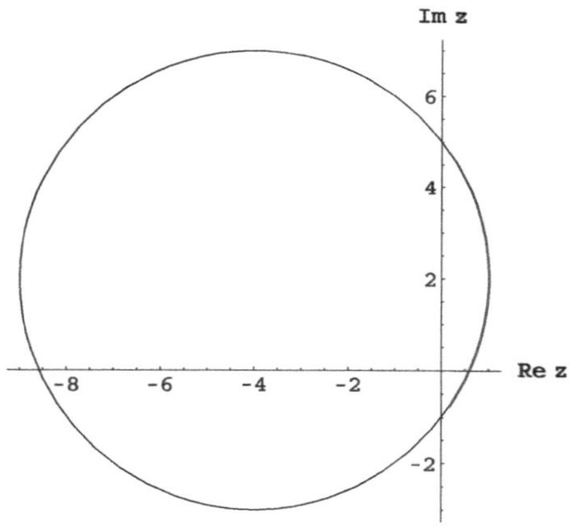

Abb. L26.14 Kreis c: $|z + 4 - 2i| = 5$.

Damit ergibt sich nach dem Residuensatz

$$\oint_c f(z)\,\mathrm{d}z = 2\pi i(\mathrm{Res}(f;2i) + \mathrm{Res}(f;-4)) = 2\pi i\left(\frac{-3i-4}{20} + \frac{2}{5}\right) = \frac{3\pi + 4\pi i}{10}\,.$$

Lösung zu A26.7.2

a) $f(z) = \dfrac{z^2+2z-3}{(z-1)(z^2+1)^2} = \dfrac{(z-1)(z+3)}{(z-1)(z+i)^2(z-i)^2}\,.$

Damit ist $z_1 = 1$ hebbare Singularität, und $z_2 = i$ und $z_3 = -i$ sind Pole 2. Ordnung.

$$\operatorname{Res}(f;1) = 0\,, \quad \operatorname{Res}(f;i) = \left(\frac{z+3}{(z+i)^2}\right)'\Bigg|_{z=i} = -\frac{3i}{4}\,, \quad \operatorname{Res}(f;-i) = \frac{3i}{4}$$

$$\Rightarrow \quad \oint\limits_{c_1} \frac{z^2+2z-3}{(z-1)(z^2+1)^2}\,dz = 2\pi i(\operatorname{Res}(f;1) + \operatorname{Res}(f;i) + \operatorname{Res}(f;-i)) = 0\,,$$

$$\oint\limits_{c_2} \frac{z^2+2z-3}{(z-1)(z^2+1)^2}\,dz = 2\pi i \cdot \operatorname{Res}(f;-i) = -\frac{3\pi}{2}\,.$$

b) Die Singularitäten von $f(z) = \dfrac{z}{\sin z}$ ergeben sich aus:

$$\begin{aligned}0 = \sin z &= \frac{1}{2i}(e^{iz} - e^{-iz}) = \frac{1}{2i}(e^{ix-y} - e^{-ix+y}) \\ &= \frac{1}{2i}(e^{-y}(\cos x + i\sin x) - e^{y}(\cos x - i \sin x)) \\ &= -\sin x \cosh y + i \cos x \sinh y\,.\end{aligned}$$

Diese Gleichung besitzt die Lösungen $x = k\pi$ mit $k \in \mathbb{Z}$ und $y = 0$. Damit ist $z_0 = 0$ hebbare Singularität, und $z_{k\neq 0} = k\pi$ sind Pole 1. Ordnung und man erhält

$$\operatorname{Res}(f;0) = 0\,, \quad \operatorname{Res}(f;\pi) = \frac{z}{\cos z}\bigg|_{z=\pi} = -\pi$$

$$\Rightarrow \quad \oint\limits_{c} \frac{z}{\sin z}\,dz = 2\pi i(2\cdot \operatorname{Res}(f;0) + 2\cdot\operatorname{Res}(f;\pi)) = -4\pi^2 i\,.$$

Lösung zu A26.7.3

a) i) $f(z) = \dfrac{e^{\pi z}}{z^2(z^2+1)(z^2+9)}$ besitzt die Singularitäten $z_0 = 0$ (Pol 2. Ordnung), $z_{1,2} = \pm i$ (Pole 1. Ordnung) und $z_{3,4} = \pm 3i$ (Pole 1. Ordnung).

ii) Im Inneren der Kurve $|z| = 2$ liegen die Singularitäten z_0, z_1 und z_2.

$$\operatorname{Res}(f;0) = \left(\frac{e^{\pi z}}{(z^2+1)(z^2+9)}\right)'\Bigg|_{z=0} = \frac{\pi}{9}\,,$$

$$\operatorname{Res}(f;\pm i) = \frac{e^{\pi z}}{z^2(z\pm i)(z^2+9)}\bigg|_{z=\mp i} = \mp\frac{i}{16}$$

$$\Rightarrow \quad \int\limits_{|z|=2} f(z)\,dz = 2\pi i(\operatorname{Res}(f;0) + \operatorname{Res}(f;i) + \operatorname{Res}(f;-i)) = \frac{2\pi^2 i}{9}\,.$$

b) Nach dem Residuensatz gilt $\oint\limits_{c_2-c_1} \frac{1}{(z-1)^2}\,\mathrm{d}z = 2\pi i\,\mathrm{Res}\left(\frac{1}{(z-1)^2}, 1\right) = 0 \Rightarrow$

$$\int\limits_{c_2} \frac{1}{(z-1)^2}\,\mathrm{d}z = \int\limits_{c_1} \frac{1}{(z-1)^2}\,\mathrm{d}z = \int\limits_{-1}^{1} \frac{\dot{c}_1(t)}{(c_1(t)-1)^2}\,\mathrm{d}z = \int\limits_{-1}^{1} \frac{i}{(it-1)^2}\,\mathrm{d}z$$

$$= -\frac{1}{it-1}\bigg|_{-1}^{1} = -\frac{1}{i-1} + \frac{1}{-i-1} = \frac{i+1}{2} + \frac{i-1}{2} = i$$

Lösung zu A26.7.4

Die Integralberechnung erfolgt über die Substitution $z = e^{ix}$ mit

$$\sin x = \frac{1}{2i}\left(z - \frac{1}{z}\right) \quad \text{und} \quad \cos x = \frac{1}{2}\left(z + \frac{1}{z}\right).$$

a) $$\int\limits_0^{2\pi} \frac{\sin x}{2+\sin x}\,\mathrm{d}x = \int\limits_{|z|=1} \frac{(z-1/z)/2i}{2+(z-1/z)/2i} \cdot \frac{\mathrm{d}z}{iz} = \frac{1}{i} \int\limits_{|z|=1} \underbrace{\frac{z^2-1}{z(z^2+4iz-1)}}_{=:f(z)}\,\mathrm{d}z$$

$$= \frac{1}{i} \cdot 2\pi i(\mathrm{Res}(f;0) + \mathrm{Res}(f; i(-2+\sqrt{3})))$$

$$= 2\pi\left(1 + \frac{2\sqrt{3}-4}{2\sqrt{3}-3}\right) = -0{,}972\,012\,1\ldots,$$

denn die Singularitäten $z_0 = 0$, $z_1 = i(-2+\sqrt{3})$ und $z_2 = i(-2-\sqrt{3})$ des Integranden sind Pole 1. Ordnung, und nur z_0 und z_1 liegen im Einheitskreis.

b) Der Integrand ist eine gerade Funktion, und man erhält

$$\int\limits_0^{\pi} \frac{\cos x}{3+\cos x}\,\mathrm{d}x = \frac{1}{2}\int\limits_0^{2\pi} \frac{\cos x}{3+\cos x}\,\mathrm{d}x = \frac{1}{2}\int\limits_{|z|=1} \frac{(z+1/z)/2}{3+(z+1/z)/2} \cdot \frac{\mathrm{d}z}{iz}$$

$$= \frac{1}{2i}\int\limits_{|z|=1} \underbrace{\frac{z^2+1}{z(z^2+6z+1)}}_{=:f(z)}\,\mathrm{d}z = \frac{1}{2i} \cdot 2\pi i(\mathrm{Res}(f;0) + \mathrm{Res}(f; -3+\sqrt{8}))$$

$$= \pi\left(1 + \frac{9-3\sqrt{8}}{8-3\sqrt{8}}\right) = -0{,}190\,569\ldots,$$

denn die Singularitäten $z_0 = 0$, $z_1 = -3+\sqrt{8}$ und $z_2 = -3-\sqrt{8}$ des Integranden sind Pole 1. Ordnung, und nur z_0 und z_1 liegen im Einheitskreis.

Lösung zu A26.7.5

$$f(z) = \frac{1}{z(\sqrt{z}-1)} = \frac{\sqrt{z}+1}{z(z-1)} = (\sqrt{z}+1)\left(\frac{1}{z-1} - \frac{1}{z}\right)$$

a) Um $z_0 = 1$ gibt es nur die Laurent-Entwicklung in der punktierten Kreisscheibe $0 < |z-1| < 1$, denn die Singularitäten von f liegen bei $z_0 = 1$ und $z_1 = 0$ und der Hauptzweig der Wurzel ist für $x < 0$ nicht definiert.
Für $|z-1| < 1$ gilt:

$$\frac{1}{z} = \frac{1}{1+(z-1)} = \sum_{n=0}^{\infty}(-1)^n(z-1)^n ,$$

und unter Verwendung der binomischen Reihe erhält man

$$\sqrt{z} = ((z-1)+1)^{1/2} = \sum_{n=0}^{\infty}\binom{1/2}{n}(z-1)^n = 1+\frac{z-1}{2}-\frac{(z-1)^2}{8}+\frac{(z-1)^3}{16}\mp\cdots$$

Damit ergibt sich

$$f(z) = (\sqrt{z}+1)\left(\frac{1}{z-1}-\frac{1}{z}\right) = \frac{2}{z-1}-\frac{3}{2}+\frac{11(z-1)}{8}-\frac{21(z-1)^2}{16}\pm\cdots$$

b) $z_0 = 1$ ist Pol 1. Ordnung mit $\mathrm{Res}(f; z_0) = 2$, und $z_1 = 0$ ist keine isolierte Singularität.
c) Zunächst wird für $a = \frac{1}{2}$ bzw. $a = \frac{3}{2}$ das Integral

$$\oint_c \frac{1}{z(\sqrt{z}-1)}\,\mathrm{d}z$$

über den Residuensatz berechnet. Die geschlossene Kurve c umläuft dabei mathematisch positiv das Gebiet der Schnittmenge des Ursprungskreises vom Radius $r > a$ mit der rechts von der Geraden $g(y) = a + iy$ liegenden Halbebene.

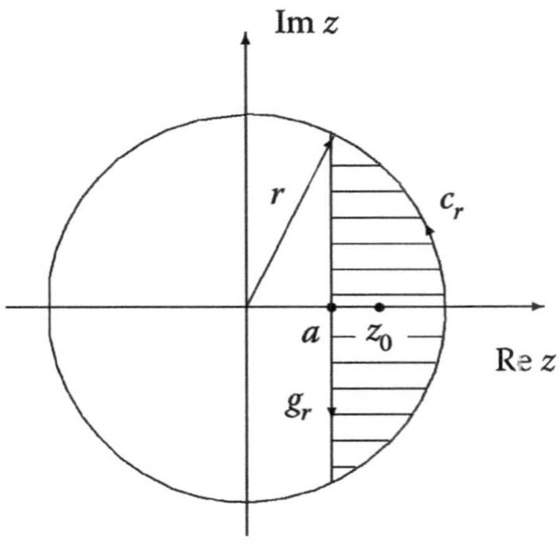

Abb. L26.15 Gebiet, das von $c = c_r + g_r$ umlaufen wird.

Die Kurve kann durch $c = c_r + g_r$ parametrisiert werden, wobei der Kreisbogen c_r durch

$$c_r(\varphi) = re^{i\varphi}, \quad -\arccos\frac{a}{r} \le \varphi \le \arccos\frac{a}{r} =: \psi(r)$$

beschrieben wird und der Geradenabschnitt g_r durch

$$g_r(y) = a + iy\,, \quad -r\sin\psi(r) \le y \le r\sin\psi(r)\,.$$

Für den Winkel $\psi(r)$ gilt $\lim_{r\to\infty}\psi(r) = \frac{\pi}{2}$ und damit $\lim_{r\to\infty} r\sin\psi(r) = \infty$. Man erhält damit

$$\int\limits_{g_r} \frac{\mathrm{d}z}{z(\sqrt{z}-1)} \quad \overset{r\to\infty}{\longrightarrow} \quad \int\limits_{c_{1/2}} \frac{\mathrm{d}z}{z(\sqrt{z}-1)}\,.$$

Für $1 < r \to \infty$ verschwindet das Integral über den Kreisbogen, denn

$$\left|\int\limits_{c_r} \frac{\mathrm{d}z}{z(\sqrt{z}-1)}\right| = \left|\int\limits_{-\psi(r)}^{\psi(r)} \frac{ire^{i\varphi}\,\mathrm{d}\varphi}{re^{i\varphi}\left(\sqrt{r}e^{i\varphi/2}-1\right)}\right| \le \int\limits_{-\psi(r)}^{\psi(r)} \frac{\mathrm{d}\varphi}{\left|\sqrt{r}e^{i\varphi/2}-1\right|}$$

$$\le \int\limits_{-\psi(r)}^{\psi(r)} \frac{\mathrm{d}\varphi}{\left|\left|\sqrt{r}e^{i\varphi/2}\right|-1\right|} = \frac{2\psi(r)}{\sqrt{r}-1} \quad \overset{r\to\infty}{\longrightarrow} \quad 0\,.$$

Da im Falle der Kurve c_1, also für $a = \frac{1}{2}$, die Singularität $z_0 = 1$ für alle $r > 1$ im Inneren von c liegt, gilt nach dem Residuensatz

$$\int\limits_{c_1} \frac{\mathrm{d}z}{z(\sqrt{z}-1)} = 2\pi i\,\mathrm{Res}(f;1) = 4\pi i\,.$$

Im Falle der Kurve c_2, also für $a = \frac{3}{2}$, liegt die Singularität $z_0 = 1$ außerhalb des von c umschlossenen Gebietes, so dass nach dem Cauchyschen Integralsatz für alle $r > \frac{3}{2}$ gilt

$$\int\limits_{c_2} \frac{\mathrm{d}z}{z(\sqrt{z}-1)} = 0\,.$$

Lösung zu A26.7.6

Die Singularitäten des Integranden $f(z) = \dfrac{1}{z^8+1}$ in der oberen Halbebene

$$z_0 = e^{\pi i/8}\,, \quad z_1 = e^{3\pi i/8}\,, \quad z_2 = e^{5\pi i/8}\,, \quad z_3 = e^{7\pi i/8}$$

sind Pole 1. Ordnung mit den Residuen $\mathrm{Res}(f;z_k) = \dfrac{1}{8z_k^7} = -\dfrac{z_k}{8}$:

$$\mathrm{Res}(f;z_k) = -\frac{1}{8}e^{(\pi i+2\pi k)/8}\,, \quad k = 0,1,2,3\,.$$

Damit ergibt sich

$$\int\limits_{-\infty}^{\infty} \frac{\mathrm{d}x}{x^8+1} = 2\pi i \sum_{\mathrm{Im}\,z_k>0} \mathrm{Res}(f;z_k) = \frac{\pi}{2}\left(\sin\frac{\pi}{8} + \sin\frac{3\pi}{8}\right) = 2{,}052\,34\ldots$$

Lösung zu A26.7.7

a) Die Singularitäten des Integranden $f(z) = \dfrac{e^{iz}}{z^4 + 16}$ im von c berandeten Halbkreis vom Radius $r \geq 2{,}1$

$$z_0 = 2e^{\pi i/4}, \quad z_1 = 2e^{3\pi i/4}$$

sind Pole 1. Ordnung mit $\operatorname{Res}(f; z_k) = \dfrac{e^{iz_k}}{4z_k^3} = -\dfrac{z_k e^{iz_k}}{64}$, $k = 0{,}1$:

$$\operatorname{Res}(f; z_k) = -\frac{1}{32}\left(\cos\frac{\pi + 2\pi k}{4} + i\sin\frac{\pi + 2\pi k}{4}\right)$$
$$\exp\left(-2\sin\frac{\pi + 2\pi k}{4} + 2i\cos\frac{\pi + 2\pi k}{4}\right).$$

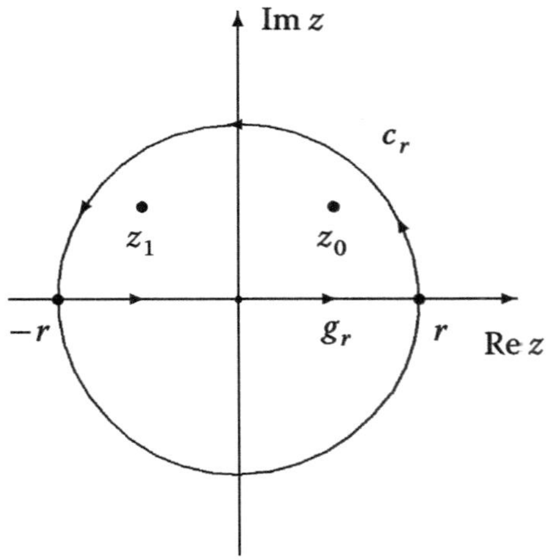

Abb. L26.16 Singularitäten z_0, z_1, die von $c = c_r + g_r$ umlaufen werden.

Damit ergibt sich mit Hilfe des Residuensatzes

$$\oint_c \frac{e^{iz}}{z^4 + 16}\,dz = 2\pi i(\operatorname{Res}(f; z_0) + \operatorname{Res}(f; z_1))$$
$$= -\frac{\pi i}{32}\left((\sqrt{2} + i\sqrt{2})e^{-\sqrt{2}+i\sqrt{2}} + (-\sqrt{2} + i\sqrt{2})e^{-\sqrt{2}-i\sqrt{2}}\right)$$
$$= \frac{\sqrt{2}\pi e^{-\sqrt{2}}}{16}\left(\sin\sqrt{2} + \cos\sqrt{2}\right) = 0{,}077\,210\,35\ldots$$

b) $$\oint_c \frac{e^{iz}}{z^4 + 16}\,dz = \int_{-r}^{r} \frac{\cos x}{x^4 + 16}\,dx + i\underbrace{\int_{-r}^{r} \frac{\sin x}{x^4 + 16}\,dx}_{=0} + \int_{c_r} \frac{e^{iz}}{z^4 + 16}\,dz$$

Das letzte Integral über den Halbkreis verschwindet für $2{,}1 \leq r \to \infty$:

$$\left|\int\limits_{C_r} \frac{e^{iz}}{z^4+16}\,\mathrm{d}z\right| = \left|\int\limits_0^\pi \frac{e^{ir(\cos\varphi + i\sin\varphi)} ire^{i\varphi}\,\mathrm{d}\varphi}{r^4e^{4i\varphi}+16}\right| \leq \int\limits_0^\pi \frac{|e^{ir\cos\varphi}|\cdot|e^{-r\sin\varphi}|\cdot|ire^{i\varphi}|\,\mathrm{d}\varphi}{|r^4e^{4i\varphi}+16|}$$

$$\leq \int\limits_0^\pi \frac{re^{-r\sin\varphi}\,\mathrm{d}\varphi}{|r^4e^{4i\varphi}|-16} = \frac{r}{r^4-16}\int\limits_0^\pi e^{-\overbrace{r\sin\varphi}^{\geq 0}}\,\mathrm{d}\varphi \overset{r\to\infty}{\to} 0\,.$$

Man erhält so für $r \to \infty$:

$$\int\limits_{-\infty}^{\infty} \frac{\cos x}{x^4+16}\,\mathrm{d}x = \oint\limits_C \frac{e^{iz}}{z^4+16}\,\mathrm{d}z = \frac{\sqrt{2}\pi e^{-\sqrt{2}}}{16}\left(\sin\sqrt{2}+\cos\sqrt{2}\right)$$
$$= 0{,}077\,210\,35\ldots$$

Lösung zu A26.7.8

a) Die Singularitäten der Funktion

$$f(z) = \frac{z+2}{z^3-z^2+z-1} = \frac{z+2}{(z-1)(z^2+1)}$$

liegen bei $z_1 = i$, $z_2 = -i$ und $z_3 = 1$, sind Pole 1. Ordnung, und man erhält:

$$\int\limits_{-\infty}^{\infty} \frac{x+2}{x^3-x^2+x-1}\,\mathrm{d}x = 2\pi i\,\mathrm{Res}(f;z_1) + \pi i\,\mathrm{Res}(f;z_3) = -\frac{\pi}{2}\,.$$

b) Die Singularitäten der Funktion $f(z) = \dfrac{z}{z^2+2}$ liegen bei $z_1 = i\sqrt{2}$ und $z_2 = -i\sqrt{2}$, sind Pole 1. Ordnung, und man erhält:

$$\int\limits_{-\infty}^{\infty} \frac{xe^{2ix}}{x^2+2}\,\mathrm{d}x = 2\pi i\,\mathrm{Res}(f(z)e^{2iz};z_1) = \pi i e^{-2\sqrt{2}}\,.$$

c) Die Singularitäten der Funktion $f(z) = \dfrac{z+1}{z^2+1}$ liegen bei $z_1 = i$ und $z_2 = -i$, sind Pole 1. Ordnung, und man erhält:

$$\int\limits_0^{\infty} \frac{x+1}{\sqrt{x}(x^2+1)}\,\mathrm{d}x = \frac{2\pi i}{1-e^{-\frac{2\pi i}{2}}}\left(\mathrm{Res}\left(\frac{f(z)}{\sqrt{z}};z_1\right) + \mathrm{Res}\left(\frac{f(z)}{\sqrt{z}};z_2\right)\right)$$
$$= \pi i\left(\frac{z_1+1}{\sqrt{z_1}(z_1-z_2)} + \frac{z_2+1}{\sqrt{z_2}(z_2-z_1)}\right) = \pi i\left(\frac{i+1}{2i\sqrt{i}} + \frac{i-1}{2i\sqrt{-i}}\right)$$
$$= \frac{\pi}{2}(e^{\pi i/4} + e^{-\pi i/4} + e^{-\pi i/4} - e^{-3\pi i/4}) = \pi\sqrt{2}\,.$$

d) Die Singularitäten der Funktion $f(z) = \dfrac{z^2}{z^4+1}$ liegen bei $z_0 = e^{\pi i/4}$, $z_1 = e^{3\pi i/4}$, $z_2 = e^{5\pi i/4}$, $z_3 = e^{7\pi i/4}$, sind Pole 1. Ordnung, und man erhält:

$$\int_{-\infty}^{\infty} \frac{x^2}{x^4+1}\,\mathrm{d}x = 2\pi i(\operatorname{Res}(f;z_0) + \operatorname{Res}(f;z_1)) = \frac{\pi}{\sqrt{2}} .$$

Lösung zu A26.7.9

a)
$$f(z) = \frac{1-e^{iz}}{z^2} = \frac{1}{z^2}\left(1 - \left(1 + iz + \frac{(iz)^2}{2!} + \frac{(iz)^3}{3!} + \cdots\right)\right)$$
$$= -\frac{i}{z} + \frac{1}{2} + \frac{iz}{6} + \cdots$$

Die Singularität $z_0 = 0$ von f ist also Pol 1. Ordnung mit $\operatorname{Res}(f;z_0) = -i$:

$$\oint_c \frac{1-e^{iz}}{z^2}\,\mathrm{d}z = 2\pi i \operatorname{Res}(f;0) = 2\pi .$$

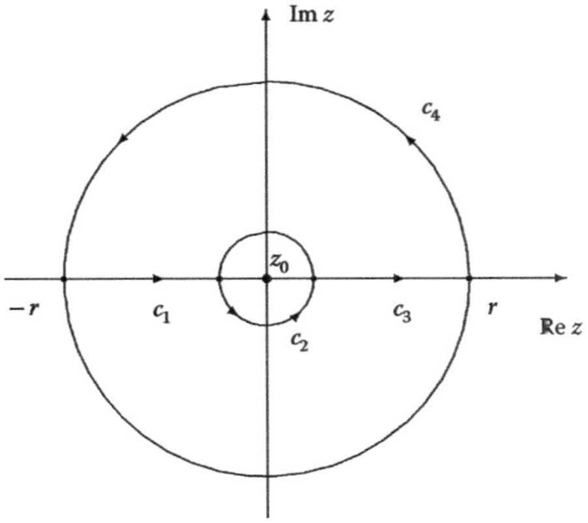

Abb. L26.17 Kurve $c = c_1 + c_2 + c_3 + c_4$.

b)
$$\int_{c_1+c_3} f(z)\,\mathrm{d}z = \int_{-r}^{-1/r} \frac{1-e^{ix}}{x^2}\,\mathrm{d}x + \int_{1/r}^{r} \frac{1-e^{ix}}{x^2}\,\mathrm{d}x$$
$$= \int_{1/r}^{r} \frac{2-(e^{ix}+e^{-ix})}{x^2}\,\mathrm{d}x \overset{r\to\infty}{\longrightarrow} 2\int_0^{\infty} \frac{1-\cos x}{x^2}\,\mathrm{d}x .$$

$$\int_{c_2} f(z)\,\mathrm{d}z = \int_{c_2} -\frac{i}{z}\,\mathrm{d}z + \int_{c_2} \underbrace{\frac{1}{2} + \frac{iz}{6} + \cdots}_{=g(z)\ \text{(holom.)}}\,\mathrm{d}z$$

$$= -i\int_{\pi}^{2\pi} \frac{i\cdot e^{i\varphi}/r}{e^{i\varphi}/r}\,\mathrm{d}\varphi + \int_{c_2} g(z)\,\mathrm{d}z = \pi + \int_{c_2} g(z)\,\mathrm{d}z \overset{r\to\infty}{\longrightarrow} \pi$$

$$\left|\int_{C_4} f(z)\,\mathrm{d}z\right| = \left|\int_0^{\pi} \frac{(1-e^{ir(\cos\varphi+i\sin\varphi)})ire^{i\varphi}}{r^2e^{i2\varphi}}\,\mathrm{d}\varphi\right| \le \int_0^{\pi} \frac{|1-e^{ir(\cos\varphi+i\sin\varphi)}|}{|re^{i\varphi}|}\,\mathrm{d}\varphi$$

$$\le \frac{1}{r}\int_0^{\pi} 1+e^{-r\sin\varphi}\,\mathrm{d}\varphi \quad \overset{r\to\infty}{\longrightarrow} \quad 0$$

Damit erhält man:

$$2\pi = \oint_C \frac{1-e^{iz}}{z^2}\,\mathrm{d}z \quad \overset{r\to\infty}{\longrightarrow} \quad \pi + 2\int_0^{\infty} \frac{1-\cos x}{x^2}\,\mathrm{d}x \quad \Rightarrow \quad \int_0^{\infty} \frac{1-\cos x}{x^2}\,\mathrm{d}x = \frac{\pi}{2}\,.$$

Lösung zu A26.7.10

a) $f(z) = \dfrac{6}{z^2-2z+10} = \dfrac{6}{(z-(1+3i))(z-(1-3i))}$

Damit besitzt f Pole 1. Ordnung in $z_1 = 1+3i$ und $z_2 = 1-3i$

$$\mathrm{Res}(f;1+3i) = \left.\frac{6}{z-(1-3i)}\right|_{z=1+3i} = \frac{6}{3i+3i} = \frac{1}{i} = -i\,,$$
$$\mathrm{Res}(f;1-3i) = \left.\frac{6}{z-(1+3i)}\right|_{z=1-3i} = \frac{6}{-3i-3i} = -\frac{1}{i} = i$$

b) Die Radien der Konvergenzbereiche ergeben sich aus den Abständen von $z_0 = 1+i$ zu den Singularitäten von f:

Taylor-Reihe in $|z-z_0| < 2$,
Laurent-Reihe für $2 < |z-z_0| < 4$,
Laurent-Reihe für $4 < |z-z_0|$

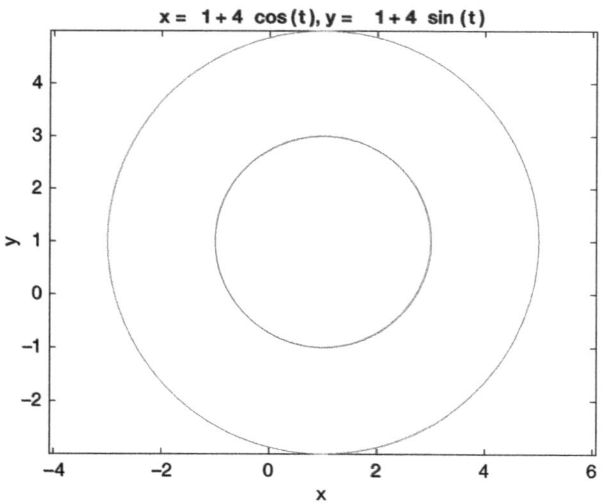

Abb. L26.18 Konvergenzbereiche.

c) $f(z) = h(z, 1+3i) + h(z, 1-3i) = \dfrac{\operatorname{Res}(f; 1+3i)}{z-(1+3i)} + \dfrac{\operatorname{Res}(f; 1-3i)}{z-(1-3i)}$
$= -\dfrac{i}{z-1-3i} + \dfrac{i}{z-1+3i}$

d) Nach dem Cauchyschen Integralsatz gilt $\displaystyle\oint_{|z-1|=1} f(z)\,\mathrm{d}z = 0.$

e) $$\int_{-\infty}^{\infty} \frac{6}{x^2-2x+10}\,\mathrm{d}x = 2\pi i \cdot \operatorname{Res}(f; 1+3i) = 2\pi$$

Lösung zu A26.7.11

a) Die Nennernullstellen $-1 \pm i$ von f sind Pole erster Ordnung und nur $-1+i$ liegt in der oberen Halbebene:

$$\int_{-\infty}^{\infty} \frac{2}{x^2+2x+2}\,\mathrm{d}x = 2\pi i \operatorname{Res}(f; -1+i) = \frac{4\pi i}{2(-1+i)+2} = 2\pi\,.$$

b) Die Nennernullstellen $\pm\pi i$ von f sind Pole erster Ordnung und nur πi liegt in der oberen Halbebene:

$$\int_{-\infty}^{\infty} \frac{\mathrm{d}x}{x^2+\pi^2} = 2\pi i \operatorname{Res} \left.\frac{1}{z^2+\pi^2}\right|_{z=\pi i} = 2\pi i \frac{1}{\pi i + \pi i} = 1\,.$$

c) $$\operatorname{Res}\left(\frac{1}{z^2+3}; i\sqrt{3}\right) = \left.\frac{1}{z+i\sqrt{3}}\right|_{z=i\sqrt{3}} = \frac{1}{2i\sqrt{3}}$$

$$\int_{-\infty}^{\infty} \frac{1}{x^2+3}\,\mathrm{d}x = 2\pi i \operatorname{Res}\left(\frac{1}{z^2+3}; i\sqrt{3}\right) = 2\pi i \frac{1}{2i\sqrt{3}} = \frac{\pi}{\sqrt{3}}$$

d) $$\int_{-\infty}^{\infty} \frac{\sin x}{x^2+2x+5}\,\mathrm{d}x = \int_{-\infty}^{\infty} \operatorname{Im}\left(\frac{e^{ix}}{(x+1)^2+4}\right)\mathrm{d}x$$
$$= \operatorname{Im} \int_{-\infty}^{\infty} \underbrace{\frac{e^{ix}}{(x-(-1+2i))(x-(-1-2i))}}_{=f(x)}\,\mathrm{d}x = \operatorname{Im}(2\pi i \operatorname{Res}(f; -1+2i))$$
$$= \operatorname{Im}\left(2\pi i \,\frac{e^{i(-1+2i)}}{-1+2i-(-1-2i))}\right) = \operatorname{Im}\left(\frac{\pi e^{-2-i}}{2}\right)$$
$$= \operatorname{Im}\left(\frac{\pi(\cos 1 - i \sin 1)}{2e^2}\right) = \frac{-\pi \sin 1}{2e^2}$$

e) $\operatorname{Res}\left(\frac{1}{z^{1/2}(z+1)(z+4)};-1\right)=\frac{1}{(-1)^{1/2}(-1+4)}=\frac{1}{3i}$

$\operatorname{Res}\left(\frac{1}{z^{1/2}(z+1)(z+4)};-4\right)=\frac{1}{(-4)^{1/2}(-4+1)}=-\frac{1}{6i}$

$$\int_0^\infty \frac{1}{x^{1/2}(x+1)(x+4)}\,\mathrm{d}x=\frac{2\pi i}{1-e^{2\pi i/2}}\left(\frac{1}{3i}-\frac{1}{6i}\right)=\frac{\pi}{6}$$

Lösung zu A26.7.12

a) Der Integrand ist eine gerade Funktion, und man erhält

$$\begin{aligned}\int_0^\pi \frac{2-\cos\varphi}{2+\cos\varphi}\,\mathrm{d}\varphi &= \frac{1}{2}\int_0^{2\pi}\frac{4}{2+\cos\varphi}-1\,\mathrm{d}\varphi\\ &\overset{z=e^{i\varphi}}{=} -\pi+\frac{1}{2}\int_{|z|=1}\frac{4}{2+\left(z+\frac{1}{z}\right)/2}\cdot\frac{\mathrm{d}z}{iz}=-\pi+\frac{4}{i}\int_{|z|=1}\underbrace{\frac{1}{z^2+4z+1}}_{=:f(z)}\mathrm{d}z\\ &= -\pi+\frac{4}{i}\cdot 2\pi i\operatorname{Res}(f;-2+\sqrt{3})=\pi\left(\frac{4}{\sqrt{3}}-1\right)=4{,}1136\ldots\,,\end{aligned}$$

denn die Singularitäten $z_1=-2-\sqrt{3}$ und $z_2=-2+\sqrt{3}$ des Integranden sind Pole 1. Ordnung, und nur z_2 liegt im Einheitskreis.

b) $f(z)=\frac{z^2-z}{z^{3/2}(z^3-z^2+4z-4)}=\frac{z(z-1)}{z\sqrt{z}(z-1)(z^2+4)}=\frac{1}{\sqrt{z}}\cdot\underbrace{\frac{1}{z^2+4}}_{=g(z)}$

Die Singularitäten der Funktion g liegen bei $z_1=2i$ und $z_2=-2i$, sind Pole 1. Ordnung, und man erhält:

$$\begin{aligned}&\int_0^\infty \frac{x^2-x}{x^{3/2}(x^3-x^2+4x-4)}\,\mathrm{d}x\\ &=\frac{2\pi i}{1-e^{-2\pi i/2}}\left(\operatorname{Res}\left(\frac{g(z)}{\sqrt{z}};z_1\right)+\operatorname{Res}\left(\frac{g(z)}{\sqrt{z}};z_2\right)\right)\\ &=\pi i\left(\frac{1}{\sqrt{z_1}(z_1-z_2)}+\frac{1}{\sqrt{z_2}(z_2-z_1)}\right)=\pi i\left(\frac{1}{4i\sqrt{2}e^{\pi i/4}}-\frac{1}{4i\sqrt{2}e^{3\pi i/4}}\right)\\ &=\frac{\pi}{4\sqrt{2}}(e^{-\pi i/4}+e^{\pi i/4})=\frac{\pi}{4}\,.\end{aligned}$$

c) $$\int\limits_{-\infty}^{\infty} \underbrace{\frac{1}{x^2 + 2x + 10}}_{=f(x)} \mathrm{d}x = 2\pi i \operatorname{Res}(f; -1 + 3i) = \frac{2\pi i}{2(-1 + 3i) + 2} = \frac{\pi}{3},$$

denn f besitzt die beiden Singularitäten $z_1 = -1 + 3i$ und $z_2 = -1 - 3i$, wobei nur z_1 in der oberen Halbebene liegt.

L 27
Integraltransformationen

L27.1 Fourier-Transformation

Lösung zu A27.1.1

a) $$F(\omega) = \int_{-\infty}^{\infty} f(t)e^{-i\omega t}\,\mathrm{d}t = \int_{-2}^{2} (4-t^2)e^{-i\omega t}\,\mathrm{d}t$$
$$= \int_{-2}^{2} (4-t^2)(\cos(\omega t) - i\sin(\omega t))\,\mathrm{d}t = 2\int_{0}^{2} (4-t^2)\cos(\omega t)\,\mathrm{d}t$$
$$\stackrel{\omega\neq 0}{=} \frac{4}{\omega^2}\left(\frac{\sin(2\omega)}{\omega} - 2\cos(2\omega)\right) = \frac{4}{\omega^2}\left(\frac{8}{3}\omega^2 - \frac{16}{15}\omega^4 \pm \cdots\right)$$

Aufgrund der Stetigkeit von F erhält man somit $F(0) = \frac{32}{3}$.

b) Die inverse Fourier-Transformation der gerade fortgesetzten Funktion G liefert die Originalfunktion

$$g(t) = \frac{1}{2\pi}\int_{-\infty}^{\infty} G(\omega)e^{i\omega t}\,\mathrm{d}\omega = \frac{1}{2\pi}\int_{-\infty}^{\infty} G(\omega)(\cos(\omega t) + i\sin(\omega t))\,\mathrm{d}\omega$$
$$= \frac{1}{\pi}\int_{0}^{\infty} G(\omega)\cos(\omega t)\,\mathrm{d}\omega = \frac{1}{\pi}\begin{cases} 4-t^2 & : 0 \le t \le 2 \\ 0 & : t > 2\,. \end{cases}$$

Für $\omega \ge 0$ erhält man aus a) $G(\omega) = \frac{1}{\pi}F(\omega) = \frac{4}{\pi\omega^2}\left(\frac{\sin(2\omega)}{\omega} - 2\cos(2\omega)\right)$.

Lösung zu A27.1.2

$$g(t) = \int_{-\infty}^{\infty} \frac{2c\cos(\omega t)}{c^2+\omega^2}\,\mathrm{d}\omega = \int_{-\infty}^{\infty} \frac{2c}{c^2+\omega^2}\cos(\omega t)\,\mathrm{d}\omega + i\int_{-\infty}^{\infty} \frac{2c}{c^2+\omega^2}\sin(\omega t)\,\mathrm{d}\omega$$
$$= \frac{1}{2\pi}\int_{-\infty}^{\infty} 2\pi\cdot\frac{2c}{c^2+\omega^2}e^{i\omega t}\,\mathrm{d}\omega$$

Mathematik in den Ingenieur- und Naturwissenschaften 2, Aufgaben und Lösungen, 5. Aufl.
Rainer Ansorge, Hans Oberle, Kai Rothe und Thomas Sonar.

Da $F(\omega) = \dfrac{2c}{c^2+\omega^2}$ für $c > 0$ die Originalfunktion $f(t) = e^{-c|t|}$ besitzt, ergibt sich $g(t) = 2\pi e^{-c|t|}$.

L27.2 Laplace-Transformation

Lösung zu A27.2.1

a) $f(t) = 6e^{4t} \quad \Rightarrow \quad L[f] = \dfrac{6}{s-4}$,

b) $f(t) = t^9 e^{-t} \quad \Rightarrow \quad L[f] = \dfrac{9!}{(s+1)^{10}}$,

c) $f(t) = e^{3t}\sinh(7t) \quad \Rightarrow \quad L[f] = \dfrac{7}{(s-3)^2-49}$,

d) $f(t) = t\cosh(5t) \quad \Rightarrow \quad L[f] = -\dfrac{\mathrm{d}}{\mathrm{d}s}\left(\dfrac{s}{s^2-25}\right) = \dfrac{s^2+25}{(s^2-25)^2}$,

e) $f(t) = 10\sin(8t)\cos(2t) = 5(\,\sin(10t) + \sin(6t)\,)$

$$\Rightarrow \quad L[f] = 5\left(\frac{10}{s^2+100} + \frac{6}{s^2+36}\right) = \frac{50}{s^2+100} + \frac{30}{s^2+36},$$

f) $f(t) = \begin{Bmatrix} \cos t & , & t < \pi \\ -1 & , & t \geq \pi \end{Bmatrix} = \cos t + \begin{Bmatrix} 0 & , & t < \pi \\ -1 + \cos(t-\pi) & , & t \geq \pi \end{Bmatrix}$

$$\Rightarrow \quad L[f] = \frac{s}{s^2+1} + e^{-\pi s}\left(\frac{1}{s} + \frac{s}{s^2+1}\right).$$

Lösung zu A27.2.2

a) $f(t) = \sqrt{t}\, e^t \quad \Rightarrow \quad L[f] = \dfrac{\Gamma(3/2)}{(s-1)^{3/2}}$,

b) $f(t) = |\sin t \cos t| = \dfrac{1}{2}|\sin 2t|$ ist eine $\dfrac{\pi}{2}$-periodische Funktion.

Mit der Funktion $g(t) = \begin{cases} \sin 2t\,, & 0 \leq t \leq \dfrac{\pi}{2} \\ 0\,, & \text{sonst} \end{cases}$

besitzt f die Darstellung $f(t) = \dfrac{1}{2}\sum\limits_{k=0}^{\infty} g\left(t - \dfrac{k\pi}{2}\right)$.

$$\Rightarrow \quad L[f] = \int_0^\infty \frac{1}{2}\sum_{k=0}^{\infty} g\left(t - \frac{k\pi}{2}\right) e^{-st}\,\mathrm{d}t = \frac{1}{2}\sum_{k=0}^{\infty} \int_{k\pi/2}^{(k+1)\pi/2} g\underbrace{\left(t - \frac{k\pi}{2}\right)}_{=x} e^{-st}\,\mathrm{d}t$$

$$= \frac{1}{2}\sum_{k=0}^{\infty} \int_0^{\pi/2} g(x)\cdot\exp\left(-s\left(x + \frac{k\pi}{2}\right)\right)\mathrm{d}x$$

$$= \frac{1}{2}\sum_{k=0}^{\infty}\left(\exp\left(-\frac{s\pi}{2}\right)\right)^k \int_0^{\pi/2} \sin 2x\, e^{-sx}\, dx$$

$$= \frac{1}{2\,(1-\exp(-s\pi/2))} \int_0^{\pi/2} \sin 2x\, e^{-sx}\, dx$$

Das verbleibende Integral wird mittels partieller Integration berechnet

$$\int_0^{\pi/2} \sin 2x\, e^{-sx}\, dx = \left(\sin 2x\, \frac{e^{-sx}}{-s}\right)\Big|_0^{\pi/2} + \frac{2}{s}\int_0^{\pi/2} \cos 2x\, e^{-sx}\, dx$$

$$= \left(-2\cos 2x\, \frac{e^{-sx}}{s^2}\right)\Big|_0^{\pi/2} - \frac{4}{s^2}\int_0^{\pi/2} \sin 2x\, e^{-sx}\, dx$$

$$\Rightarrow \quad \int_0^{\pi/2} \sin 2x\, e^{-sx}\, dx = \frac{2}{s^2+4}\left(1+\exp\left(-\frac{s\pi}{2}\right)\right)$$

$$\Rightarrow \quad L[f] = \frac{1}{s^2+4}\cdot\frac{1+\exp(-s\pi/2)}{1-\exp(-s\pi/2)} = \frac{\coth(s\pi/4)}{s^2+4}$$

c) $f(t) = \cos^2 t = \frac{1}{2}(1+\cos 2t) \quad \Rightarrow \quad L[f] = \frac{1}{2}\left(\frac{1}{s}+\frac{s}{s^2+4}\right)$,

d) $f(t) = t^2 \sin t \quad \Rightarrow \quad L[f] = \frac{d^2}{ds^2}\left(\frac{1}{s^2+1}\right) = \frac{6s^2-2}{(s^2+1)^3}$,

e) $f(t) = (7t)^{-\frac{2}{3}} \quad \Rightarrow \quad L[f] = \frac{1}{7}\cdot\frac{\Gamma(1/3)}{(s/7)^{1/3}} = \frac{\Gamma(1/3)}{7^{2/3}s^{1/3}}$,

f) $f(t) = \begin{cases} 1-|t-3|\,, & 2\le t\le 4 \\ 0\,, & \text{sonst} \end{cases}$

$$\Rightarrow \quad L[f] = \int_0^{\infty} f(t)\, e^{-st}\, dt = \int_2^3 (t-2)\, e^{-st}\, dt + \int_3^4 (4-t)\, e^{-st}\, dt$$

$$= \frac{1}{s^2}(e^{-2s} - 2e^{-3s} + e^{-4s})\,.$$

Lösung zu A27.2.3

a) $F(s) = \frac{s+7}{s^2+4s+3} = \frac{3}{s+1} - \frac{2}{s+3} \quad \Rightarrow \quad f(t) = 3e^{-t} - 2e^{-3t}$,

b) $F(s) = \frac{3s+1}{s^2+2s+10} = \frac{3(s+1)-2}{(s+1)^2+9} \quad \Rightarrow \quad f(t) = 3e^{-t}\cos(3t) - \frac{2}{3}e^{-t}\sin(3t)$,

c) $F(s) = \left(\frac{s}{s^2+1}\right)^2 = \underbrace{\frac{s}{s^2+1}}_{=H(s)} \cdot \frac{s}{s^2+1} \quad \Rightarrow \quad h(t) = \cos t$

$$\Rightarrow \quad f(t) = \int_0^t \cos(t-\tau)\cos\tau \,\mathrm{d}\tau = \frac{1}{2}\int_0^t \cos(t-2\tau) + \cos t \,\mathrm{d}\tau$$

$$= \frac{1}{2}\left(-\frac{1}{2}\sin(t-2\tau) + \tau\cos t\right)\Big|_0^t = \frac{1}{2}(\sin t + t\cos t)\,,$$

d) $F(s) = \frac{s+1}{(s+2)^3} = \frac{1}{(s+2)^2} - \frac{1}{(s+2)^3} \quad \Rightarrow \quad f(t) = te^{-2t} - \frac{t^2}{2}e^{-2t}\,,$

e) $F(s) = \frac{e^{-2s}}{s+3} \quad \Rightarrow \quad f(t) = \begin{cases} 0\,, & t < 2 \\ e^{-3(t-2)}\,, & t \geq 2 \end{cases}\,,$

f) $F(s) = \ln\frac{s-1}{s+1} = \ln(s-1) - \ln(s+1) \quad \Rightarrow \quad F'(s) = G(s) = \frac{1}{s-1} - \frac{1}{s+1}$

$$\Rightarrow \quad -tf(t) = g(t) = e^t - e^{-t} \quad \Rightarrow \quad f(t) = \frac{e^{-t} - e^t}{t} = -\frac{2}{t}\sinh t.$$

Lösung zu A27.2.4

a) $F(s) = \frac{1}{2s-1} \quad \Rightarrow \quad f(t) = \operatorname{Res}\left(\frac{e^{st}}{2s-1}\,;\,\frac{1}{2}\right) = \frac{e^{t/2}}{2}\,,$

b) $F(s) = \frac{1}{(s+1)^2+3}$

$$\Rightarrow \quad f(t) = \operatorname{Res}\left(\frac{e^{st}}{(s+1)^2+3}\,;-1+i\sqrt{3}\right) + \operatorname{Res}\left(\frac{e^{st}}{(s+1)^2+3}\,;-1-i\sqrt{3}\right)$$

$$= \frac{e^{(-1+i\sqrt{3})t}}{2i\sqrt{3}} - \frac{e^{(-1-i\sqrt{3})t}}{2i\sqrt{3}} = \frac{e^{-t}}{\sqrt{3}}\sin\sqrt{3}t\,,$$

c) $F(s) = \frac{3s^2+s+1}{s^2(s+1)}$

$$\Rightarrow \quad f(t) = \operatorname{Res}\left(\frac{3s^2+s+1}{s^2(s+1)}\,e^{st}\,;\,0\right) + \operatorname{Res}\left(\frac{3s^2+s+1}{s^2(s+1)}\,e^{st}\,;-1\right)$$

$$= \frac{\mathrm{d}}{\mathrm{d}s}\left(\frac{(3s^2+s+1)e^{st}}{s+1}\right)\Bigg|_{s=0} + \frac{(3s^2+s+1)e^{st}}{s^2}\Bigg|_{s=-1} = t + 3e^{-t}\,.$$

Lösung zu A27.2.5

a)

i) $f(t) = \int_0^t \sin(\omega\tau)\,\sinh\omega(t-\tau)\,\mathrm{d}\tau$

$$\Rightarrow \quad F(s) = \frac{\omega}{s^2+\omega^2}\cdot\frac{\omega}{s^2-\omega^2} = \frac{\omega^2}{s^4-\omega^4}$$

ii) $f(t) = \int_0^t e^{\tau}(t-\tau)^2 \, d\tau \quad \Rightarrow \quad F(s) = \frac{1}{s-1} \cdot \frac{2}{s^3} = \frac{2}{s^4 - s^3}$

b) i) $F(s) = \frac{s}{(s-1)(s^2+4)} = \frac{1}{s-1} \cdot \frac{s}{s^2+4}$

$$\Rightarrow \quad f(t) = \int_0^t e^{\tau} \cos 2(t-\tau) \, d\tau = e^{\tau} \cos 2(t-\tau)\Big|_0^t - 2\int_0^t e^{\tau} \sin 2(t-\tau) \, d\tau$$

$$= e^t - \cos 2t - 2\left(e^{\tau} \sin 2(t-\tau)\right)\Big|_0^t - 4\int_0^t e^{\tau} \cos 2(t-\tau) \, d\tau$$

$$\Rightarrow \quad f(t) = \frac{1}{5}(e^t - \cos 2t + 2\sin 2t)$$

ii) $F(s) = \frac{1}{s^2+s-2} = \frac{1}{s-1} \cdot \frac{1}{s+2}$

$$\Rightarrow \quad f(t) = \int_0^t e^{t-\tau} e^{-2\tau} \, d\tau = \left(-\frac{1}{3} e^{t-3\tau}\right)\Big|_0^t = \frac{1}{3}\left(e^t - e^{-2t}\right)$$

Lösung zu A27.2.6

Die Laplace-Transformation der Randwertaufgabe

$$\ddot{y}(t) + 2\dot{y}(t) + 5y(t) = 5\,, \quad y(0) = 0\,, \quad y\left(\frac{\pi}{4}\right) = 1$$

lautet mit $L[y] = Y(s)$

$$s^2 Y(s) - s\,y(0+) - \dot{y}(0+) + 2(\,sY(s) - y(0+)\,) + 5Y(s) = \frac{5}{s}$$

$$\Rightarrow \quad Y(s) = \frac{\dot{y}(0+)}{s^2+2s+5} + \frac{5}{s(s^2+2s+5)} \stackrel{\text{PBZ}}{=} \frac{1}{s} - \frac{s+2-\dot{y}(0+)}{s^2+2s+5}$$

$$= \frac{1}{s} - \frac{s+1}{(s+1)^2+4} + \frac{\dot{y}(0+)-1}{2} \cdot \frac{2}{(s+1)^2+4}\,.$$

Die Rücktransformation liefert

$$y(t) = 1 - e^{-t}\cos(2t) + \frac{\dot{y}(0+)-1}{2}\, e^{-t}\sin(2t)\,.$$

Einsetzen der Randbedingung $y\left(\frac{\pi}{4}\right) = 1$ liefert $\dot{y}(0+) = 1$, und man erhält die Lösung

$$y(t) = 1 - e^{-t}\cos(2t)\,.$$

Lösung zu A27.2.7

a) Die Laplace-Transformation von

$$\dot{y}(t) + \int_0^t \tau\, y(t-\tau)\, d\tau = 3t\,, \quad y(0) = 0$$

lautet mit $L[y] = Y(s)$ aufgrund des Faltungssatzes

$$sY(s) - y(0+) + \frac{1}{s^2}\,Y(s) = \frac{3}{s^2}$$

$$\Rightarrow \quad Y(s) = \frac{3}{s^3+1} \overset{\text{PBZ}}{=} \frac{1}{s+1} - \frac{s-2}{s^2-s+1}$$

$$= \frac{1}{s+1} - \frac{s-1/2}{(s-1/2)^2+3/4} + \sqrt{3}\cdot\frac{\sqrt{3}/2}{(s-1/2)^2+3/4}\,.$$

Die Rücktransformation liefert

$$y(t) = e^{-t} - e^{t/2}\cos\frac{\sqrt{3}\,t}{2} + \sqrt{3}\,e^{t/2}\sin\frac{\sqrt{3}\,t}{2}\,.$$

b) Die Laplace-Transformation der Aufgabe

$$\dot{y}(t) - 5\,y(t) = \cos t - 5\sin t\,, \quad y(0) = 1$$

lautet mit $L[y] = Y(s)$

$$sY(s) - y(0+) - 5Y(s) = \frac{s}{s^2+1} - \frac{5}{s^2+1} \quad \Rightarrow \quad Y(s) = \frac{1}{s-5} + \frac{1}{s^2+1}\,.$$

Die Rücktransformation liefert $y(t) = e^{5t} + \sin t$.

Lösung zu A27.2.8

Die Laplace-Transformation des Anfangswertproblems

$$\begin{aligned} 5\dot{u}(t) - 3u(t) - 4v(t) &= -3-4t \\ 5\dot{v}(t) - 4u(t) + 3v(t) &= 1+3t \end{aligned} \quad \text{mit} \quad u(0) = 4 \quad \text{und} \quad v(0) = -1\,.$$

lautet mit $L[u] = U(s)$ und $L[v] = V(s)$

$$5(\,sU(s) - u(0+)\,) - 3U(s) - 4V(s) = -\frac{3}{s} - \frac{4}{s^2}$$

$$5(\,sV(s) - v(0+)\,) - 4U(s) + 3V(s) = \frac{1}{s} + \frac{3}{s^2}$$

$$\Rightarrow \quad \begin{pmatrix} 5s-3 & -4 \\ -4 & 5s+3 \end{pmatrix}\begin{pmatrix} U(s) \\ V(s) \end{pmatrix} = \begin{pmatrix} \dfrac{20s^2-3s-4}{s^2} \\ \dfrac{-5s^2+s+3}{s^2} \end{pmatrix}.$$

Die Lösung kann hier über die Cramersche Regel erfolgen

$$\begin{vmatrix} 5s-3 & -4 \\ -4 & 5s+3 \end{vmatrix} = 25(s^2-1)\,, \qquad \begin{vmatrix} \dfrac{20s^2-3s-4}{s^2} & -4 \\ \dfrac{-5s^2+s+3}{s^2} & 5s+3 \end{vmatrix} = \frac{25(4s^2+s-1)}{s}\,,$$

$$\begin{vmatrix} 5s-3 & \dfrac{20s^2-3s-4}{s^2} \\ -4 & \dfrac{-5s^2+s+3}{s^2} \end{vmatrix} = \frac{25(-s^3+4s^2-1)}{s^2}\,.$$

Man erhält

$$U(s) = \frac{25(4s^2 + s - 1)}{s \cdot 25(s^2 - 1)} \overset{\text{PBZ}}{=} \frac{1}{s} + \frac{2}{s-1} + \frac{1}{s+1}$$

$$V(s) = \frac{25(-s^3 + 4s^2 - 1)}{s^2 \cdot 25(s^2 - 1)} \overset{\text{PBZ}}{=} \frac{1}{s^2} + \frac{1}{s-1} - \frac{2}{s+1} .$$

Die Rücktransformation liefert

$$u(t) = 1 + 2e^t + e^{-t} \quad \text{und} \quad v(t) = t + e^t - 2e^{-t} .$$